注册土木工程师(水利水电工程)资格考试指定辅导教材

水利水电工程专业知识

(2013年版)

全国勘察设计注册工程师水利水电工程专业管理委员会
中国水利水电勘测设计协会 编

黄河水利出版社
·郑州·

图书在版编目(CIP)数据

水利水电工程专业知识:2013年版/全国勘察设计注册工程师水利水电工程专业管理委员会,中国水利水电勘测设计协会编.—郑州:黄河水利出版社,2013.4

注册土木工程师(水利水电工程)资格考试指定辅导教材

ISBN 978-7-5509-0445-3

Ⅰ.①水… Ⅱ.①全…②中… Ⅲ.①水利水电工程-工程师-资格考试-自学参考资料 Ⅳ.①TV

中国版本图书馆CIP数据核字(2013)第058049号

出版社:黄河水利出版社

地址:河南省郑州市顺河路黄委会综合楼14层　邮政编码:450003

发行单位:黄河水利出版社

发行部电话:0371-66026940、66020550、66028024、66022620(传真)

E-mail:hhslcbs@126.com

承印单位:黄河水利委员会印刷厂

开本:787 mm×1 092 mm　1/16

印张:28.75

字数:700千字　印数:13 001—17 000

版次:2007年4月第1版　印次:2013年4月第4次印刷

2009年4月第2版

2013年4月第3版

定价:96.00元

注册土木工程师(水利水电工程)资格考试
指定辅导教材编委会

前 言

为加强对水利水电工程勘察、设计人员的管理，保证工程质量，国家对从事水利水电工程勘察、设计活动的专业技术人员实行职业准入制度，注册土木工程师（水利水电工程）执业制度于2005年9月正式实施。专业技术人员经考试合格并注册后方可以注册土木工程师（水利水电工程）名义执业，在水利水电工程勘察、设计活动中形成的勘察、设计文件，必须由注册土木工程师（水利水电工程）签字并加盖执业印章后方可生效。根据执业岗位需要，注册土木工程师（水利水电工程）执业岗位划分为水利水电工程规划、水工结构、水利水电工程地质、水利水电工程移民、水利水电工程水土保持5个执业类别。

注册土木工程师（水利水电工程）资格考试分为基础考试和专业考试，基础考试合格后方可报名参加专业考试。基础考试分为两个半天，分别进行公共基础、专业基础考试；专业考试分为两天，分别进行专业知识、专业案例考试。

为了帮助考生复习，全国注册土木工程师（水利水电工程）专业管理委员会和中国水利水电勘测设计协会成立了由行业资深专家、教授组成的考试复习教材编审委员会，于2007年5月组织编写并出版了参加资格考试的专用复习教材，并于2009年3月对原教材的部分内容进行了修编。

由于近几年陆续颁布、修订了部分相关法律及规程规范，为使参加考试人员更好地复习，编委会在2009年版的基础上对本教材再次进行修编。本教材以注册土木工程师应掌握的专业知识、勘察设计技术标准为重点，紧密联系工程实践，不仅能帮助考生系统掌握专业知识和正确运用设计规范、标准处理工程实际问题，而且可作为水利水电工程专业技术人员从事勘察、设计、咨询、建设项目管理、专业技术管理的辅导读本和高等院校师生教学、学习的参考用书。

参加本教材编写的专家以其强烈的责任感、深厚的理论功底、丰富的工程实践经验以及对技术标准的准确理解，对复习教材精心编撰，付出了辛勤劳动。我们对各位作者表示深切的谢意，对其所在单位给予的关心和支持表示衷心的感谢，对黄河水利出版社展现的专业精神表示敬意。

全国勘察设计注册工程师水利水电工程专业管理委员会
中国水利水电勘测设计协会
2013年3月

目　录

第一章　项目管理

第一节　工程项目建设管理综述

工程项目一般是指为达到预期目标，投入一定量的资本，在一定的约束条件下，经过决策与实施的必要程序，从而形成固定资产的一次性任务。工程项目具有任务一次性、目标明确性和条件约束性三个基本特征，同时还具有投资巨大、建设周期长、风险大、不可逆和协作性要求高等特殊属性。工程项目建设管理是跨越整个工程项目全生命周期的管理，包括项目立项决策、可行性研究、设计、建设实施、运营及后评价等阶段，且各个阶段之间互相影响。整个工程项目建设管理中参与和涉及的主体是多方面的，有业主、设计、施工、监理及政府等相关管理部门。加强工程建设项目的管理，对保障工程质量、提高投资效益具有重要作用。

一、工程基本建设程序

目前，我国的工程项目建设管理严格按照工程基本建设程序的要求进行，从项目决策、设计、施工到竣工验收各阶段均必须遵循基本建设程序规定的先后次序与步骤开展工作。根据我国基本建设实践，鉴于水利水电基本建设较其他部门的基本建设有一定的特殊性，具有规模大、技术复杂、工期较长、投资多等特点，工程失事后危害性也比较大，因此水利水电基本建设程序较其他部门更为严格。根据《水利工程建设程序管理暂行规定》（水利部水建[1998]16号），水利工程建设程序分为项目建议书、可行性研究、初步设计、施工准备（包括招标设计）、建设实施、生产准备、竣工验收、后评价等阶段。根据原电力工业部下发的《关于调整水电工程设计阶段的通知》（电计[1993]567号），水电工程的基本建设程序可分为预可行性研究、可行性研究、施工准备（包括招标设计）、建设实施、生产准备、竣工验收、后评价等阶段。

二、项目立项审批制度

按照国家有关基本建设程序管理的规定，根据《国务院关于投资体制改革的决定》（国发[2004]20号）确定的项目审批制度，项目依据投资主体、资金来源和项目性质，在项目立项审批阶段分别实行项目审批制、核准制、备案制。

对于政府投资项目实行项目审批制。对于采用直接投资和资本金注入方式的项目，从投资决策角度只审批项目建议书、可行性研究报告，除特殊情况外不审批开工报告，同时严格初步设计和概算审批工作；对于以投资补助和贴息方式管理的项目，只审批资金申请报告。但以投资补助和贴息方式使用中央预算内资金超过2亿元或不超过2亿元但超过3 000万元且占项目总投资比例超过50%的项目，按直接投资或资本金注入方式管理，由国家发展和改革委员会审批可行性研究报告。

对于不使用政府投资建设的项目，区别不同情况实行核准制和备案制。凡列入《政府核准的投资项目目录》的项目,实行核准制,仅需向政府提交项目申请报告,政府对企业提交的项目申请报告,主要从维护经济安全、合理开发利用资源、保护生态环境、优化重大布局、保障公共利益、防止出现垄断等方面进行核准;对于《政府核准的投资项目目录》以外的企业投资项目,实行备案制,除国家另有规定外,由企业按照属地原则向地方政府投资主管部门备案。

三、建设阶段管理制度

按照国家的有关基本建设程序管理的规定,在建设管理阶段实行项目法人责任制、招标投标制、工程监理制。

(一)项目法人责任制

由项目法人组织工程项目实施的管理方式已是一种国际惯例。1996 年国家发展计划委员会下发了《关于实行建设项目法人制的暂行规定》,明确要求国有单位经营性基本建设大中型项目,在建设阶段必须组建项目法人。2000 年 7 月,国务院批转了国家发展计划委员会、财政部、水利部、建设部《关于加强公益性水利工程建设管理若干意见的通知》,进一步明确了公益性水利工程建设项目法人及各个环节的责任。根据不同工程项目的作用和受益范围,实行项目法人制,由项目法人依法对工程项目建设实施管理,由项目法人在项目的策划、资金筹措、建设实施、生产经营、债务偿还、资产的保值增值等方面承担相应的责任和义务,保证工程项目的顺利实施。

新上项目在项目建议书被批准后,应及时组建项目法人筹建组。在申报项目可行性研究报告时,须同时提交项目法人的组建方案。可行性研究报告批准后,正式成立项目法人。

(二)招标投标制

我国推行工程建设招标投标制,是为了适应社会主义市场经济的需要,促使建筑市场各主体之间进行公平交易、平等竞争,以确保建设项目质量、建设工期和建设投资计划。1999 年 8 月 30 日经第九届全国人大第十一次会议通过了《中华人民共和国招标投标法》,规定在关系社会公共利益、公众安全的基础设施项目的勘察、设计、施工、监理,以及与工程建设有关的重要设备、材料等的采购,必须实行招标投标制。该法的颁布实施,对规范招标投标行为,最大限度地保护国家利益、社会公共利益和招标投标活动当事人的合法权益,提高经济效益,保证项目质量,促进工程建设市场健康发展,具有重要意义。

(三)工程监理制

工程项目监理是指具有资质的工程监理单位受项目法人委托,依据国家有关工程建设的法律、法规和批准的项目建设文件、工程建设合同以及工程建设监理合同,对工程建设项目实行的专业化管理。

《水利工程建设监理规定》(2006 年 12 月 18 日水利部令第 28 号)规定,水利工程建设监理,是指具有相应资质的水利工程建设监理单位,受项目法人委托,按照监理合同对水利工程建设项目实施的质量、进度、资金、安全生产、环境保护等进行的管理活动。要求总投资 200 万元以上且符合下列条件之一的水利工程建设项目,必须实行建设监理:

(1)关系社会公共利益或公共安全的。

(2)使用国有资金投资或国家融资的。

(3)使用外国政府或者国际组织贷款、援助资金的。

第二节　水利水电工程建设基本要求

一、水利工程设计基本要求

（一）项目建议书

水利水电工程项目建议书编制应以批准的江河流域（河段）、区域综合规划或专业、专项规划为依据，贯彻国家的方针政策，遵照有关技术标准，根据国家和地区经济社会发展规划的要求，论证建设该工程项目的必要性，提出开发任务，对工程的建设方案和规模进行分析论证，评价项目建设的合理性。重点论证项目建设的必要性、建设规模、投资和资金筹措方案。对涉及国民经济发展和规划布局的重大问题应进行专题论证。

项目建议书的主要内容和深度应符合下列要求：

（1）论证项目建设的必要性，基本确定工程任务及综合利用工程各项任务的主次顺序，明确本项目开发建设对河流上下游及周边地区其他水利工程的影响。

（2）基本确定工程场址的主要水文参数和成果。

（3）基本查明影响坝（闸、泵站）址及引水线路方案比选的主要工程地质条件，初步查明其他工程的工程地质条件。对天然建筑材料进行初查。

（4）基本选定工程规模、工程等级及设计标准和工程总体布局。

（5）基本选定工程场址（坝、闸、厂、站址等）和线路，基本选定基本坝型，初步选定工程总体布置方案及其他主要建筑物型式。

（6）初步选定机电及金属结构的主要设备型式与布置。

（7）基本选定对外交通运输方案，初步选定施工导流方式和料场，拟定主体工程主要施工方法和施工总布置及总工期。

（8）基本确定工程建设征地的范围，基本查明主要淹没实物，拟订移民安置规划。

（9）分析工程建设对主要环境保护目标的影响，提出环境影响分析结论、环境保护对策措施。

（10）分析工程建设对水土流失的影响，初步确定水土流失防治责任范围、水土流失防治标准和水土保持措施体系及总体布局。

（11）分析工程能源消耗种类、数量和节能设计的要求，拟订节能措施，对节能措施进行节能效果综合评价。

（12）基本确定管理单位的类别，拟订工程管理方案，初步确定管理区范围。

（13）编制投资估算。

（14）分析工程效益、费用和贷款能力，提出资金筹措方案，评价项目的经济合理性和财务可行性。

水利水电工程项目建议书可包括以下附件：

（1）有关规划的审查审批意见及与工程有关的其他重要文件。

（2）相关专题论证、审查会议纪要和意见。

（3）水文分析报告。

（4）工程地质勘察报告。

(5)项目建设必要性和规模论证专题报告。

(6)工程建设征地补偿与移民安置专题报告。

(7)贷款能力测算专题报告。

(8)其他重要专题报告。

(二)可行性研究

编制水利水电工程可行性研究报告应以批准的项目建议书为依据。直接开展可行性研究的项目,其研究报告应以批准的江河流域(河段)、区域综合规划或专业、专项规划为依据。

可行性研究报告编制时应贯彻国家的方针政策,遵照有关技术标准,对工程项目的建设条件进行调查和勘测,在可靠资料的基础上,进行方案比较,从技术、经济、社会、环境和节水节能等方面进行全面论证,评价项目建设的可行性。重点论证工程规模、技术方案、征地移民、环境、投资和经济评价,对重大关键技术问题应进行专题论证。

可行性研究报告的主要内容和深度应符合下列要求:

(1)论证工程建设的必要性,确定工程的任务及综合利用工程各项任务的主次顺序。

(2)确定主要水文参数和成果。

(3)查明影响方案比选的主要地质条件,基本查明其他工程的工程地质条件,评价存在的工程地质问题。对天然建筑材料进行详查。

(4)确定主要工程规模和工程总体布局。

(5)选定工程建设场址(坝、闸、厂、站址和线路)等。

(6)确定工程等级及设计标准,选定基本坝型,基本选定工程总体布置及其他主要建筑物的型式。

(7)基本选定机电和金属结构及其他主要机电设备的型式和布置。

(8)初步确定消防设计方案和主要设施。

(9)选定对外交通运输方案、料场、施工导流方式及导流建筑物的布置,基本选定主体工程主要施工方法和施工总布置,提出控制性工期和分期实施意见,基本确定施工总工期。

(10)确定工程建设征地的范围,查明淹没实物,基本确定移民安置规划,估算移民征地补偿投资。

(11)对主要环境要素进行环境影响预测评价,确定环境保护对策措施,估算环境保护投资。

(12)对主体工程设计进行水土保持评价,确定水土流失防治责任范围、水土保持措施、水土保持监测方案,估算水土保持投资。

(13)初步确定劳动安全与工业卫生的设计方案,基本确定主要措施。

(14)明确工程的能源消耗种类和数量、能耗指标、设计原则,基本确定节能措施。

(15)确定管理单位类别及性质、机构设置方案、管理范围和保护范围等。

(16)编制投资估算。

(17)分析工程效益、费用和贷款能力,提出资金筹措方案,分析主要经济评价指标,评价工程的经济合理性和财务可行性。

(18)社会稳定风险分析。

水利水电工程可行性研究报告可包括以下附件:

(1)项目建议书批复文件及与工程有关的其他重要文件。
(2)相关专题论证、审查会议纪要和意见。
(3)水文分析报告。
(4)工程地质勘察报告。
(5)工程规模论证专题报告。
(6)工程建设征地补偿与移民安置规划报告。
(7)环境影响报告书(表)。
(8)水土保持方案报告书。
(9)贷款能力测算专题报告。
(10)其他重大关键技术专题报告。

(三)初步设计

编制初步设计报告应以批准的可行性研究报告为依据,应贯彻国家的方针政策,遵照有关技术标准,认真进行调查、勘测、试验、研究,在取得可靠基本资料的基础上,进行方案技术设计。设计应安全可靠,技术先进,因地制宜,注重技术创新、节水节能、节约投资。初步设计报告应有分析、论证和必要的方案比较,并有明确的结论和意见。

初步设计报告的主要内容和深度应符合下列要求:

(1)复核并确定水文成果。

(2)查明水库区及各建筑物的工程地质条件,评价存在的工程地质问题。必要时对区域构造稳定性、天然建筑材料等进行复核。

(3)说明工程任务及具体要求,复核工程规模,确定运行原则,明确运行方式。

(4)复核工程等级和设计标准,选定坝型,确定工程总体布置、主要建筑物的轴线、线路、结构型式和布置、控制尺寸、高程和数量。

(5)选定水力机械、电工、金属结构、采暖通风与空气调节等设备的型式和布置。

(6)确定消防设计方案和主要设施。

(7)复核施工导流方式,确定导流建筑物结构设计、主要建筑物施工方法、施工总布置及总工期。提出建筑材料、劳动力、施工用电用水的需要数量及来源。

(8)复核工程建设征地的范围、淹没实物指标,提出移民安置等规划设计。

(9)确定各项环境保护专项措施设计方案。

(10)复核水土流失防治责任范围,确定水土保持工程设计方案。

(11)确定劳动安全与工业卫生的设计方案,确定主要措施。

(12)提出工程节能设计。

(13)提出工程管理设计。

(14)编制工程设计概算。

(15)复核经济评价指标。

水利水电工程初步设计报告可包括以下附件:

(1)可行性研究报告批复文件及与工程有关的其他重要文件。
(2)相关专题论证、审查会议纪要和意见。
(3)水文测报系统总体设计专题报告。
(4)工程地质勘察报告。

(5)工程建设征地补偿与移民安置专题报告。

(6)其他重要专题和试验研究报告。

二、水电工程设计基本要求

(一)预可行性研究

编制水电工程预可行性研究报告,应符合国家法规和有关技术标准的要求,在江河流域综合利用规划或河流(河段)水电规划的基础上进行。抽水蓄能电站应在地区抽水蓄能电站规划选点的基础上进行。特别重要的大型水电工程或条件复杂的水电工程,其工作内容和深度要求可根据需要适当扩充和加深。

水电工程预可行性研究报告的主要内容和深度应符合下列要求:

(1)论证工程建设的必要性。

(2)基本确定综合利用要求,提出工程开发任务。

(3)基本确定主要水文参数和成果。

(4)评价本工程的区域构造稳定性;初步查明并分析各比较坝(闸)址和厂址的主要地质条件,对影响工程方案成立的重大地质问题作出初步评价。

(5)初选代表性坝(闸)址和厂址。

(6)初选水库正常蓄水位,初拟其他特征水位。

(7)初选电站装机容量,初拟机组额定水头、引水系统经济洞径和水库运行方式。

(8)初步确定工程等别和主要建筑物级别。初选代表性坝(闸)型、枢纽及主要建筑物型式。

(9)初步比较拟定机型、装机台数、机组主要参数、电气主接线及其他主要机电设备和布置。

(10)初拟金属结构及过坝设备的规模、型式和布置。

(11)初选对外交通方案,初步比较拟定施工导流方式和筑坝材料,初拟主体工程施工方法和施工总布置,提出控制性工期。

(12)初拟建设征地范围,初步调查建设征地实物指标,提出移民安置初步规划,估算建设征地移民安置补偿费用。

(13)初步评价工程建设对环境的影响,从环境角度初步论证工程建设的可行性。

(14)提出主要的建筑安装工程量和设备数量。

(15)估算工程投资。

(16)进行初步经济评价。

(17)综合工程技术经济条件,提出综合评价意见。

流域和河流(河段)水电规划及抽水蓄能选点规划审批文件须列为预可行性研究报告的附件。

(二)可行性研究

根据国务院关于投资体制改革的决定,企业投资建设水电工程实行项目核准制。投资企业需向政府投资主管部门提交项目核准申请报告。水电工程可行性研究报告是项目申请报告编制的主要依据。

水电工程可行性研究报告编制应遵循国家有关政策、法规,在审查批准的预可行性研究报告的基础上进行编制。应根据不同类型的工程,在工作内容和深度上有所取舍和侧重;特别重要的大型水电工程或条件复杂的水电工程,其工作内容和深度要求可根据需要适当扩充和加深;应遵循安全可靠、技术可行、结合实际、注重效益的原则;可行性研究报告中推荐采用的新材料、新工艺、新结构和新设备应进行技术经济论证。

水电工程可行性研究报告的主要内容和深度应符合下列要求:

(1)确定工程任务及具体要求,论证工程建设必要性。

(2)确定水文参数和水文成果。

(3)复核工程区域构造稳定性,查明水库工程地质条件,进行坝址、坝线及枢纽布置工程地质条件比较,查明选定方案各建筑物区的工程地质条件,提出相应的评价意见和结论;开展天然建筑材料详查。地质勘察按 GB 50287—2006 具体要求进行。

(4)选定工程建设场址、坝(闸)址、厂(站)址等。

(5)选定水库正常蓄水位及其他特征水位,明确工程运行要求和方式。

(6)复核工程的等级和设计标准,确定工程总体布置、主要建筑物的轴线、线路、结构型式和布置、控制尺寸、高程和工程量。

(7)选定电站装机容量,选定机组机型、单机容量、额定水头、单机流量及台数,确定接入电力系统的方式、电气主接线及主要机电设备的选型和布置,选定开关站的型式,选定控制、保护及通信的设计方案,确定建筑物的闸门和启闭机等的型式及布置。

(8)提出消防设计方案和主要设施。

(9)选定对外交通运输方案,确定导流方式、导流标准和导流方案,提出料源选择及料场开采规划、主体工程施工方法、场内交通运输、主要施工工厂设施、施工总布置等方案,安排施工总进度。

(10)确定建设征地范围,全面调查建设征地范围内的实物指标,提出建设征地和移民安置规划设计,编制补偿费用概算。

(11)提出环境保护和水土保持措施设计,提出环境监测和水土保持规划、环境监测规划和环境管理规定。

(12)提出劳动安全与工业卫生设计方案。

(13)进行施工期和运行期节能降耗分析论证,评价能源利用效率。

(14)编制可行性研究设计概算,利用外资的工程还应编制外资概算。

(15)进行国民经济评价和财务评价,提出经济评价结论意见。

水电工程可行性研究报告应根据需要将以下内容作为附件:

(1)预可行性研究报告的审查意见。

(2)可行性研究阶段专题报告的审查意见、重要会议纪要等。

(3)有关工程综合利用、建设征地实物指标和移民安置方案、铁路公路等专业项目及其他设施改建、设备制造等方面的协议书及主要有关资料。

(4)水电工程水资源论证报告书。

(5)水文分析复核有关报告。

(6)水电工程防洪评价报告。

(7)水情自动测报系统总体设计报告。

(8)工程地质勘察报告。

(9)水工模型试验报告及其他试验研究报告。

(10)机电、金属结构设备专题报告。

(11)施工组织设计专题报告和试验报告。

(12)建设征地和移民安置规划设计报告。

(13)环境影响报告书。

(14)水土保持方案报告书。

(15)劳动安全与工业卫生预评价报告。

(16)其他专题报告。

三、水利工程建设程序

根据水利部《水利工程建设项目管理规定(试行)》(水建[1995]128号)和《水利工程建设程序管理暂行规定》(水建[1998]16号)文件规定,水利工程建设程序一般分为:项目建议书、可行性研究报告、初步设计、施工准备(包括招标设计)、建设实施、生产准备、竣工验收、后评价等阶段。

(一)项目建议书阶段

项目建议书应根据国民经济和社会发展长远规划、流域综合规划、区域综合规划、专业规划,按照国家产业政策和国家有关投资方针进行编制,是对拟进行建设项目的初步说明。项目建议书编制一般由政府委托有相应资质的设计单位承担,并按国家现行规定权限向主管部门申报审批。项目建议书被批准后,由政府向社会公布,若有投资建设意向,应及时组建项目法人筹备机构,开展下一建设程序工作。

(二)可行性研究报告阶段

可行性研究应对项目进行方案比较,在技术上是否可行和经济上是否合理进行科学的分析和论证。经过批准的可行性研究报告,是项目决策和进行初步设计的依据。可行性研究报告,由项目法人(或筹备机构)组织编制。可行性研究报告,按国家现行规定的审批权限报批。可行性研究报告经批准后,不得随意修改和变更,在主要内容上有重要变动,应经原批准机关复审同意。项目可行性报告批准后,应正式成立项目法人,并按项目法人责任制实行项目管理。

(三)初步设计阶段

初步设计是根据批准的可行性研究报告和必要而准确的设计资料,对设计对象进行通盘研究,阐明拟建工程在技术上的可行性和经济上的合理性,规定项目的各项基本技术参数,编制项目的设计概算。初步设计任务应择优选定有项目相应资质的设计单位承担。初步设计由项目法人组织审查后,按国家现行规定权限向主管部门申报审批。初步设计文件经批准后,主要内容不得随意修改、变更,否则,需经原审批机关复审同意。

(四)施工准备阶段

项目在主体工程开工之前,必须完成各项施工准备工作,其主要内容包括:施工现场的征地、拆迁;完成施工用水、电、通信、路和场地平整等工程;必需的生产、生活临时建筑工程;组织招标设计、咨询、设备和物资采购等服务;组织建设监理和主体工程招标投标,并择优选定建设监理单位和施工承包队伍。工程项目进行项目报建登记后,方可组织施工准备工作。工程建设项目施工,除某些不适应招标的特殊工程项目外(需经水行政主管部门批准),均需实行招标投标。

（五）建设实施阶段

建设实施阶段是指主体工程的建设实施，项目法人按照批准的建设文件，组织工程建设，保证项目建设目标的实现；项目法人或其代理机构必须按审批权限，向主管部门提出主体工程开工申请报告，经批准后，主体工程方能正式开工。项目法人要充分发挥建设管理的主导作用，为施工创造良好的建设条件。项目法人要充分授权工程监理，使之能独立负责项目的建设工期、质量、投资的控制和现场施工的组织协调。重要建设项目，需设立质量监督项目站，行使政府对项目建设的监督职能。

（六）生产准备阶段

生产准备是建设阶段转入生产经营的必要条件。项目法人应按照建管结合和项目法人责任制的要求，适时做好有关生产准备工作。生产准备应根据不同类型的工程要求确定，一般应包括如下主要内容：生活组织准备，招收和培训人员，生产技术准备，生产的物资准备，正常的生活福利设施准备。及时、具体落实产品销售合同协议的签订，提高生产经营效益，为偿还债务和资产的保值增值创造条件。

（七）竣工验收

竣工验收是工程完成建设目标的标志，是全面考核基本建设成果、检验设计和工程质量的重要步骤。竣工验收合格的项目即从基本建设转入生产或使用。当建设项目的建设内容全部完成，并经过单位工程验收及专项验收，完成竣工报告、竣工决算等必需文件的编制后，项目法人向验收主管部门提出申请，根据国家和部颁验收规程组织验收。

（八）后评价

建设项目竣工投产后，一般经过1～2年的生产运营，要进行一次系统的项目后评价，主要内容包括：影响评价，经济效益评价，过程评价。项目后评价一般按三个层次实施，即项目法人的自我评价、项目行业的评价、计划部门（或主要投资方）的评价。通过建设项目的后评价以达到肯定成绩、总结经验、研究问题、吸取教训、提出建议、改进工作、不断提高项目决策水平和投资效果的目的。

第三节　建设工程招标投标管理

招标投标是富有竞争性的一种采购方式。我国推行工程建设招标投标制，是为了适应社会主义市场经济的需要，促使建筑市场各主体之间进行公平交易、平等竞争，以确保建设项目质量、建设工期和建设投资计划。

一、实行招标投标的目的和意义

（一）规范工程建设活动

工程建设的过程有其特定的内在规律，我国将其确定为基本建设程序。通过招标投标，可以约束建设主体，依照勘测、设计、施工等前后过程，分别发包、招标。通过招标投标，可以进一步理顺建设管理体制，明确各方职责，促进建筑市场科学、合理体制的建立健全。

（二）提高投资效益

采购者通过采用招标的方式，让众多的投标人进行竞争，以合理的价格获得适合自己需要的工程、货物或服务。依法推行招标投标制，对于保障投资的有效使用，提高投资效益，有着极为重要的意义。

（三）保证项目质量

由于招标的特点是公开、公平、公正，将采购活动置于透明的环境之中，选择真正符合要求的供货商、承包商，防止腐败行为的发生，使工程、设备采购等项目的质量得到保证。

（四）提高工程建设项目管理水平

在招标投标制度下，作为项目法人的发包方，应通过加强项目管理，以提高投资效益；从事勘测、设计、施工、咨询、监理、材料和设备供应的单位，通过投标竞争获取项目任务，通过努力改善经营管理、提高人员素质、提高劳动生产率、加强科技投入、提高科技含量，促使项目管理水平的提高。

（五）保护国家利益、社会公共利益和招标投标活动当事人的合法权益

切实贯彻执行招标投标制度，可以最大限度地保护国家利益、社会公共利益和招标投标活动当事人的合法权益，促进水利水电建筑市场健康发展。

二、建设工程招标管理

（一）建设工程招标的范围

（1）《中华人民共和国招标投标法》规定，在中国境内进行下列工程建设项目包括项目的勘测、设计、施工、监理以及与工程建设有关的重要设备和材料等的采购，必须进行招标：①大型基础设施、公用事业等关系社会公共利益、公众安全的项目；②全部或者部分使用国有资金投资或者国家融资的项目；③使用国际组织或者外国政府贷款、援助资金的项目。

（2）水利部颁布的《水利工程建设项目施工招标投标管理规定》中明确规定，由国家投资、中央和地方合资、企事业单位独资或合资以及其他方式兴建的防洪、除涝、灌溉、发电、供水、围垦等大中型水利工程以及配套和附属工程，应进行招标投标。

（3）国家发展计划委员会2000年5月1日以第3号令发布《工程建设项目招标范围和规模标准规定》，达到下列标准之一的项目必须进行招标：

①施工单项合同估算价在200万元人民币以上的。

②重要设备、材料等货物的采购，单项合同估算价在100万元人民币以上的。

③勘测、设计、监理等服务的采购，单项合同估算价在50万元人民币以上的。

④单项合同估算价低于第①、②、③项规定的标准，但项目总投资额在3 000万元人民币以上的。

（二）建设工程招标方式

《中华人民共和国招标投标法》规定：招标方式分为公开招标和邀请招标两种。涉及国家安全、国家秘密、抢险救灾或者属于利用扶贫资金实行以工代赈、需要使用农民工等特殊情况，不适宜进行招标的项目，按照国家有关规定可以不进行招标。依法必须进行招标的项目，其招标投标活动不受地区或者部门的限制。任何单位和个人不得违法限制或者排斥本地区、本系统以外的法人或者其他组织参加投标，不得以任何方式非法干涉招标投标活动。

1. 公开招标

公开招标是指招标人通过国家指定的报刊、信息网络或者其他媒介发布招标公告，邀请不特定的法人或者其他组织投标。

公开招标的优点是，业主可以在较广的范围内选择承包单位，投标竞争激烈，有利于业主将工程项目的建设任务交给可靠的承包商实施，并获得有竞争性的商业报价。但其缺点是准备招标、对投标申请单位进行资格预审和评标的工作量大，因此招标过程所花的时间长、费用高。

2. 邀请招标

邀请招标是指招标人以投标邀请书的方式，邀请具备承担招标项目的能力，资信良好的特定的法人或者其他组织投标。

邀请招标与公开招标相比，其优点是不发招标公告，不进行资格预审，简化了招标程序，因此节约了招标费用和缩短了招标时间。而且由于对投标人以往的业绩和履约能力比较了解，可以减小合同履行过程中承包商违约的风险。邀请招标虽然不设置资格预审程序，但仍可以要求投标人按招标文件中规定的有关条件，在投标书中报送有关资质证书及业绩证明资料，在评标时以资格后审的形式作为评审的内容之一。

邀请招标的缺点是，由于投标竞争的激烈程度较差，有可能提高中标的合同价，也有可能排除了某些在技术上或报价上有竞争力的承包商参与投标。

（三）建设工程招标程序

1. 建设工程招标程序的步骤

（1）设资格预审的招标，招标人申请批准招标，发布招标公告，发售资格预审文件，对投标人资格进行预审，编制招标文件，向通过资格预审的投标人发投标邀请书。

（2）发售招标文件，之后可以在规定的时间内，对招标文件进行修改、对潜在投标人提出的问题予以澄清、可以组织潜在投标人进行现场考察，在规定的时间接收投标文件。

（3）开标，评标，发出中标通知，商签施工合同。

2. 设立招标组织或者委托招标代理机构

根据招标人是否具有招标资质，可以将组织招标分为招标人自己组织招标和招标人委托招标代理机构代理组织招标、代为办理招标事宜两种情况。

招标代理机构是依法设立、从事招标代理业务并提供相关服务的社会中介组织。招标代理机构应当具备的条件：①有从事招标代理业务的营业场所和相应资金；②有能够编制招标文件和组织评标的相应专业力量；③有依法可以组建评标委员会的技术、经济方面的专家库。

3. 办理招标备案

水利工程建设项目招标前，按项目管理权限向水行政主管部门提交招标报告备案。报告具体内容应当包括：招标已具备的条件、招标方式、分标方案、招标计划安排、投标人资质（资格）条件、评标方法、评标委员会组建方案以及开标、评标的工作具体安排等。

4. 组织编制招标文件

组织编制招标文件和标底。

5. 发布招标公告或投标邀请书

采用公开招标方式的，应当发布招标公告。依法必须进行招标的项目的招标公告，应当通过国家指定的报刊、信息网络或者其他媒介发布。

招标公告应当载明招标人的名称和地址、招标项目的性质、数量、实施地点和时间以及获取招标文件的办法等事项。

采用邀请招标方式的，应当向三个以上具备承担招标项目的能力、资信良好的特定的法人或者其他组织发出投标邀请书。

6.资格审查

资格审查一般分为资格预审和资格后审两种方式。采用资格预审方式的，招标人应当组建资格审查委员会审查资格预审申请文件并提出资格预审报告，向资格预审申请人发出资格预审结果通知书。未通过资格预审的申请人不具有投标资格；采用资格后审方式的，应当在开标后由评标委员会按照招标文件规定的标准和方法对投标人的资格进行审查。

7.开标、评标和中标

招标人应当按照招标文件规定的时间、地点开标。投标人少于3个的，不得开标，招标人应当重新招标。招标项目设有标底的，招标人应当在开标时公布。

评标委员会成员应当依照有关法律、法规和招标文件规定的评标标准和方法，客观、公正地对投标文件提出评审意见。招标文件没有规定的评标标准和方法，不得作为评标的依据。

评标委员会应当向招标人提交书面评标报告和中标候选人名单。中标候选人应当不超过3个，并标明排序。

招标人应当确定排名第一的中标候选人为中标人。排名第一的中标候选人放弃中标、因不可抗力不能履行合同、不按照招标文件要求提交履约保证金，或者被查实存在影响中标结果的违法行为等情形，不符合中标条件的，招标人可以按照评标委员会提出的中标候选人名单排序依次确定其他中标候选人为中标人，也可以重新招标。

（四）建设工程招标文件的内容

招标人应当根据招标项目的特点和需要编制招标文件。招标文件应当包括招标项目的技术要求、对投标人资格审查的标准、投标报价要求和评标标准等所有实质性要求和条件以及拟签订合同的主要条款。

国家对招标项目的技术、标准有规定的，招标人应当按照其规定在招标文件中提出相应要求。

招标项目需要划分标段、确定工期的，招标人应当合理划分标段、确定工期，并在招标文件中说明。

水利水电工程建设项目施工招标文件一般包括下列内容：

（1）投标邀请书。

（2）投标人须知。

（3）合同主要条款。

（4）投标文件格式。

（5）采用工程量清单招标的，应当提供工程量清单。

（6）技术条款。

（7）设计图纸。

（8）评标标准和方法。

（9）投标辅助材料。

三、建设工程投标管理

（一）建设工程投标程序

（1）获取招标信息，进行投标决策。

（2）申请投标，向招标人申报资格审查，提供有关文件资料。

（3）购领招标文件和有关资料，缴纳投标保证金。

（4）建立投标工作机构，委托投标代理人。

（5）研究投标文件，制订投标计划。

（6）踏勘现场，要求招标人对已发出的招标文件作必要的澄清。

（7）编制和递交投标文件。

（8）出席开标会议。

（9）根据评标委员会的要求对投标文件中含义不明确的内容作必要的澄清或者说明。

（10）签订合同。

（二）建设工程投标报价的依据

（1）招标文件（包括对技术、质量和工期的要求）。

（2）设计图纸、设计文件及说明、工程量清单等。

（3）合同条件，包括词语含义、合同文件、双方的一般责任、施工组织设计和工期、质量标准、合同价款与支付、材料设备供应、设计变更、竣工与结算等内容。

（4）现行建设预算定额或概算定额、单位估价表及取费标准等。

（5）拟采用的施工方案、进度计划。

（6）工程材料、设备的价格及运费。

（7）现场施工条件。

（8）本企业施工组织管理水平、施工技术力量、设备装备能力等。

（9）本企业过去同类工程施工成本数据。

（三）建设工程编制投标文件的方法和步骤

1.水利水电工程项目施工投标文件的主要内容

投标人应当按照招标文件的要求编制投标文件，投标文件应当对招标文件提出的实质性要求作出响应。水利水电工程项目施工投标文件的主要内容应包括：

（1）投标书综合说明，工程总报价。

（2）按照工程量清单填写单价分析、单位工程造价、全部工程造价、三材用量。

（3）施工组织设计，包括选用的主体工程和施工导流工程施工方案，参加施工的主要施工机械设备进场数量、型号清单。

（4）保证工程质量、进度和施工安全的主要组织保证和技术措施。

（5）计划开工、各主要阶段（截流、下闸蓄水、第一台机组发电、竣工等）进度安排和施工总工期。

（6）参加工程施工的项目经理和主要管理人员、技术人员名单。

（7）工程临时设施用地要求。

（8）招标文件要求的其他内容和其他应说明的事项。

投标人在招标文件要求提交投标文件的截止时间前，可以补充、修改或者撤回已提交的投标文件,并书面通知招标人。补充、修改的内容为投标文件的组成部分。

2. 投标文件的编制步骤

投标文件的编制步骤一般可分为准备阶段和投标文件编制阶段,其中每一阶段又包括若干项内容和方法。

1)准备阶段

(1)领买招标文件和图纸资料,参加招标会议;研究招标文件,熟悉图纸和其他有关技术资料,熟悉投标注意事项,研究招标工程综合说明,研究合同主要条款。

(2)进行前期调查研究,包括工程情况调查、经济情况调查、法律改革情况调查、对建设单位的调查、对可能的潜在投标竞争对手的调查。

(3)参加招标人组织的现场踏勘。

(4)要求招标人对与招标有关的问题进行必要的澄清。

2)投标文件编制阶段

(1)制订投标总体方案。

(2)复查、计算图纸工程量,分析材料供应情况。

(3)编制施工组织设计和施工进度与工期。

(4)确定工程质量标准。

(5)编制或套用投标单价。

(6)计算取费标准或确定采用的取费标准。

(7)计算完成投标项目所需的成本,与按照招标文件、有关规范定额计算出的价格进行分析比较。

(8)确定投标报价。

(9)根据工程所在地区不同和招标要求的不同,编制其他相关的内容。

第四节　工程建设监理

一、工程建设监理的概念

工程建设监理,是指具有相应资质的工程建设监理单位,受项目法人(建设单位)委托,按照监理合同对工程建设项目实施中的质量、进度、资金、安全生产、环境保护等进行的管理活动。水利工程建设监理包括从项目立项到工程建设的全过程,而目前在工程建设投资决策阶段、水利勘测设计阶段实施监理尚不成熟,需要进一步探索完善,施工阶段的监理工作已比较成熟,因此目前所说的水利工程建设监理通常指水利工程建设项目施工监理。

水利工程建设监理单位应当按照水利部的规定,取得《水利工程建设监理单位资质等级证书》,并在其资质等级许可的范围内承揽水利工程建设监理业务。水利工程建设监理单位资质分为水利工程施工监理、水土保持工程施工监理、机电及金属结构设备制造监理和水利工程建设环境保护监理四个专业。其中,水利工程施工监理专业资质和水土保持工程施工监理专业资质分为甲级、乙级和丙级三个等级,机电及金属结构设备制造监理专业资质分为甲级、乙级两个等级,水利工程建设环境保护监理专业资质暂不分级。

两个以上具有资质的监理单位,可以组成一个联合体承接监理业务。联合体各方应当签订协议，明确各方拟承担的工作和责任，并将协议提交项目法人。联合体的资质等级，按照同一专业内资质等级较低的一方确定。联合体中标的，联合体各方应当共同与项目法人签订监理合同，就中标项目向项目法人承担连带责任。

二、工程建设监理的基本职责与权利

监理机构应在监理合同授权范围内行使职权，按照监理合同对工程建设项目实施中的质量、进度、资金、安全生产、环境保护等方面的活动进行控制。对施工承包合同（包括土建、金属结构及机电设备制造安装合同）、监理信息进行管理，协调各参建方的关系，工程建设监理的基本职责与权利如下：

（1）协助发包选择承包人、设备和材料供货人。

（2）审核承包人拟选择的分包项目和分包人。

（3）审核并签发施工图纸。

（4）审批承包人提交的各类文件。

（5）签发指令、指示、通知、批复等监理文件。

（6）监督、检查施工过程及现场施工安全和环境保护情况。

（7）监督、检查工程施工进度。

（8）检查施工项目的材料、构配件、工程设备的质量和工程施工质量。

（9）处置施工中影响或造成工程质量、安全事故的紧急情况。

（10）审核工程计量，签发各类付款证书。

（11）处理合同违约、变更和索赔等合同实施中的问题。

（12）参与或协助发包人组织工程验收，签发工程移交证书，监督、检查工程保修情况，签发保修终止证书。

（13）主持施工合同各方关系的协调。

（14）解释施工合同文件。

（15）监理合同约定的其他职责与权利。

三、工程建设监理的工作程序、方法和制度

（一）工程建设监理工作的基本工作程序

监理单位应按照监理合同，选派满足监理工作要求的总监理工程师、监理工程师和监理员组建项目监理机构，进驻现场；编制监理规划，明确项目监理机构的工作范围、内容、目标和依据，确定监理工作制度、程序、方法和措施，并报项目法人备案；按照工程建设进度计划，分专业编制监理实施细则；按照监理规划和监理实施细则开展监理工作，编制并提交监理报告；监理业务完成后，按照监理合同向项目法人提交监理工作报告、移交档案资料。

（二）工程建设监理的主要工作方法

监理的主要工作方法一般包括现场记录、发布文件、旁站监理、巡视检查、跟踪监测、平行检测、协调等。

（三）工程建设监理的主要工作制度

工程建设监理的主要工作制度包括：技术文件审核、审批制度，原材料、构配件和工程设备进场检验制度，工程质量检验制度，工程计量付款签证制度，会议制度，施工现场紧急情况

报告制度,工作报告制度,工程验收制度。

四、工程建设监理活动的基本准则

工程建设监理单位从事工程监理活动,应当遵循“守法、诚信、公正、科学”的准则。

(一)守法

守法,是一个公民和社会团体最基本的行为准则,监理单位作为一个独立的法人,其一切经营活动必须在法律允许的范围内,依法经营。

(1)监理单位要从事水利工程建设监理活动必须依法取得《水利工程建设监理单位资质等级证书》,并在其资质等级许可的范围内承揽监理业务。

(2)监理单位不得伪造、涂改、出租、出借、转让、出卖《水利工程建设监理单位资质等级证书》。

(3)建设监理合同一经双方当事人依法签订,即具有法律约束力,监理单位作为合同的一方应按合同约定认真履行,不得无故或故意违背合同的承诺。

(4)水利工程监理单位应接受县级以上人民政府水行政主管部门和流域机构的监督。

(5)监理单位作为企业应遵守国家关于企业法人的相关法律、法规,同时应遵守监理行业的相关法律、法规、规范制度。

(二)诚信

作为一名监理工程师只有踏实工作,履行自己的职责,才能赢得被监理方的尊重,得到委托方的信任,才能顺利地开展监理工作。监理单位只有重合同、守信用,履行自己的合同职责与承诺,才能在市场竞争中立于不败之地,得到更大的发展。所以说,诚信是监理单位经营活动的基本准则之一。

(三)公平

监理单位作为独立的第三方,是工程建设的三大主体之一,对工程建设合同行使管理权。因此,要求监理单位在处理项目法人与承包商之间的矛盾与纠纷时,做到依法、依合同约定公平处理,做到“一碗水端平”。这就要求监理工程师一方面必须具有良好的职业道德修养,坚持实事求是的原则,不为私利违心处理问题,也不唯上级或项目法人的意见是从;另一方面要不断提高自己的专业技术水平,提高自己综合处理问题的能力,不被事件的表象或局部现象所迷惑。

(四)科学

监理是一项技术服务活动,必须要运用科学的手段、采取科学的方法、制订科学的监理方案,才能顺利地开展监理工作,圆满地完成监理任务。项目结束后还要进行科学的总结,为下次更好地开展监理工作提供科学的依据。总之,要在监理工作中,运用科学思想进行“预控”,用科学数据判断、处理问题。

五、工程建设监理的依据

(1)有关工程建设的法律、法规、规章和规范性文件。

(2)工程建设强制性条文、有关的技术标准。

(3)经批准的工程建设项目设计文件及相关文件。

(4)建设监理合同、施工合同、原材料及构配件供货合同等合同文件。

第五节　工程建设项目管理

一、建设项目法人责任制

1992年,国家计划委员会颁布了《关于建设项目实行业主责任制的暂行规定》(计建设[1992]2006号文件);1996年国家计划委员会进一步颁发了《关于建设项目实行法人责任制的暂行规定》(计建设[1996]673号文件),推出了我国投资体制改革的新举措,建设项目实行法人责任制。改变了建设经营体制,提高了投资效益,既适应我国社会主义市场经济发展,也使我国的建设管理模式与国际接轨。

(一)项目法人

项目法人是依据《中华人民共和国公司法》成立的从事项目开发的有限责任公司和股份有限公司。项目法人是项目建设的责任主体,依法对所开发的项目负有项目的策划、资金筹措、建设实施、生产经营、债务偿还和资本的保值增值等责任,并享有相应的权利。

(二)项目法人的设立

根据国家计划委员会颁发的《关于建设项目实行法人责任制的暂行规定》文件规定:国有单位经营性基本建设大中型项目在建设阶段必须组建项目法人。

新上项目在项目建议书被批准后,应及时组建项目法人筹备组,具体负责项目法人的筹建工作。项目法人筹备组应主要由项目的投资方派代表组成。有关单位在申报项目可行性研究报告时,需同时提出项目法人的组建方案。否则,其项目可行性研究报告不予审批。项目可行性研究报告经批准后,正式成立项目法人。

2000年7月国务院转发了国家计划委员会、财政部、水利部、建设部《关于加强公益性水利工程建设管理的若干意见》(国发[2000]20号)。对水利工程项目法人的设立做了明确规定:按照《水利产业政策》,根据作用和受益范围,水利工程建设项目划分为中央项目和地方项目。中央项目由水利部(或流域机构)负责组建项目法人(即项目责任主体),任命法人代表。地方项目由项目所在地的县级以上地方人民政府组建项目法人,任命法人代表,其中总投资在2亿元以上的地方大型水利工程项目,由项目所在地的省(自治区、直辖市及计划单列市)人民政府负责或委托组建项目法人,任命法人代表。

(三)项目法人的主要职责

项目法人对项目建设的全过程负责,对项目的工程质量、工程进度和资金管理负总责。其主要职责为:负责组建项目法人在现场的建设管理机构,负责落实工程建设计划和资金,负责对工程质量、进度、资金等进行管理、检查和监督,负责协调项目的外部关系。

项目法人应当按照《中华人民共和国合同法》和《建设工程质量管理条例》的有关规定,与勘测设计单位、施工单位、工程监理单位签订合同,并明确项目法人、勘测设计单位、施工单位、工程监理单位质量终身责任人及其所应负的责任。

根据水利部1995年4月颁布的《水利工程建设项目实行项目法人责任制的若干意见》(水利部水建[1995]129号)文件的规定,项目法人的主要管理职责有:

(1)负责筹集建设资金,落实所需外部配套条件,做好各项前期工作。

(2)按照国家有关规定,审查或审定工程设计、概算、集资计划和用款计划。

(3)负责组织工程设计、监理、设备采购和施工的招标工作,审定招标方案。要对投标单位的资质进行全面审查,综合评选,择优选定中标单位。

(4)审定项目年度投资和建设计划;审定项目财务预算、决算;按合同规定审定归还贷款和其他债务的数额,审定利润分配方案。

(5)按国家有关规定,审定项目(法人)机构编制、劳动用工及职工工资福利方案等,自主决定人事聘任。

(6)建立建设情况报告制度,定期向水利建设主管部门报送项目建设情况。

(7)项目投产前,要组织运行管理班子,培训管理人员,做好各项生产准备工作。

(8)项目按批准的设计文件内容建成后,要及时组织验收和办理竣工决算。

二、建设工程项目管理的基本原理

(一)工程项目概念

工程项目是指建设领域中的项目。一般是指为某种特定的生产能力或使用效能而进行投资建设,包含建筑安装和设备购置,并形成固定资产工程的各类建设项目。例如,建设一定规模的水电站或水利设施,建设一定规模的住宅小区等。

(二)工程项目的特征

(1)唯一性。工程项目具有明确的目标——提供特定的产品或服务。其产品或服务在某些特定的方面有别于其他类似的产品或服务。尽管从事一种产品或服务的单位很多,但由于工程项目建设的时间、地点、条件等都会有若干差别,都涉及某些以前没有做过的事情,所以它总是唯一的。

(2)一次性。每个工程项目都有其确定的终点,所以项目的实施都将达到其终点。从这个意义上讲,它们都是一次性的。一次性并不意味着时间短,实际上许多工程要经历若干年。然而,在任何情况下工程项目的期限都是有限的,它不是一种持续不断的工作。

(3)整体性。一个工程项目往往由多个单项工程和多个单位工程组成,彼此之间紧密相关,必须结合到一起才能发挥工程项目的整体功能。

(4)固定性。工程项目都含有一定的建筑或建筑安装工程,都必须固定在一定的地点,都必须受项目所在地的资源、气候、地质等条件制约,接受当地政府以及社会文化的干预和影响。

(5)不确定性。一个工程项目的建成往往需要几年,有的甚至更长,建设过程中涉及面广,由于各种情况的变化带来的不确定性因素较多。

(6)不可逆转性。工程项目实施完成后,很难推倒重来,否则将要造成大量的损失,因此工程建设具有不可逆转性。

(三)工程项目管理概念和任务

工程项目管理是运用科学的理念、程序和方法,采用先进的管理技术和现代化管理手段,对工程项目投资建设进行策划、组织、协调和控制的一系列活动。

工程项目管理的任务是,通过选择适宜的管理方式,构建科学的管理体系,进行规范有序的管理,力求项目决策和实施各阶段、各环节的工作协调、顺畅、高效,实现项目建设投资省、质量优、效益好。

（四）工程项目管理的基本原理

1. 目标的系统管理

目标的系统管理就是把整个项目的工作任务和目标作为一个完整的系统加以统筹、控制。目标的系统管理包括两个方面：一方面首先确定工程项目总目标，采用工作分解结构方法将总目标层层分解成若干个子目标和可执行目标，将它们落实到工程项目建设周期的各个阶段和各个责任人，并建立由上而下、由整体到局部的目标控制系统。另一方面，要做好整个系统中各类目标（如质量目标、进度目标和费用目标）的协调平衡和各分项目标的衔接和协作工作，使整个系统步调一致、有序进行，从而保证总目标的实现。

2. 过程控制管理

无论总目标还是各项子目标的实现都有一个投入到产出成果再到实现目标的过程。利用过程控制的原理，通过工作流程（或业务流程）对实现目标的过程及相关资源和投入过程进行动态管理，预先安排好过程最终步骤、流程、控制方法以及资源需求，规定好组织内各部门之间的关键活动和接口，及时测量、统计关键活动的成果并及时反馈，不断改进，可以更有效地使用资源，既满足顾客的要求，又降低成本，保证质量和进度，使相关方受益。

三、工程建设项目经理责任制

工程建设项目经理责任制是以工程项目为对象，以项目经理负责为核心，以项目目标为依据，以取得项目最佳效益为目的的现代管理制度。项目经理由符合相应资质要求，具有项目管理经验和能力，善于组织、协调、沟通和协作的人员担任。项目经理由法定代表人任命，并根据法定代表人的授权范围、期限和内容，履行管理职责。

（一）项目经理的作用

项目经理在项目管理中的主要作用包括领导作用、沟通作用、组织作用、计划作用、控制作用和协调作用等。

（二）项目经理应具备的条件

项目经理是法人代表在项目上的代理人和项目建设全过程的总负责人，应具备以下条件：

（1）必须具备所需的专业资质条件。

（2）具有丰富的业务知识，包括工程技术知识、经营管理知识和法律知识等。

（3）有一定的管理经验，善于处理人际关系，具有较强的组织、协调和领导能力。

（4）实践经验丰富，判断和决策能力强。

（5）思维敏捷，具有处理复杂问题的应变能力。

（6）工作认真负责，坚持原则，秉公办事，作风正派，知人善任。

（三）项目经理的职责

项目经理的职责与法定代表人及合同的授权有关，但一般项目经理的主要职责有：

（1）组建项目团队。

（2）组织制定各项管理制度。

（3）组织分解项目目标，制订项目实施计划。

（4）在项目实施过程中依据项目目标对项目的质量、进度、投资、安全、环境保护等进行全过程的组织、管理和控制，确保项目目标的实现。

(5)履行合同职责,处理合同变更、索赔。

(6)处理项目建设中出现的问题。

(7)协调内、外关系。

四、项目信息管理与动态管理系统

(一)项目信息管理

现代社会是信息社会,信息既是管理、组织、计划、决策的重要依据,又是生产经营过程中进行组织、控制的主要手段。因此,信息是组织中沟通联络的媒介,犹如一个组织的"神经网络系统",在管理中占据着重要的位置。

信息应具有如下特征:真实性、系统性、载体依附性、时效性、共享性、不完全性。

信息管理是一个比较复杂的管理过程,它是信息收集、信息加工、信息传输、信息存储、信息检索等一系列工作的总称。

信息管理的目的是通过有组织的信息流通,使决策者能及时、准确地获得有用的信息,并作出决策。

信息管理应遵循以下原则:

(1)及时、准确和全面的提供信息,并应进行规范化的编码信息。

(2)用定量的方法分析数据和定性的方法归纳数据知识。

(3)适用不同管理层的不同要求。

(4)尽可能高效、低耗地处理信息。

工程建设项目信息管理具有以下几方面特点:

(1)信息量大,由于项目投资大、周期长,涉及部门、种类、专业多,因此信息量巨大。

(2)信息系统性强,工程项目具有一次性特点,所管理的对象呈现系统化。

(3)信息变化多,信息从发送到接收过程中,涉及的部门多、专业多、渠道多、环节多、用途多、形式多。

(4)信息产生滞后,信息在项目建设和管理过程中产生,需要经过加工、整理、传递然后到达决策者手中。

信息管理主要有四个环节,即信息的获取、处理、传递和存储。信息的获取应该及时、准确、全面,信息的处理是使信息真实、实用,信息的传递应快速准确,信息的存储应安全可靠,便于查阅。

工程建设项目信息通常按照以下几种方式划分。

1.按建设项目的目标划分

(1)投资控制信息。

(2)质量控制信息。

(3)进度控制信息。

(4)合同信息。

2.按建设项目信息的来源划分

(1)工程项目内部信息。

(2)工程项目外部信息。

3. 按建设项目信息的稳定程度划分

(1)静态信息。

(2)动态信息。

4. 按建设项目信息的层次划分

(1)决策层信息。

(2)管理层信息。

(3)实务层信息。

(二)项目动态管理系统

工程项目建设过程具有信息量大、变化多、分布不均匀的特点,要顺利地实现项目总目标,就必须形成一个有效的管理信息系统(Management Information System,简称 MIS),为项目管理层提供及时准确的决策依据。同时,项目管理的一个重要特征是动态管理,它要求整个公司的人、财、物、机等各种资源在各项目中动态平衡,优化配置,产生最佳的组合效益。因此,经营决策层必须随时掌握公司各种资源在空间、时间上的分布状况和变化程度,这就要求各类信息能及时准确地收集、传递和处理。

项目动态管理系统就是一个由人、计算机、通信设备等硬件和软件组成的。能进行信息收集、传输加工、保存和使用的系统,围绕人、财、物、机等生产要素频繁流动的过程,加强信息的收集、处理、反馈、跟踪,对项目实行动态管理。按照项目动态管理的要求,在企业的内部应设三级信息网络,公司一级决策层设信息中心,项目经理部(管理层)设信息站,施工队(作业层)设信息组,并利用计算机进行联网和远程通信,代替国内目前流行的单用户单项程序或集成软件,实现各项目、各部门资源共享,信息实时处理。

项目动态管理计算机信息系统是以计算机为手段,采集、存储和处理相关信息,为建设项目组织、规划和决策提供各种信息服务的计算机辅助管理系统。

它由信息源、信息获取、信息处理和存储、信息接收以及信息反馈等环节组成。

建立项目管理信息系统的目标是实现项目信息的全面管理、有效管理,为项目目标控制、合同管理服务。

项目管理信息系统可以为项目高层管理者提供决策所需要的信息、手段、模型和决策支持;为中层管理者提供必要的办公自动化手段,方便处理简单性的事物作业;为项目计划编制人员提供人、财、物、设备等综合性数据,为编制和修改计划提供科学手段。

建立管理信息系统的前提是建立科学、合理的项目管理组织和管理制度。它有如下含义:

(1)项目管理的组织内部职能分工明确化,岗位职责明确化,从组织上保证信息传送流畅。

(2)日常业务标准化,把管理中重复出现的业务,按照部门功能的客观要求和管理人员的长期经验,规定成标准的工作程序和工作方法,用制度把它们固定下来,成为行动准则。

(3)设计一套完整、统一的报表格式,避免各部门自行其是所造成的报表泛滥。

(4)历史数据应尽量完整,并进行整理编码。

项目动态管理计算机信息系统可包括下列功能模块:

(1)项目信息管理。

(2)材料设备管理。

(3)人员管理。
(4)年度计划管理。
(5)项目进度管理。
(6)项目质量管理。
(7)项目资金管理。
(8)环境保护与水土保持管理。
(9)安全生产与文明施工管理。
(10)项目合同管理。
(11)项目文档管理。
(12)财务审计管理。
(13)报表管理。
(14)文书档案管理。

第六节 水利工程管理

一、水利工程项目性质

根据水利工程项目的服务对象和经济属性,其性质基本分属三大类:公益性(又称社会公益性)、准公益性(又称有偿服务性)、经营性(又称生产经营性)。

(一)公益性水利工程项目

属公益性质范畴的有防洪、除涝、水土保持等水利工程项目。

公益性水利工程项目,能有效地抵御洪涝灾害对自然环境系统和社会经济系统造成的冲击和破坏,为国民经济和社会发展提供安全保障。但其不能像电力、交通等基础产业易设立回收装置,而不能以货币形式回收这种巨大的分散化的效益,或不能以货币回报其巨额投资。其效益表现在它有极好的外部效果,而产业本身则无财务效益。

公益性水利工程项目的产权特征纯属公共产品,其消费具有非排他性,难以进行市场交换,市场机制不起作用,一般企业不会也无法提供这类公共产品或服务。

(二)准公益性水利工程项目

属准公益性质范畴的有农业灌溉供水项目,或指既承担防洪、排涝等公益性任务,又有供水、水力发电等经营性功能的水利工程。

从理论上讲,通过水利工程改变自然水的空间、时间分布的农业灌溉用水属于商品,经营农业灌溉用水应是营利性的商业活动。但农业作为国民经济的基础,国家一直采取扶持和优化发展的政策,规定:农业中粮食作物按供水成本核定水费;新建水利工程的供水价格,要按照满足运行成本和费用、缴纳税金、归还贷款和获得合理利润的原则制定;农业灌溉工程的建设资金由国家财政性资金安排,维护运行管理费由各级财政预算支付等。一系列政策体现了其优惠性。

由于农业成本高,农民收入水平低,农业供水收费标准事实上大多还远远低于灌溉供水成本。不同项目供水成本差异很大,各地农业经济发展极不平衡,为农业供水制定统一政策带来困难。

（三）经营性水利工程项目

属经营性质范畴的有工业及城镇供水、水力发电、水产、旅游等水利工程项目。

该类水利工程项目主要为企业和消费者提供商品或其他产品和服务。按照市场规律，企业或消费者按核定的商品水价格或服务价格支付费用，经营者除回收成本和缴纳税收外，还有合理的盈利。这类项目实行企业管理，应按现代企业制度的基本原则，依据《中华人民共和国公司法》组建，按照市场规则参与竞争，从事投、融资和生产经营活动。

二、水利工程运行管理体制改革

水利工程是国民经济和社会发展的重要基础设施。60 多年来，我国兴建了一大批水利工程，在抗御水旱灾害、保障经济社会安全、促进工农业生产持续稳定发展、保护水土资源和改善生态环境等方面发挥了重要作用。

但是，水利工程管理中存在的问题也日趋突出，主要是水利工程管理体制不顺、水利工程管理单位机制不活、水利工程运行管理和维修养护经费不足、供水价格形成机制不合理、国有水利经营性资产管理运营体制不完善等。这些问题不仅导致大量水利工程得不到正常的维修养护，效益严重衰减，而且对国民经济和人民生命财产安全带来极大的隐患。

为了保证水利工程的安全运行，充分发挥水利工程的效益，促进水资源的可持续利用，保障经济社会的可持续发展，国家有关部门于 2002 年 4 月出台了《水利工程管理体制改革实施意见》，明确了水利工程管理体制改革的目标、原则、主要内容和措施。

（一）水利工程管理体制改革的目标

水利工程管理体制改革的目标是通过深化改革，建立符合我国国情、水情和社会主义市场经济要求的水利工程管理体制和运行机制，具体为：

(1)建立职能清晰、权责明确的水利工程管理体制。

(2)建立管理科学、经营规范的水利工程管理单位（简称水管单位）运行机制。

(3)建立市场化、专业化和社会化的水利工程维修养护体系。

(4)建立合理的水价形成机制和有效的水费计收方式。

(5)建立规范的资金投入、使用、管理与监督机制。

(6)建立较为完善的政策、法律支撑体系。

（二）水利工程管理体制改革的原则

(1)正确处理水利工程的社会效益与经济效益的关系。既要确保水利工程社会效益的充分发挥，又要引入市场竞争机制，降低水利工程的运行管理成本，提高管理水平和经济效益。

(2)正确处理水利工程建设与管理的关系。既要重视水利工程建设，又要重视水利工程管理，在加大工程建设投资的同时加大工程管理的投入，从根本上解决“重建轻管”的问题。

(3)正确处理责、权、利的关系。既要明确政府各有关部门和水管单位的权利和责任，又要在水管单位内部建立有效的约束机制和激励机制，使管理责任、工作效绩和职工的切身利益紧密挂钩。

(4)正确处理改革、发展与稳定的关系。既要从水利行业的实际出发，大胆探索，勇于创新，又要积极稳妥，充分考虑各方面的承受能力，把握好改革的时机与步骤，确保改革顺利进行。

(5)正确处理近期目标与长远发展的关系。既要努力实现水利工程管理体制改革的近期目标,又要确保新的管理体制有利于水资源的可持续利用和生态环境的协调发展。

(三)水利工程管理体制改革的主要内容和措施

1. 明确权责、规范管理

水行政主管部门对各类水利工程负有行业管理责任,负责监督、检查水利工程的管理养护和安全运行,对其直接管理的水利工程负有监督资金使用和资产管理责任。对国民经济有重大影响的水资源综合利用及跨流域(指全国七大流域)引水等水利工程,原则上由国务院水行政主管部门负责管理;一个流域内,跨省(自治区、直辖市)的骨干水利工程原则上由流域机构负责管理;一省(自治区、直辖市)内,跨行政区划的水利工程原则上由上一级水行政主管部门负责管理;同一行政区划内的水利工程,由当地水行政主管部门负责管理。水管单位具体负责水利工程的管理、运行和维护,保证工程安全和发挥效益。

2. 划分水管单位类别和性质,严格定编定岗

1)划分水管单位类别和性质

根据水管单位承担的任务和收益状况,将现有水管单位分为三类:

第一类是指承担防洪、排涝等水利工程管理运行维护任务的水管单位,称为纯公益性水管单位,定性为事业单位。

第二类是指承担既有防洪、排涝等公益性任务,又有供水、水力发电等经营性功能的水利工程管理运行维护任务的水管单位,称为准公益性水管单位。准公益性水管单位依其经营收益情况确定性质,不具备自收自支条件的,定性为事业单位;具备自收自支条件的,定性为企业。目前,已转制为企业的,维持企业性质不变。

第三类是指承担城市供水、水力发电等水利工程管理运行维护任务的水管单位,称为经营性水管单位,定性为企业。

水管单位的具体性质由机构编制部门会同同级财政和水行政主管部门负责确定。

2)严格定编定岗

属于事业性质的水管单位,其编制由机构编制部门会同同级财政部门和水行政主管部门核定。实行水利工程运行管理和维修养护分离(简称管养分离)后的维修养护人员、准公益性水管单位中从事经营性资产运营和其他经营活动的人员,不再核定编制。各水管单位要根据国务院水行政主管部门和财政部门共同制定的《水利工程管理单位定岗标准》,在批准的编制总额内合理定岗。

3. 全面推进水管单位改革,严格资产管理

(1)根据水管单位的性质和特点,分类推进人事、劳动、工资等内部制度改革。

属于事业性质的水管单位,要按照精简、高效的原则,严格控制人员编制;全面实行聘用制,按岗聘人,职工竞争上岗,并建立严格的目标责任制度。属于事业性质的水管单位仍执行国家统一的事业单位工资制度,同时鼓励在国家政策指导下,探索符合市场经济规则、灵活多样的分配机制,把职工收入与工作责任和绩效紧密结合起来。

属于企业性质的水管单位,要按照产权清晰、权责明确、政企分开、管理科学的原则建立现代企业制度,构建有效的法人治理结构,做到自主经营、自我约束、自负盈亏、自我发展。

要努力探索多样化的水利工程管理模式,逐步实行社会化和市场化。对于新建工程,应

积极探索通过市场方式，委托符合条件的单位管理水利工程。

(2)规范水管单位的经营活动，严格资产管理。

由财政全额拨款的纯公益性水管单位不得从事经营性活动。准公益性水管单位要在科学划分公益性和经营性资产的基础上，对内部承担防洪、排涝等公益职能部门和承担供水、发电及多种经营职能部门进行严格划分，将经营部门转制为水管单位下属企业，做到事企分开、财务独立核算。属于事业性质的准公益性水管单位在核定的财政资金到位的情况下，不得兴办与水利工程无关的多种经营项目，已经兴办的要限期脱钩。属于企业性质的准公益性水管单位和经营性水管单位的投资经营活动，原则上应围绕与水利工程相关的项目进行，并保证水利工程日常维修养护经费的足额到位。

加强国有水利资产管理，明确国有资产出资人代表。积极培育具有一定规模的国有或国有控股的企业集团，负责水利经营性项目的投资和运营，承担国有资产的保值增值责任。

4.积极推行管养分离

积极推行水利工程管养分离，精简管理机构，提高养护水平，降低运行成本。

在对水管单位科学定岗和核定管理人员编制的基础上，将水利工程维修养护业务和养护人员从水管单位分离出来，独立或联合组建专业化的养护企业，以后逐步通过招标方式择优确定维修养护企业。

为确保水利工程管养分离的顺利实施，各级财政部门应保证经核定的水利工程维修养护资金足额到位；国务院水行政主管部门要尽快制定水利工程维修养护企业的资质标准；各级政府和水行政主管部门及有关部门应当努力创造条件，培育维修养护市场主体，规范维修养护市场环境。

5.建立合理的水价形成机制，强化计收管理

(1)逐步理顺水价。水利工程供水水费为经营性收费，供水价格要按照补偿成本、合理收益、节约用水、公平负担的原则核定，对农业用水和非农业用水要区别对待，分类定价。农业用水水价按补偿供水成本的原则核定，不计利润；非农业用水(不含水力发电用水)价格在补偿供水成本、费用、计提合理利润的基础上确定。水价要根据水资源状况、供水成本及市场供求变化适时调整，分步到位。

除中央直属及跨省级水利工程供水价格由国务院价格主管部门管理外，地方水价制定和调整工作由省级价格主管部门直接负责，或由市县价格主管部门提出调整方案报省级价格主管部门批准。

(2)强化计收管理。要改进农业用水计量设施和方法，逐步推广按立方米计量。积极培育农民用水合作组织，改进收费办法，减少收费环节，提高缴费率。严格禁止乡村两级在代收水费中任意加码和截留。

供水经营者与用水户要通过签订供水合同，规范双方的责任和权利。要充分发挥用水户的监督作用，促进供水经营者降低供水成本。

6.规范财政支付范围和方式，严格资金管理

(1)根据水管单位的类别和性质的不同，采取不同的财政支付政策。纯公益性水管单位，其编制内在职人员经费、离退休人员经费、公用经费等基本支出由同级财政负担。工程日常维修养护经费在水利工程维修养护岁修资金中列支。工程更新改造费用纳入基本建设投资计划，由计划部门在非经营性资金中安排。

属于事业性质的准公益性水管单位，其编制内承担公益性任务的在职人员经费、离退休人员经费、公用经费等基本支出以及公益性部分的工程日常维修养护经费等项支出，由同级财政负担，更新改造费用纳入基本建设投资计划，由计划部门在非经营性资金中安排；经营性部分的工程日常维修养护经费由企业负担，更新改造费用在折旧资金中列支，不足部分由计划部门在非经营性资金中安排。属于事业性质的准公益性水管单位的经营性资产收益和其他投资收益要纳入单位的经费预算。各级水行政主管部门应及时向同级财政部门报告该类水管单位各种收益的变化情况，以便财政部门实行动态核算，并适时调整财政补贴额度。

属于企业性质的水管单位，其所管理的水利工程的运行、管理和日常维修养护资金由水管单位自行筹集，财政不予补贴。

水利工程日常维修养护经费数额，由财政部门会同同级水行政主管部门依据《水利工程维修养护定额标准》确定。《水利工程维修养护定额标准》由国务院水行政主管部门会同财政部门共同制定。

(2)积极筹集水利工程维修养护岁修资金。为保障水管体制改革的顺利推进，各级政府要合理调整水利支出结构，积极筹集水利工程维修养护岁修资金。中央水利工程维修养护岁修资金来源为中央水利建设基金的30%(调整后的中央水利建设基金使用结构为：55%用于水利工程建设，30%用于水利工程维护，15%用于应急度汛)，不足部分由中央财政给予安排。地方水利工程维修养护岁修资金来源为地方水利建设基金和河道工程修建维护管理费，不足部分由地方财政给予安排。

中央维修养护岁修资金用于中央所属水利工程的维修养护。省级水利工程维修养护岁修资金主要用于省属水利工程的维修养护，以及对贫困地区、县所属的非经营性水利工程的维修养护经费的补贴。

(3)严格资金管理。所有水利行政事业性收费均实行“收支两条线”管理。各有关部门要加强对水管单位各项资金使用情况的审计和监督。

7.完善新建水利工程管理体制

进一步完善新建水利工程的建设管理体制。全面实行建设项目法人责任制、招标投标制和工程监理制，落实工程质量终身责任制，确保工程质量。

要实现新建水利工程建设与管理的有机结合。在制订建设方案的同时制订管理方案，核算管理成本，明确工程的管理体制、管理机构和运行管理经费来源，对没有管理方案的工程不予立项。要在工程建设过程中将管理设施与主体工程同步实施，管理设施不健全的工程不予验收。

小型农村水利工程要明晰所有权，探索建立以各种形式农村用水合作组织为主的管理体制，因地制宜，采用承包、租赁、拍卖、股份合作等灵活多样的经营方式和运行机制，具体办法另行制定。

8.加强水利工程的环境与安全管理

(1)加强环境保护。水利工程的建设和管理要遵守国家环保法律法规，符合环保要求，着眼于水资源的可持续利用。进行水利工程建设，要严格执行环境影响评价制度和环境保护“三同时”制度。水管单位要做好水利工程管理范围内的防护林(草)建设和水土保持工作，并采取有效措施，保障下游生态用水需要。水管单位开展多种经营活动应当避免污染水源和破坏生态环境。环保部门要组织开展有关环境监测工作，加强对水利工程及周边区域环境保护的监督管理。

(2)强化安全管理。水管单位要强化安全意识,加强对水利工程的安全保卫工作。利用水利工程的管理和保护区域内的水土资源开展的旅游等经营项目,要在确保水利工程安全的前提下进行。原则上不得将水利工程作为主要交通通道;大坝坝顶、河道堤顶或戗台确需兼作公路的,需经科学论证和有关主管部门批准,并采取相应的安全维护措施;未经批准,已作为主要交通通道的,对大坝要限期实行坝路分离,对堤防要限制交通流量。

地方各级政府要按照国家有关规定,支持水管单位尽快完成水利工程的确权划界工作,明确水利工程的管理和保护范围。

(3)加快法制建设,严格依法行政。完善水利工程管理的有关法律法规。各级水行政主管部门要按照管理权限严格依法行政,加大水行政执法的力度。

第二章　水　文

第一节　工程水文

一、基本资料内容及复核

(一)基本资料内容

(1)水文计算应深入调查研究、收集、整理、复核基本资料和有关信息,并分析水文特性及人类活动对水文要素的影响。水文计算必须重视基本资料,充分利用已有的实测资料。历史上,我国人民在与江河洪水斗争中留下了许多有关洪水方面的文字记载、民间传说、实地洪痕,这些宝贵的历史洪水资料,对提高设计洪水成果的质量起着关键作用,因此要重视、运用历史洪水、暴雨资料。当工程地址和邻近河段缺乏实测水文资料时,应根据设计要求,及早设立水文测站或增加测验项目。

(2)水文计算依据的资料系列应具有可靠性、一致性和代表性。资料系列的可靠性是水文计算成果精度的重要保证,在进行水文计算时应复核所用资料,以保证资料正确可靠;资料系列的一致性,是指产生各年水文资料的流域和河道的产流、汇流条件在观测和调查期内无根本变化,如上游修建了水库或发生堤防溃决、河流改道等事件,明显影响资料的一致性时,需将资料换算到统一基础上,使其具有一致性;资料系列的代表性,是指现有资料系列的统计特性能否很好反映总体的统计特性。

(3)水文分析计算,根据工程设计需要,应收集、整理工程所在流域、地区、河段的下列基本资料:①流域的地理位置、地形、地貌、地质、土壤、植被、气候等自然地理资料;②流域的面积、形状、水系,河流的长度、比降,工程所在河段的河道形态和纵、横断面等特征资料;③降水、蒸发、气温、湿度、风向、风速、日照时数、地温、雾、雷电、霜期、冰期、积雪深度、冻土深度等气象资料;④水文站网分布,设计依据站和主要参证站实测的水位、潮水位、流量、水温、冰情,以及洪、枯水调查考证等资料;⑤设计依据站和主要参证站的悬移质含沙量、输沙率、颗粒级配、矿物组成,推移质输沙量、颗粒级配等泥沙资料,设计断面或河段床沙的组成、级配及泥石流、滑坡、塌岸等资料;⑥流域已建和在建的蓄、引、提水工程,堤防、分洪、蓄滞洪工程,水土保持工程及决口、溃坝等资料;⑦流域及邻近地区的水文分析计算和研究成果。

收集资料,除在水利水电系统和气象系统的水文测验部门、设计单位、水库(水电站)、气象局进行外,还需要收集航运、铁路、交通、城建、供水、厂矿等有关部门的水文观测和调查资料。

在收集流域基本情况的资料时,应注意分析影响降雨、洪水、径流形成的有关资料。

(4)气象资料主要来源于水文气象系统的实测资料,应特别注意对设计洪水成果影响较大的暴雨资料的收集。暴雨资料主要来源于水文年鉴、暴雨普查及暴雨档案、历史暴雨调查资料及记载雨情、水情与灾情的文献材料。在国家水文气象站点稀少的地区,要注意收集群众性和专用气象站的资料,这些资料大多数虽未经整编刊印,却常有大暴雨记录。

水文站网资料包括:测站的集水面积;测站的设置、停测、恢复及搬迁情况,曾经采用过的高程系统及各高程系统间的换算关系等;测验河段及其上下游一定长度内的河道形势、顺直段长度;断面形状、河床冲淤变化;各级水位的控制条件(如急滩、石梁、弯道、卡口等);洪水时漫滩、分流、串沟、死水、回流、横比降、流向变化;对测流河段有影响的桥梁、水工建筑物、堆渣及河道疏浚等。

水位、流量、泥沙资料包括国家基本站网及专用水文站、水位站的实测、调查资料。这些资料主要从水文年鉴、水文图集及各地区与流域机构编制的水文统计、水文手册、历史洪水调查资料及其汇编中收集。

其他水文资料包括水文资料复查报告、水文分析计算报告、暴雨等值线图、暴雨成因及洪水特性分析报告,各省(自治区、直辖市)编制的暴雨径流查算图表、暴雨时面深关系图等。

(二)基本资料复核

水文计算依据的流域特征和水文测验、整编、调查资料,应进行检查。对重要资料,应进行重点复核。对有明显错误或存在系统偏差的资料,应予以改正,并建档备查。对采用资料的可靠性,应作出评价。

(1)流域面积(集水面积)、河长、比降等是最基本的流域特征资料,尤其是工程地址和设计依据站的集水面积对水文计算成果有较大影响,应查明量算所依据地形图的比例尺和测绘时间,要采用最新量算成果。当不同时期的数值相差较大时,要重新量算。

(2)气象资料应着重查明降水、蒸发的观测场址、仪器类型、观测方法及时段,检查资料的代表性和可靠性。

(3)水位、潮水位资料,应查明高程系统、水尺零点、水尺位置的变动情况,并重点复核观测精度较差、断面冲淤变化较大和受人类活动影响显著的资料。可采用上下游水位相关、水位过程对照以及本站水位过程的连续性分析等方法进行复核,必要时应进行现场调查。

(4)流量资料应着重复核测验精度较差的资料。主要检查浮标系数、水面流速系数、借用断面、水位流量关系曲线等的合理性。可采用历年水位流量关系曲线比较、流量与水位过程线对照、上下游水量平衡分析等方法进行检查,必要时应进行对比测验。

(5)泥沙资料应着重复核多沙年份和测验精度较差的资料。悬移质泥沙资料可采用本站水沙关系分析、上下游含沙量或输沙率过程线对照、颗粒级配曲线比较等方法进行检查。推移质泥沙资料可从测验方法和采样器效率系数等进行检查。

(6)水库水位的代表性和观测时段、库容曲线历次变化、各建筑物过水能力曲线的变动等对水库还原精度影响较大,应重点从这些方面进行复核。其他蓄、引、提水工程,堤防、分洪、蓄滞洪工程,水土保持工程及决口、溃坝等资料,应着重从资料来源、水量平衡等方面检查其合理性。

(7)上述基本资料收集,所指的设计依据站是指位于工程地址或其上下游为工程水文计算提供水文数据的水文站;参证站是指水文计算所参照移用水文数据的测站。

二、水文要素经验频率及统计参数

（一）经验频率

现行频率计算应满足关于样本独立、同分布的要求，即样本的形成条件应具有同一基础。如许多地区的洪水常由不同成因（如融雪、暴雨）、不同类型（如台风、锋面）的暴雨形成，一般认为它们不是同分布的，不宜把它们混在一起进行频率计算，也不能把由于垮坝所形成的洪水加入系列进行频率计算。严格地讲，现有频率分析方法仅适用于同分布的系列。必要时，可按季节或成因分别进行频率计算，然后转换成年最大值频率曲线。

在 n 项连续系列中，按大小次序排列的第 m 项的经验频率 P_m，应按以下数学期望公式计算

$$P_m = \frac{m}{n+1} \times 100\% \tag{2-1}$$

式中：$m=1,2,\cdots,n$。

历史洪水对频率计算成果有重大影响，但历史洪水数值及其调查期、序位等的不确定度又要比实测洪水的大。因此，在适线调整、计算参数时，无论采用何种准则或经验适线，都应慎重对待。不应把一些量值和实测系列中大洪水相差不大的调查洪水也当作历史特大洪水，也不应把那些精度很差，又缺乏确定根据的历史洪水资料加入系列，重点应放在分析、论证少数特大洪水的定量计算和调查期、序位的确定上，并尽可能估计它们可能的误差，以便提高洪水频率分析的精度。

（二）频率曲线的线型及统计参数

我国径流、洪水频率曲线的线型一般应采用皮尔逊Ⅲ型。特殊情况下，经分析论证后也可采用其他线型。

频率曲线的统计参数采用均值 $\overline{X}$、变差系数 C_v 和偏态系数 C_s 表示，它们分别有一定的统计意义。如均值 $\overline{X}$ 表示系列的平均数量水平，C_v 代表系列年际变化剧烈程度，C_s 表示年际变化的不对称度。

统计参数的估计可按下列步骤进行：

（1）初步估计参数。一般首先采用参数估计法（如矩法），估计统计参数。由于含有系统的计算误差，这样得到的频率曲线常与经验点据拟合较差，并且在大多数情况下都是偏小的，可将这些参数值作为下一步适线调整的初始值。选择初始值是采用适线法估计参数的重要环节。由于矩法简单易行，因此使用最广。但有时由于经验点据规律性差，矩法估计参数值仍嫌过粗（即与参数最优解相差过大），这时，可采用其他方法（如概率权重矩法），以使适线迭代过程能迅速收敛。

对于 n 年连续系列，矩法计算各统计参数的公式为

均值
$$\overline{X} = \frac{1}{n}\sum_{i=1}^{n} X_i \tag{2-2}$$

变差系数
$$C_v = \frac{1}{\overline{X}}\sqrt{\frac{1}{n-1}\sum_{i=1}^{n}(X_i-\overline{X})^2} \tag{2-3}$$

偏态系数
$$C_s = \frac{n\sum_{i=1}^{n}(X_i-\overline{X})^3}{(n-1)(n-2)\overline{X}^3 C_v^3} \tag{2-4}$$

(2)采用适线法来调整初步估计的参数。调整时,可选定目标函数求解统计参数,也可采用经验适线法。目前,我国实际工作中采用的适线法有两种:一种是先选择适线目标函数(即适线准则),然后求解相应的最优统计参数;另一种是经验适线法(目估适线法)。

选择适线准则时,应考虑洪水资料精度,并且要便于分析、求解。当系列内各项洪水(绝对)误差比较均匀时,可考虑采用离差平方和准则或离差绝对值和准则;当不同量级的洪水(尤其是历史洪水)误差差别较大,但相对误差比较均匀时,可考虑采用相对离差平方和准则,这种方法不仅较前两种方法更符合水文资料的误差特点,而且具有更好的统计特性。近年研究表明,当洪水点据准确时(即理想系列),适线法能给出参数的准确解;当点据不准确时(如实际使用的洪水系列),适线法能给出某种准则下统计参数的最优解。

经验适线法简易、灵活,能反映设计人员的经验,但难以避免设计人员的主观任意性,而且为适线方便,经验拟定的 C_s/C_v 值也缺乏根据。当采用经验适线法时,径流频率计算应在拟合点群趋势的基础上,侧重考虑平、枯水年的点据。洪水频率计算时,应尽可能拟合全部点据,尽量照顾点群的趋势,使曲线通过点群中心,拟合不好时,可侧重考虑较可靠的大洪水点据。对于特大洪水,应分析它们可能的误差范围,不宜机械地通过特大洪水,而使频率曲线脱离点群。

双权函数法是为克服矩法估计量系统偏低,提高求矩的计算精度,以还原假想样本而提出的。当经验点据分布比较有规律时,也可采用双权函数法计算频率曲线的统计参数。

(3)适线调整后的统计参数应根据本站径流、洪峰、不同时段洪量统计参数和设计值的变化规律,以及上下游、干支流和邻近流域各站的成果进行合理性检查,必要时可作适当调整。

三、径流分析计算

(一)径流分析计算内容

(1)径流特性分析。

(2)人类活动对径流的影响分析及径流还原。

(3)径流资料插补延长。

(4)径流系列代表性分析。

(5)年、期径流及其时程分配的分析计算。

(6)计算成果的合理性检查。

径流分析计算一般包括以上各项内容,但并不是所有的工程都要完成全部内容,可以根据设计要求有所取舍。对径流特性要着重分析径流补给来源、补给方式及其年内、年际变化规律。

径流统计分析要求径流系列具有随机特性,而这种特性只有在未受人类活动影响、河流处于天然状态下的水文资料才能满足。因此,径流计算应采用天然径流系列。当径流受人类活动影响较小或影响因素较稳定、径流形成条件基本一致时,径流计算也可采用实测系列。

(二)径流还原

人类活动使径流量及其过程发生明显变化时,应进行径流还原计算。还原水量包括工农业及生活耗水量、蓄水工程的蓄变量、分洪溃口水量、跨流域引水量及水土保持措施影响水量等项目，应对径流量及其过程影响显著的项目进行还原。一般情况下，工农业用水中农业灌溉是还原计算的主要项目，应详细计算，工业用水量可通过工矿企业的产量、产值及单产耗水量调查分析而得。蓄水工程的蓄变量可按水位和容积曲线推求。跨流域引出水量为直接还原水量，跨流域引入水量只计算其回归水量。水土保持措施对径流的影响可根据资料条件分析计算。

径流还原计算可采用分项调查法、降雨径流模式法、蒸发差值法等。集水面积较大时，可根据人类活动影响的地区差异分区调查计算。

分项调查法以水量平衡为基础，当社会调查资料比较充分，各项人类活动措施和指标比较落实时，可获得较满意的结果。一般根据各项措施对径流的影响程度采用逐项还原或对其中的主要影响项目进行还原。径流还原计算分项调查法采用的水量平衡方程式为

$$W_{天然} = W_{实测} + W_{农业} + W_{工业} \pm W_{生活} \pm W_{调蓄} \pm W_{水保} + W_{蒸发} \pm W_{引水} \pm W_{分洪} \pm W_{渗漏} \pm W_{其他} \tag{2-5}$$

降雨径流模式法适用于人类活动措施难以调查或调查资料不全时，直接推求天然径流量。首先建立未受人类活动等影响的降雨径流模式，再采用受人类活动等对径流有显著影响期间的降水资料，推求天然径流量。

蒸发差值法适用于时段较长情况下的还原计算。还原时可略去流域蓄水量变化，还原量为人类活动前后流域蒸发的变化量。使用时要注意流域平均雨量计算的可靠性、蒸发资料的代表性和蒸发公式的地区适用性。

还原计算应逐年、逐月（旬）进行。逐年还原所需资料不足时，可按人类活动措施的不同发展时期采用丰水、平水、枯水典型年进行还原估算。逐月（旬）还原所需资料不足时，可分主要用水期和非主要用水期进行还原估算。

对还原水量和还原后的天然径流量成果，要进行合理性检查。采用分项调查法进行还原计算时，要着重检查和分析各项人类活动措施数量和单项指标的准确性；经还原计算后的上下游、干支流长时段径流量，要基本符合水量平衡原则。可通过点绘还原前后上下游年、月径流相关图，根据降雨分布和下垫面条件检查还原前后相关关系的合理性。也可通过还原前后的径流深点绘降雨径流关系，通常还原后的相关点据较还原前的相关点据集中，相关系数提高，且符合地区降雨径流关系的一般规律。

（三）径流资料的插补延长

径流频率计算依据的资料系列应在30年以上。当设计依据站实测径流资料不足30年，或虽有30年但系列代表性不足时，应进行插补延长。插补延长年数应根据参证站资料条件、插补延长精度和设计依据站系列代表性要求确定。在插补延长精度允许的情况下，尽可能延长系列长度。

径流系列的插补延长，根据资料条件可采用下列方法：

（1）本站水位资料系列较长，且有一定长度流量资料时，可通过本站的水位流量关系插补延长。

（2）上下游或邻近相似流域参证站资料系列较长，与设计依据站有一定长度同步系列，相关关系较好，且上下游区间面积较小或邻近流域测站与设计依据站集水面积相近时，可通过水位或径流相关关系插补延长。

（3）设计依据站径流资料系列较短，而流域内有较长系列雨量资料，且降雨径流关系较

好时，可通过降雨径流关系插补延长。该法较适合于我国南方湿润地区，对于干旱地区，降水径流关系较差，难以利用降雨径流关系来插补径流系列。

采用相关关系插补延长时，其成因概念应明确。相关点据散乱时，可增加参变量改善相关关系；个别点据明显偏离时，应分析原因。相关线外延的幅度不宜超过实测变幅的50%。

对插补延长的径流资料，应从上下游水量平衡、径流模数等方面进行分析，检查其合理性。

（四）径流系列代表性分析

径流计算要求系列能反映径流多年变化的统计特性，较好地代表总体分布。系列代表性分析包括设计依据站长系列、代表段系列对其总体的代表性分析。由于总体是未知的，一般系列越长，样本包含总体的各种可能组合信息越多，其代表性越好，抽样误差越小。径流系列应通过分析系列中丰、平、枯水年和连续丰、枯水段的组成及径流的变化规律，评价其代表性。

当设计依据站径流系列代表性不足且又难以延长系列时，可通过参证站长、短系列的统计参数或地区综合，对发现偏丰或偏枯的设计依据站系列，参照参证站长、短系列的比例关系，对径流计算进行修正。当难以修正时，应对计算成果加以说明。

（五）径流计算

径流的统计时段可根据设计要求选用。对水电工程，年水量和枯水期水量决定其发电效益，采用年或枯水期作为统计时段；而灌溉工程则要求灌溉期或灌溉期各月作为统计时段。

当工程地址与设计依据站的集水面积相差不超过15%，且区间降水和下垫面条件与设计依据站以上流域相似时，可按面积比推算工程地址的径流量。若两者集水面积相差超过15%，或虽不足15%，但区间降水、下垫面条件与设计依据站以上流域差异较大，应考虑区间与设计依据站以上流域降水、下垫面条件的差异，推算工程地址的径流量。

根据资料条件和设计要求，可采用长系列或选用代表段、代表年的径流资料作为设计的依据。代表段的径流系列中应包括丰、平、枯水年，且其年径流的均值、变差系数应与长系列接近。代表年应选择测验精度较高的年份，其年、期的径流量应与设计频率的径流量接近。

径流资料短缺时，工程地址径流量可根据设计流域降水资料，采用设计流域或邻近相似流域的降水径流关系估算，也可采用经主管部门审批的最新水文图集或水文比拟、地区综合等方法估算。设计年径流的年内分配，可参照邻近相似流域的资料，采用水文比拟、地区综合等方法分析确定。水文资料短缺地区的水文计算，应采用多种方法，对计算成果综合分析，合理确定。

径流的分析计算成果，可通过上下游、干支流及邻近流域的径流量对比分析，按水量平衡原则、水文要素地区变化规律等检查其合理性。

四、设计洪水计算

（一）设计洪水计算的内容

水利水电工程设计所依据的各种标准的设计洪水，包括洪峰流量、时段洪量及设计洪水过程线，可根据工程设计要求计算其全部或部分内容。

水利水电工程设计洪水一般可采用坝址洪水，当库区的天然河道槽蓄量较大、干支流洪水易发生遭遇时，应采用入库洪水作为设计依据。当库区的天然河道槽蓄量较小、干支流洪水遭遇改变不大时，对于壅水不高、库容较小，或壅水虽高但河道比降较陡、回水距离较短、洪枯水位的河宽变化不大的河道型水库，可采用坝址洪水作为设计依据。有的水库虽然入库洪水与坝址洪水差别较大，但水库调洪库容很大时，仍可采用坝址洪水作为设计依据。

根据资料条件，设计洪水一般可采用下列一种或几种方法进行计算：

(1)坝址或其上、下游邻近地点具有30年以上实测和插补延长洪水流量资料，并有调查历史洪水时，应采用频率分析法计算设计洪水。

(2)工程所在地区具有30年以上实测和插补延长暴雨资料，并有暴雨洪水对应关系时，可采用频率分析法计算设计暴雨，推算设计洪水。

(3)工程所在流域内洪水和暴雨资料均短缺时，可利用邻近地区实测或调查暴雨和洪水资料，进行地区综合分析，估算设计洪水。

当工程设计需要时，可用水文气象法估算可能最大暴雨，再推算可能最大洪水。计算资料短缺地区设计洪水和可能最大洪水时，应尽可能采用几种方法。对各种方法计算的成果，应进行综合分析，合理选定。

(二)洪水、暴雨系列

(1)频率计算中的洪峰流量和不同时段的洪量系列，应由每年最大值组成。洪峰流量每年只选取最大的一个洪峰流量，洪量采用固定时段独立选取年最大值。时段的选定，应根据汛期洪水过程变化、水库调洪能力和调洪方式，以及下游河段有无防洪、错峰要求等因素确定。当有连续多峰洪水、下游有防洪要求、防洪库容较大时，则设计时段较长，反之较短。一般常用时段为3 h、6 h、12 h及1 d(或24 h)、3 d、5 d、7 d、10 d、15 d、30 d等。当洪水特性在一年内随季节或成因明显不同时，可分别进行选样统计，但划分不宜过细。

(2)洪水系列应具有一致性。当流域内修建蓄水、引水、分洪、滞洪等工程，或发生决口、溃坝等情况，明显影响各年洪水的一致性时，应将资料还原到同一基础，对还原资料应进行合理性检查。洪水流量的还原计算应根据不同工程所造成的影响，采用不同的方法。

当受上游大中型水库影响时，应推算上游水库的入库洪水，再将入库洪水按建库前状态汇流条件演算至上游水库坝址，然后与区间洪水叠加，顺演至设计断面，即为还原成果。当受上游引水、分洪、溃决、滞洪影响时，应将引水、分洪等流量过程演算至设计断面与实测流量过程叠加即为还原成果；受水利、水土保持措施影响，流域内产汇流关系有明显改变，且流域面积不大时，可用改变前的暴雨径流关系及汇流曲线推算相应的洪水过程线。

(3)当实测洪水系列较短或实测期内有缺测年份时，可用下列方法进行洪水资料的插补延长。①当上、下游或邻近流域测站有较长实测资料，且与本站同步资料具有较好的关系时，可据以插补延长；②当洪峰和洪量关系以及不同时段洪量之间的关系较好时，可相互插补延长；③本流域暴雨与洪水的关系较好时，可根据暴雨资料插补延长洪水资料。

插补延长的洪水资料应从上下游的水量平衡，本站长短时段洪量变化及降雨径流关系的变化规律等方面进行综合分析，检查插补成果的合理性。

洪水频率计算成果的质量主要取决于系列代表性，要求系列能较好地反映洪水多年变化的统计特性。调查历史洪水、考证历史文献和洪水系列的插补延长是增进系列代表性的重要手段。

（三）历史洪水和暴雨的调查与考证

（1）设计洪水分析计算要求具有较长系列的水文资料作基础。用短期资料计算设计洪水，其成果可靠度较差，但是当充分考虑历史洪水资料以后，可以提高计算成果的可靠度。据我国早期50座大型水库统计，在使用了历史洪水资料以后的设计洪水成果经多次复核计算，始终比较稳定。实践证明，在设计洪水计算中应充分运用历史洪水资料，这是我国水利水电工程设计洪水分析计算的一条重要经验。

（2）在使用调查洪水资料汇编成果时，应当注意不同河段或同一河段不同年份洪峰流量的精度往往不同。因此，在使用之前必须对河段水文资料整编情况进行全面了解，对重大的历史洪水调查成果还应作进一步检查、核实。复核的重点应侧重在所选用的估算流量的方法及各项计算参数是否适当和合理。有条件时，还应根据近期所发生的大洪水，对原采用的水位流量关系曲线、高水糙率、比降等参数进行率定。

除掌握调查洪水资料外，还应当通过历史文献、文物资料的考证，进一步了解更长历史时期内大洪水发生的情况和次数，以便合理确定历史洪水的重现期。

（3）历史洪水调查应着重调查洪水发生时间、洪水位、洪水过程、主流方向、断面冲淤变化及影响河道糙率的因素，并了解雨情、灾情、洪水来源、有无漫流、分流、壅水、死水，以及流域自然条件变化等情况。

调查洪水洪峰流量可采用的方法有：①当调查河段附近有水文站时，可将调查洪水位推算至水文站，用水位流量关系曲线推求洪峰流量；②当调查河段无水文测站、洪痕测点较多、河床稳定时，一般可用比降法推算洪峰流量；③当调查河段较长、洪痕测点较少、河底坡降及过水断面变化较大时，一般可采用水面曲线法推算洪峰流量；④有条件时，可采用几种方法估算洪水的洪峰流量，经综合比较，合理确定。

对估算的历史洪水的峰量，除从本断面估算流量时所选用的有关参数及估算方法进行综合分析检查外，还应从面上进行综合分析。洪水的时空分布在流域面上或一个地区有一定的规律，对同一次洪水可通过本流域的上下游、干支流或相邻流域的资料作对比分析。发现矛盾时，应当深入调查研究，找出问题，对成果进行调整。

由于我国雨量站网密度较稀，且分布又很不均匀，暴雨中心的雨量不易观测到，尤其是干旱地区，经常发生局地性大强度暴雨，而这些地区站网密度更稀，用暴雨推算设计洪水时，暴雨调查更有必要。国内一些点暴雨极值也是通过调查获得的。对近期发生的大洪水，在没有水文测站的河流或由于水文测验设施等限制没有观测到资料时，应及时进行洪水调查。

我国历史文献非常丰富，通过文献和文物资料的考证，可以了解到更远历史年代的大洪水情况。文献记载多属于描述性质，难以定量，但可以了解到在文献考证期内大洪水发生的年份、次数、量级及大小序位。根据文献记载中有关洪水淹没土地、建筑物破坏程度及人员伤亡等灾害情况的文字描述及有定量的调查洪水的对比，可以分析各次洪水的量级范围与大小序位，以便合理确定计算系列中历史洪水的重现期。

（四）经验频率、统计参数及设计值

经验频率、统计参数及设计值具体叙述详见前文。

（五）设计洪水过程线

设计洪水过程线应选资料较为可靠、具有代表性、对工程防洪运用较不利的大洪水作为典型，采用放大典型洪水过程线的方法推求。

放大典型洪水过程线时,可根据工程和流域洪水特性,采用下列方法:

(1)同频率放大法。按设计洪峰及一个或几个时段洪量同频率控制放大典型洪水,也可按几个时段洪量同频率控制放大,所选用的时段以2~3个为宜。

(2)同倍比放大法。按设计洪峰或某一时段设计洪量控制,以同一倍比放大典型洪水。

水库工程,当防洪库容较小时,一般以洪峰流量或短时段洪量作控制计算设计洪水;当防洪库容较大时,一般以较长时段的洪量作控制。根据设计需要,也可以洪峰及洪量同时控制。

(六)成果合理性检查

对设计洪水计算过程中所依据的基本资料、计算方法及其主要环节、采用的各种参数和计算成果,应进行多方面分析检查,论证其合理性。

水文资料短缺地区的设计洪水,一般由设计暴雨推求,而设计暴雨的确定有赖于诸多因素,如点面关系的换算、长短历时设计暴雨的确定、雨型及雨图等各个环节。当设计暴雨选定之后,再通过产、汇流估算设计洪水,其中又有多个环节。计算可能最大洪水时,存在多种因素的影响,具有一定的误差,目前所采用的方法还不够完善。因此,资料短缺地区的设计洪水和可能最大洪水的计算,应尽可能采用几种方法,对成果进行综合比较,最后合理选用数据。

对大型工程或重要的中型工程,用频率分析法计算的校核标准设计洪水,应计算抽样误差。经综合分析检查后,如成果有偏小的可能,应加安全修正值,安全修正值的数据,可根据综合分析成果偏小的可能幅度并参考均方差计算结果来确定,一般不超过计算值的20%。

五、水位流量关系拟订

(一)基本方法

(1)根据工程设计要求,应拟订设计断面工程修建前天然河道的水位流量关系,水位高程系统应与工程设计采用的高程系统一致。我国各地水位观测和洪、枯水调查采用的高程系统较多,同一水准点基面平差前后的数值也有差异,水文站、水位站多采用冻结基面和假定基面。拟订水位流量关系时,要查明水位高程的基面系统、平差情况及其转换关系,如与工程设计采用的基面不一致,应予以转换。

(2)设计断面实测水位、流量资料较充分时,可根据实测资料拟订水位流量关系曲线。设计断面有实测水位资料、上下游有可供移用的流量资料时,可根据实测水位和移用流量拟订水位流量关系曲线。

上下游有可供移用的流量资料、设计断面无实测水位资料时,应设站观测水位。上下游无可供移用的流量资料、设计断面有实测水位资料时,应在设计断面所在河段施测流量。

设计断面所在河段无实测水文资料时,应进行水文调查和临时测流,用多种方法综合拟订水位流量关系曲线。

(3)非单一性的水位流量关系曲线,应分析其成因,提出反映不同影响因素的下列水位流量关系曲线:①受洪水涨落而产生附加比降影响的绳套曲线,可通过校正因素、抵偿河长等方法对其进行改正,或依据洪水峰、谷点据拟订其稳定的水位流量关系曲线,也可根据洪水涨落率的变化范围及设计应用条件,分别拟订涨水、落水的外包线或平均线;②受下游变动回水影响的河段,可拟订以下游顶托水位(流量)为参数的一簇水位流量关系曲线;③断面冲淤变化较大的河段,可拟订现状水位流量关系曲线,也可根据设计要求,预估某设计年的水位流量关系曲线。

(4)设计断面位于河弯、分汊等河段时,应分析横比降或分流的影响,可分别拟订左、右岸或各河汊的水位流量关系曲线。

(二)水位流量关系曲线的延长

水位流量关系曲线的高水外延,应利用实测大断面、洪水调查等资料,根据断面形态、河段水力特性,采用斯蒂文斯(Stevens)法、水位面积与水位流速关系曲线法、水力学法、顺趋势外延等多种方法综合分析拟订。低水延长,应以断流水位控制。断流水位可用图解法、试算法推求,也可从河道纵断面图上的河床凸起处的高程确定,低水延长产生的相对误差一般较大,应特别慎重。高水部分的延长幅度一般不应超过当年实际测流量所占水位变幅的30%,低水部分的延长幅度一般不应超过10%。

1.水位面积与水位流速关系高水延长

水位面积与水位流速关系高水延长适用于河床稳定,水位面积、水位流速关系点集中,曲线趋势明显的测站。其中,高水时的水位面积关系曲线可以根据实测大断面资料确定,高水时水位流速关系曲线常趋近于常数,可按趋势延长。某一高水位下的流量,便可由该水位的断面面积和流速的乘积来确定。

2.水力学公式高水延长

用水力学公式计算出外延部分的流速值来辅助定线,可避免高水延长中水位流速关系延长的任意性,主要有曼宁公式法和斯蒂文斯法等。

曼宁公式

$$v = \frac{1}{n}R^{2/3}S^{1/2} \tag{2-6}$$

式中 v——流速;

n——糙率;

R——水力半径;

S——水面比降。

斯蒂文斯法由谢才流速公式计算流量

$$Q = CA\sqrt{RS} \tag{2-7}$$

式中 Q——流量;

C——谢才系数;

A——断面面积;

其余符号含义同前。

该法认为 $C\sqrt{S}$ 为常数。

3.水位流量关系曲线的低水延长法

低水延长一般是以断流水位作控制进行延长的。断流水位是指流量为零时的相应水位。假定关系曲线的低水部分用以下的方程式来表示

$$Q = K(Z - Z_0)^n \tag{2-8}$$

式中 Z_0——断流水位;

n、K——固定的指数及系数。

根据实际水位流量点据可以确定 Z_0，低水延长时，以坐标 Z_0 为控制点，将水位流量关系曲线向下延长至当年最低水位即可。

拟订的水位流量关系曲线，应从依据资料、河段控制条件、拟订方法等方面，进行合理性检查。

第二节 水资源评价

一、水资源评价的基本要求

(1)水资源是重要的自然资源和经济资源，在保障社会经济可持续发展中具有不可替代的作用。查明水资源状况，是开发、利用、保护、管理水资源，制定宏观经济社会发展规划及编制有关专项规划的基础工作。

(2)水资源评价内容包括水资源数量评价、水资源质量评价和水资源利用评价及综合评价。水资源评价的内容和精度应满足国家及相应区域社会经济宏观决策的需要。

(3)水资源评价工作要求客观、科学、系统、实用，并遵循以下技术原则：①地表水与地下水统一评价；②水量与水质并重；③水资源可持续利用与社会经济发展和生态环境保护相协调；④全面评价与重点区域评价相结合。

(4)水资源评价应分区进行。水资源数量评价、水资源质量评价和水资源利用现状及其影响评价，均应使用统一分区。各单项评价工作在统一分区的基础上，可根据该项评价的特点与具体要求，再划分计算区或评价单元。

水资源评价应按江河水系的地域分布进行流域分区。全国性水资源评价要求进行一级流域分区和二级流域分区；区域性水资源评价可在二级流域分区的基础上，进一步分出三级流域分区和四级流域分区。

水资源评价还应按行政区划进行行政分区。全国性水资源评价的行政分区要求按省(自治区、直辖市)和地区(市、自治州、盟)两级划分；区域性水资源评价的行政分区可按省(自治区、直辖市)、地区(市、自治州、盟)和县(市、自治县、旗、区)三级划分。

(5)水资源应以调查、收集、整理、分析利用已有资料为主，辅以必要的观测和试验工作。分析评价中应注意水资源数量、水资源质量、水资源利用评价及水资源综合评价之间资料的一致性和成果的协调性。

水资源评价使用的各项基础资料应具有可靠性、合理性与一致性。

全国及区域水资源评价采用日历年，专项工作中的水资源评价可根据需要采用水文年或日历年。计算时段应根据评价目的和要求选取。

二、地表水资源量评价

(一)评价内容

地表水资源量是指河流、湖泊、冰川等地表水体的动态水量，用河川径流量表示。评价包括下列内容：

(1)单站径流资料统计分析。

(2)主要河流(一般指流域面积大于5 000 km^2 的大河)年径流量计算。

(3)分区地表水资源数量计算。

(4)地表水资源时空分布特征分析。

(5)入海、出境、入境水量计算。

(6)地表水资源可利用量估算。

(7)人类活动对河川径流的影响分析。

(二)单站径流资料统计分析的要求

(1)凡资料质量较好、观测系列较长的水文站均可作为选用站,包括国家基本站、专用站和委托观测站。各河流控制性测站为必须选用站。

(2)受水利工程、用水消耗、分洪决口影响而改变径流情势的测站,应进行还原计算,将实测径流系列修正为天然径流系列。

(3)统计大河控制站、区域代表站历年逐月天然径流量,分别计算长系列和同步系列年径流量的统计参数;统计其他选用站的同步天然年径流系列,并计算其统计参数。

主要河流年径流量计算,选择河流出口控制站的长系列径流量资料,分别计算长系列和同步系列的平均值及不同频率的年径流量。

(三)分区地表水资源数量计算的要求

分区地表水资源数量是指区内降水形成的河川径流量,不包括入境水量。分区地表水资源数量计算应符合下列要求:

(1)针对不同情况,采用不同方法计算分区年径流量系列;当区内河流有水文站控制时,根据控制站天然年径流量系列,按面积比修正为该地区年径流系列;在没有测站控制的地区,可利用水文模型或自然地理特征相似地区的降雨径流关系,由降雨系列推求径流系列;还可通过逐年绘制年径流深等值线图,从图上量算分区年径流量系列,经合理性分析后采用。

(2)计算各分区和全评价区同步系列的统计参数和不同频率的年径流量。

入海、出境、入境水量计算应选取河流入海口或评价区边界附近的水文站,根据实测径流资料采用不同方法换算为入海断面或出、入境断面的逐年水量,并分析其年际变化趋势。

(四)地表水资源时空分布特征分析的要求

(1)选择集水面积为 300 ~5 000 km^2 的水文站(在测站稀少地区可适当放宽要求),根据还原后的天然年径流系列,绘制同步期平均年径流深等值线图,以此反映地表水资源的地区分布特征。

(2)按不同类型自然地理区选取受人类活动影响较小的代表站,分析天然径流量的年内分配情况。

(3)选择具有长系列年径流资料的大河控制站和区域代表站,分析天然径流的多年变化。

三、地下水资源量评价

(1)地下水资源量指评价区内降水和地表水对饱水岩土层的补给量,即地下水体中参与水循环且可逐年更新的动态水量,包括降水入渗补给量和河道、湖库、渠系、田间等地表水体的入渗补给量。一般将评价范围划分为平原区和山丘区两大类,分别采用补给量法和排泄量法计算地下水资源量。分析平原区与山丘区之间的地下水资源重复计算量,确定各分区的地下水资源量。

(2)平原区地下水资源量的评价范围为地下水矿化度小于等于2 g/L的区域(不含江河湖库等水体面积以及建筑、道路等不透水面积和沙漠面积),地下水补给项包括降水入渗补给量、山前侧渗补给量、地表水体入渗补给量(含河道入渗、湖库入渗、渠系入渗、田间入渗等补给量)和井灌回归补给量,各项补给量之和为总补给量,扣除井灌回归补给量后作为地下水资源量。同时,为检验计算成果的可靠性,还应进行补排平衡分析。地下水排泄包括潜水蒸发量、侧向流出量、河道排泄量和地下水实际开采量。

(3)山丘区地下水的排泄项包括河川基流量、山前泉水溢出量、山前侧渗流出量、潜水蒸发量和地下水开采净耗量,将各项排泄量之和作为地下水资源量。

(4)平原区的山前侧渗补给量和河川基流入渗补给量(地表水体入渗补给量中由河川基流形成的补给量)是平原区地下水资源量与山丘区地下水资源量之间的重复计算量,在计算分区地下水资源量时应予以扣除。平原区地表水体入渗补给量的水源主要来自上游山丘区,可用地表水体补给量乘以山丘区基径比估算基流入渗补给量。

(5)南方地区除个别平原区外,地下水开发利用程度较低,地下水资源量计算方法可以简化。平原区只计算水田(含旱作期)、旱地(包括非耕地)的降水入渗补给量和灌溉入渗补给量,将两者之和作为地下水资源量。山丘只计算河川基流量,将其作为地下水资源量。平原区的河川基流入渗补给量(地表水体入渗补给量中由河川基流形成的补给量)是平原区地下水资源量与山丘区地下水资源量之间的重复计算量,在计算分区地下水资源量时应予以扣除。

四、水资源总量估算

(1)水资源总量指评价区内当地降水形成的地表产水量和地下产水量,即地表径流量与降水入渗补给量之和。其基本表达式为

$$W = R_s + U_p = R + U_p - R_g \tag{2-9}$$

式中 W——水资源总量;

R_s——地表径流量(即河川径流量与河川基流量之差);

U_p——降水入渗补给量;

R——河川径流量(即地表水资源量);

R_g——河川基流量。

各种类型区的水量转化关系不同,资料条件差异较大,各地可以根据具体情况将上述基本表达式进行变通,利用地表水和地下水资源量评价的有关成果,计算分区水资源总量。

(2)山丘区水资源总量计算。根据山丘区河川径流量、地下水总排泄量和河川基流量,用下式计算分区水资源总量

$$W = R + Q_{总排} - R_g \tag{2-10}$$

式中 $Q_{总排}$——山丘区地下水总排泄量,即地下水资源量;

其他符号含义同前。

南方山丘区地下水主要以河川基流形式排泄,其他排泄量很小,可以将河川径流量近似作为水资源总量。

(3)北方平原区水资源总量计算。根据平原区河川径流量、降水入渗补给量和平原河

道排泄量，用下式计算分区水资源总量

$$W = R + U_p - Q_{up} \tag{2-11}$$

$$Q_{up} \approx Q_{河排}(U_p / U_{总}) \tag{2-12}$$

式中　Q_{up}——降水入渗补给量形成的河道排泄量；

$Q_{河排}$——平原河道的总排泄量；

$U_{总}$——地下水的总补给量；

其他符号含义同前。

（4）南方平原区水资源总量计算。该类地区的水田、水面面积大，浅层地下水开采程度低，与北方平原区相比，地表水与地下水之间的转化关系有很大差别。水稻泡田期和生长期一般没有潜水蒸发，降水和灌溉的入渗补给量基本上排入河道，与河川径流重复，而且难以分割。因此，宜采用天然河川径流量加不重复量的办法计算水资源总量。

$$W = R + Q_{不重复} \tag{2-13}$$

$$Q_{不重复} \approx (E_{旱} + Q_{采耗})(U_{p旱} / U_{旱总补}) \tag{2-14}$$

式中　$Q_{不重复}$——地下水资源与地表水资源的不重复量；

$E_{旱}$——旱地和水田旱作期的潜水蒸发量；

$Q_{采耗}$——浅层地下水开采净水消耗量；

$U_{p旱}$——旱地和水田旱作期的降水入渗补给量；

$Q_{旱总补}$——旱地和水田旱作期的总补给量，即降水与灌溉入渗补给量之和；

其他符号含义同前。

（5）根据各区的降水量（P）、地表径流量（R_s）、降水入渗补给量（P_r）、水资源总量（W）和计算面积（F），分区计算地表产流系数（R_s/P）、降水入渗补给系数（P_r/P）、产水系数（W/P）和产水模数（W/F），结合降水量和下垫面因素的地带性规律，分析其地区分布情况，检查水资源总量计算成果的合理性。

五、水资源可利用量估算

（一）地表水资源可利用量

（1）地表水资源可利用量，是指在可预见的时期内，在统筹考虑生活、生产和生态环境用水，协调河道内与河道外用水的基础上，通过经济合理、技术可行的措施可供河道一次性利用的最大水量（不包括回归水重复利用量）。

（2）地表水资源可利用量应按流域水系进行分析计算，以反映流域上下游、干支流、左右岸之间的联系以及整体性。

（3）根据各流域水系的特点以及水资源条件，可采用适宜的方法估算地表水资源可利用量。如在水资源紧缺及生态环境脆弱的地区，应优先满足河道内最小生态环境需水要求，并扣除由于不能控制利用而下泄的水量；在水资源较丰沛的地区，其上游及支流重点考虑技术经济条件供水能力，下游及干流主要考虑满足最小生态环境要求的河道内用水；沿海地区独流入海的河流，可在考虑工程调蓄能力及河口生态环境保护要求的基础上，估算可利用量；国际河流根据有关国际协议参照国际通用的规则，结合现状水资源利用的实际情况进行估算。

（4）河道的生态环境用水一般分为维持河道基本功能和河口生态环境所需的最小径流

量(流量)。在现有的研究成果中,河流水污染防治用水临界值可用以水质目标为约束的方法求得,寻求满足一定数量和质量生物体生存的河流水量。结合对河道内生态环境用水中的河道基流、冲沙、防凌等水量(流量)的要求,可考虑用多年平均流量的一定比值。

(二)地下水资源可开采量

(1)地下水资源可开采量是指在可预见的时期内,通过经济合理、技术可行的措施,在不引起生态环境恶化条件下允许从含水层中获取的最大水量。地下水可开采量应小于相应地区地下水总补给量。

可开采量可表示为

$$Q_W = (Q_k - Q_c) + W \pm \mu F \Delta H / \Delta t \tag{2-15}$$

地下水可开采量由三部分组成,一是侧向补给量($Q_k - Q_c$),Q_k 表示区域侧向入流量,Q_c 表示区域侧向排泄量;二是垂向补给量 W;三是开采过程中动用的储存量。μ 为含水层的给水度,F 为计算区的面积,若在开采过程中,ΔH 为地下水位降幅(负值),Δt 为计算时段(最短应选一个水文年)。

(2)地下水资源可开采量评价的地域范围为目前已经开采和有开采前景的地区。其中,北方地区平原的多年平均浅层地下水资源可开采量是评价的重点;一般山丘区和岩溶山区(包括小型河谷平原)中,以凿井取水形式开发利用地下水程度较高的区域以及在不具备蓄引提等地表水开发利用方式但具有凿井取水形式开发利用地下水的条件且当地水资源供需矛盾突出的区域,宜计算多年平均地下水资源可开采量;大型及特大型地下水水源地,要求逐一进行多年平均地下水资源可开采量计算。

(3)分析确定一般山丘区和岩溶山区地下水资源可开采量时,应区分出与当地地表水资源可利用量间的重复计算量。

(三)水资源可利用总量

水资源可利用总量是指在可预见的时期内,在统筹生活、生产和生态环境用水要求的基础上,通过经济合理、技术可行的措施可供河道外一次性利用的最大水量(不包括回归水重复利用)。

水资源可利用总量的计算,可采取地表水资源可利用量与浅层地下水资源可开采量相加再扣除地表水资源可利用量与地下水资源可开采量两者之间重复计算水量的方法估算。重复水量主要是平原区浅层地下水的渠系渗漏和渠灌田间入渗补给量的开采利用部分与地表水资源可利用量之间的重复计算量,采用下式估算

$$Q_{总} = Q_{地表} + Q_{地下} - Q_{重} \tag{2-16}$$

$$Q_{重} = \rho (Q_{渠} + Q_{田}) \tag{2-17}$$

式中 $Q_{总}$——水资源可利用总量;

$Q_{地表}$——地表水资源可利用量;

$Q_{地下}$——浅层地下水资源可开采量;

$Q_{重}$——地表水资源可利用量与地下水资源可开采量之间重复计算量;

$Q_{渠}$——渠系渗漏补给量;

$Q_{田}$——田间地表灌溉入渗补给量;

ρ——可开采系数,是地下水资源可开采量与地下水资源量的比值。

（四）水资源可利用率

水资源可利用率为水资源可利用量与多年平均水资源总量的比值。在中国自产的水资源量中，水资源可利用率为30%。在水资源可利用总量中，地表水资源可利用量占可利用总量的90%。

水资源可利用率总体上是北方地区高于南方地区，开发利用程度高或条件好的河流高于开发利用程度低和开发条件差的地区。海河、淮海、黄河、辽河和西北内陆大部分水系，水资源总量可利用率大于50%，比全国平均值高20%，而西南诸河水资源总量可利用率为15%，为全国平均数的1/2。

从我国目前水资源的开发利用状况来看，虽然全国水资源一次开发利用率（一次性水量与多年平均水资源总量的比值）约为15%，还不到水资源总量可利用率的1/2，但北方和西北地区部分河流，其现状用水已超过或接近可利用量，河道内特别是枯水期流量难以保证，因而引发了一系列的生态环境问题，而这些地区也是水资源短缺地区，水资源矛盾以及生态用水与生活用水的矛盾十分尖锐。

第三章　工程地质

第一节　土的工程地质特性

一、土的分类

(一)《土的工程分类标准》(GB/T 50145—2007)的分类

(1)分类的依据和原则。土的分类主要依据以下指标确定:①土颗粒组成及其特征;②土的塑性指标,包括液限、塑限和塑性指数;③土中有机质含量。

在具体分类时,巨粒类土应按粒组划分,粗粒类土应按粒组、级配、细粒含量划分,细粒类土应按塑性图所含粗粒类别及有机质含量划分。当土的含量或指标等于界限值时,可根据使用目的按偏于安全的原则分类。

(2)粒组划分见表3-1。

表3-1　粒组划分

粒组	颗粒名称		粒径 d 的范围(mm)
巨粒	漂石(块石)		$d>200$
	卵石(碎石)		$60<d\leqslant200$
粗粒	砾粒	粗砾	$20<d\leqslant60$
		中砾	$5<d\leqslant20$
		细砾	$2<d\leqslant5$
	砂粒	粗砂	$0.5<d\leqslant2$
		中砂	$0.25<d\leqslant0.5$
		细砂	$0.075<d\leqslant0.25$
细粒	粉粒		$0.005<d\leqslant0.075$
	黏粒		$d\leqslant0.005$

(3)巨粒类土的分类见表3-2。当试样中巨粒组含量不大于15%时,可扣除巨粒,按粗粒类土或细粒类土进行分类;当巨粒对土的总体性状有影响时,可将巨粒计入砾粒组进行分类。

(4)试样中粗粒组含量大于50%的土称为粗粒类土,其中砾粒组含量大于砂粒组含量的土称为砾类土,砾粒组含量不大于砂粒组含量的土称为砂类土。砾类土的分类见表3-3。砂类土的分类见表3-4。

表 3-2　巨粒类土的分类

土类	粒组含量		土类代号	土类名称
巨粒土	巨粒含量 > 75%	漂石含量大于卵石含量	B	漂石(块石)
		漂石含量不大于卵石含量	Cb	卵石(碎石)
混合巨粒土	50% < 巨粒含量 ≤75%	漂石含量大于卵石含量	BS1	混合土漂石(块石)
		漂石含量不大于卵石含量	CbS1	混合土卵石(碎石)
巨粒混合土	15% < 巨粒含量 ≤50%	漂石含量大于卵石含量	S1B	漂石(块石)混合土
		漂石含量不大于卵石含量	S1Cb	卵石(碎石)混合土

注:巨粒混合土可根据所含粗粒或细粒的含量进行细分。

表 3-3　砾类土的分类

土类	粒组含量		土类代号	土类名称
砾	细粒含量 < 5%	级配:$C_u \geqslant 5$　$1 \leqslant C_c \leqslant 3$	GW	级配良好砾
		级配:不同时满足上述要求	GP	级配不良砾
含细粒土砾	5% ≤细粒含量 < 15%		GF	含细粒土砾
细粒土质砾	15% ≤细粒含量 < 50%	细粒组中粉粒含量不大于 50%	GC	黏土质砾
		细粒组中粉粒含量大于 50%	GM	粉土质砾

表 3-4　砂类土的分类

土类	粒组含量		土类代号	土类名称
砂	细粒含量 < 5%	级配:$C_u \geqslant 5$　$1 \leqslant C_c \leqslant 3$	SW	级配良好砂
		级配:不同时满足上述要求	SP	级配不良砂
含细粒土砂	5% ≤细粒含量 < 15%		SF	含细粒土砂
细粒土质砂	15% ≤细粒含量 < 50%	细粒组中粉粒含量不大于 50%	SC	黏土质砂
		细粒组中粉粒含量大于 50%	SM	粉土质砂

(5)试样中的细粒含量不小于 50% 的土称为细粒类土,其中粗粒组含量不大于 25% 的土称为细粒土;粗粒组含量大于 25% 且不大于 50% 的土称为含粗粒的细粒土;有机质含量小于 10% 且不小于 5% 的土称为有机质土。

细粒土根据图 3-1 所示的塑性图分类。各类细粒土的定名及定名区域见表 3-5。

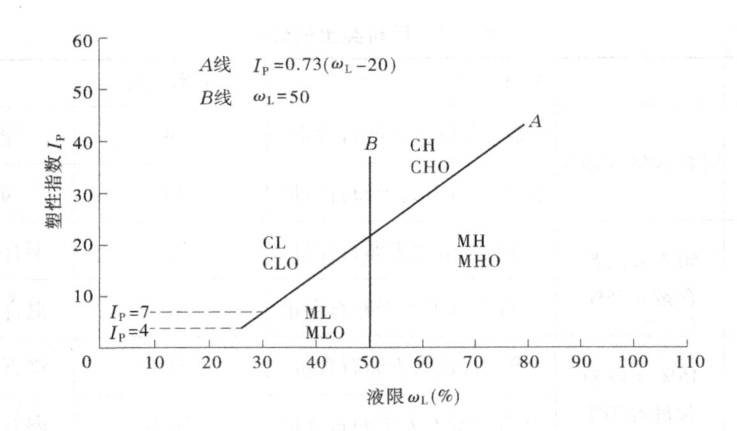

图 3-1 塑性图

注:1. 图中横坐标为土的液限 ω_L,纵坐标为塑性指数 I_P。

2. 图中的液限 ω_L 为用碟式仪测定的液限含水率或用质量 76 g、锥角为 30°的液限仪锥尖入土深 17 mm 对应的含水率。

3. 图中虚线之间区域为黏土 - 粉土过渡区。

表 3-5 细粒土的定名及定名区域

土的塑性指标在塑性图 3-1 中的位置		土类代号	土类名称
$I_P \geq 0.73(\omega_L-20)$ 且 $I_P \geq 7$	$\omega_L \geq 50\%$	CH	高液限黏土
	$\omega_L < 50\%$	CL	低液限黏土
$I_P < 0.73(\omega_L-20)$ 或 $I_P < 4$	$\omega_L \geq 50\%$	MH	高液限粉土
	$\omega_L < 50\%$	ML	低液限粉土

注:黏土 - 粉土过渡区(CL - ML)的土可按相邻土层的类别细分。

含粗粒的细粒土应根据所含细粒土的塑性指标在塑性图中的位置及所含粗粒类别,按下列规定划分:

①粗粒中砾粒含量大于砂粒含量,称含砾细粒土,应在细粒土代号后加代号 G。

②粗粒中砾粒含量不大于砂粒含量,称含砂细粒土,应在细粒土代号后加代号 S。

有机质土应按表 3-5 进行分类,并在土类代号之后加代号 O。

(6)土的工程分类体系框图见图 3-2。

(二)《岩土工程勘察规范》(GB 50021—2001)的分类

(1)在《岩土工程勘察规范》(GB 50021—2001)中,将晚更新世 Q_3 及其以前的土定为老沉积土;第四纪全新世中近期沉积的土定为新近沉积土。按土的成因,可划分为残积土、坡积土、洪积土、冲积土、淤积土和风积土等。

(2)土按颗粒级配和塑性指数可分为碎石土、砂土、粉土和黏性土四类。土的基本分类

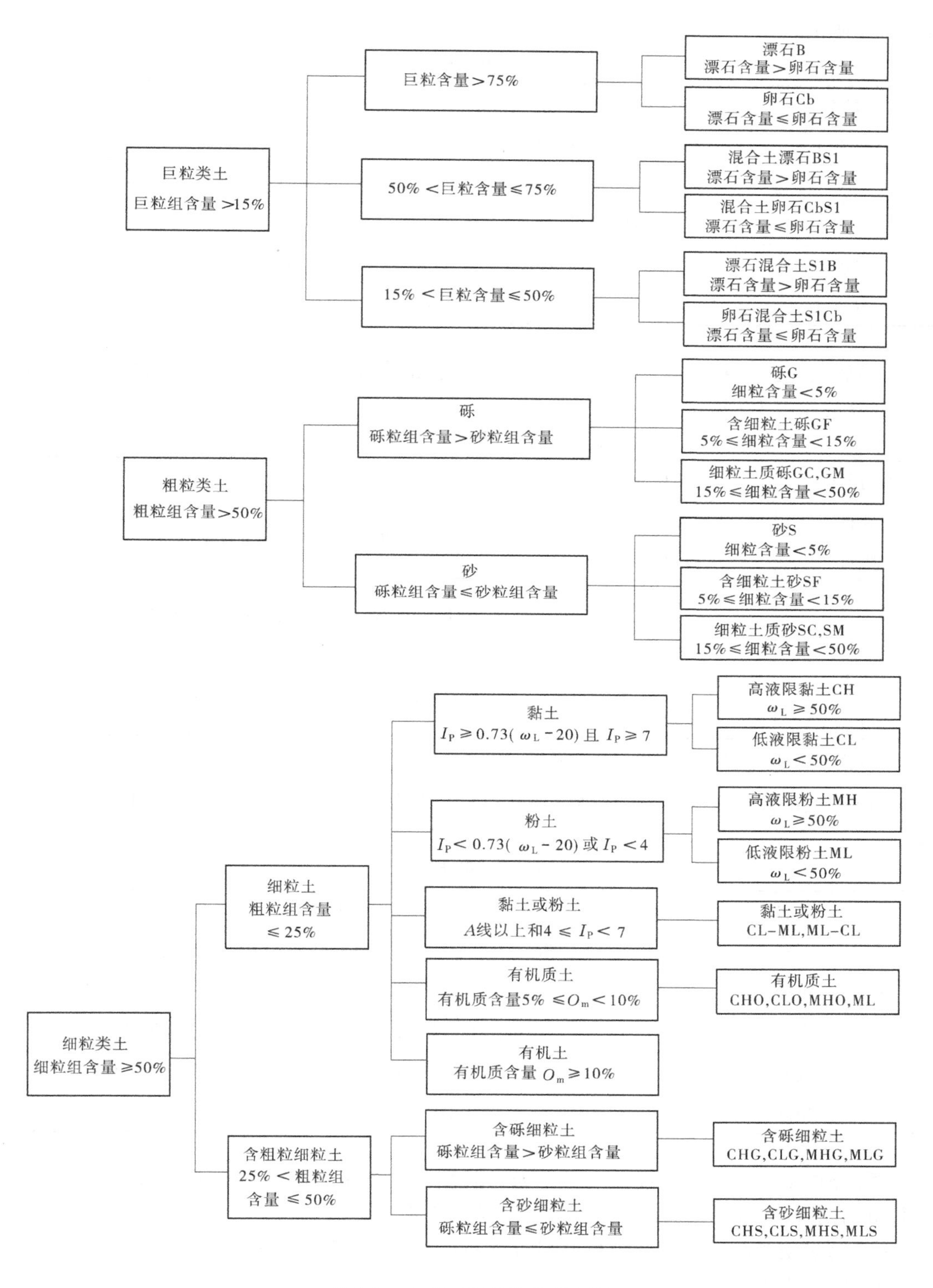

图 3-2 土的工程分类体系框图

如表 3-6 所示。

表 3-6　土的基本分类

土的名称	颗粒级配或塑性指数(I_P)
碎石土	粒径大于 2 mm 的颗粒质量超过总质量的 50%
砂土	粒径大于 2 mm 的颗粒质量不超过总质量的 50%，粒径大于 0.075 mm 的颗粒质量超过总质量的 50%
粉土	粒径大于 0.075 mm 的颗粒质量不超过总质量的 50%，且 $I_P < 10$
黏性土	$I_P \geqslant 10$

(3)碎石土按颗粒形状和颗粒级配可分为漂石、块石、卵石、碎石、圆砾、角砾等六类。碎石土分类如表 3-7 所示。

表 3-7　碎石土分类

土的名称	颗粒形状	颗粒级配
漂石	圆形及亚圆形为主	粒径大于 200 mm 的颗粒质量超过总质量的 50%
块石	棱角形为主	
卵石	圆形及亚圆形为主	粒径大于 20 mm 的颗粒质量超过总质量的 50%
碎石	棱角形为主	
圆砾	圆形及亚圆形为主	粒径大于 2 mm 的颗粒质量超过总质量的 50%
角砾	棱角形为主	

注：定名时，应根据颗粒级配由大到小以最先符合者确定。

(4)砂土按颗粒级配可分为砾砂、粗砂、中砂、细砂、粉砂等五类。砂土分类如表 3-8 所示。

表 3-8　砂土分类

土的名称	颗粒级配
砾砂	粒径大于 2 mm 的颗粒质量占总质量的 25% ~50%
粗砂	粒径大于 0.5 mm 的颗粒质量超过总质量的 50%
中砂	粒径大于 0.25 mm 的颗粒质量超过总质量的 50%
细砂	粒径大于 0.075 mm 的颗粒质量超过总质量的 85%
粉砂	粒径大于 0.075 mm 的颗粒质量超过总质量的 50%

(5)黏性土根据塑性指数进一步分为粉质黏土和黏土。塑性指数大于 10 且小于或等于 17 的土定名为粉质黏土，塑性指数大于 17 的土定名为黏土。

(三)《堤防工程地质勘察规程》(SL 188—2005)中关于细粒土的分类

土的三角坐标分类见图 3-3。

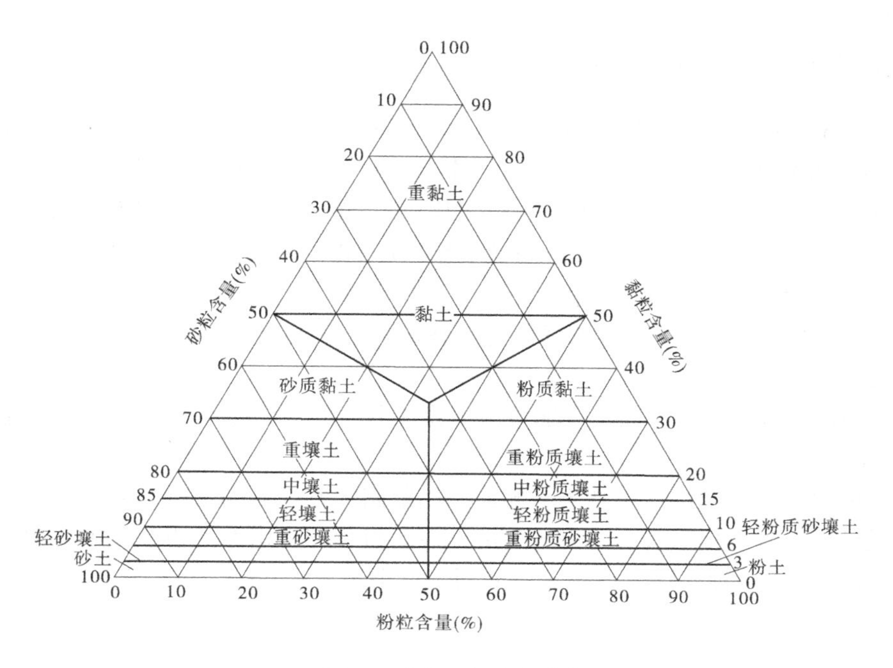

图 3-3　土的三角坐标分类

二、土的主要物理水理性质

(1)土粒比重(G_s)。指土在 105 ~ 110 ℃下烘至恒重时的质量与土粒同体积 4 ℃纯水质量的比值。其试验方法有浮称法、虹吸法和比重瓶法。

(2)天然密度(ρ)。指土在天然状态下单位体积的质量,单位为 g/cm^3。

按照土的含水状态,表示土的密度的指标还有干密度(ρ_d)、饱和密度(ρ_{sat})等。

(3)含水率(ω)。指土中所含水分的质量与固体颗粒质量之比。通常用百分数表示。

(4)孔隙率(n)。指土中孔隙的体积与土的总体积之比。通常用百分数表示。

(5)孔隙比(e)。指土中孔隙体积与土粒体积之比。

(6)土的稠度与界限含水率。细粒土因土中的水分在量和质方面的变化而明显地表现出不同的物理状态,具有不同的性质。因含水率的变化而表现出的各种不同物理状态,称为细粒土的稠度。

细粒土的稠度状态主要有液态、塑态和固态三种。由一种稠度状态转变为另一种稠度状态时相应于转变点的含水率称为界限含水率,如土的液态和塑态之间的界限含水率称为液限(或称流限)含水率(ω_L),土的塑态与固态之间的界限含水率称为塑限含水率(ω_P)。

土的液限、塑限由试验直接测定。其试验方法包括液塑限联合测定法、碟式仪液限试验和滚搓法塑限试验三种。

塑性指数(I_P)是表征黏性土可塑性范围的指标,用土的液限和塑限之间的差值表示。

液性指数(I_L)是表征黏性土所处状态的指标。用土的天然含水率和液限含水率之差与塑性指数的比值表示。

(7)渗透系数(K)。指当土中水渗流呈层流状态时,其流速与作用水力梯度成正比关系的比例系数,单位为 cm/s 或 m/d。

三、土的主要力学性质及指标

(1)压缩系数(a)。指在 K_0 固结试验中,土试样的孔隙比减小量与有效压力增加量的比值,即 $e \sim p$ 压缩曲线上某压力段的割线斜率,以绝对值表示,单位为 MPa^{-1}。

在工程实际中,常以压力段为0.1 ~0.2 MPa 的压缩系数 a_{1-2}作为判断土的压缩性高低的标准:当 $a_{1-2}<0.1\ MPa^{-1}$时,为低压缩性;当 $0.1\ MPa^{-1} \leqslant a_{1-2}<0.5\ MPa^{-1}$时,为中压缩性;当 $a_{1-2} \geqslant 0.5\ MPa^{-1}$时,为高压缩性。

(2)抗剪强度(τ)。指土具有的抵抗剪切破坏的极限强度。抗剪强度参数用摩擦系数和凝聚力表示。

土的抗剪试验包括直剪试验、三轴剪切试验及十字板剪切试验等,一般根据工程需要和规程规范选用。

(3)无侧限抗压强度(q_u)。指土在侧面不受限制的条件下,抵抗轴向压力的极限强度。

(4)灵敏度(S_t)。指原状土的无侧限抗压强度与相同含水率的重塑土的无侧限抗压强度之比。当 $S_t<2$ 时为低灵敏,当 $S_t=2 \sim 4$ 时为一般灵敏,当 $S_t=4 \sim 8$ 时为灵敏,当$S_t>8$时为高灵敏。

第二节　岩体工程地质特性

一、岩石的工程地质特性

(一)岩石分类

岩石是由一种或多种矿物组成的集合体。岩石是组成地壳的主要物质,在地壳中具有一定的产状,也是构成建筑物地基或围岩的基本介质。岩石的强度取决于岩石的成因类型、矿物成分、结构和构造等,它直接影响地基岩体或围岩的稳定。

1.一级分类

一级分类即按成因进行分类。

自然界的岩石按其成因可以划分为三大类:岩浆岩(火成岩)、沉积岩和变质岩。

岩浆岩(火成岩)是上地幔或地壳深部产生的炽热黏稠的岩浆冷凝固结形成的岩石,如花岗岩、闪长岩、玄武岩等。

沉积岩是成层堆积的松散沉积物固结而成的岩石。在地壳表层,母岩经风化作用、生物作用、火山喷发作用而形成的松散碎屑物及少量宇宙物质经过介质(主要是水)的搬运、沉积、成岩作用形成沉积岩,如灰岩、白云岩、砂岩等。

变质岩是指由于地质环境和物理化学条件的改变,使原先已形成的岩石的矿物成分、结构构造甚至化学成分发生改变所形成的岩石,如片麻岩、大理岩等。

2.二级分类

二级分类是岩浆岩(火成岩)、沉积岩、变质岩的进一步分类。

(1)岩浆岩(火成岩)。通常按其成因、产状和岩石的化学与矿物成分进行分类。常用的岩浆岩(火成岩)分类如表3-9所示。

表 3-9　岩浆岩(火成岩)分类

岩类			橄榄岩－苦橄岩类	辉长岩－玄武岩类	闪长岩－安山岩类	花岗闪长岩－英安岩类	花岗岩－流纹岩类		正长岩－粗面岩类		霞石正长岩－响岩类
			超基性岩类	基性岩类	中性岩类	中酸性岩类	钙碱性系	碱性系	钙碱性系	碱性系	碱性岩类
							酸性岩类		中性岩类		
侵入岩	深成岩	全晶质等粒、半自形粒状或似斑状结构	橄榄岩 辉　岩 角闪岩	辉长岩 苏长岩 橄长岩 斜长岩	闪长岩	花岗闪长岩 斜长花岗岩 英闪岩	花岗岩	碱性花岗岩	正长岩 二长岩	碱性正长岩	霞石正长岩 霓霞正长岩
侵入岩	浅成岩	全晶质细粒等粒斑状结构	苦橄玢岩 金伯利岩	辉绿岩 橄辉煌斑岩 拉辉煌斑岩	闪长玢岩 云斜煌斑岩 闪斜煌斑岩	花岗闪长斑岩	花岗斑岩 花岗伟晶岩 细晶岩		正长斑岩 云煌岩 闪辉正煌岩		霞石正长斑岩
侵入岩	次喷出岩	介于浅成岩和喷出岩之间									
喷出岩		无斑隐晶质或斑状半晶质玻璃质结构	苦橄岩 麦美奇岩 玻基橄榄岩 玻基辉橄岩 玻基辉岩	拉斑玄武岩 橄榄玄武岩 玄武玻璃 细碧岩	安山岩	英安岩	流纹岩	碱性流纹岩 石英 角斑岩	粗面岩	碱性粗面岩 角斑岩	响岩 白榴石响岩

(2)沉积岩。主要根据岩性不同进行分类。常用的沉积岩分类如表 3-10 所示。

表 3-10　沉积岩分类

大类	主要类型	基本类型
母岩风化产物组成	碎屑岩	砾岩($d>2$ mm)* 砂岩($d=0.1\sim2$ mm)* 粉砂岩($d=0.01\sim0.1$ mm)*
	黏土岩	各类黏土岩 泥岩 页岩
	化学岩	碳酸盐岩 硅质岩 蒸发岩(盐岩) 其他化学岩(Fe、Mn、Al、P)
生物遗体组成	生物岩	可燃有机岩 非可燃有机岩
火山碎屑物组成	火山碎屑岩	普通火山碎屑岩 熔结火山碎屑岩

注:* 表示该粒度碎屑含量$>50\%$。

(3)变质岩。一般根据岩石的结构、构造、矿物成分、变质作用及其程度进行分类。常用的变质岩分类如表 3-11 所示。

表 3-11　变质岩分类

分类	主要岩石类型		代表性种属名称
区域变质岩	板状构造 千枚状构造 片状构造 片麻状构造 块状构造	板岩 千枚岩 片岩 片麻岩 石英岩、大理岩、麻粒岩、角闪岩	粉砂质板岩、碳质板岩 绢云母千枚岩、绿泥绢云母千枚岩 白云母片岩、黑云母片岩、角闪片岩 钾长片麻岩、斜长片麻岩、花岗片麻岩
接触变质岩	块状构造	斑点板岩 角岩	黑云母斑点板岩、红柱石斑点板岩 白云母角岩、堇青石角岩
气-液变质岩	块状构造	云英岩 矽卡岩	白云母云英岩、电气石云英岩 辉石矽卡岩、石榴矽卡岩
动力变质岩	碎裂结构 碎斑结构 糜棱结构	碎裂岩 碎斑岩 糜棱岩	花岗碎裂岩、石英碎裂岩
混合岩	块状构造 条带状构造 肠状构造 眼球状构造	角砾状混合岩 条带状混合岩 肠状混合岩 眼球状混合岩	

3. *岩石的强度分类*

从工程地质角度,岩石按其饱和单轴抗压强度(R_b)可分为硬质岩和软质岩两大类。如表 3-12 所示。

表 3-12　岩石硬度分类

分类	硬质岩		软质岩	
	坚硬岩	中硬岩	较软岩	软岩
饱和单轴抗压强度 R_b(MPa)	$R_b>60$	$30<R_b\leq 60$	$15<R_b\leq 30$	$5<R_b\leq 15$

(二)岩石的主要物理、水理性质及指标

(1)岩石颗粒密度(ρ_P)。指岩石的固体部分质量(G_s)与其体积(V_s)之比,单位为 g/cm^3。表达式为$\rho_P=\frac{G_s}{V_s}$。

(2)岩石块体密度(ρ_0)。指岩块质量(m)与其体积(V)之比,单位为 g/cm^3。表达式为$\rho_0=\frac{m}{V}$。按岩块的含水状态,表示岩石的密度的指标还有干密度(ρ_d)、饱和密度(ρ_{sat})等。

(3)孔隙率(n)。指岩石中孔隙的体积(V_n)与岩石的体积(V)的比值。表达式为$n=\frac{V_n}{V}\times 100\%$。

(4)自由吸水率(ω_a)。指岩石试件在一个大气压和室温条件下自由吸入水的质量m_a与岩石干质量m_d的比值。表达式为$\omega_a=\frac{m_a}{m_d}\times 100\%$。

(5)饱和吸水率(ω_s)。指岩石试件强制饱和(煮沸法或真空抽气法)后吸入水的质量(m_s)与岩石干质量m_d的比值。表达式为$\omega_s=\frac{m_s}{m_d}\times 100\%$。

自由吸水率与饱和吸水率之比称为饱水系数。

(6)渗透系数(K)。指水力坡度i为 1 时,水在岩石中流动的速度(v),单位为 cm/s。表达式为$K=\frac{v}{i}$。

(7)软化系数(η)。指岩石浸水饱和后的抗压强度(R')与干燥状态下抗压强度(R)的比值。表达式为$\eta=\frac{R'}{R}$。

(三)岩石的主要力学性质及指标

(1)单轴抗压强度(R)。指岩石试件在单向受力破坏时所能承受的最大压应力,单位为 MPa。

根据岩石的含水状态,表征岩石抗压强度的指标还有干抗压强度(R_c)、饱和抗压强度(R_s)等。

干抗压强度(R_c)是指岩石试件在干燥状态下的抗压强度。

饱和抗压强度(R_s)是指岩石试件在饱和状态下的抗压强度。

(2)抗拉强度(σ_t)。指岩石试件在单向受拉条件下所承受的最大拉应力,单位为 MPa。常用的试验方法有轴向拉伸法和劈裂法,其中采用劈裂法的较多。

(3)抗剪强度(τ)。指岩石试件受剪力作用时能抵抗剪切破坏的最大剪应力。由凝聚力(c)和内摩擦阻力 $\sigma\tan\varphi$ 两部分组成。一般表达式为 $\tau=\sigma\tan\varphi+c$,单位为 MPa。

岩石抗剪强度指标,按岩石受力作用形式不同(试验方式不同)通常分为3种。

抗剪断强度是指在一定的法向应力作用下,沿预定剪切面剪断时的最大剪应力,反映了岩石的内聚力和内摩擦阻力之和。

抗剪(摩擦)强度是指在一定的法向应力作用下,沿已有破裂面剪坏时最大剪应力。

抗切强度是指法向应力为零时沿预定剪切面剪断时的最大剪应力。

(4)变形模量(E_0)。指在单向压缩条件下,岩石试件的轴向应力与轴向应变之比,单位为 MPa。当岩石的应力应变为直线关系时,变形模量为一常量,称为弹性模量(E)。

(5)泊松比(μ)。指在单向压缩条件下,岩石试件的横向应变与轴向应变之比。

二、岩体的工程地质特性

(一)岩体结构及分类

岩体中的结构面和结构体称为岩体的结构单元,不同类型的岩体结构单元在岩体内的组合和排列形式称为岩体结构。结构面是指岩体内部具有一定方向、一定规模、一定形态与特性的面、缝、层和带状的地质界面。结构体是指不同规模、产状的结构面所围限的岩石块体。岩体的力学强度、受力后的变形、破坏机制和稳定性,主要受岩体结构的控制。

根据水利水电工程地质评价的实际,《水利水电工程地质勘察规范》(GB 50487—2008)附录K,将岩体结构划分为5大类13亚类,如表3-13所示。

表3-13　岩体结构分类

分类	亚类	岩体结构特征
块状结构	整体状结构	岩体完整,呈巨块状,结构面不发育,间距大于100 cm
	块状结构	岩体较完整,呈块状,结构面轻度发育,间距一般50~100 cm
	次块状结构	岩体较完整,呈次块状,结构面中等发育,间距一般30~50 cm
层状结构	巨厚层状结构	岩体完整,呈巨厚层状,结构面不发育,间距大于100 cm
	厚层状结构	岩体较完整,呈厚层状,结构面轻度发育,间距一般50~100 cm
	中厚层状结构	岩体较完整,呈中厚层状,结构面中等发育,间距一般30~50 cm
	互层状结构	岩体较完整或完整性差,呈互层状,结构面较发育或发育,间距一般10~30 cm
	薄层状结构	岩体完整性差,呈薄层状,结构面发育,间距一般小于10 cm
镶嵌结构		岩体完整性差,岩块镶嵌紧密,结构面较发育到很发育,间距一般10~30 cm
碎裂结构	块裂结构	岩体完整性差,岩块间有岩屑和泥质物充填,嵌合中等紧密到较松弛,结构面较发育到很发育,间距一般10~30 cm
	碎裂结构	岩体破碎,结构面很发育,间距一般小于10 cm
散体结构	碎块状结构	岩体破碎,岩块夹岩屑或泥质物
	碎屑状结构	岩体破碎,岩屑或泥质物夹岩块

(二)岩体质量与 *RQD*

RQD 是美国提出的一种岩石质量指标,是以钻孔的单位长度中的大于10 cm 的岩芯所

占的比例来确定的。严格地讲，是指采用直径为75 mm的双层岩芯管金刚石钻进获取的大于10 cm岩芯长度与该段进尺的比值。

*RQD*也可用来进行岩体质量（完整性）的分级，常用的分级标准如表3-14所示。

表3-14 岩体质量分级标准

分级	岩体质量	*RQD*（%）
Ⅰ	很好	90~100
Ⅱ	好	75~90
Ⅲ	中等	50~75
Ⅳ	差	25~50
Ⅴ	很差	0~25

（三）岩体完整性及分类

在工程实践中，岩体的完整性用岩体完整性系数K_v来反映。岩体完整性系数是指岩体与相应岩块的弹性波传播速度比值的平方。

《水利水电工程地质勘察规范》（GB 50487—2008）将岩体完整程度分为五类，如表3-15所示。

表3-15 岩体完整程度划分

岩体完整程度	完整	较完整	完整性差	较破碎	破碎
岩体完整性系数K_v	$K_v>0.75$	$0.55<K_v\leqslant0.75$	$0.35<K_v\leqslant0.55$	$0.15<K_v\leqslant0.35$	$K_v\leqslant0.15$

（四）岩体风化及分带

岩体风化是指地表岩体在太阳辐射、温度变化、水（冰）、气体、生物等因素的综合作用下，组织结构、矿物化学成分和物理性状等发生变化的过程和现象。岩体的风化程度具有由表及里、自浅而深逐渐减弱的趋势，多呈现连续渐变过渡关系，并显示出分带特性。当风化现象呈连续渐变的变化过程时，称之为均匀风化，发生于岩体的岩性、构造及风化营力均一的地区。反之，若岩体岩性、构造及风化营力存在较大差异，则产生不均匀风化，如风化带不连续、不完整、突变接触；沿软弱岩层或剪切带形成风化夹层；沿断层带，裂密集带和不稳定矿物密集带，形成的风化槽、风化囊等特殊风化现象。风化岩体和分布受风化作用的强弱和风化产物保存条件的双重影响，主要受地形地貌、岩性、构造、水文、植被等条件的制约。

根据岩体风化作用有自地表向下逐渐减弱的特点，自上而下对岩体进行风化分带，目的在于区别不同程度的风化岩体，分类研究其工程地质特性，服务于工程设计，也便于进行横向对比。

根据水利水电工程地质勘察实践、《水利水电工程地质勘察规范》（GB 50487—2008），采用通用的五级分类法按全风化、强风化、中等风化（弱风化）、微风化、新鲜等划分为五个风化带，如表3-16所示。

表 3-16　岩体风化带划分

风化带	主要地质特征	风化岩纵波速与新鲜岩纵波速之比
全风化	全部变色,光泽消失。 岩石的组织结构完全破坏,已崩解和分解成松散的土状或砂状,有很大的体积变化,但未移动,仍残留有原始结构痕迹。 除石英颗粒外,其余矿物大部分风化蚀变为次生矿物。 锤击有松软感,出现洼坑,矿物用手可捏碎,用锹可以挖动	<0.4
强风化	大部分变色,只有局部岩块保持原有颜色。 岩石的组织结构大部分已破坏;小部分岩石已分解或崩解成土,大部分岩石呈不连续的骨架或心石,风化裂隙发育,有时含大量次生夹泥。 除石英外,长石、云母和铁镁矿物已风化蚀变。 锤击哑声,岩石大部分变酥、易碎,用镐撬可以挖动,坚硬部分需爆破	0.4～0.6
中等风化（弱风化）	岩石表面或裂隙面大部分变色,但断口仍保持新鲜岩石色泽。 岩石原始组织结构清楚完整,但风化裂隙发育,裂隙壁风化剧烈。 沿裂隙铁镁矿物氧化锈蚀,长石变得浑浊、模糊不清。 锤击哑声,开挖需用爆破	0.6～0.8
微风化	岩石表面或裂隙面有轻微退色。 岩石组织结构无变化,保持原始完整结构。 大部分裂隙闭合或为钙质薄膜充填,仅沿大裂隙有风化蚀变现象,或有锈膜浸染。 锤击发音清脆,开挖需用爆破	0.8～1.0
新鲜	保持新鲜色泽,仅大的裂隙面偶见退色。 裂隙面紧密,完整或焊接状充填,仅个别裂隙面有锈膜浸染或轻微蚀变。 锤击发音清脆,开挖需用爆破	>1.0

（五）软弱夹层的工程地质特性

1. 软弱夹层的分类

软弱夹层的形成与成岩条件、构造作用和地下水活动等密切相关。按其成因一般可分为原生型、次生型、构造型三种。

《水利水电工程地质勘察规范》(GB 50487—2008)根据颗粒组分以黏粒(粒径小于0.005 mm)百分含量的少或无、小于10%、10%～30%、大于30%将软弱夹层划分为岩块岩屑型、岩屑夹泥型、泥夹岩屑型、泥型四类。

2. 泥化夹层的工程地质特性

泥化夹层的矿物成分和化学成分与母岩的性质和后期改造程度有关。其矿物成分主要是蒙脱石、伊利石和高岭石等黏土矿物;其化学成分主要为SiO_2、Al_2O_3、Fe_2O_3,其次为CaO、MgO、K_2O、Na_2O等。

泥化夹层的物理力学性质特征与其黏土矿物成分、物质组成、结构特征和微结构面的发育程度以及上、下界面形态有关。泥化夹层的物理力学性质主要表现为黏粒含量高、天然含水量高、干密度低、抗剪强度低、高压缩性以及膨胀性、亲水性、渗流分带和渗流集中等方面。

夹层中泥化带的黏粒含量一般大于30%，天然含水率常大于塑限，摩擦系数一般在0.2左右。但以伊利石为主的泥化带的密度、天然含水率、塑限、液限比以蒙脱石为主的泥化带为低，而干容重、抗剪强度较以蒙脱石为主的泥化带为高。泥化带的抗剪强度随着碎屑物质的含量增加而增大。当泥化夹层的厚度小于上、下界面的起伏差时，其抗剪强度受夹层物质成分和起伏差双重控制。当泥化夹层的厚度大于上、下界面的起伏差时，其抗剪强度主要取决于夹层本身的物质组成。泥化夹层具有膨胀性，但以伊利石和高岭石为主、微结构面不发育的夹层，其膨胀性较小，而以蒙脱石为主的夹层，膨胀性较强。

由于泥化夹层的结构具有节理带、劈理带、泥化带的分带特征，因此泥化夹层的渗流具有明显渗流层状分带和渗流集中的特点。泥化带渗透系数很小，一般为$10^{-5} \sim 10^{-9}$ cm/s；节理带透水性良好，渗透系数一般大于10^{-3} cm/s。在泥化带与劈理带的岩石界面上往往产生渗流集中。

泥化夹层具有较强的亲水性。亲水性指标（液限含水量与黏粒含量之比）可用来判断泥化夹层性质的好坏，大于1.25者为较差，在0.75~1.25者为中等，小于0.75者为较好。

3.软弱夹层的抗剪强度

影响软弱夹层抗剪强度的主要因素包括：

（1）软弱夹层的颗粒组成。一般颗粒细小，黏粒含量多，塑性指数大，自然固结程度差的软弱夹层，其抗剪强度低。

（2）矿物及化学成分。当夹层以蒙脱石为主时，其抗剪强度低。

（3）软弱夹层的产状、层面起伏和接触面情况。一般产状变化大、起伏差大于夹层厚度和接触面粗糙不平的，其抗剪强度大。

（4）长期渗水作用环境。软弱夹层在库水的长期渗水作用下，其物理性质和化学性质有可能进一步恶化，导致长期强度的降低。

按《水利水电工程地质勘察规范》（GB 50487—2008）附录D的规定，结构面抗剪断强度的取值应遵循如下原则：

（1）软弱夹层应根据岩块岩屑型、岩屑夹泥型、泥夹岩屑型和泥型四类分别取值。

（2）硬性结构面抗剪断强度参数按峰值平均值，抗剪强度参数按残余强度平均值作为标准值。

（3）软弱结构面抗剪断强度参数按峰值强度小值平均值，抗剪强度参数按屈服强度平均值作为标准值。

（4）根据软弱夹层的类型和厚度的总体地质特征进行调整，提出地质建议值。

（六）岩（土）体的渗透性及分级

岩（土）体的渗透性是指岩（土）体允许重力水透过的能力，其表征指标是渗透系数（K）或透水率（q）。

岩（土）体的渗透性是岩（土）体的主要工程地质特性。渗透性大小主要与岩（土）体的性质和结构特征有关。根据水利水电工程地质评价的实际，《水利水电工程地质勘察规范》（GB 50487—2008）将岩（土）体的渗透性分为六个等级，如表3-17所示。

表 3-17　岩土体渗透性分级

渗透性等级	标准	
	渗透系数 K(cm/s)	透水率 q(Lu)
极微透水	$K<10^{-6}$	$q<0.1$
微透水	$10^{-6}\leqslant K<10^{-5}$	$0.1\leqslant q<1$
弱透水	$10^{-5}\leqslant K<10^{-4}$	$1\leqslant q<10$
中等透水	$10^{-4}\leqslant K<10^{-2}$	$10\leqslant q<100$
强透水	$10^{-2}\leqslant K<1$	$q\geqslant 100$
极强透水	$K\geqslant 1$	

注:Lu 为吕荣单位,是在 1 MPa 压力下,每米试段的平均压入流量,以 L/min 计。

第三节　特殊岩(土)体的工程地质特性

一、喀斯特

(一)基本概念

喀斯特,又称岩溶,是水对可溶性岩石的溶蚀作用,及其所形成的地表与地下的各种景观和现象。可溶性岩石主要指碳酸盐类、硫酸盐类、卤盐类岩石。

喀斯特的工程地质特性主要为喀斯特的发育条件、发育规律和喀斯特类型。

喀斯特渗漏是在喀斯特地区修建水利水电工程的主要工程地质问题。

(二)喀斯特发育的基本条件

喀斯特的发育主要是水对可溶性岩体进行溶蚀的结果。喀斯特之所以能够持续地进行,必须具备有溶蚀能力的水在可溶性岩体内部流动的条件,使两者不断地相互接触,相互作用。同时,水又必须不断地循环更替,使之经常保持溶蚀力。因此,可溶性岩体,具有溶蚀力的水及水的循环交替条件就成为喀斯特发育的基本条件。

(三)喀斯特的发育规律

喀斯特发育受时间、气候、环境水及地形地貌、地质岩性、地质构造和水文地质条件等因素的影响,其发育规律主要表现为:

(1)喀斯特发育随深度的变化。一般的规律是喀斯特化的程度随深度增加而逐渐减弱。但在特定的工程地质和水文地质条件下,深饱水带也可有较大规模的岩溶现象发育。

(2)喀斯特发育的不均性。即喀斯特发育的速度、程度及其空间分布的不均匀性。

(3)喀斯特发育的阶段性和多代性。喀斯特发育是一个缓慢的过程,要经过发生、发展和消亡的阶段过程。同时,在其长期的反应发育条件下,要经过幼年、青年、中年、老年的多代期。

(4)喀斯特发育的成层性。喀斯特发育的成层性取决于地质岩性、新构造运动和水文地质条件。如可溶性岩层与非可溶性岩层互层、地壳升降运动的水文地质条件改变的地下水溶蚀作用的变化等均可使喀斯特发育具有成层性。

(5)喀斯特发育的地带性。不同气候带内,喀斯特发育具有自己不同的形态特征。我国喀斯特地带性类型主要有热带、亚热带和温带喀斯特三大类。此外,还有高原气候带、干旱区、海岸喀斯特类型等。

(四)喀斯特类型

根据不同的条件因素,喀斯特类型划分见表 3-18。

表 3-18　喀斯特类型

分类依据	岩溶类型
气候	主要类型:1. 热带型;2. 亚热带型;3. 温带型 次要类型:1. 高寒地区型;2. 干旱地区型
发育时代	1. 古岩溶,中生代及中生代以前发育的岩溶 2. 近代岩溶,新生代以来发育的岩溶
岩溶出露条件	1. 裸露型,岩溶岩层裸露,仅低洼地区有零星小片覆盖 2. 半裸露型,岩溶岩层以裸露为主,在谷地、大型洼地及河谷附近有较大面积被第四纪沉积物覆盖 3. 覆盖型,岩溶岩层大面积被厚的(一般为几十米以上)第四纪沉积物所覆盖,地面一般没有岩溶层的分布 4. 埋藏型,岩溶岩层大面积埋藏于非岩溶岩层之下
岩溶作用及岩溶形态组合	1. 溶蚀为主类型,包括:石林溶沟、溶丘洼地、峰丛洼地、峰林谷地、孤峰坡地或残丘坡地等 2. 溶蚀 - 侵蚀类型,包括:岩溶高山深谷、岩溶中山峡谷、岩溶低山沟谷、海岸岩溶、礁岛岩溶等 3. 溶蚀构造类型,包括:垄脊槽谷、垄脊谷地、岩溶断陷盆地、岩溶断块山地等
河谷发育部位	阶地 斜坡 分水岭
水动力特征	近河谷排泄基准面岩溶 远河谷排泄基准面岩溶 构造带岩溶
地台区类型	河谷侵蚀岩溶 沿裂隙发育的岩溶 构造破碎带岩溶 埋藏的古岩溶

二、湿陷性黄土

(一)基本概念

黄土在一定的压力作用下,浸水时土体结构迅速破坏而发生显著的附加下沉,称黄土的湿陷性。具备这种性质的黄土叫作湿陷性黄土,不具备这种性质的黄土称为非湿陷性黄土。一般新黄土(上更新世 Q_3 及其以后形成的黄土)多具有湿陷性,而中更新世 Q_2 以前形成的黄土及黄土状土则很少或不具有湿陷性。

湿陷性黄土,通常又分为两类:一类是被水浸湿后在土自重压力下发生湿陷的,称自重湿陷性黄土;二是被水浸湿后在土自重压力下不发生湿陷,但在土自重压力与建筑物荷载联合作用下发生湿陷的,称非自重湿陷性黄土。

(二)湿陷性黄土的工程地质特性

(1)颗粒组成。根据我国主要湿陷性黄土地区的颗粒组成分析统计,大体为:砂粒(>0.05 mm)占11%~29%,粉粒(0.05~0.005 mm)占52%~74%,黏粒(<0.005 mm)占8%~26%。

(2)孔隙比。变化为0.85~1.24,大多为1.0~1.1,且随深度而减小。

(3)天然含水率。天然含水率与湿陷性和承载力关系密切。含水率低时,湿陷性强,承载力较高;随着含水率的增大,湿陷性减弱,承载力降低。

(4)饱和度。饱和度与湿陷系数成反比。饱和度愈小,湿陷系数愈大,随着饱和度的增大,湿陷系数逐渐减小。

(5)液限。一般规律为,当液限在30%以上时,湿陷性较弱,且多为非自重湿陷性黄土。当液限小于30%时,湿陷性较强,液限越高,黄土承载力也越高。

(三)黄土湿陷性判别

黄土湿陷性根据黄土沉积的时代、成因类型、地形条件、阶地类型、地下水情况及下伏地层性质等判别。一般来说,黄土形成时代越老,湿陷性越弱。此外,应根据黄土的湿陷性、建筑物场地的湿陷类型和土地基的湿陷量进行湿陷等级的判别。

(1)黄土的湿陷性,应按室内压缩试验在一定压力下测定的湿陷系数值判断。湿陷系数(δ_S)的物理意义为黄土试样在一定压力作用下,浸水湿陷的下沉量与试样原高度的比值。湿陷系数可通过室内浸水压缩试验成果计算求得。

黄土湿陷性可按湿陷系数 δ_S 进行判定:当 $\delta_S \geqslant 0.015$ 时,为湿陷性黄土;当 $\delta_S < 0.015$ 时,为非湿陷性黄土。

黄土自重湿陷性应根据室内试验或现场试验测定的自重湿陷量 Δzs 判定,当 $\Delta zs \leqslant 70$ mm 时,为非自重湿陷性黄土;当 $\Delta zs > 70$ mm 时,为自重湿陷性黄土。

(2)湿陷性黄土的湿陷程度及地基湿陷等级。湿陷性黄土的湿陷程度,可根据湿陷系数 δ_S 值的大小分为以下三种:

当 $0.015 \leqslant \delta_S \leqslant 0.03$ 时,湿陷性轻微;

当 $0.03 < \delta_S \leqslant 0.07$ 时,湿陷性中等;

当 $\delta_S > 0.07$ 时,湿陷性强烈。

根据《湿陷性黄土地区建筑规范》(GB 50025—2004)的规定,地基湿陷等级分为四级,可根据基底下各土层累计的总湿陷量(Δs)和自重湿陷量(Δzs)的大小因素按表3-19判定。

表 3-19　湿陷性黄土地基的湿陷等级

湿陷类型		非自重湿陷性场地	自重湿陷性场地	
计算自重湿陷量 Δzs(mm)		$\Delta zs \leq 70$	$70 < \Delta zs \leq 350$	$\Delta zs > 350$
总湿陷量 Δs (mm)	$\Delta s \leq 300$	Ⅰ(轻微)	Ⅰ(中等)	—
	$300 < \Delta s \leq 700$	Ⅱ(中等)	* Ⅱ(中等)或Ⅲ(严重)	Ⅲ(严重)
	$\Delta s > 700$	Ⅱ(中等)	Ⅲ(严重)	Ⅳ(很严重)

注： * 表示当湿陷量的计算值 $\Delta s > 600$ mm、自重湿陷量计算值 $\Delta zs > 300$ mm 时，可判为Ⅲ级，其他情况可判为Ⅱ级。

三、软土

(一)基本概念

软土一般是指在静水或缓慢流水环境中沉积的，天然含水率大、压缩性高、承载力低的一种软塑到流塑状态的饱和黏性土。

根据《岩土工程勘察规范》(GB 50021—2001)的规定，天然孔隙比大于或等于 1.0，且天然含水率大于液限的细粒土应判定为软土，包括淤泥、淤泥质土、泥炭、泥炭质土等。

(二)软土的工程地质特性

(1)软土具有触变特征，当原状土受到振动以后，结构破坏，降低了土的强度或很快地使土变成稀释状态。触变性的大小常用灵敏度 S_t 来表示。软土的 S_t 一般为 3 ~ 4，个别可达 8 ~ 9。因此，当软土地基受振动荷载作用后，易产生侧向滑动、沉降及基底面两侧挤出等现象。

(2)软土除排水固结引起变形外，在剪应力作用下，土体还会发生缓慢而长期的剪切变形，对建筑物地基的沉降有较大的影响，对斜坡、堤岸及地基稳定性不利。

(3)软土属于高压缩性土，压缩系数大，建筑物的沉降量大。

(4)由于软土具有上述特性，地基强度很低。其不排水抗剪强度很低，我国沿海地区的淤泥不排水抗剪强度在 20 kPa 以下。

(5)软土透水性能弱，一般垂向渗透系数为 $10^{-6} \sim 10^{-8}$ cm/s，对地基排水固结不利。同时，在加载初期，地基中常出现较高的孔隙水压力，影响地基的强度，同时也反映在建筑物沉降延续的时间很长。

(6)由于沉积环境的变化，黏性土层中常局部夹有厚薄不等的粉土，使水平和垂直分布上有所差异，作为建筑物地基易产生差异沉降。

四、红黏土

(一)基本概念

红黏土是指碳酸类岩石(如石灰岩、白云岩等)及部分砂岩、页岩等在亚热带温湿气候条件下，经过风化作用所形成的褐红、棕红、黄褐等色的黏性土。

根据《岩土工程勘察规范》(GB 50021—2001)的规定，颜色为棕红或黄褐，覆盖于碳酸盐系之上，其液限大于或等于 50% 的高塑性黏土应判定为原生红黏土。原生红黏土经搬运、沉积后仍保留其基本特征，且其液限大于45%的黏土，可判定为次生红黏土。

(二)红黏土的特性分类

(1)红黏土的状态。按含水比(α_W)即天然含水率(ω)与液限(ω_L)的比值可分为五种状态，如表3-20所示。

表3-20　红黏土的状态分类

状态	含水比 α_W
坚硬	$\alpha_W \leqslant 0.55$
硬塑	$0.55 < \alpha_W \leqslant 0.70$
可塑	$0.70 < \alpha_W \leqslant 0.85$
软塑	$0.85 < \alpha_W \leqslant 1.00$
流塑	$\alpha_W > 1.00$

注：$\alpha_W = \omega/\omega_L$。

(2)红黏土的结构按其裂隙发育特征可分为三类，如表3-21所示。

表3-21　红黏土的结构分类

土体结构	裂隙发育特征
致密状的	偶见裂隙(<1条/m)
巨块状的	较多裂隙(1~5条/m)
碎块状的	富裂隙(>5条/m)

(3)红黏土的复浸水特性。按其界限液塑比I'_r及液塑比I_r可分为两类，如表3-22所示。

表3-22　红黏土的复浸水特性分类

类别	I_r与I'_r关系	收缩特征
Ⅰ	$I_r \geqslant I'_r$	收缩后复浸水膨胀能恢复到原位
Ⅱ	$I_r < I'_r$	收缩后复浸水膨胀不能恢复到原位

注：$I_r = \omega_L/\omega_P$，$I'_r = 1.4 + 0.006\,6\omega_L$。

(三)红黏土的工程地质特性

(1)红黏土的矿物成分主要为高岭石、伊利石和绿泥石。

(2)红黏土的物理力学特性表现为天然含水率、孔隙比、饱和度以及液限、塑限很高，但却具有较高的力学强度和较低的压缩性。

(3)红黏土具有从地表向下由硬变软的现象，相应的土的强度则逐渐降低，压缩性逐渐增大。

(4)具有胀缩性。红黏土受水浸湿后体积膨胀，干燥失水后体积收缩，其胀缩性表现为以收缩为主。由于胀缩性形成了大量的收缩裂隙，常造成边坡变形失稳，由于地基的胀缩变形致使建筑物开裂破坏。

(5)红黏土透水性微弱，地下水多为裂隙性潜水和上层滞水。

五、膨胀岩土

(一)基本概念

含有大量亲水矿物,湿度变化时有较大体积变化,变形受约束时产生较大内应力的岩土,为膨胀岩土。其特点是在环境湿度变化影响下可产生强烈的胀缩变形。我国各地区都有膨胀岩土出露,以中南、西南地区较多。

关于膨胀岩土的判定,目前还没有统一的标准。国内外对膨胀岩土的分类作了大量的研究,基于不同的目的,提出许多分类方法,诸如按黏粒含量、液限与自由膨胀率分类,按蒙脱石含量、比表面积与阳离子交换量分类,按胀缩总率分类,按最大胀缩性指标分类,按塑性图分类,按膨胀岩土结构特征与力学参数分类等。在《膨胀土地区建筑技术规范》(GBJ 112—87)中,按自由膨胀率 δ_{ef} 进行膨胀土分类,$40\% \leqslant \delta_{ef} < 65\%$ 的为弱膨胀土,$65\% \leqslant \delta_{ef} < 90\%$ 的为中膨胀土,$\delta_{ef} \geqslant 90\%$ 的为强膨胀土。

(二)膨胀岩土的工程地质特性

(1)膨胀岩土一般呈灰白、灰绿、灰黄、棕红、褐黄等颜色,分布在二级及二级以上的阶地、山前丘陵和盆地边缘。在山地表现为低丘缓坡,而在平原地带则为地面龟裂、沟槽、无直立边坡。

(2)膨胀岩土风干时出现大量的微裂隙,有光滑面、擦痕,呈坚硬、硬塑状态的土体易沿微裂隙面散裂,并遇水软化、膨胀。

(3)天然状态下,膨胀岩土一般具有较高的强度和承载力,但遇水特别是干湿交替情况下强度变化较大,是建筑物或边坡破坏的重要原因之一。

(4)影响膨胀岩土工程地质特性的因素包括天然含水率、黏土矿物成分、岩土层结构和构造及大气影响深度等。

六、分散性土

分散性土是指其所含黏性土颗粒在水中散凝呈悬浮状,易被雨水或渗流冲蚀带走引起破坏的土。国内外研究成果表明,典型的分散性土常含有一定量的钠蒙脱石,孔隙水溶液中钠离子含量较高,介质环境属高碱性,pH 值大于 8.5。分散性土的分散特性是由土和水两方面因素决定的,在盐含量低的水中迅速分散,而在盐含量高的水中分散度降低,甚至不分散。分散性土易被水冲蚀的现象比细砂和粉土还要严重,因此在土石坝防渗料及堤防填筑物选择时应给予重视,一般不宜直接使用,如要使用必须进行改性处理或采取工程措施。

分散性土的工程性质主要为低渗透性和低抗冲蚀能力。渗透系数一般小于 10^{-7} cm/s,防渗性能好,但抗冲蚀流速小于 15 cm/s,冲蚀水力比降小于 1.0,而一般非分散性土抗冲蚀流速为 100 cm/s 左右,冲蚀水力比降大于 2.0。

关于分散性土的判别,目前我国还没有统一的试验和判别标准,通常是在现场调查的基础上,采用美国水土保持局(SCS)提出的针孔试验、孔隙水可溶盐试验、双比重计试验和碎块试验进行判别,划分为高分散、分散、过渡和非分散四级。一般认为,针孔试验较为可靠;孔隙水可溶盐试验成果与针孔试验比较一致,也都比较符合实际;碎块试验结果有多解性,即膨胀土也会显示分散性。

七、盐渍土

(一)基本概念

盐渍土是指含有较多易溶盐类的岩土。对易溶盐含量大于0.3%,并具有吸湿、溶陷、盐胀、腐蚀等特性的土称为盐渍土;对含有较多的石膏、芒硝、岩盐等硫酸盐或氯化物的岩层称为盐渍岩。

盐渍土的厚度一般不大,自地表向下1.5~4.0 m,其厚度与地下水埋深、土的毛细上升高度、当地地形以及蒸发作用等有关。盐渍土一般分布在地势比较低而且地下水位较高的地段,如内陆洼地、盐湖和河流两岸的漫滩、低阶地、牛轭湖以及三角洲洼地、山间洼地等地段。

(二)盐渍土的工程地质特性

盐渍土的物理力学性质及工程地质特性,受土中含盐量和含盐种类控制。盐渍土的工程地质特性主要表现为:

(1)盐渍土在干燥状态时,即盐类呈结晶状态时,地基土具有较高的强度。当浸水溶解后,则引起土的性质发生变化,一般是强度降低,压缩性增大。含盐量愈多,土的液限、塑限愈低。当土的含水率等于液限时,其抗剪强度即近于零,丧失强度。

(2)硫酸盐类结晶时,体积膨胀;遇水溶解后体积缩小,使地基土发生胀缩。同时少数碳酸盐液化后亦使土松散,破坏地基的稳定性。

(3)由于盐类遇水溶解,因此在地下水的作用下易使地基土产生溶蚀作用。

(4)土中含盐量愈大,土的夯实最佳密度愈小。

(5)盐渍土对金属管道和混凝土等一般具有腐蚀性。

八、冻土

(一)基本概念

冻土是指温度等于或低于0 ℃,且含有冰的各类土。

冻土根据其冻结时间可分为季节性冻土和多年冻土,按冻结状态可分为坚硬冻土、塑性冻土和松散冻土。

(1)季节性冻土是受季节影响的,冬季冻结,夏季全部融化,且呈周期性冻结、融化的土。

(2)多年冻土是指冻结状态持续两年或两年以上不融的土。

(3)坚硬冻土中未冻水含量很少,土粒为冰牢固胶结,土的强度高、压缩性小,在荷载作用下,表现为脆性破坏,与岩石相似,当土的温度低于一定数值时,如粉砂-0.3 ℃,粉土-0.6 ℃,粉质黏土-1.0 ℃,黏土-1.5 ℃,易呈坚硬冻土。

(4)塑性冻土虽被冰胶结但仍含有大量未冻结的水,具有塑性,在荷载作用下可以压缩,土的强度不高。当土的温度在0 ℃以下至坚硬冻土温度的上限、饱和度≤80%时,常呈塑性冻土。

(5)松散冻土由于土的含水率较小,土粒未被冰所胶结,仍呈冻前的松散状态,其力学性质与未冻土无多大差别。砂土和碎石土常呈松散冻土。

(二)冻土的主要工程地质特性

(1)冻土与一般土的最大区别是冻土的孔隙中含有一定的冰,或土颗粒被冰所胶结。

(2)土在冻结过程中其体积发生相对膨胀。冻土按冻胀量可分为不冻胀、弱冻胀和冻胀。

(3)由于冰的胶结作用,冻土的抗压强度比未冻土要大许多倍。冻土的抗压强度与温度和含水率等因素有关。

(4)多年冻土具有较高的抗剪强度,但其长期荷载作用下的抗剪强度要比瞬时荷载作用下的抗剪强度降低很多。

(5)冻土的变形性质主要表现为冻胀性和融沉性。冻土若长期处于稳定冻结状态,则具有较高的强度和较小的压缩性甚至不具压缩性。但在冻结过程中,却有明显的冻胀性,对地基不利。与冻胀性相反,冻土在融化后强度大为降低,压缩性急剧增大,使地基产生融化沉陷(简称融沉或融陷)。冻土的融沉性与土颗粒及含水率有关。一般土颗粒越粗、含水率越小,融沉性越小;反之则越大。

九、填土

(一)填土的分类

填土是指由人类活动而堆积的土。根据《岩土工程勘察规范》(GB 50021—2001)的规定,填土根据物质组成和填筑方式,可分为四类。

(1)素填土。由碎石土、砂土、粉土和黏性土等一种或几种材料组成,不含杂物或含杂物很少。

(2)杂填土。含有大量建筑垃圾、工业废料或生活垃圾等杂物。

(3)冲填土。由水力冲填泥沙形成。

(4)压实填土。按一定标准控制材料成分、密度、含水率,分层压实或夯实而成。

(二)填土的工程性质

1.素填土的工程性质

素填土的工程性质取决于它的均匀性和密实度。在堆填过程中,未经人工压实者,一般密实度较差,但若堆积时间较长,由于土的自重压密作用,也能达到一定密实度。如堆积时间超过10年的黏性土、超过5年的粉土、超过2年的砂性土,均具有一定的密实度和强度,可以作为一般建筑物的天然地基。

2.杂填土的工程性质

(1)性质不均,厚度及密度变化大。

(2)杂填土往往是一种欠压密土,一般具有较高的压缩性。对部分新的杂填土,除正常荷载作用下的沉降外,还存在自重压力下沉降及湿陷变形的特点。

(3)强度低。杂填土的物质成分异常复杂,不同物质成分直接影响土的工程性质。建筑垃圾土和工业废料土,在一般情况下优于生活垃圾土。因生活垃圾土物质成分杂乱,含大量有机质和未分解的腐殖质,具有很高的压缩性和很低的强度。

3.冲填土的工程性质

(1)冲填土在冲填过程中由于泥沙来源的变化,造成冲填土在纵横方向上的不均匀性,故土层多呈透镜体状或薄层状。

(2)冲填土的含水率大,一般大于液限,呈软塑或流塑状态。当黏粒含量多时,水分不易排出,土体形成初期呈流塑状态,后来虽然土层表面经蒸发干缩龟裂,但下面土层由于水分不易排出,仍处于流塑状态,稍加触动即发生触变现象。因此,冲填土多属未完成自重固结的高压缩性的软土。土的结构需要有一定时间进行再组合,土的有效应力要在排水固结条件下才能提高。

4.压实填土的工程性质

压实填土的工程性质取决于填土的均匀性、压实时的含水率和密度,以及压实时质量检验情况。

利用压实填土作地基时,不得使用淤泥、耕土、冻土、膨胀性土以及有机物含量大于8%的土作填料,当填料内含有碎石土时,其粒径一般不宜大于200 mm。

第四节 区域构造稳定性

区域构造稳定性是指建设场地所在的一定范围和一定时段内,内动力地质作用可能对工程建筑物产生的影响程度。因为是关系到水利水电工程是否可行的根本地质问题,在可行性研究勘察中必须对此作出评价。

一、区域构造稳定性评价

按照国家标准《水利水电工程地质勘察规范》(GB 50487—2008)和配套的技术规程,区域构造稳定性研究包括:①区域构造背景研究和区域构造稳定性分区;②活断层判定和断层活动性研究;③地震危险性分析和场地地震动参数确定;④水库诱发地震潜在危险性预测;⑤工程场地的区域构造稳定性综合评价;⑥活动断层监测和地震监测。

通过水利水电工程区域构造稳定性研究,要回答的问题可以概括成两个方面:①对于制定流域开发规划、正确选择第一期开发河段和工程,以及大型跨流域调水、引水工程线路的比较选择等,提出区域构造稳定条件的评估意见;②对于拟选的水利水电工程建筑物场地,回答其在今后一二百年内,遭受活断层或地震活动破坏的可能性,以及破坏强度和破坏概率,提出水利水电工程抗震设计所需的地震动参数。

二、地震安全性评价

(一)主要术语

(1)地震烈度。地震发生时,在波及范围内一定地点的地面及房屋建筑遭受地震影响和破坏的程度。

(2)地震基本烈度。某个地区在未来一定时期内,一般场地条件和一定超越概率水平下,可能遭遇的最大地震烈度。根据国家地震局和建设部1992年颁布使用的《中国地震烈度区划图(1990)》(比例尺1:400万),地震基本烈度是指在50年期限内,一般场地条件下,可能遭遇超越概率为10%的烈度值。

(3)场地相关反应谱。考虑地震环境及场地条件影响得到的地震反应谱。

(4)地震带。地震活动性与地震构造条件密切相关的地带。

(5)地震动参数。地震引起地面运动的物理参数,包括加速度、反应谱等。

(6)地震构造。与地震孕育和发生有关的地质构造。

(7)地震活动断层。曾发生和可能再发生地震的断层。

(8)地震动峰值加速度。与地震动加速度反应谱最大值相应的水平加速度。

(9)地震动反应谱特征周期。地震动加速度反应谱开始下降点的周期。

(二)地震安全性评价的工作内容

根据《工程场地地震安全性评价技术规范》(GB 17741—1999)的规定,地震安全性评价的基本工作内容主要包括:

(1)区域地震活动性和地震构造的调查、分析。

(2)近场及场区地震活动性和地震构造的调查、分析。

(3)场地工程地震条件的勘察。

(4)地震烈度与地震动衰减关系的分析。

(5)地震危险性的确定性分析。

(6)地震危险性的概率分析。

(7)区域性地震区划。

(8)场地地震动参数确定和地震地质灾害评价。

(9)地震动小区划。

(三)水利水电工程对地震危险性分析工作的规定

根据《水利水电工程地质勘察规范》(GB 50487—2008),水利水电工程场地地震动参数应根据工程的重要性和地区的地震地质条件,按下列规定确定:

(1)坝高大于200 m的工程或库容大于 10×10^9 m^3 的大(1)型工程,以及50年超越概率10%的地震动峰值加速度大于等于0.10 g 地区且坝高大于150 m的大(1)型工程,应进行场地地震安全性评价工作。

(2)对50年超越概率10%的地震动峰值加速度大于或等于0.10 g 地区,土石坝坝高超过90 m、混凝土坝及浆砌石坝坝高超过130 m的大型工程,宜进行场地地震安全性评价工作。

(3)对50年超越概率10%的地震动峰值加速度大于或等于0.10 g 地区的大型引调水工程的重要建筑物,宜进行场地地震安全性评价工作。

(4)其他大型工程可按现行中国地震区划图确定地震动参数。

(5)场地地震安全性评价应包括工程使用期限内,不同超越概率水平下,工程场地基岩的地震动参数。

三、中国地震动参数区划图

《中国地震动参数区划图》(GB 18306—2001)是为减轻和防御地震灾害提供抗震设防要求,更好地服务于国民经济建设而制定的标准,其全部技术内容为强制性。

标准的基本内容包括标准的范围、标准采用的术语定义、标准的技术要素、标准的使用规定及附录等。

《中国地震动参数区划图》(GB 18306—2001)包括中国地震动峰值加速度区划图、中国地震动反应谱特征周期区划图和地震动反应谱特征周期调整表。

中国地震动峰值加速度区划图和中国地震动反应谱特征周期区划图的比例尺均为1:400万,不应放大使用,其设防水准为50年超越概率10%。

根据《中国地震动参数区划图》(GB 18306—2001)的规定,地震动峰值加速度与地震基本烈度的对照关系如表3-23所示。

表 3-23　地震动峰值加速度与地震基本烈度对照关系

地震动峰值加速度 g	<0.05	0.05	0.1	0.15	0.2	0.3	≥0.4
地震基本烈度	<6	6	7	7	8	8	≥9

四、活断层

(一)活断层的定义

根据《水利水电工程地质勘察规范》(GB 50487—2008),活断层是指晚更新世(10 万年)以来有活动的断层。

(二)活断层研究方法

1. 遥感图像的解译判读

遥感图像包括:陆地卫星多波段图像、航空遥感彩色红外像片、机载热红外扫描图像、机载侧视雷达图像等。根据图像上的线性影像、水系格局、地下水及湖海岸的形状变化等判别活动断裂的位置、规模、组合及交切关系,活动断裂的力学性质和活动强度等。

2. 地质地貌法

观察活动断裂带沿线的地貌特征:洪积扇、河流阶地、断层三角面坡、夷平面、水系及第四系岩相和厚度的变化。

3. 野外地质调查和测绘

野外直接的宏观地质调查和宏观地质判断工作是不能忽视的、第一位的重要工作。现场的地质调查,根据断层出露的地质条件、构造变形和地貌特征作出的判断,是评价各种技术资料和综合分析的基础,也是最终正确判别断层活动性的基础。在坝区除对断层逐段进行地面追索、实测地质剖面、槽探等工作外,在冲沟覆盖较深的地段,还需应用物探(地震和电法剖面)、钻探(斜孔对)、平硐等手段,对断层错动遗迹进行定量研究。

4. 断层活动年龄的测定

在断层带内采样,应用各种科技测试手段(^{14}C、ESR 和热释光等方法)进行测年。采样时应注意明确需要使用的方法和测试意图,取断层泥样品是为了直接说明断层活动的年龄,取断层上覆盖的完整地层样品是为了说明断层不活动的年龄。值得注意的是,各种测年断代方法都各有其适用范围和局限性。目前并没有哪种测年方法是绝对准确和可靠的,应根据具体情况来分析使用所测得的资料。切忌以为有一两组测年数据,断层活动年龄的问题就解决了。应与断层活动的其他证据互相印证,才能得出可信度较高的结论。

5. 古地震研究

用地质和考古等方法查明史前浅源强震产生的地表和沉积物剩余变形的地质标志,并复原古地震的震中位置、震级和发震年代。由于古地震强震都与构造活动有关,因此古地震研究是断层活动性研究的重要组成部分。常见判断古地震存在的最直接手段是开挖探槽,对槽壁剖面进行详细素描,测量制图、分层对比、采集测年样品;根据不同层位的埋藏断裂及其伴生的液化扰动层、喷沙体,综合分析断层的活动次数、强度、发震时间和重复周期等。值得注意的是,识别古地震是一项复杂的工作,不能仅根据某一孤立的标志就作定论,而应寻找到多种标志进行综合分析。

6. 地震资料的分析处理

地震资料的分析处理包括分地震活动的空间分布与断裂构造的关系，震源机制解分析断层活动的力学性质。

7. 活断层位移监测和测量

断层活动性观测包含两个层次的工作，即论证所研究断层是否具有现代活动性和测取已确认的现代活动断层的活动性参数。为前一个工作而设置的断层形变观测站，一般建在距勘探工地较远的地方，多采用地表跨断层的短水准、短基线、三角网等方法，近年已开始应用高精度的 GPS 技术。为后一个工作目前应用较多的是在专门的平硐内设置断层活动测量仪，对断层形变进行连续自动的模拟记录；也可以采用跨断层的短水准、短基线、钻孔倾斜仪，以及水管倾斜仪、石英伸缩仪等方法。

（三）活断层的判别

1. 直接标志

具下列标志之一的断层，可判定为活断层：

（1）错动晚更新世（Q_3）以来地层的断层。

（2）断裂带中的构造岩或被错动的脉体，经绝对年龄测定，最新一次错动年代距今 10 万年以内。

（3）根据仪器观测，沿断裂有大于 0.1 mm/年的位移。

（4）沿断层有历史和现代中、强震震中分布或有晚更新世以来的古地震遗迹，或者有密集而频繁的近期微震活动。

（5）在地质构造上，证实与已知活断层有共生或同生关系的断裂。

直接标志一般可以为断层活动提供可靠的实证，特别是在第（1）~（4）条中，只要找到确凿无疑的证据，便可确定该断层为活断层。

第（5）条在单独使用时必须结合活断层分段的研究成果，充分考虑同一断裂系中不同断层在活动性质上的时空不一致性，以免夸大了活断层的范围。

2. 间接标志

（1）沿断层晚更新世以来同级阶地发生错位；在跨越断裂处水系、山脊有明显同步转折现象或断裂两侧晚更新世以来的沉积物厚度有明显的差异。

（2）沿断层有断层陡坎，断层三角面平直新鲜，山前分布有连续的大规模的崩塌或滑坡，沿断裂有串珠状或呈线状分布的斜列式盆地、沼泽和承压泉等。

（3）沿断层有水化学异常带、同位素异常带或温泉及地热异常带分布。

间接标志主要是沿所研究断层实际观察到的地形地貌、遥感、地球物理场、地球化学场、水文地质场等方面的形迹，它们能为断层活动性研究提供重要线索，但在尚未找到直接证据的情况下，不能单独作为判定活断层的依据。也就是说，具有下列标志之一的断层，可能为活断层，应结合其他有关资料，综合分析判定。

3. 参考标志

（1）卫星相片和航空摄影相片上判读的清晰线性形迹、小比例尺地形图上标示的线性排列的沟谷、山脊、陡崖等。

（2）区域夷平面或高阶地面上明显的高程差异，河谷阶地位相图上明显的转折，两岸阶地发育明显的不对称性等。

(3)小比例尺地球物理(重力、航磁、地热)和地球化学图件上的线性异常带,人工地震剖面中解读的深部断点和隐伏断裂等。

(4)覆盖地区用简易物、化探方法测得的线性异常。

(5)区域构造应力场物理模拟(光弹、泥巴试验)和数学模拟(线弹性有限元分析、流变过程分析)求出的活动性强烈的断层段。

参考标志往往是工作中首先引起人们注意的现象,在大范围的新构造研究中有时也可以作为区域性断裂活动性的主要标志。在水电工程场区小范围的研究中,它们能指出工作的重点地段和重点问题,避免遗漏并节省许多工作量,但这些标志是否为活断层的反映,必须经过实地检验,取得直接证据,才能作出可靠的结论。

还需要指出,在不利的地质环境或恶劣的现场勘测研究和取样条件下获得的直接或间接标志,许多情况下也只有参考意义。

4. 各种标志的多解性和不确定性

间接标志具有多解性,已为水利水电部门大多数勘测人员所接受。直接标志在许多情况下同样具有多解性,却还未引起足够的重视。就以最直接的晚更新世地层错动来说,它可能是发震断层向复盖层中的直接延续;也有可能是地震重力错动,指示附近有发震断层,但本身只反映了在强烈震动下松软沉积物表层的重力压密变形,并非真正的活断层;还可能由外动力地质作用引起(如滑坡、流水侵蚀、冰川推挤等),没有构造意义。因此,在没有发现与之相应的基岩活断层之前,往往不能得出最终的结论。

活断层的各种判别标志都具有一定的不确定性。在不同的地质环境和研究条件下,不同判别标志的可信度有所不同,或者说,在分析确定某条断层是否为活断层时,它们的权重是不一样的。第四系地层的错动或变形是最可靠、最直接的证据,在确认它属于构造成因之后,权重最大。例如,断层带物质测年为 Q_3 活动过,但断层上覆 Q_3 或 Q_2 地层没有错断或变形,仍应判定为 Q_3 以来无活动;反之,测年资料较老而地层错动资料很新,就应该认为该断层确有新的活动,而测年资料需要作进一步的核对。

同一类现象在判断断层活动性上,也可能有多种含义和不同的权重。例如,断层线上发生过里氏 6.5 级以上地震或多次 5 ~ 6 级地震,可以认为是该断层有现今活动的直接证据;个别 5 ~ 6 级地震或相对密集的小震只能看作间接证据;而少量沿断层线分布的小震最多只能看作参考标志,不足以证明该断层的现代活动。

研究条件对判别标志的权重有很大的影响。例如断层位移观测,数十年的连续资料是可靠的直接标志,而三五年的资料只能作为参考。又如断层测年样品,取自埋深百米以下的平硐,应属可靠的直接标志,取自浅埋的平硐也较为可信,而在地表露头或探槽中取样,有时只能作为参考。

第五节　水库工程地质

一、水库区工程地质勘察

(一)规划阶段

(1)了解水库的工程地质和水文地质条件。

(2)了解可能威胁水库成立的滑坡、潜在的不稳定岸坡、泥石流、塌岩和浸没等的分布范围。

(3)了解可溶岩地区的喀斯特发育情况、含水层和隔水层的分布范围、河谷和分水岭的地下水位,并对水库产生渗漏的可能性进行分析。

(4)了解重要矿产和名胜古迹的分布情况。

(二)可行性研究阶段

(1)初步查明水库区的水文地质条件,确定可能的渗漏地段,估算可能的渗漏量。

(2)初步查明库岸稳定条件,确定崩塌、滑坡、泥石流、危岩体及潜在不稳定岸坡的分布位置,初步评价其在天然情况及水库运行后的稳定性。

(3)初步查明可能塌岸位置,初步预测水库运行后的塌岸形式和范围,初步评价其对工程、库区周边城镇、居民区、农田等的可能影响。

(4)初步查明可能产生浸没地段的地质和水文地质条件,初步预测水库浸没范围和严重程度。

(5)初步研究并预测水库诱发地震的可能性、发震位置及强度。

(6)调查是否存在影响水质的地质体。

(三)初步设计阶段

(1)查明可能严重渗漏地段的水文地质条件,对水库渗漏问题作出评价。

(2)查明可能浸没区的水文地质、工程地质条件,确定浸没影响范围。

(3)查明滑坡、崩塌等潜在不稳定库岸的工程地质条件,评价其影响。

(4)查明土质岸坡的工程地质条件,预测塌岸范围。

(5)论证水库诱发地震的可能性,评价其对工程和环境的影响。

关于水力发电工程的水库区工程地质勘察内容,应符合《水力发电工程地质勘察规范》(GB 50287—2006)的相关规定。

二、水库蓄水后的主要工程地质问题

水库蓄水后,库区可能产生的工程地质问题主要有水库渗漏问题、水库浸没问题、水库塌岸(库岸稳定)问题、水库诱发地震问题和固体径流问题。

(一)水库渗漏

1. 水库渗漏的形式

水库渗漏有暂时性渗漏和永久性渗漏两种形式,前者是暂时的,对水库蓄水效益影响不大,而后者是长期的,对水库蓄水效益影响极大。

2. 产生渗漏的工程地质条件

1)岩性条件

水库通过地下渗漏通道渗向库外的首要条件是库底和水库周边有透水岩(土)层或可溶岩层存在。

2)地形地貌条件

水库与相邻河谷间或下游河湾间的分水岭的宽窄和邻谷的切割深度对水库渗漏影响很大。当地形分水岭很单薄,而邻谷谷底又低于库水位很多时,就具备了水库渗漏的地形条件。当邻谷谷底高于库水位时,则不会向邻谷渗漏。

3)地质构造条件

在纵向河谷地段,当库区位于向斜部位,因两岸岩层均倾向库内,隔水层将整个水库包围,水库不会渗漏,如图3-4所示。当库区位于背斜部位时,若岩层平缓则有沿透水层向两侧渗漏的可能,如图3-5所示。但是当单斜谷、背斜谷的岩层倾角较大时,水库渗漏的可能性就小。断层的存在对渗漏影响较大,如胶结或充填较好的断层将透水岩层切断,使渗漏通道失去与邻谷的连续性,对防止渗漏有利。但如果断层切断了隔水层,使水库失去了封闭条件,可能产生渗漏,如图3-6、图3-7所示。

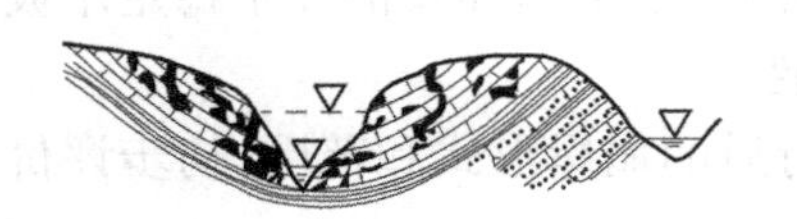

图3-4 库区位于纵向谷向斜部位有隔水层包围而不致渗漏示意

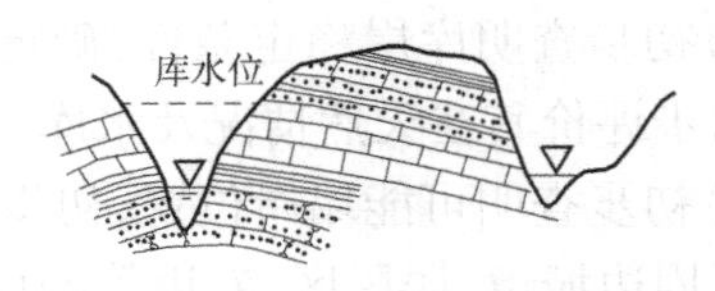

图3-5 背斜谷岩层缓斜水库易渗漏

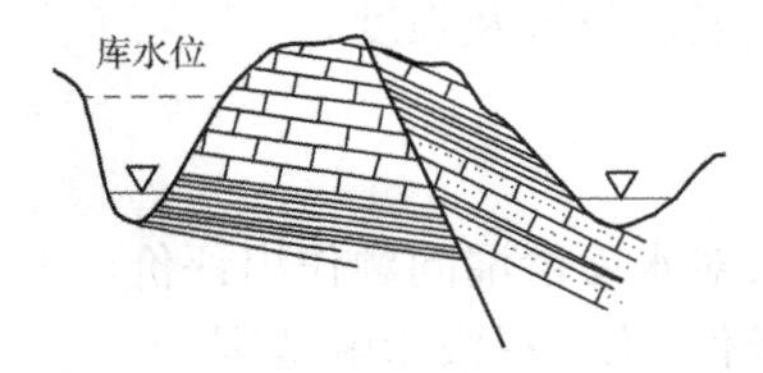

图3-6 断层切断渗漏通道

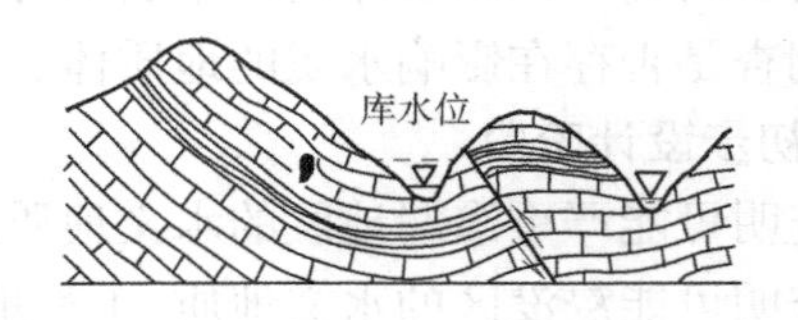

图3-7 断层破坏隔水层的连续性

4)水文地质条件

具备了有利于渗漏的岩性、地形地貌、地质构造条件,是否能产生渗漏还取决于水文地质条件。要具体分析分水岭地区地下水出露和分布特征,确定有无地下水分水岭、地下水分水岭的高程及其与水库正常蓄水位的关系。如果水库蓄水之前该河段就向邻谷渗漏,分水岭地区无地下水分水岭,则水库蓄水后,渗漏必然加剧,如图3-8(a)所示;如果建库前邻谷地下水流向库区河谷,但邻谷水位低于水库正常蓄水位,则建库后水库会向邻谷渗漏,如图3-8(b)所示;如果水库蓄水前地下水分水岭高程大大低于水库正常蓄水位,则建库后水库蓄水导致地下水分水岭消失,库水向邻谷渗漏,如图3-8(c)所示;如果地下水分水岭高程略低于水库正常蓄水位,则建库蓄水后地下水壅高,使地下水分水岭高于水库正常蓄水位,则不会产生渗漏,如图3-8(d)所示;如果蓄水前地下水分水岭高于水库正常蓄水位,则建库后不会向邻谷渗漏,如图3-8(e)所示。

(二)水库浸没

水库蓄水后使库区周围地下水相应壅高而接近或高于地面,导致地面农田盐碱化、沼泽化及建筑物地基条件恶化,这种现象称为浸没。丘陵地区、山前洪积冲积扇及平原水库,由于周围地势低缓,最易产生浸没。山区水库可能产生宽阶地浸没以及库水向低邻谷洼地渗漏的浸没。严重的水库浸没问题影响到水库正常蓄水位的选择,甚至影响到坝址选择。

水库周边地区是否产生浸没,应通过工程地质勘察进行评价。浸没评价宜分初判和复判两个阶段进行。浸没的初判应在调查水库区的地质与水文地质条件的基础上,排除不会发生浸没的地区,对可能浸没地区,可进行稳定态潜水回水预测计算,初步圈定浸没范围。经初判圈定的浸没地区应进行复判,并应对其危害作出评价。

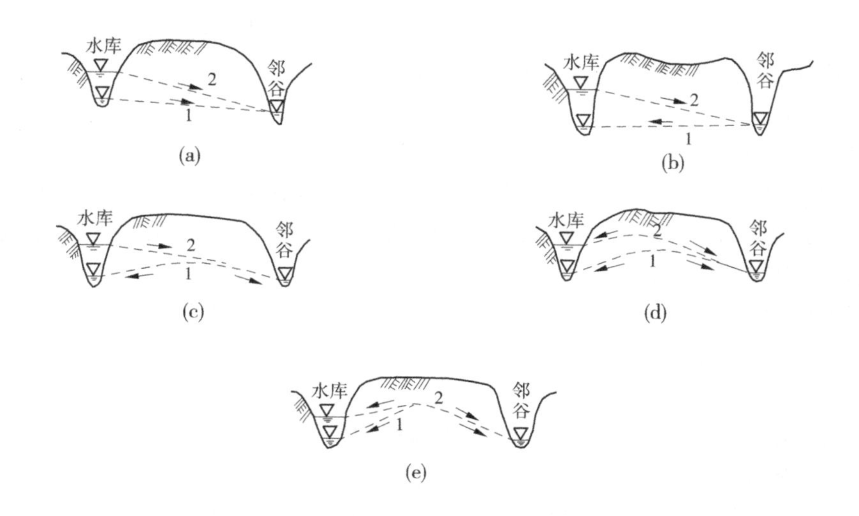

(a)、(b)蓄水前无地下水分水岭;(c)地下水分水岭大大低于库水位;
(d)地下水分水岭略低于库水位;(e)地下水分水岭高于库水位
1—水库蓄水前地下水位;2—水库蓄水后地下水位

图 3-8 水库渗漏的水文地质条件

(1)浸没评价应依据当地浸没临界值与潜水回水位埋深之间的关系确定,当预测的潜水回水位埋深小于浸没的临界地下水位埋深时,该地区即应判定为浸没区。

(2)下列标志之一可作为不易浸没地区的判别标志:①库岸或渠道由相对不透水岩土层组成,或调查地区与库水间有相对不透水层阻隔,且该不透水层的顶部高程高于水库设计正常蓄水位;②调查地区与库岸间有经常水流的溪沟,其水位等于或高于水库设计正常蓄水位。

(3)下列标志之一可作为易浸没地区的判别标志:①平原型水库的周边和坝下游,顺河坝或围堤的外侧,地面高程低于库水位地区;②盆地型水库边缘与山前洪积扇、洪积裙相连的地区;③潜水位埋藏较浅,地表水或潜水排泄不畅,补给量大于排泄量的库岸地区,封闭或半封闭的洼地,或沼泽的边缘地区。

(4)下列条件之一可作为次生盐渍化、沼泽化的判别标志:①在气温较高地区,当潜水位被壅高至地表,排水条件又不畅时,可判为涝渍、湿地浸没区;对气温较低地区,可判为沼泽地浸没区。②在干旱、半干旱地区,当潜水位被壅高至土壤盐渍化临界深度时,可判为次生盐渍化浸没区。

(三)水库塌岸

水库塌岸也称水库边岸再造,是由于水库蓄水对库岸地质环境的影响,使原来结构疏松的库岸在库水,特别是波浪的作用下坍塌,形成新的相对稳定的岸坡的过程。

1.影响水库塌岸的因素

1)水文因素

水库蓄水使地下水位上升,引起库岸岩土体的湿化和物理、力学、水理性质改变,破坏了岩土体的结构,使其抗剪强度和承载力降低,易于塌岸的发生。

水库蓄水水面变宽、水深增大,风速兴起的波浪作用成为水库塌岸的主要动力。波浪对塌岸的影响主要表现为击岸浪对岸壁的淘刷和磨蚀,以及对塌落物的搬运,从而加速塌岸过程。此外,库水位的变化幅度与各种水位持续的时间对水库塌岸也有较大的影响。

2)地质因素

组成库岸的岩土类型和性质是决定水库塌岸速度及宽度的主要因素。坚硬岩石,抗冲蚀能力强,能维持较大的稳定坡角,水库塌岸不严重。半坚硬岩石,与水接触性能显著改变,强度降低很多,塌岸问题比较严重。松散土特别是黄土类土组成的库岸,遇水易于软化湿化,强度极低,塌岸问题严重。

地质构造和岩体结构是控制基岩库岸稳定的重要因素,特别是各种软弱结构面的产状、组合关系与库水的关系。

3)库岸形态

库岸形态指的是岸高、岸的坡度、库岸的沟谷切割及岸线弯曲情况等,它们对塌岸也有很大影响。库岸愈高、愈陡,塌岸就愈严重;反之,则轻微。水下岸形陡直、岸前水深的库岸,波浪对库岸的作用强烈,塌落物被搬运得快,因此加快了塌岸过程。一般,当地形坡度小于10°时,不易发生塌岸。在平面形态上,支沟发育,地形切割严重且岸线弯曲的库岸,塌岸严重,特别是突咀、凸岸三面临水,坍塌严重,平直岸和凹岸则较轻微。

2. 水库塌岸的预测

水库塌岸预测的目的是根据水库周边的工程地质条件和水库运用水位变化的情况等定量地估计水库塌岸范围、最终塌岸宽度、塌岸速度及进程。水库塌岸预测的方法很多。按时限划分有以水库初次蓄水后的2~3年为限的短期预测和以最终塌岸为限的长期预测。按库岸岩性结构划分有均质松散层库岸预测、非均质松散层库岸预测和基岩库岸预测。此外,还有专门用于我国黄土地区水库塌岸的预测方法。

三、水库诱发地震

因蓄水而引起库盆及其邻近地区原有地震活动性发生明显变化的现象,称为水库诱发地震,简称水库地震。它是人类兴建水库的工程建设活动与地质环境中原有的内、外应力引起的不稳定因素相互作用的结果,是诱发地震中震例最多、震害最严重的一种类型。

(一)水库诱发地震的特征

与一般构造地震相比,水库地震主要有下述特征:

(1)发生诱发地震的水库在水库工程总数(坝高>15 m)中所占比例不足0.1%,但随着坝高和库容的增大,比例明显增高。中国百米以上大坝和库容100亿m^3以上的水库中诱发地震比例均在30%以上,超过世界平均水平。

(2)空间分布上震中大部分集中在库盆和距库岸3~5 km以内的地方;少数主震发生在大坝附近,大部分是在水库中段甚至在库尾;震源深度极浅,从3~5 km至近地表。

(3)时间分布上存在着十分复杂的现象,初震往往出现在开始蓄水后不久,地震高潮和大多数主震发生在蓄水初期的1~4年内,主要取决于震中区的地震地质条件,也与水库的运行调度情况有一定关系。

(4)绝大部分主震震级是微震和弱震,但其震感强烈,震中烈度偏高;中等强度以上的破坏性地震占20%~30%,其中6.0级以上的强震仅3%。

(5)强和中强水库地震多数情况下都超过了当地历史记载的最大地震。

（二）水库诱发地震的成因类型

（1）构造型水库地震。该类地震是对水利水电工程影响最大，也是国内外研究最多的类型。通过对主震震级 $M \geqslant 4.5$ 级震例的地震地质环境的分析，可以将主要的发震条件归纳为：①区域性断裂带或地区性断裂通过库坝区；②断层有晚更新世以来活动的直接地质证据；③沿断层带有历史地震记载或仪器记录的地震活动；④断裂带和破碎带有一定的规模和导水能力，与库水沟通并可能渗往深部。

构造型水库地震中还有一种类型，即原来的天然地震活动水平比较高，蓄水至高水位时地震反而减少（如美国的安德逊水库、我国台湾省曾文水库等）。其震例数量较少，研究程度较差，对工程也没有明显影响。

（2）喀斯特型水库地震。该类地震是最常见的类型，我国震例中70%以上处在碳酸盐岩分布地区。主震震级多数为1～2级，最大不超过4级。震例分析表明，只有在合适的喀斯特水文地质结构条件下，才会出现喀斯特型水库地震，其发生的主要条件可归纳为：①库区有较大面积的碳酸盐岩分布，特别是质纯、层厚、块状的石灰岩；②现代喀斯特作用强烈；③一定的气候条件和水文条件（如暴雨中心、陡涨陡落型洪峰等）。

（3）地表卸荷型水库地震。近年的资料表明，这一类型比原先预想的更为常见。现代强烈下切的河谷下部（所谓的卸荷不足区），富硅的岩性条件（如酸性火成岩、硅质或富含燧石结核的灰岩）等，可能有利于此类水库地震出现。此类地震一般震级不高，延续时间不长，但有时很小的地震就有强烈震感，对工程和库区环境的影响不可忽视。

（三）水库诱发地震的工程地质条件分析

震例及研究表明，水库诱发地震的发生与下述工程地质条件密切相关：

（1）岩性。以碳酸盐岩地区水库诱震率较高，但震级则以火成岩特别是花岗岩区较高。

（2）地应力。水库诱发地震构造的力学类型与地应力密切相关。研究认为，大多数水库诱发地震构造的力学类型是剪切破裂，有断裂能否产生新的剪切破裂，取决于区域最大主应力 σ_1 与断裂走向的夹角 α，据统计 $\alpha = 30° \sim 60°$ 者易产生新的剪切破裂。

（3）水文地质条件。库区周围隔水层的分布，可形成大致圈闭的水文地质条件，有利于保持较大的水头压力，使库水得以向深部渗入，增加构造裂隙及断层中的孔隙水压力，降低岩体的抗剪强度，因而易于诱发地震。

（4）历史地震。据水库地震震例分析，水库地震既可发生在地震活动水平较高的多震区，亦可发生在弱震或无震区。似乎历史地震的强弱和区域地壳稳定性好坏，并不是诱发地震的直接标志。

（5）坝高与库容。水库地震震例分析表明，高坝大库诱发地震的概率大、危险性大。

第六节　拦河坝（闸）工程地质

一、坝（闸）址工程地质勘察

（一）规划阶段

（1）各梯级坝址勘察应包括下列内容：

①了解坝址所在河段的河流形态、河谷地形地貌特征及河谷地质结构。

②了解坝址的地层岩性、岩体结构特征、软弱岩层分布规律、岩体渗透性及卸荷与风化程度。了解第四纪沉积物的成因类型、厚度、层次、物质组成、渗透性，以及特殊土体的分布。

③了解坝址的地质构造，特别是大断层、缓倾角断层和第四纪断层的发育情况。

④了解坝址及近坝地段的物理地质现象和岸坡稳定情况。

⑤了解透水层和隔水层的分布情况，地下水埋深及补给、径流、排泄条件。

⑥了解可溶岩坝址喀斯特洞穴的发育程度、两岸喀斯特系统的分布特征和坝址防渗条件。

⑦分析坝址地形、地质条件及其对不同坝型的适应性。

（2）近期开发工程坝址勘察除应符合上述条件要求外，尚应包括下列内容：

①坝基中主要软弱夹层的分布、物质组成、天然性状。

②坝基主要断层、缓倾角断层破碎带性状及其延伸情况。

③坝肩岩体的稳定情况。

④当第四纪沉积物作为坝基时，土层的层次、厚度、级配、性状、渗透性、地下水状态。

⑤当可能采用地下厂房布置方案时，地下硐室围岩的成洞条件。

⑥当可能采用当地材料坝方案时，溢洪道布置地段的地形地质条件及筑坝材料的分布与储量。

（二）可行性研究阶段

（1）初步查明坝址区地形地貌特征，平原区河流坝址应初步查明牛轭湖、决口口门、沙丘、古河道等的分布、埋藏情况、规模及形态特征。当基岩埋深较浅时，应初步查明基岩面的倾斜和起伏情况。

（2）初步查明基岩的岩性、岩相特征，进行详细分层，特别是软岩、易溶岩、膨胀性岩层和软弱夹层等的分布和厚度，初步评价其对坝基或边坡岩体稳定的可能影响。

（3）初步查明河床和两岸第四纪沉积物的厚度、成因类型、组成物质及其分层和分布，湿陷性黄土、软土、膨胀土、分散性土、粉细砂和架空层等的分布，基岩面的埋深、河床深槽的分布。初步评价其对坝基、坝肩稳定和渗漏的可能影响。

（4）初步查明坝址区内主要断层、破碎带，特别是顺河断层和缓倾角断层的性质、产状、规模、延伸情况、充填和胶结情况，进行节理裂隙统计，初步评价各类结构面的组合对坝基、边坡岩体稳定和渗漏的影响。

（5）初步查明坝址区地下水的类型、赋存条件、水位、分布特征及其补排条件，含水层和相对隔水层埋深、厚度、连续性、渗透性，进行岩土渗透性分级，初步评价坝基、坝肩渗漏的可能性、渗透稳定性和渗控工程条件。

（6）初步查明坝址区岩体风化、卸荷的深度和程度，初步评价不同风化带、卸荷带的工程地质特性。

（7）初步查明坝址区崩塌、滑坡、危岩及潜在不稳定体的分布和规模，初步评价其可能的变形破坏形式及对坝址选择和枢纽建筑物布置的影响。

（8）初步查明坝址区泥石流的分布、规模、物质组成、发生条件及形成区、流通区、堆积区的范围，初步评价其发展趋势及对坝址选择和枢纽建筑物布置的影响。

（9）可溶岩坝址区应初步查明喀斯特发育规律及主要洞穴、通道的规模、分布、连通和充填情况，初步评价可能发生渗漏的地段、渗漏量，喀斯特洞穴对坝址和枢纽建筑物的影响。

黄土地区应初步查明黄土喀斯特分布、规模及发育特征，初步评价其对坝址和枢纽建筑物的影响。

(10)初步查明坝址区环境水的水质，初步评价环境水的腐蚀性。

(11)初步查明岩土体的物理力学性质，初步选定岩土体物理力学参数。

(12)初步评价各比选坝址及枢纽建筑物的工程地质条件，提出坝址比选和基本坝型的地质建议。

(三)初步设计阶段

1.土石坝坝(闸)址

(1)查明坝基基岩面形态、河床深槽、古河道、埋藏谷的具体范围、深度以及深槽或埋藏谷侧壁的坡度。

(2)查明坝基河床及两岸覆盖层的层次、厚度和分布，重点查明软土层、粉细砂、湿陷性黄土、架空层、漂孤石层以及基岩中的石膏夹层等工程性质不良岩土层的情况。

(3)查明心墙、斜墙、面板趾板及反滤层、垫层、过渡层等部位坝基有无断层破碎带、软弱岩体、风化岩体及其变形特性、允许水力比降。

(4)查明坝基水文地质结构，地下水埋深，含水层或透水层和相对隔水层的岩性、厚度变化和空间分布，岩土体渗透性。重点查明可能导致强烈漏水和坝基、坝肩渗透变形的集中渗漏带的具体位置，提出坝基防渗处理的建议。

(5)评价地下水、地表水对混凝土及钢结构的腐蚀性。

(6)查明岸坡风化卸荷带的分布、深度，评价其稳定性。

(7)查明坝区喀斯特发育特征，主要喀斯特洞穴和通道的分布规律，喀斯特泉的位置和流量，相对隔水层的埋藏条件，提出防渗处理范围的建议。

(8)提出坝基岩土体的渗透系数、允许水力比降和承载力、变形模量、强度等各种物理力学参数，对地基的沉陷、不均匀沉陷、湿陷、抗滑稳定、渗漏、渗透变形、地震液化等问题作出评价，并提出坝基处理的建议。

2.混凝土重力坝址

(1)查明覆盖层的分布、厚度、层次及其组成物质，以及河床深槽的具体分布范围和深度。

(2)查明岩体的岩性、层次，易溶岩层、软弱岩层、软弱夹层和蚀变带等的分布、性状、延续性、起伏差、充填物、物理力学性质以及与上下岩层的接触情况。

(3)查明断层、破碎带、断层交汇带、裂隙密集带的具体位置与规模和性状，特别是顺河断层和缓倾角断层的分布和特征。

(4)查明岩体风化带和卸荷带在各部位的厚度及其特征。

(5)查明坝基、坝肩岩体的完整性、结构面的产状、延伸长度、充填物性状及其组合关系。确定坝基、坝肩稳定分析的边界条件。

(6)查明坝基、坝肩喀斯特洞穴、通道及长大溶蚀裂隙的分布、规模、充填状况及连通性，查明喀斯特泉的分布和流量。

(7)查明两岸岸坡和开挖边坡的稳定条件。结合边坡地质结构，提出工程边坡开挖坡比和支护措施建议。

(8)查明坝址的水文地质条件，相对隔水层埋藏深度，坝基、坝肩岩体渗透性的各向异性，以及岩体渗透性的分级，提出渗控工程的建议。

(9)查明地表水和地下水的物理化学性质，评价其对混凝土和钢结构的腐蚀性。

(10)查明消能建筑物及泄流冲刷地段的工程地质条件，评价泄流冲刷、泄流水雾对坝基及两岸边坡稳定的影响。

(11)峡谷坝址应根据需要测试岩体应力，分析其对坝基开挖岩体卸荷回弹的影响。

(12)进行坝基岩体结构分类。

(13)在分析坝基岩石性质、地质构造、岩体结构、岩体应力、风化卸荷特征、岩体强度和变形性质的基础上进行坝基岩体工程地质分类，提出各类岩体的物理力学参数建议值，并对坝基工程地质条件作出评价。

(14)提出建基岩体的质量标准，确定可利用岩面的高程，并提出重大地质缺陷处理的建议。

(15)土基上的混凝土坝(闸)勘察内容可参照土石坝和水闸的有关规定。

3.混凝土拱坝址

(1)查明坝址河谷形态、宽高比、两岸地形完整程度，评价建坝地形的适宜性。

(2)查明与拱座岩体有关的岸坡卸荷、岩体风化、断裂、喀斯特洞穴及溶蚀裂隙、软弱层(带)、破碎带的分布与特征，确定拱座利用岩面和开挖深度，评价坝基和拱座岩体质量，提出处理建议。

(3)查明与拱座岩体变形有关的断层、破碎带、软弱层(带)、喀斯特洞穴及溶蚀裂隙、风化、卸荷岩体的分布及工程地质特性，提出处理建议。

(4)查明与拱座抗滑稳定有关的各类结构面，特别是底滑面、侧滑面的分布、性状、连通率，确定拱座抗滑稳定的边界条件，分析岩体变形与抗滑稳定的相互关系，提出处理建议。

(5)查明拱肩槽及水垫塘两岸边坡的稳定条件，对影响边坡稳定的岩体风化、卸荷、断裂构造、喀斯特洞穴、软弱层(带)、水文地质等因素进行综合分析，并结合边坡地质结构，进行分区、分段稳定性评价，提出工程边坡开挖坡比和支护措施建议。

(6)查明坝址区岩体应力状态，评价高应力对确定建基面、建基岩体力学特性和岩体稳定的影响。

(7)查明水垫塘及二道坝的工程地质条件，并作出评价。

(四)施工详图设计阶段

勘察的方法和内容、工作量大小，随专门工程地质问题的复杂性、前期研究深度、场地条件等而变。主要是利用对开挖揭露面的观察，校核坝基的工程地质条件，修正岩体风化带和卸荷带的深度及坝基岩体质量分类，配合设计研究可利用岩面的深度、预留保护层厚度以及地基处理措施等。局部地段进行大比例尺测绘和专门的勘探、试验工作。

关于水力发电工程的坝址工程地质勘察内容，应符合《水力发电工程地质勘察规范》(GB 50287—2006)的相关规定。

二、坝(闸)址工程地质评价

(一)第四纪覆盖层工程地质

1.第四纪覆盖层主要工程地质问题

在第四纪覆盖层特别是深厚覆盖层(厚度大于40 m)上修建水利水电工程，常存在的工程地质问题包括：

(1)压缩变形与不均匀沉陷。

(2)渗漏损失与渗透变形。

(3)砂土振动液化与剪切破坏。

(4)层次不均一、应力分布不均造成应力集中，导致上部建筑物局部拉裂。

关于渗漏和地基变形见水库渗漏和特殊土内容，这里仅介绍渗透变形和砂土振动液化。

2.渗透变形

由于土体颗粒级配和土体结构的不同，渗透变形的形式也不同，可分为流土、管涌、接触冲刷、接触流失四种基本形式。

(1)流土。在上升的渗流作用下局部土体表面的隆起、顶穿或者粗细颗粒群同时浮动而流失称为流土。前者多发生于表层为黏性土与其他细粒土组成的土体或较均匀的粉细砂层中，后者多发生在不均匀的砂土层中。

(2)管涌。土体中的细颗粒在渗流作用下，由骨架孔隙通道流失称为管涌，主要发生在砂砾石地基中。

(3)接触冲刷。当渗流沿着两种渗透系数不同的土层接触面或建筑物与地基的接触面流动时，沿接触面带走细颗粒称接触冲刷。

(4)接触流失。在层次分明、渗透系数相差悬殊的两土层中，当渗流垂直于层面时，将渗透系数小的一层中的细颗粒带到渗透系数大的一层中的现象称为接触流失。

流土和管涌主要发生在单一结构的土体(地基)中，接触冲刷和接触流失主要发生在多层结构的土体(地基)中。一般来讲，黏性土的渗透变形形式主要是流土。

3.土体渗透变形的判别

根据《水利水电工程地质勘察规范》(GB 50487—2008)的规定，土的渗透变形的判别应包括土的渗透变形类型的判别、流土和管涌的临界水力比降的确定、土的允许水力比降的确定等内容。

判别方法可采用试验、计算和类比等方法。

4.土的液化判别

按《水利水电工程地质勘察规范》(GB 50487—2008)的规定，土的地震液化的判别应根据土层的天然结构、颗粒组成、松密程度、地震前和地震时的受力状态、边界条件和排水条件以及地震历时等因素，结合现场勘察和室内试验综合分析判定。

土的地震液化判别分为初判和复判两个阶段。初判应排除不会发生液化的土层。对初判可能发生液化的土层，应进行复判。

1)初判

(1)地层年代为第四纪晚更新世 Q_3 或以前，可判为不液化。

(2)土的粒径小于5 mm颗粒含量的质量百分率小于或等于30%时，可判为不液化；粒径大于5 mm颗粒含量的质量百分率小于70%时，若无其他整体判别方法，可按粒径小于5 mm的这部分判定其液化性能。

(3)对粒径小于5 mm颗粒含量质量百分率大于30%的土，其中粒径小于0.005 mm的颗粒含量质量百分率相应于地震动峰值加速度为0.10 g、0.15 g、0.20 g、0.30 g 和0.40 g

分别不小于 16%、17%、18%、19%和 20%时,可判为不液化;当黏粒含量不满足上述规定时,可通过试验确定。

(4)工程正常运用后,地下水位以上的非饱和土,可判为不液化。

(5)当土层的剪切波速大于公式 $v_{st}=291\sqrt{K_H Z r_d}$ 计算的上限剪切波速时,可判为不液化。

2)复判

土的地震液化可采用标准贯入锤击数法、相对密度法、相对含水率法或液性指数法进行复判。

(二)坝(闸)基(肩)抗滑稳定

坝(闸)基(肩)抗滑稳定性是指坝基或坝肩岩体,抵抗坝基(肩)沿建基面或坝基(肩)岩体沿某些结构面发生剪切滑动破坏的性能。

1.滑动破坏的类型

根据滑动破坏面的位置不同,滑动破坏可分为表层滑动、浅层滑动、深层滑动和混合型滑动四种基本类型,如图 3-9 所示。

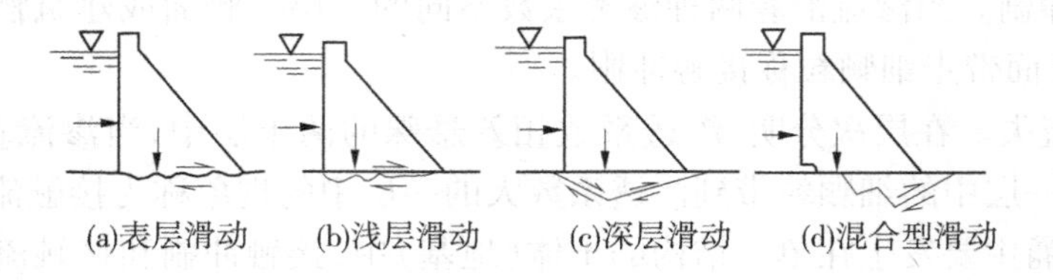

图 3-9　坝基滑动类型示意图

(1)表层滑动。沿着坝体与岩体的接触面发生的剪切破坏。

(2)浅层滑动。坝体连同一部分坝基浅部岩体发生的剪切破坏。主要是由于浅部岩体较弱、风化破碎、裂隙发育、呈碎裂结构,或层状岩石产状平缓、层面和软弱结构面抗剪强度不足。

(3)深层滑动。在坝基岩体深部发生的剪切滑动破坏。发生深层滑动的基本条件是具备较完整的滑动面和切割面,并形成一定规模的滑移体。

(4)混合型滑动。部分沿坝体与岩体接触,部分在岩体内部组合而成的剪切滑动破坏。

2.滑动破坏的边界条件

表层滑动边界条件比较简单,抗滑稳定性主要取决于坝体混凝土与基岩接触面的抗剪强度。浅层滑动发生在岩体浅部,滑动面参差不齐,但大致接近于一平面,抗滑稳定性取决于浅部岩体的抗剪强度。

坝基深层滑动条件比较复杂,它必须具备滑动面、切割面、临空面等要素。

(1)滑动面。指坝基岩体滑动破坏时,发生明显位移,并在工程作用力下产生较大的剪应力及摩擦阻力的缓倾角软弱结构面。该面的实际抗滑能力低于坝体混凝土与基岩接触面的抗剪能力,由此构成坝基滑动的控制面。通常有软弱夹层(特别是泥化夹层)、软弱断层破碎带、软弱岩脉、围岩蚀变带、缓倾角裂隙、层面、不整合面等。

当坝基下游抗力体中存在反倾向结构面,如张性裂隙密集带、大断层破碎带、软弱岩层、深风化破碎带等时，由于其抗力作用已遭破坏，也会构成滑动面。当无明显滑裂面时，常采用试算法找出抗滑稳定安全系数最小的破裂面。

(2)切割面。与滑动面相配合把滑移体与周围岩体分割开的结构面。切割面可分为纵向切割面和横向切割面。纵向切割面是指顺河方向延伸的、长而平直的陡立结构面。工程作用力在该面上只产生剪应力，不产生法向应力或法向应力很小。横向切割面是平行于坝轴线的结构面。它垂直于工程作用力方向，岩体滑动时在此面上产生拉应力，故又称拉裂面。

(3)临空面。滑移体向下游滑动时能够自由滑出地面。临空面有两类：一类是水平临空面，如下游河床地面；另一类是陡立临空面，如下游河床深潭、深槽、溢流冲刷坑、厂房及其他建筑物基坑等。当坝趾下游岩体中有横穿河床的断层破碎带、节理密集带、软弱岩体、深风化破碎带、潜伏溶洞带等时，由于它们强度低，压缩累积变形大，同样可以成为陡立临空面。

由滑动面、切割面和临空面共同组合，形成了与周围岩体分离的滑移体。滑移体的形状随各种结构面的组合形式有楔形体、方块体、棱柱形体、锥形体等。

3. 坝(闸)基(肩)岩体滑移面抗剪强度指标

坝(闸)基(肩)岩体的抗剪强度是坝(闸)基(肩)抗滑稳定的重要因素，其指标f、c是抗滑稳定计算中的重要参数。抗剪强度指标一般采用经验数据法、工程地质类比法和试验法确定。

1)经验数据法

经验数据法是在充分研究工程地质条件的基础上，参考经验数据确定f、c值。此法简便，常用于中小型工程及没有试验条件或工程地质勘察初期。

2)工程地质类比法

工程地质类比法是在充分研究工程地质条件的基础上，参考工程地质条件相类似的已建工程的数据，分析比较后确定f、c值。此法与经验数据法相似，具有简便、快捷的特点，常用于各类工程地质勘察中。

3)试验法

试验法即通过室内试验或原位试验求得抗剪(断)强度指标f、c的方法。此法具有论据充分的特点，在大型工程或有试验条件的工程地质勘察中是必须采用的方法。

采用试验法确定的抗剪(断)强度指标，可分为试验指标、建议指标和设计指标三种。试验指标是试验成果经整理后确定的指标，属基础资料指标。建议指标是按照地层岩性、地质构造等因素划分出不同的工程地质单元，将各单元的试验指标统计整理，并根据工程地质条件、试验情况等进行调整，提出建议设计采用的指标。设计指标也称计算指标，是设计人员根据工程特点结合工程处理措施对建议指标加以调整最后采用的指标。

上述三种方法都有其合理性，但也有一定的片面性。实际工作中，常常是三种方法相互比较、相互验证，综合确定抗剪(断)强度指标。

第七节 地下硐室与边坡工程地质

一、地下硐室

（一）工程地质勘察内容

1. 可行性研究阶段

1）水工隧洞

（1）初步查明水工隧洞地段地形地貌特征和滑坡、泥石流等不良物理地质现象的分布及规模。

（2）初步查明水工隧洞地段地层岩性、覆盖层厚度、物质组成和松散、软弱、膨胀等工程性质不良岩土层的分布及其工程地质特性。隧洞线路尚应初步查明喀斯特发育特征、放射性元素及有害气体等。

（3）初步查明水工隧洞地段的褶皱、断层、破碎带等各类结构面的产状、性状、规模、延伸情况及岩体结构等，初步评价其对边坡和隧洞围岩稳定的影响。

（4）初步查明水工隧洞岩体风化、卸荷特征，初步评价其对隧洞进出口、边坡和硐室稳定性的影响。

（5）初步查明水工隧洞地段地下水位、主要含水层、汇水构造和地下水溢出点的位置及高程，补排条件等，初步评价其对引水线路的影响。对于水文地质复杂地段尚应初步查明与地表溪沟连通的断层破碎带、喀斯特通道等的分布，初步评价掘进时突水（泥）、涌水的可能性及对围岩稳定和周边环境的可能影响。

（6）进行岩土体物理力学性质试验，初步提出有关物理力学参数。

（7）进行隧洞围岩工程地质初步分类。

2）地下厂房勘察内容

地下厂房勘察内容除上述水工隧洞线路勘察内容外，尚应包括下列内容：

（1）初步查明地下厂房和洞群布置地段的岩性组成和岩体结构特征及各类结构面的产状、性状、规模、空间展布和相互切割组合情况，初步评价其对顶拱、边墙、洞群间岩体、交岔段、进出口以及高压管道上覆岩体等稳定的影响。

（2）初步查明地下厂房地段地应力、地温、有害气体和放射性元素等情况，初步评价其影响。

2. 初步设计阶段

1）水工隧洞

（1）查明隧洞沿线的地形地貌条件和物理地质现象、过沟地段、傍山浅埋段和进出口边坡的稳定条件。

（2）查明隧洞沿线的地层岩性，特别是松散、软弱、膨胀、易溶和喀斯特化岩层的分布。

（3）查明隧洞沿线岩层产状、主要断层、破碎带和节理裂隙密集带的位置、规模、性状及其组合关系。隧洞穿过活动断裂带时应进行专门研究。

（4）查明隧洞沿线的地下水位、水温和水化学成分，特别要查明涌水量丰富的含水层、汇水构造、强透水带以及与地表溪沟连通的断层、破碎带、节理裂隙密集带和喀斯特通道，预测掘进时突水(泥)的可能性,估算最大涌水量,提出处理建议。提出外水压力折减系数。

(5)可溶岩区应查明隧洞沿线的喀斯特发育规律,主要洞穴的发育层位、规模、充填情况和富水性。洞线穿越大的喀斯特水系统或喀斯特洼地时应进行专门研究。

(6)查明隧洞进出口边坡的地质结构、岩体风化、卸荷特征,评价边坡的稳定性,提出开挖处理建议。

(7)确定各类岩体的物理力学参数。结合工程地质条件进行围岩工程地质分类。

(8)查明过沟谷浅埋隧洞上覆岩土层的类型、厚度及工程特性,岩土体的含水特性和渗透性,评价围岩的稳定性。

(9)对跨度较大的隧洞尚应查明主要软弱结构面的分布和组合情况,并结合岩体应力评价顶拱、边墙和硐室交叉段岩体的稳定性。

(10)查明压力管道地段上覆岩体厚度和岩体应力状态,高水头压力管道地段尚应调查上覆山体的稳定性、侧向边坡的稳定性、岩体的地质结构特征和高压水渗透特性。

(11)查明岩层中有害气体或放射性元素的赋存情况。

2)地下厂房

地下厂房系统勘察应包括下列内容:

(1)查明厂址区的地形地貌条件、沟谷发育情况,岩体风化、卸荷、滑坡、崩塌、变形体及泥石流等不良物理地质现象。

(2)查明厂址区地层岩性、岩体结构,特别是松散、软弱、膨胀、易溶和喀斯特化岩层的分布。

(3)查明厂址区岩层的产状,断层破碎带的位置、产状、规模、性状及裂隙发育特征,分析各类结构面的组合关系。

(4)查明厂址区水文地质条件,含水层、隔水层、强透水带的分布及特征。可溶岩区应查明喀斯特水系统分布,预测掘进时发生突水(泥)的可能性,估算最大涌水量和对围岩稳定的影响,提出处理建议。

(5)确定外水压力折减系数。

(6)进行岩体物理力学性质试验,提出有关物理力学参数。

(7)进行原位地应力测试,分析地应力对围岩稳定的影响,预测岩爆的可能性和强度,提出处理建议。

(8)查明岩层中的有害气体或放射性元素的赋存情况。

(9)对地下厂房系统应分别对顶拱、边墙、端墙、硐室交叉段等进行围岩工程地质分类。

(10)根据厂址区的工程地质条件和围岩类型,提出地下厂房位置和轴线方向的建议,并对地下厂房、主变压器室、调压井(室)方案的边墙、顶拱、端墙进行稳定性评价。采用地面主变室和开敞式调压井时,应评价地基和边坡的稳定性。

3)深埋长隧洞

深埋长隧洞勘察除上述水工隧洞的勘察内容外,尚应包括下列内容:

(1)基本查明可能产生高外水压力、突涌水(泥)的水文地质、工程地质条件。

(2)基本查明可能产生围岩较大变形的岩组及大断裂破碎带的分布及特征。

(3)基本查明地应力特征,并判别产生岩爆的可能性。

(4)基本查明地温分布特征。

（5）基本确定地质超前预报方法。

（6）对存在的主要水文地质、工程地质问题进行评价。

（二）地下硐室的选址（线）

地下硐室位置的选择，除取决于工程目的外，主要受地形、岩石性质、地质构造、地下水及地应力等工程地质条件的控制。

1. 地形地质条件的要求

地下硐室的选址（线）要求地形完整，山体稳定，无冲沟、山洼等地形的切割破坏，无滑坡、塌方等不良地质现象。水工隧洞进出口地段，要有稳定的洞脸边坡，洞口岩石宜直接出露或覆盖层较薄，岩层宜倾向山里并有较厚的岩层作为顶板。此外，硐室的围岩应有一定的厚度，硐室围岩最小厚度的确定与洞径大小、岩体完整性及岩石强度有关。根据水利水电工程的经验，无压隧洞上覆岩体的最小厚度与洞径 B 的关系如表 3-24 所示。

表 3-24　无压隧洞上覆岩体最小厚度与洞径 B 的关系

岩石类别	上覆岩体最小厚度
坚硬岩石	$(1.0 \sim 1.5)B$
中等坚硬岩石	$(1.5 \sim 2.0)B$
软弱岩石	$(2.0 \sim 3.0)B$

抽水蓄能电站地下硐室对上覆岩体、侧向岩体厚度的基本要求是，能承受高水头作用下隧洞岔管地段巨大的内水压力，且不发生岩体破裂，满足上抬理论。

2. 岩性条件的要求

岩石性质是影响地下硐室围岩稳定、掘进、支撑和衬砌的重要因素，也是决定工程工期和造价的主要条件之一。在坚硬岩石中开挖地下硐室，围岩稳定性好，便于施工；在软弱岩层、破碎岩性和松散岩层中开挖地下硐室，围岩稳定性差，施工困难。所以，地下硐室布置应尽量避开岩性条件差的围岩，使洞身置于坚硬完整的岩层中。

3. 地质构造条件的要求

地质构造条件对硐室围岩稳定有重要的影响。硐室应布置在岩体结构完整、地质构造简单的地段，尽量避开大的构造破碎带。硐室轴线宜与构造线、岩层走向垂直或大角度相交。

4. 地下水条件的要求

地下水对硐室的不良影响主要表现为静水压力对硐室衬砌的作用、动水压力对松散或破碎岩层的渗透变形作用，以及施工开挖的突然涌水等。因此，应尽量将硐室置于非含水岩层中或地下水位以上，或采取地下排水措施，避免或减小渗透压力对围岩稳定的影响。

5. 地应力条件的要求

岩体中的初始应力状态对硐室围岩的稳定性有重要的影响。理论与实践研究表明，当应力比值系数（即 σ_h/σ_v）较小时，硐室的顶板和边墙容易变形破裂；当硐室处于大致均匀的应力状态时，围岩稳定性较好。因此，要重视岩体初始应力状态对硐室围岩稳定性的影响。当岩体中的水平应力值较大时，硐室轴线布置最好与最大主应力方向平行或以小夹角相交。

抽水蓄能电站地下岔管段,要求最小主应力要大于岔管处的内水压力至少1.2倍,满足最小主应力理论。

(三)围岩工程地质分类

据统计,目前国内外比较系统的围岩分类已有百余种。按其所采用的原则,大体可归并为三个分类系统:①按围岩的强度或岩体主要力学属性的分类;②按围岩稳定性的综合分类;③按岩体质量等级的分类。

《水利水电工程地质勘察规范》(GB 50487—2008)以控制围岩稳定的岩石强度、岩体完整程度、结构面状态、地下水和主要结构面产状五项因素之和的总评分为基础判据,以围岩强度应力比为限定判据规定了围岩工程地质分类标准,并提出了相应的支护类型。

围岩工程地质分类详见表3-25。

应该说明,此围岩工程地质分类不适用于埋深小于2倍洞径或跨度的地下硐室和特殊土、喀斯特洞穴发育地段的地下硐室。

表3-25　围岩工程地质分类

围岩类别	围岩稳定性	围岩总评分 T	围岩强度应力比 S	支护类型
Ⅰ	稳定。围岩可长期稳定,一般无不稳定块体	$T>85$	>4	不支护或局部锚杆或喷薄层混凝土。大跨度时,喷混凝土、系统锚杆加钢筋网
Ⅱ	基本稳定。围岩整体稳定,不会产生塑性变形,局部可能产生掉块	$65<T\leq85$	>4	
Ⅲ	局部稳定性差。围岩强度不足,局部会产生塑性变形,不支护可能产生塌方或变形破坏。完整的较软岩,可能暂时稳定	$45<T\leq65$	>2	喷混凝土、系统锚杆加钢筋网。跨度为20~25 m时,并浇筑混凝土衬砌
Ⅳ	不稳定。围岩自稳时间很短,规模较大的各种变形和破坏都可能发生	$25<T\leq45$	>2	喷混凝土、系统锚杆加钢筋网,并浇筑混凝土衬砌
Ⅴ	极不稳定。围岩不能自稳,变形破坏严重	$T\leq25$		

注:对于Ⅱ、Ⅲ、Ⅳ类围岩,当其强度应力比小于本表规定时,围岩类别宜相应降低一级。

二、边坡工程

(一)边坡稳定性的影响因素

边坡稳定性受多种因素的影响,主要分为内在因素和外部因素两个方面。内在因素包括组成边坡岩土体性质、地质构造、岩土体结构、岩体初始应力等。外部因素包括水的作用、地震、岩体风化、工程荷载条件及人为因素等。内在因素对边坡的稳定性起控制作用,外部因素则使边坡的下滑力增大,岩土体的强度降低而削弱岩土体的抗滑力,促进边坡变形破坏的发生和发展。

(1)岩土体性质。边坡岩土体性质是决定边坡抗滑力的根本因素,主要为岩土成因、矿物成分、颗粒组成、岩土结构、物理力学性质,特别是抗剪强度等。

(2)地质构造和岩土体结构。地质构造和岩土体结构对边坡稳定性特别是岩质边坡稳定性影响十分明显,主要为区域构造的复杂程度、断层、节理裂隙的发育特征、缓倾角结构面和软弱结构面的发育特征、各种不利结构面的组合形态、岩土体的结构类型等。

(3)岩体风化。风化作用使边坡岩土体结构破坏,强度降低,改变了岩石的原有特性,从而降低了边坡的稳定性。

(4)水的作用。地表水和地下水对边坡岩土体的冲刷、软化、溶蚀、潜蚀,使岩土体的抗剪强度大为降低,从而影响边坡的稳定性。此外,作用于坡面的静水压力和坡体的静水压力、动水压力等也是影响边坡稳定性的重要因素。

(5)地震。地震是边坡失稳的触发因素。在地震作用下,瞬时的水平地震力和动水压力,使边坡岩土体及支挡结构受到破坏而使边坡失稳,或使坝基饱水砂层产生液化,造成坝坡失稳变形。

(6)工程荷载。水利水电工程中,拱坝坝肩承受的拱端推力、边坡坡顶的超载等工程荷载作用也会影响边坡的稳定性。

(7)工程运行。水利水电工程中,由于工程运行引起库水位的骤降(如抽水蓄能电站上、下水库水位日变幅可达数十米),边坡体内孔隙水压力不能消散,也会影响边坡的稳定性。

(8)人类活动。人类活动对边坡稳定的影响主要包括开挖爆破、大量的施工用水等。

(二)边坡变形破坏的基本类型

《水利水电工程地质勘察规范》(GB 50487—2008)将边坡变形破坏分为崩塌、滑动、蠕变、流动四种基本类型,见表3-26。

表3-26　边坡变形破坏分类

变形破坏类型		变形破坏特征
崩塌		边坡岩体坠落或滚动
滑动	平面型	边坡岩体沿某一结构面滑动
	弧面型	散体结构、碎裂结构的岩质边坡或土坡沿弧形滑动面滑动
	楔形体	结构面组合的楔形体,沿滑动面交线方向滑动
蠕变	倾倒	反倾向层状结构的边坡,表部岩层逐渐向外弯曲、倾倒
	溃屈	顺倾向层状结构的边坡,岩层倾角与坡角大致相似,边坡下部岩层逐渐向上鼓起,产生层面拉裂和脱开
	侧向张裂	双层结构的边坡,下部软岩产生塑性变形或流动,使上部岩层产生扩展、移动张裂和下沉
流动		崩塌碎屑类堆积向坡脚流动,形成碎屑流

(三)滑坡的工程地质特征

滑坡(滑动)是边坡变形破坏中分布最广、较为常见的一种。规模巨大的滑坡,其体积可达数千万立方米到数亿立方米,对工程和人员安全危害极大。

1. 滑坡的形态特征

滑坡在平面上的边界和形态与滑坡的规模、类型及所处的发育阶段有关。发育完全的滑坡,一般由下列要素组成。

(1)滑坡体。简称滑体,滑坡发生后与母体脱离开的滑动部分。

(2)滑动带。滑动时形成的辗压破碎带。

(3)滑动面。简称滑面,即滑坡体与滑床之间的分界面,是滑坡体滑动时的下界面,它可以是滑带的底面,也可能位于滑带之中。

(4)滑坡床。滑体以下固定不动的岩土体,它基本上未变形,保持了原有的岩体结构。

(5)滑坡壁。滑体后部和母体脱离开后暴露在外面的部分,平面上多呈圈椅状,高数厘米至数十米,陡度多为60°~80°,常形成陡壁。

(6)滑坡台阶。由于各段滑体运动速度的差异,在滑坡体上部常常形成滑坡错台,每一错台都形成一个陡坎和平缓台面,叫作滑坡台阶。

(7)滑坡舌。又称滑坡前缘或滑坡头,在滑坡的前部,形如舌状伸入沟谷或河流,甚至越过对岸。

(8)封闭洼地。滑体与滑坡壁之间拉开成沟槽,相邻滑体形成反坡地形,形成四周高中间低的封闭洼地。

(9)滑坡裂隙。可分为:①拉张裂隙,分布在滑坡体的上部;②剪切裂隙,分布在滑坡体中部的两侧;③扇状裂隙,分布在滑坡体的中下部,尤以舌部为多;④鼓张裂隙,分布在滑坡体的下部。

2. 滑坡分类

滑坡分类的目的在于对发生滑坡作用的地质环境和形态特征以及形成滑坡的各种因素进行概括,以便反映出各类滑坡的工程地质特征及其发生发展的规律。

滑坡分类有多种方案,常用的有以下几种:

(1)按滑动面与岩土体层面的关系可分为均质滑坡、顺层滑坡、切层滑坡。

(2)按滑坡的物质组成可分为基岩滑坡、堆积层滑坡、混合型滑坡。

(3)按滑坡的破坏方式可分为牵引式滑坡、推移式滑坡。

(4)按滑坡的规模可分为小型滑坡、中型滑坡、大型滑坡、特大型滑坡。

(5)按滑坡的形成时间可分为新滑坡、老滑坡、古滑坡。

(6)按滑坡的滑移速度可分为高速滑坡、中速滑坡、慢速滑坡。

(7)按滑坡的稳定性可分为稳定滑坡、基本稳定滑坡、稳定性较差滑坡。

其他也有按滑坡体厚度、按滑坡的发展阶段等进行分类的。

(四)边坡稳定分析

边坡稳定分析的工程地质方法,可概括为工程地质分析法、力学计算法和工程地质类比法三种。

根据《水利水电工程地质勘察规范》(GB 50487—2008)的规定,岩质边坡稳定分析可采用刚体极限平衡方法,根据滑动面或潜在滑动面的几何形状,选用合适的公式计算。同倾角多滑动面的岩质边坡宜采用平面斜分条块法和斜分块弧面滑动法,试算出临界滑动面和最小安全系数;均匀的土质边坡可采用滑弧条分法计算。根据工程实际需要,可进行模型试验和原位监测资料的反分析,验证其稳定性。

在稳定性分析计算时,应选择有代表性的地质剖面进行计算,并应采用不同的计算公式进行校核,综合评定边坡的稳定安全系数。当不同地质剖面用同一公式计算而得出不同的边坡稳定安全系数值时,宜取其最小值;当同一地质剖面采用不同公式计算得出不同的边坡稳定安全系数值时,宜取其平均值。计算中应考虑地下水压力对边坡稳定性的不利作用。分析水位骤降时的库岸稳定性应计入地下水渗透压力的影响。在地震基本烈度为7度或7度以上的地区,应计算地震作用力的影响。

关于抗剪强度参数的选取,岩质边坡潜在的滑动面抗剪强度可取峰值强度;古滑坡或多次滑动的滑动面的抗剪强度可取残余强度,或取滑坡反算的抗剪强度。

第八节　天然建筑材料勘察

天然建筑材料主要包括砂砾石(包括人工骨料)、土、碎(砾)石及石料等。天然建筑材料的种类、数量、质量及开采、运输条件,对工程设计、工程质量和造价影响很大。

天然建筑材料勘察的任务是查明并评价工程所需的天然建筑材料的储量、质量和开采、运输条件,为工程设计、施工提供依据。

天然建筑材料的勘察划分为普查、初查、详查三个级别,与水利水电工程的规划、可行性研究、初步设计三个阶段相对应。

一、各勘察设计阶段勘察任务和精度

《水利水电工程天然建筑材料勘察规程》(SL 251—2000)对各勘察设计阶段的勘察任务和精度作了如下规定。

(一)规划阶段

(1)对规划方案的所有水利水电工程的天然建筑材料,都必须进行普查。

(2)在规划的水利水电工程20 km范围内对各类天然建筑材料进行地质调查。草测料场地质图,初步了解材料类别、质量,估算储量。编制料场分布图。

(3)对近期开发工程或控制性工程,每个料场应根据天然露头草测综合地质图,布置少量勘探和取样试验工作,初步确定材料层质量。

(二)可行性研究阶段

(1)工程所需各类天然建筑材料必须做到:初步查明料场岩层、土层结构,岩性,夹层性质及空间分布,地下水位,剥离层、无用层厚度及方量,有用层储量、质量及开采、运输条件和对环境的影响等。

(2)当天然建筑材料的初查精度不能满足建筑物型式和结构选择时,应对控制性的料

源及主要料场进行详查。

(3)进行料场地质测绘、勘探及取样试验。

(4)勘察储量与实际储量误差应不超过40%,勘察储量不得少于设计需要量的3倍。

(5)编制料场分布图、料场综合地质图、料场地质剖面图。

(三)初步设计阶段

(1)应在初查基础上进行,详细查明料场岩层、土层结构,岩性,夹层性质及空间分布,地下水位,剥离层、无用层厚度及方量,有用层储量、质量及开采、运输条件和对环境的影响等。

(2)进行料场地质测绘、勘探及取样试验。

(3)勘察储量与实际储量误差应不超过15%,勘察储量不得少于设计需要量的2倍。

(4)编制料场分布图、料场综合地质图、料场地质剖面图。

二、各类天然建筑材料质量评价指标

(一)砂砾料

混凝土用天然骨料质量技术要求应符合表3-27和表3-28的规定;土石坝坝壳填筑用砂砾石料质量技术要求应符合表3-29的规定;反滤层用料质量技术要求应符合表3-30的规定。

表3-27 混凝土细骨料质量指标

序号	项目		指标	说明
1	表观密度		>2.55 g/cm³	
2	堆积密度		>1.50 g/cm³	
3	孔隙率		<40%	
4	云母含量		<2%	
5	含泥量(黏粒、粉粒)		<3%	不允许存在黏土块、黏土薄膜;若有则应做专门试验论证
6	碱活性骨料含量			有碱活性骨料时,应做专门试验论证
7	硫酸盐及硫化物含量(换算成SO_3)		<1%	
8	有机质含量		浅于标准色	人工砂不允许存在
9	轻物质含量		≤1%	
10	细度	细度模数	2.5~3.5为宜	
		平均粒径	0.36~0.50 mm为宜	
11	人工砂中石粉含量		6%~12%为宜	常态混凝土

表 3-28　混凝土粗骨料质量指标

序号	项目	指标	说明
1	表观密度	>2.6 g/cm³	对砾石力学性能的要求，应符合《水工钢筋混凝土结构设计规范》(SDJ 20—78)规定
2	堆积密度	>1.6 g/cm³	
3	孔隙率	<45%	
4	吸水率	<2.5% 抗寒性混凝土 <1.5%	
5	冻融损失率	<10%	
6	针、片状颗粒含量	<15%	
7	软弱颗粒含量	<5%	
8	含泥量	<1%	不允许存在黏土团块、黏土薄膜，有则应做专门试验论证
9	碱活性骨料含量		有碱活性骨料时，应做专门试验论证
10	硫酸盐及硫化物含量(换算成 SO_3)	<0.5%	
11	有机质含量	浅于标准色	
12	粒度模数	宜采用 6.25 ~ 8.30	
13	轻物质含量	不允许存在	

表 3-29　土石坝坝壳填筑用砂砾石料质量指标

序号	项目	指标	说明
1	砾石含量	5 mm 至相当 3/4 填筑层厚度的颗粒为 20% ~80%	干燥区的渗透系数可小些，含泥量可适当增加；强震区砾石含量下限应予提高，砂砾料中的砂料应尽可能采用粗砂
2	紧密密度	>2 g/cm³	
3	含泥量(黏粒、粉粒)	≤8%	
4	内摩擦角	>30°	
5	渗透系数	碾压后 $>1\times10^{-3}$ cm/s	应大于防渗体的 50 倍

表 3-30　反滤层用料质量指标

序号	项目	指标
1	级配	应尽量均匀，要求这一粒组的颗粒不会钻入另一粒组的孔隙中去，为避免堵塞，所用材料中粒径小于 0.1 mm 的颗粒在数量上不应超过 5%
2	不均匀系数	≤8
3	颗粒形状	应无片状、针状颗粒，坚固抗冻
4	含泥量(黏粒、粉粒)	<3%
5	渗透系数	$>5.8\times10^{-3}$ cm/s
6	对于塑性指数大于 20 的黏土地基第一层粒度 D_{50} 的要求：当不均匀系数 $C_u\leq2$ 时，$D_{50}\leq5$ mm；当不均匀系数 $2<C_u\leq5$ 时，$D_{50}\leq5\sim8$ mm	

（二）土料

土石坝土料质量技术要求应符合表3-31的规定；黄土、膨胀土、红黏土、分散性土做土坝防渗体与坝体填筑料或堤防填筑料时，质量技术指标应按工程要求做专门改性试验。

表3-31　土石坝土料质量指标

序号	项目	均质坝土料	防渗体土料
1	黏粒含量	10%～30%为宜	15%～40%为宜
2	塑性指数	7～17	10～20
3	渗透系数	碾压后 $<1\times10^{-4}$ cm/s	碾压后 $<1\times10^{-5}$ cm/s，并应小于坝壳透水料渗透系数的50倍
4	有机质含量（按质量计）	<5%	<2%
5	水溶盐含量	<3%	
6	天然含水率	与最优含水率或塑限接近者为优	
7	pH值	>7	
8	紧密密度	宜大于天然密度	
9	SiO_2/R_2O_3	>2	

（三）人工骨料

混凝土用人工骨料，要求岩石单轴饱和抗压强度应大于40 MPa，常态混凝土人工细骨料中石粉含量以6%～12%为宜，其他要求同混凝土天然骨料。

（四）碎（砾）石类土料

碎（砾）石类土料质量指标应符合表3-32的规定。

表3-32　碎（砾）石类土料质量指标

序号	项目	指标	
		防渗体土料	均质坝土料
1	P_5 含量（>5 mm）	宜<60%	
2	黏粒含量	占小于5 mm的15%～40%	
3	最大颗粒粒径	<15 cm或不超过碾压铺垫层厚2/3	
4	塑性指数	10～20	
5	渗透系数	碾压后 $<1\times10^{-5}$ cm/s，并应小于坝壳透水料渗透系数的50倍	碾压后 $<1\times10^{-4}$ cm/s
6	有机质含量（按质量计）	<2%	<5%
7	水溶盐含量	<3%	
8	天然含水率	与最优含水率或塑限接近者为优	

(五)块石料

块石料质量应符合表3-33的规定。

表3-33　块石料质量指标

序号	项目	指标	说明
1	饱和抗压强度	应按地域、设计要求与使用目的确定	埋石及砌石的硫酸盐及硫化物含量,同混凝土骨料要求
2	软化系数		
3	冻融损失率	<1%	
4	干密度	>2.4 t/m³	

三、各类天然建筑材料勘察要求

(一)料场场地分类

各类天然建筑材料的料场按地形、有用层和无用层特征分为三类,具体见表3-34。

表3-34　料场场地分类

料种	Ⅰ类	Ⅱ类	Ⅲ类
砂砾石料	面积广,有用层厚而稳定,表面剥离零星分布	呈带状分布,有用层厚度变化不大,有剥离层	面积小,有用层厚度小,岩性变化较大,有剥离层
土料	料场面积大,地形平缓,有用层厚而稳定,土层结构简单	料场面积较大,地形起伏,有用层厚度较稳定,土层结构较复杂	料场面积小,地形起伏大,有用层较薄,土层结构变化大
人工骨料	地形完整,沟谷不发育,岩性单一,岩相稳定,断裂、喀斯特不发育,风化层及剥离层较薄	地形不完整,沟谷较发育,岩性岩相较稳定,没有或少有无用夹层,断裂、喀斯特较发育,风化层及剥离层较厚	地形不完整,沟谷发育,岩性岩相变化大,夹无用层,断裂、喀斯特发育,风化层及剥离层厚
碎(砾)石类土料	料场面积大,地形平缓,岩性单一,有用层厚度大而稳定,成分、结构较简单	料场面积较大,地形起伏,有用层厚度和成分、结构变化较大	料场带状分布,地形起伏大,有用层厚度和成分、结构变化大
块石料	岩性单一,岩相稳定,断裂、岩溶不发育,岩石裸露,风化轻微	岩层厚度及质量较稳定,没有或有少量无用夹层,断裂、岩溶较发育,剥离层薄	岩层厚度和质量变化较大,有无用夹层,风化层较厚,断裂、岩溶发育,剥离层较厚

(二)勘探布置

各类料场的勘探网(点)间距要求见表3-35。

表 3-35　勘探网(点)间距　　(单位:m)

<table>
<tr><th colspan="2">勘察精度</th><th>Ⅰ类</th><th>Ⅱ类</th><th>Ⅲ类</th></tr>
<tr><td rowspan="5">普查</td><td>砂砾石料</td><td colspan="3" rowspan="2">近期开发或控制性工程,每个料场布置 1 ~ 3 个勘探点和 1 ~ 3 条物探测线</td></tr>
<tr><td>土料</td></tr>
<tr><td>人工骨料</td><td colspan="3">近期开发或控制性工程每个料场实测 2 ~4 条剖面或 1 ~3 个勘探点</td></tr>
<tr><td>碎(砾)石类土料</td><td colspan="3">利用天然露头观察</td></tr>
<tr><td>块石料</td><td colspan="3">利用天然露头,必要时布置少量勘探点</td></tr>
<tr><td rowspan="5">初查</td><td>砂砾石料</td><td rowspan="2">200 ~ 400</td><td rowspan="4">100 ~ 200</td><td rowspan="4">< 100</td></tr>
<tr><td>土料</td></tr>
<tr><td>人工骨料</td><td rowspan="2">200 ~ 300</td></tr>
<tr><td>碎(砾)石类土料</td></tr>
<tr><td>块石料</td><td>300 ~ 500</td><td>200 ~ 300</td><td>< 200</td></tr>
<tr><td rowspan="5">详查</td><td>砂砾石料</td><td rowspan="2">100 ~ 200</td><td rowspan="4">50 ~ 100</td><td rowspan="4">< 50</td></tr>
<tr><td>土料</td></tr>
<tr><td>人工骨料</td><td>100 ~ 150</td></tr>
<tr><td>碎(砾)石类土料</td><td>100 ~ 200</td></tr>
<tr><td>块石料</td><td>150 ~ 250</td><td>100 ~ 150</td><td>< 100</td></tr>
</table>

第四章　工程任务与规模

第一节　防洪治涝

一、防洪工程系统及允许泄量

洪水灾害按其成因，可分为暴雨、冰凌、融雪、风暴潮、泥石流等所造成的灾害。在我国，从西部的崇山峻岭到东部的滨海平原，可能产生不同程度洪水的地区约占国土面积的2/3，其中大部分地区会形成洪水灾害，特别是我国东部和南部地区的江河中下游冲积平原，洪灾威胁最为严重，它的总面积约73.8万km^2，虽然只占国土面积的8%，但人口占全国近半，耕地占全国的35%，工农业总产值占全国的2/3左右，对全国经济发展有举足轻重的影响。

为了减免洪灾损失，应当建立由工程措施与非工程措施组成的防洪系统，保护人民生命财产安全，保障社会经济发展。

（一）防洪工程系统的组成

1. 堤防

堤防是最古老，但又是目前最广泛采用的措施。其工程相对比较简易，在一定高度下投资一般不大，解决常遇洪水的防洪问题往往优先采用的是堤防。但难以做到高质量，堤高越大，失事后果越严重。

2. 河道整治

河道整治措施是拓宽和浚深河槽、裁弯取直、清除洪障等，以使洪水河床平顺通畅，保持和加大泄洪能力。

3. 蓄滞洪区

利用平原地区湖泊洼地或已有圩垸，在必要时将超过河段允许泄量的洪量（称超额洪量）予以分滞，以保障防洪保护区的防洪安全。这是一种“两害相权取其轻”的办法。

4. 防洪水库

在河流的中上游利用有利地形兴建具有一定库容的水库，在汛期留出必要的防洪库容，并按一定规则运用，为下游防洪保护区防洪服务。在非汛期还可蓄水兴利，达到综合利用的目的。

5. 水土保持

水土保持是针对山丘区水土流失现象而采取的长期根本性治山治水措施，特别对减少水库及河道淤积很有帮助。

（二）防洪标准

防洪标准一般是指防洪保护对象要求达到的防御洪水的标准。通常，当实际发生的洪水不大于防洪标准的洪水时，通过防洪系统的正确运用，能保证防洪保护对象的防洪安全，具体体现为防洪控制点的最高洪水位不高于堤防的设计水位，或流量不大于防洪控制断面河道的安全泄量。

1. 防洪标准选择的有关因素

防御洪水标准的高低，与防洪保护对象的重要性、洪水灾害的严重性及其影响国民经济发展的程度直接相关，并与国民经济的发展水平相适应。显然，如果防洪保护对象十分重要、保护范围大、失事后造成洪水泛滥影响大时，防御洪水标准就应当高一些；反之，则可以低一些。另外，随着国民经济的不断发展，对防洪的要求愈来愈高，国家的经济力量也不断增长，有必要也有条件提高防御洪水的标准。防洪并不意味着要消灭一切洪灾，因此国家根据需要与可能，对防洪保护对象的防御洪水标准用规范予以规定。在防洪工程的规划设计中，一般情况即可按照规范选定防洪标准，并进行必要的论证。但对于特殊情况，也可以提高或降低。例如，对于洪水泛滥可能造成大量人口死亡等严重后果时，在经过充分论证后，可以采用比规范规定更高的标准；如因投资、工程措施等因素限制一时难以达到规范规定的防御洪水标准，也可以采取分期达到，近期采用低一些的标准。

对各类防洪保护对象的防御洪水标准，在《防洪标准》(GB 50201—94)中作了规定。

2. 防御洪水标准的表示方式

按《防洪标准》(GB 50201—94)的要求，防洪标准一般以防御的洪(潮)水的重现期表示，相应的设计洪水根据防洪工程的不同，可以用设计洪峰流量或设计洪水过程线表示。但对于大江大河，由于洪水组成复杂多变，往往难以制定出一般概念的某一频率的整体防洪设计洪水，如有合适的近年发生的有代表性的实际大洪水，往往就以这样的实际洪水(或再增大一定百分数)作为防御洪水标准，其概念明确、直观。尽管洪水过程是不可能完全重现的，但用它作防御对象进行防洪措施的安排，是一种较好的办法。例如，长江、汉江、淮河、太湖均曾以实际年洪水作为整体防洪标准。

(三)防洪控制断面允许泄量

河道允许泄量(亦称安全泄量)，是在正常情况下防洪控制断面河道(或堤防)能够安全通过的最大流量。允许泄量是防洪工程规划设计以及防汛斗争中最重要的数据之一，它在很大程度上决定水库的防洪库容及蓄、滞洪区所需的容积，也是洪水预报及判断堤防安危程度的关键数据。因此，在防洪工程规划设计中，对允许泄量应认真分析确定。

1. 影响河道允许泄量的因素

一般情况下，河道允许泄量对应于防洪控制站的保证水位，可以由保证水位在防洪控制站的稳定水位—流量关系曲线上查得，但因大江大河比降比较平缓，水流互相顶托，还有冲淤、涨落的影响，因而水位—流量关系曲线往往不是单一曲线。因此，应当考虑到各种可能的影响因素，偏于安全地确定采用的数值。

影响河道安全泄量的因素有：

(1)下游顶托。当下游支流先涨水抬高了干流水位时，则上游河段的安全泄量就要减小。

(2)分洪溃口。当下游发生分洪溃口时，由于比降的变化，上游的过水能力就加大了。

(3)起涨水位。起涨水位高，则水位—流量关系偏左(即同一水位相应流量小)，反之则偏右。

(4)泥沙冲淤。某些含沙量较大的河流在一次洪水过程中，河床的冲淤有时亦可对过水能力有影响。

2. 已有堤防允许泄量的确定

对已有的堤防，如果多年来未曾加高、保证水位未变、河床变化不大，允许泄量应根据实际的水文资料分析确定，一般以历史上安全通过的最大流量作为允许泄量。对以往堤防已通过的实测最大流量能否作为允许泄量，还应分析实测洪水与设计洪水的情况是否基本一致，注意实测资料是否有代表性；分析前述有关影响因素是否已充分考虑；从河床演变的长远观点，分析允许泄量的可能变化。总之，允许泄量是一个关系重大的数据，必须从安全出发，慎重加以拟定。

3. 新建、加高堤防允许泄量的确定

对于新建或加高堤防，允许泄量取决于要求达到的堤防设计水位，可分为两种情况：

(1)以堤防作为唯一的防洪工程措施时，按照要求达到的防御洪水标准，在防洪控制点的洪峰流量频率曲线上查出设计洪峰流量，以这一流量考虑设计水文条件推算河道水面线，则新建或加高堤防即以此设计水面线为准考虑一定的安全超高建设。此时，设计洪峰流量即为允许泄量。

(2)当堤防是防洪工程系统的组成部分时，按照防洪工程系统要求达到的防御洪水的标准，拟定设计洪水过程线，然后设定几个允许泄量数据，求出河道水面线，相应得到新建或加高堤防的工程数量，以及推算对应的其他防洪工程措施(水库、分洪工程等)的规模。再通过方案比较选定堤防建设方案，则允许泄量也相应选定。

防洪控制断面不止一处时，应分段推算，并进行上下河段的泄量平衡，拟定全河段或分段的允许泄量。

当河段受壅水顶托、分流降落、断面冲淤等影响时，应慎重加以考虑。

(四)防洪工程系统联合运用

对由多种防洪工程措施组成的防洪工程系统，在满足地区防洪要求的前提下，各项工程的规模和调度运行的规则，应按照实行堤防与分洪区结合、堤防与水库结合、防洪与兴利结合，发挥各项工程措施的效能，以较少的投资取得尽可能大的效益的原则，认真分析论证确定。

防洪工程系统中规划修建的防洪水库，宜与已建和在建的水库从防洪控制性能，以及对综合利用各部门影响等方面统一研究防洪库容的合理分配。

若干分洪区联合运用时，应研究水流互相干扰顶托对水面线的影响，对相应堤防的规划设计进行校核。

堤防、水库及分蓄洪区配合运用一般先以防洪控制站(点)的水位或者流量作为运用水库的判别指标，其次以水库防洪高水位作为运用分蓄洪区的判别指标。发生洪水时，先尽量发挥堤防的防洪作用和河道的泄洪能力，当控制站(点)的实际水位或流量即将达到运用水库的判别指标且根据水情预报或趋势分析，洪水仍将继续增大时，即启用水库蓄洪；若洪水继续增大，当水库水位即将达到防洪高水位且根据水情预报或趋势分析，洪水仍将继续增大时，即应准备启用分蓄洪区分蓄洪。

防洪工程系统的规模、布局确定后，应对不同典型的整体防洪设计洪水按照拟定的防洪运用规则进行洪水演算，以阐明防洪工程系统的作用和效益。河道洪水演进计算方法，应根据资料条件和计算要求，结合洪水和河道特性选取。

二、防洪工程的水利计算

（一）堤防

堤防工程水利计算，应分析选定防洪标准，计算确定主要控制站的设计洪（潮）水位和相应河段的设计水面线，作为堤防工程设计的依据。

1. 设计标准

江河、湖泊、海塘等堤防工程设计的防洪标准，应根据保护对象的重要性，按国家有关规范的规定，分析选定。

按照《堤防工程设计规范》（GB 50286—98）的规定，堤防按其保护对象的重要性划分等级，然后相应确定有关的设计标准。防护地区的防洪标准一般按《防洪标准》（GB 50201—94）确定。

大江、大河、大湖防洪工程体系中堤防工程的防洪标准或作为防洪标准的实际年洪水，要从整个防洪体系出发进行论证。一般在防洪规划中，对此进行论证与规定，具体标准与国标规定不一定一致，此时应按主管部门批准的防洪规划的规定执行。

对重要的堤防工程，必要时应进行不同防洪标准的论证，从技术、经济、社会、环境等方面综合考虑加以选定。

2. 设计洪水位

堤防设计采用的设计水位，一般先进行江河、湖泊主要控制水文站的设计洪水位计算分析，确定符合设计标准要求的数值，然后以此为依据，推算水面线，确定各段堤防的设计水位。

江河、湖泊主要控制站的设计洪水位，应根据洪水资料和工程情况，采用以下方法分析计算确定。

（1）对实测和调查的年最高洪水位资料，如系列较长，且基础一致、代表性好，可据以进行频率分析，根据选定的防洪标准推算相应的设计洪水位。

当流域内的人类活动或分洪溃口、河道冲淤对水文情势有明显影响时，应将历年最高洪水位资料改正到相应于现阶段的河湖情况并进行分洪溃口水量还原计算，再进行频率分析。

（2）根据控制站洪峰流量系列进行频率分析，按选定的防洪标准推算的设计洪峰流量或防洪工程系统要求的河道允许泄量，通过该站的水位流量关系，推算设计洪水位。有关人类活动等影响考虑的原则同上。

（3）以某一实际年洪水作为防洪标准的堤防，可以该年实测或调查的最高洪水位为基础，考虑整体防洪方案对堤防工程的要求，合理选定设计洪水位。

3. 水面线推算

设计河段的设计洪水水面线，应根据控制站的设计洪水位和相应的河道允许泄量，考虑区间入流、分洪等因素推算。推算一般采用分段恒定流方法。

对于干支流洪水、河湖洪水相互顶托的河段，应研究其洪水组合和遭遇规律，进行不同组合情况的水面线推算，以外包线作为设计的依据。

推算设计洪水水面线采用的河道糙率等参数，应根据大洪水的实测水面线或调查水面线率定。推算的成果，应与实测或调查的大洪水水面线进行比较验证。

分汊河道的设计洪水水面线，应根据主要控制站的设计洪水位和符合分流规律的各分汉流量进行推算。

堤防的规划设计,往往要以已经确定的某些控制点的水位、流量作为推算水面线的控制条件,使得堤防的设计符合保证这些控制点防洪安全及本身安全的要求。例如,长江中游干堤近期加高加固的设计水位,要按照原沙市 45.0 m、城陵矶 34.4 m、武汉 29.73 m、湖口 22.5 m 来控制,这就是最主要的控制条件。因此,水面线推算也要以已经确定的某一地点的设计水位作为推算的起始条件或控制条件。

(二)水库

对于承担下游防洪任务的水库,要着重研究下游防洪保护对象的范围、性质、防洪标准,下游河道的允许泄量,结合水库兴利任务,考虑与其他防洪措施配合,确定水库的防洪库容及相应的防洪特征水位。

1.基本资料

设计洪水资料:水库设计洪水一般分坝址设计洪水和入库设计洪水两类,洪水成果包括洪峰流量、各种时段最大洪量和洪水过程线。

泄洪能力:包括各种泄洪建筑物在不同水位时的泄洪能力和按相应规程、规范规定的电站水轮机组的泄水能力。一般不考虑船闸、灌溉渠首等其他建筑物参与泄洪。

库容曲线:库容曲线 $Z=f(V)$。此是坝前水位 Z 与该水位水平线以下水库容积 V 的关系曲线。大中型水库的库容曲线应根据 1/10 000 或更高精度库区地形图量绘。

水文预报资料:采用水文预报进行防洪调度的水库,应编制预报方案,并复核坝址至防护点区间洪水的特性及传播时间等资料。

2.水库洪水调节计算

水库调洪属于入库和出库的水量平衡计算问题,相应调洪计算方法有以下两类:

(1)用水量平衡方程式替代连续方程、用泄流能力曲线替代动力方程的静库容调洪计算方法。

(2)考虑实际水面与水平面之间的库容(称楔形库容)也参与调洪的方法,即动库容调洪计算方法。

水库洪水调节计算可根据水库特性选用以下方法进行:

(1)对于湖泊型水库,可以只考虑静库容进行计算。

(2)当库尾比较开阔、动库容较大时,应采用入库设计洪水和动库容进行计算。

(3)对于河道型水库,当壅水高度不高、计算精度要求较高时,宜按非恒定流方法进行计算。

对于特别重要的大型水库,还应研究是否需同时采用多种方法进行计算。

水库洪水调节计算采用的泄洪建筑物泄水能力曲线的精度,应与水库不同设计阶段的精度要求相适应。对重要水库,应由水工模型试验确定。

在进行水利枢纽水库洪水调节计算时,除主要考虑泄洪建筑物泄洪外,还可考虑水电站部分机组参与泄洪,泄洪流量按机组过水能力确定。但当遇某一设计洪水将使水电站水头超出机组安全运行范围,或水电站厂房设计洪水标准低于此洪水标准时,则不考虑水电站机组参与泄洪。

进行水库洪水调节计算应根据一定的调度运用方式进行。拟定的水库洪水调度运用方式,应符合水库特点,并要求可操作性强。根据流域的洪水特性和防洪系统的情况,可选择分级控制泄量、补偿凑泄、错峰等方式。多沙河流上防洪水库的洪水调度方式，应有利于库容的长期使用。无论采用何种调度方式，均应使水库最大下泄流量不超过本次洪水发生在建库前的坝址最大流量，以免人为加大洪灾。

采用分级控制泄量调度运用方式，可根据水库的具体情况，以库水位、入库流量或其他要素作为分级的判别条件。各分级判别条件，特别是水库按保证下游防洪安全调度转为保证大坝安全调度的判别条件，必须明确。

3. 下游防洪的水库调度方式

当库水位未超过防洪高水位时，水库防洪调度一般应以满足下游防护对象的防洪安全为前提，其调度方式（即防洪库容的使用方式）一般可分为固定泄量调度方式和补偿调度方式两类。

1）固定泄量调度方式

（1）固定泄量调度方式适用于水库坝址距下游防洪控制站（点）区间来水较小或变化平稳、防洪对象的洪水威胁基本取决于水库泄量的情况。

（2）根据下游保护对象的重要性和抗洪能力，当下游有不同防洪标准或安全泄量时，固定泄量可分为一级或多级。但分级不宜过多，以免造成调度上的困难。

（3）应由小洪水到大洪水逐级控制水库泄量。当水库水位未超过防洪高水位时，按下游允许泄量或分级允许泄量泄流；当水库水位超过防洪高水位后，不再满足下游防洪要求，按水工建筑物防洪安全要求进行调度。

（4）采用固定泄量调度方式，对改变下泄量的判别条件必须明确、具体，判别条件可采用库水位、入库流量单独判别方式，也可采用库水位与入库流量双重判别方式。

2）补偿调度方式

补偿调度方式又包括预报调度方式和经验性补偿调度方式两种。

（1）预报调度方式。防洪调度设计中，采用预报调度方式时，一般以经实际资料验证的预报方案作依据。预报方案包括：①反映水库上下游洪水成因的预报方法。预报方法分为降雨径流预报、上下游洪水演进合成预报等，设计阶段一般采用上下游洪水演进合成预报的方法。②与预报方法相适应的洪水预见期，并要求预见期大于洪水从坝址至防洪控制站的传播时间。③与预见期相适应的预报精度，并在调度方式中予以偏安全考虑。④与预报精度要求（如甲等、乙等、丙等）对应的预报合格率，拟定调度方式时也要考虑预报合格率以外的洪水。

（2）经验性补偿调度方式。为使经验性补偿调度方式具有可操作性，一般在分析坝址和区间洪水遭遇组合特性的前提下，拟订整体设计洪水，采用以防洪控制站已出现的水情决策水库蓄水时机和蓄泄水量。

4. 防洪库容及防洪限制水位确定

《水利工程水利计算规范》（SL 104—95）规定，水库的防洪库容，应按照流域防洪规划、防护对象的要求和应达到的防洪标准，根据整体防洪设计洪水和下游河道的允许泄量及水库调度运用方式，进行洪水调节计算确定。

对承担防洪任务的综合利用水利枢纽，在防洪库容确定后，应根据防洪兴利尽可能结合的原则，进行协调安排，确定防洪库容的位置和相应的防洪限制水位及防洪高水位（详见本章第六节）。

水库防洪库容的确定是十分复杂的课题，牵涉到诸多因素。一般来说，很少仅用水库来解决流域防洪问题，而是要在整体的防洪安排下，采用堤防、河道整治、分蓄洪工程、水库等来共同达到一定的防洪标准。因此，在整体防洪标准确定后，要考虑下游允许泄量的可能变化、水库的调洪方式，以及防洪与兴利可能结合的程度，通过多方案比较，综合考虑各种因素后进行选择。有时，防洪标准还要通过论证，确定不同防洪标准的防洪库容，并求出其他相应指标，参与技术经济比较，选定防洪标准。

（三）分洪工程

分洪工程的水利计算，应根据分洪任务和要求，拟定分洪原则和运用方式，分析确定各种设计水位、分洪水位、分洪流量和分洪量，并验算分洪工程的效能。

1. 分洪量计算

理想分洪量是整体防洪规划中的重要数据，应当根据整体防洪设计洪水、河道的过水能力、河湖的调蓄能力，并考虑以上因素的可能演变，进行洪水演进计算，求得超出控制断面允许泄量的部分，即为超额洪量，也就是在运用十分理想的条件下所需要的分洪量。在实际分洪时，影响及时运用的因素很多，特别是扒口分洪，一般难以做到很理想，因而防洪规划中所安排的蓄滞洪区总的有效分洪容量一般要大于理想分洪量。对每一个具体的分洪区，其有效分洪容量受到多种因素的制约，特别是分洪口门的位置影响较大，亦宜偏安全加以确定。

在分洪量计算中，还应考虑分洪后引起的河流水情变化对分洪的影响。

2. 分洪闸设计洪水位、流量计算

分洪闸的设计洪水位，应根据外江上下游控制站的设计洪水位及不利来水组合，按照未分洪情况所推算的水面线确定。这是由于分洪闸的设计洪水位是工程安全的设计条件，因而应考虑到在设计范围内可能出现的最高水位。这一水位一般出现在即将要分洪的时刻，需要按未分洪情况及上下游控制水位推算水面线，确定分洪闸的设计洪水位。

分洪闸的设计分洪流量，应根据整体防洪要求，按照设计洪水和分洪工程运用方式进行演算确定。这是由于设计分洪流量一般是由整体防洪方案中对平衡上下河段泄量情况进行分析比较后确定的，分洪闸设计应满足分泄这一流量的要求。由于分洪后将引起水位降落，故验算分洪闸规模不能用上述设计洪水位，而应采用考虑分洪降落影响后的相应水位。流量系数的选择要根据流态和上下游水位衔接情况慎重研究，并留有一定余地。

3. 分洪道设计水位确定

跨流域、入湖、入海的分洪道，其分洪口的设计水位，应根据所在河道的设计水面线，考虑分洪降落影响后确定。分洪道设计水位的确定条件，进口端是比较明确的，出口端则较为复杂，需要根据分出与分入河道的来水情况，考虑一定的遭遇组合。一般认为，如二者来源相近，河道规模差别不大，需要考虑同频率遭遇的可能性；否则，就不一定需要这样考虑，出口端水位在分析历年洪水遭遇情况基础上只考虑偏于恶劣情况即可。

4. 分洪工程联合运用

部分河段由于分洪量较大、分洪持续时间较长，由多个分洪工程或蓄（滞）洪区共同承担防洪任务。它们投入运用的先后次序，需根据防洪控制站水位（或流量）以及各分蓄（滞）洪区的地理位置、规模、分洪损失等，经方案综合比较确定。

（1）分蓄洪阶段：位于防洪控制站上游、有闸控制的分洪工程，其分洪效果好、分洪过程可以控制，一般先运用；对于有重要基础设施、人口稠密、淹没损失较大、泄洪条件较差、离防护区较远、采取扒口进洪的分蓄洪区，一般较后运用。

(2)泄洪阶段:洪峰过后，各分蓄洪区要尽快开闸(或扒口)泄洪，尽快腾空蓄洪容积，以便重复利用。若同时泄洪的总流量超过下游河道安全泄量，一般以有控制设施的分蓄洪工程最先泄洪，并以下游安全泄量为控制。

(3)分蓄洪与泄洪并用:分蓄洪区全部蓄满后，如需继续分洪，分蓄洪区将起滞洪或分洪道作用，可同时打开下游泄洪闸(或扒口)，采取“上吞下吐”的运用方式。

三、治涝工程系统

(一)治涝工程系统组成

治涝工程一般包括各级排水沟道、蓄涝区、排水出口、承泄区以及排水闸、挡潮闸、排水站等排水连接建筑物。

(1)排水沟道包括明沟和暗沟。明沟沟系因涝区面积、地形、水系、排水出口和承泄条件的不同而有差异，一般分为干、支、斗、农、毛五级;暗沟排水系统主要布设在田间，通常采用一级地下管道(仅有田间末级排水管)和二级地下管道(即排水管和集水管)的布置型式。

(2)涝区中的蓄涝区与排水工程互相配合，可以缩小各类排水工程规模，削减排涝峰量。

(3)排水闸、挡潮闸、排水站是沟通各级排水沟道、蓄涝区和承泄区的连接工程，其作用是保证涝水排泄畅通，控制地下水位，并拦阻涝区外洪水、潮水入侵。

(4)承泄区一般包括海洋、江河、湖泊、洼地以及地下透水层和岩溶区等，可以根据实际情况选用。

(5)截流沟及撇洪道是治涝工程系统的重要组成部分，其作用是拦截客水及高地水，实现内外水分排和高低水分排。

治涝工程系统示意框图如图4-1所示。

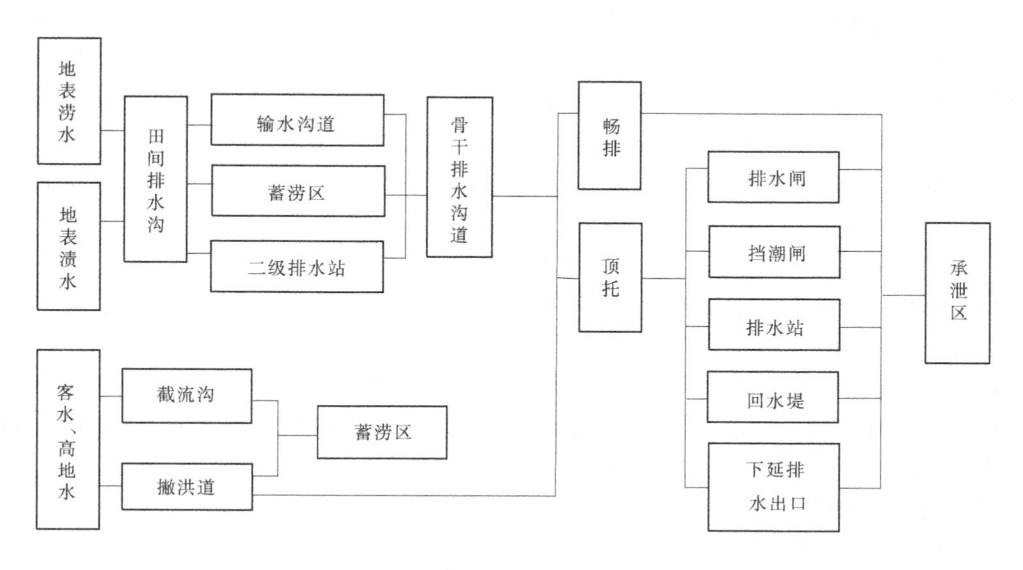

图4-1 治涝工程系统示意框图

（二）治涝标准

（1）治涝设计标准的表达方式：一般以涝区发生一定重现期的暴雨，作物不受涝为标准。这种表达方式除明确指出一定重现期的暴雨外，还规定在这种暴雨发生时作物不允许受涝。即当实际发生暴雨不超过设计暴雨时，耕地的淹没深度、历时应不超过农作物正常生长所允许的耐淹水深、耐淹历时。这种概念能够较全面地反映涝区设计标准的有关因素。

（2）治涝设计标准选择，应考虑涝区的自然条件、灾害轻重、影响大小，正确处理需要与可能的关系，进行技术经济论证。其重现期一般采用 5 ~ 10 年，条件较好的地区或有特殊要求的粮棉基地和大城市郊区可适当提高，条件较差的地区可适当降低。

（三）治涝规划设计的一般原则

治涝工程规划应根据河流规划、地区农业、水利和国民经济发展规划等要求，考虑涝区的地形、土壤、水文、气象、水文地质、涝碱灾害、现有治涝措施等因素，认真总结经验，正确处理大中小、近远期、上下游、泄与蓄、地面水与地下水、自排与抽排、工程措施与非工程措施等关系。

（1）必须统筹兼顾、因地制宜地采取综合治理措施。应以水利措施为主，其他措施相配合；以排为主，滞、蓄、截相结合；以近期为主，近远期相结合；以治理涝、渍、盐碱为主，同时，在可能的条件下，与防洪、灌溉以及其他要求相结合。

（2）应考虑综合利用的要求。排水闸、挡潮闸、排水站、排水沟道，蓄涝工程等在满足治涝要求的前提下，应与防洪、灌溉、航运、给水、养殖、卫生等工程建设适当结合。

（3）建立完整的排水系统，扩大排水出路。

（4）在有自排条件的地区，应以自排为主，抽排为辅。在受洪、潮顶托，排水不良的地区，应适当多设排水出口，以利于自流抢排。在距排水出口较远、抢排困难的地区，应设排水站抽排。

（5）对有外水汇入的涝区，应考虑在上游修建蓄水工程，开挖撇洪、截流、截渗等排水沟道，以调蓄和拦阻山丘区坡水和地下水进入涝区。

（6）贯彻“蓄泄兼筹”的方针，充分利用湖泊、河流、沟渠、洼地、坑塘等容积滞蓄涝水，以削减排涝峰量。南方圩区用于蓄涝的湖泊、河道、海塘等水面一般不应小于集水面积的 10% ~15%，但在有可能产生次生盐碱化的地区，采用蓄涝措施应十分慎重。

（7）排水条件较差，地下水位较高或有盐碱化威胁的地区，根据实际情况，可采取深挖排水沟，修筑台田、条田，适当改种耐涝、耐渍、耐碱作物等综合措施。

（8）有渍、碱灾害的地区，应考虑降低地下水位的要求。

（9）由于不同地区的涝水在发生的时间和数量上存在差异，在有条件的地方，要考虑相邻地区补偿排水的可能性与合理性。

（10）涝区内河的上游水库，有条件时可考虑留有一定的蓄涝库容，以减少上游客水汇入涝区。涝区外河的上游水库，要合理进行水库调度，在排涝期间适当蓄水，减小泄量，降低外河水位，以改善下游两岸自排和抽排条件。

（四）蓄涝区规划

蓄涝区是指涝区内的湖泊、洼地、河流、沟渠、坑塘等可以滞蓄涝水的地方。利用蓄涝区调蓄涝水是治涝的重要措施之一，可以减轻渍涝灾害，削减排水流量，减少抽排装机。

在排涝规划中，应合理安排蓄涝区，保持一定的蓄涝容积。

1. 蓄涝区设计水位

正常蓄水位一般按蓄涝区内大部分农田能自流排水的原则来确定。较大蓄涝区的正常蓄水位,应通过内排站与外排站装机容量之间的关系分析,结合考虑其他效益,合理确定。对水面开阔、风浪较高的蓄涝区,在确定正常蓄水位时,应考虑堤坝有足够的超高。处于涝区低洼处、比较分散又无闸门控制的蓄涝区,其正常蓄水位一般低于附近地面 0.2 ~0.3 m。

死水位除考虑综合利用要求外,一般在死水位以下应保留 0.8 ~1.0 m 的水深,以满足水产、养殖或航运的要求。

在可能产生次生盐碱化的地区,采用蓄涝措施应十分慎重,死水位应控制在地下水临界深度以下 0.1 ~0.3 m。

2. 蓄涝区容积

蓄涝区容积的大小应因地制宜、合理确定。当涝区内的自然湖泊、洼地、河流、沟渠、坑塘等容积较大时,蓄涝容积可大一些。如蓄涝区较小,需要新开挖蓄涝区时,蓄涝容积可适当小一些。

蓄涝率是反映涝区蓄涝容积大小的相对指标。根据湖南、湖北两省的经验,对排水面积较大的涝区,一般按 5 万 ~15 万 m^3/km^2 的蓄涝率考虑排水站的装机容量比较合理。

3. 蓄涝区的运用方式

蓄涝区的运用方式有以下几种:

(1)先抢排田间涝水,后排蓄涝区涝水。

(2)涝区调蓄工程要与抽排工程统一调度,配合运用。可边蓄边排,或者待蓄涝区蓄水到一定程度后再开机排水。

(3)蓄涝区蓄排水方式,应从经济上是否合理与控制运用是否方便等方面,分析比较后确定。从减少装机容量的角度看,汛期宜采取随时降雨随时排水的方式,以充分利用蓄涝容积削减排涝峰量,但其运行历时长,年费用大。从节约年费用来看,则宜在蓄涝容积蓄满后开机排水,但不能最有效地发挥蓄涝容积削减排涝峰量的作用,装机容量也较大。

(4)当蓄涝容积兼有灌溉任务时,可根据灌溉要求拟订运用方式,但在汛期应随时通过天气预报了解天气情况,以便在暴雨发生前及时腾空蓄涝容积蓄纳涝水。

(五)承泄区规划

1. 承泄区的选择

选择承泄区应该考虑以下几点:

(1)承泄区位置应尽可能与涝区中心接近。

(2)承泄区与排水系统布置应尽可能协调。

(3)承泄区尽可能选择在水位较低的地方,争取有较大的自排面积以及较小的电排扬程。

(4)有排泄或容纳全部涝水的能力。

(5)有稳定的河槽。

2. 承泄区与排水系统的连接

承泄区与排水系统的连接,可分为畅排和顶托两种情况,因地制宜地采用以下一种或几种方式:

(1)建闸:在内水位高于外水位时,相机抢排涝水;在内水位低于外水位时,关闭闸门,防止倒灌。

(2)建排水站:在外水位长期高于内水位,蓄涝容积又不能满足调蓄要求的涝区,需修建排水站排水。

(3)建回水堤:排水沟受顶托影响时,可在排水沟道两侧修回水堤。回水影响范围以外的涝水可以通过排水沟道自排入承泄区。回水影响范围内不能自排的涝水,建抽水站排水。

四、治涝工程水利计算

(一)排水沟道设计排涝流量计算

排水沟道的设计排涝流量与涝区暴雨、涝区面积、河网密度、排水河(沟)道坡降、植被情况、土壤质地等多种因素有关,可根据涝区特点、资料条件和设计要求,采用各种方法计算设计排涝流量。

1. 产、汇流方法

产、汇流方法适用于降雨、流量资料比较全,计算精度要求较高的涝区。根据设计暴雨间接推算设计排涝流量,设计暴雨历时应根据涝区特点、暴雨特性和设计要求确定。当人类活动使流域产流、汇流条件有明显变化时,应考虑其影响。

这种方法一般是根据涝区所在地区的暴雨径流查算图表,采用综合单位线法和推理公式法进行计算,也可按《水利水电工程设计洪水计算规范》(SL 44—2006)规定的方法推算设计排涝流量。

2. 排涝模数公式法

排涝模数是指每平方千米排水面积的最大排水流量。排涝模数主要与设计暴雨历时、强度和频率、排涝面积、排水区形状、地面坡度、植被条件和农作物组成、土壤性质、河网和湖泊的调蓄能力等因素有关,《农田排水工程技术规范》(SL/T 4—1999)提出了不同排水区的排涝模数计算公式,可根据平原区、山丘区不同地形条件,选用相应公式进行计算。

1)经验公式法

平原区的设计排涝模数一般采用以下经验公式计算:

$$q = KR^m A^n$$

式中 q——设计排涝模数,$m^3/(s \cdot km^2)$;

R——设计暴雨产生的径流深,mm;

A——设计控制的排水面积,km^2;

K——综合系数(反映降雨历时、流域形状、排水沟网密度、沟底比降等因素);

m——峰量指数,反映洪峰与洪量关系;

n——递减指数,反映排涝模数与面积关系。

K、m、n 应根据具体情况,经实地测验确定。

2)平均排除法

(1)平原区旱地设计排涝模数计算公式:

$$q_d = \frac{R}{86.4T}$$

式中　q_d——旱地设计排涝模数，$m^3/(s \cdot km^2)$；

T——排涝历时，d。

（2）平原区水田设计排涝模数计算公式：

$$q_w = \frac{P - h_1 - ET' - F}{86.4T}$$

式中　q_w——水田设计排涝模数，$m^3/(s \cdot km^2)$；

P——历时为 T 的设计暴雨量，mm；

h_1——水田滞蓄水深，mm；

ET'——历时为 T 的水田蒸发量，mm；

F——历时为 T 的水田渗漏量，mm。

（二）排水泵站设计水位和设计扬程计算

1. 外水位（压力池水位）

（1）设计外水位。设计外水位是计算设计扬程的依据。在确定水位时考虑以下原则：

①涝区暴雨与承泄区最高水位同时遭遇的可能性较大时，设计外水位一般可采用与设计暴雨相同的频率的排涝期间的平均水位。

②涝区暴雨与承泄区最高水位遭遇的可能性较小时，一般可采用排水设计期排涝天数（3 d或5 d）最高平均水位的多年平均值。

③直接采用设计暴雨典型年相应的外水位。一般应使所选择的典型年暴雨与外水位的频率基本符合设计要求。

④对感潮河段，设计外水位一般可取设计标准（5～10年）的排涝天数（3～5 d）的平均半潮位，或取排涝天数（3～5 d）的连续平均高潮位符合设计标准（5～10年）的潮型来作为设计外水位。

（2）平均外水位。平均外水位是计算平均扬程的依据。其作用是供选择泵型时参考，即平均扬程要求经常出现在水泵高效率区或接近高效率区。一般取排水设计时期平均外水位（按排涝天数平均）的多年平均值。

（3）设计最高外水位。设计最高外水位的作用是决定水泵的设计最高扬程，泵房的防洪安全校核，虹吸型管道选择驼峰底部高程的依据。一般采用较高标准的外水位，宜采用历年排水期承泄区最高水位平均值。具体可根据建筑物等级及防汛要求等情况确定。

（4）设计最低外水位。设计最低外水位的作用是水泵选型用，当出现最低水位时，允许水泵效率适当降低，但应能保证水泵运行稳定；确定虹吸型或其他类型出口流道高程用。可选用排水设计时期频率为80%～90%的旬平均水位或排水期历年最低水位平均值。

2. 内水位（前池水位）

（1）设计内水位。设计内水位也称起排水位或前池（集水池）设计水位。设计内水位即水泵运行经常出现的内水位，是选择泵型的依据。

①根据排田要求确定设计内水位。在没有蓄涝容积调蓄或调蓄作用较小的涝区，一般以涝区较低耕作区（90%～95%的土地）的涝水能被排除为原则确定排水河道的设计水位。

②当泵站前池通过排水河道与蓄涝容积相连时，根据排蓄涝容积要求及下列情况确定设计内水位：

a. 以蓄涝容积设计低水位为河道设计水位，并计及坡降损失求得设计内水位。

b. 以蓄涝容积的正常蓄水位作为河道的设计低水位，并计及坡降损失求得设计内水位。

c. 以蓄涝容积的设计低水位与正常蓄水位的平均值作为河道的设计水位。

(2)设计最低内水位。设计最低内水位主要是确定泵站机组安装高程的依据，一般水泵厂房的基础高程即据此而定。最低内水位需满足下述三方面的要求：

①满足作物对降低地下水位的要求。按大部分耕地高程减去作物的适宜地下水深度，再减 0.2 ~ 0.3 m。

②满足盐碱地控制地下水位的要求。按大部分盐碱地高程减去地下水临界深度，再减 0.2 ~ 0.3 m。

③满足蓄涝容积预降水位的要求。

上述水位计及河道比降推算至前池，并采用其中最低者作为设计最低内水位。

(3)设计最高内水位。设计最高内水位即涝区因泵站运行失效，可能导致的前池最高水位。一般根据设计暴雨所产生的全部径流，不能排除所造成的最高洪水位，宜采用建闸前历史上出现的最高水位。

最高内水位是决定电机层楼板高程或机房挡水高程的依据。一般在最高内水位以上加 0.5 ~ 0.8 m 的高度作为电机层楼板或机房挡水的设计高程。

3. 扬程

(1)设计扬程。设计扬程是选择水泵型式的主要依据。在设计扬程工况下，泵站必须满足设计流量要求。设计扬程应按泵站进、出水池设计水位差，并计入水力损失(进、出水流道或管道沿程和局部水力损失)确定。

(2)最高扬程。应按泵站出水池最高运行水位与进水池最低运行水位之差，并计入水力损失确定。

(3)最低扬程。应按泵站出水池最低运行水位与进水池最高运行水位之差，并计入水力损失确定。

(4)平均扬程。平均扬程的作用是供选择泵型时参考。在平均扬程下，水泵应在高效区工作。平均扬程可按泵站进、出水池平均水位差，并计入水力损失确定；对于扬程、流量变化较大的泵站，计算加权平均净扬程，并计入水力损失确定。

第二节 水力发电

一、水电站调节性能的类型和工作特点

(一)水电站调节性能的类型

水电站通过其水库工程调节天然入库径流的时空分布，尽可能使发电出力与电力负荷一致。水电站按调节性能分为无调节、日(周)调节、年(季)调节和多年调节四大类型。对具有上述调节能力的水电站，常分别称为无调节水电站、日调节水电站、年调节水电站和多年调节水电站。

(二)各类型水电站的工作特点

1. 无调节水电站

无调节水电站指无调节水库的引水式电站，或由于综合利用要求水电站水库不能进行

调节的堤坝式电站。这类不能对天然径流进行再分配的水电站称为无调节水电站。无调节水电站发电流量完全由天然径流决定,又称径流式水电站。

由于受机组正常运行最大和最小过机流量的限制,又无水库调节,径流式水电站在丰水期常产生大量弃水,枯水期小流量又不能得到利用,水量利用程度一般不高,并且发电出力不能适应日(周)电力负荷急剧变化的要求,只能承担电力系统基荷,电站的水能利用和容量效益相对较小。

2. 日调节水电站

水电站的日调节:河流中一天内的流量在大多数情况下变化不大,而一天中电力系统的用电负荷总是不断地变化着的。这一天的来水量通过水库的调节,尽可能地根据电力系统日用电负荷变化要求进行再分配,即为水电站的日调节。

水电站通过日调节可以集中入库径流在电力系统尖峰负荷时间大出力(可为日平均出力的几倍)发电,称为日调节容量效益。另外,因日调节引起水库上、下游水位波动,导致日平均水头损失而产生能量损失,称日调节损失。对于一些低水头、调节性能差的水电站,日调节损失可达日电量的3% ~10%,对于高水头、调节性能好的电站,这项损失可以忽略。进行日调节所需的水库容积不大,一般小于设计枯水年枯水期河流中的日平均水量。对于水电比重较小的系统中的径流式水电站,尽可能使其具有日调节能力是非常必要的。

水电站的周调节:在枯水季节里,河流中的天然流量往往变化不大,但系统中一周内双休日的平均负荷常小于其他日的平均负荷,因此水电站可把双休日多余的水量储存起来,用以增加其他工作日的平均出力,进行周调节。这种调节所需的库容一般为储存双休日两天的多余水量。

3. 年调节水电站

天然河流的流量一般在年内变化较大,将汛期多余水量的一部分储存于水库中,以补给枯水期的发电用水,即为水电站年调节,这又是丰、枯季的水量调节,又称季调节。仅具有年(季)调节能力的水电站,一般只能容纳汛期的部分多余水量,并将储存的水量于枯水期末全部用完,常又称不完全年调节。一般可将年调节、季调节、不完全年调节统称为年调节。若设计水库的调节库容能将设计枯水年汛期多余的来水量全部储存起来,不产生弃水,则称为完全年调节。

水库进行年调节,可增加枯水期的电站电量效益和容量效益,在枯水期又进行日、周调节,可获得更大的容量效益。

4. 多年调节水电站

将丰水年或丰水年组的多余水量存在水库里,用于增加以后一个或几个枯水年的供水量,称为多年调节。

多年调节水库在枯水年份可进行完全年调节,在一般来水年份进行年(季)调节,在汛期也常进行日调节,多数年枯水期末水库水位往往在死水位以上,只有遇到连续枯水年时才放到死水位,在丰水年份的丰水期水库蓄满后才可能弃水。

设置水电站调节能力的目的:①日(周)调节的目的是扩大水电站的容量效益;②年(季)调节和多年调节可达到减少弃水、扩大水电站电量和容量效益的目的;③多年调节水电站同时承担年调节和日(周)调节功能,年调节水电站也承担日(周)调节功能,因此两者与日调节电站相比,增加了枯水季水量,更扩大了容量效益,并减少了丰水年(季)弃水量,还增加了电量效益。

对一座电站调节能力的定性估量，常用调节库容占多年平均入库径流量的比重（称库容系数）来判别。在我国大多数河流中，当库容系数β在25%以上时，多为多年调节电站；当库容系数$\beta<20\%$时，多为年调节电站；当库容系数$\beta=20\%\sim25\%$时，有可能具有完全年调节能力。日调节库容较小，一般仅需设计枯水年枯水期日平均发电流量乘以10 h的库容，周调节所需库容为日调节库容的1.15～2.0倍。

（三）水能计算成果

水电站水能计算成果一般包括保证出力和发电量、出力过程线、出力保证率曲线、装机容量和多年平均年电量关系曲线、水头保证率曲线以及特征水头等，并绘制各特性曲线。对于重要水电站，必要时还绘制预想出力过程线和预想出力保证率曲线。

1.出力过程线

在长系列径流调节计算后，按计算时段的顺序和相应出力值可绘制出力过程线。

2.出力保证率曲线

将历年的月（旬、日）平均出力N按大小排序，由经验频率计算公式计算，绘制出力与相应保证率的关系曲线。

3.装机容量和多年平均年电量关系曲线

在低水头水电站方案比较时，可根据不同装机容量方案和相应的多年平均电量绘制两者之间的关系曲线。

4.水头保证率曲线

将历年的月（旬、日）平均水头H按大小排序，由经验频率计算公式计算，绘制水头与相应保证率的关系曲线。

5.特征水头计算

（1）加权平均水头：将逐月（旬、日）水头和相应平均出力的乘积累加，除以各月（旬、日）平均出力的总和，即为加权平均水头。

（2）算术平均水头：将各月（旬、日）水头相加，除以月（旬、日）总数，即为算术平均水头。

（3）最大水头：一般为正常蓄水位与电站下泄最小流量时相应下游水位之差；当水库担负有下游防洪任务时，应用防洪高水位和此时下泄最小流量的相应水位之差校核，取以上两种情况中的大值作为最大水头。最大水头不考虑输水水头损失。对于引水式电站可按遭遇最小流量的工况计算输水水头损失，确定最大水头并留有余地。

（4）最小水头：一般为死水位（或发电最低水位）与此时电站下泄最大流量（一般为水轮机最大过水能力）相应的下游水位之差，再扣除与此最大过水能力相应的引水水头损失。如为低水头水电站，应计算洪水期可能出现的最小落差，作为水轮机选择时的最小工作水头，若最小落差很小，应采用与所选机型相适应的最小水头为电站发电的最小水头。当遭遇低于此水头时，电站停止运行。

6.预想出力过程线和预想出力保证率曲线

水电站预想出力是指水轮发电机组在不同水头条件下所能发出的最大出力，对于承担系统调峰、调频任务的重要水电站，预想出力是评价其容量效益的重要指标。由长系列水能计算成果的工作水头过程查水轮发电机组的出力限制线求得预想出力过程，然后进行统计计算，绘制丰、平、枯典型年预想出力过程线和预想出力保证率曲线。

二、水电站在电力系统中的作用

（一）电力系统的负荷特性

电力系统的负荷特性是由用户用电的特性决定的。不同行业的用户有不同的用电特性。表示电力负荷随时间变化过程的图形称为电力系统负荷图。表示负荷在一昼夜内变化过程的图形，称为日负荷图；表示负荷在一年内变化过程的图形，称为年负荷图。

1. 日负荷图和典型日负荷图

电力系统日负荷变化是有一定规律性的，如图4-2所示。该图是按瞬时最大负荷绘制的，实际上常常采用每小时的负荷平均值来绘制，这时负荷图呈阶梯状。

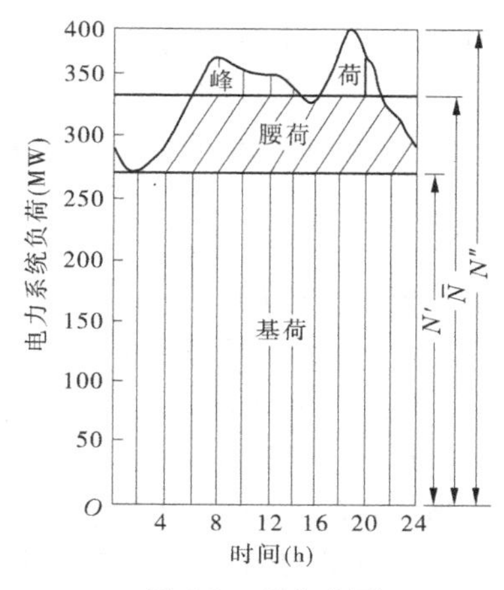

图4-2　日负荷图

反映日负荷图特性的有三个特征值为：日最大负荷N''、日平均负荷$\overline{N}$和日最小负荷N'。日最大负荷N''和日最小负荷N'可直接从日负荷图上看出，日平均负荷$\overline{N}$可用下式计算

$$\overline{N} = E_{日}/24$$

式中　$E_{日}$——日电量，即日负荷曲线的面积，如图4-2中的阴影面积。

根据这三个特征值，可以把日负荷图分为三个区域：日最小负荷值的水平线以下部分称为基荷，这一部分负荷在24 h内是不变的；日最小负荷值的水平线与日平均负荷值的水平线之间的部分称为腰荷，其负荷仅在部分时间内有变动；日平均负荷值的水平线以上部分称为峰荷，这部分负荷变化较大，但其在一天内出现的时间较少；也有的将日平均负荷以上部分称为尖峰负荷，又将尖峰负荷和腰荷统称为峰荷。

为便于对不同形状的日负荷图进行比较，常用基荷指数(α)、日最小负荷率(β)和日平均负荷率(γ)3个指数反映电力系统日负荷变化特征。

(1)基荷指数(α)，以日最小负荷与日平均负荷的比值表示，即

$$\alpha = N'/\overline{N}$$

(2)日最小负荷率(β)，以日最小负荷与日最大负荷的比值表示，即

$$\beta = N'/N''$$

(3)日平均负荷率(γ)，以日平均负荷与日最大负荷的比值表示，即

$$\gamma = \overline{N}/N''$$

α越大，基荷占负荷图的比重越大，这表示用户的用电情况比较平稳。β越大，表示负荷图中高峰与低谷负荷的差别越小，日负荷变化越均匀。γ越大，表示日负荷变化越小。我国较大的电力系统的β值一般为0.45~0.70，γ值一般为0.68~0.86。

2. 月和季不均衡系数

月最大负荷和月平均负荷的比值称为月调节系数，用K_c表示，我国电力系统的月调节系数一般为1.10~1.15，其倒数$\sigma = 1/K_c$称为月不均衡系数。

一年中12个月的最大负荷的平均值与最大负荷月的最大负荷(年最大负荷)的比值，

称为季不均衡系数，用ρ表示，我国电力系统的季不均衡系数一般为0.90～0.92。

3. 电力系统需电量和负荷的关系

(1)日需电量$E_{日}$和最大负荷的关系

$$E_{日} = \overline{N} \times 24 = N'' \times \gamma \times 24$$

(2)月需电量$E_{月}$和最大负荷日最大负荷的关系

$$E_{月} = \sigma \times \gamma \times P_{月}^{m} \times T_{月}$$

式中 $P_{月}^{m}$——本月中的最大负荷，kW；

$T_{月}$——本月的小时数。

(3)年需电量和最大负荷的关系

$$E_{年} = \sum_{i=1}^{n} E_{月}^{i} = \sum \sigma_i \times \gamma_i \times P_{m}^{i} \times T_{月}^{i}$$

式中 σ_i——第i月的月不均衡系数；

γ_i——第i月最大负荷日日平均负荷率；

P_{m}^{i}——第i月的最大负荷，kW；

$T_{月}^{i}$——第i月的小时数。

当各月的γ、σ均相同时，$E_{年}=8\ 760\rho\sigma\gamma P_{m}$，其中，$P_{m}$为年最大负荷。

(二)水电站在电力系统中的作用

电力系统中的负荷是随时变化的，由于现在电能还不能大量储存，就要求电力系统中的电源的发电出力随负荷的变化作相适应的变化，全时程地满足用电负荷随时变化的要求，保证系统安全运行。由于水电站出力调整的灵活性，在电力系统中可发挥调峰、调频、事故备用以及调相作用等。

1. 调峰作用

电力系统中正常日负荷(一般指小时平均负荷)变化较大，如我国经济发达地区的峰荷已达最大负荷的50%以上，基荷仅占50%以下。对正常日负荷变化的适应，即随用电负荷的变化而改变生产电力的大小(电站出力)称为调峰运行(作用)。

2. 调频作用

中国电力系统采用的标准电力频率为50 Hz(电力频率的倒数，即$\frac{1}{50}$s又称电力周波)，要求偏差不得超过±0.2 Hz。发电有功功率不足时，周波下降；发电有功功率多余时，周波升高。发电、用电设备在周波(频率)不合格的工况下长期运行，将产生不合格的产品或危及设备的安全，以致损坏设备，甚至可能导致电力系统周波崩溃和大面积停电。通过水电站增加或减少有功功率，来调整电力系统在正常运行与事故情况下周波(频率)的偏差，可保持电力系统周波的合格，即水电站可对电力系统起到调频作用。

3. 事故备用作用

当电力系统中正常运行的电源发生事故，停机中断发电时，必须启动备用机组，顶替事故机组发电，使系统能迅速地恢复对已断电的用户供电，避免事故扩大。水电站是最理想的事故备用电源，主要优点有：①启动快，机组增减负荷不受技术条件限制，从静止状态开机至带满负荷只需1～2 min；②有调节水库的水电站，一般都有承担事故备用的能力，随时可提供急需的电力电量；③水电机组的事故率比火电机组低，设置事故备用容量可靠性高；④承担事故备用无额外能源消耗，成本低。因此，大多数有调节能力的大中型水电站都具备承担电力系统事故备用的能力。

4. 调相作用

维持电压稳定是电力系统安全运行的重要条件，也是保证电能质量的重要条件。为了保证电压质量，电力系统中要装设无功补偿电源。水电站水轮发电机组，从发电改作调相运行，简单方便，最适宜承担这项任务。由电网供给使机组本身转动的能量，增加发电机励磁电流，即可供给系统无功功率。水电站机组有功的运行小时数，一般为2 000～5 000 h，利用其不带有功功率的空闲容量作调相运行，十分经济方便。

（三）不同调节性能的水电站在电力系统中的作用

1. 无调节水电站

无调节水电站一般承担电力系统的基荷，丰水期出力大，枯水期出力小，不能适应日负荷、月负荷变化的要求，它的装机容量不能完全发挥替代容量的作用。一般而言，无调节水电站的必需容量等于它的保证出力加上丰水期出力增加所减少的电力系统中的检修备用容量。对电力系统的贡献主要是电量效益，一般不能发挥调峰、调频作用。

2. 日（周）调节水电站

日（周）调节水电站在入库流量小于满发流量时进行日（周）调节，承担电力系统的尖峰负荷和腰荷，较好地发挥替代容量作用。由于丰水期出力大，入库流量小时又可进行日调节，因此它的必需容量大于其保证出力，对电力系统的贡献除电量效益外，容量效益也较大。一般而言，日调节水电站有调峰作用，不承担系统调频和事故备用任务。

3. 年（季）调节水电站

年（季）调节水电站储存一部分丰水期水量补充枯水期水量的不足，枯水期出力（保证出力）增大，可进行日调节，担任电力系统峰荷，丰水期可部分进行日调节（承担部分腰荷），丰、枯水期容量效益大。此外，大型年调节水电站除发挥调峰作用外，还承担系统的调频任务，在库容允许的条件下还担任系统的事故备用任务，其装机容量常达其保证出力的4～6倍（水电较多地区）和8～10倍（水电缺乏地区）时，亦可充分发挥其电量效益。

4. 多年调节水电站

多年调节水电站除遭遇丰水年组的丰水时不进行日调节外，一般年份全年均可进行日调节，承担电力系统的调峰任务；对规模较大的水电站，常设计负荷备用，承担系统调频任务；水库规模较大的水电站，常设事故备用容量。承担事故备用作用的水电站，应在水库内预留所承担事故备用容量在基荷连续运行3～10 d的备用库容（水量），若该备用容积小于水库兴利库容的5%，可不专设事故备用库容。

5. 抽水蓄能电站

抽水蓄能电站是承担系统调峰、调频、事故备用任务最理想的电站，此外在负荷低谷时抽水蓄能，还具有填谷作用。

三、电力电量平衡

（一）电力系统的组成及运行特点

1. 电力系统的组成

电力系统是指由发电电源、输配电网（包括配电、变电装置和输送电力线路）及所有的用电设备组成的总体。

现代的电力系统一般包括多个不同类型的发电电源、不同电压等级和容量的变电所及电力线路以及各种用电户。

2. 电力系统运行的特点

由于电力电量不能大量储存,电力系统要求电能的生产、输送、分配和消耗同一时间进行,即达到瞬时平衡。

电力供应与工农业、交通、科研的发展和人民生活水平的提高息息相关,要求电力系统运行高度安全、稳定可靠。电力负荷带有较强的随机变化特性:正常负荷时空分布不均;冲击性的、计划外的负荷和供电环节的事故带有强烈的不可预测性。因此,要求在电源的配置上能提供充足的电力电量和必要的备用容量,以及高度的自动调节设施,要求水电站动能设计应从电力电量平衡和电源优化配置的角度,经济合理地确定电站规模及其运行方式。

(二)电力系统电力电量平衡的基本概念

电力系统电力电量平衡是经济合理地确定设计水电站装机规模的基础。由于电力负荷的随机性,存在精确描述的困难,在设计中常采用仿真方法进行电力电量平衡计算。

1. 设计水平年和设计负荷水平

水电站设计水平年是指水电站规划设计所依据的、与电力系统预测的电力负荷水平相应的年份,一般指设计水电站装机容量能充分发挥容量效益的年份。可采用设计水电站第一台机组投入后的5~10年,一般所选设计水平年需与国民经济五年计划年份相一致,对于规模特别大或远景综合利用要求变化较大的水电站,其设计水平年需作专门论证。

设计负荷水平是指供电系统相应设计水平年达到的年最大负荷和年电量,一般采用相应地区政府制定的电力发展规划中的数据。

水电站的出力与入库流量直接相关,入库径流受降雨影响有大有小,因此把年径流从大到小排频,按一定频率可选出水电站的设计丰水年(一般用10%频率)、设计平水年(50%频率)、设计枯水年(一般用90%频率)。

2. 电力负荷描述

由于电力负荷是随时变化的,常采用离散化、典型化并用仿真方法描述,其要点为:电量采用逐月平均负荷描述;正常负荷采用每月最大负荷日的逐时平均负荷描述;冲击负荷、计划外负荷采用负荷备用描述;事故负荷采用事故备用描述等。

3. 电力电量平衡

根据设计水平年的电力负荷过程,要求电力系统中的电源配备(包括设计电站)满足:①各电源逐月平均出力大于等于相应月份的平均负荷,年电量达到逐月供需平衡;②各月典型负荷日的逐时正常负荷与各电源的工作容量达到平衡;③各月典型负荷日要求的和各电源设置的事故备用、负荷备用容量达到平衡;④电力系统安排的电源检修计划和电源检修容量安排达到逐月平衡。

综上所述,在水电站动能设计中电力系统电力电量平衡,是指逐月电量平衡或逐月平均负荷和各电站平均出力的供需平衡,加上各月典型负荷日的电力电量平衡。

4. 设计水电站的容量效益

设计水电站的容量效益是指其装机容量中能替代电力系统所需装机容量的容量,一般通过有、无设计水电站的年电力平衡求得,即根据设计水平年的电力负荷过程和水电站群的设计枯水年出力过程,分别进行有设计水电站和无设计水电站的电力电量平衡计算,以两平衡成果中所需补充火电站的容量差值,作为设计水电站的容量效益,也就是以设计水电站投入后在设计水平年减少(替代)的火电站容量作为其容量效益。

(三)调峰容量平衡的基本概念

由于一些水电比重大的电力系统存在丰水时电力调峰能力不足和弃水调峰问题,因此需要进行调峰容量平衡。

调峰容量平衡是指电力系统典型代表日的电力平衡,是在电力系统电力电量平衡成果的基础上,进行各月最大负荷日的调峰容量平衡,检验设计水电站对电力系统调峰容量盈亏的改变,进一步阐明设计水电站在电力系统中的地位和作用。

1.电力系统调峰容量盈亏的判别条件

判别条件一:当各电站总的调峰能力等于(或大于)当日日负荷曲线最大负荷-最小负荷+旋转备用容量时,即调峰能力达到平衡(或有盈余),否则为调峰能力不足。

判别条件二:开机容量的允许最小出力等于(或小于)当日日负荷曲线最小负荷时,即调峰能力达到了平衡(或有盈余),否则为调峰能力不足。

两判别条件应同时满足,即统计调峰容量不足的额度,以两判别条件中不足缺额较大者为依据;统计调峰盈余额度,以两判别条件中盈余额较小者为依据。

同样应进行有设计水电站和无设计水电站的调峰容量平衡计算,以阐明设计水电站对电力系统调峰能力的影响和改善程度。

2.判别式中术语解析

(1)电站调峰能力是指当日开机容量的可调容量与开机容量允许最小技术出力之差。

(2)开机容量是指当日运行的各机组额定容量之和。对于火电站开机容量等于当日所担任的工作容量和旋转备用容量之和;对于水电站开机容量等于可调度容量减去空闲容量。

(3)旋转备用容量是指全部负荷备用容量1/2事故备用容量之和。

(4)可调容量是指装机容量中可以被调度利用的容量。除正在检修机组的容量外,其他机组额定容量减去相应受阻容量后即为可被调度利用的容量。

(5)电站调峰能力,对于火电站一般可采用开机容量的额定出力与相应容量的最小技术出力之差。如我国老的煤电最小技术出力约为额定出力的70%,调峰能力即为开机容量额定出力的30%。对于水电站一般可采用可调度容量减去强迫基荷。

(6)强迫基荷包括:因下游航运、供水等要求,水电站必需下泄这些水量要求相应的发电出力;无调节水电站按天然来量的出力;有调节能力水电站因水位限制(如处于汛期防洪限制水位或正常蓄水位时)不能蓄水而按天然来量发电的出力。

四、装机容量选择

水电站装机容量是水电站全部机组铭牌(额定)出力的总和,是表征电站规模的特征值。装机容量选择不仅涉及设计水电站的电力电量效益,还涉及电力系统电源组成的合理配置以及安全运行要求。

(一)水电站装机容量组成

水电站的装机容量($N_{装}$)是指一座水电站全部机组额定出力之和,一般而言,由必需容量($N_{必}$)和重复容量($N_{重}$)两大部分组成,如下:

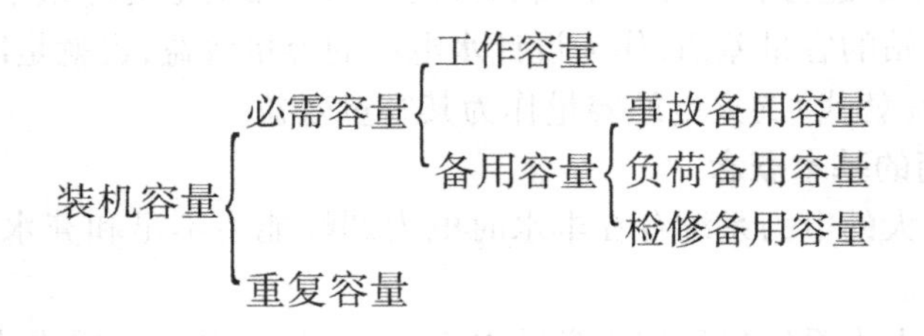

1. 必需容量

必需容量是指维持电力系统正常运行所必需的容量。电力系统用电负荷一定时,所需的发电容量也一定,电力系统必需的一个电源容量增加和减少,其他电源就应减少或增加同等数量的容量,因此必需容量又可称为替代容量。水电站的必需容量由工作容量($N_{工}$)与备用容量($N_{备}$)组成。

1)工作容量

担任电力系统正常负荷的容量称为工作容量。水电站为电力系统所能提供的发电容量,其值与水电站日平均出力、所在电力系统日负荷特性和它在电力系统日负荷图中的位置有关,故在电力平衡表上各月均不相同。由于水电站一般可担负电力系统的尖峰负荷,因而工作容量往往为日平均出力的若干倍。

2)备用容量

为确保供电可靠性和电能质量,电力系统应设置备用容量。备用容量由事故备用容量($N_{事备}$)、负荷备用容量($N_{负备}$)和检修备用容量($N_{检备}$)组成。

(1)事故备用容量。电力系统中发电和输变电设备发生事故时,保证正常供电所需设置的发电容量。

(2)负荷备用容量。为担负电力系统一天内瞬时的负荷波动、计划外负荷增长所需设置的发电容量。负荷备用容量是用来维持电力系统标准频率和负担计划以外的短时负荷或最大负荷以外的瞬时脉动负荷(如电炉两电极的短路和铁路电气机车在启动时突然增加的负荷等)所装设的容量。

(3)检修备用容量。在电力系统一年内低负荷季节,不能满足全部机组按年计划检修而必需增设的装机容量。在我国的动能设计中,水电站机组均安排在枯水季节检修,只有火电站才安排部分检修备用容量,因此水电站的备用容量一般只包括事故备用容量和负荷备用容量。

2. 重复容量

重复容量是指调节性能较差的水电站,为了节省火电燃料、多发季节性电能而增设的发电容量。重复容量不能用来担负电力系统正常需要的装机容量,没有替代容量作用,不是必需容量。水电站的重复容量是在一定的设计负荷水平、供电范围、设计保证率条件下确定的。当上述条件改变时,重复容量有可能部分或全部转化为必需容量。

水电站为了减少弃水,提高水资源利用率,可考虑设置部分重复容量。重复容量的设置是否经济合理主要与弃水量利用程度和替代火电站煤耗的经济指标有关。当水电站重复容量增加时,弃水量就会逐渐减小,装机容量年利用小时数也逐渐减小。因此,需进行方案技术经济比较,以确定设置重复容量的合理性。

3. 专用名称

1）空闲容量

在电力系统运行的过程中，由于负荷的变化，有时会出现一部分容量暂时未被利用的情况，这部分容量称为空闲容量。若在电力系统负荷最大的控制月份水电站出现空闲容量，可视该空闲容量为重复容量。

2）预想出力和受阻容量

水电站预想出力又称水头预想出力。当水头低于额定水头时，水头预想出力小于额定出力，这时额定出力与预想出力之差称为受阻容量。

一般而言，电站（机组）受阻容量是指机组受技术因素制约（如设备缺陷、输电容量等限制）所能发出的出力与额定出力之差的总称，而水电站机组还包括因水头预想出力低于额定出力的受阻出力。

额定水头是水轮机组选择的重要参数，是指水轮发电机组发出额定出力的最小水头，也是计算水轮机标称直径 D_1 所依据的水头。

（二）装机容量选择的主要因素

影响水电站装机容量的因素主要有工程开发体制、综合利用要求及其开发任务主次、水电站水库的调节性能、供电地区动力资源和结构、工程设计水平年及设计负荷水平、电站在电力系统中的作用和地位、供电区电力系统负荷特性和电源组成、电站单独运行和联合运行水能指标、机组运行工况以及电站开发方式等。这些因素中，有的将改变选择装机容量的途径（方法、理论），有的成为装机容量选择的约束条件，它们又相互联系和影响，形成装机容量选择学科中特殊的辩证法。

1. 国民经济体制直接影响装机容量选择的途径

在我国实行“以公有制为基础的计划经济体制”时代，装机容量规模的方案比较，从电源优化出发推荐最佳方案，即以“满足电力系统供电需求的前提下，系统总费用现值（包括建设期固定资产投资和运行期运行费用）最小”作为目标函数。这种方式的特点是：不计算各比较方案设计水电站本身的投入和产出，只比较在电力电量等效前提下各方案的总费用现值和年费用。

目前，在装机容量选择上除从国民经济整体利益阐明经济性外，还应以设计水电站为财务核算单位，考察不同装机容量方案在财务收支上的现实性，以装机容量方案的财务评价指标作为方案优选的重要依据。这种方式的特点是：水电站装机容量方案不仅要最大限度地满足国民经济的整体效益，还要从电站业主的切身利益出发，追求设计方案的财务投入和产出平衡的现实性。

2. 综合利用对装机容量的影响

我国水资源开发贯彻综合利用的原则，在大江大河上规划、设计和建设的水电站，特别是调节性能好的水电站多兼有综合利用任务，尤其是不以发电任务为主或其他任务用水比重较大的水电工程，其他任务用水对水电站装机容量的确定有较大影响。

（1）以灌溉、城市供水或跨流域调水兼顾发电的水库工程，以及非发电用水比重较大的水电站工程，或在发电时间上受供水过程的局限（自坝下引水），导致电站电力电量减少，甚至只能生产季节性电能，这样的水电站往往采用重复容量的经济性（扩大装机获得的季节性电能)来确定装机规模。

(2)以航运为主要任务的梯级水利工程,为满足航运要求,需要按尽量均匀的下泄量来运行;下游为重要航道的电站,因通航对流态的要求(最小航深、最大表面流速、单位时间最大水位变幅等)往往限制电站日调节,甚至不允许进行日调节,成为限制电站规模的重要因素,甚至只能承担基荷运用,成为径流式电站,由重复容量的经济性确定装机规模。

(3)以防洪为主或兼有重要防洪任务的水电站,为满足防洪要求,汛期运用水位将降低,引起电站汛期电力电量下降,预想出力下降,甚至电站被迫停止工作。反映在供电系统电力电量平衡上,汛期顶替火电检修容量减少,系统检修备用增加,引起设计水电站容量效益下降,对装机容量方案比选带来影响。

3. 水电站调节性能对装机容量的影响

无调节和日调节水电站的共同特点是电站所获得的工作容量较小,加之往往又不具备作为备用电源的条件,因此这两类电站的必需容量(工作容量+备用容量)均较小,若按必需容量确定其装机容量,将使水能得不到充分利用。因此,无调节和日调节水电站还需装设部分重复容量,即装机容量等于必需容量与重复容量之和,前者可替代系统电力平衡所必需的容量,后者主要发季节性电能。在初步确定无调节和日调节水电站装机规模时,常采用增加容量的补充投资与补充电量的比值,结合地区边际电价确定其经济合理性。

年调节和多年调节水电站可承担峰荷和腰荷以及担任负荷备用和事故备用,水电站的必需容量较大。经设计水平年电力电量平衡,水电站在供电系统可获得的容量效益一般成为装机容量经济论证的控制性因素。在规划阶段可参照经分析论证的经济装机年利用小时数、补充装机年利用小时数,结合补充装机的投资初步估算。

总之,无调节和日调节水电站所获得的必需容量较小,装机容量比选以扩大装机容量所获得的季节性电能的经济性为依据;年调节和多年调节水电站所获得的必需容量较大,装机容量比选以扩大装机容量所获得的必需容量的经济性为主。

4. 供电地区动力资源储量和结构对水电站装机容量的影响

我国动力资源主要为水力资源和煤炭资源,因此供电地区的能源储量和结构(煤炭和水能比重)成为水电站装机容量选择的重要制约因素。在水力资源缺乏的地区,水电站装机容量年利用小时仅1 000~2 000 h;在水力资源丰富的地区,水电站装机容量年利用小时一般为2 000~5 000 h。

水电站供电地区的能源储量和结构制约装机容量的取值,能源丰富地区或者水力资源占总能源比重较小的地区,水电站装机容量宜偏大考虑;能源不丰富或者水力资源占总能源比重较大的地区,水电站装机容量取值宜保守一些。

五、水轮机的类型及额定水头选择

(一)水轮机的类型

水轮机是将水能转换为机械能的一种水力机械,它由引水部件、导水部件、工作部件和泄水部件四大部件组成。水轮机按水流能量转换的特点和结构特征可分为两大类:反击式水轮机和冲击式水轮机。

两大类水轮机根据结构和转轮内水流的特点,可分为以下多种形式:

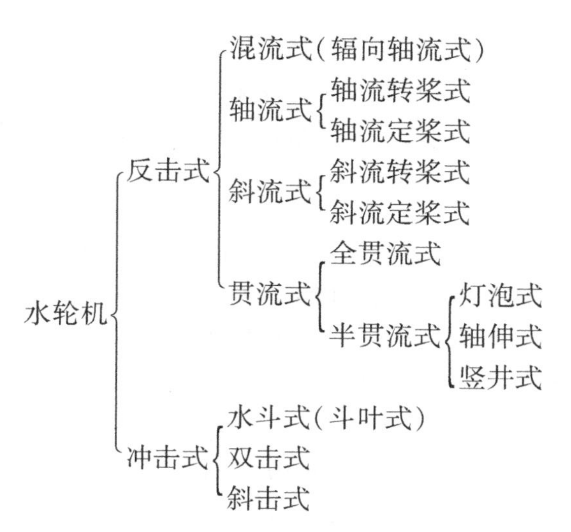

(二)水轮机的适用范围

水轮机的适用范围主要取决于工作水头,各种类型水轮机适用的水头范围列于表4-1中。

表4-1　各种类型水轮机适用的水头范围

类型名称		水头适用范围 H(m)	比转速 n_s(m·kW)
反击式	混流式	<700	50~300
	轴流定桨式	3~50	250~700
	轴流转桨式	3~80	200~850
	贯流式	2~30	<1 000
	斜流式	40~120	100~350
冲击式	水斗式	300~1 700	20~70
	双击式	50~80	35~150
	斜击式	25~300	30~70

各类型水轮机适用的水头范围很宽,并且同一电站适用的水轮机类型常有两种或两种以上机型,而同一类型的水轮机又有构造外形和尺寸不相同的各种型号,对一具体的水轮机转轮来说,其适用水头和出力范围则较窄。

(三)水轮机额定水头选择

水轮机额定水头(H_r)是指水轮机发出额定出力的最小净水头,在水轮机运转特性曲线上额定水头是水轮机出力限制线与发电机出力限制线交点所对应的水头。一般将额定水头相应的额定出力作为水轮机的铭牌出力。

水轮机工作水头是选择水轮机型号和参数的重要依据时,选定的水轮机需满足最大水头对结构强度的要求,并要满足在各种水头范围内对水轮机效率、抗振动和抗气蚀等性能的要求,以保证水轮机能安全和经济运行。在水轮机选型设计中额定水头是确定水轮机直径(外形尺寸)的重要参数。

在水轮机组运行中,当遭遇的工作水头小于额定水头时,机组所能发出的最大出力小于额定出力,称为出力受阻。影响额定水头选择的因素较多,对于电网中的骨干调峰、调频电站一般要求选用较低的额定水头,以减少出力受阻的幅度和时间;对于低水头电站,汛期下游水位壅高导致工作水头下降幅度大,并要求选用较低的额定水头,以提高汛期的预想出力和发电量。但额定水头降低会使水轮机直径(外形尺寸)增加,机组和厂房投资增加,机组运行稳定性下降等。

额定水头的选择,一般应进行技术经济比较,考虑机组运行的稳定性等要求确定,在规划阶段或比较方案拟订时,额定水头可按以下经验公式估算

$$H_{额} = (1.1 \sim 1.2)H_{min} \quad (m) \tag{4-1}$$

应用公式时,对于调节性能较差的电站取小值,对于调节性能好的电站取大值。

河床式电站 $$H_{额} = 0.9\overline{H}_{权} \quad (m) \tag{4-2}$$

坝后式电站 $$H_{额} = 0.95\overline{H}_{权} \quad (m) \tag{4-3}$$

$$H_{额} = \frac{4H_{max}}{\left(\sqrt{\frac{H_{max}}{H_{min}}} + 1\right)^2} \quad (m) \tag{4-4}$$

应用式(4-2)、式(4-3)时,对于调节性能较差的电站,应取洪水期的加权平均水头;对调节性能较好的电站则取全年的加权平均水头。式(4-4)仅适用于调节性能好的水电站。

六、抽水蓄能电站

(一)抽水蓄能电站的工作原理

抽水蓄能电站具有上、下水库,在两库间装设具有发电和抽水双重功能的可逆式机组,利用电力系统中多余的电能,把下水库的水抽到上水库内,以势能的形式蓄能,需要时再从上水库放水至下水库进行发电。

在抽水和发电的能量转换过程中(即由电能转为水能,再由水能转为电能),输水系统和机电设备都有一定的能量损耗。发电所得电能与抽水所用电能之比,为抽水蓄能电站的综合效率,早期在65%左右,近来提高到75%及以上。抽水蓄能是利用电力系统低谷负荷时多余的低价电能,换取电力系统中十分需要的高价峰荷电能,并具有事故备用、负荷备用、调频、调相、增加电力系统供电可靠性等动态效益,是现代大型电力系统经济安全运行的必要设施,特别是在水电比重小的电力系统中更具有经济性和必要性。

(二)抽水蓄能电站的类型

抽水蓄能电站按水流来源可分为纯抽水蓄能电站、混合式抽水蓄能电站和调水式抽水蓄能电站。

1. 纯抽水蓄能电站

上水库基本上没有天然径流来源,抽水与发电的水量循环使用,两者水量基本相等,仅需补充蒸发和渗漏损失。电站规模根据上、下水库的有效库容、水头、电力系统的调峰需要和能够提供的抽水电量确定。纯抽水蓄能电站受上、下库容积限制,多为日调节电站。

2. 混合式抽水蓄能电站

上水库有天然径流来源,既可利用天然径流发电,又可利用由下水库抽蓄的水量发电。

上水库一般建在江河上，和常规水电站相同，下水库可为常规水电站水库，也可为单独水库。混合式抽水蓄能电站由于它与常规水电站共用的水库库容较大，常为年、季调节电站。

混合式抽水蓄能电站的特点是常规电站和抽水蓄能电站机组互为补偿，运行灵活，可改变由于综合利用各部门用水季节性强而导致常规水电站运行受限制的现象，提高电站的保证率，增加承担电力系统事故备用的能力。

3. 调水式抽水蓄能电站

从位于一条河流的下水库抽水至上水库，再由上水库向另一条河流的下水库放水发电。这种蓄能电站可将水量从前一条河流调至后一条河流，它的特点是水泵站与发电站分别布置在两处。

抽水蓄能电站的调节性能可分为：①日调节水库，运行周期以日为单位。水库水位在一昼夜内由高水位降至低水位，再回升到高水位。纯抽水蓄能电站大都为日调节电站。②周调节水库，调节库容比同容量的日调节水库要大，运行周期以周为单位。库水位由周初开始变化至周末再回升到原水位。库容要满足电站一周之内在电力系统中承担调峰、填谷运行需要的总水量。③季调节水库，调节周期以季为单位。上下水库所需的库容较大，常为混合式抽水蓄能电站。

（三）调峰容量平衡计算

抽水蓄能电站的主要作用是调峰和填谷，获得容量效益非常重要，因此需在电力系统电力电量平衡的基础上，进行调峰容量平衡计算。

1. 拟定设计水平年、编制负荷曲线

根据抽水蓄能电站规模和电力系统发展规划，拟订设计水平年，预测负荷水平，收集、整理负荷特性和各类电源的运行特性，编制电力系统的负荷曲线。

2. 抽水与发电工况的电量平衡

在假定上、下水库的蓄能库容不受限制的情况下，抽水蓄能电站的调峰容量主要取决于电力系统在负荷低谷时所能提供的抽水电量和在负荷高峰时所要求的调峰电量，即抽水与发电两工况下的电量应达到平衡。

在电量平衡计算中，应注意到电力系统负荷低谷处的剩余电量经常是不可能全部被利用的，例如当某小时电力系统的低谷剩余出力大于该抽水蓄能电站抽水的最大功率时，多余的出力及相应电量不能利用；又例如当电力系统某小时的低谷剩余出力过小时，抽水蓄能时的抽水流量很小，抽水时间太长，运行很不经济，则相应电量不能利用。

3. 抽水与发电工况的容量平衡

在设计抽水蓄能电站的可逆式机组时，一般以抽水工况最优为基础，相应发电出力要小一些，发电机容量与电动机容量之间有一定比例关系，才能达到容量平衡的要求。

（四）装机容量选择

抽水蓄能电站装机容量的选择涉及面广，影响因素包括确定因素和随机因素。由于上、下水库的容积直接关系装机容量的大小，因此对抽水蓄能电站装机容量方案和上下库特征水位方案一般应同时（配套）进行选择。装机容量选择主要内容如下。

1. 进行上、下库水量平衡计算

根据上、下库地形及地质条件，初定几组上、下库特性水位和特征库容（正常蓄水位、死水位、调节库容、死库容），首先进行上库调节计算和动能计算，编定日平均出力与库容的关系，它是装机容量从工程建筑条件方面考虑的主要依据。抽水蓄能电站既发电（调峰），又抽水（填谷），上、下库水量必须平衡，因此应同时进行上、下两库水量平衡计算，对于同一上、下库组合方案下库供水能力应等于或大于上库。

2. 落实水源

拟订抽水蓄能电站装机容量方案时，必须落实水源。上、下水库的径流量除应能满足综合利用各部门的需水量外，还应保证水库初期充蓄和运行期补给水库蒸发、渗漏和结冰损失等的水量。当径流量不能满足需水量时，应有落实的补水措施，补水工程应具有相应深度的设计文件。

3. 分析抽水电源的可靠性

抽水电源是保证抽水蓄能电站运行的基本条件。抽水电源可靠性为该电源在负荷低谷时的供电能力和网络输电能力能否满足抽水用电的需要。如利用调节系数为 0.3 的煤电作抽水电源，1 000 MW 煤电最多只能提供 300 MW 的抽水能力；供电网络输电能力是在保证正常供电的条件下，额外增加抽水功能相应的供电能力，还包括供电潮流的经济性分析。

4. 计算综合效率和电力系统节煤效益

综合效率和电力系统节煤效益是抽水蓄能电站的重要经济指标。综合效率是指抽水蓄能电站的发电量和抽水用电量的比值，包括发电机效率、电动机效率、水轮机效率、水泵效率、引水（抽水）道水力损失（效率）、输水（发电）道水力损失（效率）等 6 项的乘积。现代大型可逆式机组效率较高，综合效率能达 0.75 及以上。

抽水蓄能电站相对电力系统而言是“用户”，1 度低谷电量仅换约 0.75 度高峰电量，但由于填谷和调峰双重作用，使替代的火电机组由峰荷（高煤耗）改变为基荷（低煤耗）运行，从电力系统有、无抽水蓄能电站的总煤耗对比看，有抽水蓄能电站全电力系统煤耗还有较大节省。

第三节　水资源配置及供水工程

一、供水量、用水量调查统计

（一）供水量调查统计的分类

供水量指各种水源工程为用户提供的包括输水损失在内的毛供水量，一般按受水区统计。根据取水水源的不同，供水量可划分为地表水源供水量、地下水源供水量和其他水源供水量三种。

1. 地表水源供水量

地表水源供水量分别按蓄水工程、引水工程、提水工程、调水工程四种形式统计。为避免重复统计，具体分为：①从水库、塘坝中引水或提水，均属蓄水工程供水量（不包括专为引水、提水工程修建的调节水库）；②从河道、湖泊中自流引水的，无论有闸还是无闸，均属引水工程供水量；③利用扬水站从河道或湖泊中直接取水的，属提水工程供水量；④调水工程是指独立流域之间的跨流域调配水量，不包括在蓄、引、提水量中。

2. 地下水源供水量

地下水源供水量指水井工程的开采量，按浅层淡水、深层承压水和微咸水分别统计。浅层淡水指矿化度不大于2 g/L的潜水和与潜水有紧密水力联系的弱承压水;深层承压水指埋藏相对较深,且与当地浅层地下水水力联系微弱,充满在两个隔水层中间的含水层中的地下水。在混合开采井的供水量中,可根据实际情况,按比例划分为浅层淡水和深层承压水。微咸水指矿化度为2~3 g/L的浅层水。

3.其他水源供水量

其他水源供水量包括污水处理再利用、集雨工程、海水淡化的供水量。对未经处理的污水利用和海水直接利用也需调查统计,但不计入总供水量中。

(二)供水量调查统计的要求

(1)地表水源供水量应以实测引水量或提水量作为统计依据,无实测引水量资料时,可根据灌溉面积、工业产值、实测毛取水定额等资料进行估算。

(2)城市地下水源供水量包括供自来水厂的开采量和工矿企业自备井的开采量。缺乏计量资料的农灌井开采量,可根据配套机电井数和调查确定的单井出水量(或单井灌溉面积、单井耗电量等资料)估算开采量。浅层水和深层承压水的供水量,可根据当地地下水分布结构(取水层结构),按开采方式和机井深度进行判别;对不易判别是深层承压水源或浅层水源的,按浅层水统计。

(3)污水处理再利用是指城市污水集中处理厂处理后的污水回用量。集雨工程是指用人工收集储存于屋顶、场院、道路等场所产生径流的微型蓄水工程。海水淡化是指海水经过化学或物理方法去除盐分和杂质使其变为淡水的过程。

(三)用水量调查统计的分类

用水量指分配给用户的包括输水损失在内的毛用水量。按用户特性分为农业用水、工业用水和生活用水三大类。

(1)农业用水包括农田灌溉和林、牧、渔业用水。农田灌溉应考虑灌溉定额的差别按水田、水浇地(旱田)和菜田分别统计。林、牧、渔业用水按林果地灌溉(含果树、苗圃、经济林等)、草场灌溉(含人工草场和饲料基地等)和鱼塘补水分别统计。

(2)工业用水量按引水量(新鲜水量)计,不包括企业内部的重复利用水量。各工业行业的万元产值用水量差别很大,应将工业划分为火(核)电工业和一般工业分别进行用水量统计。

(3)生活用水按城镇生活用水和农村生活用水分别统计,应与城镇人口和农村人口相对应。城镇生活用水由居民用水、公共用水(含服务业、商饮业、货运邮电业及建筑业等用水)和环境用水(含绿化用水和河湖补水)组成。农村生活用水除居民生活用水外,还包括牲畜用水在内。

(四)用水量调查统计的要求

(1)农田灌溉、林果灌溉、草场灌溉用水量可根据取水口的取水过程线分别计算用水量;否则,可根据当地的作物灌溉定额、有效灌溉面积及灌溉水利用系数分别进行估算。

鱼塘补水应结合当地降水量、蒸发量等气象特点,养殖鱼类及其生长期进行估算。

(2)工业用水量统计中,对于有用水计量设备的工矿企业,以实测水量作为统计依据,没有计量设备的可根据产值和实际毛取水定额估算用水量,或根据同行业中技术水平相近的企业用水量指标,按产值和用水量类比确定其用水量。

为便于对城市供用水量进行调查统计,在工业用水中应将城镇工业用水单列。

(3)城镇生活用水由自来水厂供水的,可采用自来水厂的计量设备实测供水量进行统计,其他水源供水的以供水设备计量的供水量统计。

(4)农村生活用水的统计可根据当地的人均生活用水量、各种牲畜头均用水量指标,以及统计年鉴中人、畜统计数量进行估算。

二、供水水源和水资源配置

(一)设计标准

水资源供需分析供水保证率应根据用户的重要程度,结合水资源分布及可利用情况合理确定。城乡生活供水保证率为95% ~97%,工业供水保证率为90% ~95%,农业和生态环境供水保证率为50% ~90%。城乡生活和工业采用历时保证率,供水时段为月或旬,农业采用年保证率,供水时段为月或旬;生态环境供水时段为季或年,保证率采用年保证率。

(二)供水水源

用水户的取水水源一般为地表水和地下水(包括泉水),也可利用污水处理回用。淡水资源缺乏的沿海和海岛城市宜将海水直接或淡化后作为供水水源。

地下水作为水源,大部分地区采用凿井工程提水,也有一部分为渗渠和泉室取水。优质地下水应优先考虑作为生活饮用水水源。

地下水(指浅层)作为供水水源,取水量必须小于可开采量。地下水可开采量有多种计算方法,一般情况下地下水可开采量等于地下水总补给量与可开采系数的乘积,可开采系数因水文地质条件差异取0.6 ~1,对含水层富水性好、厚度大、埋深浅的地区,选用较大值;反之,选用较小值。由于受到地下水开采设备的提水能力限制,地下水可供水量小于等于可开采量。

地表水作为水源,有三种取水方式:

(1)水库工程。利用水库拦蓄河水,调丰补枯。再经过输水工程(隧洞或管道、渠道)或提水工程送给用水户。

(2)引水工程。在河中和河岸修建闸坝自流引水,分为无坝引水和有坝引水。无坝引水:河道水位和流量满足用水要求,在河岸修渠闸引水工程;有坝引水:在河中修建拦河闸坝抬高水位后,利用河岸渠闸引水满足用水要求。

(3)提水工程。直接从河(湖)中取水,利用泵站扬水至高水位蓄水池,满足用户用水要求。

地表水设计来水过程是水源点取水断面河道天然来水径流系列,扣除取水断面设计水平年上游用水过程后的径流系列。

供水工程需要协调各种供水水源及工程,实现多水源多供水工程联合供水调度,满足总用水要求。

(三)水资源供需分析和配置

(1)水资源供需分析在流域和省级行政区范围内以计算分区进行,对城镇和农村需单独划分,并对建制市城市单独进行计算。流域与行政区的方案和成果应相互协调和统一。

(2)水资源供需分析计算一般采用长系列、月调节计算方法;无资料或资料缺乏区域,可采用不同来水频率的典型年法。水资源供需分析时,除考虑各水资源分区的水量平衡外,还应考虑流域控制节点的水量平衡。

(3)水资源配置是指在流域或特定的区域范围内，遵循高效、公平和可持续的原则，通过各种工程措施与非工程措施，考虑市场经济的规律和资源配置准则，通过合理抑制需求、有效增加供水、积极保护生态环境等手段和措施，对多种可利用的水源在区域间和各用水部门间进行的调配。

(4)水资源配置以水资源供需分析为手段，在现状供需分析和对各种合理抑制需求、有效增加供水、积极保护生态环境的可能措施进行组合及分析的基础上，对各种不同组合方案或某一确定方案的水资源需求、投资、综合管理措施（如水价、结构调整）等因素的变化进行评价和比选，并提出推荐方案。推荐方案应考虑市场经济对资源配置的基础性作用，按照水资源承载能力和水环境容量的要求，最终实现设计水平年和规划水平年水资源供需的基本平衡。

(5)对干旱和半干旱地区及重点城市，在分析其水文情势和水资源配置推荐方案的基础上应制订遇连续干旱年或特殊干旱年的水资源调配方案和应急预案。

三、城镇供水工程

城镇供水工程包括水源工程、输水工程、净水工程、配水泵与管网等部分。城镇供水工程水利规划仅涉及净水工程以前（不包括净水工程）的部分，即水源与输水部分。影响城镇供水工程规模的主要因素是设计水平年选择、城镇需水量预测值。

（一）城镇需水量预测

城镇需水量预测是供水工程规划的基础，它与设计水平年的选取、经济社会发展规划、水资源开发利用政策、科技发展水平等因素密切相关。

1. 水平年

设计水平年是规划目标实现的年份。城镇供水规划一般可考虑近期设计水平年和远期规划水平年，近期设计水平年为工程生效后的 10 ~ 20 年，远期规划水平年为规划编制后 20 ~ 30 年。

选定了设计水平年后，要对城镇发展的基本指标进行预测，包括城镇的发展范围、人口规模、工业结构与产值等。这些指标牵涉国家的宏观经济发展目标、地方经济的特点、地方政府的发展战略、社会的人文背景等。为了使社会经济预测指标具有相对可靠的基础，近期设计水平年应与城市总体规划水平年相协调。

2. 城镇需水量预测方法

城镇需水量预测方法主要有：定额法、趋势法、弹性系数法、模型法等。

1)定额法

定额法是根据经济社会发展水平、水资源市场变化趋势，预测将来各行业用水定额指标，进而估算需水量的方法。定额法概念明确、容易掌握，实际工程中使用较多，但分析各部门用水定额的工作量非常庞大。为了减少重复工作量，并统一规划标准，国家由专门机构通过对全国众多城市用水量的分析，并考虑节水技术、政策导向等因素，制定了城市需水量预测标准，即《城市给水工程规划规范》（GB 50282—98）（以下简称《给水规范》）。

《给水规范》将全国分为三区：一区属于水资源条件好的地区，二区属于半干旱地区，三区属于干旱地区。

各区内的城市按其人口规模分为特大、大、中、小四级。

对于三区四个等级的城镇,《给水规范》给出了各类用水的指标,如单位人口综合用水量指标、人均综合生活用水量指标、单位工业用地用水量指标等。

2)趋势法

基于历年城镇需水量增长资料预测未来需水量的增长,常用的有回归分析法、指数平滑法等。

3)弹性系数法

弹性系数法是根据某个部门需水量增长率与其主要用水项目增长率之间的比值(此比值称为弹性系数)预测未来的需水量。需水量弹性系数的定义为

$$c = \frac{dp/p}{dx/x}$$

式中 x——基准年某部门的特征值,如工业部门的产值;

p——基准年的需水量。

通常,根据统计资料和专家的判断,确定弹性系数 c,再根据国民经济发展规划确定特征值的增加值 dx,则预测的需水量增加值为 $dp = c \cdot p \cdot \frac{dx}{x}$。弹性系数法将诸多复杂因素模糊化处理,简明扼要,便于掌握。

城镇需水量具有很大的伸缩性,《给水规范》给出的指标也存在很大的变化幅度。在进行需水量预测时,一般应采用多种方法进行,以便相互验证、综合比较选定。

4)模型法

模型法是根据自然界事物发展一般要经历初期缓慢、中期快速、后期平稳的规律,假定需水量随时间的增加是连续的,且具有缓慢增长、快速增长、保持平稳的发展历程,进而建立以时间为变量的微分方程,模拟需水量增长的时间变化趋势,预测未来某一时刻的需水量。

(二)城镇供水

尽管城镇工业用水的部门千差万别,但节水的方向或核心是共同的,那就是提高水的重复利用率和降低用水单耗。

重复利用率的计算式为

$$\mu = \frac{Q_{需} - Q_{供}}{Q_{需}}$$

式中 $Q_{需}$——总需水量;

$Q_{供}$——实际供给的水量。

计算重复利用率是在需水得以满足的前提下进行的。重复利用率计算式中需水量与供水量的差是水在生产活动中多次被重复利用的表现,相当于增加了实际总供水量。工业用水占城镇总用水量的主要部分,提高工业用水的重复利用率,可以有效控制城镇需水量的增长。

用水单耗是指制造单位产品所需要的水量。用水单耗下降体现了技术进步对减少生产过程用水量的作用。如我国生产每吨啤酒,由于发酵时间长、产量低,需要水 20 ~ 30 m^3,而引进的设备生产每吨啤酒需水仅为 8 ~ 12 m^3,节水效果十分明显。

《中国城市节水2010年技术进步发展规划》规定,到2010年,我国工业用水重复利用率要达到75%,间接冷却水重复利用率要达到97%,还规定了17大工业门类的主要工艺过程及产品的节水指标。

四、调水工程

调水工程是将丰水地区的水调往缺水地区，以解决缺水地区的供水问题。

（一）调水工程必要性论证原则

在判断调水工程必要性时，通常应遵循的原则如下：

（1）受水区经济社会的发展要适度，即在水资源先天不足的地区，经济社会发展的方向应是建设少用水的项目。

（2）受水区缺水严重，除从外流域调水外，还可以在当地找到其他方式解决缺水问题，包括污水的深度处理、生活与工业的节水措施、海水淡化等，但投入的资金有可能超过了长距离调水的代价。

（3）水源区不会受到过大的伤害，即调水后不能降低水源区的用水保证程度，不会给水源区的生态环境带来重大影响。

（二）调水工程调水量的确定

调水工程规划的核心问题是确定调水量。影响调水量的主要因素是受水区需水量的预测、水源取水点上游来水量及未来用水量、水源取水点下游需水量、输水工程规模等。受水区需水预测量大，输水工程的过水能力大，则调水量大；水源区取水点上游或下游需要的水量大，则调水量小。

1. 受水区需水预测

受水区需水量与受水区范围、供水目标、降水情况、节水措施等密切相关。需水量预测包括总量与过程的预测。通常，城镇生活与工业的需水是一个稳定的过程，而农业需水量与过程则取决于降水量和过程。在进行受水区需水量预测时，应遵循经济社会发展规模与耗水量指标从紧的原则。

受水区水资源供需分析应在多次反馈和协调平衡的基础上进行。在强化节水、治污与污水处理回用、挖潜等工程措施，以及合理提高水价、调整产业结构、合理抑制需求和改善生态环境等措施的基础上进行需调水量分析。

2. 调水水源的可调水量

调水水源可以提供的水量取决于取水点处的水资源量和上、下游地区的需水量，以及在水源区实施的补偿措施。水源点下游需水量是指水源地由同一水源供水地区的需水量。为减小调水对水源区影响的风险和对水源可调水量预测的风险，水源区需水量预测应按“适度从宽”的原则掌握，即水源区的经济社会发展规模应适当考虑大一些，耗水指标可考虑适当高一些。

此外，水源地采取的补偿措施越多，一般情况下可以调出的水量就越多。比如在取水点下游沿河岸修建必要的泵站，就可以降低下游两岸用水户取水时对河道水位的要求，则调水工程取水口处要求河流必须保持下泄的水量就可减少，从而增加了可调水量。

3. 输水工程的过流能力

调水量还受输水工程过流能力的影响。在水源水量充沛的情况下，调水量常常受输水工程过流能力的制约，因为太大的工程规模有时可能是不经济的。

影响调水量的“三要素”（受水区需水量预测、调水水源可调水量、输水工程过流能力）之间存在很复杂的关系。受水区需调水量和过程确定后，调水量与过程并不能立即确定，因为必须将调水水源、受水区当地水源、水源区用水户、受水区用水户等,放在统一的大系统中,制定相应的水源使用顺序、用水户供水优先顺序等规则,经过系统的水文水利计算,才能计算出调水工程的调水量与相应的过程。由此可见,调水量是指有效的调水量,即受水区在充分利用当地水的前提下,能够使用的调入水量。遇受水区丰水时段,水源可以调出水,但受水区不需要,则此时段水源的可调水量不能算为调水量。

4.调度规则对输水工程规模的影响

在制定系统的调度规则时,基本的准则是:各水源之间的物理关系、行政管理关系正确;各水源与各用水户之间的连接关系符合实际;各种水源都应得以充分利用;系统各用水户的供水保证率要分别达到规定的要求;系统中各水源要相互补偿,协调供水;水源区的用户供水保证率不得低于现状的水平;调水过程中的极大值流量应尽量小,以减小输水工程的规模;系统的能量消耗应尽量低。这些准则相互之间常常存在冲突,它反映了经济社会系统中各个部门之间的利益冲突。在进行调水工程规划时,需要仔细分析各种因素所处的地位,分清哪些是必须满足的目标,哪些是优化的指标,将那些必须满足的目标作为系统的约束条件,而将优化指标作为系统的目标函数,这就是系统工程的基本分析方法。

由于存在上述极其复杂的各种关系,在确定调水规模时,通常需要进行多次的反复计算和方案比较。一开始并不清楚受水区的范围究竟多大合适,水源供水量是否能满足受水区的需水要求,输水工程多大的规模合适。只有经过多方案的技术经济比较,才能提出受水区需水与水源区可供水协调、输水工程规模合适的方案。

第四节　灌溉工程

一、农田灌溉工程规划设计的主要内容和灌溉设计保证率

(一)农田灌溉工程规划设计的主要内容

(1)在调查灌区自然社会经济条件和水土资源利用现状的基础上,根据农业生产对灌溉的要求和旱、涝、洪、渍(碱)综合治理的原则,论证灌溉可供水量,进行灌区土地分类评价和水土资源平衡分析,确定灌区范围及适宜的灌溉面积,选定灌、排设计标准和灌排方式,以及灌区总体布置方案。

(2)根据气候、土壤、种植习惯、市场等条件,选择合适的作物种植比例。

(3)计算各种作物的灌溉制度,拟订分区的综合灌溉制度。

(4)选择合适的水源,经水文水力计算确定水源的各项特征参数和灌排渠系及建筑物的规模。

(5)制订田间工程典型设计和灌溉节水措施,估算灌区工程总投资。

(6)评价灌溉工程对环境的影响,提出解决措施。

(7)分析灌溉工程的效益,计算供水水价。

(8)制订灌区管理体制和灌溉管理措施。

灌溉制度是作物播前(或水稻栽秧前)及全生育期内的灌水次数、每次灌水的日期和灌水量的具体规定,它与农田水分状况、作物品种、气候条件等因素密切相关。灌溉制度的拟定是灌溉规划的基础,它直接影响水资源的供需平衡、工程规模和投资规模,是决策的基本

依据。

灌溉管理包括工程管理、用水管理、生产管理和组织管理。用水管理是中心，即依据生育期天气状况，估计腾发量，推算土壤水分下限出现的时间和地块，确定灌水的时间和灌水量。在规划阶段，应提出管理机构的框架、工程管理的范围与内容、用水管理的基本方法。

灌溉工程规划常需要进行多次的反复。比如在初拟灌溉面积时，并不清楚水资源可否满足灌溉面积的需要，当经过水力计算，表明灌溉面积、作物种植比例、水源水量基本协调后，常常会遇到工程量太大，经济指标不好，或水价过高无法承受的矛盾。这都需要对初拟的方案进行不断的调整。

（二）灌溉设计保证率

灌溉标准是灌区规划设计的基础，通常以灌溉设计保证率或抗旱天数表示。灌溉设计保证率概念明确，量化指标清晰，大中型灌区一般都采用此标准。

（1）灌溉设计保证率是衡量灌区灌溉保证程度的指标，通常以一定时期内作物需水量得到满足的时段数占总时段数的比例表示。灌溉设计保证率越高，说明灌溉越有保障。

灌溉设计保证率的计算公式为

$$P = \frac{m}{n + 1}$$

式中　m——作物需水量全部满足的年数；

n——总的统计年数，按规范规定，总年数 n 不得少于 30 年。

由上式可知，灌溉设计保证率为年保证率，即在某一年中，若有一次灌溉不能满足作物的需水量，这一年就算作灌溉受破坏年份。

灌溉设计保证率高，则在相同的计算期内，农业生产所需要的水量被满足的年数多，这对农业生产是有利的。但如果保证率定得过高，将意味着在少数特别干旱年需要供给的水量增加，需要水源供水的能力也要增加，输水工程规模扩大，投资会迅速增加。在工程建成后，一般年份其供水能力不能充分发挥作用，因此技术经济上也不合理。在国家颁布的《灌溉与排水工程设计规范》（GB 50288—99）中，要求根据灌区的水文气象、水土资源、作物组成、灌区规模、灌水方法及经济效益等因素选择灌溉设计保证率。一般灌水方法越先进、水资源条件越好的地区，灌溉设计保证率越高；水稻的灌溉设计保证率比旱作物的要高；水稻区灌溉设计保证率一般采用 75% ~ 90%，旱作物区灌溉设计保证率一般采用 50% ~ 75%，高价值经济作物的灌溉设计保证率比一般作物的要高。

（2）灌溉设计标准还可用“抗旱天数”表示，即灌溉设施在无降水的情况下能满足作物需水要求的天数。按《灌溉与排水工程设计规范》（GB 50288—99）的规定，单季稻灌区可用 30 ~ 50 d，双季稻灌区可用 50 ~ 70 d，经济较发达地区，可按上述标准提高 10 ~ 20 d。

二、灌溉制度

灌溉制度可依据当地农村的灌溉经验，或依据灌溉试验资料确定。依据灌溉资料确定作物田间需水量更合理，但需要具备长期的试验资料及相应的气象资料，工作量较大。

（一）作物田间需水量

田间耗水量为农田总耗水量，包括植株蒸腾量、棵间土壤或水面蒸发量、田间渗漏量。前两项之和称为田间腾发量，也就是通常所说的作物田间需水量。计算田间需水量的方法有：

(1)以水面蒸发为参数的需水系数法(α 值法)。

$$E = \sum \alpha_i E_{0i} = \alpha E_0$$

式中 E——作物全生育期需水量,mm;

E_0——作物全生育期的水面蒸发量,mm;

E_{0i}——作物生育阶段的水面蒸发量,mm;

α——全生育期的需水系数;

α_i——生育阶段的需水系数。

此法 α 值比较稳定,广泛应用于水稻区。

(2)以气温为参数的需水系数法(积温法)。

$$E = \sum \beta_i t_i = \beta T$$

式中 E——作物全生育期需水量,mm;

T——作物全生育期的气温累计值,℃;

t_i——作物生育阶段的气温累计值,℃;

β——全生育期的需水系数,mm/℃;

β_i——生育阶段的需水系数,mm/℃。

此法因气温资料容易取得,适用于我国南方水稻区。

(3)以产量为参数的需水系数法(K 值法)。

$$E = KY$$

式中 E——作物需水量,m^3/亩;

K——需水系数,m^3/kg;

Y——作物产量,kg/亩。

由于包含土壤、水文地质、农业技术措施等多种因素,在一定气象条件下,作物需水量随着产量的提高而增加,而达到一定产量之后,需水量的增加并不明显,K 值很不稳定。但在北方旱作物地区效果尚好。

(4)以气温和水面蒸发为参数的需水系数法(β 值法)。

$$E = \beta\varphi = \sum \beta_i \varphi_i = \sum \beta_i (\bar{t}_i + 50)\sqrt{E_{0i}}$$

式中 E——作物全生育期需水量,mm;

E_{0i}——作物生育阶段的水面蒸发量,mm;

φ——全生育期消耗于作物需水量的太阳能量累计指标;

φ_i——生育阶段消耗于作物需水量的太阳能量累计指标;

β——全生育期的需水系数;

β_i——生育阶段的需水系数;

$\bar{t}_i$——作物生育阶段的日平均气温,℃。

本方法一般用于水稻需水量的计算。

(5)以产量和水面蒸发为参数的多因素法。

$$E = aE_0 + bY + c$$

式中　E——作物田间总需水量，mm；

E_0——作物生育阶段的水面蒸发量，mm；

Y——作物产量，kg/亩；

a、b、c——经验系数。

上述各方法可以估算作物整个生育期的田间需水量，也可以估算各生育期的田间需水量。对于只计算全生育期总需水量的方法，若用其估算各生育期的田间需水量，尚还需要按各生育期的模比系数（各生育期田间需水量占全生育期田间总需水量的比例），推算各阶段的田间需水量。

（6）彭曼法。

彭曼法是将作物腾发看作能量消耗的过程，通过平衡计算求出腾发所消耗的能量，再将能量折算为水量，即得作物的田间耗水量，计算公式为

$$E = K_{\omega}K_{c}ET_{0}$$

式中　E——某时段的田间需水量，mm/d；

K_{ω}——土壤水分修正系数；

K_c——作物系数；

ET_0——参照作物需水量，mm/d，参照作物需水量是指土壤水分充足、地面完全覆盖、生长正常、高矮整齐的开阔的矮草地的需水量，它是各种气象条件影响作物需水量的综合指标。

（二）旱作物灌溉制度

1. 旱地水分状况

在旱作物农田中，土壤中水由气态水、吸着水、毛细管水、重力水组成。气态水数量很少，吸着水不能移动，因此这两种形态的水分在灌溉计算中不考虑其作用。吸着水达到最大时的土壤含水率称为吸湿系数。重力水一般都下渗流失，且长期保留在土壤中将影响通气状况，对作物生长不利。

由此可见，旱作物能吸收的水仅为毛细管水，它分为上升毛管水和悬着毛管水。上升毛管水指由地下水面以上沿土壤毛细管上升的水分；悬着毛管水为土壤毛细管保持的地表入渗的水分。土壤最大悬着毛管水对应的平均含水率（相对土颗粒重）称为土层田间持水率。

土壤含水率过低，作物会因缺水发生永久性凋萎。作物发生永久性凋萎时土壤的含水率称为凋萎系数，一般为吸湿系数的1.5~2倍。凋萎系数与土壤性质、作物品种、土壤水质有关。

旱作物田间根系层允许平均最大含水率应小于田间持水率。旱地灌溉就是通过浇水，使土壤耕作层中的含水率保持在凋萎系数与田间持水率之间。

旱作物灌溉制度由播前灌水定额与生育区灌溉制度两部分组成。

2. 旱作物播前灌水量

播前灌水的目的在于使农田保持作物种子发芽和出苗必需的土壤含水率，其计算公式为

$$M_1 = \gamma H(\omega_{max} - \omega_0)A$$

式中　M_1——播前灌水量，m^3；

γ——H 深度内的土壤平均容重，t/m^3；

H——土壤计划湿润层深度，m，根据作物主要根系活动层深度确定，不同生育期土壤计划湿润层深度不同，一般为 0.3 ~ 1 m；

ω_{max}——H 深度内土壤田间持水率（占干土重的比）；

ω_0——H 深度内播前土壤平均含水率（占干土重的比）；

A——作物种植面积，m^2，若取单位面积，则得播前灌水定额。

3. 旱作物生育期灌溉制度

将生育期分为若干时段，每一时段计算作物灌溉水量的公式为

$$\omega_2 = \omega_1 - \frac{E - P_0 - W_k}{\gamma H}$$

$$M_2 = \gamma H(\omega_{max} - \omega_{min})A$$

式中　ω_2——时段末 H 深度土层内含水率（占干土重）；

ω_1——时段初 H 深度土层内含水率；

E——时段内作物田间需水量，按作物田间需水量中的方法计算；

P_0——时段内有效降水深；

W_k——时段内地下水补给量；

M_2——时段内灌溉水量；

ω_{max}——H 深度内土壤田间持水率，即允许土壤含水率上限，以田间持水率为灌水上限，可防止形成田间深层渗漏损失；

ω_{min}——H 深度内允许土壤含水率下限，应大于凋萎系数，根据经验，一般可取 $0.6\omega_{max}$；

其他符号含义同前。

具体计算时，先求出时段末土壤含水率（从播种时为起点，逐时段向后演算），直至 ω_2 下降到允许含水率下限时，即为灌水时间，再按公式求出灌水定额；灌水后以 $\omega_1 = \omega_{max}$ 为新的起点，继续向后演算，直至收获时止。在上述计算中，若 A 取为单位面积，则可拟定出全生育期的灌水次数、灌水时间及灌水定额。生育期各次灌水定额之和为生育期灌溉定额。

（三）水稻灌溉制度

水稻灌溉制度由泡田期与生育期两部分组成。

1. 泡田期需水量

泡田期需水量由下式计算

$$M_1 = (c + S + et - P)A$$

式中　c——插秧时田面所需水层深，一般为 0.03 ~ 0.05 m；

S——以水深表示的泡田期总渗漏量；

e——以水深表示的单位时间内水面蒸发量；

t——泡田期时间长度；

P——泡田期总降雨深；

A——水稻种植面积，当 A 取为单位面积时，可计算出泡田期用水定额。

2. 生育期灌溉需水量

水稻生育期田间水量平衡方程为

$$h_2 = h_1 + P - E - F - C$$

式中 h_2——时段末田面水层深度，不小于允许水深下限 h_{min}；

h_1——时段初田面水层深度，不大于允许水深上限 h_{max}；

P——时段内降水深；

E——时段内作物田间需水量，按作物田间需水量中的方法计算；

F——以水深表示的时段内稻田适宜渗漏水量，据经验，水稻田面下存在透水性弱的“犁底层”，一般使稻田的日均渗漏量降至 2 ~ 3 mm，对于长期淹灌的稻田，土壤中因氧气不足会产生有毒物质，可通过增加稻田渗漏量消除这些有毒物质；

C——时段内稻田排水深。

水稻生育期灌溉需水量由下式计算

$$M_2 = (h_{max} - h_{min})A$$

水稻生育期灌溉需水量(M_2)确定的关键是维持淹灌水层深度在允许的上下限之间。首先应通过调查或试验拟定水稻生育期内淹灌、湿润灌和晒田时间以及淹灌水深上下限，然后分别按不同条件，分时段进行演算。将淹灌期与湿润灌期各时段灌水量相加，即为水稻生育期灌溉总需水量。当公式中的 A 取为单位面积时，即可求得水稻生育期的总灌溉定额和灌溉制度。

（四）设计灌水率

灌水率是指灌区单位面积上所需灌溉的净流量，又称灌水模数。灌水率的大小取决于灌区作物组成、灌水定额和灌水延续时间。一般先按下式计算各种作物的灌水率，然后用图解法制定。

$$q = \frac{am}{0.36Tt}$$

式中 q——某种作物某次灌水率，m^3/(s · 万亩)；

a——某种作物灌溉面积占全灌区总面积的百分数(%)；

m——某种作物一次灌水定额，m^3/亩；

T——某种作物一次灌水延续天数；

t——每天实际灌水小时数。

根据拟定的各种作物的灌溉制度，按上式算出灌区内各种作物每次灌水的灌水率，并将所有灌水率绘制在方格纸上，称为灌水率图，并作必要的修正，应符合以下要求：

(1)应与水源供水条件相适应；

(2)全年各次灌水率大小应比较均匀，以累计 30 d 以上的最大灌水率作为设计灌水率，短期的峰值不应大于设计灌水率的 120%，最小灌水率不应小于设计灌水率的 30%；

(3)宜避免经常停水，特别应避免小于 5 d 的短期停水；

(4)提前或推迟灌水时间不得超过 3 d，若同一种作物连续两次灌水均需变动灌水时间，不应一次提前、一次推后；

(5)延长或缩短灌水时间与原定时间相差不应超过 20%；

(6)灌水定额的调整值不应超过原定额的 10%，同一种作物不应连续两次减少灌水定额。

(五)渠系水利用系数和灌溉水利用系数

1. 渠系水利用系数

渠系水利用系数指灌溉渠系从渠首引入总干渠阶段的总用水量与经过各级渠道,包括末级固定渠道的渗漏、蒸发、漏水、跑水、泄水等各种工程和管理损失后进入田间的总水量的比值。渠系水利用系数也可用灌溉渠系的净流量与毛流量的比值作为渠系水利用系数,用符号 η_s 表示。它反映整个渠系的水量损失情况。

渠系水利用系数等于各级渠道水利用系数的乘积,即

$$\eta_s = \eta_{干} \cdot \eta_{支} \cdot \eta_{斗} \cdot \eta_{农}$$

式中 $\eta_{干}$、$\eta_{支}$、$\eta_{斗}$、$\eta_{农}$——干渠、支渠、斗渠、农渠的渠道水利用系数。

渠道水利用系数一般可用下式求得

$$\eta_0 = \frac{Q_{dj}}{Q_d}$$

式中 η_0——渠道水利用系数;

Q_{dj}——渠道净流量,m^3/s;

Q_d——渠道毛流量,m^3/s。

渠道输水损失流量可按下式计算

$$Q_L = \sigma L Q_{dj}$$

式中 Q_L——渠道输水损失流量,m^3/s;

σ——每千米渠道输水损失系数,可用经验公式计算;

L——渠道长度,km;

Q_{dj}——渠道净流量,m^3/s。

2. 灌溉水利用系数

实际灌入农田的有效水量和渠首引入水量的比值称为灌溉水利用系数,用符号 η 表示。它是评价渠系工作状况、灌水技术水平和灌区管理水平的综合指标。可按下式计算

$$\eta = \frac{A m_n}{W_q}$$

式中 A——某次灌水的全灌区的灌溉面积,亩;

m_n——净灌水定额,m^3/亩;

W_q——某次灌水渠首引入的总水量,m^3。

3. 渠系水利用系数与灌溉水利用系数的关系

根据《灌溉与排水工程设计规范》(GB 50288—99),两系数的关系如下式

$$\eta = \eta_s \eta_f$$

式中 η_f——田间水利用系数,指灌入田间的有效水量和末级固定渠道引入水量的比值。

从上式可以看出,灌溉水利用系数综合考虑了渠系水利用和田间水利用的效率。

(六)综合灌溉定额与综合灌溉制度

灌区内一般均种有多种作物。在求得灌区内主要作物的灌溉制度后,可根据作物的种植比例计算综合灌溉制度

$$m_{综} = \sum_{i=1}^{n} a_i m_i$$

式中　a_i——第 i 种作物种植面积占全灌区面积的比；

m_i——第 i 种作物某次灌水定额；

$m_{综}$——全灌区某次灌水的综合定额；

n——灌区内主要作物的种类数量。

综合灌溉制度的年平均值 $M_{综}$ 即为综合灌溉定额。计算综合灌溉定额的目的有三：一是，将其与已建成的类似灌区的综合灌溉定额进行比较，判断其合理性；二是，可以根据灌区内局部地区作物种植比例，调整综合灌溉制度，从而快速确定该区的灌溉需水量和过程；三是，根据水源供水能力确定灌溉面积，即

$$S = \frac{W_{源} \eta}{m_{综}}$$

式中　S——灌溉面积；

$W_{源}$——水源可提供的灌溉水总量；

η——灌溉水利用系数。

灌溉用水量是指灌溉面积上需要水源供给的灌溉水量。

三、灌溉需水量和农业节水灌溉

（一）灌溉需水量

灌溉需水量是指灌溉土地需从水源取用的水量，它根据灌溉面积、作物种植情况、土壤、水文地质和气象条件等因素而定。灌溉需水量一般采用长系列资料进行计算分析。

在灌溉面积、灌溉制度确定后，即可用下式求得净灌溉需水量 $W_{净}$

$$W_{净} = mA$$

式中　m——灌溉定额，m^3/亩；

A——灌溉面积，亩。

灌溉水由水源经各级渠道输送到田间，有部分水量损失掉（主要是渠道渗漏损失），故要求水源供给的灌溉水量（称毛灌溉水量）为净灌溉水量与损失水量之和，这样才能满足田间得到净灌溉水量的要求。毛灌溉需水量 $W_{毛}$ 用下式计算

$$W_{毛} = \frac{W_{净}}{\eta}$$

式中　η——灌溉水利用系数；

其他符号含义同前。

（二）农业节水灌溉

1. 农业节水的概念

农业节水就是指采取工程措施和非工程措施，减少农业区内用水各个环节中的无效消耗和浪费，提高用水的有效性。农业灌溉节水包括作物种植技术方面的节水、灌溉工程方面的节水和农业用水管理方面的节水。

2. 农业节水的指标体系

1）总体要求

节水灌溉工程建成投入使用后，正常水文年份单位面积用水量应较建成前节约 20% 以上，粮、棉总产量应增加 15% 以上。

2)地面灌溉的水利用系数

按节水标准,渠系水利用系数,大型灌区不应低于0.55、中型灌区不应低于0.65、小型灌区不应低于0.75、井灌区渠道不应低于0.9、管道不应低于0.95。

田间水利用系数,水稻灌区不宜低于0.95、旱作物灌区不宜低于0.90。

3)喷灌、微灌技术要求

喷灌、微灌的水利用系数分别不低于0.8、0.9,灌水均匀系数分别不低于0.75、0.9,灌溉保证率不低于85%。

4)水分生产率

水分生产率计算公式为

$$I = y/(m + p + d)$$

式中 I——水分生产率,kg/m^3;

y——作物生产量,kg/hm^2;

m——净灌溉水量,m^3/hm^2;

p——生育期内有效降水量,m^3/hm^2;

d——地下水补给量,m^3/hm^2。

节水灌溉工程实施后,水分生产率应提高20%以上,且不应低于$1.2\ kg/m^3$。

3.农业节水的主要措施

(1)充分利用天然降水,如平整土地、建蓄水池和水窖、使用保水剂、井渠结合灌溉等。

(2)修建节水工程,如渠道防渗、低压管道输水等。

(3)采用节水型地面灌溉方法(小洼灌、波涌灌、膜上灌、水平畦田灌),推广喷灌与微灌技术。

(4)采用节水灌溉模式,如水稻的薄浅湿晒灌溉模式、旱作物的非充分灌溉模式等。

(5)改良种植技术,如对土地进行深松耕、覆盖保墒、施用化学抑制蒸发蒸腾剂、采用抗旱品种等。

(6)建立节水管理体制和制度,合理征收水费,科学预报作物灌溉水量,指导农户合理安排灌水时间和灌水量。

(三)非充分灌溉

当作物在各个生育阶段所需的水分都得到充分满足,即土壤水分达到或接近适宜土壤含水率下限前进行灌溉,作物生长发育处于最佳水分环境,使作物产量达到最高,这种灌溉称充分灌溉。非充分灌溉制度的关键是抓作物需水临界期,以减少灌水次数,同时抓土壤适宜含水率下限,以减小灌水定额,从而仍能获得相当理想的产量水平。

非充分灌溉是指在作物生育期内由于土壤水分不足,作物所需水分得不到充分满足,导致作物存在不同程度的减产。在水资源紧缺地区,为了使水资源得到最合理的利用,可实行非充分灌溉。非充分灌溉虽然会导致作物不同程度的减产,但也可节省单位灌溉面积用水量,节约水资源,因此需要寻求非充分灌溉下的经济灌溉定额和灌溉制度。

(1)水稻在不同生长发育时期,受旱对产量的影响是不同的。水稻在分蘖期受旱一般使亩穗数大幅度减少,但千粒重和穗实粒数均增加;拔节孕穗期受旱一般使亩穗数和穗粒数均略微减少;抽穗开花期受旱则使千粒重和实粒数明显减少;乳熟期受旱主要是千粒重降低。

水稻采取非充分灌溉时,应注意:

①宜在非敏感期使稻田短期受轻旱,避免受重旱。

②避免在敏感期受旱,特别是避免在敏感期受重旱。

③避免两个阶段连续受旱,在水量的分配上,宁可一个阶段受中旱,不使两个阶段受轻旱。宁可一个阶段受重旱,不使两个阶段受中旱,更要避免三个阶段连旱。

(2)冬小麦主要根据"争苗、争穗、争粒"的原则,确保播前底墒水、拔节水和灌浆水。底墒水是培育壮苗,促使小麦发芽早、出苗快、早分蘖、长壮苗的关键。更重要的灌水应是冬灌和拔节期的灌水。根据各地经验,冬小麦只要拔节不缺水,又有冬灌储水,一般都可以获得相当不错的产量。

第五节　河道整治

一、河道整治主要任务

天然冲积河流,由于具有可动边界及不恒定的来水来沙条件,必然是变化不定的。而这些冲淤变化过程不一定有利于人类的生存和生产活动,河流在很多情形下,对人类的生活、生产活动产生巨大的破坏作用,因而必须采取工程措施加以整治。河道整治是研究河道治理措施的学科,也称治河工程。

冲积河流的河床,在水流与河床的相互作用下,由于输沙不平衡,每时每刻都可能发生冲淤变化。在一定的水流条件下,某些河段的冲淤幅度和冲淤强度往往比较大,对国民经济各部门会产生一些不利影响。我国劳动人民在长期实践中,在采用各种工程措施进行河道整治方面积累了丰富的经验。如沿江河两岸修筑堤防,扩大洪水泄量,阻挡洪水泛滥;采用护岸工程防止河岸崩塌;采用控导工程调整河势;以及采用挖泥(人工和机械、陆上和水下)、爆破等手段,开辟新河道(开挖人工运河)、整治旧河道(浚深)及人工裁弯取直等。总之,河道整治是在总体规划的基础上,通过修建整治建筑物或采用其他整治手段(如疏浚、爆破等),调整水流结构及局部河床形态,使河床向着有利的方向发展。

河道整治规划是流域规划的一部分。河道整治必须与流域的治理协调进行。开展全流域的综合治理,改善河流的水沙条件,同时进行河道整治,改变河床边界条件,河道状况才可能得到根本改善。河道整治规划一般包括洪水整治规划、中水整治规划和枯水整治规划三个门类。

所谓河势,是指一条河流或一个河段的基本流势,有时也称基本流路。河势规划的任务是在分析研究本河段河床演变规律及水沙运动特性的基础上,综合考虑国民经济各部门的要求,规划出合理可行的基本流势。而这种基本流势的形成,则是结合河流的自然发展趋势,通过各类整治建筑物或整治手段来实现的。

河势规划是从宏观上控制河床演变,应遵循因势利导、综合治理的原则,统盘考虑上、中、下游,左、右岸经济发展的远景规划,充分运用河床演变的基本规律,才能顺利实施。此外,不同类型的河段有其独特的演变规律,应针对不同河型的河势规划要点设计施工,才能实现整治规划意图。河势规划是一个系统工程,在主体工程竣工后,应逐步实施配套及续建工程,使之成为完整的、科学的整治规划体系。

河道整治必须有明确的目的性，根据不同的目的进行整治规划和布局。在通航河流上数百年来的整治和科研经验的基础上，创造了在浅滩上和其他通航困难河段上布置建筑物的多种方案。这些方案归结起来为两种体系：长河段的整治及局部河段的整治。一般情况下，长河段的河道整治目的主要是防洪和航运，而局部河段的河道整治则是防止河岸坍塌和作为稳定工农业引水口以及桥渡上下游的工程措施。防洪要求河道有足够的泄洪断面，河线比较规顺，河岸及河势比较稳定，以保证堤防的安全。航运要求水流平顺，深槽稳定，保证有一定的水深和流速，并避免产生险恶的流态。工农业引水也要求河道比较稳定，并维持一定的水位，以保证引水，使引水口进入泥沙较少。

二、河道整治规划

在实施河道整治工程措施以前，必须编制整治规划。

（一）编制河道整治规划的原则

河道整治规划应根据流域规划所制定的基本原则来编制。河道整治的基本原则是“全面规划，综合治理，因地制宜，因势利导”，对于不同河道、不同时期，其整治目的不尽相同，具体的整治原则也不可能完全一致。

1. 全面规划，综合治理

全面规划是从全局出发，兼顾上下游、左右岸、干支流等各方面，使整体利益获得最大。综合治理是把各种整治措施密切配合、相互为用。例如，以防洪为主的河道整治，应该把拦、蓄、分、泄结合起来，以组成完整的防洪体系；以航运为主的河道整治，应该把径流调节、河道渠化、整治、疏浚航道、设置航标等结合起来；对不同的河段，不同时期，采取不同的整治措施。此外，防洪和航运也要相互配合，过多地修筑航道枯水整治建筑物，可能会造成洪水位的增高或使洪水河势恶化。不恰当的防洪整治，也可能使航道恶化。

2. 因势利导，由点到线

河道是处在不断演变过程之中的，整治时要善于利用其有利形势，才能达到整治的目的，获得事半功倍的效果。所谓因势利导，是就时间、地点和问题的性质而言的。

（1）河道目前的形势正好对国民经济发展有利，就应设法将其固定下来。

（2）河道目前的形势对国民经济发展虽不十分有利，但正在向好的方向发展，这时可适当等待或采取必要的整治措施加快其发展，然后将其固定下来。

（3）河道目前的形势已对国民经济发展不利，同时还在向更不利的方向发展，这时就需要采取一些整治措施，以控制河道的发展过程，使其转为向有利的方向发展。河道整治工程，往往工程量很大，只能逐步选择与国民经济关系密切而又危害很大的重点河段来进行整治。在河道需要进行全面整治时，也首先集中力量控制几个关键性的重点，巩固阵地，以控制全河形势，然后由点到线，进行全面整治。

3. 因地制宜，就地取材

河道整治工作规模大，需用人工、财物多，为了减轻运输负担、争取时间，必须就地取材，因地制宜地修建与当地材料相应的整治建筑物。例如，四川的都江堰，就是利用当地的竹木、卵石等材料做成杩槎、卵石竹笼修建整治建筑物的。

(二)国民经济各部门对河道的要求

1. 防洪对河道的要求

在我国主要江河的治理中,无论南方或北方、山区或平原,防洪任务都十分繁重。防洪对河道的要求是:

(1)各个河段必须有足够的过水断面面积宣泄相应的设计洪水流量,能承受相应的洪水水位。

(2)河道应较平顺,无过度弯曲或过分束窄的河段,否则,汛期泄洪不畅。

(3)为防止洪水漫溢或增加泄流断面面积和槽蓄作用而修建的堤防,应有足够的强度。

(4)在河道的某些地方,由于水流或波浪的冲击作用,河岸可能发生崩岸,危及堤防的安全,应采取相应的整治措施,控制河势,限制河岸崩塌。

2. 航运对河道的要求

航运对河道的要求包含航道和码头对河道的要求。内河航运因具有成本低、运载量大等优点,在国内外交通运输中占有重要位置。世界上许多城镇和重要企业均沿江河而建,同时也促进了水运事业的发展。

航道对河道要求主要体现在航道尺寸上,即要求有一定的航道深度、足够的航道宽度、较大的曲率半径,以保证枯水时航运的要求。码头对河道的要求是深槽稳定,有较大的边滩且具有较大的稳定性,近岸水流条件好等。另外,航行过程中要求河道水流平顺稳定,无险滩暗礁、过窄卡口等。

1)影响船舶航行的水流因素

影响船舶航行的水流因素主要有水流速度、水面比降、水流流向等。正常通航航道还应避免出现回流、泡水、漩水、滑梁水、扫湾水等不良流态。

2)通航流量

通航流量包括最大通航流量和最小通航流量。最大通航流量可按航道等级采用相应洪水重现期的流量;也可用最高通航水位查水位流量关系曲线求得。最小通航流量可采用综合历时曲线法和保证率频率法两种方法进行统计计算;也可用最低通航水位查水位流量关系曲线求得。

3)河段通航水流设计标准

内河航道中的水流条件应满足设计船舶或船队安全航行的要求。一般采用上行航迹带上允许的最大流速、水面最大比降作为通航水流的控制标准。

4)航道水深计算

在航道整治工程设计中,航道水深(最小水深)是各项尺度中最为重要的一项。航道水深计算包括船舶吃水深,富余水深。船舶吃水深需要结合航道条件和预测的货运量、货物种类、现有船型以及船型规划进行分析。富余水深需要考虑船舶航行下沉量、触底安全富余量、船舶编队引起的吃水增(减)值及波浪引起的影响值。

3. 其他部门对河道的要求

(1)取水工程所在河段的河道应稳定,既无严重的淤积,又无急剧的冲刷,以保证主流流经取水口以及取水建筑物的安全。

(2)桥渡附近河道的河势必须比较稳定,水流平稳过渡,防止河势变化引起主流摆动而冲毁桥头、桥墩或引堤,造成严重的折冲水流,加剧河床冲刷,危及桥渡安全。

(3)城市建设及土地资源部门要求河道稳定,不致因为崩岸而受到影响。

上述国民经济各部门对河道的要求虽不尽相同,但都需要有一个稳定通畅的河道,随着国民经济的发展,其标准也在不断提高。

通过整治,使河道完全满足国民经济各个部门和地方所提出的要求,有时是有困难的,甚至是矛盾的。因此,在解决具体问题时,一方面要考虑各部门对河道的要求;另一方面也要考虑通过河道整治实现这些要求的可能性。只有将二者结合起来统筹规划、综合比较、权衡利弊,才能作出正确决策。

(三)整治方案

进行河道整治时,首先要确定整治标准。整治标准一般包括:设计流量、设计水位、设计河段纵横剖面、整治线的形式和尺寸等。整治标准与整治对象是洪水河槽还是中水河槽或枯水河槽等有关。因此,在确定整治标准时,必须研究整治对象,同时还必须从河道演变角度来考虑三种河槽之间的相互影响。

1.洪水河槽的整治

洪水河槽的整治,主要是为了防洪。由于中水河槽水深大、糙率小,其宣泄的流量远大于滩地所通过的流量,因此洪水的宣泄主要靠中水河槽。而滩地的作用,除宣泄部分流量外,其主要作用在于增加槽蓄,调节径流,削减洪峰。为了扩大河道的泄洪量,有时也须进行中水河槽的整治。至于河岸的坍塌,则中水河槽直接受到破坏,对洪水河槽的影响就更大了。

洪水河槽洪峰流量和水位,一般用于设计堤防高程、估算局部冲刷坑的深度及范围或校核各类整治建筑物结构的安全性。

整治洪水河槽,首先需确定设计洪水流量,再推求相应的设计水位。这是因为某些河段由于河床冲淤变化较大,不同时期的流量水位关系可能相差较大。设计洪水流量的选择是根据某一频率的洪峰流量来确定的。频率的大小视工程的重要性而定,特别重要的地区可取1%~0.33%、重要地区可取2%~1%、一般重要地区可取5%~2%、一般地区可取10%~5%。

2.中水河槽的整治

中水河槽的整治,对国民经济而言,虽然缺乏明确的目的性,但对水流和河道的平顺,对主流和河槽的稳定,却起着很大作用。从河道演变理论可知,强烈的造床作用总是在大水和中水时进行的,如果能控制中水河槽,就能控制住整个河道演变过程,枯水和洪水河槽就不可能发生很大的变化。因此,整治好中水河槽,对国民经济中某些主要部门如防洪、航运和引水部门等,是带有根本性利益的。

中水河槽的设计流量和设计水位。由于中水河槽主要是在造床流量作用下形成的,其治理相当于在造床流量条件下进行的河槽治理,其设计流量和设计水位的确定也即造床流量及水位的确定。一般情况下,平滩流量接近造床流量,可直接采用平滩条件下的流量和水位作为中水河槽的设计流量和设计水位。

3.枯水河槽的整治

枯水河槽的整治主要是为了航运。但航道在枯水期之所以妨碍航运,往往是由洪水期或中水期造成的。也就是说,在洪水期或中水期已孕育了妨碍航运的问题,在枯水期会暴露。因此,要解决枯水期的航运问题,有时须从整治洪水(或中水)河槽入手。

以解决航运问题为目的的枯水河槽治理,主要在于保证航深。因而,确定设计枯水位是关键性的问题。确定这一水位的方法有两种：一种是由长系列、日平均水位的某一水位保证率来确定。保证率的大小视航道的等级而定，一般采用90% ~95%。另一种是采用多年平均枯水位或历年最枯水位为枯水河槽的设计水位，而后根据其水位，求出相应的流量，即为枯水设计流量。另外，在河道整治中，常常需要以设计枯水位为界来确定整治措施是采取护脚工程还是护坡工程。

在某一具体情况，究竟应该以整治哪一种河槽为主，应根据整治的目的、河道特性及整治条件等进行具体分析研究确定。

三、河道整治主要措施

河床整治作为一种工程技术手段，其目的在于控制河床演变的发展方向，使之有利于人类的经济活动。正确的河床整治工程必须建立在对河床演变的正确理解及掌握的基础之上，进行河床整治工程的难点不在于建筑物本身，而在于整治建筑物所激起的河床演变是否朝预期的方向发展。

（一）顺直型河段的整治

顺直型河段的演变特点是交错边滩在水流作用下，不断平行下移，滩槽易位，主流则随边滩位移而变化。所以，主流、深槽和浅滩位置难以稳定下来，对防洪、航运、港埠和引水都不利。因此说，顺直的单一河型并非稳定河型，那种希望把天然河道整治成顺直渠槽的做法，从稳定河势的角度来看，并不可取，也难实现。对于顺直型河段的河势控制，要着重研究边滩移动规律，当河势向有利方向发展时，因势利导，及时将边滩控制稳定下来。边滩稳定以后，在横向环流的作用下，河弯将继续发展，边滩也进一步淤长，当基本形成具有适度弯曲的连续河弯时，再将凹岸一侧守护起来，这样整个河段的河势也就会稳定下来。综上所述，顺直型河段的整治的基本原则是固定边滩，使其不向下游移动，从而达到整个顺直型河段处于稳定状态的目的。

固定边滩的工程措施，多采用淹没式丁坝群，坝顶高程均在枯水位以下，且一般为正挑式或上挑式，这样有利于坝挡落淤，促使边滩的淤长。在多泥沙河道上，也可采用编篱杩槎等简易措施或其他促淤设施，防冲落淤。当边滩个数较多时，施工程序应从最下游的边滩开始，以后视下游各边滩的变化情况逐步进行整治。

（二）蜿蜒型河段的整治

蜿蜒型河段是冲积平原河流最常见的一种河型。就航运而言，随着河曲的不断发展，弯道曲率半径过小和中心角过大，通视距离不够，船队转向受到限制，操纵困难，容易撞击河岸或上下船队可能因避让不及而造成海事。这种弯道的进出口，由于水深变化急剧，水流湍急，流态紊乱，航行甚为困难。除这些不利因素外，这种弯道的曲折系数大，航行里程长，时间久，降低了船舶的周转率，同时还增加了航标的维护费用，反之，弯道曲率半径过大，中心角过小，对航行也有不利之处。在这种弯道的凹岸深槽内，可能出现心滩，使枯水航道迂回曲折，不利航行。过渡段的长短对航运条件也有影响：过短，则在过渡段上会出现上下深槽交错的浅滩；过长，则会出现复杂浅滩，两者都对航行不利。凹岸的冲刷面是构成河道演变的关键，在整治时，这便是主要的着眼处。因此，蜿蜒型河段的整治，根据河段形势可分为两大类：一为稳定现状，防止其向不利的方向发展；一为改变现状，使其朝有利的方向发展。

稳定现状措施，主要是当河弯发展至适当弯曲的河段时，对弯道凹岸应加以保护，以防止弯道的继续恶化。只要弯道的凹岸稳定了，过渡段也可随之稳定。其主要采用的是护岸工程，改变现状措施主要是因势利导，通过裁弯工程将迂回曲折的河道改变为有适度弯曲度的连续河弯，再将河势稳定下来，获得防洪、航运和满足沿河国民经济建设需要的综合效益。

人工裁弯引河开挖断面的设计原则是：在保证引河能够及时冲开，以满足国民经济各部门的要求，特别是航运部门要求的前提下，力求土方量最少，设计内容应包括引河河底高程和横断面尺寸。

(三)分汊型河段的整治

分汊型河段一般在其上下游均有节点控制，其演变特征主要表现为主、支汊的交替兴衰，但周期较长。长江中下游分汊河段主、支汊易位，短则四五十年，长则一百多年。因此，相对来讲这类河道的河势也是比较稳定的。对于分汊河段的整治，首先应稳定上游河势，利用工程措施调整水流，至于本河段的河势控制，则应根据河势发展趋势和国民经济建设的需要，或采用工程措施，稳定主、支汊分流比，或采用堵汊并流，塞支强干等各种方案。当汊道分流对沿岸国民经济各部门都有利，河势也比较稳定时，可采用护岸及鱼嘴工程将汊道进出口和江心洲固定下来。分汊河段的整治，应根据航行上的需要进行，整治前在充分分析研究其水流泥沙特性和演变规律的基础上，提出整治措施和方案。每一个具体分汊河段的水流泥沙特性和演变规律都不尽相同，因而整治的原则和方法也应具体制定。

对分汊河段的整治，从实际出发，对不同的汊道采取不同的整治方法。在实践中，整治汊道的一般原则为：

(1)当通航汊道流量足够时，宜稳定流量分配，保持分汊现象。

(2)当通航汊道来沙较多或流量不足时，可部分堵塞非通航汊道，改变汊道之间的分流比、分沙比。

(3)当通航汊道处于淤积、衰退状态，而非通航汊道却处于稳定、发展状态时，可考虑开辟非通航汊道。

(4)通航汊道内的浅滩，可按单一河槽浅滩整治的原则和方法进行整治。当通航汊道流量增大时，应考虑流量增大后对浅滩的影响，往往需采取一些相应的整治措施。

(四)游荡型河段的整治

多沙游荡型河段的整治必须采取综合措施，包括在泥沙来源区进行水土保持、支流治理和在干支流上修建水库。与此同时，在下游进行河道整治，把宽浅散乱的河道整治成较规顺、稳定的河道。此外，还应在滩区采取生物措施和工程措施相结合的办法，防止水流漫滩后，滩面串沟或洼地夺流，引起河势大的变化。整治的目的主要是防洪，其次是保证引水及滩地利用等。

游荡型河段在自然情况下整治的主要任务是控制河势，控制河势的措施主要是护岸、护滩工程，此外还涉及堤防工程。控制河势最主要的目的是控制主流，固定险工，以保护堤岸。为此，必须修建护岸工程。由于游荡型河段主流摆动频繁且缺乏已定的规律性，难以估计其顶冲部位，一般是根据汛后变化了的河势，实地查勘，运用以往经验来预估可能发生的变化，然后确定需要护岸的部位。河势的控制、险工位置的固定，除有赖于护岸工程外，还与滩地能否得到保护有关。护岸、护滩工程，一方面能直接保护岸滩免受冲刷，另一方面通过对险工的保护还能达到控制河势导引主流的目的。故修建在险工处的护岸、护滩工程在黄河上又叫控导工程。

游荡型河段上的控导工程，因工程型式的不同，其控制作用也各异，大致可分为平顺型、凸出型和凹入型三类。平顺型险工的特点是外形比较平顺，这类险工易受上游河势的影响，不能很好地控制河势；凸出型险工的特点是外形比较显著地凸出河中，这类险工有显著挑流作用，能将主流挑向对岸预定的部位，但主流顶冲险工后，由于险工外形凸出，出水方向就不稳定，不能很好地控制河势；凹入型险工的特点是，外形为凹入的弧形（如弯道的凹岸），这类险工能经常靠流，且靠流范围长，变化小，水流经过险工后，出水方向颇为稳定，能顺着凹岸弧线平顺地流出，既能迎托水流，又能导引水流，在控制河势方面比平顺型和凸出型都好。

控导工程用于固岸保滩，可以看成堤防工程的前卫，因为岸滩位于堤防前沿，因此布置控导工程时必须综观全局，上下游呼应，左右岸兼顾，作为整体来统一考虑，才能收到预期的效果。

护滩工程还需与滩区治理结合起来，这是因为在护滩工程生效、流路相对稳定的条件下，滩区将出现较大的横比降，并形成众多的串沟与堤河。为此，应该采取的工程措施是有计划地在滩区放淤，消灭串沟及堤河，使滩槽基本上能做到同步抬升。

（五）浅滩的整治

天然河道上往往存在着许多浅滩，水很浅，影响船舶通行，严重阻碍航运事业的发展。因此，必须对这些阻碍航运的浅滩进行整治。

平原河流的沙质浅滩，是水流与河床相互作用的产物，是河床形成、发展变化的一种主要形式。沙质浅滩的整治，不是企图消灭浅滩，而是为了改善浅滩的通航条件。

从浅滩成因和演变中得知，在水流与河床这一对矛盾中，水流（指挟沙水流）是矛盾的主要方面。浅滩的形成和演变主要是由取得支配地位的水流决定的，亦即主要由来水来沙条件所决定。河床一般处于被动地位。因此，在浅滩整治中，应从整治水流入手。水流整治好了，河床便有可能向着所要求的方向发展。

由于沙质浅滩的床沙粒径较小，相应地其起动流速亦较小。整治后，浅滩流速虽将有所增加，但仍小于航行允许流速，不至于影响船舶的航行。

不同的河流和浅滩特性，整治原则应有所区别。中小河流沙质浅滩的整治，是以筑坝为主，束窄河床，集中水流冲刷航槽，导引泥沙进入坝田，以加高、加大边滩，促使不良过渡段向优良过渡段的方向发展。只有在河床难以冲刷的部位，才辅以疏浚。大河沙质浅滩的整治，由于情况复杂，筑坝工程量大，涉及面广，现阶段一般仍采用疏浚的方法来改善通航条件，但在掌握了浅滩的演变规律以后，也可布置整治建筑物进行整治。而且，为了稳定挖槽，巩固和发展疏浚效果，适当地辅以整治建筑物也是必要的。湖区浅滩的整治，通常亦以疏浚为主，但在水文条件比较复杂的河口，湖口浅滩，以及壅水期长、顶托严重的浅滩，则宜采取疏浚与整治相结合的方法进行。

如果浅滩河床由卵石或黏土等难以冲刷的土质组成，则其整治原则应以疏浚为主，筑坝防淤为辅。因为，对于该类浅滩，单独采用整治工程冲刷航槽，势必使浅滩流速大于航行允许流速，造成船舶航行困难，甚至无法航行。

由于浅滩状况错综复杂，即使是同一类型浅滩，在不同的河流上或者在不同的河床组成情况下，其整治原则与方法可能是不同的。因此，在实际工作中，应根据浅滩的河床质和施工机具设备，分别采取单一的或综合的整治措施。

在采取整治措施，固定上、下边滩或堵塞非通航汊道时，应注意着重研究对岸或通航汊道沿岸的岸线是否会遭到冲刷，是否与防洪有矛盾。必要时，应采取适当的护岸措施，加以保护。

浅滩整治主要是为了改善浅滩河段通航条件而进行的局部河段的河道整治。主要措施为：一是修建整治建筑物（如丁坝），束窄水流，固定上边滩和下边滩，堵塞汊口，稳定和调正岸线，保证航道尺寸；二是疏浚措施，用挖泥船浚深拓宽航道，维护航道尺寸。

第六节　综合利用水库

具有多功能的水库，称为综合利用水库。一般说来，水库都是综合利用的，实际上很少或几乎没有单一功能的水库。这是因为只有综合利用水库，才能经济有效地开发利用水资源，达到一水多用、一库多利，尽量发挥工程综合效益的目的。综合利用既是进行水库设计、开发水资源的一个根本原则，也是水库运用操作的一项基本策略原则。

一、综合利用水库基本概念

（一）综合利用任务和顺序的确定

1．水库可能担负的综合利用任务

水库可能担负的综合利用任务，大致包括防洪、发电、灌溉、航运、供水、养殖、旅游及改善环境等许多方面。它们都需要一定的库容，以达到各自调节流量的特定目的。有些部门间所需的库容，可以在一定程度上结合共用（如防洪与兴利、发电和下游灌溉、航运），而有些则不能结合（如坝上引水与发电用水）。

各用水部门在水头要求上也有互相适应或互相矛盾的情况。如筑坝抬高水位，使水电站落差增大、自流灌溉控制面积增大、上游航深增加，航线也缩短，同时由于水库调节性能增加，使枯水期通航流量、发电流量也增加，这些都是互相适应的一面。但另一方面，由于灌溉、航运的需要，可能限制水库消落深度，使调节性能降低，对发电不利；电站日调节时下游的不稳定水流，又可能增加航运困难；防洪与兴利要求之间的矛盾更多。因此，从经济意义来看，为了最大限度地发挥水库的综合经济效益，无论在规划设计中还是运行调度中都应着重研究如何协调各用水部门的要求，研究有关参数（如库容、供水量等），以便更好地发挥和实现水库的综合利用。

2．确定设计工程的综合利用任务及其顺序主要依据的原则

（1）要符合《中华人民共和国水法》的要求。《中华人民共和国水法》第二十条规定："开发、利用水资源，应当坚持兴利与除害相结合，兼顾上下游、左右岸和有关地区之间的利益，充分发挥水资源的综合效益，并服从防洪的总体安排。"

（2）以流域综合规划、专业规划的安排为基础论证确定。在流域的综合规划与专业规划中，对流域治理开发任务已进行了研究，并在总体规划中对如何实现这些任务作出了一定的安排。在设计本工程时，就应当以规划安排的任务为基础，做进一步调查、研究、分析、论证后确定。

（3）要依据社会经济发展的需要。针对提出建设本工程的社会经济发展需要，来确定应承担的任务及其主次。

（4）本工程的地形地质、气象水文、社会经济、环境影响等具体情况，是确定本工程承担

任务的可能条件。

根据以上原则，在具体确定本工程应承担的任务及其主次时，可考虑以下方面：

(1)应当从社会经济可持续发展的需要出发，尽可能多地考虑水资源综合利用的各个方面，进行分析论证。

(2)防洪是一项社会公益性事业，应当大力支持。从需要与可能出发，各水利枢纽应根据自身的条件合理承担一定的防洪库容，同时尽可能做到防洪与兴利相结合。以防洪为主的综合利用水库，防洪库容根据需要确定，同时要为发挥兴利效益创造较好的条件。以发电、灌溉等兴利任务为主的水利枢纽，防洪库容安排以少影响基本的兴利效益为原则，并采取合理可行的调度措施促使防洪兴利在库容上较好地相互结合。

(3)各项兴利任务的安排及其次序，按社会经济发展的需求确定。根据《中华人民共和国水法》的规定，对于城乡供水的需求，应给予优先考虑。

(二)综合利用水库特征水位与特征库容

1.水库特征水位

水库特征水位是指水库工程为完成不同任务在不同时期和各种水文情况下，需控制达到或允许消落到的各种库水位。水库特征水位主要有正常蓄水位、死水位、防洪限制水位、防洪高水位、设计洪水位、校核洪水位等。在多沙河流上水库可设排沙运用水位。

1)正常蓄水位

水库在正常运用情况下，为满足兴利要求应在开始供水时蓄到的高水位为正常蓄水位，又称正常高水位、兴利水位，或设计蓄水位。它决定水库的规模、效益和调节方式，也在很大程度上决定水工建筑物的尺寸、型式和水库的淹没损失，是水库最重要的一项特征水位。当采用无闸门控制的泄洪建筑物时，它与泄洪堰顶高程相同；当采用有闸门控制的泄洪建筑物时，它是闸门关闭时允许长期维持的最高蓄水位，也是挡水建筑物稳定计算的主要依据。

正常蓄水位的下限值，主要根据各用水部门的最低要求拟定。例如，以灌溉或供水为主的水库，必须满足最小供水量要求；有航运任务的反调节水电站，需考虑与上游梯级水库的水位衔接要求；此外，还要考虑泥沙淤积的影响，保证水库有一定的使用年限。

正常蓄水位的上限值主要控制条件有：

(1)坝址及库区的地形地质条件。

(2)库区的淹没和浸没情况。

(3)对上游梯级水库的运行和效益影响。

(4)生态环境影响。

(5)工程技术难度。

(6)工程量、工程投资、工程效益、经济分析结果等。

2)死水位

水库在正常运用情况下，允许消落到的最低水位称死水位，又称设计低水位。日调节水库在枯水季节因电站调峰需要，可在24 h内有一次消落到死水位。年调节水库一般在设计枯水年供水期末才消落到死水位。多年调节水库只在多年的枯水段末才消落到死水位。水库正常蓄水位与死水位之间的变幅称水库消落深度。

在正常蓄水位一定的情况下，不同开发任务对死水位(消落深度)的要求不完全一样：灌溉和供水任务，一般要求水库消落深度大一些，以获得较大的调节库容和较多的保证供水量;发电任务则要考虑水头和水量的平衡,保证出力和多年平均年发电量的平衡。

死水位选择的主要控制因素有:

(1)死水位的高程应满足综合利用各部门的用水要求。如灌溉和供水对取水高程的要求;上游航运、渔业、旅游等对水库水位的要求。

(2)若工程承担发电任务,则死水位选择应考虑水轮机运行条件的限制,避免机组运行到死水位附近,由于水头过低,出现机组效率迅速下降,甚至产生汽蚀振动等不良现象;同时也应避免死水位过低,机组受阻容量过大,影响电站效益的发挥。

(3)在多沙河流上,应考虑水库泥沙淤积对死库容和坝前淤积高程的要求。死水位一般要高于水库运行30~50年或冲淤平衡时的坝前泥沙淤积高程。

(4)进水口闸门制造难度及启闭能力也是影响死水位选择的因素。

3)防洪限制水位

水库在汛期允许兴利蓄水的上限水位称防洪限制水位,也是水库在汛期防洪运用时的起调水位。防洪限制水位的拟定,关系到防洪和兴利的结合问题,具体研究时要兼顾两方面的需要。如汛期不同时段的洪水特性有明显差别,可考虑分期采用不同的防洪限制水位。

4)防洪高水位

水库遇到下游防护对象的设计标准洪水时,在坝前达到的最高水位称防洪高水位。只有当水库承担下游防洪任务时,才需确定这一水位。此水位可采用相应下游防洪标准的各种典型设计洪水,按拟定的防洪调度方式,自防洪限制水位开始进行水库调洪计算求得。

5)设计洪水位

水库遇到大坝的设计标准洪水时,在坝前达到的最高水位称设计洪水位。它是水库在正常运用设计情况下允许达到的最高洪水位,也是挡水建筑物稳定计算的主要依据。设计洪水位可采用相应大坝设计标准的各种典型洪水,按拟订的调洪方式,进行调洪计算求得。

6)校核洪水位

水库遇到大坝的校核标准洪水时,在坝前达到的最高水位称校核洪水位。它是水库在非常运用校核情况下,允许临时达到的最高洪水位,是确定大坝顶高及进行大坝安全校核的主要依据。此水位可采用相应大坝校核标准的各种典型洪水,按拟定的调洪方式,进行调洪计算求得。

7)排沙运用水位

在多沙河流上的水库,为保持一定调节库容,减少库尾淹没损失,降低对上游梯级电站尾水水位的影响,常需设置排沙运用水位。运行方式一般为汛期按一定量级的入库流量,降低到排沙运用水位运行,或采用汛期均按此水位运行。

8)防凌运行控制水位

修建在有防凌需要河流上的水库,可设置防凌运行控制水位。该水位是为满足上、下游防凌需要,在凌汛期所允许的兴利蓄水上限水位。水库防凌调度设计应根据水库所在河流凌汛气象、来水情况及冰情特点,研究水库建成前后库区及上下游河道冰情变化规律和凌汛情况,结合水库其他开发任务,合理拟定水库防凌调度设计参数和运用方式。根据防凌调度要求,拟定防凌运行控制水位。

以上各项水库特征水位的相互关系一般如图4-3所示。该图是相应于防洪库容和兴利库容部分结合的情况。

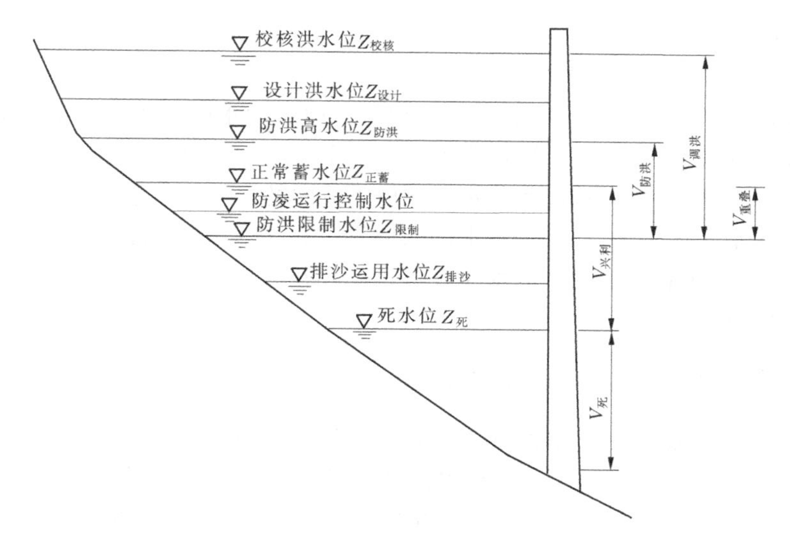

图 4-3　水库特征水位与特征库容示意

2. 水库特征库容

水库特征库容是指相应于水库各特征水位以下或两种特征水位之间的水库容积。水库的主要特征库容有死库容、兴利库容(调节库容)、防洪库容、调洪库容、重叠库容、总库容等。水库库容的计算,通常先在河道地形图(一般采用1/10 000或1/50 000地形图)上,量算坝址以上若干条等高线的水库面积,据以绘制水库水位和水库面积关系曲线,称水库面积曲线;然后由两相邻等高线平均库面积乘以两线高差,即为该段库容,据以绘制库区水位和水库容积关系曲线,称水库库容曲线。

1)死库容

死水位以下的水库容积为死库容,又称垫底库容。一般用于容纳水库淤沙、抬高坝前水位和库区水深。在正常运用中不调节径流,也不放空。只有特殊原因,如排沙、水工建筑物检修和战备情况时,才考虑泄放这部分容积。

2)兴利库容

兴利库容即调节库容,是正常蓄水位至死水位之间的水库容积。用以调节径流,按兴利(发电)要求提供水库的供水量或水电站的流量。

3)防洪库容

防洪高水位至防洪限制水位之间的水库容积,用以控制洪水,满足水库下游防护对象的防洪要求。当汛期各时段分别拟订不同的防洪限制水位时,这一库容指其中最低的防洪限制水位至防洪高水位之间的水库容积。

4)调洪库容

校核洪水位至防洪限制水位之间的水库容积即调洪库容,用于保证下游防洪安全(指其中的防洪库容部分)及对校核洪水调洪削峰,保证大坝安全。当汛期各时段分别拟定不同的防洪限制水位时,这一库容指其中最低的防洪限制水位至校核洪水位之间的水库容积。

5)重叠库容

防洪库容与兴利库容重叠部分的库容即重叠库容。此库容在汛期腾空作为防洪库容或调洪库容的一部分,汛后充蓄,作为兴利库容的一部分,以增加供水期的保证供水量或水电站的保证出力。

6)总库容

校核洪水位以下的水库容积即总库容。它是一项表示水库工程规模的代表性指标,可作为划分水库工程等别及建筑物等级,确定工程安全标准的重要依据。

以上所述各项库容,均为坝前水位水平线以下或两特征水位水平线之间的水库容积,常称为静库容。在水库运用中,特别是洪水期的调洪过程中,库区水面线呈抛物线形状,这时实际水面线以下、库尾和坝址之间的水库容积,称为动库容。实际水面线与坝前水位水平线之间的容积,称为楔形库容。

二、综合利用水库防洪与兴利的结合

承担防洪任务的综合利用水库,应当通过水力计算研究防洪库容与兴利库容,如何做到合理地结合(即研究防洪高水位、正常蓄水位、防洪限制水位、死水位的合理位置),以发挥水库最大的综合效益。以下通过水库调度图来说明防洪与兴利结合的形式。

(一)综合利用水库防洪兴利结合的形式

(1)防洪库容与兴利库容不结合,如图4-4所示,防洪限制水位和正常蓄水位重合,防洪库容置于兴利库容之上。这种形式适用于洪水发生无明显时间界限,防洪库容在汛后无法充蓄的情况。

防洪库容和兴利库容完全分开的形式,其特点是在水库运行的全部时间内,水库均预留有满足防洪需要的库容。水库因兴利而在正常蓄水位以下蓄水的时间和蓄水位以及蓄水方式等,均不影响水库的防洪能力,防洪和兴利各有其专用库容,调度方式互不干扰,水库调度方式简便、安全。其主要缺点是水库的库容没有得到更充分的利用。

(2)防洪库容与兴利库容部分结合,如图4-5所示,防洪限制水位在正常蓄水位与死水位之间,防洪高水位在正常蓄水位之上。正常蓄水位至防洪限制水位之间的库容为防洪兴利共用库容,亦称重叠库容。这种形式适用于洪水发生有一定规律、防洪库容在汛末能可靠地充蓄一部分的情况。

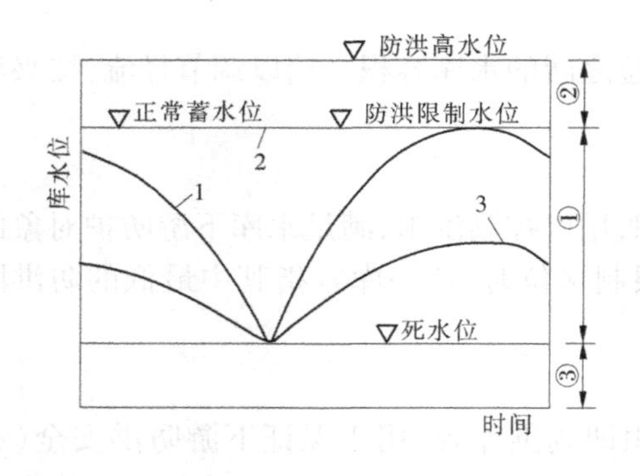

1—防破坏线;2—防洪调度线;3—限制供水线
①—兴利库容;②—防洪库容;
③—死库容

图4-4 防洪库容与兴利库容不结合

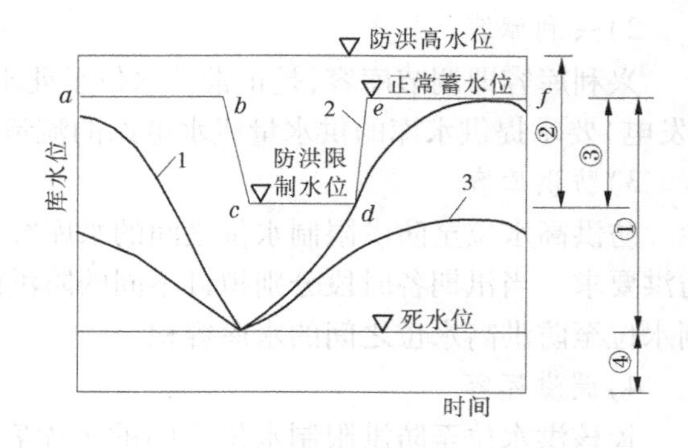

1—防破坏线;2—防洪调度线;3—限制供水线
①—兴利库容;②—防洪库容;
③—重叠库容;④—死库容

图4-5 防洪库容与兴利库容部分结合

(3)防洪库容与兴利库容完全结合,结合形式如图4-6所示。其中图4-6(a)为防洪高水位与正常蓄水位重合,防洪限制水位在死水位之上,防洪库容仅是兴利库容的一部分;图4-6(b)为防洪高水位和正常蓄水位重合,防洪限制水位与死水位重合,防洪库容与兴利库容相等;图4-6(c)、(d)的共同特点是兴利库容仅是防洪库容的一部分。

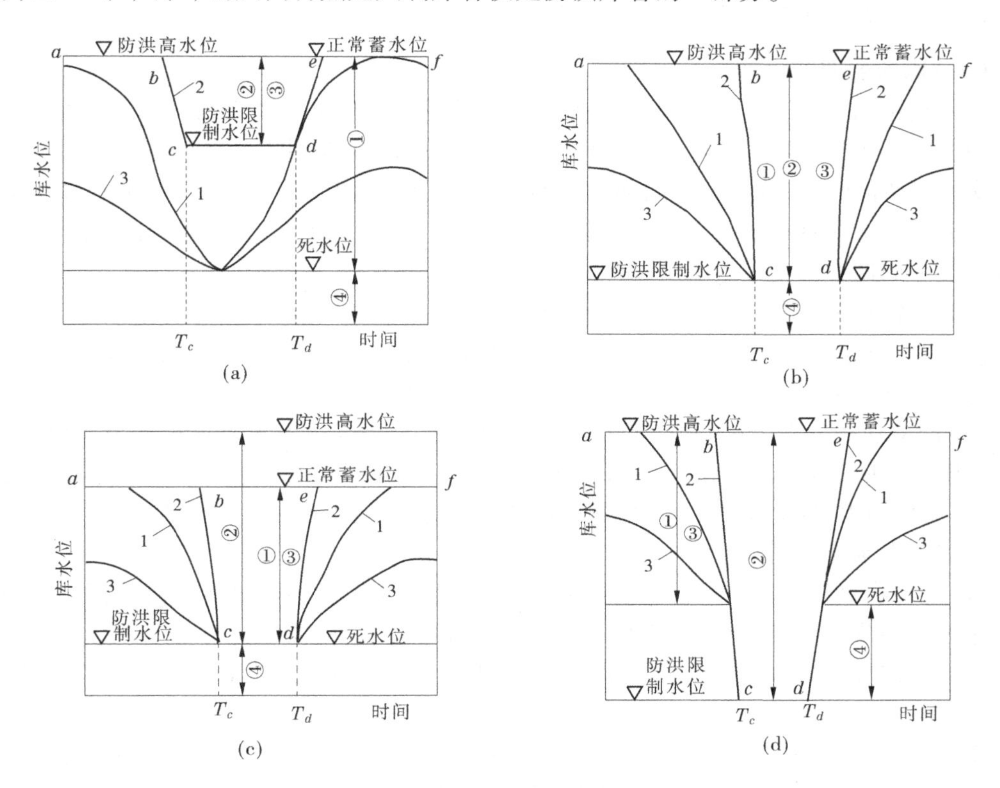

1—防破坏线;2—防洪调度线;3—限制供水线

①—兴利库容;②—防洪库容;③—重叠库容;④—死库容

图4-6 防洪库容与兴利库容完全重叠

将防洪库容与兴利库容完全分开相比较,上述防洪发电具有共用库容的部分重叠与完全结合两种结合形式,主要特点是仅在汛期留足了下游防洪库容,汛后及供水期一般少留或不留防洪库容,并且均具有防洪和发电的共用库容。此库容在汛期腾空作为调节洪水的防洪库容,在汛后蓄水,作为兴利的调节库容,达到一库两用的目的,弥补了防洪库容与兴利库容完全分开的不足,在水库实际运行中,要拟定同时满足防洪、发电要求的调度规程和措施。在我国水利水电建设中,大部分水库均采用共用库容的部分重叠与完全结合两种结合形式。

(二)防洪与兴利库容结合形式的适用条件

我国雨洪河流的洪水在年内分配上一般有明显的季节性,主要汛期明确,并且由于降雨成因在时间上也有明显差异,因此形成主汛期和后汛期洪水的峰、量有明显差别。水库只需在主汛期预留防洪库容,而主汛期天然来水丰富,仅需部分兴利库容就可完成正常供水任务,汛后再利用余水充蓄部分或全部防洪库容,以满足其他时段的兴利要求。因此,防洪库容和兴利库容的结合应尽量采用第(2)类、(3)类为宜。

只有在下述条件下,才采用第(1)类型式。

(1)流域面积较小的山区河流,洪水发生无明显的时间界限。

(2)丰、枯期不稳定,汛后利用余水充蓄得不到保证的水库。

(3)泄洪设备为没有闸门控制的中小型水库。

三、水库调节计算和调度图

(一)水库的调节性能

水库利用调节库容对来水调节,满足不同形式的用水要求。径流调节有以下类型:

(1)水库调节周期。供水水库按用水部门用水过程调节,由库空到蓄满,再到放空,循环一次所经历的时间,称为调节周期。有无调节、日调节、周调节、年(季)调节和多年调节。高级调节性能水库具有低级的调节性能。供水水库主要为年(季)调节、多年调节。无调节和日调节及周调节多见于发电水库。

(2)水库任务分类。单一任务,两种及以上任务的径流调节。

(3)供水保证率分类。一级调节,一种供水保证率;二(多)级调节,两种及以上供水保证率的综合利用水库或单一水库多个不同保证率用户。

(4)调节功能分类。反调节,下游水库对上游水库泄流按用水要求再调节;补偿调节,单一水库与水库下游区间来水互相补偿满足用水要求或水库群之间互相进行水文、库容、电力补偿,满足用水、发电要求;跨流域调水调节,多水流域富余水量调往缺水流域。

(二)兴利调节计算

(1)当综合利用水库兴利任务主次明确,次要任务用水量不大时,可简化为单一兴利任务水库进行调节计算,但要根据情况采用以下不同的处理方法:

①主、次要任务用水量不能结合时,可采用从入库流量中先扣除次要任务用水量的方式处理。

②主、次任务用水量可以结合,可首先按主要任务的用水要求进行单级调节计算,然后检验次要任务用水要求的满足程度,并研究余水利用方式,必要时可适当调整主要任务的用水方式。如以灌溉为主、发电为次的水库,先按单一灌溉水库计算灌溉规模和其用水过程,再按满足灌溉用水要求的下泄过程计算其发电效益。

(2)当水库兼有两种或多种主要兴利任务,或次要任务用水量所占比重较大时,应采用两级调节或多级调节方法进行计算。

(三)水库调度图

(1)在进行综合利用水库水力计算时,依据实测的水文资料系列作为设计依据,即采用"时历法"进行调节计算,水文系列一般不应少于30年,不足部分需插补延长,根据这一水文系列预估水库未来的水文情势。当水库处于实际运行阶段,在没有长期预报条件下,未来水文情势是不知道的。因此,为了能合理进行水库调节,在安全可靠基础上充分利用水资源,在运行期间需要一个运筹水库蓄、放水的客观准则,这就是应用水库调度图的出发点。

(2)利用调度图进行水库调度。它是采用历史实测径流资料进行调节计算,偏安全地决定各种调度方案的适用范围,即对于同一决策(如保证供水或加大、降低供水),以各自相应设计保证率的水文情况各种可能出现的水库水位的包线为所求的调度线,并由它们组成调度图。根据调度图进行水库调度,能够达到:①遭遇设计枯水年时,水库按保证运行方式工作,能保证各用水户正常需水量和水位的要求;②遭遇平、丰水年时,水库可按加大供水方式进行，能较合理地加大对各用水户的供水量；③遭遇特枯水时，水库按降低供水方式工作，能较合理地减少各用水户的供水量，以减轻各用水户正常效益和效能的损失；④在汛期遭遇设计洪水或校核标准洪水时，能保证大坝安全度汛，或遭遇下游防洪标准洪水，能满足防护地区的防洪要求。

（3）水库调度图由几条水位（或蓄水量）过程线组成（见图4-7），有防破坏调度线、防弃水调度线、防洪调度线等，这些调度线把调度图划分成几个调度区。当水库水位（或蓄水量）落在某区时，就按该区所规定数量来放水。例如：第①区为正常供水区，可按正常用水量供水，对于发电水库，则以保证出力工作；第③区为最大供水区，可按最大供水放水或装机容量工作；第②区为加大供水区，供水量介于第①区和第③区之间，对于发电则以加大出力发电；第④区为防洪限制区，当水库水位落在该区时，必须按水库设计所规定的防洪要求进行放水；第⑤区为降低供水区，水库供水量应缩减，它一般见于设计保证率以外的特枯年份，正常供水允许破坏，但尽量均匀地降低供水量。

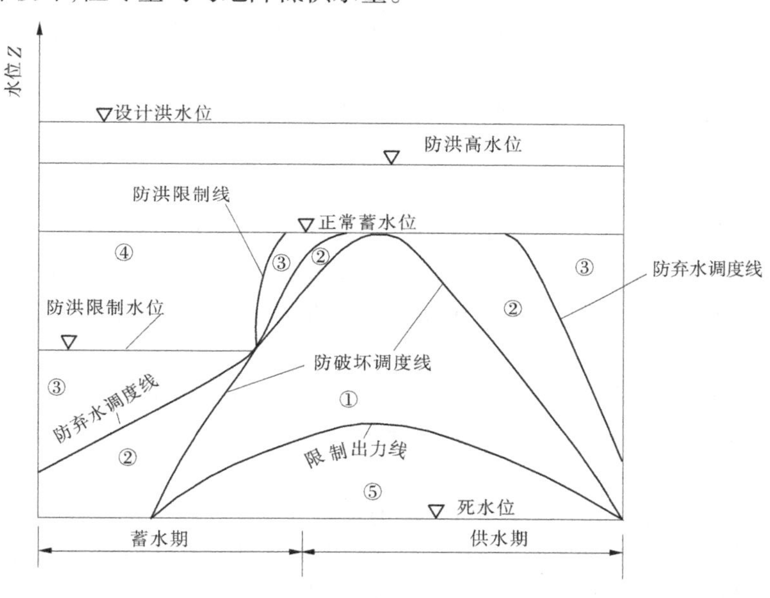

图4-7　年调节水库调度示意

四、水库回水计算

（一）计算目的

水库兴建后，库区沿程水位壅高，并因流速变缓、水流挟沙能力下降、泥沙淤积逐年加重并向上游及坝前伸展，更抬高了水库的沿程水位，因此需进行建库后未淤积情况和淤积一定年限后的库区回水水面线计算，计算的目的如下：

（1）提供不同淹没标准的库区沿程天然洪水位及回水位，以确定淹没范围和淹没损失，据以拟订库区迁移防护方案，以及为研究上游梯级水库的布置方案提供资料。

（2）提供库区相应防洪、航运、供水、灌溉等工程设计要求的洪、枯水位高程。

（二）计算方法

根据《水利工程水利计算规范》（SL 104—95），回水计算一般按分段恒定流方法进行。

1.计算断面的选取

回水计算所用库区横断面，应尽可能为实测大断面。断面的选取应考虑以下要求：

（1）沿河城镇、工矿企业、大支流入口及水文站等处，应选为计算断面。

（2）每一计算河段内水面线应尽可能具有同一坡降，计算河段内断面面积、形状、河床糙率及水力因素等无急剧变化。

（3）每一计算河段上下游水位差不宜过大，对库区尾部和有重要淹没对象的河段应适当加密计算断面。

2.计算河段的划分原则

（1）划分计算河段，根据经验估算，使每个计算河段内水位落差不要过大，在近坝区断面间距可取大些，控制水位落差可取小些，接近回水末端时断面间距可取小些。

（2）计算河段上下断面的水力要素应大致代表河段平均情况，在断面变化大的河段，计算断面宜加密。

（3）在较大支流入汇处的上下游、较大城镇及重要防护点附近、水文站等处一般应布置计算断面。

（4）对于横断面中的深潭或翼水，因其中为死水或回流，进行水力要素计算时一般应扣除。

3.推算条件的确定

水库回水计算需要的推算条件为起始水位、设计流量、沿程流量分配。

当水库调洪库容较小时，一般采用敞泄方式调节洪水，一次洪水过程的最高库水位和入库洪水洪峰流量几乎同时出现，因而可采用设计标准的洪峰流量和相应最高坝前水位这种极限情况推求库区沿程洪水位。

当调洪库容较大，调洪时间较长时，应分别推算设计标准下可能形成沿程最高水位的几种库水位与来量配合的回水水面线，一般可分别推算下面几种情况的回水水面线，然后取其上包线。

（1）来水为某一标准洪水的洪峰流量，坝前水位为相应于这时的调洪水位。

（2）坝前水位为某一标准洪水的调洪最高水位，来水为相应于这时的入库流量。

（3）坝前水位为正常蓄水位与此时相应标准洪水的洪峰流量的回水线。

回水推算所采用的流量，应由水文计算方面根据所要求的标准提供。如果库区较长，有较大支流汇入，还应进行库区流量的分配，以考虑流量的沿程变化。

推算干、支流回水曲线所采用的洪水流量，应考虑不同组合，选取偏于安全的数值。

4.回水计算采用的糙率

《水利工程水利计算规范》（SL 104—95）规定，糙率的确定应根据实测水文资料或可靠的调查洪水水面线加以率定。

当根据水文资料率定时，以库区各水文断面的水位流量资料为依据，按照库区地形资料（横断面、纵断面）采用与推算水面线相同的方法，试算求出符合各水文断面水位流量的各河段相应糙率，经分析后加以采用。

当根据调查洪水的水面线率定时，方法基本相同，但由于调查洪水的水面线存在较大误差，反推出的糙率各河段可能差别较大，应进行合理性分析，也可以在较长河段采用一个综合糙率，库尾段采用的糙率应尽量与反推求出的数值一致。

（三）水库回水曲线计算

1. 建库前天然河道水面曲线计算

建库前天然河道水面线计算一方面是根据实测水面线资料复核所选糙率和验证水面线计算成果，另一方面是用于确定回水末端位置等。依据回水计算各方案流量和坝前河道水位—流量关系，确定坝前相应水位，采用河道恒定流方法推算库区河道天然水面线。

2. 不同频率洪水的回水位

水库调洪库容小或无调节库容时，水库回水流量采用某一频率洪峰流量和相应坝前最高水位；水库库容较大，对于某一频率洪水，分别计算几种情况的回水水位，然后取其上包线，作为某一频率库区沿程回水水位。每种情况的水库起始水位和流量，根据水库调洪计算成果按以下条件拟订：

（1）最大入库流量情况下的水面线：入库断面流量为设计洪水的洪峰流量，坝前起始断面的水位和流量为出现洪峰流量时的坝前水位和下泄流量。

（2）最高坝前水位情况下的同时水面线：汛期发生设计洪水时的最高坝前水位及其相应的最大下泄量，入库断面流量为相应最高坝前水位出现时间的设计洪水流量。

（3）非汛期设计频率洪水的同时水面线：坝前起始断面的水位和流量为正常蓄水位和相应设计洪峰流量。

3. 沿程低水位保证率曲线的计算

对于航运部门，最不利情况一般在库尾回水变动区，因此需在回水变动区选取代表性断面，作出该断面的低水位保证率曲线，按设计保证率查得相应水位并算出水深。对于灌溉或给水部门，需作出引水或提水断面的低水位保证率曲线，求出符合设计保证率的低水位，另外还要用上述方法求出设计频率的洪水位，作为引水或提水工程的设计依据。

4. 库区沿程淤积后的回水曲线计算

一般采用淤积20年或淤积平衡河道断面，重新核定河道糙率，进行淤积后回水计算。

淤积后河道糙率的变化，与淤积年限、淤积形态、泥沙级配等多种因素有关，一般由于泥沙淤积，河床泥沙平均粒径变细，库区糙率变小。建议库尾附近河段采用淤积前糙率，库区可根据具体情况比淤积前适当减小一些，如降低10%～20%。

在我国北方寒冷地区，在天然河流上冬季流凌封河期，在弯道或水面宽度突然变化的地方容易形成冰塞，水库回水末端最易形成冰塞。需要计算库区淤积后冰塞壅水水面线，与正常蓄水位以下的淹没区域、水库洪水回水区域等组成水库淹没外包范围。

（四）回水推算成果合理性分析

在设计阶段，回水推算成果缺乏实测资料验证。《水利工程水利计算规范》（SL 104—95）规定，应对回水推算成果进行合理性分析。除对基本资料及设计条件进行综合检查外，还应根据回水推算成果，点绘水面线（距坝址里程与水面高程关系线），分析各种坝前水位及库区流量组合条件下的回水曲线变化趋势的合理性。

（1）建库后库区回水位应高于天然情况下同一流量的水位，而水面比降则较为平缓。

（2）同一坝前水位，库区流量较小的水面线应低于库区流量较大的水面线，流量愈大，坡降愈陡，回水末端愈近；流量愈小，坡降愈平，回水末端愈远。

（3）同一库区流量，坝前水位较低的水面线应低于坝前水位较高的水面线，坝前水位愈高，坡降愈缓，回水末端愈远。

(4)库区同一断面,不同坝前水位的两个设计流量的水位差相比较时,较高坝前水位的水位差应小于较低坝前水位的水位差。库区两个断面在同一流量的两个不同坝前水位时,上断面的水位差应小于(或等于)下断面的水位差。

(5)在同一坝前水位和流量时,一般回水水面线离坝址愈近愈平缓,愈远愈急陡,并以坝前水位水平线和同一流量天然水面线相交线为其渐近线。

第五章　工程总体设计

第一节　工程等级划分及标准

一、水利水电工程等别划分

水利水电工程的等别根据其工程规模、效益及在国民经济中的重要性，划分为五等，按表5-1确定。

(1)水利水电工程等别的划分依据包括水库总库容、防洪、治涝、灌溉、供水、发电等指标。对综合利用的水利水电工程，当按各综合利用项目的分等指标确定的等别不同时，其工程等别应按其中最高等别确定。

表5-1　水利水电工程分等指标

工程等别	工程规模	水库总库容(亿 m^3)	防洪		治涝	灌溉	供水	发电
			保护城镇及工矿企业的重要性	保护农田(万亩)	治涝面积(万亩)	灌溉面积(万亩)	供水对象重要性	装机容量(万kW)
Ⅰ	大(1)型	≥10	特别重要	≥500	≥200	≥150	特别重要	≥120
Ⅱ	大(2)型	10～1.0	重要	500～100	200～60	150～50	重要	120～30
Ⅲ	中型	1.0～0.10	中等	100～30	60～15	50～5	中等	30～5
Ⅳ	小(1)型	0.10～0.01	一般	30～5	15～3	5～0.5	一般	5～1
Ⅴ	小(2)型	0.01～0.001		<5	<3	<0.5		<1

注：1.水库总库容指水库最高水位以下的静库容。

2.治涝面积和灌溉面积均指设计面积。

(2)平原区拦河水闸工程的等别，应根据其过闸流量，按表5-2确定。

表5-2　拦河水闸工程分等指标

工程等别	工程规模	过闸流量(m^3/s)
Ⅰ	大(1)型	≥5 000
Ⅱ	大(2)型	5 000～1 000
Ⅲ	中型	1 000～100
Ⅳ	小(1)型	100～20
Ⅴ	小(2)型	<20

(3)灌溉、排水泵站的等别,应根据其装机流量与装机功率,按表5-3确定。工业、城镇供水泵站的等别,应根据其供水对象的重要性,按表5-1确定。

表5-3　灌溉、排水泵站分等指标

工程等别	工程规模	分等指标	
		装机流量(m^3/s)	装机功率(万kW)
Ⅰ	大(1)型	≥200	≥3
Ⅱ	大(2)型	200~50	3~1
Ⅲ	中型	50~10	1~0.1
Ⅳ	小(1)型	10~2	0.1~0.01
Ⅴ	小(2)型	<2	<0.01

注:1.装机流量、装机功率是指包括备用机组在内的单站指标。

2.当泵站按分等指标分属两个不同等别时,其等别按其中高的等别确定。

3.由多级或多座泵站联合组成的泵站系统工程的等别,可按其系统的指标确定。

(4)引水枢纽工程等别应根据引水流量的大小,按表5-4确定。

表5-4　引水枢纽工程分等指标

工程等别	Ⅰ	Ⅱ	Ⅲ	Ⅳ	Ⅴ
规模	大(1)型	大(2)型	中型	小(1)型	小(2)型
引水流量(m^3/s)	>200	200~50	50~10	10~2	<2

二、工程永久(临时)建筑物级别划分

(一)永久性水工建筑物级别

(1)水利水电工程永久性水工建筑物的级别,应根据其所在工程的等别和建筑物的重要性,划分为五级,按表5-5确定。

表5-5　永久性水工建筑物级别

工程等别	主要建筑物	次要建筑物
Ⅰ	1	3
Ⅱ	2	3
Ⅲ	3	4
Ⅳ	4	5
Ⅴ	5	5

(2)失事后损失巨大或影响十分严重的水利水电工程的2~5级主要永久性水工建筑物,经过论证并报主管部门批准,可提高一级;失事后造成损失不大的水利水电工程的1~4级主要永久性水工建筑物,经过论证并报主管部门批准,可降低一级。

(3)水库大坝按表5-5规定为2级、3级的永久性水工建筑物,如坝高超过表5-6指标,其级别可提高一级,但洪水标准可不提高。

表 5-6　水库大坝堤级指标

级别	坝型	坝高(m)
2	土石坝	90
	混凝土坝、浆砌石坝	130
3	土石坝	70
	混凝土坝、浆砌石坝	100

水电枢纽工程2级土石坝坝高超过100 m、混凝土坝或浆砌石坝坝高超过150 m,3级土石坝坝高超过80 m、混凝土坝或浆砌石坝坝高超过120 m时,大坝的级别相应提高1级,洪水设计标准宜相应提高,但抗震设计标准不提高。

(4)当永久性水工建筑物基础的工程地质条件复杂或采用新型结构时,对2～5级建筑物可提高一级设计,但洪水标准不予提高。

(二)城市防洪建筑物级别

城市防洪建筑物级别根据《城市防洪工程设计规范》(CJJ 50—92)确定。应按城市等别及其在工程中的作用和重要性划分为四级,可按表5-7确定。

表 5-7　防洪建筑物级别

城市等别	永久性建筑物级别		临时性建筑物级别
	主要建筑物	次要建筑物	
一	1	3	4
二	2	3	4
三	3	4	4
四	4	4	

注:1. 主要建筑物是指失事后使城市遭受严重灾害并造成重大经济损失的建筑物,例如堤防、防洪闸等。
2. 次要建筑物是指失事后不致造成城市灾害或者造成经济损失不大的建筑物,例如丁坝、护坡、谷坊。
3. 临时性建筑物是指防洪工程施工期间使用的建筑物,例如施工围堰等。

(三)堤防工程的级别

堤防工程的级别应按《堤防工程设计规范》(GB 50286—98)确定。堤防工程的防洪标准主要由防护对象的防洪要求而定。堤防工程的级别根据堤防工程的防洪标准确定,见表5-8。

表 5-8　堤防工程的级别

防洪标准(重现期(年))	≥100	<100,且≥50	<50,且≥30	<30,且≥20	<20,且≥10
堤防工程的级别	1	2	3	4	5

穿堤水工建筑物的级别,按所在堤防工程的级别和与建筑物规模相应的级别高者确定。

(四)其他水工建筑物级别

(1)灌溉渠道或排水沟的级别应根据灌溉或排水流量的大小,按表5-9确定。对灌排结合的渠道工程，当按灌溉流量和排水流量分属两个不同工程级别时，应按其中较高的级别确定。

表 5-9　灌排渠沟工程分级指标

工程级别	1	2	3	4	5
灌溉流量(m^3/s)	>300	300～100	100～20	20～5	<5
排水流量(m^3/s)	>500	500～200	200～50	50～10	<10

(2)水闸、渡槽、倒虹吸、涵洞、跌水与陡坡等灌排建筑物的级别，应根据过水流量的大小，按表 5-10 确定。

表 5-10　灌排建筑物分级指标

工程级别	1	2	3	4	5
过水流量(m^3/s)	>300	300～100	100～20	20～5	<5

(3)在防洪堤上修建的引水、提水工程及其他灌排建筑物，或在挡潮堤上修建的排水工程，其级别不得低于防洪堤或挡潮堤的级别。

(4)倒虹吸、涵洞等灌排建筑物与公路或铁路交叉布置时，其级别不得低于公路或铁路的级别。

(五)临时性水工建筑物级别

(1)水利水电工程施工期使用的临时性挡水和泄水建筑物的级别，应根据保护对象的重要性、失事后果、使用年限和临时性建筑物规模，按表 5-11 确定。

表 5-11　临时性水工建筑物级别

级别	保护对象	失事后果	使用年限(年)	临时性水工建筑物规模	
				高度(m)	库容(亿 m^3)
3	有特殊要求的1级永久性水工建筑物	淹没重要城镇、工矿企业、交通干线或推迟总工期及第一台(批)机组发电，造成重大灾害和损失	>3	>50	>1.0
4	1、2 级永久性水工建筑物	淹没一般城镇、工矿企业或影响工程总工期及第一台(批)机组发电而造成较大经济损失	3～1.5	50～15	1.0～0.1
5	3、4 级永久性水工建筑物	淹没基坑，但对总工期及第一台(批)机组发电影响不大，经济损失较小	<1.5	<15	<0.1

(2)当临时性水工建筑物根据表 5-11 指标分属不同级别时，其级别应按其中最高级别确定。但对 3 级临时性水工建筑物，符合该级别规定的指标不得少于两项。

(3)利用临时性水工建筑物挡水发电、通航时，经过技术经济论证，3 级以下临时性水工建筑物的级别可提高一级。

三、水利水电工程洪水标准

（一）一般规定

（1）水利水电工程永久性水工建筑物的洪水标准，应按山区、丘陵区和平原、滨海区分别确定。

（2）当山区、丘陵区的水利水电工程永久性水工建筑物的挡水高度低于15 m，且上下游最大水头差小于10 m时，其洪水标准宜按平原、滨海区标准确定；当平原区、滨海区的水利水电工程永久性水工建筑物的挡水高度高于15 m，且上下游最大水头差大于10 m时，其洪水标准宜按山区、丘陵区标准确定。

（3）江河采取梯级开发方式，在确定各梯级水利水电工程的永久性水工建筑物的设计洪水与校核洪水标准时，还应结合江河治理和开发利用规划，统筹研究，相互协调。

（二）山区、丘陵区水利水电工程的永久性水工建筑物

（1）山区、丘陵区水利水电工程永久性水工建筑物的洪水标准，应按表5-12确定。

表5-12　山区、丘陵区水利水电工程永久性水工建筑物的洪水标准（重现期（年））

项目		水工建筑物级别				
		1	2	3	4	5
设计		1 000～500	500～100	100～50	50～30	30～20
校核	土石坝	可能最大洪水（PMF）或10 000～5 000	5 000～2 000	2 000～1 000	1 000～300	300～200
	混凝土坝、浆砌石坝	5 000～2 000	2 000～1 000	1 000～500	500～200	200～100

（2）对土石坝，如失事下游将造成特别重大灾害时，1级建筑物的校核洪水标准，应取可能最大洪水（PMF）或重现期10 000年标准；2～4级建筑物的校核洪水标准可提高一级。

（3）对混凝土坝、浆砌石坝，如洪水漫顶将造成极严重的损失时，1级建筑物的校核洪水标准经过专门论证并报主管部门批准，可取可能最大洪水（PMF）或重现期10 000年标准。

（4）山区、丘陵区水利水电工程的永久性泄水建筑物消能防冲设计的洪水标准，可低于泄水建筑物的洪水标准，根据泄水建筑物的级别按表5-13确定，并应考虑在低于消能防冲设计洪水标准时可能出现的不利情况。对超过消能设计标准的洪水，容许消能防冲建筑物出现局部破坏，但必须不危及挡水建筑物及其他主要建筑物的安全，且易于修复，不致长期影响工程运行。

表5-13　山区、丘陵区水利水电工程消能防冲建筑物洪水标准

永久性泄水建筑物级别	1	2	3	4	5
洪水重现期（年）	100	50	30	20	10

（5）水电站厂房的洪水标准，应根据其级别，按表5-14的规定确定。河床式水电站厂房挡水部分的洪水标准，应与工程的主要挡水建筑物的洪水标准相一致。水电站厂房的副厂

房、主变压器场、开关站、进厂交通等的洪水标准,可按表5-14确定。

(6)抽水蓄能电站的上、下调节池,若容积较小,失事后对下游的危害不大,且修复较容易,其水工建筑物的洪水标准可根据其级别,按表5-14的规定确定。

表5-14 水电站厂房洪水标准(重现期(年))

水电站厂房级别	设计	校核
1	200	1 000
2	200~100	500
3	100~50	200
4	50~30	100
5	30~20	50

(三)平原区水利水电工程永久性水工建筑物

平原区水利水电工程永久性水工建筑物洪水标准,应按表5-15确定。

表5-15 平原区水利水电工程永久性水工建筑物洪水标准(重现期(年))

项目		永久性水工建筑物级别				
		1	2	3	4	5
水库工程	设计	300~100	100~50	50~20	20~10	10
	校核	2 000~1 000	1 000~300	300~100	100~50	50~20
拦河水闸	设计	100~50	50~30	30~20	20~10	10
	校核	300~200	200~100	100~50	50~30	30~20

(四)其他水利工程的永久性水工建筑物

(1)灌溉和治涝工程永久性水工建筑物洪水标准,应根据其级别,按表5-16确定。

表5-16 灌溉和治涝工程永久性水工建筑物洪水标准

永久性水工建筑物级别	1	2	3	4	5
洪水重现期(年)	100~50	50~30	30~20	20~10	10

注:灌溉和治涝工程永久性水工建筑物的校核洪水标准,可视具体情况和需要研究确定。

(2)供水工程永久性水工建筑物洪水标准,应根据其级别按表5-17确定。

表5-17 供水工程永久性水工建筑物洪水标准(重现期(年))

运用情况	永久性水工建筑物级别			
	1	2	3	4
设计	100~50	50~30	30~20	20~10
校核	300~200	200~100	100~50	50~30

(3)泵站建筑物的洪水标准,应根据其级别,按表5-18确定。

表 5-18　泵站建筑物洪水标准(重现期(年))

运用情况	永久性水工建筑物级别				
	1	2	3	4	5
设计	100	50	30	20	10
校核	300	200	100	50	20

(4)堤防工程的洪水标准,应根据江河防洪规划和保护对象的重要性,按照现行国家标准《防洪标准》(GB 50201—94)确定。

对没有整体防洪规划河流的堤防,或不影响整体防洪规划的相对独立的局部堤防,其洪水标准根据保护对象的重要性,按《堤防工程设计规范》(GB 50286—98)确定。

穿堤永久性水工建筑物的洪水标准,应不低于堤防工程洪水标准。

堤防工程上的闸、涵、泵站等建筑物及其他构筑物的设计防洪标准,不应低于堤防工程的防洪标准,并应留有适当的安全裕度。

(五)城、乡防洪标准

城、乡防洪标准按《防洪标准》(GB 50201—94)规范确定。

(1)城市应根据其社会经济地位的重要性或非农业人口的数量分为四个等级。各等级的防洪标准按表 5-19 的规定确定。

表 5-19　城市的等级和防洪标准

等级	重 要 性	非农业人口(万人)	防洪标准(重现期(年))
Ⅰ	特别重要的城市	≥150	≥200
Ⅱ	重要的城市	150～50	200～100
Ⅲ	中等城市	50～20	100～50
Ⅳ	一般城镇	≤20	50～20

(2)位于滨海地区的中等及以上城市,当按表 5-19 的防洪标准确定的设计高潮位低于当地历史最高潮位时,应采用当地历史最高潮位进行校核。

(3)以乡村为主的防护区(简称乡村防护区),应根据其人口或耕地面积分为四个等级,各等级的防洪标准按表 5-20 的规定确定。

表 5-20　乡村防护区的等级和防洪标准

等级	防护区人口(万人)	防护区耕地面积(万亩)	防洪标准(重现期(年))
Ⅰ	≥150	≥300	100～50
Ⅱ	150～50	300～100	50～30
Ⅲ	50～20	100～30	30～20
Ⅳ	≤20	≤30	20～10

四、水利水电工程抗震设防标准

水工建筑物的工程抗震设防类别应根据其重要性和工程场地基本烈度按表 5-21 的规定确定。

表 5-21　工程抗震设防类别

工程抗震设防类别	建筑物级别	场地基本烈度
甲	1(壅水)	≥6
乙	1(非壅水),2(壅水)	
丙	2(非壅水),3	≥7
丁	4,5	

各类水工建筑物抗震设计的设计烈度或设计地震加速度代表值应按下列规定确定：

(1)一般采用基本烈度作为设计烈度。

(2)工程抗震设防类别为甲类的 1 级壅水建筑物，可根据其遭受强震影响的危害性，在基本烈度基础上提高 1 度作为设计烈度。

(3)对基本烈度为 6 度或 6 度以上、坝高超过 200 m 或水库总库容大于 100 亿 m^3 的大(1)型工程，以及基本烈度为 7 度或 7 度以上、坝高超过 150 m 的大(1)型工程，需要做专门的地震危害性分析。其设计地震加速度代表值的概率水准，对壅水建筑物应取基准期 100 年内超越概率 P_{100} 为 0.02，对非壅水建筑物应取基准期 50 年内超越概率 P_{50} 为 0.05。

(4)其他特殊情况需要采用高于基本烈度的设计烈度时，应经主管部门批准。

(5)抗震设计烈度高于 9 度的水工建筑物或高度大于 250 m 的壅水建筑物，应对其抗震设计标准进行专门研究论证，报主管部门审查批准。

(6)当水电枢纽工程受到水库诱发地震影响的烈度大于 6 度时，应进行抗震验算和采取相应的抗震措施。

第二节　工程选址及总体布置

一、工程建设场址及坝(闸)址、厂(站)址选择原则

工程场址选择是水利水电工程设计重要内容之一。对比各场址方案，需从地形地质、综合利用、枢纽布置、工程量、施工导流、施工条件、建筑材料、施工工期、环境影响、移民安置、工程投资、工程效益和运行条件等方面，进行各坝址、厂址等工程场址方案的技术经济综合比较论证。

(一)坝址选择

坝址选择是水利水电工程设计的重要工作，在预定的河段上选择良好的坝址是水利水电工程建设的重要决策步骤之一。应根据坝段的地形地质条件及开发利用要求，首先拟定可能成立的各比较坝址，并通过研究、比较，确定各坝址的代表坝线、坝型及枢纽布置，经过同等深度的技术经济综合比较后选定工程坝址。

1. 地形条件

地形条件很大程度上制约坝型选择和枢纽建筑物特别是泄洪消能建筑物以及施工导流工程的布置，最终反映到坝址的经济性上。河谷狭窄，地质条件良好，适宜修建拱坝；河谷宽阔，地质条件较好，可以选用重力坝或支墩坝；河谷宽阔、河床覆盖层深厚或地质条件较差，且土石、砂砾等当地材料储量丰富，适于修建土石坝。有利的地形条件，可以使挡水、泄洪消能、发电厂房等建筑物布置各得其所，在很好地满足各建筑物功能性要求的同时，使工程建筑物部分的投资最小，同时可以方便施工布置、减少工期。地形条件是坝址比选的重要条件之一。

2. 地质条件

良好的工程地质与水文地质条件是选择坝址及坝轴线的必要条件，有些情况下甚至起决定性作用。重力坝坝址，首先要求岩石有足够的强度及完整性、均匀性；混凝土拱坝坝址，对岩体的强度及完整性比重力坝要求更高，同时坝肩要具有良好的稳定性。土石坝坝址应查清坝基覆盖层厚度，并注意坝基是否存在可能液化的土层。

应尽量选择横向谷坝址，倾角较陡时，对坝基和两岸防渗及抗滑稳定有利。如坝址河段内可能出露不同的岩层，应尽可能将坝址选择在非可溶性岩层位置，以简化坝址勘探及防渗处理工程量。岩层与河流近乎平行的纵向谷坝址，往往对坝基及两岸防渗不利。另外，坝址选择应尽量避开大型滑坡体，这通常会制约到坝址的成立。坝址地质条件是影响坝址选择的最重要因素。

3. 其他

(1)坝址比选应充分重视枢纽布置条件特别是泄洪建筑物的布置条件及差别。一个良好的坝址，应使枢纽的各个建筑物布置协调，各得其所，特别是泄洪建筑物应有充分的布置场地，使其具有良好的泄洪消能及水流归槽条件。

(2)在河流有通航要求时，坝址比选应考虑地形和水流条件对通航建筑物的影响。

(3)水库区的淹没大小和移民搬迁安置的难度，是坝址比选考虑的重要因素之一。随着社会经济环境的变化，有时候甚至会制约坝址的选择。应尽量选择淹没少、征地少、人口迁移少的优良坝址。

水库对铁路等重要设施的淹没等不利影响制约正常蓄水位选择，同时也会影响坝址的比选。

(4)施工条件也是坝址比选考虑的重要因素之一。应注意施工总布置和运行管理条件的差别，使枢纽运行管理方便。坝址选择还应注意外部交通条件，有时交通条件往往也是坝址取舍的重要条件之一。

(5)坝址的建筑材料分布情况也对坝址比选存在重要影响，不同建筑材料的种类、储量、质量、数量、分布及运距情况，会影响到坝址及相应坝型的选择。

(6)坝址比选时要充分考虑环境限制条件及工程建设对环境的影响，尽量避开敏感对象。

(7)工程量、工程总投资及动能经济指标，是坝址比选时应考虑的重要经济条件。应选择技术可靠、经济合理的坝址作为工程的选定坝址。

(二)闸址选择

闸址选择应根据水闸的功能、特点和运用要求，综合考虑地形、地质、水流、潮汐、泥沙、冻土、冰情、施工、管理、周围环境等因素,经技术经济比较后选定。

(1)闸址宜选择在地形开阔、岸坡稳定、岩土坚实和地下水水位较低的地点。闸址宜优先选用地质条件良好的天然地基,尽量避免采用人工处理地基。

(2)节制闸或泄洪闸闸址宜选择在河道顺直、河势相对稳定的河段,经技术经济比较后也可选择在弯曲河段裁弯取直的新开河道上。

(3)进水闸、分水闸或分洪闸闸址宜选择在河岸基本稳定的顺直河段或弯道凹岸顶点稍偏下游处,但分洪闸闸址不宜选择在险工堤段和被保护重要城镇的下游堤段。

(4)排水闸(排涝闸)或泄水闸(退水闸)闸址宜选择在地势低洼、出水通畅处,排水闸(排涝闸)闸址宜选择在靠近主要涝区和容泄区的老堤堤线上。

(5)挡潮闸闸址宜选择在岸线和岸坡稳定的潮汐河口附近,且闸址泓滩冲淤变化较小、上游河道有足够的蓄水容积的地点。

(6)若在多支流汇合口下游河道上建闸,选定的闸址与汇合口之间宜有一定的距离;若在平原河网地区交叉河口附近建闸,选定的闸址宜在距离交叉河口较远处;若在铁路桥或一、二级公路桥附近建闸,选定的闸址与铁路桥或一、二级公路桥的距离不宜太近。

(7)选择闸址应考虑材料来源、对外交通、施工导流、场地布置、基坑排水、施工水电供应等条件。

(8)选择闸址应考虑水闸建成后工程管理维修和防汛抢险等条件。

(9)选择闸址还应考虑:占用农地及拆迁房屋少;尽量利用周围已有公路、航运、动力、通信等公用设施;有利于绿化、净化、美化环境和生态环境保护;有利于开展综合经营。

(三)水电站(泵站)厂房厂址选择

(1)水电站(泵站)厂房厂址应根据地形、地质、环境条件,结合工程整体布局等因素,经技术经济比较后选定。

(2)厂房位置宜避开冲沟口和崩塌体,对可能发生的山洪淤积、泥石流或崩塌体等应采取相应的防御措施;厂房位于高陡坡下时,对边坡稳定要有充分的论证,并应设有安全保护措施及排水。地面式电站厂房一般选在河床不易淤积、河岸顺直、无滑坡的河岸旁。

(3)河道较宽时水电站厂房与泄水建筑物可分两侧布置,厂房一般选在主要对外交通一侧;河道较窄时厂房与泄水建筑物可成空间重叠布置。厂房、变电设备及开关站等必须离溢洪射流有一定的距离,否则必须采取相应的防护措施,以免雾化水流影响安全运行。进水口应注意避免泥沙的淤积和磨蚀、漂浮污物的堵塞和冰凌的壅阻。

(4)引水式电站的厂房远离大坝,厂址往往在高陡坡下,并往往在高陡坡上设置调压井,厂房与调压井之间山体必须稳定。

(5)地下厂房宜布置在地质构造简单、岩体完整坚硬、上覆岩层厚度适宜、地下水微弱以及山坡稳定的地段;洞室位置宜避开较大断层、节理裂隙发育区、破碎带以及高地应力区,如不可避免,应有专门论证;主要交通在设计洪水标准条件下应保证畅通;在校核洪水标准条件下,应保证进、出厂人行交通不致阻断;穿过泄水雾化区地段宜采取适当的保护措施。

(6)地下厂房洞口位置,宜避开风化严重或有较大断层通过的高陡边坡地带;应避开滑坡、危崖、山崩及其他软弱面形成的坍滑体。

(7)地下厂房主洞室的纵轴线走向,宜与围岩的主要构造弱面(断层、节理、裂隙、层面等)呈较大的夹角。同时,应注意次要构造面对洞室稳定的不利影响;在高地应力地区,洞室纵轴线走向与最大主应力水平投影方向的夹角宜采用较小角度。

(8)地下厂房洞室群各洞室顶部以上的岩体厚度或傍山洞室靠边坡一侧的岩体厚度，应根据岩体完整性程度、风化程度、地应力大小、地下水活动情况、洞室规模及施工条件等因素综合分析确定。主洞室岩体厚度不宜小于洞室开挖宽度的2倍。

(9)地下厂房洞室群各洞室之间的岩体应保持足够的厚度，其厚度应根据地质条件、洞室规模及施工方法等因素综合分析确定，不宜小于相邻洞室的平均开挖宽度的1～1.5倍。上、下层洞室之间岩体厚度，不宜小于小洞室开挖宽度的1～2倍。

(10)厂房应少占或不占用农田，应保护天然植被，保护环境，保护文物。

二、工程主要建筑物基本型式及选择

水利水电工程主要建筑物有挡水建筑物，泄水建筑物，引水建筑物，输(排)水渠系及交叉建筑物，电站(泵站)厂房及开关站(变电站、换流站)，通航、过木及过鱼建筑物，堤防及河道整治建筑物等。水工建筑物基本型式的选择，要根据确定的工程任务、工程等别、建筑物级别及相应的洪水标准、建设条件等，经多方案比较后选定；建筑物基本型式、场址及枢纽布置三者之间要相联系、相协调；建筑物基本型式要满足工程既定的功能和运行需要，有足够的强度、稳定性与耐久性，无过大的沉降和变形，渗漏不超过允许标准，不发生渗流破坏，便于施工和管理；做到技术先进、安全可靠、经济合理；建筑物基本型式还要随新理论、新技术、新材料与新施工方法的发展而不断创新。

(一)挡水建筑物

(1)挡水建筑物主要有土石坝、重力坝、拱坝、挡水闸等型式。

挡水建筑物的结构型式、体型尺寸，要根据地形地质、枢纽布置、坝型适应性、泄洪消能、防冲护岸、施工导流、施工条件、施工工期、建筑材料、工程投资和运行条件等因素，经技术经济综合比较论证后选定；对材质要求也应有具体的规定，对筑坝材料的特性、配合比、物理力学性质、掺合料等应进行室内试验及必要的现场试验，并对各种筑坝材料的施工条件和经济效益进行比较论证。

(2)挡水建筑物地基如有特殊地质问题，如深厚覆盖层、强透水地层、高边坡以及有深层抗滑稳定或坝肩稳定问题时，对其处理方案应进行专门论证。

(3)对于体型较为复杂的大型挡水建筑物，其设计计算应以一种方法为主，并辅以其他方法和结构模型试验，进行对比验证。对于高拱坝，应特别重视坝肩稳定分析。对修建在强地震区的高挡水建筑物应进行抗震动力分析，必要时应进行动力试验。

(二)泄水建筑物

(1)混凝土坝的坝身泄水孔和坝顶溢洪道、大型水闸等泄水建筑物与挡水建筑物结合，同时起挡水建筑物作用，其方案选择和设计计算应与挡水建筑物统一研究。

(2)一般大中型工程的泄水建筑物(条件简单的中型工程除外)均应进行整体水力学模型试验，必要时还应进行断面模型试验，以验证其泄流能力和泄洪消能等水力学条件，论证工程布置的合理性；对于条件复杂的大型工程，泄水建筑物的结构计算应以一种方法为主，辅以其他计算方法，必要时应进行结构模型试验加以验证。

(三)引水建筑物

引水建筑物是指自水库或河、湖等引水用于灌溉、供水、发电等的水工建筑物，根据不同用途，一般包括进水口、引水道、调压井、压力钢管、岔管等，有的还设有沉沙池。除合理选择取水口位置外，还应比选引水隧洞或管道的线路、根数以及各建筑的型式和主要尺寸。对大型工程（包括抽水蓄能电站）的进水口、调压井等建筑物应进行必要的水工模型试验。

（四）输（排）水渠系及交叉建筑物

输（排）水渠系及交叉建筑物是指灌溉、治涝、城镇及工业供水等工程用于输水、排水的渠系及交叉建筑物，包括渠道、管道、隧洞、涵洞、渡槽、倒虹吸等，大型输水建筑物应进行必要的水工模型试验。有些渠系根据布置条件及运用要求设有调蓄水池（包括旁引水库或蓄涝水池）应作专门论证研究，大型的调蓄水池应作专项设计。

（五）发电厂房（泵房）及开关站（变电站）

发电厂房（泵房）及开关站（变电站）包括水电站的发电厂房和开关站、供水工程泵站的泵房和变电站等。发电厂房和泵房的工程布置和结构设计有很多相似之处；抽水蓄能电站的厂房兼具发电和抽水的功能，其工程布置与常规电站厂房相似，特点是机组安装高程较低，且一般多为地下厂房，厂房的防渗排水设计更为重要。

（六）通航、过木及过鱼建筑物

通航、过木及过鱼建筑物主要包括船闸、升船机、筏道、鱼道等，一般均为枢纽工程的一个组成部分，在枢纽扩建、改建时也可列为单项工程。此类工程的设计应参照交通部、林业部、农业部的有关规范进行，其标准、要求还应征得有关部门的同意；重要的通航建筑物应进行必要的水工和泥沙模型试验。

（七）堤防及河道整治建筑物

堤防及河道整治建筑物包括新建堤防、新开河道以及堤防加固、险工防护、整流导流、裁弯取直等，设计内容应参照挡水及泄水建筑物的有关要求。对于重要的河道整治工程应进行水工和泥沙模型试验。

三、工程总布置应考虑的主要因素

合理安排枢纽中各个水工建筑物的相互位置称为枢纽布置。枢纽布置要因地制宜，既要满足枢纽的各项任务和功能的要求，又要适合枢纽区的自然条件，便于施工和导流，有利于节省投资和缩短工期。水利水电枢纽一般都有挡水、泄水和电站等建筑物，应协调好各建筑物的位置关系。

对选定的坝型、坝轴线，需对各种可行的枢纽布置方案进行比选研究，考虑地形地质条件、建筑物布置、水力学条件、工程量、施工导流、施工条件、施工工期、工程占地、工程投资和运行条件等方面，结合必要的试验研究成果，经综合比较论证后选定枢纽布置方案。

（一）枢纽布置设计的一般原则

（1）应满足各个建筑物在布置上的要求，保证其在设计条件下能正常工作。

要尽量避免枢纽中各建筑物运行中的互相干扰。如对有船闸的枢纽工程，一般应将船闸与溢流坝和电站分开布置，特别在溢流坝泄水时，引航道不致产生过大的横向流速，以使船不偏航而顺利驶入闸室，下游出口必要时应设导墙，使引航道与溢流坝或水电站厂房隔开。当厂房与溢流坝相邻时，两者之间一般应设足够长度的导流墙，以防止泄洪对厂房及其尾水的影响；厂房、变电设备及开关站等需离泄洪射流一定距离，以免雾化水流影响安全运行；土石坝泄水和引水建筑物进、出口附近的坝坡和岸坡应有可靠的防护措施，出口应采取妥善的消能措施，并使消能后的水流离开坝脚一定距离，避免水流冲刷和回流淘刷影响大坝安全等。

(2)枢纽中各建筑物应尽可能紧凑布置，在满足功能要求前提下，减少工程投资，方便运行管理。

如大流量、高水头、窄河谷的水利水电枢纽，泄水建筑物与坝后式电站厂房的布置矛盾十分突出，此时可研究比选泄水建筑物与电站厂房重叠布置方案，如新安江的厂顶溢流布置，乌江渡、漫湾的厂前挑流布置方案，此种布置非常紧凑，工程量及投资较省，经济效益较明显。又如都江堰根据“深淘滩、低作堰”治水六字诀，采用鱼嘴分水、宝瓶口正面引水与飞河堰侧面排沙，枢纽建筑物组成合理，布置紧凑，起到了分水、泄洪、引水和排沙的作用，运行至今已有 2 200 多年，收到了良好的社会效益和经济效益。

(3)尽量使一个建筑物发挥多种用途或临时建筑物和永久建筑物相结合布置，充分发挥综合效益。

如在峡谷河段筑坝，一般采用隧洞导流，将临时性的导流洞封堵改建为永久泄洪隧洞是减少泄洪洞工程量、节约投资的合理措施。在我国导流洞改建为龙抬头无压泄洪洞的有刘家峡、碧口、石头河和紫坪铺等，导流洞改建为有压隧洞的有响洪甸、南水、冯家山等，黄河小浪底水利枢纽导流洞改建成孔板泄洪洞。在中小水头情况下也有泄洪洞与发电洞和发电与灌溉隧洞合一布置等型式。

(4)在满足建筑物结构安全和稳定的条件下，枢纽布置应考虑降低枢纽总造价和年运行费用。

例如，为了提高重力坝稳定性，常将坝的上游面做成倾向上游(坡度不宜过缓)，利用坝面上水重来提高坝的抗滑稳定性；拱坝泄洪方式与布置宜首先研究采用坝身泄洪的可行性，以求经济等。

(5)枢纽布置要做到施工方便，工期短，造价低。

如坝轴线一般直线布置(拱坝除外)时坝体工程量最小。在高山峡谷河流拐弯较大河段，把坝布置在弯道上，利用河弯凸岸布置泄水建筑物和引水发电系统，枢纽布置相对简单，减轻或避免了大坝与泄水、发电建筑物在施工和运行中的相互干扰，可缩短工期，降低造价和提高效益。三峡水利枢纽需在河床中布置大型溢洪坝、水电站厂房和通航建筑物，坝址选在河谷较宽的三斗坪，便于施工，且可借助江中中堡岛以利于分期导流。土石坝常在坝址附近选择接近水库正常蓄水位的马鞍形垭口修岸边溢洪道，以节省工程量又便于施工和运用管理。

(6)有条件时尽可能使枢纽中的部分建筑物早期投产，提前发挥效益(如提前蓄水，早期发电或灌溉)。

有时为了缩短工期，提前发电，将厂房布置在河滩一侧以简化导流。部分工程用重力坝底部设置多孔数、大孔径的导流底孔，取代坝体留导流缺口，采取边蓄水、边施工措施以争取提前发电、防洪、供水、灌溉等综合利用效益，尽量缩短建设周期。如 1980 ~ 2000 年建设的岩滩、水口、五强溪、三峡等高重力坝大型水电站，首批机组发电周期一般都在工程截流后 4 ~ 6 年。

(7)枢纽的外观应与周围环境相协调。

建成一座水利水电枢纽，便造就一个水库环境，赋予水利水电枢纽环境功能。水库景观的好与坏，其实是对水库进行开发的部分结果，涉及水利工程、环境、水土保持、生物、生态和美学诸多方面，所以需要进行必要的设计。水利水电雄伟的建筑物实际是非常丰富的科技和人文教育的大课堂。保护库区自然植被、生态体系和树种，使人获得回归自然的感受。水库形成宽阔的平静水面，是一种难得的景观资源，可以开展生产、生活、业余活动等，如航运、养鱼、亲水、戏水、钓鱼、划船、游船、露营、赏花、运动、散步、休息等，营造宜人的生存环境，使之成为旅游胜地。

(二)枢纽布置方案选择考虑的主要因素

影响枢纽布置方案选择的因素主要有地形地质条件、水资源综合利用、建筑物布置、水力学条件、工程量、施工条件、施工工期、工程投资和运行条件等方面，经过综合分析上述影响因素后，可选出技术经济综合指标较优的枢纽布置方案。

1. 地形地质条件

对选定坝址及坝型，枢纽布置方案间的差别主要体现在泄洪建筑物、引水发电系统、通航建筑物型式选择及布置方面，而地形地质条件对枢纽布置影响较大。

对高混凝土重力坝而言，当河床宽度合适时，可将泄洪及引水发电系统布置在不同坝段，使其均布置在河床内；当在狭窄河谷中建造高重力坝或拱坝时，一般将河床坝段用于泄洪设施，而引水发电系统则需采用隧洞引水布置方案，厂房则采用地下式或岸边式。对土石坝而言，应根据泄洪规模大小及地形条件，研究比选采用岸边式开敞溢洪道、全部采用泄洪洞或其组合方式。

地质条件对引水发电布置及泄洪建筑物布置选择有着重大影响。当采用隧洞引水发电时，根据地形条件，一般将引水发电系统布置在凸岸较为合理，但如果凸岸围岩质量及成洞条件较差、而凹岸岩石质量良好，则放在凹岸可能也是较好的选择。

2. 建筑物布置及泄洪消能条件

不同的枢纽布置方案，建筑物的型式和布置不同，泄洪建筑物、发电厂房及下游消能防冲设计难度也存在一定差别。应充分考虑溢洪道、泄洪洞之间，地下厂房、地面厂房、坝后厂房、岸边厂房、溢流厂房之间，设置调压室与不需设置调压室等方面的技术难度、施工难度、运行可靠性、投资等方面差别对枢纽布置方案比选的影响。

3. 运行管理条件

枢纽布置应考虑运行管理条件的差别。如发电、通航、泄洪等有无干扰，建筑物检查维修是否方便，闸门及启闭设备是否便于控制运用，对外交通是否便利等。

4. 工程量及工程投资

一个好的枢纽布置方案，应是以最少的工程量及投资，达到满足各种开发任务及确保工程安全运行的要求。工程量、工程总投资、单位千瓦投资、单位电能投资等经济指标，是枢纽布置方案的重要比选因素。

上述各项，有些是可以定量计算的，有些则是无法定量的，因此枢纽布置方案的选定是一项复杂而细致的工作，必须在充分掌握可靠资料的基础上，进行全面论证、具体分析、综合比较，以选择出合理的枢纽布置方案。

第六章 水工建筑物

第一节 土石坝

土石坝是指用土、石料等当地材料建成的坝,是历史最为悠久的一种坝型。碾压土石坝有三种基本型式:①均质坝;②土质防渗体分区坝;③非土质材料防渗体坝。近年来,颇为广泛应用的是混凝土面板堆石坝,混凝土面板堆石坝属于土石坝的范畴,是指用堆石或砂砾石分层碾压填筑成坝体,并用混凝土面板作防渗体的坝的统称。

土石坝按其高度可分为低坝、中坝和高坝,高度在 30 m 以下为低坝,高度在 30 ~ 70 m 为中坝,高度在 70 m 以上为高坝。

一、土石坝筑坝材料选择与填筑标准

(一)土石坝的筑坝材料选择

1. 筑坝土石料选择应遵循的原则

(1)具有或经过加工处理后具有与其使用目的相适应的工程性质,并具有长期稳定性。

(2)就地、就近取材,减少弃料,少占或不占农田,并优先考虑枢纽建筑物开挖料的利用。

(3)便于开采、运输和压实。

2. 土石坝各种筑坝材料的选择标准

1)防渗土料

防渗土料应满足以下要求:

(1)渗透系数,均质坝不大于 1×10^{-4} cm/s,心墙和斜墙不大于 1×10^{-5} cm/s。

(2)水溶盐含量(指易溶盐和中溶盐,按质量计)不大于3%。

(3)有机质含量(按质量计):均质坝不大于5%,心墙和斜墙不大于2%,超过此规定需进行论证。

(4)有较好的塑性和渗透稳定性。

(5)浸水与失水时体积变化小。

2)坝壳料

坝壳料主要用来保持坝体的稳定,应具有比较高的强度。下游坝壳的水下部位以及上游坝壳的水位变动区内则要求具有良好的排水性能。砂、砾石、卵石、碎石、漂石等无黏性土料以及料场开采的石料和由枢纽建筑物中开挖的石渣料,均可用作坝壳材料,但应根据其性质配置于坝壳的不同部位。均匀中砂、细砂及粉砂可用于中、低坝壳的干燥区,但地震区不宜采用,以免地震液化失稳。

3)反滤料、过渡层料及排水体材料

反滤料、过渡层料及排水体材料应符合下列要求:①质地致密,抗水性和抗风化性能满

足工程运用条件的要求；②具有要求的级配；③具有要求的透水性；④反滤料和排水体料中粒径小于0.075 mm的颗粒含量应不超过5%。

（二）土石坝各种筑坝材料的填筑标准

填筑标准应根据以下因素综合研究确定：①坝的级别、高度、坝型和坝的不同部位；②土石料的压实特性和采用的压实机具；③坝料的填筑干密度和含水率与力学性质的关系，以及设计对土石料力学性质的要求；④土料的天然干密度、天然含水率，以及土料进行干燥或湿润处理的程度；⑤当地气候条件对施工的影响；⑥设计地震烈度及其他动荷载作用；⑦坝基土的强度和压缩性；⑧不同填筑标准对造价和施工难易程度的影响。

（1）含砾和不含砾的黏性土的填筑标准应以压实度和最优含水率作为设计控制指标。1、2级坝和高坝的压实度应为98%～100%，3级中、低坝及3级以下的中坝压实度应为96%～98%。

（2）砂砾石和砂的填筑标准应以相对密度为设计控制指标。砂砾石的相对密度不应低于0.75，砂的相对密度不应低于0.70。对于地震区，无黏性土压实要求，在浸润线以上的坝壳料相对密度不低于0.75；浸润线以下的坝壳料的相对密度根据设计烈度大小选用0.75～0.85。

（3）堆石的填筑标准宜用孔隙率作为设计控制指标。

（4）黏性土的施工填筑含水率应根据土料性质、填筑部位、气候条件和施工机械等情况，控制在最优含水率－2%～＋3%偏差范围以内。

（三）面板堆石坝各种筑坝材料的选择标准

（1）主堆石区宜采用硬岩堆石料或砂砾料填筑。枢纽建筑物开挖石料符合主堆石区或下游堆石区质量要求者，也可分别用于主堆石区或下游堆石区。

（2）下游堆石区在坝体底部下游水位以下部分，应采用能自由排水的、抗风化能力较强的石料填筑；下游水位以上部分，可以使用与主堆石区相同的材料，或就近采用合适的开挖料。

（3）过渡区细石料要求级配连续，最大粒径不宜超过300 mm，压实后应具有低压缩性和高抗剪强度，并具有自由排水性能。

（4）高坝垫层料应具有连续级配，最大粒径为80～100 mm，粒径小于5 mm的颗粒含量宜为30%～50%，粒径小于0.075 mm的颗粒含量宜少于8%。压实后应具有内部渗透稳定性、低压缩性、高抗剪强度，并应具有良好的施工特性。

（5）混凝土面板上游铺盖区材料宜采用粉土、粉细砂、粉煤灰或其他材料。上游盖重区可以采用渣料。

（6）下游护坡可采用干砌块石，或由堆石体内选取超径大石，运至下游坡面，以大头向外的方式码放。

（7）坝体内如设置竖向和水平向排水体时，应选用耐风化的岩石或砾石，并具有良好的排水能力。

（8）面板堆石坝各区坝料填筑标准可根据经验初步确定，其值可在表6-1范围内选用。设计应同时规定孔隙率（或相对密度）、坝料级配范围和碾压参数。设计干密度可用孔隙率和岩石密度换算。

表 6-1　堆石坝料填筑标准

料物或分区	孔隙率(%)	相对密度
垫层料	15 ~ 20	
过渡层细堆石料	18 ~ 22	
主堆石区堆石料	20 ~ 25	
下游区堆石料	23 ~ 28	
砂砾石料		0.75 ~ 0.85

二、碾压土石坝坝体结构设计

(一)坝体材料分区

坝体材料分区设计应根据就地取材和挖填平衡原则,经技术经济比较确定。均质碾压土石坝分为坝体、排水体、反滤层和护坡等区。土质防渗体大坝分区宜分为防渗体、反滤层、过渡层、坝壳、排水体和护坡等区。面板堆石坝从上游向下游宜分为垫层区、过渡区、主堆石区、下游堆石区,在周边缝下游侧设置特殊垫层区,宜在面板上游面低部位设置上游铺盖区及盖重区。

(二)坝体坝坡的选择

1. 碾压土石坝坝体坝坡的选择

坝坡应根据坝型、坝高、坝的等级、坝体和坝基材料的性质、坝所承受的荷载以及施工和运用条件等因素,参照已建坝的经验,先初拟坝坡,最终应经稳定计算确定。中、低高度的均质坝,其平均坡度约为1:3。土质防渗体的心墙坝,当下游坝壳采用堆石时,常用坝坡为1:1.5 ~ 1:2.5,采用土料时,常用坝坡为1:2.0 ~ 1:3.0;上游坝壳采用堆石时,常用坝坡为1:1.7 ~ 1:2.7,采用土料时,常用坝坡为1:2.5 ~ 1:3.5。斜墙坝的下游坝坡坡度可参照上述数值选用,取值宜偏陡,上游坝坡则可适当放缓。

2. 面板堆石坝坝体坝坡的选择

当筑坝材料为硬岩堆石料时,上、下游坝坡可采用1:1.3 ~ 1:1.4,软岩堆石体的坝坡宜适当放缓;当用质量良好的天然砂砾石料筑坝时,上、下游坝坡可采用1:1.5 ~ 1:1.6。下游坝坡上设有道路时,道路之间的实际坝坡可以比上述规定的坝坡值略陡,但平均坝坡应满足上述要求。高坝的下游坝坡可用干砌石、大块石堆砌或摆石砌护,并使坝体具有良好的外观。施工期垫层区的上游坝坡应及时做好固坡处理,可视具体情况选用碾压砂浆、喷乳化沥青、喷混凝土或砂浆等固坡措施。

(三)坝体防渗体的选择

在土石坝中,土质防渗体是应用最为广泛的防渗结构。所谓防渗体,是指这部分土体比坝壳其他部分更不透水,它的作用是控制坝体内浸润线的位置,并保持渗流稳定。土质防渗体断面尺寸应根据下列因素研究确定:①防渗土料的质量,如允许渗透比降、塑性、抗裂性能等;②防渗土料的数量和施工难易程度;③防渗体下面坝基的性质及处理措施;④防渗土料与坝壳材料单价比值;⑤设计地震烈度为8度、9度地区适当加厚。

土石坝的土质防渗体典型剖面图见图6-1。

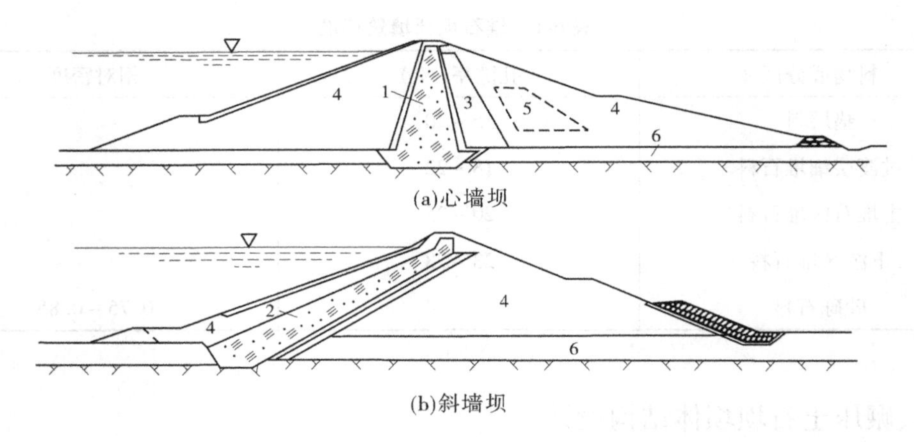

1—心墙;2—斜墙;3—过渡层;4—砂砾料;5—任意料;6—河床砂砾料

图 6-1 土石坝的土质防渗体典型剖面

土质防渗体断面应满足渗透比降、下游浸润线和渗透流量的要求。应自上而下逐渐加厚,顶部的水平宽度不宜小于 3 m;底部厚度,斜墙不宜小于水头的 1/5,心墙不宜小于水头的 1/4。

土质防渗体顶部在正常蓄水位或设计洪水位以上的超高,应按表 6-2 的规定取值。非常运用条件下,防渗体顶部不应低于非常运用条件的静水位,并应核算风浪爬高的影响。当防渗体顶部设有稳定、坚固、不透水且与防渗体紧密接合的防浪墙时,可将防渗体顶部高程放宽至正常运用的静水位以上即可,并且,防渗体顶部高程的确定应考虑竣工后的沉降超高。

表 6-2 正常运用情况下防渗体顶部超高 (单位:m)

防渗体结构型式	超高	防渗体结构型式	超高
斜墙	0.80~0.60	心墙	0.60~0.30

土质防渗体顶部和土质斜墙上游应设保护层。保护层厚度(包括上游护坡垫层)应不小于该地区的冻结和干燥深度,还应满足施工机械的需要。斜墙上游保护层的填筑标准应和坝体相同,其坝坡应满足稳定要求。

(四)反滤层与过渡层设计

反滤的作用是滤土排水,防止水工建筑物在渗流逸出处遭受管涌、流土等渗流变形的破坏以及不同土层界面处的接触冲刷。对下游侧具有承压水的土层,还可起压重作用。在土质防渗体(包括心墙、斜墙、铺盖和截水槽等)与坝壳或坝基透水层之间,以及下游渗流出逸处,如不满足反滤要求,均必须设置反滤层。在分区坝坝壳内各土层之间,坝壳与透水坝基的接触部位均应尽量满足反滤原则。

过渡层的作用是避免在刚度相差较大的两种土料之间产生急剧变化的变形和应力。反滤层可以起过渡层的作用,而过渡层却不一定能满足反滤要求。在分区坝的防渗体与坝壳之间,根据需要与土料情况可以只设置反滤层,也可同时设置反滤层和过渡层。

坝的反滤层必须符合下列要求:①使被保护的土不发生渗透变形;②渗透性大于被保护土,能通畅地排出渗透水流;③不致被细粒土淤塞失效。

三、碾压土石坝坝体排水及构造设计

土石坝应设置坝体排水，降低浸润线和孔隙压力，改变渗流方向，防止渗流出逸处产生渗透变形，保护坝坡土不产生冻胀破坏。

坝体排水设备必须满足以下要求：①能自由地向坝外排出全部渗水；②应按反滤要求设计；③便于观测和检修。

坝体排水一般有三种常用型式：

(1)棱体排水，又称滤水坝趾。棱体排水设备适用于下游有水的情况，其顶部高程应超出下游最高水位，超出的高度对1、2级坝不小于1.0 m，对3、4、5级坝不小于0.5 m，并应大于波浪沿坡面的爬高；棱体顶部高程应保证坝体浸润线距坝坡面的距离大于该地区的冻结深度；棱体顶部宽度应根据施工条件及检查观测需要确定，但不得小于1.0 m；应尽量避免在坝体上游坡脚处出现锐角。

(2)贴坡式排水，又称表面排水。贴坡排水层的顶部高程应高于坝体浸润线出逸点，超过的高度应使坝体浸润线在该地区的冻结深度以下，1、2级坝不小于2.0 m，3、4、5级坝不小于1.5 m，并应超过波浪沿坡面的爬高；底脚应设置排水沟或排水体；材料应满足防浪护坡的要求。

(3)坝内排水。坝内排水又分为竖式排水和水平排水。其中竖式排水包括直立排水、上昂式排水、下昂式排水等；水平排水包括坝体不同高程的水平排水层、褥垫式排水(坝底部水平排水层)、网状排水带、排水管等。

四、碾压土石坝渗流及坝坡稳定计算

(一)渗流计算

1.渗流计算的目的与内容

渗流计算是为了确定经济可靠的坝型、合理的结构尺寸以及适宜的防渗排水设施。

渗流计算的内容：①确定坝体浸润线及其下游出逸点的位置，绘制坝体及坝基内的等势线分布图或流网图；②确定坝体与坝基渗流量；③确定坝坡出逸段与下游坝基表面的出逸比降，以及不同土层之间的渗透比降；④确定库水位降落时上游坝坡的浸润线位置或孔隙水压力；⑤确定坝肩的等势线、渗流量和渗透比降。

2.渗流计算水位组合

渗流计算水位组合包括：①上游正常水位与下游相应的最低水位；②上游设计洪水位与下游相应的水位；③上游校核洪水位与下游的相应水位；④库水位降落时上游坝坡稳定最不利的情况。

3.渗流计算的基本假定

(1)土体中渗流流速不大且处于层流状态，渗流服从达西定律，即平均流速 v 等于渗透系数 k 与渗透比降 i 的乘积，即 $v = ki$。

(2)渗流流量满足连续方程，任一过流段进口断面流量等于出口断面流量。

4.渗流计算的方法

渗流计算通常有公式计算、数值解法、绘制流网和模拟试验等。以往公式计算使用比较广泛，近年来随着用电子计算机解有限元法的数值解法的发展，已编制了二维、三维稳定或不稳定渗流计算的程序，适用于均质或非均质的各种复杂边界条件的渗流计算，已基本取代了公式计算。对1、2级坝和高坝应采用数值法计算确定渗流场的各种渗流因素。其他情况可用公式计算。

对于宽广河谷中的土石坝，一般采用二维渗流分析就可满足要求。对狭窄河谷中的高坝或坝肩绕流影响坝体渗流较大者，应用三维渗流计算。对复杂的地质情况，为验算数值计算成果，用模拟试验进行核对，是必要的。

坝体分层碾压，天然土层的分层沉积，都可使坝体坝基土层有各向异性，因此在渗流计算中要考虑渗透系数的各向异性。采用渗透系数，为安全计，计算渗透流量时用大值平均值，计算水位降落浸润线时用其小值平均值。

5. 绘制流网

流网主要遵循达西定律及拉普拉斯方程式。它是由流线和等势线所组成的网格状图形，两者相互正交，相邻等势线与流线网格的边长比为1，即每个网格绘制成正方形。流线代表水质点流动轨迹线，等势线表示势能的等值线，在同一根等势线上各点的测压管水面是齐平的，相邻等势线间的水头损失相等，各流线间通过的流量相等。在同一土层内，流线、等势线应是连续光滑的曲线。若渗流穿越两层土交界，其渗透系数分别为 k_1、k_2，而在每层土内为各向同性，则渗流在两土层交界面将产生折射，如图6-2所示。

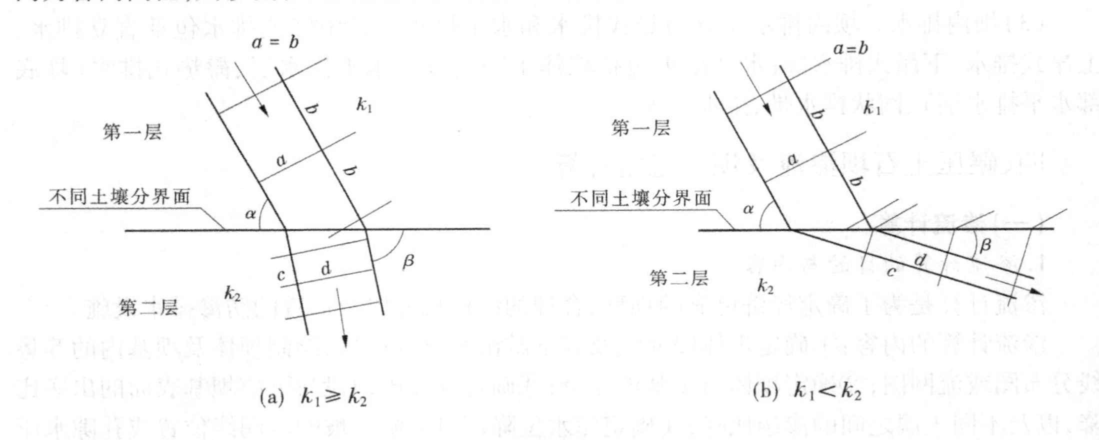

图6-2 不同土层时的流网过滤

折射角与渗透系数 k_1、k_2 之间的关系如下

$$\frac{k_1}{k_2}=\frac{\tan\beta}{\tan\alpha} \tag{6-1}$$

式中 α、β——第一层土和第二层土内流线与土层界面的交角。

6. 渗透稳定计算

渗透稳定计算的任务是判明土的渗透变形。通过渗流计算所获得的渗透比降等数据判明坝体、坝基及下游渗流出逸段是否存在渗透变形问题。为防渗、坝体内排水措施，铺设反滤或加盖重等处理措施提供依据。

渗透变形可分为流土、管涌、接触冲刷或接触流失等。流土是在渗流作用下土体整体浮动或流失。管涌是在渗流作用下无黏性土中的细粒在孔隙中移动、流失。接触冲刷或接触流失，前者是指渗流沿两种不同土层接触面流动时，沿接触面带走细颗粒，产生接触冲刷；后者是渗流方向垂直于两相邻的不同土层,将渗透系数小的土层的细粒土带入渗透系数大的土层中,形成接触流失。渗透变形的判别方法应按《水利水电工程地质勘察规范》(GB 50487—2008)附录 G 的规定执行。

坝体、坝基渗透出逸比降应小于材料的允许渗透比降,否则应采取防渗、坝体排水、铺设反滤层或盖重等工程措施,确保工程渗透稳定安全。

无黏性土的允许渗透比降的确定方法参照《水利水电工程地质勘察规范》(GB 50487—2008)附录 G 的规定。

(二)坝坡稳定计算

1. 计算工况

土石坝在施工、建设、蓄水和库水位降落的各个时期不同荷载下,应分别计算其稳定性。控制稳定的有施工期(包括竣工时)、稳定渗流期、水库水位降落期和正常运用遇地震四种工况,应计算的内容如下:①施工期的上、下游坝坡;②稳定渗流期的上、下游坝坡;③水库水位降落期的上游坝坡;④正常运用遇地震的上、下游坝坡。

2. 计算方法与安全系数

(1)如果采用计条块间作用力的计算方法,坝坡稳定的抗滑稳定的安全系数根据坝的级别规定选用,见表 6-3。混凝土面板堆石坝用非线性抗剪强度指标计算坝坡抗滑稳定的最小安全系数可参照表 6-3 规定取值。

表 6-3 坝坡抗滑稳定的最小安全系数

运用条件	工程等级			
	1	2	3	4、5
正常运用条件	1.50	1.35	1.30	1.25
非常运用条件Ⅰ	1.30	1.25	1.20	1.15
非常运用条件Ⅱ	1.20	1.15	1.15	1.10

(2)如果采用不计条块间作用力的瑞典圆弧法计算坝坡抗滑稳定安全系数,1 级坝正常运用条件最小安全系数应不小于 1.30,其他情况应比表 6-3 的规定数值减小 8%。

(3)当采用滑楔法进行稳定计算时,若假定滑楔之间作用力平行于坡面和滑底斜面的平均坡度,安全系数应符合表 6-3 的规定;若假定滑楔之间作用力为水平方向,安全系数应符合(2)中的规定。

五、土石坝地基处理原则及主要方法

(一)坝基处理的一般原则

土石坝底面积大,坝基应力较小,坝身具有一定适应变形的能力,坝身断面分区和材料选择也具有灵活性。因此,土石坝对天然地基强度和变形的要求,以及处理后所达到的标准,可略低于重力坝。但是做在土基上的土石坝坝基的承载力、强度、变形和抗渗能力等则远不如重力坝坝基,因此对土石坝坝基处理丝毫马虎不得。

土石坝坝基(包括坝头,下同)处理应满足渗流控制(包括渗透稳定和控制渗流量)、静力和动力稳定、允许沉降量和不均匀沉降量等方面要求,保证坝的安全运行。处理的标准与要求应根据具体情况在设计中确定。竣工后的坝顶沉降量不宜大于坝高的1%。

坝基中遇到下列情况时,必须慎重研究和处理:①深厚砂砾石层;②软黏土;③湿陷性黄土;④疏松砂及少黏性土;⑤喀斯特(岩溶)地貌;⑥有断层、破碎带、透水性强或有软弱夹层的岩石;⑦含有大量可溶盐类的岩石和土;⑧透水坝基下游坝脚处有连续的透水性较差的覆盖层;⑨矿区井、洞。

有关岩石地基的处理请参阅《碾压式土石坝设计规范》(SL 274—2001)6.3条及本章第二节的相关内容。

(二)砂砾石坝基的渗流控制

砂砾石坝基应查明砂砾石的平面和空间分布情况,以及级配、密度、渗透系数、允许渗透比降等物理力学指标。在地震区还应了解标准贯入击数、剪切波速、动特性指标等。

1. 砂砾石坝基渗流控制的型式

(1)垂直防渗:①明挖回填截水槽;②防渗墙;③灌浆帷幕;④上述两种或两种以上型式的组合。

(2)上游防渗铺盖。

(3)下游排水设备及盖重:①水平排水垫层;②反滤排水沟;③排水减压井;④下游透水盖重;⑤反滤排水沟及排水减压井的组合。

2. 砂砾石坝基渗流控制的一般原则

(1)应根据坝高、坝型、水库的用途及坝基地质条件,选择几种可能的方案进行比选,择优确定。

(2)砂砾石的渗流控制,不外是上铺、中截、下排,以及各项措施的综合应用。中截一般是比较彻底的方法,而上铺和下排往往是两者需结合在一起,单独使用一项不能完全解决问题。

(3)砂砾石层做了混凝土防渗墙后,其下部的基岩一般不需再进行灌浆。但对强透水带或岩溶地区仍需灌浆处理。

(4)砂砾石层深度在15 m以内,宜选用明挖回填黏土截水槽;深度在80 m以内可采用混凝土防渗墙;超过80 m,可采用灌浆帷幕。

3. 截水槽或混凝土防渗墙

1)截水槽

截水槽应尽可能把砂、砾石透水层全部截断。采用与坝体防渗体相同的土料填筑,压实度不低于坝体同类土料,底宽应根据回填土料的允许渗透比降、土料与接触面抗冲刷的允许渗透比降和施工条件确定。

2)混凝土防渗墙

混凝土防渗墙设计原则详见《碾压式土石坝设计规范》(SL 274—2001)6.2.8条。

4. 砂砾石坝基灌浆帷幕

(1)帷幕灌浆前宜先按可灌比M判别其可灌性。可灌比M可按下式计算

$$M = D_{15}/d_{85} \tag{6-2}$$

式中 D_{15}——受灌地层中小于该粒径的土重占总土重的15%,mm;

d_{85}——灌注材料中小于该粒径的土重占总土重的85%,mm。

当$M>15$时,可灌水泥浆;当$M>10$时,可灌水泥黏土浆。也可在粒状材料灌浆后,再

灌化学灌浆材料。

(2)帷幕厚度 T 可按下式计算

$$T = H/J \tag{6-3}$$

式中 H——最大设计水头,m;

J——帷幕的允许比降,对一般的水泥黏土浆,可采用3~4。

根据灌浆帷幕厚度确定排数,孔、排距宜通过试验确定,初步可选用2~3 m。

(3)帷幕的深度。帷幕的底部深入相对不透水层宜不小于5.0 m,若相对不透水层较深,可根据渗流分析,并结合工程类比确定。

(4)灌浆方法宜用套阀花管法。

5. 水平铺盖

用黏性土筑成,设于上游坝基,与土石坝防渗体相连,以延长坝基渗径,使渗透比降不超过允许值。

铺盖填筑土料其渗透系数应小于坝基砂砾石层的1/100,并应小于 1×10^{-5} cm/s。其上游端厚度为0.5~1.0 m,下游端厚度 h 取决于渗透比降 $i=\Delta H/h$(ΔH 为铺盖下游端的上下水头差),要求 i 不大于铺盖土的允许比降。在采用一般壤土修筑铺盖时,其下游端厚度为 $H/6\sim H/8$,同时不小于2.5 m。

铺盖长度应能保证提供足够的渗径,控制平均比降不超过允许值,一般采用 $6H\sim8H$,且不小于 $5H$。有效长度 L_e 取决于铺盖与砂砾覆盖层厚以及两者的渗透系数,可按式(6-4)计算

$$L_e = \sqrt{2\frac{k_f}{k_b}T\cdot t_1} \tag{6-4}$$

式中 L_e——铺盖有效长度,m;

k_f、k_b——坝基砂砾石和铺盖渗透系数,cm/s;

T、t_1——坝基砂砾石层厚及铺盖下游端厚,m。

铺盖与坝基砂砾石之间必须满足反滤过渡要求。填筑铺盖前应将基础整平、压实。利用天然土层做铺盖时,应查明天然土层及下卧砂砾石层的分布、厚度、级配、渗透系数和允许渗透比降等情况,论证天然铺盖的渗透性,并核算层间关系是否满足反滤要求。必要时可辅以人工压实、补充填土。

6. 下游排水设备及盖重

坝基中的渗透水流有可能引起坝下游地层的渗透变形或沼泽化,或使坝体浸润线过高时,宜设置坝基排水设施。坝基排水设施应根据地质及坝体排水按下述情况选用:

(1)透水性均匀的单层结构坝基以及上层渗透系数大于下层的双层结构坝基,可采用水平排水垫层,也可在坝脚处结合贴坡排水体做反滤排水沟。

(2)当表层为不太厚的弱透水层,其下部的透水层较浅且透水性较均匀时,宜将表层土挖穿做反滤排水暗沟,或在坝脚做反滤排水沟。当表层土太厚时,宜采用减压井深入强透水层。减压井设计要求见《碾压式土石坝设计规范》(SL 274—2001)6.2.17条。

(3)坝基反滤排水沟、水平排水垫层及反滤排水暗沟断面均应由计算或试验确定,并做好反滤。

(4)下游坝脚渗流出逸处,若地表相对不透水层不足以抵抗剩余水头,可采用透水盖

重。透水盖重的延伸长度和厚度由计算或试验确定。

透水盖重层的厚度 t 可按式(6-5)计算

$$t = \frac{kJ_{a-x}t_1\gamma_w - (G_s - 1)(1 - n_1)t_1\gamma_w}{\gamma} \tag{6-5}$$

式中 J_{a-x}——表层土在坝下游坡脚点 a 至 a 以下范围 x 点的渗透比降,可按表层土上下表面的水头差除以表层土的厚度 t_1 得出(见图 6-3);

G_s——表层土的土粒比重;

n_1——表层土的孔隙率;

k——安全系数,取 1.5~2.0;

t_1——表层土的厚度;

γ——透水盖重层的重度,水上用湿重度,水下用浮重度;

γ_w——水的重度。

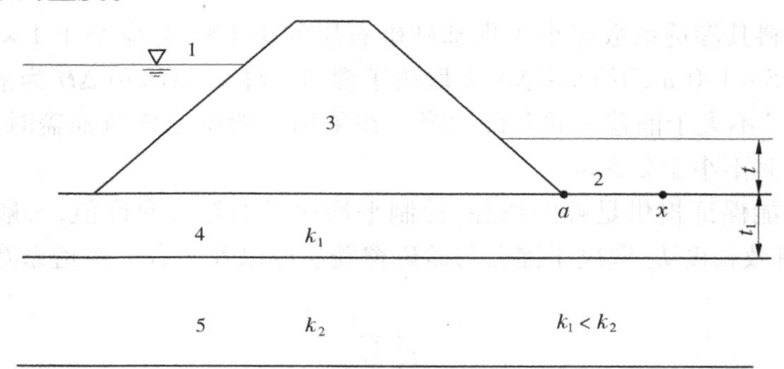

1—上游库水位;2—透水盖重层;3—坝体;4—坝基表层弱透水层;5—坝基下层强透水层

图 6-3 坝基结构示意

(三)易液化土、软黏土和湿陷性土黄土坝基处理

1. 易液化土

地震区土石坝坝基中有松散的饱和的无黏性土或少黏性土,在地震力作用下,体积有压密趋势,由于历时很短,来不及固结排水,造成孔隙水压力急剧上升,使有效应力大幅度减小,甚至为零,从而导致无黏性土或少黏性土的抗剪强度瞬间大幅减小或趋近于零,这就是所谓液化现象。最终使土体发生剪切破坏,坝基失稳。

对地震区坝基中可能发生液化的无黏性土或少黏性土应按《水利水电工程地质勘察规范》(GB 50287—99)进行地震液化可能性评价。

对易液化土层可优先采取挖除、换土;浅层易液化土层采取加密措施,或表面振动加密;深层易液化土层宜采用振冲、强夯等方法加密,还可结合振冲处理设置砂石桩,加强坝基排水,以及采取盖重、围封等防护措施。

2. 软黏土

软黏土是指天然含水量大于液限,孔隙比大于 1 的黏性土。其抗剪强度低,压缩性高,透水性小,灵敏度高,力学性能差。

软黏土不宜做坝基,应尽可能避免在软黏土地基上筑坝。避不开时,采取处理措施后,可修建低均质坝或心墙坝。

软黏土坝基的处理措施:当厚度较大、分布较广时,可打砂井、插塑料排水带、铺排水垫层;设镇压台、铺垫土工合成材料;加荷预压、真空预压;振冲置换,以及控制施工速度等措施处理。

在软黏土地基上筑坝应加强现场孔隙水压力和变形监测。

3. 湿陷性黄土

1)湿陷性黄土及分类

天然黄土遇水后,其钙质胶结物被溶解软化,颗粒之间的黏结力遭到破坏,强度显著降低,土体产生明显沉陷变形。具有遇水沉陷特性的黄土称为湿陷性黄土。湿陷性黄土坝基应进行处理,否则蓄水后将由于坝基湿陷使坝体开裂甚至塌滑,引起大坝失事。

取坝基原状黄土,在实验室 300 kPa 压力作用下,测定浸水后的附加湿陷 Δs,按式(6-6)计算湿陷变形系数 δ_s,依 δ_s 大小可将湿陷性黄土分为Ⅰ、Ⅱ、Ⅲ、Ⅳ四类,Ⅰ类 $\delta_s=0.01$ 为非湿陷性黄土,其余为湿陷性黄土。依 δ_s 大小可将湿陷性黄土分为弱、中、强湿陷性三个类别。

$$\delta_s = \Delta s / h_0 \tag{6-6}$$

式中 δ_s——湿陷变形系数;

h_0——土样原始高度,mm;

Δs——在 300 kPa 压力作用下,土样浸水后湿陷变形,mm。

2)湿陷性黄土坝基处理

湿陷性黄土坝基处理常用的方法有开挖回填、表面重锤夯实、预先浸水处理及强力夯实等。

(1)开挖回填是将坝基湿陷性黄土全部或部分挖除,然后以含水率接近于最优含水率的土料回填,并分层压实。

(2)表面重锤夯实是将 1.8 ~ 3.2 t 重的夯锤提升到一定高度再自由落下,重复夯打坝基,增加黄土密实度,消除其湿陷性。一般夯实厚度能达到 1 ~ 1.5 m。

(3)预先浸水处理能处理强或中等湿陷而厚度又较大的黄土地基。在坝体填筑前,将待处理的坝基(上、下游处理范围宜超出上、下游坝脚一定范围)划分条块,沿其四周筑小土埂,灌水对湿陷性黄土层进行预先浸泡,使在坝体施工前及施工过程中消除大部分湿陷性,保证水库蓄水后的第二次湿陷变形在工程允许范围内。

(4)强力夯实采用重锤(一般有 10 t、15 t、20 t、30 t 等几种)以比较大的落距(一般为 10 ~ 40 m)强力夯击湿陷性黄土坝基,以提高其干密度、消除其湿陷性。

夯击影响深度 D 与夯击能量 E 的经验关系可按下式计算

$$D = m\sqrt{E} = m\sqrt{QH} \tag{6-7}$$

式中 Q——锤重,t;

H——落距,m;

m——经验系数,对黄土可取 $m=0.55$。

夯击点的间距、排列、夯击遍数、每遍击数和每遍间歇时间等施工参数先按工程类比法初步拟定,再由现场试验确定。

对黄土中的陷穴、动物巢穴、窑洞、墓坑等必须查明,并进行处理。

第二节 重力坝

重力坝在水压力及其他荷载作用下,主要依靠坝体自重产生的抗滑力来满足稳定要求,同时依靠坝体自重产生的压应力来抵消由于水压力所引起的拉应力以满足强度要求。重力坝的基本剖面呈三角形,筑坝材料为混凝土或浆砌石。重力坝按结构型式可分为实体重力坝、宽缝重力坝、空腹重力坝和预应力重力坝;按泄水条件可分为溢流坝和非溢流坝。

一、重力坝布置、设计基本要求及安全标准

(一)重力坝布置

坝体布置应结合枢纽布置全面考虑。根据综合利用要求,合理解决泄洪、发电、灌溉、航运、供水、过木、过鱼等建筑物的布置,避免相互干扰。一般首先考虑泄洪建筑物的布置,使其下泄水流不致冲淘坝基和其他建筑物的基础,并使其流态和冲淤不致影响其他建筑物的使用。还应妥善解决排沙、冲淤以及岸坡防护等问题。位于洪水流量大而狭窄河道上的高坝枢纽布置,可选用厂房顶溢流式、厂前挑流式、坝内式或地下式厂房等。两岸坝接头可通过技术经济比较选用混凝土坝或土石坝。

碾压混凝土重力坝的枢纽布置宜采用引水式或地下式厂房。若采用坝后式厂房,可根据坝高将引、输水管道水平布置在坝体下部或上部的常态混凝土区内,后者宜采用背管式布置。

(二)重力坝设计基本要求

(1)重力坝水平截面中间1/3的宽度范围是“截面核心”。当合力作用线位于“截面核心”内时,上下游边缘的垂直正应力均为正值,即压应力;当合力作用线位于“截面核心”之外时,靠近合力一侧的边缘上垂直正应力为压应力,远离合力一侧边缘的垂直正应力为拉应力。重力坝设计一般不允许出现拉应力,因而重力坝通常不存在倾覆问题。

(2)应进行坝址、坝线、枢纽布置及主要建筑物型式的选择,根据综合利用要求,确定坝体上各建筑物(如泄洪、发电、灌溉、航运、供水、过木、过鱼、导流和交通等)的规模、布置、结构型式和主要尺寸并提出坝基处理、温度控制和主要施工方法的初步方案。

(3)应认真分析研究和掌握建坝地区的各项基本资料(包括水文、泥沙、地形、地质、地震烈度、试验、综合利用要求和施工、运用情况以及坝址上下游河流规划要求等)。

(4)必须重视坝体防洪安全设计。

(5)应重视坝基处理、泄洪消能、降低或放空库水的设计以及在地震区的坝的抗震设计,做到安全可靠。

(6)应认真考虑施工条件,如施工导流和度汛、温度控制、浇筑设备和交通运输等。应力求节约三材,简化坝体结构。在有条件的部位,应尽量采用预制构件。

(7)在不断总结实践经验和科学试验的基础上,积极慎重地采用新技术,使设计不断创新,有所前进。

(三)重力坝设计安全标准

1. 单一安全系数法

(1)重力坝坝基面坝踵、坝趾的垂直应力应符合下列要求:运用期在各种荷载组合下

(地震荷载除外),坝踵垂直应力不应出现拉应力,坝趾垂直应力应小于坝基容许压应力;在地震荷载作用下,坝踵、坝趾的垂直应力应符合《水工建筑物抗震设计规范》(SL 203—97)的要求;施工期坝趾垂直应力允许有小于0.1 MPa的拉应力。

(2)重力坝坝体应力应符合下列要求:运用期坝体上游面的垂直应力不出现拉应力(计扬压力);坝体最大主压应力,不应大于混凝土的允许压应力值;在地震情况下,坝体上游面的应力控制标准应符合《水工建筑物抗震设计规范》(SL 203—97)的要求;施工期坝体任何截面上的主压应力不应大于混凝土的允许压应力,在坝体的下游面,允许有不大于0.2 MPa的主拉应力。

(3)混凝土的允许应力应按混凝土的极限强度除以相应的安全系数确定。

坝体混凝土抗压安全系数,基本组合不应小于4.0;特殊组合(不含地震情况)不应小于3.5。

当局部混凝土有抗拉要求时,抗拉安全系数不应小于4.0。在地震情况下,坝体的结构安全应符合《水工建筑物抗震设计规范》(SL 203—97)的要求。

(4)坝基抗滑稳定安全系数。

抗滑稳定分析的目的是核算坝体沿坝基面或沿地基深层软弱结构面抗滑稳定的安全度。位于均匀岩基上的混凝土重力坝沿坝基面的失稳机理是,首先在坝踵处基岩和胶结面出现微裂松弛区,随后在坝趾处基岩和胶结面出现局部区域的剪切屈服,进而屈服范围逐渐增大并向上游延伸,最后,形成滑动通道,导致大坝的整体失稳。

沿坝基面的抗滑稳定分析,以一个坝段或取单宽作为计算单元。当坝基内不存在可能导致深层滑动的软弱面时,应按抗剪断强度公式计算;对中型工程中的中、低坝,也可按抗剪强度公式计算。

坝体抗滑稳定安全系数不应小于以下规定数值:

(1)当利用抗剪断公式计算时,安全系数不分级别,基本荷载组合时采用3.0;特殊荷载组合(1)采用2.5;特殊荷载组合(2)不小于2.3。

(2)按抗剪断强度公式计算的坝基面抗滑稳定安全系数K'值不应小于表6-4的规定。

表6-4 坝基面抗滑稳定安全系数K'

荷载组合		坝的级别		
		1	2	3
基本组合		1.10	1.05	1.05
特殊组合	(1)	1.05	1.00	1.00
	(2)	1.00	1.00	1.00

2. 分项系数极限状态法

1)承载能力极限状态表达式

(1)当结构或结构构件出现下列状态之一时,即认为超过了承载能力极限状态:①失去刚体平衡;②超过材料强度而破坏,或因过度的塑性变形而不适于继续承载;③结构或构件丧失弹性稳定;④结构转变为机动体系;⑤土石结构或地基、围岩产生渗透失稳等。此时结构是不安全的。

按承载能力极限状态设计时,应考虑基本组合与偶然组合两种作用效应组合。基本组合为持久状况或短暂状况下,永久作用与可变作用的效应组合。偶然组合为偶然状况下永久作用、可变作用与一种偶然作用的效应组合。

(2)对基本组合,应采用下列极限状态设计表达式

$$\gamma_0\psi S(\gamma_G G_K,\gamma_Q Q_K,a_K) \leqslant \frac{1}{\gamma_{d1}}R\left(\frac{f_K}{\gamma_m},a_K\right) \tag{6-8}$$

式中 γ_0——结构重要性系数,对应于结构安全级别为Ⅰ、Ⅱ、Ⅲ级的结构及构件,可分别取用1.1、1.0、0.9;

ψ——设计状况系数,对应于持久状况、短暂状况、偶然状况,可分别取用1.0、0.95、0.85;

$S(\cdot)$——作用效应函数;

$R(\cdot)$——结构及构件抗力函数;

γ_G——永久作用分项系数;

γ_Q——可变作用分项系数;

G_K——永久作用标准值;

Q_K——可变作用标准值;

a_K——几何参数的标准值(可作为定值处理);

f_K——材料性能的标准值;

γ_m——材料性能分项系数;

γ_{d1}——基本组合结构系数。

混凝土重力坝的作用分项系数见表6-5,材料性能分项系数见表6-6,基本组合结构系数见表6-7。

表6-5　混凝土重力坝作用分项系数

序号	作用类型	分项系数
1	自重	1.0
2	水压力 ①静水压力 ②动水压力:时均压力、离心力、冲击力、脉动压力	 1.0 1.05、1.1、1.1、1.3
3	扬压力 ①渗透压力 ②浮托力 ③扬压力(有抽排) ④残余扬压力(有抽排)	 1.1~1.2 1.0 1.1(主排水孔之前) 1.2(主排水孔之后)
4	淤沙压力	1.2
5	浪压力	1.2

注:其他作用分项系数见《水工建筑物荷载设计规范》(DL 5077—1997)。

表 6-6　混凝土重力坝材料性能分项系数

序号	材料性能		分项系数	备注
1	抗剪断强度			
	①混凝土/基岩	摩擦系数 f_R'	1.3	
		黏聚力 c_R'	3.0	
	②混凝土/混凝土	摩擦系数 f_c'	1.3	包括常态混凝土和碾压混凝土层面
		黏聚力 c_c'	3.0	
	③基岩/基岩	摩擦系数 f_d'	1.4	
		黏聚力 c_d'	3.2	
	④软弱结构面	摩擦系数 f_d'	1.5	
		黏聚力 c_d'	3.4	
2	混凝土强度	抗压强度 f_c	1.5	

(3)对偶然组合,应采用下列极限状态设计表达式

$$\gamma_0 \psi S(\gamma_G G_K, \gamma_Q Q_K, A_K, a_K) \leqslant \frac{1}{\gamma_{d2}} R\left(\frac{f_K}{\gamma_m}, a_K\right) \tag{6-9}$$

式中　A_K——偶然作用代表值;

γ_{d2}——偶然组合结构系数,见表 6-7。

表 6-7　混凝土重力坝结构系数

序号	项目	组合类型	结构系数	备注
1	抗滑稳定极限状态设计式	基本组合	1.2	包括建基面、层面、深层滑动面
		偶然组合	1.2	
2	混凝土抗压极限状态设计式	基本组合	1.8	
		偶然组合	1.8	

2)正常使用极限状态表达式

按正常使用极限状态设计时,应考虑短期组合及长期组合两种作用效应组合。短期组合为持久状况或短暂状况下,可变作用的短期效应与永久作用效应的组合;长期组合为持久状况下,可变作用的长期效应与永久作用效应的组合。

(1)正常使用极限状态作用效应的短期组合采用以下设计表达式

$$\gamma_0 S_s(G_K, Q_K, f_K, a_K) \leqslant C_1/\gamma_{d3} \tag{6-10}$$

(2)正常使用极限状态作用效应的长期组合采用以下设计表达式

$$\gamma_0 S_l(G_K, \rho Q_K, f_K, a_K) \leqslant C_2/\gamma_{d4} \tag{6-11}$$

式中　C_1、C_2——结构的功能限值;

$S_s(\cdot)$、$S_l(\cdot)$——作用效应的短期组合、长期组合时的效应函数;

γ_{d3}、γ_{d4}——正常使用极限状态短期组合、长期组合时的结构系数;

ρ——可变作用标准值的长期组合系数,本规范取 $\rho=1$。

3)坝基抗滑稳定控制标准

坝基抗滑稳定控制标准为

$$\gamma_0\psi S(\cdot) \leqslant R(\cdot)/1.2$$

$$\gamma_0\psi \sum P_R \leqslant (f'_R \sum W_R + c'_R A_R)/1.2 \quad (6\text{-}12)$$

式中 $\sum P_R$——坝基面上全部切向作用之和,kN;

f'_R——坝基面抗剪断摩擦系数;

c'_R——坝基面抗剪断黏聚力,kPa。

核算坝基面抗滑稳定极限状态时,应按材料的标准值和作用的标准值或代表值分别计算基本组合和偶然组合。

4)坝体及坝基应力控制标准

(1)坝趾压应力控制标准

$$\gamma_0\psi S(\cdot) \leqslant R(\cdot)/1.8$$

或

$$\gamma_0\psi\left(\frac{\sum W_R}{A_R} - \frac{\sum M_R T_R}{J_R}\right)(1 + m_2^2) \leqslant R(\cdot)/1.8 \quad (6\text{-}13)$$

式中 $\sum W_R$——坝基面上全部法向作用之和,kN,向下为正;

$\sum M_R$——全部作用对坝基面形心的力矩之和,kN·m,逆时针方向为正;

A_R——坝基面的面积,m^2;

J_R——坝基面对形心轴的惯性矩,m^4;

T_R——坝基面形心轴到下游面的距离,m;

m_2——坝体下游坡度;

$R(\cdot)$——混凝土或基岩抗压强度,kPa。

核算坝趾抗压强度时,应按材料的标准值和作用的标准值或代表值分别计算基本组合和偶然组合。

(2)坝体上、下游面拉应力控制标准。

基本组合时,坝踵垂直应力不出现拉应力(计扬压力),坝体上游面的垂直应力不出现拉应力(计扬压力);短期组合下游坝面的垂直拉应力不大于100 kPa。

采用有限元法计算混凝土重力坝上游垂直应力(计扬压力)时,坝基上游面拉应力区宽度宜小于坝底宽度的0.07倍(垂直拉应力分布宽度/坝底面宽度)或坝踵至帷幕中心线的距离。

采用有限元法计算计扬压力时,坝体上游面拉应力区宽度宜小于计算截面宽度的7%或计算截面上游面至排水孔(管)中心线的距离。

二、重力坝坝体结构及构造设计

(一)坝顶高程

坝顶(或坝顶上游防浪墙顶)应不低于水库静水位,其高度由下式确定

$$\Delta h = 2h_1 + h_0 + h_c \quad (6\text{-}14)$$

式中 Δh——坝顶距水库静水位的高度,m;

$2h_1$——浪高,m;

h_0——波浪中心线至水库静水位高度,m;

h_c——安全超高,m,按表6-8采用。

表 6-8　安全超高 h_c　（单位：m）

荷载组合	坝的级别		
	1	2	3
基本组合（正常运用）	0.7	0.5	0.4
特殊组合（非常运用）	0.5	0.4	0.3

非溢流坝段的坝顶宽度应根据设备布置、运行、检修、施工和交通等需要确定，并应满足抗震、特大洪水时抢护等要求。

溢流坝坝顶应结合闸门、启闭设备布置、操作检修、交通和观测等要求设置坝顶工作桥、交通桥。

（二）廊道

坝内应根据下列要求设置廊道及竖井：①进行帷幕灌浆；②设置坝基排水孔；③集中排除坝体和坝基的渗水；④监测坝体的工作状态，安装观测设备并进行观测；⑤检查和维修坝身的排水管；⑥运行操作（闸门操作廊道等）、坝内通风和铺设风、水、电管路；⑦施工中坝体冷却和纵、横缝灌浆；⑧坝内交通运输及其他要求。

高、中坝内必须设置基础灌浆廊道，兼作灌浆、排水和检查之用。

（三）坝体分缝

横缝间距可为 15～20 m，超过 24 m 或小于 12 m 时，应作论证。纵缝间距宜为 15～30 m。浇筑层厚度应根据容许温差，通过计算确定，在基础部位，宜采用层厚 1.5～2.0 m。

横缝可为伸缩缝或沉陷缝。

（四）止水和排水

重力坝横缝的上游面、溢流面、下游面最高尾水位以下及坝内廊道和孔洞穿过分缝处的四周等部位应布置止水设施。

高坝上游面附近的横缝止水应采用两道止水片，其间设一道沥青或采取经论证的其他措施。中、低坝的横缝止水可适当简化。

在上游面防渗层下游应设置铅直或近乎铅直的排水管系。排水管应通至纵向排水廊道，其上部应通至上层廊道或坝顶（或溢流面以下），以便于检修。排水管可采用拔管、钻孔或预制无砂混凝土管，管距可为 2～3 m，内径可为 15～25 cm。

（五）大坝混凝土材料及分区

常态混凝土重力坝应根据不同部位和不同条件进行分区，分区情况见图 6-4。

根据大坝混凝土耐久性要求，混凝土的水灰比应不大于表 6-9 所列数值。

（六）非溢流坝段

混凝土重力坝一般以材料力学法和刚体极限平衡法计算成果作为确定坝体断面的依据。

非溢流坝段的基本断面呈三角形，其顶点宜位于正常蓄水位（或防洪高水位）附近。基本断面上部设坝顶结构。

常态混凝土实体重力坝非溢流坝段的上游面可为铅直面、斜面或折面。

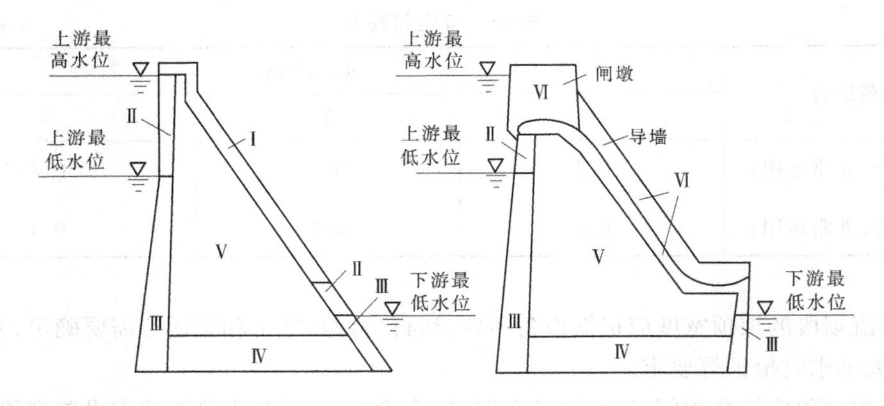

Ⅰ区—上、下游水位以上坝体外部表面混凝土；Ⅱ区—上、下游水位变化区的坝体外部表面混凝土；Ⅲ区—上、下游最低水位以下坝体外部表面混凝土；Ⅳ区—坝体基础混凝土；Ⅴ区—坝体内部混凝土；Ⅵ区—抗冲刷部位的混凝土（如溢流面、泄流孔、导墙和闸墩等）

图 6-4　坝体混凝土分区

表 6-9　混凝土最大水灰比

气候分区	大坝混凝土分区					
	Ⅰ	Ⅱ	Ⅲ	Ⅳ	Ⅴ	Ⅵ
严寒和寒冷地区	0.55	0.45	0.50	0.50	0.65	0.45
温和地区	0.60	0.50	0.55	0.55	0.65	0.45

三、重力坝坝身泄水建筑物型式

混凝土重力坝泄水、泄洪建筑物型式主要分为溢流坝段及坝身泄水孔两大类，坝身泄水口包括有压孔及无压孔两种型式。

（一）溢流坝段

溢流坝段的堰面曲线，当采用开敞式溢流孔时可采用幂曲线；当设有胸墙时，可采用孔口泄流的抛物线。经过数值模拟优化论证和试验验证，也可采用其他堰面曲线。

溢流坝的反弧段应结合下游消能型式选择不同的消能设施。

闸墩的型式和尺寸应满足布置、水流条件和结构上的要求。当采用平面闸门时，闸墩在门槽处应有足够的厚度。

溢流坝的堰面曲线、闸墩、门槽、坝面压力、泄流能力和反弧半径等，大型工程应经水工模型试验验证，中型工程宜经水工模型试验验证，水力条件较简单的中型工程，则可参照类似工程的经验，经计算确定。

（二）坝身泄水孔

泄水孔可设在溢流坝段的闸墩下部或专设的泄水孔坝段，并应有消能设施，使下泄水流不冲刷下游岸坡及相邻建筑物。

坝身泄水孔应避免孔内有压流、无压流交替出现的现象。

无压孔由有压段和无压段组成。

坝身泄水孔的闸门和启闭机的设计应符合下列要求：

(1)无压孔的工作闸门，可采用弧形闸门或平面闸门，事故检修闸门为平面闸门。弧形闸门的启闭机室一般设于坝内，对于中坝也可设于坝顶；平面闸门的启闭机室一般设于坝顶。位于坝内的启闭机室应考虑通风、防潮、采暖设施。

(2)有压孔的工作闸门设在出口端，可采用弧形闸门、平面闸门、锥形阀或其他型式的门、阀。当有压孔不设钢衬时，非汛期宜用事故检修闸门挡水。

四、重力坝泄水建筑物消能防冲结构设计

(一)消能防冲结构设计

泄水建筑物的消能防冲设计应满足下列要求：

(1)坝体泄洪消能防冲设施应根据坝高、坝基及下游河床和两岸地形地质条件，下游河道水深变化情况，结合过木、排冰、排漂等要求合理选择。当采用挑流消能时，挑流水舌应不影响其他建筑物的安全和运行，必要时，设置导墙或采取其他措施。

(2)消能设施应做到消能效果良好，结构可靠，防止空蚀和磨损，防止淘刷坝基和岸坡，保证坝体及有关建筑物的安全。

(3)选定的消能型式应能在宣泄设计洪水及其以下各级洪水流量时，具有良好的消能效果，对超过消能防冲设计标准的洪水，允许消能防冲建筑物出现不危及挡水建筑物安全，不影响枢纽长期运行并易于修复的局部损坏。

(4)淹没于水下的消能设施(消力池、消力戽等)，应为运行期的排水检修提供条件。

挑流消能适用于坚硬岩石上的高、中坝，低坝需经论证才能选用。

底流消能适用于中、低坝或基岩较软弱的河道，高坝采用底流消能需经论证。

面流消能适用于水头较小的中、低坝，下游水位稳定，尾水较深，河床和两岸在一定范围内有较高抗冲能力的顺直河道。

消力戽消能适用于尾水较深(大于跃后水深)，且下游河床和两岸有一定抗冲能力的河道。

联合消能适用于高、中坝，泄洪量大、河床相对狭窄、下游地质条件较差或单一消能型式经济合理性差的情况。联合消能应经水工模型试验验证。

(二)高速水流区的防空蚀设计

泄水建筑物的高速水流区，应注意下列部位或区域发生空蚀破坏的可能性：①进口、闸门槽、弯曲段、水流边界突变(不连续或不规则)处；②反弧段及其附近；③差动式鼻坎、窄缝式鼻坎、扭曲式鼻坎、分流墩；④溢流坝面上和泄水孔流速大于 20 m/s 的区域。

五、重力坝基础处理原则和主要方法

(一)基础处理原则及一般规定

(1)混凝土重力坝的基础经处理后应满足下列要求：①具有足够的强度，以承受坝体的压力；②具有足够的整体性和均匀性，以满足坝基抗滑稳定和减少不均匀沉陷；③具有足够的抗渗性，以满足渗透稳定，控制渗流量；④具有足够的耐久性，以防止岩体性质在水的长期作用下发生恶化。

(2)坝基处理设计应综合考虑基础与其上部结构之间的相互关系，必要时可采取措施，

调整上部结构的型式,使上部结构与其基础工作条件协调。

(3)坝基处理设计时,应同时考虑坝基和两岸坝接头部位的工程地质、水文地质条件对建筑物运行的影响,研究坝基变形、渗透和坝肩边坡稳定情况,尤应考虑施工或蓄水对稳定和渗透带来的变化,必要时应采取相应的处理措施。

(4)岩溶地区的坝基处理设计,应认真查清其在坝区的分布范围及特点、水文地质条件及裂隙中充填物,非岩溶岩石的封闭条件。对岩溶发育,情况复杂的基础,应进行专门的处理设计。

(二)基础处理主要方法

重力坝基础处理的措施,通常有不宜利用岩体的挖除、建基面的形状控制、抗剪齿槽、坝基固结灌浆、接触灌浆、基础防渗排水、软弱层带的混凝土置换处理(包括用混凝土置换、高压水泥灌浆等)、预应力锚固等。

1. 坝基开挖

混凝土重力坝的建基面应根据大坝稳定、坝基应力、岩体物理力学性质、岩体类别、基础变形和稳定性、上部结构对基础的要求、基础加固处理效果及施工工艺、工期和费用等技术经济比较确定。

当坝高超过100 m时,可建在新鲜、微风化或弱风化下部基岩上;坝高100~50 m时,可建在微风化至弱风化中部基岩上;坝高小于50 m时,可建在弱风化中部至上部基岩上。

基础中存在的局部工程地质缺陷,例如表层夹泥裂隙、强风化区、断层破碎带、节理密集带及岩溶充填物等均应结合基础开挖予以挖除。

2. 坝基固结灌浆

坝基岩体裂隙发育,且具有可灌性时,应在坝基范围内进行固结灌浆,并应根据坝基应力及地质条件,向坝基外上、下游及宽缝重力坝的宽缝部位适当扩大灌浆范围;防渗帷幕上游的坝基宜进行固结灌浆;断层破碎带及其两侧影响带应适当加强固结灌浆。

固结灌浆孔的孔深应根据坝高和开挖以后的地质条件采用5~8 m;局部地区及坝基应力较大的高坝基础,必要时可适当加深,帷幕上游区宜根据帷幕深度采用8~15 m。

3. 坝基防渗帷幕和排水

坝基的防渗帷幕和排水设计,应以坝区的工程地质、水文地质条件和灌浆试验资料为依据,结合水库功能、坝高综合考虑防渗和排水的相互作用,经分析研究确定帷幕和排水的设置。

防渗帷幕应符合下列要求:

(1)减少坝基和绕坝渗漏,防止其对坝基及两岸边坡稳定产生不利影响。

(2)防止在坝基软弱结构面、断层破碎带、岩体裂隙充填物以及抗渗性能差的岩层中产生渗透破坏。

(3)在帷幕和坝基排水的共同作用下,使坝基面渗透压力和坝基渗漏量降至允许值以内。

(4)具有连续性和耐久性。

岩体相对隔水层的透水率(q)根据不同坝高可采用下列标准:坝高在100 m以上,q为1~3 Lu;坝高为50~100 m,q为3~5 Lu;坝高在50 m以下,q为5 Lu。

防渗帷幕布置和深度,当坝基下存在可靠的相对隔水层时,防渗帷幕一般应伸入到该岩层内 3 ~ 5 m。

排水孔宜设置在基础灌浆廊道的帷幕下游侧，以充分降低坝基渗透压力并排除渗水，但应注意防止渗透变形。尾水位较高的坝，可在主排水幕下游坝基面上设置由纵、横向廊道组成的副排水系统，采取抽排措施。当高尾水位历时较久时，还应在坝趾增设一道防渗帷幕。主排水幕可设一排，副排水幕视坝高可设 1 ~3 排。主排水孔的孔距可为 2 ~3 m，副排水孔的孔距可为 3 ~5 m。

主排水孔深为帷幕深的 2/5 ~3/5 倍；坝高 50 m 以上的坝基主排水孔深，不宜小于 10 m。当坝基内存在裂隙承压水层、深层透水区时，除加强防渗措施外，排水孔宜穿过此部位。副排水孔深可为 6 ~12 m。

在岸坡坝段的坝体内应设置横向排水廊道，并向岸坡内钻排水孔和设置专门的排水设施，使渗水靠近基础面排至坝体外，必要时可在岸坡山体内设置排水隧洞，并钻设排水孔。

当排水孔的孔壁有塌落危险或排水孔穿过软弱结构面、夹泥裂隙时，应采取相应的保护措施，如孔内设滤层等。

4. 断层破碎带和软弱结构面处理

(1)坝基范围内的断层破碎带或软弱结构面，应根据其所在部位、埋藏深度、产状、宽度、组成物性质以及有关试验资料，研究其对上部结构的影响，结合施工条件进行专门处理。在地震设计烈度为 8 度以上的区域，其处理要求应适当提高。低坝的断层破碎带处理要求，可适当降低。

(2)倾角较陡的断层破碎带，可用下述方法处理：

①坝基范围内单独出露的断层破碎带，其组成物质主要为坚硬构造岩，对基础的强度和压缩变形影响不大时，可将断层破碎带及其两侧风化岩体适当挖除。

②断层破碎带规模不大，但其组成物质以软弱的构造岩为主，且对基础的强度和压缩变形有一定影响时，可用混凝土塞加固，塞深可采用 1.0 ~1.5 倍断层破碎带的宽度或根据计算确定。

贯穿坝基上、下游的纵向断层破碎带的处理，宜在上、下游坝基外适当扩挖。

③断层破碎带的规模较大，或为断层交汇带，影响范围较广，且其组成物质主要是软弱构造岩，并对基础的强度和压缩变形有较大的影响时，必须进行专门的处理设计。

(3)提高深层缓倾角软弱结构面稳定性的处理方法有：①提高软弱结构面抗剪能力；②增加尾岩抗力；③提高软弱结构面抗剪能力与增加尾岩抗力相结合。

(4)根据软弱结构面埋深不同可分别采取混凝土置换、混凝土深齿墙、混凝土塞等措施，增加软弱结构面抗剪能力；必要时也可采取抗滑桩、预应力锚索、化学灌浆等措施，保证沿软弱结构面的抗滑稳定。当采用规模较大的混凝土塞、大齿墙或混凝土洞塞进行缓倾角软弱结构面的处理时，应制定相应的温度控制等施工措施，并进行接触灌浆。

(5)伸入水库区内的断层破碎带或软弱结构面，有可能造成渗漏通道并使地质条件恶化时，应进行专门的防渗处理。

当断层破碎带规模较大、倾角较陡时，可用防渗墙处理。当断层破碎带或软弱结构面内微裂隙较多或蓄水运行后的坝基发现有未处理好的断层破碎带或节理密集带发生泥化，用水泥灌浆难以达到预期效果时，可用超细水泥灌浆或化学灌浆。

5. 岩溶地区的防渗处理

防渗处理的方式有防渗帷幕灌浆和防渗墙两类,应根据溶洞的规模、溶缝透水性程度等条件选定。对存在岩溶洞穴或具有强透水性的溶缝,可采用混凝土防渗墙或高压灌浆填塞等措施处理。当坝基帷幕轴线上存在连通上、下游的岩溶洞穴或强透水性的溶缝,且埋藏较深不宜明挖时,可采用逐层洞挖,逐个回填混凝土,形成连续防渗墙,也可采用槽式洞挖后回填混凝土,形成防渗墙。

6. 提高坝基抗滑稳定性的工程措施

为了提高坝体的抗滑稳定性,常采取的工程措施有:①利用水重,将坝的上游面做成倾向上游,利用坝面上的水重来提高坝的抗滑稳定性;②利用有利的开挖轮廓线;③设置齿墙;④抽水措施,降低坝基浮托力;⑤加固地基;⑥横缝灌浆;⑦预加应力措施等。

第三节 拱 坝

拱坝指固接于基岩的空间壳体结构,在平面上呈拱向上游的拱形,其拱冠剖面呈竖直或向上游凸出的曲线形,坝体结构既有拱作用又有梁作用,其所受水平荷载一部分通过拱的作用压向两岸,另一部分通过竖直梁的作用传到坝底基岩。坝体的稳定主要依靠两岸拱端的反力作用,并不全靠坝体自重来维持。拱坝按坝面曲率分为单曲拱坝、双曲拱坝、变曲率拱坝。单曲拱坝指水平截面呈曲线形,竖向悬臂梁截面不弯曲的拱坝。双曲拱坝指水平截面和竖向截面均呈曲线形的拱坝。变曲率拱坝是由抛物线、椭圆、双曲线、多心圆、对数螺线、统一二次曲线或其他变曲率的水平拱圈所组成的拱坝。

一、拱坝布置、设计基本要求及安全标准

(一)拱坝布置

拱坝布置设计包括坝线选择、平面布置、拱坝体型选择、泄洪建筑物布置及引水发电建筑物布置等有关内容。

1. 拱坝布置的一般规定

拱坝宜修建在河谷较狭窄、地质条件较好的坝址上,坝轴线应选在河谷两岸较厚实的山体上。

拱坝的布置应根据地形、地质、水文等自然条件及枢纽的综合利用等要求,进行全面技术经济比较,选择最优方案,并且应符合下列要求:①泄洪方式的选择,应根据泄洪量大小,结合工程具体情况确定。除有明显合适的岸边泄洪通道外,宜首先研究采用拱坝坝身泄洪的可行性。②与拱坝相邻的其他建筑物布置,应分析研究其对拱坝应力及拱座稳定的影响。③应分析研究拱坝两岸山体存在不利结构面、缓倾角节理、软弱夹层和下游临空面等因素对拱坝布置的影响,以及采取拱座加固措施的可行性。④应分析研究施工导流、工程施工等对拱坝布置的影响。

最终选定的1、2 级拱坝布置方案,应进行水工模型试验;3 级拱坝必要时也应进行水工模型试验。

拱坝设计应进行优化,在满足坝体应力、拱座稳定的条件下,选择最优体型。

2. 拱坝体型选择

拱坝体型应根据坝址河谷形状、地质条件、拱座稳定、坝体应力、泄洪布置以及施工条件等因素进行选择。

河谷的形状特征常用坝顶高程处的河谷宽度 L 与最大坝高 H 的比值，即宽高比 L/H 来表示。一般情况下，$L/H<1.5$ 的河谷称为V形河谷，L/H 等于1.5～3.0的河谷称为梯形河谷，L/H 等于3.0～4.5的河谷称为U形河谷。拱坝的厚薄程度常用拱坝最大坝高处的坝底厚度 T 与坝高 H 之比来表征。$T/H<0.2$ 的拱坝称为薄拱坝，T/H 等于0.2～0.35的拱坝称为中厚拱坝，$T/H>0.35$ 的拱坝称为厚拱坝。

根据坝址河谷形状选择拱坝体型时，应符合下列要求：①V形河谷，可选用双曲拱坝；②U形河谷，可选用单曲拱坝；③介于V形和U形之间的梯形河谷，可选用单曲拱坝或者双曲拱坝；④当坝址河谷对称性较差时，坝体的水平拱可设计成不对称的拱，或采取其他措施；⑤当坝址河谷形状不规则或河床有局部深槽时，宜设计成有垫座的拱坝。

当地质、地形条件不利时，选择拱坝体型应符合下列要求：①可采用两端拱圈呈扁平状、拱端推力偏向山体深部的变曲率拱坝；②可采用拱端逐渐加厚的变厚度拱或设垫座的拱坝；③当坝址两岸上部基岩较差或地形较开阔时，可设置重力墩或推力墩与拱坝连接。

拱坝体型设计应符合下列要求：①必要时采用坝体应力变化平缓的变厚度、变曲率拱；②水平拱圈最大中心角应根据稳定、应力、工程量等因素，选为75°～110°，拱端内弧面的切线与利用岩面等高线的夹角不应小于30°，若夹角小于30°，应专门研究拱座的稳定性，调整坝体作用于拱座上的各种作用力的合力方向；③合理设计垂直悬臂梁断面，在满足施工期自重拉应力控制标准及坝表孔布置的要求下，可选取较大的下游面倒悬度（水平比垂直），悬臂梁上游面倒悬度不宜大于0.3∶1。

根据坝体应力、拱座稳定及工程具体条件，可采用抛物线、椭圆、双曲线、多心圆、对数螺线、统一二次曲线等变曲率拱型。

（二）拱坝设计基本要求

（1）应充分掌握建坝地区的各项基本资料（包括水文气象、泥沙、地形、地质、地震、建筑材料、施工条件、运行要求、环境保护，以及坝址上下游梯级衔接要求等），特别是坝区的工程地质和水文地质条件。

（2）应优选枢纽布置和拱坝布置，根据坝址地形、地质、水文等自然条件及枢纽的综合利用等要求，进行全面技术经济比较，选择最优方案。

（3）应认真分析拱坝的稳定和应力，合理选择拱坝建基面和拱坝体型，做好基础处理设计。拱座岩体应具有足够的稳定性。拱坝体型设计应使坝体应力分布尽可能均匀，最大压应力应不大于坝体混凝土的允许压应力，最大拉应力不超过允许拉应力。

（4）应重视高拱坝的泄洪消能及雾化影响研究。泄洪消能布置应尽可能减少对拱坝坝肩、坝基稳定的不利影响，并保证工程安全；应做好坝体防洪安全设计和泄洪消能防冲设计，并注意研究薄拱坝坝身泄洪产生的结构问题。

（5）应做好高地震区拱坝的抗震防震设计，研究降低或放空库水的设施。

（6）应提出对坝体混凝土质量和温度控制的要求，并应考虑坝体浇筑和接缝灌浆顺序、施工蓄水过程中坝体自身的稳定和应力以及度汛问题，应力求简化坝体结构，方便施工。

（7）应合理布置安全监测系统，认真做好安全监测设计。

(8)应在不断总结实践经验和进行科学试验的基础上,积极运用新技术、新材料。

(三)拱坝设计安全标准

1. 单一安全系数法

1)拱坝应力控制标准

拱坝应力分析应以拱梁分载法或有限元法计算成果,作为衡量强度安全的主要标准。

用拱梁分载法计算时,坝体的主压应力和主拉应力应符合下列应力控制指标的规定:

(1)容许压应力。混凝土的容许压应力等于混凝土的极限抗压强度除以安全系数。混凝土极限抗压强度,指90 d龄期15 cm立方体的强度,保证率为80%。对于基本荷载组合,1、2级拱坝的安全系数采用4.0,3级拱坝的安全系数采用3.5;对于非地震情况特殊荷载组合,1、2级拱坝的安全系数采用3.5,3级拱坝的安全系数采用3.0。

(2)容许拉应力。在保持拱座稳定的条件下,通过调整坝的体型来减小坝体拉应力的作用范围和数值。对于基本荷载组合,拉应力不得大于1.2 MPa;对于非地震情况特殊荷载组合,拉应力不得大于1.5 MPa。

用有限元法计算时,应补充计算"有限元等效应力"。按"有限元等效应力"求得坝体主拉应力和主压应力。容许压应力规定与用拱梁分载法计算时的规定相同,容许拉应力规定具体如下:对于基本荷载组合,拉应力不得大于1.5 MPa;对于非地震情况特殊荷载组合,拉应力不得大于2.0 MPa。超过上述指标时,应调整坝的体型,减小坝体拉应力的作用范围和数值。

拱坝应力分析除研究运行期外,还应验算施工期的坝体应力和抗倾覆稳定性。

在坝体横缝灌浆以前,按单独坝段分别进行验算时,坝体最大拉应力不得大于0.5 MPa,并要求在坝体自重单独作用下,合力作用点落在坝体厚度中间的2/3范围内。

坝体横缝灌浆前遭遇施工洪水时,坝体抗倾覆稳定安全系数不得小于1.2。

地震区的拱坝应力分析及其控制指标,可参照《水工建筑物抗震设计规范》(SL 203—97)的规定执行。当拱坝设有重力墩时,重力墩的应力和稳定分析,应符合《混凝土重力坝设计规范》(SL 319—2005)的规定。

2)坝肩抗滑稳定控制标准

采用刚体极限平衡法进行抗滑稳定分析时,1、2级拱坝及高拱坝,应按抗剪断公式计算,其他可按抗剪断或抗剪进行计算,相应安全系数应符合表6-10的规定。

表6-10 抗滑稳定安全系数

荷载组合		建筑物级别		
		1	2	3
按抗剪断公式	基本	3.50	3.25	3.00
	特殊(非地震)	3.00	2.75	2.50
按抗剪公式	基本	—	—	1.30
	特殊(非地震)	—	—	1.10

拱座抗滑稳定分析应按空间问题计算可能滑动块体抗滑稳定安全系数。拱座无特定的滑裂面或作初步估算时,可简化为平面问题进行核算。此时如个别断面的安全系数不满足

表6-10的要求，可根据具体情况确定采取处理措施的必要性。必要时，可分析滑裂面上的局部(点)安全系数，研究可能进入破坏状态的区域、范围及过程。

2. 分项系数极限状态法

1)混凝土拱坝应力控制标准

拱坝应力按分项系数极限状态表达式进行控制，无论是拱梁分载法或有限元法，拱坝应力都应满足下列表达式要求：

$$\gamma_0\psi S(\cdot) \leqslant \frac{1}{\gamma_d}R(\cdot) \tag{6-15}$$

此外，持久状况、基本组合情况下，采用拱梁分载法计算时，坝体最大拉应力不得大于1.2 MPa；采用有限元法计算时，经等效处理后的坝体最大拉应力不得大于1.5 MPa。短暂状况、基本组合情况下，未封拱坝段最大拉应力不宜大于0.5 MPa。如不能满足上述要求，应采取各种可行措施，降低坝体拉应力。

如仅有坝面个别点的拉应力不能满足要求，则应研究坝体可能开裂的范围，评价裂缝的稳定性和对坝体的影响，任何情况下开裂不能扩展到坝体上游帷幕线。

对于200 m以上的高坝，其拉应力控制标准应作专门研究。地震情况下拱坝应力分析及其应力控制指标，应符合《水工建筑物抗震设计规范》(DL 5073—2000)的有关规定和要求。

2)抗滑稳定控制标准

用刚体极限平衡法分析拱座稳定时，1、2级拱坝及高拱坝应满足承载能力极限状态设计表达式，即式(6-16)，其他则应满足承载能力极限状态设计表达式，即式(6-16)或式(6-17)。

$$\gamma_0\psi\sum T \leqslant \frac{1}{\gamma_{d1}}\left(\frac{\sum f_1 N}{\gamma_{m1f}} + \frac{\sum C_1 A}{\gamma_{m1c}}\right) \tag{6-16}$$

$$\gamma_0\psi\sum T \leqslant \frac{1}{\gamma_{d2}}\frac{\sum f_2 N}{\gamma_{m2f}} \tag{6-17}$$

式中 γ_0——结构重要性系数，对应于安全级别为1、2、3级的建筑物，分别取1.1、1.0、0.9；

ψ——设计状况系数，对应于持久状况、短暂状况、偶然状况，分别取1.00、0.95、0.85；

T——沿滑动方向的滑动力，1×10^3 kN；

f_1——抗剪断摩擦系数；

N——垂直于滑动方向的法向力，1×10^3 kN；

C_1——抗剪断黏聚力，MPa；

A——滑裂面的面积，m^2；

f_2——抗剪摩擦系数；

γ_{d1}、γ_{d2}——两种计算情况的结构系数；

γ_{m1f}、γ_{m1c}、γ_{m2f}——两种表达式的材料性能分项系数。

式(6-16)中的抗剪断强度参数，应按材料的峰值强度平均值采用。

式(6-17)中的抗剪强度参数，应按下述特性采用：

(1)对脆性破坏的材料，采用比例极限。

(2)对塑性或脆塑性破坏的材料,采用屈服强度。

(3)对已经剪切错断过的材料,采用残余强度。

采用式(6-16)、式(6-17)进行计算时,相应的分项系数应满足表6-11的规定。

表6-11 抗滑稳定分项系数

按式(6-16)	γ_{m1f}	2.4
	γ_{m1c}	3.0
	γ_{d1}	1.2
按式(6-17)	γ_{m2f}	1.2
	γ_{d2}	1.1

注:有关地震组合情况下的各项分项系数应按《水工建筑物抗震设计规范》(DL 5073—2000)规定执行。

二、拱坝坝体结构及构造设计

(一)坝顶布置

坝顶高程应不低于校核洪水位。

非溢流段坝顶宽度应根据剖面设计,满足运行、交通要求确定,但不宜小于3 m。

溢流坝段应结合溢流方式,布置坝顶工作桥、交通桥,其尺寸必须满足泄流、设备布置、运行操作、交通和监测检修等要求。

(二)横缝、纵缝与接缝灌浆

1. 横缝和纵缝布置的原则

为便于施工期间混凝土散热和降低收缩应力,防止混凝土产生裂缝,需要分段浇筑,各段之间设有收缩缝,收缩缝有横缝和纵缝两类。横缝是半径向或近于半径向的,间距一般取15~20 m。横缝底部缝面与地基面的夹角不得小于60°,并宜接近正交。对厚度大于40 m的拱坝,可考虑设置纵缝。当施工有可靠的温控措施和足够的混凝土浇筑能力时,可不受此限制。

2. 接缝灌浆

横缝和纵缝都必须进行接缝灌浆。灌浆时坝体温度应降到设计规定值,缝的张开度不宜小于0.5 mm。缝两侧坝体混凝土龄期,在采取有效措施后,不宜少于4个月。灌浆浆液结石达到预期强度后,坝体方能挡水受力。

(三)坝内廊道及交通

拱坝坝内廊道设置应兼顾基础灌浆、排水、安全监测、检查维修、运行操作和坝内交通等多种用途。坝内应设置基础灌浆廊道,对于中、低高度的薄拱坝,也可不设廊道。廊道与坝内其他孔洞门的净距离不宜过小,应通过应力分析确定。

(四)坝体止水和排水

横缝上游面、校核尾水位以下的横缝下游面、溢流面以及陡坡段坝体与边坡接触面等部位,均应设置止水片。止水片应根据其重要性、作用水头、检修条件等因素确定止水材料和布置型式。横缝止水或基础止水必须与坝基妥善连接,止水片埋入基岩深度宜为30~50 cm,必要时止水槽混凝土与基岩之间插锚筋连接。

廊道排水系统应由排水管与各层廊道排水沟组成。坝身宜设置竖向排水管，管距宜为2.5～3.5 m，排水管内径宜为15～20 cm，应与廊道分层连通。廊道底面高于校核尾水位时，可采用自流排水；廊道底面低于校核尾水位时，应设集水井并由水泵抽排。

（五）坝体混凝土及分区设计

（1）坝体混凝土可根据应力分布情况或其他要求，设置不同的混凝土分区。坝体混凝土标号分区设计应以强度为主要控制指标，混凝土的其他性能指标应视坝体不同部位的要求作校验，必要时可提高局部混凝土的性能指标，设不同标号分区。

（2）高拱坝拱冠与拱端坝体应力相差较大时可设不同标号区。坝体厚度小于20 m时，混凝土标号不宜分区。同一层混凝土标号分区最小宽度不宜小于2.0 m。

（3）坝体混凝土应满足强度、热学、抗渗、抗冻、抗冲刷、抗侵蚀、抗化学反应破坏等物理力学性能和耐久性要求。未经专门论证，坝体混凝土不得使用碱活性骨料。

（4）根据坝体承受水压力作用的时间，用90 d龄期的试件测定抗渗等级。对于中、低坝，其混凝土抗渗等级不低于P6；对于高坝，其混凝土抗渗等级不低于P8。对承受侵蚀水作用的建筑物，其抗渗等级应进行专门的试验论证。

（5）大坝混凝土抗冻等级，应根据气候分区、冻融循环次数、表面局部小气候条件、水分饱和程度、所在部位的重要性和检修难易程度等因素进行选择。

（6）抗冻混凝土必须外加引气剂，其水泥、掺合料、外加剂的品种和数量，水胶比、配合比及含气量应通过试验确定。

（7）混凝土最大水胶比不应大于表6-12所列规定值。在环境水有侵蚀性情况下，应选择抗侵蚀性能较好的水泥。

表6-12　混凝土最大水胶比

气候分区	混凝土部位				
	水上	水位变化区	水下	基础	抗冲
严寒和寒冷地区	0.50	0.45	0.50	0.50	0.45
温和地区	0.55	0.50	0.50	0.50	0.45

（六）拱座稳定分析

抗滑稳定分析中的滑动体边界，常由若干个滑裂面和临空面组成。滑裂面为岩体内的各种结构面，尤其是软弱结构面；临空面为地表或软弱结构面。滑裂面应在工程地质勘测的基础上，经过研究得出最可能的滑动破坏形式之后确定。拱座稳定分析所需的岩石力学指标（包括抗压、抗剪、抗拉强度、变形模量、泊松比和渗透系数等），应通过取样进行原位或室内试验取得。1、2级拱坝，对影响拱座稳定的主要结构面，应通过原位试验取得。结合岩体实际情况、蓄水后可能的变化以及所采取的工程处理措施，并参照类似工程的经验，由设计、地质、试验人员共同研究确定。

三、拱坝坝身泄水建筑物型式

拱坝泄水、泄洪建筑物分为坝身（表孔、中孔、深孔）式、岸边式和隧洞式三大类。常用的拱坝坝身孔口泄流方式有坝顶泄流、坝身孔口泄流、坝面泄流、坝肩滑雪道泄流、坝后厂顶溢流（厂前挑流）等。坝身式泄水建筑物按其进水口所处部位和水力学特性等因素，可分为表孔、浅孔、中孔、深孔和底孔等型式。拱坝泄水建筑物宜优先考虑采用坝身孔口泄洪方式。

坝身表孔和浅孔可设计为坝顶挑流或跌流，也可设计为沿坝面或滑雪道泄流。表孔设置胸墙且胸墙起挡水作用时，应按浅孔设计。表孔的堰面曲线宜采用幂曲线，浅孔的堰面曲线宜采用抛物线。

深式泄水孔（包括中孔、深孔和底孔）宜设计成有压孔。对于厚拱坝也可设计成短有压孔接无压孔，但应避免无压孔内出现明、满流交替现象。无压孔在平面上宜作直线布置，其出口宜高出下游水位，并应防止在孔内出现水跃。深式泄水孔应在进口处设置事故检修门。

在满足混凝土分层分块及细部构造要求和方便施工的前提下，坝身泄水孔可采取非径向布置、有压段中心线适当偏转等结构措施。采用挑流或跌流消能方式时，出口段可采取扩散、收缩（宽尾墩、窄缝坎等）、差动、斜切或扭曲等结构措施。

四、拱坝消能防冲结构设计

泄水建筑物的下游应设置相应的消能防冲设施，避免过坝水流对下游河床冲刷，危及枢纽建筑物和岸坡的安全。通常采用的消能方式有挑流、跌流、底流、戽流等，应结合坝高、河床和两岸地形、地质条件、河道水深、水位变化情况，并考虑过船、过木、排沙、排污等因素综合研究确定。

长期淹没于水下的消能防冲设施（如消力池、水垫塘、消力戽、短护坦、二道坝等），应提供检查及维修的方便条件。拱坝泄洪宜采用多种泄水建筑物相结合的布置型式。坝身式泄水建筑物宜采用挑流、跌流消能方式。深式泄水孔也可采用底流、戽流消能方式。多种坝身泄水孔联合运行时，宜采用同高程孔口泄流左右对冲消能，或不同高程孔口泄流上下对冲消能，或高孔跌流配合低孔的底流、面流消能等组合消能方式。

（1）挑流消能。挑流消能方式适用于坚硬基岩上的高、中坝。拱坝挑流消能设计应对各级流量工况进行水力计算，包括估算水舌挑射距离、范围以及最大冲坑深度等，鼻坎的设置高程应能保证自由挑流。

（2）跌流消能设计。下游宜设置水垫塘，应对各级流量进行水力计算，估算水舌抛射距离、范围和最大冲坑深度等。

（3）人工水垫塘设计。应对各级流量进行水力计算，估算水垫塘的长度、宽度、深度和动水压力等，并应通过水工模型试验验证。水垫塘末端必要时可设置二道坝且应具备检查维修的条件。水垫塘两岸边坡应采取防护措施，以防止泄洪雾化的影响。

（4）底流消能。适用于坝体下游有软弱基岩、下游水位流量关系较稳定的河道。设计应对各级流量进行水力计算，确定护坦高程、长度、边墙或导墙顶高程及尾水淹没度等。有排冰或排漂要求时，不宜采用底流消能。

1、2 级拱坝或高坝以及有水流向心集中情况者，其护坦长度、边墙高度及消能工的体型尺寸和位置等，应经水工模型试验验证。

（5）戽流消能。适用于坝体下游尾水较深，且下游河床和两岸有一定的抗冲能力的情况。其设计应根据各级流量选择适当的戽半径、戽底高程、戽唇挑角和坎高等，并经水工模型试验确定。

（6）防冲护岸措施消能工（消力池、水垫塘等）。下游河道的流速仍然较大或流态较建坝前恶化时，应研究确定可能被冲刷的河段范围，并采取相应的防冲护岸措施。

（7）对于泄水和消能建筑物，应注意因高速水流发生空蚀破坏的问题。应严格控制高速水流过流面的不平整度，对于明流泄水建筑物，流速大于 35 m/s 时应采取掺气减蚀措施。在多泥沙河流上，泄水建筑物应考虑挟沙水流磨损，以及推移质的跳跃冲击与空蚀的联合作用。

（8）拱坝挑流、跌流消能，特别是高拱坝空中对冲消能的泄洪雾化问题，应进行专门研究，确定雾化范围和强度分布。应充分研究泄洪雾化对枢纽建筑物、下游两岸山体、电气设备、输电线路、交通道路和各种洞口等的不利影响，必要时应采取相应的防护措施。

五、拱坝基础处理原则和主要方法

（一）基础处理原则及一般规定

（1）拱坝基础处理后应达到下列要求：①具有足够的强度和刚度；②满足拱座抗滑稳定和拱坝整体稳定；③具有抗渗性、渗透稳定性；④具有在水长期作用下的耐久性；⑤建基面平顺，避免不利的应力分布。

（2）基础处理设计应根据坝址地质条件和基岩的物理力学性质，通过拱坝结构分析和稳定分析，兼顾相邻建筑物的布置，施工技术等因素，选择安全、经济和有效的处理方案。

（3）岩溶地区的基础处理，宜选择有效的勘测、试验手段，查明基础范围溶蚀、洞穴、暗河系统、连通管道以及地下水位等基本情况，经分析论证，选择有效的处理方案。

（4）基础处理的措施，通常有不宜利用岩体的挖除、建基面的形状控制、设置相关连接建筑物（如垫座、推力墩、重力墩等）、坝基固结灌浆、接触灌浆、基础防渗排水、软弱层带的混凝土置换处理（包括用混凝土置换、高压水泥灌浆等）、预应力锚固等。

（5）基础处理设计应明确施工质量控制和检测方法。

（6）应进行坝肩上、下游边坡稳定分析，并采取适当的支护措施。

（二）基础处理主要方法

1. 坝基开挖

（1）根据坝址具体地质情况，结合坝高，选择新鲜及微风化或弱风化中、下部的基岩作为建基面。高坝应开挖至Ⅱ类岩体，局部可开挖至Ⅲ类岩体。中低坝可适当放宽。拱坝建基面宜开挖成径向面，如图 6-5 所示。如拱端厚度较大而使开挖量过多或考虑开挖后边坡的稳定要求，也可采用非全径向开挖，非径向角 $\alpha \leqslant 30°$，非径向面与拱坝中心线的夹角 $\beta \geqslant 10°$。

（2）基岩面的起伏差应小于 0.3～0.5 m。拱座基岩面的等高线与拱端内弧切线的夹角不宜小于 30°。

（3）坝基开挖设计应对控制爆破提出要求，并在现场试验和施工过程中不断对爆破参数进行调整，以减轻开挖爆破引起的建基面岩体的破坏。

（4）坝址位于高地应力地区时，应对初始地应力场及基坑开挖的二次应力场，结合基岩岩性进行研究分析，避免开挖过程中因应力释放严重破坏基岩岩体。坝基开挖爆破设计宜采用预裂爆破的方式。

（5）应对开挖后的坝基地质条件进行复核和补充评价，进一步落实基础处理方案。

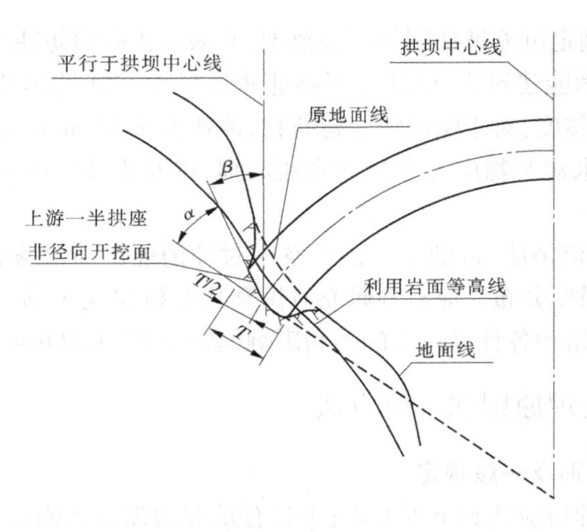

图 6-5　拱座利用岩面形状示意

2. 固结灌浆和接触灌浆

一般要求对拱坝坝基进行全面的固结灌浆，断层破碎带及其两侧影响带应加强固结灌浆。固结灌浆孔的孔距、排距一般为 2 ~ 4 m，固结灌浆孔的孔深宜采用 5 ~ 8 m。固结灌浆孔宜布置成梅花形。灌浆孔方向应根据主要裂隙产状，穿过较多的裂隙。灌浆压力在保证不掀动岩石的情况下，宜采用较大值，一般为 0.2 ~ 0.4 MPa，有混凝土盖重时，可取 0.3 ~ 0.7 MPa。

对于坝体与陡于 50° ~ 60°的岸坡间和上游侧的坝基接触面以及基岩中所有槽、井、洞等回填混凝土的顶部，均需进行接触灌浆，以提高接触面的强度，减少渗漏。接触灌浆应在坝体混凝土浇筑到一定高度、混凝土充分收缩、钻排水孔之前进行。有条件时，可利用帷幕灌浆孔与部分固结灌浆孔进行接触灌浆。

3. 防渗帷幕

防渗帷幕应符合下列基本要求：①减少坝基渗漏量和绕坝渗漏量，减小坝基渗流对坝基及两岸边坡稳定的不利影响；②防止坝基软弱夹层、断层破碎带、岩体裂隙充填物等软弱层带可能产生的渗透破坏；③在帷幕和坝基排水的共同作用下，控制坝基渗透压力在允许值以内；④具有可靠的连续性和足够的耐久性。

坝基和两岸的防渗帷幕宜采用水泥灌浆；在水泥灌浆达不到设计防渗要求时，可采用化学材料补充灌浆，但应防止污染环境。帷幕线的位置应布置在压应力区，且靠近上游面。

防渗帷幕的深度及两岸坝头延伸长度应符合下列规定：①坝基下存在相对隔水层时，防渗帷幕应伸入该岩层内不少于 3 ~ 5 m；②两岸山体防渗帷幕应延伸到相对隔水层，或正常蓄水位与地下水位交汇处，并适当留有余地；③当坝基下相对隔水层埋藏较深或分布无规律时，帷幕深度可参照渗流计算结果，并考虑工程规模、地质条件、地基的渗透性、排水条件等因素，按坝前静水头 3/10 ~ 7/10 选择，对地质条件特别复杂地段的帷幕深度应进行专门论证。

防渗帷幕及其下部相对隔水层岩体的透水率 q，根据不同坝高可采用下列标准：坝高在 100 m 以上，$q = 1 \sim 3$ Lu；坝高为 50 ~ 100 m，$q = 3 \sim 5$ Lu；坝高在 50 m 以下，$q \leq 5$ Lu。抽水蓄能电站或水源短缺水库可适当提高标准。

帷幕灌浆孔的排数,对于完整性好、透水性弱的岩体,中坝及低坝可采用1排,高坝可采用1~2排;对于完整性差、透水性强的岩体,低坝可采用1排,中坝可采用1~2排,高坝可采用2~3排。当帷幕由主、副帷幕组合而成时,副帷幕孔深可取主帷幕孔深的1/2。

帷幕孔距宜采用1.5~3.0 m,排距应略小于孔距。软弱层带部位可适当加密孔距。帷幕钻孔方向宜倾向上游,顶角宜在0°~15°选择,宜穿过岩层的主要裂隙和层理面。

帷幕灌浆顶段的灌浆压力不宜小于1.5倍的坝前静水头;孔底段不应小于2倍的坝前静水头,但不宜大于6.0 MPa,且不得抬动岩体。

4. 坝基排水

正常情况下,防渗帷幕的下游应布置坝基排水,设1排主排水孔,必要时加设1~3排辅助排水孔。

主排水幕排水孔的孔距宜采用2~3 m,副排水幕排水孔的孔距宜采用3~5 m。主排水孔孔深宜为帷幕孔深的2/5~3/5;坝高50 m以上的坝基主排水孔孔深不应小于10 m,副排水孔孔深宜为主排水孔孔深的7/10。

排水孔的开孔位置与帷幕下游侧的距离不宜小于2 m。对高坝以及两岸地形较陡、地质条件较复杂的中坝,宜在两岸布置多层纵横向排水平硐。

当排水孔的孔壁不稳定或排水孔穿过软弱层带区时,应采取孔壁保护措施。排水孔应在其相应部位的接触灌浆、固结灌浆、帷幕灌浆等完成后钻孔。

5. 断层破碎带、软弱夹层的处理

(1)对于坝基范围内的断层破碎带或软弱夹层,应根据其产状、宽度、充填物性质、所在部位和有关的试验资料,分析研究其对坝体和地基的应力、变形、稳定与渗漏的影响,并结合施工条件,采用适当的方法进行处理。

(2)一般情况下,位于坝肩部位的断层破碎带比位于河床部位的断层破碎带对拱坝的安全影响大;缓倾角比陡倾角断层的危害性严重;位于坝趾附近的断层破碎带比位于坝踵附近的断层破碎带对坝体应力和稳定更为不利;断层破碎带宽度愈大,对应力和稳定的影响也愈严重。软弱层带的处理应根据其特性、规模、位置及对拱坝的危害程度等因素,选择高压固结灌浆、化学灌浆、断层塞、混凝土置换、抗剪(抗滑)或传力混凝土结构、锚固等处理措施或综合处理措施。对特殊的地基,还需进行专门的研究。

(3)对倾角较陡的一定规模的软弱层带,宜采取以下处理措施:

①断层组成物为胶结良好、质地坚硬的角砾岩、片状岩、碎块岩等构造岩,对整个坝基的传力、稳定和变形的影响较小时,可将表层较破碎的部分挖除,进行混凝土塞局部置换处理,如有必要可对两侧及深层岩体进行高压固结灌浆。

②断层组成物为糜棱岩、断层泥等软弱构造岩,对整个坝基的强度、稳定和变形有较明显影响时,可采用挖除断层物质,回填混凝土(即置换法)、高压水泥灌浆、高喷冲洗灌浆等处理方法,必要时可增加化学灌浆处理(如环氧类浆材)。高坝的处理方案应根据坝高、断层部位、产状、性质和规模等,通过相应的计算或模型试验进行论证;中、低坝可参照其他工程的经验,综合研究后确定。

③采用置换法处理断层破碎带,开挖时应注意减少对完好岩体的损伤,开挖后应及时回填混凝土,应加强置换混凝土与基岩结合面的回填灌浆、接触灌浆及围岩固结灌浆。当混凝土回填规模较大时,应制定相应的温度控制、固结灌浆、接触灌浆与观测等措施。

（4）对倾角较平缓的断层破碎带或软弱夹层，应根据其埋藏深浅和力学参数以及对坝体应力、坝基变形和抗滑稳定性的影响程度，可采用抗剪（抗滑）混凝土结构、锚固及局部加强防渗排水等处理措施。

（5）当坝基内的软弱层带有可能成为坝基渗漏通道时，应根据断层破碎带或软弱夹层的具体情况、作用水头、库水侵蚀性等因素，进行专门的防渗处理（如高压冲洗置换处理、防渗井塞等）。

（6）对于局部裂隙构造发育的岩体，可采取加强固结灌浆、高压固结灌浆的处理措施。

（7）两岸拱座岩体内存在断层破碎带、层间错动等软弱结构面，影响拱座稳定安全时，必须对两岸拱座基岩采取相应的加固处理措施（如抗滑键、传力墙和高压固结灌浆等）。1、2 级拱坝或高坝工程的处理方案，应通过有限元分析或模型试验论证。

（8）两岸岩体内的顺坡向断层破碎带、节理密集带或软弱夹层，受到库水、地下水、泄洪雾化及泄洪水流冲刷等反复作用后，引发岩体滑塌而危及大坝或其他建筑物的安全时，必须采取相应的防护措施。

第四节　水工隧洞

水工隧洞包括发电引水隧洞、尾水隧洞、灌溉和供水隧洞、泄洪隧洞、排沙隧洞、施工导流隧洞等。

一、水工隧洞洞线选择与进、出口布置

（一）水工隧洞设计原则

（1）水工隧洞的级别按现行《防洪标准》（GB 50201—94）和《水利水电枢纽工程等级划分及洪水标准》（SL 252—2000）的规定执行。

地质条件特别复杂、水头和流速特别高以及失事后将会造成严重损失的隧洞，可提高一级（最高不高于 1 级隧洞）。

低水头、低流速、失事后不致造成严重损失的隧洞，可降低一级。

（2）水工隧洞设计应满足工程总体规划和环境及水土保持要求。

（二）水工隧洞洞线的选择

（1）水工隧洞的线路应根据隧洞的用途，综合考虑地形、地质、水力学、施工、运行、沿线建筑物、枢纽布置及对周围环境的影响等因素，通过技术经济比较选定。

（2）在满足枢纽布置要求的条件下，洞线应选在线路短、沿线地质构造简单、岩体完整稳定、上覆岩层厚度适中、水文地质条件有利及施工交通方便的地区。

（3）洞线布置宜避免相邻建筑物的不利影响。避免相邻建筑物的不利影响是水工隧洞设计实践中多年来遵循的原则。

（4）洞线布置应根据隧洞区岩层及主要地质构造的分布特性，满足下列要求：

①洞线与岩层层面、构造断裂面及主要软弱带走向宜有较大的交角。对整体块状结构岩体及厚层并胶结紧密、岩石坚硬完整的岩体，交角不宜小于 30°；对薄层岩体，特别是层间结合疏松的陡倾角薄岩层，交角不宜小于 45°。

②隧洞所通过地段有较大地质构造（如断层及其影响带、裂隙卸荷带、软弱构造、不整

合带）时，洞线布置应根据不利构造及其组合对隧洞围岩稳定的影响程度，并考虑施工、运行、工期、投资等各种因素，通过可行方案的技术经济比较确定。

③选择洞线时应对不同洞段可能出现的局部不稳定岩体进行分析、预测，采取适宜的工程措施，保证所选洞线顺利施工。

（5）隧洞沿线遇有断裂构造、不利构造面、软弱带、蚀变带、膨胀岩等时，应充分考虑地下水活动的影响，注意围岩的稳定条件。洞线宜避开可能造成地表水强补给的冲沟。

（6）在高地应力区，水工隧洞的轴线方向宜与最大水平地应力方向有较小交角。

（7）水工隧洞垂直和侧向最小覆盖厚度，应根据地质条件、隧洞断面形状及尺寸、施工成洞条件、内水压力、支护（衬砌）型式、围岩渗透特性等因素综合分析决定。

隧洞（有压、无压）进、出口和无压隧洞洞身，在采取了合理的施工方法和工程措施可保证施工期及运行期安全时，对垂直及侧向最小覆盖厚度不作具体规定。

有压隧洞洞身的垂直和侧向覆盖厚度（不包括覆盖层），当围岩较完整，无不利结构面，采用混凝土或钢筋混凝土衬砌时，可按不小于内水压力水头的2/5控制；无衬砌或采用锚喷衬砌时，可按不小于1.0倍内水压力水头控制。

有压隧洞洞身的垂直及侧向最小覆盖厚度应保证围岩不产生渗透失稳和水力劈裂。对高水头有压隧洞洞身，在初步设计和技施设计阶段宜通过工程类比和有限元分析，复核垂直及侧向最小覆盖厚度，满足不发生渗透失稳和水力劈裂的要求。

（8）相邻两隧洞间的岩体厚度，应根据布置需要、地质条件、围岩承受的内水压力、围岩的应力和变形、隧洞横断面尺寸和形状、施工方法和运行情况（如一洞有水临洞无水）等因素综合分析决定。岩体厚度不宜小于2.0倍开挖洞径（或洞宽）。岩体较好时，经分析岩体厚度可适当减小，但不应小于1.0倍开挖洞径（或洞宽）。应保证运行期围岩不发生渗透失稳和水力劈裂。

（9）经论证必须穿过坝基、坝肩或其他建筑物基础的水工隧洞，与建筑物基础之间的围岩应有足够的厚度，满足建筑物基础和隧洞对应力、应变、稳定和渗透的要求。不能满足要求时，应采取必要的工程措施，保证施工运行安全。

（10）洞线遇有沟谷时，应根据地形、地质、水文及施工条件进行绕沟或跨沟方案的技术经济比较。当采用跨沟方案时，应合理选择跨沟位置。对跨沟建筑物基础、隧洞的连接部位及洞脸边坡，应加强工程措施。

（11）沿河傍山地段的土洞，洞线应向山里侧内移，避免产生偏压，防止水流冲刷山体，影响洞身稳定。

（12）洞线在平面上宜布置为直线。如需要设置弯段，应符合下列要求：

①对于流速小于20 m/s的无压隧洞，弯曲半径不宜小于5.0倍洞径（或洞宽），转角不宜大于60°。对于流速小于20 m/s的有压隧洞，可适当降低要求，但弯曲半径不应小于3.0倍洞径（或洞宽），转角不宜大于60°。

②高流速无压隧洞不应设置曲线段。高流速有压隧洞设置曲线段时，其弯曲半径和转角宜通过试验确定。

③应在弯段的首尾设置直线段，其长度不宜小于5.0倍洞径（或洞宽）。

（13）洞身段设置竖向曲线时，对高流速隧洞（有压或无压），其型式和竖向曲线半径应通过试验确定。低流速有压隧洞的竖向曲线半径不宜小于5.0倍的洞径（或洞宽），低流速无压隧洞可适当降低要求。

(14)水工隧洞设置平面或竖向曲线时,其弯曲半径还应考虑施工方法和大型施工设备的要求。

(15)洞身段的纵坡应根据运用要求、上下游衔接、沿线建筑物的底部高程以及施工和检修条件等综合分析决定。

(16)布置在多泥沙河流上的排沙隧洞,其平面和竖向的转弯曲线、转弯角度、纵坡坡度均应通过水工模型试验确定。

(17)长隧洞需设置施工支洞时,支洞的数目及长度应根据隧洞沿线地形地质条件、施工方法、对外交通情况,并有利于均衡各段隧洞的工程量及工期的要求分析决定。地质条件较差时,应研究施工支洞对主洞的影响。

(18)布置水工隧洞时应考虑临时占地、永久占地、植被破坏和恢复、施工污染、运行期地下水位变化等对环境的影响和水土保持的要求。尽可能做到使原自然环境破坏较少,较易恢复且环境投资最小。

(三)进、出口布置

(1)进、出口布置应根据枢纽总体布置要求、地形地质条件,使水流顺畅、进流均匀、出流平稳,满足使用功能和运行安全的要求,并应考虑闸门、拦污清淤设备的设置及对外交通。

(2)进、出口宜选在地质构造简单、岩体完整、风化覆盖层较浅的地区,避开不良地质构造和容易发生崩塌、泥石流、危岩失稳、滑坡的地区。

(3)进、出口布置应充分考虑水工隧洞的布置。在地形地质条件较复杂的地区,应通过技术经济论证,选择最佳布置方案。

(4)进、出口洞脸和两侧边坡宜避免高边坡开挖。无法避免时,应分析开挖后的稳定性,采取相应的加固措施。

(5)进、出口应有必要的清坡范围,并采取适当的工程措施,防止覆盖层、坡积物、松动岩块等在风力、地面径流、水位变化等自然因素作用下滚落,影响其正常运行。

(6)土洞洞口应选在山坡稳定、土质条件较好处,不宜布置在卸荷带上。土洞洞口的设计边坡,应视土质和开挖高度通过边坡稳定分析确定。

(7)土洞洞口与渡槽、岩洞等建筑物连接处应设永久缝。在寒冷地区,应结合防冻要求加深洞口基础埋深,基底标高应符合《水工建筑物抗冰冻设计规范》(SL 211—2006)的规定。

(8)有压泄水隧洞的出口洞段体型设计应符合下列要求:

①若隧洞沿程体型无急剧变化,则出口段断面面积宜收缩为洞身断面的85%~90%。若沿程体型变化较大,洞内水流条件差,出口段断面宜收缩为洞身断面的80%~85%。收缩方式宜采用洞顶压坡的型式,对重要的隧洞工程宜进行水工模型试验验证。

②出口洞段的底坡宜平缓,侧向扩散宜平顺,应与下游水流良好衔接。采用突扩或底部跌落的出口时,应经过水工模型试验验证。当出口邻近主河道(主流)时,宜采用适当的出流导向措施,防止与主流对冲。

(9)泄水隧洞的出口,应根据地形地质和水力学条件、运行方式、下游水深和变幅、下游河床的抗冲能力、水流衔接、消能防冲要求以及对相邻建筑物的影响,通过技术经济比较选择适宜的消能防冲措施。

泄洪洞的出口宜采用挑流或底流消能，当条件允许时也可采用其他消能方式。采用挑流消能时，应注意减少泄水产生的雾化、泥化、溅水对其他建筑物的影响。

(10)布置泄水隧洞时，应根据可能出现的泄洪运行工况，充分研究泄水隧洞出口的位置、水流流态、冲淤范围和对相邻建筑物的影响，并宜通过技术经济比较和水工模型试验验证来确定合理方案。

(11)对有压隧洞排水补气、充水排气和无压隧洞水面线以上的通气以及其他需要通气的洞段，应估算通气面积，并留有余地。

(12)一般洞身段围岩厚度较厚，但进、出口则较薄，为增大围岩厚度而将进、出口位置向内移动，会增加明挖工作量，延长施工时间。一般情况下，进、出口顶部岩体厚度不宜小于洞径(或洞宽)。

二、水工隧洞横断面型式及尺寸

(一)横断面型式

(1)隧洞的横断面形状应根据隧洞的用途、水力学、工程地质与水文地质、衬砌工作条件以及地应力情况、施工方法等因素，通过技术经济分析确定。

(2)有压隧洞宜采用圆形断面。在围岩稳定性较好，内、外水压力不大时，可采用便于施工的其他断面形状。

无压隧洞地质条件较好时宜采用圆拱直墙式断面。地质条件较差时，可选用圆形或马蹄形断面。

(3)高地应力区采用非圆形断面时，断面的高宽比与地应力条件相适应。

(4)对发电与泄洪、导流与发电或导流与泄洪等共同的多用途隧洞，断面形状应经技术经济比较后确定，必要时宜通过水工模型试验验证。

(5)较长隧洞可采用多种断面形状和衬砌型式，但不宜过多过密。不同断面或衬砌型式之间应设置过渡段，过渡段的边界应采用平缓曲线，并便于施工。

(二)横断面尺寸

(1)水电站、抽水蓄能电站或泵站输水隧洞(引水及尾水洞)的断面尺寸，应进行经济断面论证。

(2)灌溉隧洞的横断面尺寸，应根据隧洞的进、出口高程和加大流量确定。

(3)泄洪隧洞的横断面尺寸，应在各种可能运行条件下均能满足规定的泄流能力要求，并应通过技术经济比较确定。

(4)导流隧洞的横断面尺寸，应根据导流流量的要求，结合进口高程、围堰的高度、出口水流衔接以及过木、通航、过冰、施工要求等，通过技术经济比较确定。

(5)多用途隧洞的横断面尺寸，除应满足各自的运行要求外，共用部分应通过技术经济比较确定。

(6)横断面的最小尺寸除应满足运行要求外，还应符合施工要求。圆形断面的内径不宜小于1.8 m；非圆形断面的高度不宜小于1.8 m，宽度不宜小于1.5 m。采用掘进机、架钻台车、钢模台车等较大型设备施工时，断面尺寸应通过技术经济分析确定。

(7)在低流速无压隧洞中，若通气条件良好，在恒定流情况下，洞内水面线以上的空间不宜小于隧洞断面面积的15%，且高度不应小于400 mm；在非恒定流条件下，若计算中已考虑了涌波,上述数值允许适当减小。对较长的隧洞和不衬砌或锚喷衬砌的隧洞,上述数值可适当增加。

(8)高流速无压隧洞的横断面尺寸宜通过试验确定,并宜考虑掺气的影响。在掺气水面线以上的空间,宜为断面面积的15%~25%。当采用圆拱直墙形断面时,水面线不宜超过直墙范围。当水流有冲击波时,应将冲击波波峰限制在直墙范围内。

第五节　溢洪道

溢洪道是一种最常见的泄水建筑物,用于宣泄规划库容所不能容纳的洪水,防止洪水漫溢坝顶,保证大坝安全。溢洪道分为正常溢洪道和非常溢洪道,正常溢洪道在布置和运用上又分为主溢洪道和副溢洪道。

一、溢洪道的布置原则

(一)一般规定

溢洪道型式选择与具体布置,须结合具体的水文、地形、地质、施工等条件及运用要求,通过技术经济论证选定。

河岸式溢洪道布置包括进水渠、控制段、泄槽、消能防冲设施及出水渠。

溢洪道布置应结合枢纽总体布置全面考虑,避免泄洪、发电、航运及灌溉等建筑物在布置上的相互干扰,并适当注意景观。

溢洪道布置应合理选择泄洪消能布置和型式,出口水流应与下游河道平顺连接,避免下泄水流对坝址下游河床和岸坡的严重淘刷、冲刷以及河道的淤积,保证枢纽其他建筑物的正常运行。

当具备合适的地形、地质条件时,经技术经济比较论证,溢洪道可布置为正常溢洪道和非常溢洪道。正常溢洪道的泄洪能力不应小于设计洪水标准下所要求的泄量。非常溢洪道宣泄超过设计情况的洪水,其启用标准应根据工程等级、枢纽布置、坝型、洪水特性及标准、库容特性及对下游的影响等因素确定。溢洪道启用时,水库最大总下泄量不应超过坝址同频率的天然洪水。

正常溢洪道和非常溢洪道宜分开布置,如采用集中布置,需充分论证。非常溢洪道宜采用开敞式,经论证亦可采用自溃坝式,控制段以下结构结合地形、地质条件可适当简化。

正常溢洪道在布置和运用上可分为主、副溢洪道,应根据地形、地质条件、枢纽布置、坝型、洪水特性及对下游的影响等因素研究确定。主溢洪道宜按宣泄常遇洪水泄量设计,副溢洪道宜按宣泄设计洪水泄量与主溢洪道泄量之差值设计。副溢洪道控制段以下部分的结构可根据实际条件适当简化。

溢洪道的位置应选择有利的地形和地质条件布置在岸边或垭口,并宜避免开挖而形成高边坡。对于河谷狭窄的枢纽,应重视泄洪消能布置和型式的合理选择,避免下泄水流对河床和岸坡的严重冲刷以及河道的淤积,保证其他建筑物的正常运行。当两岸坝肩山势陡峻而布置上又需要较大的溢流前缘宽度时,可采用侧槽式或其他型式的进口。溢洪道应布置在稳定的地基上,并应充分注意建库后水文地质条件的变化对建筑物及边坡稳定的不利影响。当溢洪道靠近坝肩布置时,其布置及泄流不得影响坝肩及岸坡的稳定。在土石坝枢纽中，当溢洪道靠近坝肩时，与大坝连接的接头、导墙、泄槽边墙等必须安全可靠。

溢洪道的闸门启闭设备及基础抽排水设备应设置备用电源，保证供电可靠。

（二）进水渠

进水渠的布置应遵循的原则有：①选择有利的地形、地质条件；②在选择轴线方向时，应使进水顺畅；③进水渠较长时，宜在控制段之前设置渐变段，其长度视流速等条件确定，不宜小于2倍堰前水深；④渠道需转弯时，轴线的转弯半径不宜小于4倍渠底宽度，弯道至控制堰（闸）之间宜有长度不小于2倍堰上水头的直线段。

进水渠道口布置应因地制宜，使水流平顺入渠，体型宜简单。当进口布置在坝肩时，靠坝一侧应设置顺应水流的曲面导水墙，靠山一侧可开挖或衬护成规则曲面。当进口布置在垭口面临水库时，宜布置成对称或基本对称的喇叭口形式。

进水渠底宽顺水流方向收缩时，进水渠首、末端底宽之比宜为1.5～3，在与控制段连接处应与溢流前缘等宽。底板宜为平底或不大的反坡。

紧靠土石坝坝体的进水渠，其导墙长度以挡住大坝坡脚为下限。进水渠的直立式导墙的平面弧线曲率半径不宜小于2倍渠道底宽。导墙顺水流方向的长度宜大于堰前水深的2倍，导墙墙顶高程应高于泄洪时最高库水位。

（三）控制段

控制段设计应包括控制泄量的堰（闸）及两侧连接建筑物。控制堰（闸）轴线的选定应满足下列要求：①统筹考虑进水渠、泄槽、消能防冲设施及出水渠的总体布置要求；②建筑物对地基的强度、稳定性、抗渗性及耐久性的要求；③便于对外交通和两侧建筑物的布置；④当控制堰（闸）靠近坝肩时，应与大坝布置协调一致；⑤便于防渗系统的布置，堰（闸）与两岸（或大坝）的止水、防渗排水系统应形成整体。

控制堰的型式应根据地形、地质条件、水力条件、运用要求，通过技术经济综合比较选定。堰型可选用开敞式或带胸墙孔口式的实用堰、宽顶堰、驼峰堰等型式。开敞式溢流堰有较大的超泄能力，宜优先选用。堰顶如设置闸门，应从工程安全、洪水调度、水库运行、工程投资等方面论证确定。

侧槽式溢洪道的侧堰可采用实用堰，堰顶可不设闸门。侧槽断面宜采用窄深式梯形断面，靠山一侧边坡可根据基岩特性确定，靠堰一侧边坡可取1:0.5～1:0.9。

闸墩的型式和尺寸应满足闸门（包括门槽）、交通桥和工作桥的布置、水流条件、结构及运行检修等要求。

控制段的闸墩、胸墙或岸墙的顶部高程应满足宣泄校核设计洪水位或正常蓄水位加波浪的计算高度和安全超高值。在宣泄校核洪水位时不应低于校核洪水位加安全超高值；挡水时应不低于设计洪水位或正常蓄水位加波浪的计算高度和安全超高值。影响波浪计算高度的主要因素有风速、风区长度、波长、水域水深及挡水建筑物迎水面坡度等。当溢洪道紧靠坝肩时，控制段的顶部高程应与大坝坝顶高程协调一致。

控制堰（闸）的工作桥、交通桥布置，应根据闸门启闭设备、运行、观测、检修和交通等要求确定。当有防洪抢险要求时，交通桥与工作桥必须分开设置，桥下净空应满足泄洪、排凌及排漂浮物的要求。

（四）泄槽

在选择泄槽轴线时，宜采用直线。当必须设置弯道时，弯道宜设置在流速较小、水流比较平稳、底坡较缓且无变化的部位。

泄量大、流速高的泄槽，弯道参数宜通过水工模型试验确定。泄槽的纵坡、平面及横断面布置，应根据地形、地质条件及水力条件等进行经济技术比较确定。泄槽纵坡宜大于水流的临界坡。当条件限制需要变坡时，纵坡变化不宜过多，且宜先缓后陡。

泄槽横断面宜采用矩形断面。当结合岩石开挖采用梯形断面时，边坡不宜缓于1:1.5，并应注意由此引起的流速不均匀问题。

（五）消能防冲设施

河岸式溢洪道可采用挑流消能或底流消能，亦可采用面流、戽流或其他消能型式。

消能防冲建筑物的校核洪水标准可低于溢洪道的校核洪水标准，应根据枢纽布置及泄洪对枢纽安全的影响程度具体选定。当消能防冲建筑物的局部破坏危及大坝及挡水建筑物安全时，应采用与大坝及挡水建筑物相同的校核洪水标准进行校核。

对超过消能防冲设计标准的洪水，允许消能防冲建筑物出现部分破坏，但不应危及大坝及其他主要建筑物的安全，且易于修复，不得长期影响枢纽运行。

挑流消能可用于岩石地基的高、中水头枢纽。溢洪道挑流消能设施的平面型式可采用等宽式、扩散式、收缩式。挑流鼻坎可选用连续式、差动式和各种异型鼻坎等。当采用挑流消能时，应慎重考虑挑射水流的雾化和多泥沙河流的泥雾对枢纽其他建筑物及岸坡的安全和正常运行的影响。

底流消能可用于各种地基，或设有船闸、鱼道等对流态有严格要求的枢纽。底流消能设施可采用平底式、斜坡式、扩散式、收缩式等消力池及各种型式的辅助消能工，必要时可设多级消力池，并应注意泥沙磨蚀问题。

面流消能可用于下游尾水大于跃后水深且水位变幅不大，河床及两岸在一定范围内有较高的抗冲能力，或有排冰要求的枢纽。

消力戽或戽式消能工可用于下游水深大于跃后水深，下游河床从两岸有一定抗冲能力的枢纽，有排泄漂浮物要求时不宜采用。消力戽下游宜设置导墙。

（六）出水渠

当溢洪道下泄水流经消能后不能直接泄入河道而造成危害时，应设置出水渠。选择出水渠线路应经济合理，其轴线方向应顺应下游河势。出水渠宽度应使水流不过分集中，并应防止折冲水流对河岸有危害性的冲刷。

二、溢洪道结构设计

（一）一般规定

溢洪道的结构设计，应根据布置、水力设计、地基及运用条件，结合防渗、排水、止水及锚固等工程措施，在满足安全、耐久的前提下，选用经济合理的结构型式和尺寸。

大体积混凝土的抗压强度可采用90 d龄期抗压强度值；其余部位混凝土抗压强度可采用28 d龄期抗压强度值。混凝土耐久性（抗渗、抗冻、抗腐蚀、抗冲刷等）指标取值按现行水工混凝土结构设计规范有关规定执行。

溢洪道混凝土与地基接触面、地基内岩体之间、地基内软弱夹层层面的抗剪断强度 c'、f' 的取值，可按有关规定选用；对于大中型溢洪道可行性研究报告以后各设计阶段，应根据野外及室内试验成果分析确定。

溢洪道的混凝土结构应考虑温度应力的影响，并根据当地的气候条件、结构特点、地基约束等因素，采取必要的结构措施和施工措施。

（二）进水渠衬护

进水渠渠底需要衬护时，可采用混凝土护面、浆砌块石或干砌块石等。底板衬护厚度可按构造要求确定，混凝土衬砌厚度可取 30 cm，必要时还要进行抗渗和抗浮稳定验算。

（三）控制段设计

控制段结构设计应包括：①结构型式选择和布置；②荷载计算及其组合；③稳定计算；④结构计算；⑤细部设计；⑥提出材料强度、抗冻、抗渗等指标及施工要求，特别是混凝土施工温度控制要求。

1. 控制段结构型式与布置

控制堰（闸）的结构型式可采用分离式或整体式。分离式适用于岩性比较均匀的地基，整体式适用于地基均匀性较差的情况。分离式底板，必要时应设置垂直水流向的纵缝，缝的位置和间距应根据地基、结构、气候和施工等条件确定。根据应力传递要求，分离式底板的横缝（顺水流向）可选用铅直式、台阶式、倾斜式或键槽式。控制段范围内的结构缝均应设置止水设施。

闸室的胸墙可根据运用条件选用固定式、活动式或混合式。固定式胸墙与闸墩的连接，可根据闸室结构特点采用简支或固端。胸墙应有足够的刚度，在水压力作用下，不应产生过大变形。

2. 作用在控制段上的荷载及其组合

控制段结构设计分基本荷载和特殊荷载，荷载组合应分为基本组合和特殊组合。基本组合由基本荷载组成，特殊组合由基本荷载和一种或几种特殊荷载组成。根据各种荷载实际出现的可能性，选择最不利的情况进行计算。

3. 控制段的结构计算

控制段的稳定分析可采用刚体极限平衡法。闸室基底应力及实用堰堰体应力分析可采用材料力学法，重要工程或受力条件复杂时可采用有限元法。闸墩的应力分析可采用材料力学法，大型闸墩宜采用有限元法。

（1）堰（闸）基底面的抗滑稳定安全系数 K 按抗剪断强度公式计算，其数值参见表 6-13。

表 6-13　堰（闸）基底面抗滑稳定安全系数 K

荷载组合		抗剪断强度公式计算的安全系数 K
基本组合		3.0
特殊组合	（1）	2.5
	（2）	2.3

当堰（闸）地基内存在不利的软弱结构面时，抗滑稳定需作专门研究。当堰（闸）承受双向（顺水流和垂直水流方向）荷载时，还应验算其最不利荷载组合方向的抗滑稳定性。

（2）堰（闸）基底面上的铅直正应力。当运用期在各种荷载组合情况下，基底面上的最大铅直正应力应小于基岩的容许应力，计入扬压力时最小铅直正应力应大于零。地震情况下可允许出现不大于 0.1 MPa 的铅直拉应力。

施工期基底面上最大铅直正应力应小于基岩的容许压力，基底面下游端的最小铅直正应力可容许有不大于0.1 MPa的拉应力。

（四）泄槽底板

泄槽底板的厚度应考虑溢洪道的规模及其与拦河坝的相对位置、沿线的工程地质和水文地质条件、水力特性、气候条件、水流中挟沙情况等因素，并根据类似工程经验进行类比确定。泄槽底板的厚度不应小于0.3 m。泄槽底板可采取防渗、排水、止水、锚固等必要的工程措施。泄槽底板在消力池最高水位以下的部分，应按消力池护坦设计。

泄槽底板应设置结构缝，其位置应满足结构布置要求。分块尺寸应考虑气候特点、地基约束情况、混凝土施工（特别是温控）条件，比照类似工程经验确定，其纵、横缝间距可采用10~15 m。底板的纵、横缝一般可采用平缝。当地基不均匀性明显时，横缝宜采用半搭接缝、全搭接缝或键槽缝，分缝处宜设止水。

对于可能发生不均匀沉陷或不设锚筋的泄槽底板，宜在板块上游端设置齿槽，并采用上下游板块的全搭接横缝。也可在板块上、下游端均设齿槽，但不应只在板块下游端设置齿槽。

（五）消力池护坦

消力池护坦应进行抗浮稳定复核。对设有消力齿、消力墩或尾槛的护坦，还应进行抗倾及抗滑稳定复核。采用抽排降压的护坦应复核地基的渗透稳定。必要时，应考虑排水设施局部或全部失效，作为校核情况复核护坦的稳定。

护坦的抗浮稳定安全系数 K_f 值可取1.0~1.2，应根据工程等级、枢纽布置、地基特性、计算情况等选用。

护坦分缝间距宜与泄槽底板分缝间距相同，缝中宜设止水。垂直水流向的缝宜采用半搭接缝或键槽缝，顺水流向的缝宜采用键槽缝。

三、地基及边坡处理设计

（一）地基处理

溢洪道地基处理应结合建筑物的结构和运用特点，满足各部位对承载能力、抗滑稳定、地基变形、渗流控制、抗冲及耐久性的要求。

地基处理方案应根据工程重要性、地质条件、施工条件和运用特点等因素，通过技术经济比较确定。当地基为软弱岩石或存在规模较大、性状差的断层破碎带、软弱夹层、岩溶等缺陷时，应进行专门处理设计。

地基处理应重视防渗排水设施的设计。设计排水设施应因地制宜，合理布设，便于检修，保证排水通畅。

（二）边坡处理

溢洪道的边坡必须保持稳定，对可能失稳的边坡应采取适当的处理措施。对地质条件复杂的高边坡应进行专门的研究及监测。对易风化掉块、易软化或抗冲能力低的稳定边坡，也应进行相应的防护。

地基及边坡处理，还应重视防渗排水设施的设计。设计排水设施应因地制宜、合理布设、便于检修，保证排水通畅。

第六节　水　闸

水闸是一种利用闸门挡水和泄水的低水头水工建筑物,多建于河道、渠系及水库、湖泊岸边。水闸按其所承担的任务,可分为节制闸、进水闸、分洪闸、排水闸、挡潮闸和冲沙闸等。水闸一般由闸室、上游连接段和下游连接段三部分组成。

一、水闸枢纽、闸室布置原则

(一)枢纽布置

(1)水闸枢纽布置应根据闸址地形、地质、水流等条件,以及该枢纽中各建筑物的功能、特点、运用要求等,合理安排好水闸与枢纽其他建筑物的相对位置,做到紧凑合理、协调美观,组成整体效益最大的有机联合体,以充分发挥水闸枢纽工程的作用。

(2)节制闸或泄洪闸的轴线宜与河道中心线正交。一般要求节制闸或泄洪闸上、下游河道的直线段长度不宜小于5倍水闸进口处水面宽度。位于弯曲河段的泄洪闸,宜将其布置在河道深泓部位,以保证其通畅泄洪。

(3)进水闸或分水闸的中心线与河道或渠道中心线的交角不宜超过30°。位于弯曲河段的进水闸和分水闸,宜布置在靠近河道深泓的岸边。分洪闸的中心线宜正对河道主流方向。

(4)排水闸或泄水闸的中心线与河(渠)道中心线的交角不宜超过60°,其下游引河(渠)宜短而直,下游引河(渠)轴线方向宜避开建闸地区的常年大风向。

(5)滨湖水闸的轴线宜尽量与来水方向正交。

(6)水闸一般居中布置,船闸、水电站或泵站等其他建筑物原则上宜靠岸布置。船闸、泵站或水电站与水闸相对位置的确定,除应注意解决其自身安全运行问题外,还应以不影响水闸通畅泄水为原则。

(7)河道有通航要求时,可设置1~2孔通航孔(兼作泄水孔)。通航孔一般设在河道的一侧或两侧,且不宜紧靠泵站或水电站太近。

(8)河道有过木要求,可设置过木孔或在岸边设过木道。过木孔宜设在河道主流集中的位置,采用下卧式弧形闸门。过木孔或岸边过木道不宜紧靠泵站或水电站布置。

(9)河道有过鱼要求时,为了满足过鱼要求,可结合岸墙、翼墙的布置设置鱼道。鱼道下泄水流宜与河道水流斜交,出口不宜紧靠泄洪闸。

(10)枢纽有发电要求时,可结合岸墙、翼墙的布置设置小型水力发电机组或在边闸孔内设置可移式发电装置。

(二)闸室布置

(1)水闸闸室布置应根据水闸挡水、泄水条件和运行要求,结合考虑地形地质等因素,做到结构安全可靠、布置紧凑合理、施工方便、运用灵活、经济美观。闸室结构有开敞式、胸墙式、涵洞式和双层式等。

(2)整体式闸室结构是在闸墩中间设顺水流向永久缝(沉降缝、伸缩缝),将多孔水闸分成若干闸段,每个闸段一般由2~4个完整的闸孔组成。分离式闸室结构是在闸室底板上设顺水流向永久缝(沉降缝、伸缩缝),将多孔水闸分为若干闸段,每个闸段呈倒T形或倒门形。开敞式闸室结构可根据地基条件及受力情况等选用整体式或分离式，而涵洞式和双层式闸室结构不宜采用分离式。

（3）闸顶高程应根据挡水和泄水两种运用情况确定。不应低于水闸正常蓄水位（或最高挡水位）加波浪计算高度与相应安全超高值之和，且不应低于设计洪水位（或校核洪水位）与相应安全超高值之和。上述两种情况下的安全保证条件应同时得到满足。

（4）为了多泄（引）水、多冲沙，节制闸、泄洪闸、进水闸或冲沙闸闸槛高程宜与河（渠）底齐平；多泥沙河流上的进水闸，以及分洪闸、分水闸，闸槛高程可比河（渠）底略高，排水闸（排涝闸）、泄水闸或挡潮闸（往往兼有排涝闸作用）在满足排水、泄水条件下，闸槛高程应尽量低些。

（5）闸孔总净宽必须根据在允许的单宽流量条件下，能安全通过设计和校核流量的要求确定，一般要略大于计算值（超过计算值3%～5%为宜），以留有余地。同时，还要求闸室总宽度大体上与上、下游河道宽度相适应。闸孔孔宽一般选用8～12 m，对于多孔水闸，闸孔孔数少于8孔时，宜采用单数孔。当闸孔孔数超过8孔时，采用单数孔或双数孔都是可行的。

（6）闸室底板必须具有足够的整体性、坚固性、抗渗性和耐久性。闸室底板顺水流向长度通常与闸墩长度相等，当需要调整闸室的重心位置或需利用上游水重来增加闸室的抗滑稳定性时，闸室底板顺水流向长度可向闸墩上游端或下游端略加长。多孔水闸的闸室底板必须设置若干道顺水流向的永久缝，岩基上闸室分段长度最大不宜大于20 m，而土基上闸室分段长度可加大至35 m。

（7）闸墩通常是实体的，其纵向刚度很大，上游墩头一般做成半圆形，下游墩头宜做成流线型。弧形闸门的闸墩可采用较小的厚度。平面闸门的闸墩厚度往往受门槽的深度控制，其最小厚度主要是根据结构强度和刚度的需要确定的。工作闸门门槽应设在闸墩水流较平顺部位。

（8）由闸门控制泄水的水闸宜采用弧形闸门。当永久缝设置在闸室底板上时，宜采用平面闸门。受涌浪或风浪冲击力较大的挡潮闸宜采用平面闸门，且闸门的面板宜布置在迎潮位置。对于有排冰、过木要求的水闸宜采用下沉式闸门或舌瓣闸门。多泥沙河流上的水闸不宜采用下卧式弧形闸门。有通航要求或地震区有抗震要求的水闸，宜采用升卧式平面闸门或双扉式平面闸门。露顶式闸门顶部应在可能出现的最高挡水位以上有0.3～0.5 m的超高。常用的闸门启闭机主要采用卷扬式、螺杆式和液压式三种。

（9）闸室顶部设置胸墙结构，一般都是布置在闸门的上游侧。胸墙一般采用板式结构，直接支承在闸墩上。

（10）松软地基上的水闸结构选型布置还应符合下列条件：①闸室结构布置均匀、质量轻、整体性强、刚度大。②相邻分部工程的基底压力差小。③选用耐久、能适应较大不均匀沉降的止水型式和材料。④适当增加底板长度和埋置深度。

二、水闸防渗排水、消能防冲及两岸连接布置与设计

（一）防渗排水布置

（1）水闸防渗排水布置应根据闸基地质条件和水闸上、下游水位差等因素，结合闸室、消能防冲和两岸连接布置进行综合分析确定。其设计内容涉及渗透压力计算、抗渗稳定性

验算、反滤设计、防渗帷幕及排水孔设计和永久缝止水设计等。

(2)当闸基为中壤土、轻壤土或重砂壤土时,闸室上游宜设置钢筋混凝土或黏土铺盖,或土工膜防渗铺盖,闸室下游护坦底部应设反滤层。当闸基为较薄的壤土层,其下卧层为深厚的相对透水层时,应验算覆盖土层抗渗、抗浮的稳定性。必要时,可在闸室下游设置深入相对透水层的排水井或排水沟,并采取防止被淤堵的措施。

(3)当闸基为粉土、粉细砂、轻砂壤土或轻粉质砂壤土时,闸室上游宜采用铺盖和垂直防渗体相结合的布置型式。垂直防渗体宜布置在闸室底板的上游端。在地震区粉细砂地基上,闸室底板下布置的垂直防渗体宜构成四周封闭的型式,且在渗流出口处必须设置级配良好的滤层。

(4)当闸基为较薄的砂性土层或砂砾石层,其下卧层为深厚的相对不透水层时,闸室底板上游端宜设置截水槽或防渗墙,闸室下游渗流出口处应设滤层。当闸基砂砾石层较厚时,闸室上游可采用铺盖和悬挂式防渗墙相结合的布置型式,闸室下游渗流出口处应设滤层。当闸基为粒径较大的砂砾石层或粗砾夹卵石层时,闸室底板上游端宜设置深齿墙或深防渗墙,闸室下游渗流出口处应设滤层。

(5)当闸基为薄层黏性土和砂性土互层时,铺盖前端宜加设一道垂直防渗体,闸室下游宜设排水沟或排水浅井,并采取防止被淤堵的措施。当闸基为岩石地基时,可根据防渗需要在闸室底板上游端设水泥灌浆帷幕,其后设排水孔。

(6)水闸的防渗排水设计应根据闸基地质情况、闸基和两侧轮廓线布置及上、下游水位条件等进行,其内容应包括:①渗透压力计算;②抗渗稳定性验算;③反滤层设计;④防渗帷幕及排水孔设计;⑤永久缝止水设计。

排水沟断面尺寸应根据透水层厚度合理确定,沟内应按滤层结构要求铺设导渗层。排水井的井深和井距应根据透水层埋藏深度及厚度合理确定,井管内径不宜小于0.2 m。滤水管的开孔率应满足出水量要求,管外应设滤层。侧向防渗排水布置应根据上、下游水位,墙体材料和墙后土质以及地下水位变化等情况综合考虑,并应与闸基的防渗排水布置相适应。承受双向水头的水闸,其防渗排水布置应以水位差较大的一向为主,合理选择双向布置型式。

(二)消能防冲布置

(1)水闸消能防冲布置应根据闸基地质情况、水力条件以及闸门控制运用方式等因素,进行综合分析确定。

(2)水闸闸下宜采用底流式消能。当闸下尾水深度小于跃后水深时,可采用下挖式消力池消能。当闸下尾水深度略小于跃后水深时,可采用突槛式消力池消能。当闸下尾水深远小于跃后水深,且计算消力池深度又较深时,可采用下挖式消力池与突槛式消力池相结合的综合式消力池消能。当水闸上、下游水位差较大,且尾水深度较浅时,宜采用二级或多级消力池消能。当水闸闸下尾水深度较深,且变化较小,河床及岸坡抗冲能力较强时,可采用面流式消能。当水闸承受水头较高,且闸下河床及岸坡为坚硬岩体时,可采用挑流式消能。

(3)在夹有较大砾石的多泥沙河流上的水闸,不宜设消力池,可采用抗冲耐磨的斜坡护坦与下游河道连接,末端应设防冲墙。在高速水流部位,还应采取抗冲磨与抗空蚀的措施。

(4)水闸上、下游护坡和上游护底工程布置,应根据水流流态、河床土质抗冲能力等因素确定。护坡长度应大于护底(海漫)长度。护坡、护底下面均应设垫层。必要时,上游护底首端宜增设防冲槽(或防冲墙)。

(三)两岸连接布置

(1)水闸两岸连接应能保证岸坡稳定,改善水闸进、出水流条件,提高泄流能力和消能防冲效果,满足侧向防渗需要,减轻闸室底板边荷载影响,且有利于环境绿化等。

(2)水闸两岸连接宜采用直墙式结构;当水闸上、下游水位差不大时,也可采用斜坡式结构。在坚实或中等坚实的地基上,岸墙和翼墙可采用重力式或扶壁式结构;在松软地基上,宜采用空箱式结构。

(3)当闸室两侧需设置岸墙时,若闸室在闸墩中间设缝分段,岸墙宜与边闸墩分开;若闸室在闸底板上设缝分段,岸墙可兼作边闸墩,并可做成空箱式。对于闸孔孔数较少、不设永久缝的非开敞式闸室结构,也可以边闸墩代替岸墙。

(4)上、下游翼墙宜与闸室及两岸岸坡平顺连接。上游翼墙的平面布置宜采用圆弧形或椭圆弧形,下游翼墙的平面布置宜采用圆弧与直线组合形或折线形。在坚硬的黏性土和岩石地基上,上、下游翼墙可采用扭曲面与岸坡连接的型式。

(5)上游翼墙顺水流向的投影长度应大于或等于铺盖长度。下游翼墙的平均扩散角每侧宜采用7°~12°,其顺水流向的投影长度应大于或等于消力池长度。在有侧向防渗要求的条件下,上、下游翼墙的墙顶高程应分别高于上、下游最不利的运用水位。

(6)翼墙分段长度应根据结构和地基条件确定。建筑在坚实或中等坚实地基上的翼墙分段长度可用15~20 m;建筑在松软地基或回填土上的翼墙分段长度可适当减短。

第七节　堤　防

一、堤线布置及堤型选择

(一)堤线布置

(1)堤线布置应根据防洪规划,地形、地质条件,河流或海岸线变迁,结合现有及拟建建筑物的位置、施工条件、已有工程状况以及征地拆迁、文物保护、行政区划等因素,经过技术经济比较后综合分析确定。

(2)堤线布置应遵循下列原则:

①河堤堤线应与河势流向相适应,并与大洪水的主流线大致平行。河段两岸堤防的间距或一岸高地一岸堤防之间的距离应大致相等,不宜突然放大或缩小。

②堤线应力求平顺,各堤段平缓连接,不得采用折线或急弯。

③堤防工程应尽可能利用现有堤防和有利地形,修筑在土质较好、比较稳定的滩岸上,留有适当宽度的滩地,尽可能避开软弱地基、深水地带、古河道、强透水地基。

④堤线应布置在占压耕地、拆迁房屋等建筑物少的地带,避开文物遗址,利于防汛抢险和工程管理。

⑤湖堤、海堤应尽可能避开强风或暴潮正面袭击。

(3)海涂围堤、河口堤防及其他重要堤段的堤线布置应与地区经济社会发展规划相协调,并应分析论证对生态环境和社会经济的影响。

(二)河堤堤距的确定

(1)新建河堤的堤距应根据流域防洪规划分河段确定,上下游、左右岸应统筹兼顾。

(2)河堤堤距应根据河道的地形、地质条件,水文泥沙特性,河床演变特点,冲淤变化规律,不同堤距的技术经济指标,综合权衡有关自然因素和社会因素后分析确定。

(3)在确定河堤堤距时,应根据社会经济发展的要求,现有水文资料系列的局限性,滩区长期的滞洪、淤积作用及生态环境保护等,并留有一定的余地。

(4)受山嘴、矶头或其他建筑物及构筑物等影响,排洪能力明显小于上、下游的窄河段,应采取展宽堤距或清除障碍的措施。

(三)堤型选择

(1)堤防工程的型式应按照因地制宜、就地取材的原则,根据堤段所在的地理位置、重要程度、堤址地质、筑堤材料、水流及风浪特性、施工条件、运用和管理要求、环境景观、工程造价等因素,经过技术经济比较,综合分析确定。

(2)根据筑堤材料,可选择土堤、石堤、混凝土或钢筋混凝土防洪墙,以及分区填筑的混合材料堤等;根据堤身断面型式,可选择斜坡式堤、直墙式堤或直斜复合式堤等;根据防渗体设计,可选择均质土堤、斜墙式或心墙式土堤等。

(3)同一堤线的各堤段可根据具体条件采用不同的堤型。在不同堤型的连接段处应做好连接处理,必要时应设过渡段。

二、堤身设计

(一)一般规定

(1)堤身结构应经济实用、就地取材、便于施工,并应满足防汛和管理的要求。

(2)堤身设计应依据堤基条件、筑堤材料及运行要求分段进行。堤身各部位的结构与尺寸,应经稳定计算和技术经济比较后确定。

(3)土堤堤身设计应包括确定堤身断面布置、填筑标准、堤顶高程、堤顶结构、堤坡与戗台、护坡与坡面排水、防渗与排水设施等。

防洪墙设计包括确定墙身结构型式、墙顶高程和基础轮廓尺寸,以及防渗、排水设施等。

(4)通过古河道、堤防决口堵复、海堤港汊堵口等地段的堤身断面,应根据水流、堤基、施工方法及筑堤材料等条件,结合各地的实践经验,经专门研究后确定。

(二)筑堤材料与土堤填筑标准

1. 土料、石料及砂砾料等筑堤材料的选择

均质土堤宜选用亚黏土,黏粒含量宜为15%~30%,塑性指数宜为10~20,且不得含植物根茎、砖瓦垃圾等杂质;填筑土料含水率与最优含水率的允许偏差为±3%;铺盖、心墙、斜墙等防渗体宜选用黏性较大的土;堤后盖重宜选用砂性土。

筑堤石料要求抗风化性能好,冻融损失率小于1%;砌石块质量可采用50~150 kg,堤的护坡石块质量可采用30~50 kg;石料外形宜为有砌面的长方体,边长比宜小于4。

筑堤砂砾料应耐风化、水稳定性好,含泥量宜小于5%。

淤泥或自然含水率高且黏粒含量过多的黏土、粉细砂、冻土块、水稳定性差的膨胀土、分散性土等不宜作堤身填筑土料,当必须采用时,应采取相应的处理措施。

2. 土堤填筑标准

土堤的填筑密度应根据堤防级别、堤身结构、土料特性、自然条件、施工机具及施工方法等因素，综合分析确定。

黏性土土堤的填筑标准应按压实度确定，压实度值 1 级堤防不应小于 0.94；2 级和高度超过 6 m 的 3 级堤防不应小于 0.92；3 级以下及低于 6 m 的 3 级堤防不应小于 0.90。

无黏性土土堤的填筑标准应按相对密度确定，1、2 级和高度超过 6 m 的 3 级堤防不应小于 0.65；低于 6 m 的 3 级及 3 级以下堤防不应小于 0.60。有抗震要求的堤防应按国家现行标准《水工建筑物抗震设计规范》(SL 203—97)的有关规定执行。

溃口堵复、港汊堵口、水中筑堤、软弱堤基上的土堤，设计填筑密度应根据采用的施工方法、土料性质等条件，并结合已建成的类似堤防工程的填筑密度分析确定。

(三)堤顶高程

堤顶高程应按设计洪水位或设计高潮位加堤顶超高确定。设计洪水位按国家现行有关标准的规定计算。堤顶超高由设计波浪爬高、设计风壅增水高度、安全加高三部分组成。1、2 级堤防的堤顶超高值不应小于 2.0 m。

流水期易发生冰塞、冰坝的河段，堤顶高程尚应根据历史凌汛水位和风浪情况进行专门分析论证后确定。

土堤应预留沉降量。沉降量可根据堤基地质、堤身土质及填筑密实度等因素分析确定，宜取堤高的 3% ~8% 。

(四)土堤堤顶结构

堤顶宽度应根据防汛、管理、施工、构造及其他要求确定。1 级堤防堤顶宽度不宜小于 8 m，2 级堤防不宜小于 6 m，3 级及以下堤防不宜小于 3 m。

根据防汛交通、存放料物等需要，应在顶宽以外设置回车场、避车道、存料场，其具体布置及尺寸可根据需要确定。

根据防汛、管理和群众生产的需要，应设置上堤坡道。上堤坡道的位置、坡度、顶宽、结构等可根据需要确定。临水侧坡道宜顺水流方向布置。

堤顶路面结构应根据防汛、管理的要求，并结合堤身土质、气象等条件进行选择。

堤顶应向一侧或两侧倾斜以利排水，坡度宜采用 2% ~3% 。

(五)护坡

堤身护坡应坚固耐久、就地取材、利于施工和维修。对不同堤段或同一坡面的不同部位，可选用不同的护坡型式。

临水侧护坡的型式应根据风浪大小、近堤水流、潮流情况，结合堤的等级、堤高、堤身与堤基土质等因素确定。通航河流船行波作用较强烈的堤段，护坡设计应考虑其作用和影响。背水侧护坡的型式应根据当地的暴雨强度、越浪要求，并结合堤高和土质情况确定。

水流冲刷或风浪作用强烈的土堤堤段，临水侧坡面宜采用砌石、混凝土或土工织物模袋混凝土护坡。1、2 级堤防的背水坡和其他堤防的临水坡，可采用水泥土、草皮等护坡。

砌石与混凝土护坡在堤脚、戗台或消浪平台两侧或改变坡度处，均应设置基座，堤脚处基座埋深不宜小于 0.5 m，护坡与堤顶相交处应牢固封顶，封顶宽度可为 0.5 ~1.0 m。

海堤临水侧的防护可采用斜坡式、陡墙式或复合式结构，并应根据堤身、堤基、堤前水深、风浪大小以及材料、施工等因素经技术经济比较确定。陡墙式宜采用重力挡土墙结构，其断面尺寸应由稳定和强度计算确定。砌置深度不宜小于1.0 m,墙与土体之间应设置过渡层,过渡层可由砂砾、碎石或石渣填筑,其厚度可为0.5～1.0 m。复合式护坡宜结合变坡设置平台,平台的高程应根据消浪要求确定。

风浪强烈的海堤临水侧坡面的防护宜采用混凝土或钢筋混凝土异型块体,异型块体的结构及布置可根据消浪的要求,经计算确定。重要堤段应通过试验确定。

三、堤基处理

(一)一般规定

堤基处理应根据堤防工程级别、堤高、堤基条件和渗流控制要求,选择经济合理的方案。应满足渗流控制、稳定和变形要求。渗流控制应保证堤基及背水侧堤脚外土层的渗透稳定;堤基稳定应进行静力稳定计算,按抗震要求设防的堤防还应进行动力稳定计算。

竣工后堤基和堤身的总沉降量和不均匀沉降量应不影响堤防的安全运用。

对堤基中的暗沟、古河道、塌陷区、动物巢穴、墓坑、窑洞、坑塘、井窖、房基、杂填土等隐患,应探明并采取处理措施。

(二)软弱堤基处理

软黏土、湿陷性黄土、易液化土、膨胀土、泥炭土和分散性黏土等软弱堤基可能对工程产生影响,应研究进行处理。

对浅埋的薄层软黏土宜挖除;当厚度较大难以挖除或挖除不经济时,可采用铺垫透水材料加速排水和扩散应力,在堤脚外设置压载、打排水井或塑料排水带,放缓堤坡,控制施工加荷速率等方法处理。

采用铺垫透水材料加速软土排水固结时,其透水材料可使用砂砾、碎石、土工织物,或两者结合使用。在防渗体部位,应避免形成渗流通道。

在软黏土地基上修筑的重要堤防,可采用振冲法或搅拌桩等方法加固堤基。在湿陷性黄土地基上修筑堤防,可采用预先浸水法或表面重锤夯实法处理。在强湿陷性黄土地基上修建较高的或重要的堤防,应专门研究处理措施。

对于必须处理的可液化的土层,当挖除有困难或挖除不经济时,可采取人工加密的措施处理。对于浅层的可液化土层,可采取表面振动压密等措施处理;对于深层的可液化土层,可采用振冲、强夯、设置砂石桩加强堤基排水等方法处理。

四、堤岸防护

(一)一般规定

(1)堤岸受风浪、水流、潮汐作用可能发生冲刷破坏的堤段,应采取防护措施。堤岸防护工程的设计应统筹兼顾、合理布局,并宜采用工程措施与生物措施相结合的防护方法。

(2)根据风浪、水流、潮汐、船行波作用,地质条件、地形条件、施工条件、运用要求等因素,堤岸防护工程可选用:①坡式护岸;②坝式护岸;③墙式护岸;④其他防护型式。

(3)堤岸防护工程的结构、材料应符合下列要求:①坚固耐久,抗冲刷、抗磨损性能强;②适应河床变形能力强;③便于施工、修复、加固;④就地取材,经济合理;⑤堤岸防护长度,应根据风浪、水流、潮汐及堤岸崩塌趋势等分析确定。

(4)堤岸顶部的防护范围应符合:①险工段的坝式护岸顶部应超过设计洪水位0.5 m

及以上;②堤前有窄滩的防护工程顶部应与滩面相平或略高于滩面。

(5)堤岸防护工程的护脚延伸范围应符合下列规定:①在深泓逼岸段应延伸至深泓线,并应满足河床最大冲刷深度的要求;②在水流平顺段可护至坡度为1:3~1:4的缓坡河床处;③堤岸防护工程的护脚工程顶部平台应高于枯水位0.5~1.0 m。

(6)堤岸防护工程与堤身防护工程应连接良好。

(7)防冲及稳定加固储备的石方量,应根据河床可能冲刷的深度、岸床土质情况、防汛抢险需要及已建工程经验确定。

(二)坡式护岸

坡式护岸的上部护坡的结构型式应符合有关规定。下部护脚部分的结构型式应根据岸坡情况、水流条件和材料来源,采用抛石、石笼、沉排、土工织物枕、模袋混凝土块体、钢筋混凝土块体、混合型式等,经技术经济比较选定。

(三)坝式护岸

坝式护岸布置可选用丁坝、顺坝及丁坝与顺坝相结合的Γ字形坝等型式。

坝式护岸按结构材料、坝高及与水流、潮流流向关系,可选用透水、不透水,淹没、非淹没,上挑、正挑、下挑等型式。

坝式护岸工程应按治理要求依堤岸修建。丁坝坝头的位置应在规划的治导线上,并宜成组布置。顺坝应沿治导线布置。

(四)墙式护岸

对河道狭窄、堤外无滩易受水流冲刷、保护对象重要、受地形条件或已建建筑物限制的塌岸堤段宜采用墙式护岸。

墙式护岸的结构型式,临水侧可采用自立式、陡坡式,背水侧可采用直立式、斜坡式、折线式、卸荷台阶式等型式。墙体结构材料可采用钢筋混凝土、混凝土、浆砌石等,断面尺寸及墙基嵌入堤岸坡脚的深度应根据具体情况及堤身和堤岸整体稳定计算分析确定。在水流冲刷严重的堤段,应加强护基措施。

墙式护岸在墙后与岸坡之间可回填砂砾石。墙体应设置排水孔,排水孔处应设置反滤层。在风浪冲刷严重的堤段,墙后回填体的顶面应采取防冲措施。

(五)其他防护型式

采用桩式护岸维护陡岸的稳定、保护堤脚不受强烈水流的淘刷、促淤保堤。

具有卵石及砂卵石河床的中小型河流在水浅流缓处可采用杩槎坝。

有条件的岸、滩应采取植树、植草等生物防护措施,可设置防浪林台、防浪林带、草皮护坡等。

第八节 渠道及渠系建筑物

一、引水枢纽工程

(一)概述

低水头引水枢纽又称渠首工程,主要用于灌溉、发电及工业用水等。在有航运、漂木和渔业等要求时,引水枢纽要考虑船闸、筏道和鱼道等工程设施。

1. 引水枢纽的分类

引水枢纽可分为无坝引水及有坝引水两类。引水枢纽的建筑物主要有坝(或拦河闸)、进水闸、冲沙闸、沉沙池及上下游整治工程等。

(1)无坝引水。按引水地点河段平面形状,分为弯道引水和顺直段引水;按引水口多少,分为一首制和多首制。

(2)有坝引水。按引水口位置不同,分为侧面引水、正面引水及底面引水(底格栏栅式);按冲沙方式不同,分为冲沙槽式和冲沙廊道式;按引水要求不同,分为一岸引水和两岸引水。

2. 引水枢纽总体布置的设计要求

(1)做好河源水文泥沙分析,以满足灌溉、防洪、发电及其他用水要求。

(2)坝(或拦河闸)、进水闸和冲沙闸的布置要协调,引水设计高程适宜,多泥沙河流上采取有效的防沙措施,以免引起渠道淤积,影响渠道正常输水。

(3)严寒地区或有防漂要求的渠首应采取措施防止漂浮物、冰凌进入渠道。

(4)因地制宜地修建枢纽上、下游河道整治工程,以稳定河槽,保证渠首引水顺畅。

(5)有综合利用要求的枢纽,要保持各建筑物互不干扰,运行正常,以发挥最大的经济效益。

(6)管理运用灵活、方便。

(二)无坝引水的布置型式

无坝引水多用于大江大河或水量比较充沛的河流,要求分流比一般小于50%。布置型式常用的有以下几种。

1. 有导流堤的无坝引水

在河道水面宽阔或水面坡降较陡的不稳定河段上,引水量较大时,可顺水流方向修建能控制入渠流量的导流堤,导流堤宜与水流成10°~20°的夹角,其下游端与冲沙闸相接。导流堤与岸边形成引水道。进水闸布置在近乎正面引水位置,与冲沙闸成小于90°的夹角。冲沙闸排泄多余水量,并冲刷进水闸前的泥沙。

2. 弯道无坝引水

在多泥沙河流上无坝引水,要选择位于主流靠岸、河道冲淤变化幅度较小的弯道段,利用弯道环流作用,凹岸引水,凸岸排沙。

3. 引水渠式无坝引水

当河岸土质较差,易被水流冲刷变形时,进水闸应布置在距河岸较远处,并在引渠末端按正面引水,侧面排沙原则布置进水闸和冲沙闸,一般冲沙闸与引水渠轴线夹角成30°~60°。

4. 多首制无坝引水

在不稳定的多泥沙河流上,有的采用多首制无坝引水,若一个引水口被淤塞,可由其他引水口引水,洪水时能引入较大流量,引洪淤灌。这种布置型式由于工程简陋,淤积比较严重,清淤量大,故采用者较少。

(三)有坝(闸)引水的布置型式

1. 侧面引水

(1)直线冲沙槽式。直线冲沙槽取水枢纽由溢流坝、进水闸、沉沙槽、冲沙闸、导水墙等组成。进水闸位于溢流坝一端或两端的河岸上，冲沙闸宜紧靠进水闸布置，在冲沙闸和溢流坝连接处布设导水墙，在冲沙闸和进水闸前设置沉沙槽。正面排沙，侧面引水。

(2)弧形冲沙槽式。这是将直线冲沙槽改为向外弯曲的弧形冲沙槽，锐角引水，冲沙闸与坝轴线成10°~20°夹角(倾向河心)。弧形冲沙槽最显著的特点是将侧向引水反向的弯曲环流流态改变为正向的弯曲环流，形成凹岸引水、凸岸排沙。实践表明，其引水防沙效果良好。

(3)冲沙廊道式。冲沙廊道适用于河道水量丰沛的多泥沙河流或拦河坝的上、下游水位差较大的河段，以便有足够的水量和水头用以表层引水，底部廊道冲沙，其分流比一般小于50%。

2. 正面引水

(1)在河道中正面引水式。河道水流与引水口方向一致，上层水流入渠(正面引水)，含沙浓度较大的底层水流通过冲沙槽下泄(正面排沙)，这种布置型式的防沙效果良好。

(2)引渠式。当河道狭窄，岸边不适于布置进水闸和冲沙闸时，可采用引渠或引水隧洞把水引至下游开阔一些的地方，正面设进水闸、侧面设冲沙闸。

(3)人工弯道式。利用河势和有利地形，人为地做成弯道形式的引渠(发挥横向环流作用)，以便凹岸引水、凸岸排沙。人工弯道布置在引水渠首段，在弯道末端布置进水闸和冲沙闸。

3. 底面引水

底面引水是指底栏栅式引水(又叫跌落式引水口)，即在溢流堰顶铺设栏栅，水流透过栅孔跌落于坝内廊道，并经进水闸流入渠道。这种型式适用于砂砾和漂石多、河道比降大的山溪性河流上的中小型引水工程。

(四)设计基本要求

1. 无坝引水

(1)渠首引水口位置的选择应符合下列规定：①河、湖枯水期水位能满足引水设计流量的要求；②应避免靠近支流汇流处；③位于河岸较坚实、河槽较稳定、断面较匀称的顺直河段，或位于主流靠岸、河道冲淤变化幅度较小的弯道段凹岸顶点下游处。

(2)渠首引水比宜小于50%，多泥沙河流上无坝引水的引水比宜小于30%。

(3)引水渠道的引水角宜取30°~60°，引水口前沿宽度不宜小于进水口宽度的2倍。

2. 有坝引水

(1)侧面引水、正面排沙的有坝(闸)引水渠首设计应符合下列规定：

①进水闸宜采用锐角进水方式，其前缘线宜与溢流坝坝轴延长线成70°~75°夹角。

②冲沙闸前缘线宜与河道主流方向垂直，其底板高程宜低于进水闸闸槛高程，且不高于多年平均枯水位时的河床平均高程。

③进水闸前的拦沙坎断面宜为Γ形，坎顶高程宜比设计水位时的河床平均高程高0.5~1.0 m。

④冲水闸前沉沙槽长度宜为进水闸宽度的1.3倍或比进水闸长5~10 m；冲沙槽槽底坡降宜大于渠首所在河段河道底部平均坡降。

(2)人工弯道式正向引水渠首布置。人工弯道宜布置在引水渠首端，其中心线宜与河道上泄洪闸的中心线成40°~45°夹角。弯道的曲率半径可取水面宽度的5~6倍，长度不宜小于弯道曲率半径的1～1.4倍。弯道底部坡降宜缓于河道底部平均坡降。

（3）底栏栅式引水渠首。溢流堰堰顶高程宜高于河床多年平均高程1.0～1.5 m，底栏栅坡度宜取1/10～1/5。

二、泵站枢纽布置

泵站的总体布置应根据站址的地形、地质、水流、泥沙、供电、环境等条件，结合整个水利枢纽或供水系统布局、综合利用要求、机组型式等，做到布局合理、有利施工、运行安全、管理方便、少占耕地、美观协调。

泵站的总体布置应包括泵房，进、出水建筑物，专用变电站，其他枢纽建筑物和工程管理用房，职工住房，内外交通、通信以及其他维护管理设施的布置。

（一）灌溉泵站枢纽布置

1. 站址选择

（1）地形适于建泵站，有利于泵站枢纽布置和出水池能有效控制整个灌区。

（2）水源有保证，水质要适于灌溉。

（3）地质条件较好，适于建泵站。

（4）电力灌溉泵站应尽量靠近电源，以节省输电线路投资。

（5）交通运输方便，便于运输、管理及综合利用。

（6）应注意已有水工建筑物、码头、桥梁以及长远水利规划对本站的影响。

2. 枢纽布置时应考虑的问题

（1）必须服从地区治理规划要求，根据站址情况，并参考已建泵站的经验，通过方案比较确定布置方案。

（2）要有良好的水流条件，引水、进水流态要平稳，避免产生回流、死水区和水流旋涡。

（3）从多泥沙河流上取水的泵站，应设置有效的沉沙、冲沙或排沙设施。

（4）对于运行时水源有冰凌的泵站，应采取有效的防冰、导冰设施。

（5）尽量减少开挖，不占或少占农田，在深挖方地带修建泵站，应合理确定泵房的开挖深度。

（6）尽可能满足综合利用的要求，如排灌结合、抽水与自流结合、泵站与交通结合等。

（二）排水泵站枢纽布置

1.站址选择

（1）站址应选在排水区的低处或外河水位较低处，充分利用原有排水系统，以便减小挖渠土方及挖压面积和减小提水扬程。

（2）以河流作为容泄区的排水站，出水口位置要选在河床稳定的地段，尽量避开迎溜、岸崩或淤积严重的地方。

（3）站址应选在地质条件较好之处，尽可能避开淤泥软土、粉细砂层、废河道、水潭及深沟等。

（4）站址要充分考虑具备自排的条件，尽可能使自排与抽排相合。

（5）其他要求与灌溉泵站相同，如应接近电源，交通方便，考虑对现有建筑物的影响及长远水利工程建设对本站的影响等。

2. 枢纽布置型式

(1)分建式。泵房与排水闸分开布置,当汛期外江水位较高时,不能利用原排水闸排涝,由泵站提排,泵站进、出水流均采用正向布置。这种进水型式的水流条件良好,适用于已有排水闸的情况。

(2)合建式。泵房设于排水闸两侧,并列布置,拦河建造。当内河水位高于外河时,开启闸门自流排水;当内河水位低于外河水位需排水时,则关闭闸门,由泵站提排。此种布置适于具有自排条件的情况。新建的中小型泵站多数采用该型式。

(三)排、灌、航结合泵站枢纽布置

排、灌结合泵站在站址选择时必须考虑排、灌任务的要求,在枢纽布置时除满足抽水排、灌要求外,还要考虑是否能结合自流排、灌和通航,以达到一站多用的目的。

1. 引水、泄水同一轴线布置

在排涝流量大于灌溉流量时,为了保证排水顺畅,使引渠、前池、进水池、出水池、泄水涵洞位于同一轴线上,并垂直于河堤。有时由于灌溉渠道布置上的因素,或受地形或其他建筑物的限制,泵站轴线也可布置成与河堤平行的型式。这两种型式的主要优点是能够创造良好的水流条件,排、灌引水调度自如,矛盾较少;其缺点是水工建筑物较多,需要3~4座水闸,土建投资较高,占用土地较多。

2. 泄水、引水二洞合一

这种型式属于合建式,泵房后的出水建筑物由压力水箱及穿堤涵洞组成。在压力水箱底板下设一底洞,前端与穿堤涵洞相连,末端与进水池相通。在压力水箱出口设两层闸门(或只设一道闸门),上闸门封闭压力水箱,下闸门封闭底洞。这种型式的特点是在排涝时穿堤涵洞为泄水涵洞,在灌溉时为引水涵洞,因而使破堤建筑物减少,布置紧凑,管理方便,投资减少。但其缺点是灌溉引水时,前池及进水池为反向进水,流态较差,必须采取改善措施。另外,由于闸门过多,漏水较多,维修工作量大。

3. 双向流道泵站布置

在泵房内设置双向进、出水流道,以取代泵房外设置的若干建筑物,进行排、灌结合,由于双向流道型式节省了进水闸、排水闸等一系列水工建筑物,简化了枢纽布置,降低了工程造价,方便管理,因而已在一些大中型泵站中采用。

4. 灌、排、航结合泵站枢纽布置型式

在圩垸湖区,内河与外河往往有通航要求。当外河潮水位较高时,可直接引水自流灌溉,而在枯水低潮时,则抽引外河水入内河或渠道进行灌溉。排涝时可在外河低潮时,开闸自流排涝,而在汛期高潮时,则抽排入外河。这种布置型式具有自引自排、抽引抽排、通航、过鱼、公路交通及发电等多种功能,适用于中小型抽水枢纽工程。但要妥善处理各种建筑物的关系和矛盾,保证其正常发挥主要功能。

(四)工业和城市生活用水泵站枢纽

1. 站址选择

(1)泵站站址应根据用户或城镇建设的总体规划、泵站规模、运行特点和综合利用要求,考虑地形、地质、水源、电源、枢纽布置、对外交通、占地、拆迁、施工、管理因素以及扩建的可能性,经技术经济比较选定。

(2)泵站站址应选择在城镇、工矿区上游,河床稳定,水源可靠,水质良好,取水有保证的河段。

(3)高扬程、长距离供水泵站应根据地形、供水区规划、机型等因素确定泵站级数。

(4)梯级泵站站址应根据总功率最小的原则,结合各站站址地形、地质条件,经综合比较选定。

2. 枢纽布置型式

1)岸边式

当河道岸边坡度较陡,主流靠近河岸,并有一定水深,水位变幅不太大时,宜采用岸边式布置。

(1)合建式。进水建筑物与泵房合建在一起,设在岸边,河水经进水室入吸水室,然后由水泵抽送至水厂或用户。这种型式布置紧凑,占地面积小,运行管理方便,因而被广泛采用。

(2)分建式。当岸边地质条件较差或进水室水深大时,进水建筑物与泵房分开建筑,进水闸设于岸边,泵房建在岸内,但不宜过远,以免吸水管过长。这种型式土建结构简单,施工容易,但吸水管路较长,水头损失大。

2)引水式

由河流或湖泊取水时,当岸边地形坡度较缓,为减小出水压力管道长度或出水池建在过高的填方上,常采用引水式布置。在引水口设进水闸,水流出闸后经渠引入泵站前池,再由泵站抽水到出水池。这种布置型式泵站建在挖方地带,应合理确定泵房的开挖深度,以节省投资和满足运行要求。

3)其他型式泵站

(1)竖井式。当水源水位变化幅度在 10 m 以上,且水位涨落速度大于 2 m/h,水流流速又较大时,宜采用竖井式泵站。

(2)缆车式。当水源水位变化幅度在 10 m 以上,水位涨落速度小于或等于 2 m/h,每台泵车日最大取水量为 40 000 ~ 60 000 m^3 时,可采用缆车式泵站。

(3)浮船式。当水源水位变化幅度在 10 m 以上,水位涨落速度小于或等于 2 m/h,水流流速又较小时,可采用浮船式泵站。

(4)潜没式。当水源水位变化幅度在 15 m 以上,洪水期较短,含沙量不大时,可采用潜没式泵站。

(五)设计基本要求

(1)在具有部分自排条件的地点建排水泵站,泵站宜与排水闸合建;当建站地点已建有排水闸时,排水泵站宜与排水闸分建。排水泵站宜采用正向进水和正向出水的方式。

(2)灌、排结合泵站,当水位变化幅度不大或扬程较低时,可采用双向流道的泵房布置型式;当水位变化幅度较大或扬程较高时,可采用单向流道的泵房布置型式,另建配套涵闸,其过流能力应与泵站机组抽水能力相适应。

(3)引水式泵站在引渠首部设进水闸,泵房位置以及引渠和出水道长度,应根据地形、地质、水流、泥沙等条件,经技术经济比较确定。

(4)岸边式泵站的进水建筑物前缘宜与岸边齐平或稍向水源凸出。

(5)由渠道取水的灌溉泵站宜在渠道取水口下游设节制闸。

三、渠道

(一)渠道线路选择

渠道选线是关系到工程合理开发、安全输水及降低工程造价等的关键问题,应综合考虑地形、地质、施工条件和挖填平衡及便于管理养护等方面,进行合理选择。一般应遵循的原则如下:

(1)渠道选线一般要求在满足输水任务的前提下,使工程量小而造价低。对于各级灌溉渠道,选择在各自控制范围内地势较高的地带,干渠、支渠宜沿等高线或分水岭布置,以争取最大的自流灌溉面积。对于排水沟道,应尽可能布置在排水区的洼线,以争取最好的排水效果。

(2)干渠穿过地形起伏较大的不平坦地区或丘陵地区时,其线路可大致沿等高线布置,尽量避免深挖和高填。

(3)渠线宜短而直,并有利于布置机耕,尽量避免穿越村庄。渠线穿越铁路、公路、河流、沟渠时应尽量正交,避免将弯线部分布置在建筑物上。

(4)渠道通过山地、丘陵时,通过技术经济比较,可采用隧洞方案,以缩短渠道长度和减少建筑物数量。为了降低跨河(沟)建筑物的高度并使其具有适宜的过河位置,可通过方案比较采用绕线或渡槽的方案。

(5)干渠应避免通过沼泽地、地形破碎地带、风化破碎的岩层、可能产生滑坡及其他地质不良的地段。

(6)渠道上的水电站应尽可能布置在工厂、城镇附近的有利地形处,并使渠线落差集中。动力渠道要求能量损失最小。航运渠道要有较缓的纵坡,并使船闸数目最少、线路最短,施工条件较好,又尽可能地减少交叉建筑物等。

(7)为适应地形变化,渠道需要采用弯道时,弯道半径应在可能范围内选择较大值。4级及4级以上土渠的弯道曲率半径应大于该弯道段水面宽度的5倍,受条件限制不能满足上述要求时,应采取防护措施。石渠或刚性渠道的弯道曲率半径不应小于水面宽度的2.5倍。

衬砌的大型渠道,为了使水流平顺,在弯道处可将凹岸渠底抬高,使渠底具有横比降。

(二)渠道纵断面设计

渠道比降应根据渠线所经过地区的地形、土质,水流流量及含沙量等条件所规定的允许流速确定。各类渠道比降设计的原则如下。

1. 灌溉渠道

(1)渠道比降应尽量接近地面比降,避免挖、填方量过大。

(2)对于土壤易冲刷的渠道,其比降应缓;对于地质条件较好的渠道,其比降可适当陡一些。

(3)清水渠道应考虑防止冲刷,比降宜缓,如淠史杭渠道,其输水渠道比降为1/10 000~1/28 000。浑水渠道应考虑防止淤积,比降宜适当加大,如人民胜利渠比降为1/1 000~1/6 000,宝鸡峡渠道比降为1/4 000~1/5 000;泾惠渠比降为1/2 000。

(4)对于大流量的渠道,其比降可缓。如淠史杭渠道的过流量较大(300 m^3/s),其相应的比降较缓,取为1/28 000。

(5)对于抽水灌溉输水渠道,在满足泥沙不淤的条件下,其比降应尽量放缓,以节约水头。

(6)大中型渠道应进行纵断面技术经济比较,合理确定设计水头在明渠、各建筑物之间的分配。

2. 排水沟道

(1)各级输水沟道的采用比降主要取决于排水面积上的地面坡度以及满足沟道不淤不冲的条件,并与容泄区的水位高程衔接有关。

(2)沟道比降接近地面比降可节约土方。

(3)在地面坡度变化较大时,要尽可能地使沟道下游的流速大于上游流速,以免排水不畅。

(4)过大的沟道比降会引起土壤的冲刷;反之,又会引起淤积和生长杂草,所以选择沟道比降时,应使实际流速介于不冲不淤流速之间。

(三)渠道横断面设计

渠道横断面型式有梯形、矩形、多边形、抛物线弧形、U形及复式断面等。梯形断面广泛适用于大、中、小型渠道,其优点是施工简单,边坡稳定,便于应用混凝土薄板衬砌。矩形断面适用于坚固岩石中开凿的石渠,对于傍山或塬边渠道以及渠宽受限制的城镇工矿区,可以采用砌石矩形断面或钢筋混凝土矩形断面。多边形断面适用于在粉质砂土地区修建的渠道,渠床位于不同土质的大型渠道亦多采用多边形断面。为了使渠道尽量接近天然河床的断面型式,也可采用抛物线形断面。在砂砾石地层修建渠道可采用弧形断面,其具有水力条件较好、渠底能抵抗较大的浮托力、节省衬砌工程量等优点。U形渠槽为目前发展的中小型渠道混凝土衬砌断面形式,具有水力条件较好、占地少的优点,但施工比较复杂。复式断面适用于深挖方渠段,渠岸以上部分可将坡度改陡,每隔一段留一平台,以节省土方开挖量。

横断面设计应考虑满足以下条件:

(1)渠床稳定或冲淤平衡。

(2)有足够的输水能力。

(3)渗漏损失最小。

(4)施工、管理、运用方便。

(5)工程造价较小。

(6)满足综合利用对渠道的结构要求。

第九节　水电站建筑物

一、水电站厂房布置

(一)水电站厂房的作用和组成

1. 水电站厂房的作用

水电站厂房是水电站主要建筑物之一。厂房中安装水轮机、水轮发电机和各种辅助设备。水轮发电机发出的电能,经变压器、开关站等输入电网送往用户。所以说,水电站厂房是水(水工)、机(机械)、电(电气)的综合体,又是运行人员进行生产活动的场所。水电站厂房的作用是满足主、辅设备及其联络的线、缆和管道布置的要求与安装、运行、维修的需要；为运行人员创造良好的工作条件；以美观的建筑造型协调与美化自然环境。

2. 水电站厂房的组成

从设备布置、运行要求的空间划分为：

(1)主厂房。布置水电站的主要动力设备(水轮发电机组)和各种辅助设备的主机室及组装、检修设备的装配场(安装间)。

(2)副厂房。布置控制设备、电气设备和辅助设备，是水电站的运行、控制、监视、通信、试验、管理和运行人员工作的场所。

(3)主变压器场。装设主变压器的地方。电能经过主变压器升高到规定的电压后引到开关站。

(4)开关站(高压配电装置)。装设高压开关、高压母线和保护措施等高压电气设备的场所，高压输电线由此将电能输往用电地区，要求占地面积较大。

(二)水电站厂房的类型

水电站按机组工作特性可分为常规水电站和抽水蓄能电站；按其布置型式，可分为地面式厂房(包括河床式、坝后式、岸边式)、地下式厂房和其他型式厂房(包括坝内式、溢流式、厂前挑越式及抽水蓄能厂房)。

1. 地面式厂房

1)河床式厂房

当水头较低、单机容量又较大时，电站厂房与整个挡水建筑物连成一体。厂房本身起挡水作用，称为河床式厂房。长江干流上的葛洲坝水利枢纽的厂房，是目前我国装机容量最大的河床式厂房。这种型式的厂房，机组安装高程较低，基础开挖量较大，要特别重视泥沙、防污、抗滑稳定和使地基应力分布均匀等问题。

2)坝后式厂房

水电站水头较高，建坝挡水，厂房紧靠坝址布置的厂房，称为坝后式厂房。它又可分为下列几类：

(1)坝后式明厂房。厂房在大坝的下游，不起挡水作用，发电引水经过坝式进水口沿着坝身压力管道引入厂房。适用于中、高水头的情况。

(2)溢流式厂房。当河谷狭窄、泄洪量大、机组台数多、地质条件较差、不能采用地下式厂房而又得保证有一定宽度的溢流坝段时，把坝顶溢流段与厂房结合在一起，构成联合建筑物，称为溢流式厂房。这种型式的厂房的结构要求能抵抗高速水流的荷载，溢流面的施工要求平滑，使泄洪时不致发生振动和气蚀。

(3)挑越式厂房。在峡谷处建高坝，高水头大流量，泄洪时高速水流挑越过厂房顶，水舌射落到下游河床中，称为挑越式厂房。这种型式的厂房在泄洪开始时和终结前，有小股流量水舌撞击厂房顶部，但时间短，荷载不大，不构成对厂房安全的威胁。

3)岸边式厂房

靠筑坝取得水头的电站，枢纽布置中在河岸内布置引水道，将厂房设在与坝有一定距离的岸边，或者在引水式或混合式水电站中，引水道较长，厂房布置在离拦河坝相当远的岸边，这类厂房称为岸边式厂房，又称为河岸式厂房或引水式厂房。

2. 地下式厂房

受地形、地质条件的限制，在地面上没有合适位置建造地面式厂房，而在地下有良好的地质条件，可将厂房布置在地下山岩中，称为地下式厂房。

地下式厂房以厂房在引水道上的位置划分为首部式、中部式、尾部式，以厂房的埋藏方式划分为地下式、窑洞式、半地下式。

3. 坝内式厂房

当洪水量很大，河谷狭窄，在坝轴线上不容易布置水电站厂房和溢洪道，而在岸边建造地面式厂房或采用地下式厂房开挖量很大时，可以考虑将厂房布置在混凝土坝、宽缝重力坝或拱坝的内腔，而在坝顶设溢洪道，称为坝内式厂房。

（三）水电站厂房布置

1. 地面厂房布置

1）厂区布置

水电站厂区主要包括主厂房、副厂房、主变压器场、高压开关站和对外交通线等。厂区总体布置是确定它们的相互位置，并与电站枢纽中其他建筑物的布置协调一致，使整个枢纽布局经济合理。

厂房位置应根据地形、地质、环境条件，结合整个枢纽的工程布局进行研究。妥善解决厂房和其他建筑物（包括泄洪、排沙、通航、过木、过鱼等）布置及运用的相互协调，避免干扰，并考虑厂区消防、排水及检修的必要条件；少占或不占用农田，保护天然植被，保护环境，保护文物；做好总体规划及主要建筑物的建筑艺术处理，美化环境；统筹安排运行管理所必需的生产生活辅助设施。

厂房位置宜避开冲沟和崩塌体，对可能发生大的山洪淤积、泥石流和崩塌体等应采取相应可靠的防御措施。主变压器及开关站位置应结合安装检修、运输消防通道、进线、防火防爆等要求确定。

厂区防洪及排水系统应保证主厂房、副厂房和主变压器场及开关站在设防水位条件下不受淹没。厂区内交通应根据近期和远景规模，全面规划，统筹安排，并应满足机电设备重件、大件的运输及运行方便的要求。

2）厂房内部布置

厂房内部布置应根据水电站规模、厂房形式、机电设备、环境特点、土建设计等情况合理确定和分配各部分的尺寸及空间。

主机间的长度和宽度应综合考虑机组台数、水轮机过流部件、发电机及风道尺寸、起重机吊运方式、进水阀及调速器位置、厂房结构要求、运行维护和厂内交通等因素。

主厂房安装间面积可按一台机组扩大性检修的需要确定。缺乏资料时，安装间长度可取1.25～1.5倍机组段长度。安装间可布置于主厂房的一端、两端或中间段。

2. 地下厂房布置

地下厂房主硐室及附属硐室宜布置在地质构造简单、岩体完整坚硬、上覆岩层厚度适宜、地下水活动微弱以及山坡稳定的地段。硐室位置宜避开较大断层、节理裂隙发育区、破碎带以及高地应力区。地下厂房洞口位置，宜避开风化严重或有较大断层通过的高边坡地带，应避开滑坡、危崖、山崩及其他软弱面形成的塌滑体。地下厂房主硐室的纵轴线走向，宜与围岩的主要构造软弱面（断层、节理、裂隙、层面等）成较大的夹角。同时，应注意次要构造面对硐室稳定的不利影响。在高地应力地区,硐室纵轴线走向与最大应力水平投影方向的夹角宜采用较小角度。

地下厂房主硐室顶部岩体厚度不宜小于硐室开挖宽度的2倍。地下厂房硐室群各硐室之间的岩体应保持足够的厚度,不宜小于相邻硐室的平均开挖宽度1~1.5倍。上、下层硐室之间岩石厚度不宜小于小硐室开挖宽度的1~2倍。

副厂房应按集中与分散相结合、地面与地下相结合、管理运行方便的原则布置。主变压器及开关站布置应根据地形、地质、硐室群规模及电气设计等综合比较选定。

交通运输洞宽度及高度应满足设备运输要求,地下厂房至少应有两个通往地面的安全出口。

当多条尾水管汇入一条尾水洞时,尾水管汇入尾水洞的水流折角宜大于90°;尾水管出流应满足机组运行稳定要求;尾水洞的布置及其断面尺寸应根据下游尾水位变化幅度、工程地质、机组调节保证等因素经技术经济比较确定;尾水管扩散段之间应保留维持围岩稳定需要的岩体厚度,宜选择窄高型的尾水管;在尾水管末端宜设尾水闸门。当采用一机一洞时,尾水洞长度较短且其出口设有检修闸门,则尾水管末端可不设尾水闸门。

通风系统除必须专门设置通风洞外,宜充分利用交通运输洞、出线洞、无压尾水洞以及主厂房天棚吊顶上方空间附属硐室兼作风道或排风道之用。通风系统设计与防火设计相协调。通风系统的通风机宜远离主、副厂房布置(如布置在洞口或单独的硐室内),当布置在主、副厂房内或其临近地方时,应有防止噪声的有效措施。地下厂房、主变压器及高压开关站等硐室的防渗、排水、防潮问题需认真研究,并采取相应措施。

二、水电站进水建筑物布置及设计

(一)进水口类型

(1)进水口按照水流条件可分为开敞式进水口、浅孔式进水口、深孔式进水口。

开敞式进水口适用于明渠引水式电站,进水口前缘水位变化幅度小。主要特点是进水口范围内的水流为无压流,进水口后面一般连接无压引水建筑物,故也称作无压进水口。

浅孔式进水口是淹没于水下不深的进水口。进水口充满水流,没有自由水面,属于有压进水口。但浅孔式进水口因闸前水较浅,进口底板接近库底,防沙等问题较为突出。

深孔式进水口是高坝大库中的水电站进水口。孔口淹没深度大,进口底板距库底远。

(2)按照进水口位置和引水管道布置可分为坝式进水口、岸式进水口和塔式进水口。

坝式进水口是坝体结构的组成部分,其布置应与坝型和坝体结构相适应。

岸式进水口按其结构特点和闸门位置可分为岸塔式、竖井式和岸坡式。

塔式进水口是独立于坝体和岸边之外的塔形结构,根据需要可设计成单孔引水或周围多层多孔引水。高地震区不宜设置塔式进水口。

(二)进水口布置

在各级水位下,进水口应水流平顺、流态平稳、进流匀称和尽量减小水头损失,并按运行需要引进所需流量或中断进水。进水口应避免产生贯通式漏斗旋涡。否则,应采取消涡措施。进水口所需的设备应齐全,闸门和启闭机应操纵灵活可靠,充水、通气和交通设施应畅通无阻。

多泥沙河流上的进水口,应设置有效的防沙措施,防止泥沙淤堵进水口,避免推移质进入引水系统。多污物河流上的进水口，应设置有效的导污、排污和清污措施，防止大量污物汇集于进水口前缘，堵塞拦污栅，影响电站运行。严冬地区的进水口，应有必要的防冰措施。进水口应具备可靠的电源和良好的交通条件，以便施工和管理。进水口应与枢纽其他建筑物的布置相协调，并便于和发电引水系统的其他建筑物相衔接。

(三)开敞式进水口布置及孔口尺寸拟定

1. 开敞式进水口布置

开敞式进水口常设在河道主流比较集中、河床稳定、河岸坚固的河段上，防止因主流左右摆动而影响取水。进水口中心线与河道水流交角最好为30°～45°，交角太大水流条件不好。应尽量避开不良地质地段和高边坡地段。

从防沙方面考虑，应充分利用河流弯道的环流作用，将进水口设在凹岸，引进河流表层清水，将底沙挟带到凸岸，以减轻泥沙对进水口的威胁，减少入渠泥沙，同时避免回流引起漂浮物的堆积。进水口位置应设在弯道顶点以下水最深、单宽流量最大、环流作用最强的地方。

2. 开敞式进水口的尺寸拟定

一般情况下，进水口底板顶面的高程可比闸前河床平均高程至少高出1.0 m，具体可视河道含沙量的多少而定，以便引水防沙。与后接的总干渠底部高程相同或稍高。

开敞式进水口应根据确定的过闸流量、上下游水位、闸孔型式以及闸底板高程等，利用水力学公式首先确定孔口总宽度，然后拟定闸孔数及孔口尺寸。

(四)深孔式进水口高程选择及尺寸拟定

深孔式进水口高程选择时，应考虑在水库最低运行水位下有一定的淹没深度，以免产生旋涡而吸入空气和漂浮物，引起振动和噪声，减少引用流量，降低水轮机的出力。进口底板高程应在水库设计淤沙高程以上，以免堵塞进水口。进口高程应考虑综合利用的要求，如满足灌溉、渔业、航运、供水等要求。

1. 进口高程的选择

进口底板高程通常应在水库设计淤沙高程以上0.5～1.0 m。当设有冲沙设备时，应根据排沙条件确定。

进口顶部高程，避免进水口前出现吸气贯通漏斗和旋涡，并要有足够的临界淹没深度；避免压力管道出现负压，进口闸门顶部在水库最低水位下要有一定的安全距离。

2. 进水口尺寸拟定

(1)进口段横断面一般为矩形，可为单孔或双孔。进口流速不宜太大，一般控制在1.5 m/s左右。进水口拦污栅的平均过栅流速一般取0.8～1.0 m/s。

进口曲线形状必须适合于水流收缩状态，以免在曲线段处形成负压区。进口段顶板曲线目前常用1/4椭圆曲线，少数工程采用双曲线。坝式进水口顶板常做成斜坡，以便施工，当水电站引用流量及流速不大时，也可做成圆弧曲线。进口两侧边墙的轮廓曲线可用椭圆曲线、圆弧曲线或直线。

(2)闸门段是进口段和渐变段的连接段，是安装闸门和启闭设备的部分。闸门段通常设计成横断面为矩形的水平段，其高度一般等于和稍大于引水道直径 D，宽度一般等于或稍小于引水道直径 D，但整个闸门段过水断面常取后接的引水道面积的1.1倍左右。闸门段的长度取决于整套闸门的布置需要。

(3)渐变段是矩形闸门段到圆形压力引水道的过渡段，常采用在四角过渡，圆弧的中心位置和圆角半径 r 均按直线规律变化。根据经验，渐变段长度一般为压力引水道直径的1.5~2.0倍。收缩角一般不超过10°，以6°~8°为宜，收缩斜率不大于1:5~1:8。坝式进水口的渐变段长度一般取引水道直径的1.0~1.5倍。

(4)通气孔。引水管道在进行充水或放空过程中，闸门后需要排气和补气，特别在动水关闭时，问题更为突出，为此应紧靠闸门后顶部设置通气孔。

三、水电站压力管道布置及设计

（一）压力管道的功能和类型及其材料要求

1. 压力管道的功能

压力管道是从水库或引水道末端的前池或调压室，将水在有压的状态下引入水轮机的输水管。它是集中了水电站全部和大部分水头的输水管道。其特点是：坡度陡；承受电站最大水头，且受水锤动水压力；靠近厂房，因此它的安全性和经济性受到特别的重视。压力管道的主要荷载是内水压力，管道内径 D(m)和水压 H(m)及其乘积 H_D 值是标志压力管道规模及其技术难度的最重要特征值。H_D 值也与该管道所提供的装机容量 N_g(kW)直接有关。

2. 压力管道的型式

压力管道型式分为明管、地下埋管、坝内埋管、钢衬钢筋混凝土管和设置在坝下游面的钢衬钢筋混凝土管（也称为坝后背管）。

3. 管道材料要求

钢管（钢衬）所用钢材的性能及技术要求必须符合国家现行有关标准的规定。钢管的管壁、支承环、岔管加强构件等主要受力构件应使用镇静钢。此外，还应具有良好的焊接性能，焊缝强度不低于原材。钢的弹性模量 E 可取 2.06×10^5 N/mm²，泊松比 μ 可取0.3，线膨胀系数 α_s 可取 1.2×10^5/℃，重度 γ_s 可取 7.85×10^5 N/mm³。

（二）压力管道的布置

1. 一般规定

管道线路应符合枢纽总体布置要求，并考虑地形、地质、水力学、施工及运行等条件，经技术经济比较后确定。管道条数应根据机组台数、管线长短、地形和地质条件、机组安装的分期、制作安装和运输条件、电站的运行方式及其在电力系统中的地位等因素，经技术经济比较后确定。管径应根据技术经济比较确定。管道顶部至少应在最低压力线以下2 m。

明管、坝内埋管以及水轮机前不设进水阀的地下埋管，应在管道首端设置快速闸阀和必要的检修设施。地下埋管若自取水口至钢管道前的引水道较长，或钢管内压较大而埋深不大时，应在首端设事故闸阀，钢管宜设过流保护装置。快速闸阀或事故闸阀必须有远方（中央控制室）和就地操作装置，操作装置必须有可靠电源。紧靠快速闸阀和事故闸阀下游必须设置通气孔（井）。充水阀出水水流不得封堵通气口。通气孔上端应设在启闭室之外，孔口高于该处可能发生的最高水位，孔口通到坝顶时应有防护设施。管道进口处应设充水阀或旁通充水管。

2. 明管的布置

明管管线应避开可能产生滑坡或崩塌的地段，为避免钢管发生意外事故危及电站设备和人员的安全，应设置事故排水和防冲设施，明管底部至少应高出其下部地面0.6 m。明管宜采用分段式布置。分段式明管转弯处宜设置镇墩,其间钢管用支墩支承,两镇墩间设置伸缩节,伸缩节宜设在镇墩下游侧。当直线管段超过150 m时,宜在中间加设镇墩。钢管穿过主厂房上游墙处,宜设软垫层。

支墩间距应通过钢管应力分析,并考虑安装条件、支墩型式和地基条件等因素确定。支座型式可按管径等因素选择鞍型滑动支座、平面滑动支座、滚动滑动支座、摇摆支座等。管道沿线应布置排水沟并应在钢管下设置横向排水沟。

3. 地下埋管布置

地下埋管线路应选择地形、地质条件相对优良的地段,且尽可能避开成洞条件差、活动断层、滑坡、地下水位高和涌水量很大的地段。洞井型式(平硐、斜井、竖井)及坡度,应根据布置要求、工程地质条件和施工因素等选用。长度和高差过大的斜井和竖井,可布置中间平段。

地下埋管宜减少主管条数。对于埋置较深的钢管,若外水压力较大应采取防渗、排水设施,并监测地下水位变化。排水设施必须安全可靠,便于检修。地下埋管的起始位置应根据内水压力和地质条件,并结合工程布置的具体情况确定。

4. 坝内埋管及钢衬钢筋混凝土管布置

坝内埋管的平面位置宜位于坝段中央,其布置应考虑钢管对坝体稳定和应力的影响及施工的干扰。坝内埋管在穿越厂坝分缝处应考虑厂坝间不均匀变形等因素的影响,并采取适当的技术措施。

钢衬钢筋混凝土管适用于布置在坝后式厂房混凝土坝下游面的管道及引水式电站沿地面布置的管道等。混凝土坝下游面钢衬钢筋混凝土管(也称坝后背管)的平面位置宜位于坝段的中央,对于拱坝宜沿径向布置。

(三)压力管道水力计算

水力计算应包括水头损失计算和水锤压力计算。

1. 水头损失计算

压力管道和附属设备的水头损失,主要进行因摩擦引起的沿程水头损失及进水口段、渐缩段、渐扩段、弯管、岔管及阀门等引起的局部水头损失的计算。

2. 水锤压力计算

水锤压力计算应与机组转速变化计算配合进行,提供计算成果应包括正常工况最高压力线、特殊工况最高压力线、最低压力线。

(四)压力管道结构分析

压力钢管是按材料的允许应力设计的,因而要求钢管在任何条件下产生的最大应力不得超过管材的允许应力。允许应力用钢材屈服强度 σ_s 的百分数表示,为安全计,焊接钢管还应乘以焊缝系数 ϕ。

镇墩、支墩的地基应坚实、稳定,宜设置在岩基上。地基应力最大值不超过地基的允许承载力。

地下埋管结构分析应考虑钢管、混凝土衬砌、围岩共同承受内水压力,并考虑三者之间存在缝隙,混凝土衬砌承受山岩压力及传递围岩压力。地下埋管的外水压力、钢管与混凝土间的接缝灌浆压力、未凝固混凝土及管道放空时产生的负压,应全部由钢管(或管内设临时支撑)承担。

坝内埋管承受内水压力,应视为钢管、钢筋和混凝土组成的多层管共同承受内水压力,在最大内水压力作用下,钢管外围坝体混凝土不应出现贯穿性裂缝,并计及钢管与混凝土间的施工缝隙和温度缝隙影响。

钢衬钢筋混凝土管应按联合承载结构设计,由钢衬与外包钢筋混凝土共同承受内水压力。在正常工况最高压力作用下,总安全系数 K 不小于 2.0,在特殊工况最高压力作用下,总安全系数 K 不小于 1.6。

(五)岔管

1. 岔管的布置

岔管布置应结合地形、地质条件,与主管线路布置、水电站厂房布置协调一致,布置方案应通过技术经济比较确定,并符合下列原则:①结构合理,安全可靠,不产生较大的应力集中和变形;②水流平顺,水头损失小,减少涡流和振动;③分岔后流速宜逐步加快;④制作、运输、安装方便;⑤经济合理。

对重要水电站的岔管宜进行水力学模型试验。

2. 岔管的结构型式及构造要求

岔管的主要结构型式有月牙肋岔管、三梁岔管、球形岔管、贴边岔管、无梁岔管。

岔管的构造应满足主、支(或柱管)管间的连接,除贴边岔管外,应使相贯线为平面曲线。主、支锥管长度及分节,在满足结构布置和水流流态要求下,宜布置紧凑。月牙肋岔管当肋宽比大于 0.3 时宜设置导流板。无梁岔管、球形岔管内部应设置导流板。大型岔管宜按变厚设计。

3. 高压钢筋混凝土岔管

高压钢筋混凝土岔管宜布置在Ⅰ、Ⅱ类围岩地段。Ⅲ类围岩地段需经论证后方可布置高压钢筋混凝土岔管。Ⅳ、Ⅴ类围岩地段不得布置高压钢筋混凝土岔管。

高压钢筋混凝土岔管及其前后一定范围的洞段,必须满足最小覆盖厚度、水力劈裂、渗透稳定的要求。

(六)压力管道构造要求

1. 一般规定

管壁最小厚度(包括壁厚裕量),除满足结构强度要求外,还需考虑制造工艺、安装、运输等要求,保证必需的刚度。压力管道的最小厚度 t 应大于等于($D/800+4$) mm,且管壁最小厚度不宜小于 6 mm。钢管厚度变化处宜保持内径不变。管壁厚度级差宜取 2 mm。弯管段相邻管节转角不宜大于 10°。直径改变的渐变圆锥管,锥顶角不宜大于 7°。

2. 明钢管构造要求

分段式明钢管的支座应保证钢管轴向能自由伸缩并能防止横向滑脱。寒冷地区的明钢管,应有防止结冰的可靠措施,还应防止冰块流入管内。在寒冷地区,墩底应深埋至冻土线以下,镇墩应采取措施,保证镇墩的稳定性和整体性。伸缩节应能满足轴向、径向和角变位的要求,并应有足够的刚度。钢管上应设置进人孔,进人孔间距约为 150 m、直径不得小于 450 mm。进人孔内侧宜设导流板。

3. 地下埋管构造要求

钢管与围岩间回填的混凝土应均匀密实,阻水环和加劲环附近必须加强振捣,混凝土强度等级不应低于 C15,必要时可研究在混凝土中加入膨胀性掺合料的可能性。

地下埋管(包括岔管)可采取下列灌浆措施:平硐倾斜角小于45°的缓斜井应对顶拱进行回填灌浆。钢管与混凝土间宜进行接触灌浆。地下埋管宜进行围岩固结灌浆。钢管壁上灌浆口宜预留,且进行保护,灌浆后必须严密封堵。灌浆过程中,应进行变形或应力监测。

若钢管与混凝土衬砌段连接,在钢管起始端必须设置阻水环,并且对混凝土衬砌末端配置过渡钢筋。若围岩渗透性较强,还应在钢管起始端做环状防渗帷幕及排水措施。外水压力较大时,地下埋管应建立可靠的排水系统。钢管末端有闸阀的情况下,一定长度内(由计算分析确定)应设置止推环。在钢管与厂房边墙相交段宜设置软垫层。

4. 坝内埋管构造要求

坝内埋管的施工可在坝体内预留钢管槽内进行。槽的两侧应预留键槽和采取灌浆措施,或采用键槽和插槽。纵坡台阶打毛。两侧槽壁应预埋固定钢管的埋件。

坝体纵缝在穿越钢管处应与管轴线垂直。钢管与坝体混凝土间应进行接触灌浆,灌浆压力宜用0.2 N/mm^2。预留灌浆孔周围的钢管壁应加强,灌浆后必须严密封堵。钢管起始端必须设置埋入坝体混凝土的阻水环,并应设置排水设施。

5. 钢衬钢筋混凝土管构造要求

钢衬钢筋混凝土管横截面外轮廓多采用方圆形,也有采用多边形。钢衬钢筋混凝土管中的环向受力钢筋,可采用Ⅱ级或Ⅲ级钢筋,选用的钢衬材料的屈服点宜与钢筋的强度标准值相近。

管道环向受力钢筋宜适当多布置于接近混凝土外表面。最外层钢筋的布置与管道外轮廓一致。管道中钢筋的连接宜采用对接方法。环向钢筋的接头应与钢衬纵缝错开,锚距小于80 cm。管道混凝土的厚度可根据便于钢筋的布置和混凝土施工等因素确定。

第十节　水工金属结构

一、闸门的分类

(一)闸门按工作性质分类

(1)工作闸门:指承担主要工作并能在动水中启闭的闸门。

(2)事故闸门:指当闸门的下游(或上游)发生事故时,能在动水中关闭的闸门。当需快速关闭时,也称为快速闸门。事故闸门宜在静水中开启。

(3)检修闸门:指水工建筑物和机械设备等检修时用以挡水的闸门,宜在静水中启闭。

(二)闸门按结构形式和动作特征分类

(1)平面闸门:应用最广,形式多样。

(2)弧形闸门:启闭时闸门绕支铰轴转动,广泛用作工作闸门。

(3)叠梁闸门:由若干节平面闸门组成一套闸门放入孔口内挡水的闸门,一般用于检修闸门。

(4)浮箱闸门:形如空箱,在水面可以浮动,将门叶拖运到门框处后,向箱体内充水,浮箱即下沉就位,可用作检修闸门。

(5)转动式闸门:包括舌瓣闸门,翻板闸门和拍门,这种闸门,启闭时也绕转轴转动,与弧形闸门的不同之处是不带支臂。

(6)扇形闸门:外形上近似弧形闸门,但它有封闭的顶板,并铰支在底板上。通过向门下空腔充水,可使闸门上升挡水;将水排出空腔,闸门即下降泄水,顶板形成溢流面的一部分。当支铰位于上游侧时称为鼓形闸门。

(7)圆辊闸门:形如横卧圆管,可沿门槽内轨道滚动,滚到底即可封闭孔口。为了改善其水流条件,在底部和顶部往往加设檐板。

(8)圆筒闸门:为一直立的圆筒,位于竖井内以封堵环列的一圈孔口,由于水压力作用均匀向心,合力为零,故启闭闸门时阻力很小。

(9)人字闸门:由两扇绕垂直轴转动的平面门组成,当闭门时,支撑呈“人”字形,多用于船闸。

此外,尚有拱形闸门、锥形阀、三角形闸门、屋顶闸门、球形闸门及排针闸门等。

二、闸门的布置、选型

(一)闸门布置的一般要求

闸门应布置在水流较平顺的部位,应尽量避免门前横向流和旋涡、门后淹没出流和回流等对闸门运行的不利影响。

闸门布置在进水口时尚应避免闸孔和门槽顶部同时过水。此外,还应注意以下诸方面:

(1)相邻两道闸门之间或闸门与拦污栅之间的最小净距应满足门槽混凝土强度与抗渗、启闭机布置与运行、闸门安装与维修和水力学条件等因素的要求,且一般不宜小于1.5 m。

(2)溢洪道工作闸门的上游侧,宜设置检修闸门,对于重要工程,必要时也可设置事故闸门。若水库水位每年有足够的连续时间低于闸门底槛并能满足检修要求,可不设检修闸门。

(3)在泄水孔工作闸门的上游侧,应设置事故闸门,对高水头长泄水孔的闸门,还应研究在事故闸门前设置检修闸门的必要性。

(4)当泄水隧洞有弯道时,工作闸门尚宜布置在弯道下游水流平稳的直段上。

(5)排沙孔闸门宜设置在进口段,且宜采用上游面板和上游止水的结构型式。

(6)当电站机组或压力钢管要求闸门做快速事故保护时,在其进水口设置快速闸门和检修闸门;引水式水电站除在压力管道进口处设快速闸门外,宜在长引水道进口处设置事故闸门;河床式水电站的进水口如机组有可靠的防飞逸装置,只需设置事故闸门和检修闸门。

(二)闸门选型的一般原则

(1)需用闸门控制泄水的水闸宜采用弧形闸门。

(2)有排污、排冰、过木等要求的水闸,宜采用下沉式闸门、舌瓣闸门等。

(3)当采用分离式底板时,宜采用平面闸门。

(4)泵站出口应选择可靠的断流方式,可选用拍门或平面快速闸门,在出口还应设事故闸门或检修闸门。

(5)当闸门孔口尺寸较大且操作水头大于50 m时,宜选用弧形闸门。

(6)为降低启闭机排架高度,提高水闸的整体抗震性能,可采用升卧式闸门或双扉平面闸门,若选用升卧式闸门,需考虑闸门的检修条件。

(7)为简化消能设施,提高泄流能力,降低启闭力,在泄水建筑物出口处,可采用平置式或斜置式锥形阀，但要注意喷射水雾对附近建筑物的影响和阀的检修条件。

（三）表孔溢洪道闸门的布置与选型

表孔溢洪道工作闸门的型式在我国应用最多的是弧形闸门和平面闸门。溢洪道工作闸门的上游侧宜设置检修闸门，其型式通常为平面滑动闸门，也可采用浮箱闸门或叠梁闸门。

当设有移动式启闭机操作多孔口闸门时，其检修闸门应多孔共用，一般 10 孔以内可设置 1 ~ 2 扇，10 孔以上每增加 10 孔可增设 1 扇。

当水库水位每年有较长的连续时间低于闸门底槛，而且该时段能满足工作闸门检修要求时，可不设检修闸门。

工作闸门的底槛位置宜位于溢流堰顶略偏下游处，如此可压低水舌，避免溢流堰面产生负压，并可改善闸门的底缘流态。工作闸门之前设有检修闸门时，两门槽之间的净距离应能满足启闭机的布置、闸门的安装、运行和维修等要求，一般不宜小于 1.5 m。

溢洪道工作闸门操作设备除应有可靠的常用电源外，应设有备用动力，以增加安全性。

（四）深孔泄水孔闸门的布置与选型

泄水孔担负着泄洪、引水、放空水库、排沙、排淤等重要任务。实践证明，泄水孔深孔闸门的运行条件相当复杂，有与高速水流有关的一系列问题需要解决。

为保证工作闸门及泄水孔的安全运行，一般应在泄水孔工作闸门的上游侧设事故闸门。对高水头长泄水孔的闸门尚应研究在事故闸门前设置检修闸门的必要性。事故闸门一般均采用平面闸门，而检修闸门则可采用平面闸门或叠梁闸门。

当深孔泄水道为明流管道、工作闸门设置于泄水道进口，并有移动式启闭机操作闸门时，其进口事故闸门可考虑几个孔口共用 1 套闸门。深孔泄水道为有压管道、工作闸门设置于出口处时，有时为了避免洞身长期承压，事故闸门需经常关闭，用以挡水，则每个孔口可单独设置一扇事故闸门。事故闸门一般采用平面闸门，依水头高低可为滑动闸门、定轮闸门或链轮闸门。

深孔泄水道当下游水位经常淹没底槛时，为了对水道和门槽埋件进行检修，必要时可设置下游检修闸门。对于重要工程，可考虑事故闸门的检修而在泄水道的上游增设一道检修闸门。检修闸门通常采用平面闸门、拱形闸门或叠梁闸门。

当工作闸门设置于泄水道的进口或中段时，宜增大门后泄水道的断面，并在门后顶部设通气孔，以充分补气，从而使闸门处于任意开度时，门后水流能形成稳定的无压流态。工作闸门前的压力段应保持一定的收缩率，以保证压力段上均产生正压力，避免引起空蚀。

当泄水隧洞有弯道时，工作闸门尚宜布置在弯道下游水流平稳的直段上。

泄水孔工作闸门的型式应根据闸门的操作水头、水工布置和运用条件等因素并通过技术经济比较确定，可选用平面闸门、弧形闸门、锥形阀、高压滑动平面阀门等。当闸门孔口尺寸较大、操作水头大于 50 m 时，或者考虑改善工作闸门的水力学条件以及有部分开启要求时，宜选用弧形闸门，但要注意采用合理的止水形式。当无部分开启要求且能对门槽妥善处理时，也可采用平面闸门作为泄水孔的工作闸门。

锥形阀是在中小孔口、高中压管道出口处用于控制泄流的一种良好设备。若采用锥形阀作为深孔工作闸门时，应研究解决自由射流形成的水雾对电站下游建筑物及电气设备所造成的不利影响。

排沙孔一般位于电站进水口、灌溉引水孔口等需要排沙的部位。排沙孔进口一般要设置检修闸门或事故闸门，以防止泥沙在洞内淤积。闸门宜采用上游面板和上游止水，以防泥沙在闸门梁格内淤积。门槽与水道边界应尽量保持光滑平整，并选用适宜的抗磨损材料加以防护。

（五）引水发电系统闸门的布置与选型

水电站根据布置方式的不同，分为坝后式电站、河床式电站、引水式电站及混合式电站。各类水电站的水道进口一般均设有拦污栅、检修闸门和事故闸门或快速闸门，在尾水管出口则设有尾水检修闸门。

为满足机组、事故闸门与门槽以及门后水道的检修要求，各类电站的进口一般应设置检修闸门。其型式通常采用平面滑动闸门，均在静水中启闭。

当机组台数较多，进口检修闸门采用移动式启闭机操作时，检修闸门可考虑多孔共用。其设置数量应根据孔口数量、工程重要性和事故闸门的使用情况、检修条件等因素综合考虑。

当机组或钢管要求闸门紧急关闭作事故保护时，坝后式电站的进水口及引水式电站压力钢管的进水口应设快速闸门、蝴蝶阀或球阀等，以防机组飞逸或压力管道事故的扩大。快速闸门结构简单、制造方便、造价低、操作可靠，且水流能量损失较少。

当快速闸门或事故闸门设于调压井内并经常停放于孔口上方时，应考虑调压井内涌浪对闸门停放和下降的不利影响，并采取相应的措施，必要时应进行专门研究。

快速闸门的关闭时间应满足防止机组飞逸和对压力钢管保护的要求，一般为2 min。其下降速度在接近底槛时，不宜大于5 m/min。快速闸门的启闭设备应有就地操作和远方操作的两套系统，并应配有可靠的电源和准确的闸门开度指示控制器。

河床式电站，如浙江的富春江、广西的西津、湖北的葛洲坝、辽宁的太平湾以及苏联列宁伏尔加水电站等，其特点是大流量，低水头，一般都采用转桨式机组。这种电站的进水口，一般都采用事故闸门代替快速闸门，并且用移动式启闭机操作，甚至也可数台机组共用一套事故闸门。由于机组都设有事故配压阀、事故油泵等防飞逸装置，故这种布置方式是安全的。

由于河床式电站单机引用流量较大，为缩减闸门孔口尺寸，进水口常用中墩隔开，分为2～3孔，如葛洲坝二江电站其进水口分为3孔，有不少电站分为2孔。采用这种布置，可降低闸门用钢量和启闭机的容量。

引水式电站布置形式较多，闸门的设置也不相同。在引水洞的进口可以只设置检修闸门，或者设置事故闸门。由于引水洞一般都较长，如渔子溪与映秀湾电站，有的引水洞长达10 km左右，而且有的水头也较高。因此，为保证安全运行，除在压力管道进口处设快速闸门或事故闸门外，宜在长引水道进口处设事故闸门。

电站的尾水管出口处均设置尾水检修闸门，用以拦阻下游尾水，以便进行尾水管及水轮机组的安装与检修。尾水检修闸门通常采用平面滑动闸门，也可采用拱形闸门（如刘家峡、龚嘴等电站），并用移动式启闭机操作。闸门可多孔共用，其设置数量根据发电机组运行检修工况确定。

对于抽水蓄能电站，必要时也可在出口设尾水事故检修闸门。

对贯流式机组的电站，事故闸门和检修闸门的设置可根据孔口尺寸、设计水位、启闭机容量等因素，将其分别布置在进水口或电站尾水处。

（六）水闸、排灌系统的闸门布置与选型

水闸与排灌系统多为中小型水利工程，其闸门型式的选择应根据水闸特点、使用条件、水流主要参数等因素，因地制宜灵活选用。水闸与排灌系统的工作闸门除常用平面闸门与弧形闸门外，尚可采用升卧式闸门、拱形闸门、翻板闸门及舌瓣闸门等，从材料考虑还可选用铸铁闸门。

需用闸门局部开启以控制泄水的水闸，宜选用弧形闸门；当水闸采用分离式底板时，宜采用平面闸门；为降低启闭机排架高度，提高水闸的整体抗震性能，可采用升卧式闸门或双扉平面闸门；有排冰、过木等要求的水闸，宜采用下沉式闸门或舌瓣闸门等。

在流量增长很快且泥沙淤积轻微，或有专门要求的河流上，可采用水力自动操作闸门。

挡潮工作闸门宜采用平面闸门，其面板应布置于海水一侧。宜采用双向止水，且要求止水严密。

排灌水闸与挡潮闸工作闸门的主要工作特点是须双向挡水，在设计支承、止水及底缘型式时，应能适应这一特点。

挡潮闸或上游水域比较开阔的水闸，当采用潜孔弧形闸门且上游水位有时低于门楣时，应在进口的胸墙段上设排气孔，以减轻潮浪所产生的强压气囊对闸门的冲击力。

当闸门启闭频繁或要求全部闸门均匀开启时，宜选用固定式启闭机。

对于抽水泵站，其进口宜设拦污栅与检修闸门，出口设拍门或平面快速闸门，尚宜设出口事故闸门或检修闸门。

三、启闭设备的选型

（一）启闭机的类型

启闭机的类型有固定式启闭机和移动式启闭机。固定式启闭机包括卷扬式启闭机、螺杆式启闭机、液压式启闭机等；移动式启闭机包括门式启闭机、台式启闭机、桥式启闭机和移动式电动葫芦等。

（二）启闭机的选型

启闭机的选型应根据水工布置、闸门型式、操作运行要求、孔数等，经全面的经济技术指标论证选定。对不同用途的闸门在选择启闭机时可遵循下列原则：

（1）泄水系统工作闸门的启闭机一般选用固定式启闭机或液压式启闭机并采用一门一机布置。但若闸门操作运行方式和启闭时间允许，也可选用移动式启闭机。

（2）多孔泄水系统的事故、检修闸门的启闭机，一般选用移动式启闭机。

（3）挡潮闸、水闸工作闸门启闭机，一般采用一门一机布置，以便能迅速启闭闸门。

（4）电站机组进水口和泵站出口有快速关闭要求的闸门，其启闭机选型应根据工程布置、闸门的启闭荷载等要求进行全面的技术经济比较，选用卷扬式启闭机或液压式启闭机。

（5）电站机组多孔尾水管检修闸门的启闭机一般采用移动式启闭机。

（6）对于需要分节装拆的闸门或分节启闭的叠梁闸门，应选用移动式启闭机操作。

（7）对于水闸的检修闸门通常选用移动式电动葫芦进行操作。

第七章 施工组织设计

第一节 施工导截流

一、施工导流的基本概念

在河流上修建水工建筑物，大多要求干地施工，因此在水工建筑物施工期间，需要截断或部分截断原河流，用围堰形成建筑物施工的基坑，河水通过临时或特定的泄水建筑物导泄至下游河道，这就是施工导流。广义上说，可以概括为采取“导、截、拦、蓄、泄”等工程措施来解决施工和水流蓄泄之间的矛盾，避免水流对水工建筑物施工的不利影响，把河水全部或部分地导向下游或拦蓄起来，以保证水工建筑物的干地施工和施工期不影响或尽可能少影响水资源的综合利用。

按照工程建设期间挡水建筑物随时间的变化，通常把导流分为前期导流、中期导流和后期导流。把坝体具备挡水条件以前围堰挡水期间的导流称为前期导流，把坝体具备挡水条件后至临时泄水建筑物封堵或下闸以前的导流称为中期导流，把导流临时泄水建筑物部分或全部封堵或下闸后的导流称为后期导流。

施工导流是水利水电枢纽总体设计的重要组成部分，是选定枢纽坝址、枢纽布置方案、枢纽建筑物型式、施工程序和施工总进度的重要因素。合理的施工导流，可以加快施工进度，降低工程造价。

施工导流设计的主要任务是：在充分分析研究水文、地形、地质、枢纽布置及施工条件等基本资料的前提下，确定导流标准及导流方式；确定导流建筑物布置，进行导流挡水建筑物和泄水建筑物设计，截流设计，各期度汛设计，基坑排水设计，施工期通航、排冰、临时泄水建筑物封堵及蓄水期对下游供水设计。

二、施工导流的基本方式

施工导流可划分为分期围堰导流和断流围堰导流（一次拦断河床围堰）两种基本方式。

按导流泄水建筑物型式的不同，分期围堰导流又可分为束窄河床导流、底孔导流、缺口或梳齿导流、厂房导流等方式；断流围堰导流可分为明渠导流、隧洞导流、涵洞导流等。

（一）分期围堰导流

1. 分期围堰导流的概念

分期围堰（亦称分段围堰）导流，就是用围堰将水工建筑物分段、分期围护起来进行施工，河水通过束窄后的河床，或河床内前期建成的临时及永久泄水建筑物导泄至基坑下游。其主要特点是拦河水工建筑物须分段分期围护施工，导流泄水建筑物位于河床之内。

2. 分期围堰导流适合条件

分期围堰导流一般适用于河床较宽的坝址，当河床覆盖层薄或具有浅滩、河心洲、礁岛等可利用时，对分期围堰导流更为有利。就拦河枢纽结构型式而言，分期围堰导流多用于混凝土坝（闸）或混凝土坝与土石坝结合的拦河枢纽。

3. 分期围堰导流的一般程序

分期围堰导流，一般分两期导流的工程居多，也有分三期、四期导流的工程。

对于二期导流的工程，其导流程序一般为：一期先围可形成中后期导流泄水建筑物的坝体一侧，形成一期基坑，被围堰束窄的另一侧河床过流，河床束窄程度一般控制在 40% ~ 60%；二期围另一侧坝体，拆除一期围堰，一期基坑已形成的导流泄水建筑物过流，常用的导流方式有底孔导流（坝体内设临时导流底孔或利用永久底孔）、底孔结合坝体缺口导流、梳齿导流等。

对于洪、枯流量悬殊，洪水集中在汛期，而汛期较短的河流，中后期导流也常采用坝体过水导流方式，即汛期底孔结合坝面过水，坝体停工，汛后流量变小，坝体露出水面，枯水期继续坝体施工。

（二）断流围堰导流

1. 断流围堰导流的概念

断流围堰导流常称为全段围堰导流，就是在河床主体工程的上、下游各建一道拦河围堰，使河水经河床以外的临时泄水道或永久泄水建筑物下泄，主体工程建成或接近建成时，再将临时泄水道封堵的导流方式。其主要特点是将河床内拦河水工建筑物一次整体围护施工，导流泄水建筑物位于河床之外。

2. 断流围堰导流常用型式和适用情况

断流围堰隧洞导流方式：适用于河谷狭窄、河岸地势高，且具备成洞地质条件的坝址。隧洞断面尺寸和数量视河流水文特性、岩石完整情况以及围堰运行条件等因素确定。当隧洞导流过程中适用几个施工阶段时，应根据控制阶段的洪水标准进行设计。隧洞完成导流任务后，将其封堵。

断流围堰明渠导流方式：适用于河流流量较大、河床一侧有较宽台地、垭口或古河道的坝址。后期河床建筑物基本完成后，用围堰将明渠拦断，修建明渠部位的永久建筑物。明渠导流一般有利于施工期通航、过木、排冰。

三、施工导流标准

导流设计标准是选择导流设计流量进行施工导流设计的标准。导流设计流量是选择导流方案、设计导流建筑物的主要依据。

（一）导流建筑物级别划分

根据《水利水电工程施工组织设计规范》（SL 303—2004），导流建筑物根据其保护对象、失事后果、使用年限和工程规模划分为 3 ~ 5 级，具体按表 7-1 确定。

在确定导流建筑等级时应注意以下问题：

（1）当导流建筑物根据表 7-1 中指标分属不同级别时，应以其中最高级别为准。但列为 3 级导流建筑物时，至少应有两项指标符合要求。

（2）规模巨大且在国民经济中占有特殊地位的水利水电工程，其导流建筑物的级别和设计洪水标准，经充分论证后报上级批准。

表 7-1　导流建筑物级别划分

级别	保护对象	失事后果	使用年限(年)	导流建筑物规模	
				高度(m)	库容(亿 m^3)
3	有特殊要求的1级永久性水工建筑物	淹没重要城镇、工矿企业、交通干线或推迟总工期及第一台(批)机组发电,造成重大灾害和损失	>3	>50	>1.0
4	1、2级永久性水工建筑物	淹没一般城镇、工矿企业或影响工程总工期及第一台(批)机组发电而造成较大经济损失	3~1.5	50~15	1.0~0.1
5	3、4级永久性水工建筑物	淹没基坑,但对总工期及第一台(批)机组发电影响不大,经济损失较小	<1.5	<15	<0.1

注:1. 导流建筑物包括挡水建筑物和泄水建筑物,两者级别相同。

2. 表中指标均按导流阶段(分期)划分。

3. 有、无特殊要求的永久性水工建筑物均是针对施工期而言的,有特殊要求的1级永久性水工建筑物是指施工期不应过水的土石坝及其他有特殊要求的永久性水工建筑物。

4. 使用年限是指导流建筑物每一导流分期的工作年限,两个或两个以上导流分期共用的导流建筑物,如分期导流一期、二期共用的纵向围堰,其使用年限不能叠加计算。

5. 导流建筑物规模一栏中,围堰高度指挡水围堰最大高度,库容指堰前设计水位所拦蓄的水量,两者应同时满足。

(3)应根据不同的导流分期按表7-1划分导流建筑物级别;同一导流分期中的各导流建筑物的级别,应根据其不同作用划分;各导流建筑物的洪水标准应相同,一般以主要挡水建筑物的洪水标准为准。

(4)确定过水围堰级别时,表7-1中的各项指标以过水围堰挡水期情况作为衡量依据。

(5)当导流建筑物与永久性建筑物结合时,结合部分结构设计应采用永久性建筑物级别标准,但导流设计级别仍按表7-1规定执行。

(6)利用围堰挡水发电时,围堰级别可提高一级,但必须经过技术经济论证。

(7)当4、5级导流建筑物地基地质条件非常复杂,或工程具有特殊要求必须采用新型结构,或失事后淹没重要厂矿、城镇时,其结构设计级别可以提高一级,但设计洪水标准不提高。

(8)确定导流建筑物级别的因素复杂,当按表7-1和上述各条规定所确定的级别不合理时,可根据工程具体条件和施工导流阶段的不同要求,经过充分论证,可予以提高或降低。

(二)导流建筑物设计洪水标准选择

导流建筑物设计洪水标准应根据建筑物的类型和级别在表7-2规定幅度内选择。在下述情况下,导流建筑物洪水标准可用表7-2中的上限值:

(1)河流水文实测资料系列较短(小于20年),或工程处于暴雨中心区。

(2)采用新型围堰结构型式。

(3)处于关键施工阶段,失事后可能导致严重后果。

(4)工程规模、投资和技术难度采用上限值与下限值相差不大。

(5)在导流建筑物级别划分中属于本级别上限。

表 7-2 导流建筑物洪水标准划分

导流建筑物类型	导流建筑物级别		
	3	4	5
	洪水重现期(年)		
土石结构	50 ~ 20	20 ~ 10	10 ~ 5
混凝土、浆砌石结构	20 ~ 10	10 ~ 5	5 ~ 3

过水围堰的挡水标准应结合水文特点、施工工期、挡水时段,经技术经济比较后在重现期 3 ~ 20 年范围内选定,当水文系列不小于 30 年时,也可根据实测流量资料分析选用;过水围堰过水时的设计洪水标准根据过水围堰的级别和表 7-2 选定,当水文系列不小于 30 年时,也可按实测典型年资料分析并通过水力学计算或水工模型试验选用。

(三)坝体施工期临时度汛洪水标准选择

当坝体填筑高程超过围堰堰顶高程时,坝体临时度汛洪水标准应根据坝型及坝前拦洪库容按表 7-3 规定执行。

表 7-3 坝体施工期临时度汛洪水标准

坝型	拦洪库容(亿 m^3)		
	≥1.0	1.0 ~ 0.1	<0.1
	洪水重现期(年)		
土石坝	≥100	100 ~ 50	50 ~ 20
混凝土坝、浆砌石坝	≥50	50 ~ 20	20 ~ 10

(四)导流泄水建筑物封堵后坝体度汛洪水标准选择

导流泄水建筑物封堵后,如永久性泄洪建筑物尚未具备设计泄洪能力,坝体度汛洪水标准应分析坝体施工和运行要求后按表 7-4 规定执行。汛前坝体上升高度应满足拦洪要求,帷幕灌浆及接缝灌浆高程应能满足蓄水要求。

表 7-4 导流泄水建筑物封堵后坝体度汛洪水标准

大坝类型		大坝级别		
		1	2	3
		洪水重现期(年)		
混凝土坝、浆砌石坝	设计	200 ~ 100	100 ~ 50	50 ~ 20
	校核	500 ~ 200	200 ~ 100	100 ~ 50
土石坝	设计	500 ~ 200	200 ~ 100	100 ~ 50
	校核	1 000 ~ 500	500 ~ 200	200 ~ 100

(五)封堵工程施工期间的导流设计标准及水库初期蓄水标准

(1)封堵工程在施工阶段的导流设计洪水标准,可根据工程重要性、失事后果等因素在该时段5~20年重现期范围内选定。

(2)封堵下闸的设计流量可用封堵时段5~10年重现期的月或旬平均流量,或按实测水文统计资料分析确定。

(3)水库施工期蓄水标准应根据发电、灌溉、通航、供水等要求和大坝安全加高值等因素分析确定,蓄水保证率宜为75%~85%。蓄水过程中,应满足下游必需的供水要求。

(六)截流标准的选择

截流标准可采用截流时段重现期5~10年的月或旬平均流量,也可用其他方法分析确定。

四、导流建筑物

导流建筑物包括导流泄水建筑物和挡水建筑物。导流泄水临时性建筑物主要有导流明渠、导流隧洞、导流涵洞、坝体临时底孔、坝体缺口、坝体梳齿等;挡水临时性建筑物主要是围堰。下面仅介绍围堰的一些基础知识。

(一)围堰型式及其适用条件

围堰型式主要有土石围堰、混凝土围堰、钢板桩格型围堰、浆砌石围堰、木笼围堰、竹笼围堰、草土围堰等。

土石围堰能充分利用当地材料,对基础适应性强,施工简便,造价一般较低,应优先选用。土石围堰用作纵向围堰占据河床宽度较大,坡脚流速较高时,防护难度较大。

混凝土围堰宜建在岩石地基上,适用于纵向围堰和横向过水围堰。碾压混凝土围堰施工简便,可缩短工期,造价一般较低,在有条件时优先采用。

钢板桩格型围堰最高挡水水头不宜大于30 m。

浆砌石、木笼、竹笼、草土等围堰型式,应用地区特点较强,可用于当地料源丰富、施工单位经验丰富的工程,围堰高度均不宜太高。

(二)围堰型式选择原则

(1)堰体运行必须安全可靠,满足稳定、防渗和抗冲要求。

(2)结构简单,施工方便,在预定施工期内修筑到需要的断面及高程,能满足施工进度要求。

(3)堰基易于处理,堰体便于与岸坡或已有建筑物连接。

(4)堰体材料宜充分利用当地材料及开挖渣料。

(5)具有良好的技术经济指标。

(6)适应防汛抢险要求。

(三)围堰断面设计要求

1.不过水围堰堰顶高程的确定

(1)不过水围堰堰顶高程不低于设计洪水的静水位与波浪高度及堰顶安全加高值之和,其堰顶安全加高不低于表7-5的规定值。

表 7-5 不过水围堰堰顶安全加高下限值 (单位:m)

围堰型式	围堰级别	
	3	4～5
土石围堰	0.7	0.5
混凝土围堰、浆砌石围堰	0.4	0.3

(2)土石围堰防渗体顶部在设计洪水静水位以上的加高值:斜墙式防渗体为0.6～0.8 m,心墙式防渗体为0.3～0.6 m。

2.过水围堰堰顶高程的确定

过水围堰堰顶高程应按静水位加波浪高度确定,不另加堰顶安全加高值。

五、河道截流

(一)截流方式

河道截流方式主要有戗堤法、定向爆破法、建闸法、浮运结构法。绝大多数工程采用戗堤法截流,其他截流方式很少采用。

戗堤法按物料抛投方式不同,分为立堵和平堵两种基本方式;按戗堤数量不同,又分为单戗、双戗和多戗截流。

(二)截流方式的选择

选择截流方式应充分分析水力学参数、施工条件和截流难度、抛投物数量和性质,并进行技术经济比较。

(1)单戗立堵截流简单易行,辅助设备少,当截流落差不超过3.5 m时,宜优先选择。但其龙口水流能量相对较大,流速较高,需制备重大抛投物料相对较多。

(2)双戗和多戗立堵截流,可分担总落差,改善截流难度,适用于截流流量较大,且落差大于3.5 m的情况。

(3)当河水较深、戗堤过高时,为防止立堵截流过程中堤头发生突然坍塌,可采用先平堵垫底,后立堵合龙的平立堵结合方案。有架设浮桥或栈桥条件时,应对平堵截流方案与平立堵结合截流方案进行比较。平堵截流虽然建桥费用较高,但其截流水力条件较好。

(4)在特殊条件下,经技术经济论证,亦可采用定向爆破法、建闸法、浮运结构法等截流方式。

(三)截流设计的原则

(1)河道截流前,泄水道内围堰或其他障碍物应予清除。

(2)戗堤轴线应根据河床和两岸地形、地质、交通条件、主流流向、通航、过木要求等因素综合分析选定,戗堤宜为围堰堰体组成部分。

(3)确定龙口宽度及位置应考虑龙口工程最小并保证预进占段裹头不致遭冲刷破坏,选择在河床水深较浅、覆盖层较薄或基岩部位。

(4)若龙口段河床覆盖层抗冲能力低,可预先在龙口抛石或铅丝笼护底,增大糙率和抗冲能力,减少合龙工作量,降低截流难度。

(5)截流抛投材料选择原则是预进占段填料尽可能利用开挖渣料和当地天然料;龙口段抛投的大块石、石串或混凝土四面体等人工制备材料数量,应慎重研究确定;截流备料总量应根据截流料物堆存、运输条件、可能流失量及戗堤沉陷等因素综合分析，并留适当的备用量。

(6)戗堤抛投物应有较强的透水能力，且易于起吊运输。

(7)重要截流工程的截流设计应通过水工模型试验验证并提出截流期间相应的观测设施。

六、基坑排水

(一)初期排水

围堰合龙闭气后，排除基坑积水期间的排水称为初期排水。

初期排水量包括基坑积水、排水期渗水和降水等。

确定基坑初期排水强度时，应根据不同围堰型式及基坑边坡对渗透稳定的要求确定基坑水位下降速度。

(二)经常性排水

初期排水后，为保持基坑内工程干地施工而进行的排水称为经常性排水。

经常性排水由进入基坑的渗水、降水和施工弃水等组成。

确定经常性排水强度时，排水量计算应按两种组合考虑，以排水量大者选择设备，两种组合为：①渗水＋降水；②渗水＋施工弃水。

经常性排水的降水量按抽水时段最大日降水量在当天抽干计算。

第二节　主体工程施工方法

一、主体工程施工概要

主体工程施工主要包括挡水建筑物、泄水建筑物、引水建筑物、电站厂房等的土建工程及金属结构和机电设备安装工程的施工。

主体工程施工主要研究各单项工程施工方案及其施工程序、工艺、布置，以及单项工程施工进度及强度分析、资源配置等。

研究主体工程施工是为了正确选择水工枢纽布置和建筑物型式，保证工程质量与施工安全，论证施工总进度的合理性和可行性，并为编制工程概算提供需求的资料。

进行施工方案选择应遵循以下原则：

(1)能保证工程质量和施工安全，辅助工程量及施工附加量小，施工成本低，施工工期短。

(2)先后作业之间、土建工程与机电安装之间、各道工序协调均衡，干扰较小。

(3)施工强度和施工设备、材料、劳动力等资源需求较均衡。

(4)技术先进、可靠。

二、土石方明挖

(一)岩土开挖级别

我国水利水电工程将岩土分为土与岩石两大类。除冻土外，土类级别按土石十六级分类法的前四级划分;岩石级别按土石十六级分类法的Ⅴ ~ ⅩⅥ级划分。

岩土开挖级别对开挖单价、材料、设备、劳动力的数量均有较大影响,工程设计中应根据实际地质条件,按重度、可钻性和抗压强度等慎重选定。

(二)坝基开挖顺序与开挖方法

(1)土石方开挖应自上而下分层进行。两岸水上部分的坝基开挖宜在截流前完成或基本完成。水上、水下分界高程可根据地形、地质、开挖时段和水文条件等因素分析确定。

(2)采用常规梯段爆破开挖接近建基面时,在梯段爆破孔的底部及建基面之间应预留保护层。

(3)地基保护层以上石方开挖,宜采取延长药包、梯段爆破,若开挖面无天然梯段,可逐步创造梯段爆破条件。

(4)设计边坡轮廓面开挖,应采取防震措施,如预留保护层、控制爆破等。

(5)若地基开挖的地形、地质和开挖层厚度有条件布置坑道,在满足地基预裂要求的条件下可考虑采用辐射孔爆破。

(6)水工建筑物岩石基础部位开挖不应采用集中药包法进行爆破。

(三)高边坡开挖原则

(1)采取自上而下的施工程序。

(2)避免二次削坡。

(3)采用预裂爆破或光面爆破。

(4)对有支护要求的高边坡每层开挖后及时支护。

(5)坡顶设截水沟。

(四)出渣道路布置原则

(1)主体工程土石方明挖出渣道路的布置应根据开挖方式、施工进度、运输强度、渣场位置、车型和地形条件等统一规划。

(2)进入基坑的出渣道路有困难时,最大纵坡可视运输设备性能、纵坡长度等具体情况酌情加大,但不宜大于15%。

(3)能满足工程后期需要,不占压建筑物部位,不占压或少占压深挖部位。

(4)短、平、直,减少平面交叉。

(5)行车密度大的道路宜设置双车道或循环线,设置单车道时应设置错车道。

三、地基处理

地基处理属隐蔽性工程,应根据水工建筑物对地基的要求,认真分析地质条件,进行技术经济比较,选择技术可行、效果可靠、工期较短、经济合理的施工方案。地基处理主要包括断层处理、基础的固结灌浆和帷幕灌浆、防渗墙施工等。

(一)基岩灌浆

(1)帷幕灌浆施工场地面积除满足布置制浆系统、灌浆设备外,还应考虑必要时补强灌浆的需要。具备条件的工程帷幕灌浆宜在廊道内进行。

(2)固结灌浆可在基岩表层或岩层有混凝土盖重的情况下进行,有盖重的坝基固结灌浆,应在混凝土达到要求强度后进行。

(3)基础灌浆一般按照先固结、后帷幕的顺序进行。帷幕灌浆宜按分序逐渐加密的方式施工。

(二)防渗墙施工

(1)防渗墙施工平台的高程应高于施工时段设计最高水位2 m以上。平台的平面尺寸应满足造孔、清渣、混凝土浇筑和交通要求。

(2)防渗墙槽孔长度应综合分析地层特性、槽孔深浅、造孔机具性能、工期要求和混凝土生产能力等因素确定,可为5~9 m。深槽段、槽壁易塌段宜取小值。

(3)防渗墙施工所用土料的质量和数量应满足造孔和清孔的要求,一般制浆土料的黏粒含量宜在50%以上,塑性指数不小于20,含沙量小于5%。

四、碾压式土石坝施工

碾压式土坝、黏土心墙、黏土斜墙坝施工受降雨环境影响大,施工组织设计应认真分析工程所在地区气象台(站)的长期观测资料。统计降水、气温、蒸发等各种气象要素不同量级出现的天数,确定对各种坝料施工影响程度。

(一)料场规划原则

(1)料物物理力学性质符合坝体用料要求,质地较均一。

(2)储量相对集中,料层厚,总储量能满足坝体填筑需用量。

(3)有一定的备用料区,保留部分近料场作为坝体合龙和抢拦洪高程用。

(4)按坝体不同部位合理使用各种不同的料场,减少坝料加工。

(5)料场剥离层薄,便于开采,获得率较高。

(6)采集工作面开阔,料物运距较短,附近有足够的废料堆场。

(7)不占或少占耕地、林场,特别要注意环保要求。

(二)坝料上坝运输

坝料上坝方式主要有自卸汽车直接上坝、皮带运送上坝、窄轨机车运送上坝或其组合方式。坝料上坝运输方式应根据运输量,开采、运输设备型号,运距和运费,地形条件以及临建工程量等资料,通过技术经济比较后选定。

(三)坝料填筑

(1)土质防渗体应与其上、下游反滤料及坝壳部分平起填筑。

(2)垫层料与部分坝壳料均宜平起填筑,当反滤料或垫层料施工滞后于堆石棱体时,应预留施工场地。

(3)土石料用自卸汽车运输上坝时,宜采用进占法卸料,压实设备类型可根据土石料性质等因素选择,铺料厚度应根据土石料性质和压实设备性能通过现场试验或工程类比法确定。

(4)石料填筑应在碾压前对铺料洒水。冰冻期填筑时不应加水,但应适当减小铺料厚度和增加碾压遍数。

(5)土料宜安排在少雨季节施工。

(6)当日平均气温低于0 ℃时,黏性土应按低温季节施工考虑;当日平均气温低于-10 ℃时,不宜填筑土料,否则应进行技术经济论证。

五、混凝土施工

混凝土施工包括混凝土运输、浇筑、养护和温度控制措施等环节。混凝土工程施工组织设计主要包括:混凝土施工方案的选择,单项工程、分部工程施工进度分析,施工设备选型配套,垂直运输设备及水平运输线路布置,混凝土温度控制措施的确定等。

(一)混凝土施工方案选择原则

(1)混凝土生产、运输、浇筑、温控措施等各施工环节衔接合理。

(2)施工机械化程度符合工程实际,保证工程质量,加快工程进度和节约工程投资。

(3)施工工艺先进,设备配套合理,综合生产效率高。

(4)运输过程中的中转环节少、运距短,温控措施简易、可靠。

(5)初期、中期、后期浇筑强度协调平衡。

(6)混凝土施工与金属结构、机电安装之间干扰少。

混凝土浇筑程序、各期浇筑部位和高程应与供料线路、起吊设备布置和机电安装进度相协调,并符合相邻块高差及温控防裂等有关规定。各期工程形象进度应能适应截流、拦洪度汛、封孔蓄水等要求。

(二)混凝土浇筑设备选择原则

(1)混凝土起吊设备数量可根据月高峰浇筑强度、吊罐容量、设备小时循环次数、可供浇筑的仓面数和辅助吊运工作量等经计算或用工程类比法确定,其中辅助吊运工作量可按吊运混凝土当量时间的百分比计算。一般可在下列范围内取值:重力坝为10%~20%,轻型坝为20%~30%,厂房为30%~50%。

(2)混凝土起吊设备的小时循环次数根据设备运行速度、取料点至卸料点的水平及垂直运输距离、设备配套情况、施工管理水平和工人技术熟练程度分析计算或用工程类比法确定。

(3)每个浇筑仓的混凝土运输和浇筑设备生产能力,应能满足在前一层混凝土初凝前其上一层混凝土浇筑完毕。例如,用平浇法浇筑混凝土时,设备生产能力应能确保在混凝土初凝期内将整个仓面覆盖浇筑完毕。

(三)温控与低温季节浇筑混凝土

(1)大体积混凝土施工应进行温度控制设计,采取有效的温度控制措施,以满足温控防裂要求。有条件时宜用系统分析方法确定各种措施的最优组合。

(2)低温季节混凝土施工必要性应根据总进度及技术经济比较论证后确定。在低温季节进行混凝土施工时,应做好保温防冻措施。

(3)低温季节混凝土施工气温标准:当日平均气温连续5 d稳定在5 ℃以下或最低气温连续5 d稳定在-3 ℃以下时,应按低温季节进行混凝土施工。

(4)低温季节混凝土施工保温防冻措施:①混凝土浇筑温度:大坝不宜低于5 ℃,厂房不宜低于10 ℃;②在负温的基岩或老混凝土面上筑浇时,应将基岩或老混凝土加热至正温,加热深度应不小于10 cm,并要求上下温差不超过15~20 ℃;③采用保温模板,且在整个低温期间不拆除;④掺加气剂,掺气量通过试验确定;⑤混凝土拌和时间应较常温季节适当延长,具体延长时间宜经试验确定;⑥当日平均气温低于-10 ℃时,应在暖棚内浇筑;⑦混凝土允许受冻的成熟度不应小于1 800 ℃·h。

六、地下工程施工

（一）围岩分类

地下工程的围岩类别及产状构造特征是选择地下工程施工方法及参数的主要依据。围岩类别按《水利水电工程地质勘察规范》（GB 50287—99）划分为Ⅰ～Ⅴ类。

（二）地下工程施工方法

地下工程一般采用钻爆法施工。较长的岩石隧洞，在符合一定条件情况下，可研究硬岩掘进机施工的合理性；处于松软地层的长隧洞，根据地质、水文等条件可选用盾构掘进机，例如从河底非岩石地层穿越的隧洞。

（三）钻爆法施工开挖方法的选择

（1）用钻爆法开挖隧洞时，施工方法应根据断面尺寸、围岩类别、设备性能、施工技术水平，并进行经济比较后选定，条件许可应优先选用全断面开挖，圆形隧洞选用分部开挖时，应尽量避免扩挖底角。跨度大于 12 m 的硐室宜先挖导洞，分部分层扩挖。

（2）竖井开挖宜从井底出渣，如无条件从井底出渣，可全断面自上而下开挖；当竖井井下有通道且断面较大时，可用导井法开挖，即先将导井贯通，再自上而下扩挖，通过导井溜渣至井底运出；导井可采用爬罐法、吊罐法、天井钻机或反井钻机施工。

（3）倾角小于30°的斜井宜自上而下开挖；倾角为 30°～45°的斜井可自上而下开挖，若自下而上开挖，需有扒渣、溜渣措施；倾角大于 45°的斜井宜采用自下而上先挖导井，再自上而下扩挖或自下而上全断面开挖。

（四）施工支洞布置

（1）施工支洞的选择应根据地形、地质条件、结构型式及布置、施工方法和施工进度的要求等综合研究确定。采用钻爆法施工时，施工支洞间距不宜超过 3 km。

（2）平硐支洞轴线与主洞轴线交角不宜小于 40°，且应在交叉口设置不小于 20 m 的平段。平硐支洞纵坡：有轨运输纵坡不超过 2%；无轨运输纵坡不超过 9%，相应限制坡长 150 m；局部最大纵坡不宜大于 14%。

（3）斜井支洞的倾角不宜大于 25°，井身纵断面不宜变坡与转弯，下水平段长度不宜小于 20 m。

（4）竖井一般设在隧洞的一侧，与隧洞之间应留有一定距离。

第三节　施工总布置及总进度

一、施工总布置

施工总布置就是根据工程特点和施工条件，研究解决施工期间所需的施工工厂、交通道路、仓库、房屋、动力、给水排水管线以及其他施工设施的布置问题。施工总布置的成果需要标识在一定比例尺的施工区地形图上，构成施工总布置图。

施工总布置应充分掌握和综合分析枢纽布置、主体建筑物规模、型式、特点、施工条件和工程所在地区社会、经济、自然条件等因素；合理确定并统筹规划布置为工程施工服务的各种临时设施;妥善处理施工场地内外关系;为保证工程施工质量、加快施工进度、提高经济效益创造条件。

施工总布置方案应遵循因地制宜、因时制宜、有利生产、方便生活、易于管理、安全可靠、经济合理、符合环境保护的原则,经全面系统比较论证后选定。

施工总布置方案比较应定性分析以下方面的问题:

(1)布置方案能否充分发挥施工工厂的生产能力,能否满足施工总进度和施工强度的要求。

(2)施工设施、站场、临时建筑物的协调和干扰情况。

(3)施工分区的合理性。

(4)应研究当地现有企业为工程施工服务的可能性和合理性。

主要施工工厂设施和临时设施的布置应考虑施工期洪水的影响,防洪标准根据工程规模、工期长短、河流水文特性等情况,分析不同标准洪水对其危害程度,在5~20年重现期范围内酌情采用。高于或低于上述标准,应有充分论证。

施工总布置场地选择,应优先考虑利用弃渣场地、滩地等非生产性用地,尽量少占农田。

二、施工总进度编制原则、表示形式、建设期划分

(一)施工总进度编制原则

(1)遵守基本建设程序。

(2)采用国内平均先进施工水平合理安排工期。

(3)资源(人力、物资和资金等)均衡分配。

(4)单项工程施工进度与施工总进度相互协调,各项目施工程序前后兼顾、衔接合理、干扰少、施工均衡。

(5)在保证工程施工质量、总工期的前提下,充分发挥投资效益。

施工总进度应突出主、次关键工程(关键线路上的工程)、重要工程;明确开工、截流、蓄水、首台机组发电和工程完工日期。

(二)施工总进度表示形式

施工总进度的表示形式主要有:

(1)横道图:具有简单、直观等优点。

(2)网络图:能表示各工序之间的逻辑关系,可从大量工程项目中表示控制总工期的关键路线,便于反馈、优化。

(3)斜线图:易于体现流水作业,如隧洞施工。

(三)工程建设期的划分

工程建设期可划分为四个阶段,即工程筹建期、工程准备期、主体工程施工期和工程完建期。

(1)工程筹建期:工程正式开工前由业主单位负责筹建对外交通、施工用电、通信、征地、移民以及招标、评标、签约等工作,为承包单位进场开工创造条件所需的时间。

(2)工程准备期:准备工程开工起至关键线路上的主体工程开工或一期截流闭气前的工期,一般包括“四通一平”、导流工程、临时房屋和施工工厂设施建设等。

(3)主体工程施工期:关键线路上的主体工程开工或一期截流闭气后开始,至第一台机组发电或工程开始发挥效益的工期。

(4)工程完建期:水电站第一台机组投入运行或工程开始受益,至工程竣工的工期。

编制施工总进度时,工程施工总工期应为后三项工期之和。工程建设相邻两个阶段的工作可交叉进行。

三、施工总进度编制方法

(一)施工总进度编制步骤

在编制施工总进度之前和在工作过程中,要收集和不断完善编制施工总进度所需要的基本资料。

在河流规划阶段和可行性设计阶段初期,施工进度属轮廓性的,称轮廓性施工进度。在河流规划阶段,轮廓性施工进度是施工总进度的最终成果;在可行性设计阶段,是编制控制性施工进度的中间成果;在初步设计阶段,可不编制轮廓性施工进度。

在可行性设计阶段,控制性施工进度是施工总进度的最终成果;在初步设计阶段,控制性施工进度是编制施工总进度的重要步骤,并作为中间成果,提供给施工组织设计的有关专业,作为设计工作的初步依据。

在编制控制性施工进度过程中,应根据工程建设总工期的要求,确定施工分期和施工程序,以拦河坝为主要主体建筑的工程,尚应解决好施工导流和主体工程施工方法设计之间在进度安排上的矛盾,协调各主体工程在施工中的衔接关系。因此,控制性施工进度的编制必然是一个反复调整的过程。完成控制性施工进度的编制后,施工总进度中的主要施工技术问题应当基本得到解决。

(二)轮廓性施工进度的编制

(1)同水工设计共同研究,选定代表性的水工方案,并了解主要建筑物的施工特性,初步选定关键性的工程项目。

(2)对初步掌握的基本资料进行粗略的分析,根据对外交通和施工布置的规模和难易程度,拟定准备工程的工期。

(3)以拦河坝为主要主体建筑的工程根据初步拟订的导流方案,对主体建筑物进行施工分期规划,确定截流和主体工程下基坑施工的日期。

(4)根据已建工程的施工进度指标,结合本工程的具体条件,规划关键性工程项目的施工期限,确定工程受益日期和总工期。

(5)对其他主体建筑物的施工进度作粗略的分析,绘制轮廓性施工进度表。

(三)控制性施工进度的编制

1.分析选定关键性工程项目

分析工程所在地区的自然条件、主体建筑物的施工特性、主体建筑物的工程量。

2.初拟控制性施工进度的步骤和方法(以拦河坝为关键性工程为例)

(1)结合研究导流方案确定拦河坝的施工程序。拦河坝的施工,受水文、气象条件的直接影响,汛期往往受到洪水的威胁,因此拦河坝的施工进度和施工导流方式以及施工期历年度汛方案有密切的关系。

(2)在编制控制性施工进度时，首先要分析确定准备工程的净工期，才能安排导流工程、其他准备工程和岸坡开挖的开始时间。

(3)确定截流时段、坝基开挖和地基处理的工期及坝体各期上升高程。

(4)安排其他单项工程的施工进度时，应根据其本身在施工期的运用条件以及相互衔接关系，围绕拦河坝的施工进度进行安排和调整。考虑以下主要原则：①施工期洪水的影响；②水库蓄水的要求；③避免平面上的互相干扰；④考虑利用石料上坝的要求；⑤施工强度平衡。

第八章 征地移民

第一节 征地移民概论

一、征地移民的概念

移民按其主观意愿可分为自愿移民和非自愿移民。自愿移民是指人们出于自身生存、发展的需要,自发地、自觉自愿地采取迁移的行为,如美国历史上的淘金者、石油开发者和我国20世纪80年代沿海特区开发引发的南下潮等。非自愿移民是指由于各种不可抗拒的外力因素(如战争、自然灾害等)或由于兴建工程项目以及为了生态保护而导致的人口被迫迁移。非自愿移民又分为难民和工程移民两类。难民是由于战争、自然灾害或政治、文化、社会等因素产生的人口迁移。近几年,还出现了许多为了生态保护而迁移的生态移民。

因工程建设引起的征地移民按工程建设的类别不同,可分为水利水电工程建设征地移民、交通工程移民、城建移民及其他工程移民。本书所指"征地移民"是"水利水电工程建设征地移民"的简称,是指为了水利水电工程建设必须进行搬迁和安置的农村、城镇居民,属非自愿移民。

为了蓄水发电、灌溉、防洪等开发利用水资源的需要兴建水库、水电站等水利水电工程时,会淹没和占用一定范围的土地,在此范围内居住或土地资源在此范围内的居民会丧失原有居住条件或土地资源,需要按照国家有关征地移民法规进行安置,以恢复其原有生产生活水平。根据水利水电工程类型,这些移民又可细分为水库移民和其他水利工程移民。

与交通、城建等其他工程征地移民相比,水利水电工程征地移民具有移民数量多、征收土地量大等特点。中国征地移民问题在中央政府和地方政府的高度重视下,经过广大移民干部群众的艰苦努力和项目法人的积极参与,使得水利水电工程建设征地移民得到了基本妥善的安置,保障了水利水电事业的长足发展。

二、移民安置工作概述

(一)移民安置任务内容

水利水电工程建设征地移民安置的任务是确定建设征地范围,查明征地范围内的各项实物,对受征地影响的农村移民、城(集)镇、工业企业、专业项目等提出妥善处理措施,编制移民安置规划。移民安置规划是水利水电工程建设征地移民规划设计的核心,是搞好移民安置工作的基础。移民安置规划的具体内容包括农村移民安置规划、城(集)镇迁建规划、工业企业迁建规划、专业项目迁建(改建、复建)规划、库区防护工程设计、水库水域开发利用规划和水库库底清理设计、编制征地移民补偿投资(费用)概(估)算、实施总进度与年度计划等内容。

(二)移民工作的管理体制和职责

水利水电工程移民安置工作实行政府领导、分级管理、县为基础、项目法人参与的管理体制。

政府负责制贯穿移民工作的全过程。中央人民政府负责审批核准水利水电项目的同时审批移民安置规划,并负责工程的竣工验收(含检查移民专项验收成果)。地方人民政府在项目核准后,负责移民安置的实施工作。项目法人负责移民前期工作的申报和筹集支付移民资金,委托中介机构对移民项目进行监督评估。

政府分级管理的分工为:县级以上地方人民政府负责本行政区域内大中型水利水电工程移民安置工作的组织和领导;省(自治区、直辖市)人民政府规定的移民管理机构,负责本行政区域内大中型水利水电工程移民安置工作的管理和监督;国务院水利水电工程移民行政管理机构(简称国务院移民管理机构)负责全国大中型水利水电工程移民安置工作的管理和监督。

(三)移民工作的组织形式

水利水电工程移民工作组织形式是由政府移民管理机构、项目法人和协助单位三方面的机构共同完成的。

1.政府移民管理机构

水利水电工程建设征地移民的政府管理机构可分为国家级移民管理机构和地方级移民管理机构。

国家级移民管理机构主要负责国家移民政策制定,审核大型水利水电工程移民安置规划,监督检查、协调界河工程的移民安置实施计划。负责水利水电项目征地移民的国家级单位有国家发展和改革委员会、财政部、水利部、国家能源局。

地方级移民管理机构由省(自治区、直辖市)、地(市)、县三级组成。各省(自治区、直辖市)有移民任务的都设有水库移民机构,它们代表本级人民政府负责管理各自辖区内的移民安置工作,对本行政区移民安置工作总负责;县级移民主管部门是移民安置规划实施的主要责任单位。

2.项目法人

承担移民前期工作的组织,申报移民安置规划、补偿费用概算和项目核准,拨付移民经费,配合地方政府的移民安置实施工作,配合移民安置工作阶段性验收。

3.协助单位

受项目法人或移民机构委托进行移民安置规划设计、移民监督评估和专项工程实施。业务之间的组织和协调工作通过委托方完成。

目前,除地方政府行政体系的监督指导和审计检查外,水利水电工程移民安置实施工作还采用移民综合监理和监督评估两种社会监督形式。承担单位都为有资质的中介机构(设计单位)。移民综合监理指对移民搬迁和安置实施过程中的进度、投资、质量进行现场全过程监督,并以监理报告形式向共同的委托方反馈意见,由上级移民机构督促移民实施主管部门对监理中发现的问题予以改正;移民监测评估则是阶段性对移民安置效果进行测评,以监测评估报告形式反映不同阶段发现的问题,报共同的委托方。

(四)移民工作的主要步骤

水利水电工程移民安置工作一般分为三个步骤:

第一步为项目前期阶段。主要工作内容包括水库淹没损失和社会经济状况调查、移民安置规划大纲、移民安置规划和补偿投资概(估)算编制等。此阶段工作主要由项目法人委托,地方政府配合,设计单位完成。

为保障移民的知情权和参与权,由地方政府负责,对征地影响的实物指标要征得移民本人的签字认可,并张榜公示。移民安置规划大纲和移民安置规划在编制过程中要分别征求移民和移民安置区的意见,得到有关各级政府的确认。

移民安置规划大纲的审批和移民安置规划通过审核是水利水电项目核准的必要条件。

第二步为项目实施阶段。主要工作内容包括移民实施计划编制、移民搬迁安置、移民监理、监督评估和移民专项验收工作。这一阶段的工作由地方政府及其移民主管部门负责。

在水利水电项目核准后,地方政府要与项目法人根据审批的移民安置规划签订《移民安置任务实施协议》,规定项目任务要求和移民资金额度。移民安置规划实施后由省级人民政府或移民机构组织进行阶段性验收。

移民实施计划编制、移民监理和监督评估工作由项目法人会同移民主管部门委托有资质的设计单位承担,县级人民政府和移民机构根据审批的移民安置规划具体组织实施移民搬迁安置工作。移民专项验收工作分阶段由地方政府或移民机构组织完成。

第三步为移民后期扶持阶段(指水库移民)。主要工作内容包括移民后期扶持人口申报、移民后期扶持规划编制和实施、移民安置效果评估等。移民后期扶持工作由地方政府负责,以县为基础,分级管理,有关单位配合。

三、征地移民所依据的政策法规体系

征地移民工作是一项复杂的系统工程,涉及经济、社会、自然科学等各个方面,涉及的政策和法规很多。新中国成立以来经过多年水库移民的实践,目前国家已制定了一套行之有效的法规和政策作为水利水电建设征地移民安置工作的依据。根据颁布部门和使用范围,可分为四个层次:一是全国人民代表大会全体会议或者常务委员会通过的法律,二是国务院制定、颁布的或经国务院批准、颁布的行政法规,三是各行业发布的技术规程规范,四是地方性法规及规章。

(一)法律

移民安置所依据的基本法律有《中华人民共和国宪法》、《中华人民共和国土地管理法》(简称《土地管理法》)、《中华人民共和国水法》、《中华人民共和国农村土地承包法》、《中华人民共和国物权法》、《中华人民共和国民族区域自治法》、《中华人民共和国文物保护法》等。

(二)行政法规

行政法规包括各种与征地移民有关的条例、规定和办法等,如《中华人民共和国土地管理法实施条例》、《大中型水利水电工程建设征地补偿和移民安置条例》、《国务院关于完善大中型水库移民后扶政策的意见》、《基本农田保护条例》等。

征地移民最重要的行政法规是《大中型水利水电工程建设征地补偿和移民安置条例》（简称《移民条例》）。《移民条例》于1991年颁布，对水利水电工程建设征地补偿和移民安置工作做了全面、系统的规定。随着我国经济社会的发展，2006年进行了修订。修订后的《移民条例》明确了水利水电工程建设征地移民的方针、原则和管理体制，规定了移民安置规划的管理程序、移民安置规划的编制原则、基本内容、编制方法和要求，确定了征地补偿特别是征收耕地的土地补偿费和安置补助费标准，规范了移民安置的程序和方式、水库移民后期扶持制度以及移民工作的监督管理。

（三）规程规范

规程规范包括水利水电行业与移民安置有关的规范，以及其他行业与征地移民关系密切的技术规范。水利水电行业规程规范主要有《水利水电工程建设征地移民安置规划设计规范》（SL 290—2009）、《水利水电工程建设征地移民安置规划大纲编制导则》（SL 441—2009）、《水利水电工程建设征地移民实物调查规范》（SL 442—2009）、《水利水电工程建设农村移民安置规划设计规范》（SL 440—2009），以及《水电工程建设征地移民安置规划设计规范》（DL/T 5064—2007）、《水电工程建设征地处理范围界定规范》（DL/T 5376—2007）、《水电工程建设征地实物指标调查规范》（DL/T 5377—2007）、《水电工程农村移民安置规划设计规范》（DL/T 5378—2007）、《水电工程移民专业项目规划设计规范》（DL/T 5379—2007）、《水电工程移民安置城镇迁建规划设计规范》（DL/T 5380—2007）、《水电工程水库库底清理设计规范》（DL/T 5381—2007）、《水电工程建设征地移民安置补偿费用概（估）算编制规范》（DL/T 5382—2007）等。

与征地移民关系密切的其他行业发布的技术规范包括交通、电力、通信、城建等，如《房产测量规范》（GB/T 17986・1—2000）、《镇规划标准》（GB 50188—2007）、《公路工程技术标准》（JTGB 01—2003）、《土地利用现状分类》（GB/T 21010—2007）等。

（四）地方性法规及规章

各省（区）制定的有关移民工作的法规和政策文件也是移民工作的重要依据，其特点是结合本地区的实际情况，针对性强。其中，征地移民设计中应用最多的是各省（自治区、直辖市）制定的《中华人民共和国土地管理法实施办法》。

以上这些法律、法规、政策构成了水利水电工程移民安置法律法规政策的基本框架。其中《移民条例》为移民安置工作的核心法规，是大中型水电水利工程征地补偿和移民安置的政策性导则。

第二节　移民前期工作程序

一、移民安置规划设计概述

移民安置规划设计是水利水电工程项目设计的重要组成部分，移民安置规划是开展移民安置实施工作的基础依据。水利水电工程移民安置规划设计的主要任务是：确定建设征地处理范围，调查工程建设征地实物指标，研究移民安置对地区社会经济的影响，参与工程建设方案的论证，提出移民安置总体规划，进行农村移民安置、城（集）镇迁建、工业企业迁建、专业项目处理、库底清理、移民安置区环境保护和水土保持的规划设计，提出水库水域开发利用和水库移民后期扶持措施，编制建设征地移民安置补偿费用概（估）算。

二、水利工程移民前期工作主要内容和工作深度

（一）项目建议书阶段

（1）初步确定水库淹没处理设计洪水标准，初步确定泥沙淤积年限，初步进行水库洪水回水计算。

（2）初步确定水库淹没影响处理范围，包括水库淹没范围，浸没、塌岸、滑坡及其他影响范围。

（3）初步查明水库淹没主要实物，对工程规模有制约作用的淹没影响实物应重点调查其数量、分布范围及高程。

（4）初步进行建设项目所涉及的水库淹没区和移民安置区的经济社会调查，评价水库淹没对涉及地区经济社会的影响。

（5）参与工程建设规模和方案论证。

（6）初步确定移民安置规划设计水平年、人口自然增长率等有关设计参数。

（7）农村以行政村为单位计算生产安置人口和搬迁安置人口，以乡（镇）为单位调查移民安置区环境容量，拟定移民安置去向，编制农村移民安置初步规划。

（8）初步确定城镇、集镇人口和用地规模，拟定迁建方式，初选迁建新址，提出迁建方案。

（9）提出工业企业和专业项目处理原则，拟订处理方案。

（10）对重要的淹没影响对象，初步分析防护可行性，提出处理意见。

（11）确定建设征地移民补偿投资估算编制依据和原则，估算水库淹没影响处理补偿投资，编制年度投资计划。

（12）编制水库征地移民安置规划设计篇章或专题报告。

（二）可行性研究报告阶段

（1）可行性研究报告阶段的建设征地移民安置规划设计工作包括移民安置规划大纲编制及移民安置规划设计。移民安置规划大纲应在确定工程建设征地范围，完成实物调查以及移民区、移民安置区经济社会情况和资源环境承载能力调查的基础上编制。依据批准的移民安置规划大纲开展移民安置规划设计。

（2）确定水库淹没处理设计洪水标准；确定泥沙淤积年限，进行水库洪水回水计算；分析计算风浪爬高值及船行波影响。

（3）根据水库回水计算成果及水库塌岸、浸没、滑坡及其他影响的预测成果，确定水库淹没影响处理范围。

（4）查明各项淹没影响实物，编制实物调查报告。

（5）进行建设项目所涉及的水库淹没区和移民安置区的经济社会调查，评价水库淹没对涉及地区经济社会的影响。

(6)对工程设计方案比选提出推荐意见。

(7)基本确定移民安置规划设计水平年、人口自然增长率等有关设计参数。

(8)农村以村民小组为单位计算生产安置人口和搬迁安置人口,以行政村为单位分析移民安置区环境容量,确定生产安置标准,明确移民安置去向;选定集中居民点新址,基本查明新址工程地质和水文地质条件,确定居民点人口规模、建设用地规模和基础设施建设标准,进行居民点典型勘测设计,编制农村移民安置规划。

(9)选定城镇、集镇迁建新址,确定城镇、集镇人口、用地规模和基础设施建设标准,进行城镇、集镇新址地形图测绘和水文地质、工程地质勘察。编制城镇迁建规划和集镇建设规划。

(10)提出工业企业处理方案。

(11)进行专业项目恢复改建规划设计。

(12)对具备防护条件的重要淹没影响对象,确定防护方案,提出可行性研究报告。

(13)提出库底清理技术要求,编制库底清理规划。

(14)提出移民后期扶持措施。

(15)根据国家和省级人民政府的有关规定,分析确定补偿补助标准和单价。编制征地移民补偿投资估算和年度投资计划。

(16)编制征地移民安置规划设计专题报告或篇章。

(三)初步设计阶段

(1)复核水库设计洪水回水计算成果。结合本设计阶段的塌岸、浸没、滑坡等地质勘察成果,复核库区居民迁移、土地征收及其他受影响的范围。

(2)对因范围变化引起的实物变化进行补充调查。必要时,可全面复核水库淹没影响实物。

(3)进行农村集中居民点新址地形图测绘和水文地质、工程地质勘察,对城镇、集镇新址进行水文地质、工程地质详勘。

(4)农村移民以村民小组为单位复核移民安置区环境容量,落实移民安置去向。进行生产开发设计,完成农村居民点基础设施设计,编制农村移民安置规划设计文件。

(5)复核集镇建设规划,进行集镇基础设施设计;编制城镇详细规划报告,进行城镇道路及竖向工程等重点项目设计。

(6)复核工业企业处理方案。

(7)进行专业项目恢复改建设计。

(8)进行防护工程初步设计。

(9)提出水库水域开发利用规划。

(10)进行水库库底清理设计。

(11)编制移民后期扶持规划。

(12)编制征地移民补偿投资概算。

(13)编制征地移民迁建进度和年度投资计划。

(14)编制工程建设征地移民安置规划设计专题报告。

三、水电工程移民前期工作主要内容和工作深度

(一)预可行性研究报告阶段

(1)初步拟定建设征地处理范围。

(2)初步调查分析主要实物指标。

(3)研究提出对枢纽工程初选方案具有制约性的对象及其控制高程、范围和数量。

(4)初步研究建设征地移民对地区社会经济的影响。

(5)初步分析移民数量和移民安置环境容量,分析移民安置的条件,研究提出移民安置的去向,初拟移民安置方案。

(6)提出城市集镇和专业项目处理初步方案。

(7)初步分析预测移民安置环境保护和水土保持问题,初拟移民安置环境保护、水土保持对策和措施。

(8)估算建设征地移民安置补偿费用。

(9)编制建设征地移民安置初步规划报告。

(二)可行性研究报告阶段

(1)分析预测建设征地移民安置任务以及对地区社会经济的影响,从建设征地移民安置角度对工程设计方案比选提出推荐意见。

(2)确定建设征地处理范围。

(3)查明建设征地处理范围内的实物指标,提出实物指标调查报告。

(4)拟定移民安置目标、标准,确定移民安置任务,分析移民安置环境容量,选定移民安置区,确定移民安置去向,提出主要影响对象的处理方式,进行移民生活水平评价预测,编制移民安置总体规划,并在此基础上,编制移民安置规划大纲。

(5)确定农村移民安置方案,选择农村移民安置居民点新址,开展农村移民搬迁和生产安置规划设计,明确移民后期扶持措施,提出相应项目的设计文件。

(6)选定城市集镇迁建新址,确定建设规模,编制城市集镇迁建规划或处理规划,提出城市集镇迁建基础设施工程初步设计文件。

(7)确定各专业项目处理方案,进行专业项目处理设计,提出设计文件。

(8)确定库底清理的范围、对象和清理标准,拟定清理措施,提出设计文件。

(9)明确移民安置区环境保护和水土保持的要求,进行移民安置区环境保护和水土保持设计,提出设计文件。

(10)研究移民安置项目分布和实施外部条件,拟定移民安置项目实施顺序、管理方案、进度安排,提出实施组织设计文件。

(11)提出移民后期扶持措施。

(12)分析确定补偿实物指标,编制建设征地移民安置补偿费用概算。

(13)编制移民安置规划报告。

四、移民安置规划编制的程序

(1)省级人民政府应当发布通告,禁止在工程占地区和淹没区新增建设项目和迁入人

口,并对实物调查工作做出安排。

(2)工程占地区和淹没区实物调查,调查结果经调查者和被调查者签字认可并公示后,由有关地方人民政府签署意见。

(3)根据工程占地区和淹没区实物调查结果以及移民区、移民安置区经济社会情况和资源环境承载能力编制移民安置规划大纲。编制移民安置规划大纲应当广泛听取移民和移民安置区居民的意见,必要时,应当采取听证的方式。按照审批权限由省(自治区、直辖市)人民政府或者国务院移民管理机构审批,在审批前应当征求移民区和移民安置区县级以上地方人民政府的意见。

(4)根据经批准的移民安置规划大纲编制移民安置规划。经批准的移民安置规划大纲是编制移民安置规划的基本依据,应当严格执行,不得随意调整或者修改;确需调整或者修改的,应当报原批准机关批准。

编制移民安置规划应当以资源环境承载能力为基础,遵循本地安置与异地安置、集中安置与分散安置、政府安置与移民自找门路安置相结合的原则。编制移民安置规划应当尊重少数民族的生产、生活方式和风俗习惯。移民安置规划应当与国民经济和社会发展规划以及土地利用总体规划、城市总体规划、村庄和集镇规划相衔接。编制移民安置规划应当广泛听取移民和移民安置区居民的意见;必要时,应当采取听证的方式。经批准的移民安置规划是组织实施移民安置工作的基本依据,应当严格执行,不得随意调整或者修改;确需调整或者修改的,应当报原批准机关批准。

(5)大中型水利水电工程的移民安置规划,按照审批权限经省(自治区、直辖市)人民政府移民管理机构或者国务院移民管理机构审核后,由项目法人或者项目主管部门报项目审批或者核准部门,与可行性研究报告或者项目申请报告一并审批或者核准。审核移民安置规划,应当征求本级人民政府有关部门以及移民区和移民安置区县级以上地方人民政府的意见。

第三节　建设征地范围

水利水电工程征地范围分为枢纽工程坝区(或称枢纽工程建设区)和其他水利工程建设区(包括江河防洪工程、引(供)水系统工程、堤防工程等)、水库淹没区和影响区等若干部分。

一、工程征地范围

(一)工程征地范围分类

(1)枢纽工程坝区(或称为枢纽工程建设区)征地范围包括修筑拦河坝等水工建筑物的施工建筑区和枢纽运行管理区,以及对外交通设施、储运库等。其中,按占地的用途,可分为枢纽建筑物、料场、堆(弃)渣场、作业场(含辅助企业)、道路、其他设施以及工程建设管理区与枢纽永久管理区等所占用的土地。

(2)其他水利工程用地范围包括工程用地、运行管理用地和施工临时用地。按照工程总布置图及施工总布置图确定堤防、人工河道、渠道(含渡槽)、灌排泵站、输水管道、蓄滞洪区安全建设、水闸及上游壅水淹没区等工程项目的工程永久用地和施工临时用地的范围。

(3)对于受水闸壅水引起的淹没损失及大型渠系上的水塘、小型水库,其范围参照水库淹没设计洪水标准确定,必要时需考虑回水淹没及泥沙淤积影响。对堤圩内的渍水淹没而设置的缓排调蓄区(蓄涝区),可按有关排涝标准确定其范围。修建其他水利工程可能引起的浸没、塌岸、滑坡,应根据地质资料分析确定其范围。

(二)工程征地范围界定

枢纽工程坝区征地范围应在综合考虑地质、施工、水工和移民安置等因素的基础上,按照工程施工组织设计的施工总布置图和施工用地规划范围图确定,并考虑施工开挖受爆破影响区的范围。

施工用地按使用性质划分为工程永久用地和施工临时用地。

二、水库淹没影响处理范围

(一)水库淹没影响处理范围分类

水库淹没影响处理范围包括水库淹没区和水库蓄水而引起的影响区。

1. 水库淹没区

水库淹没区指正常蓄水位以下的经常淹没区,正常蓄水位以上因水库洪水回水和风浪、船行波、冰塞壅水等产生的临时淹没区。

2. 水库蓄水引起的影响区

水库蓄水引起的影响区包括水库蓄水引起的浸没、塌岸、滑坡等地质灾害区域,以及其他受水库蓄水影响的地区,由以下影响区(范围)组成:

(1)浸没影响范围指由于水库的蓄水改变了库区地下水的排泄基准面,造成库岸地下水位壅高,当库岸比较低平、地面高程与水库正常蓄水位相差不大时,地下水位会接近地面甚至溢出地表,从而引起周边土地沼泽化,导致农田的减产、房屋地基变形或倒塌等现象的范围。

(2)塌岸影响区主要是指水库库周的土质岸坡在水库蓄水与运行过程中,受风浪、航行波浪冲击和水流的侵蚀,使土壤风化速度加快,岩土抗剪强度减弱及水位涨落引起地下水动水压力变化而造成库岸再造、变形坍塌,从而危及耕地、建筑物、居民点的稳定安全的区域。

(3)滑坡影响区主要指水库库周的岩质岸坡所产生的变形破坏区域,这些变形破坏多表现为滑坡或崩塌体、危岩体,在水库蓄水与运行过程中,这些滑坡或崩塌体、危岩体很有可能复活,危及耕地、建筑物、居民点的稳定安全。

(4)孤岛影响区是指水库形成后将原有陆地中的一些山地、山峰变成四面环水的孤岛。

(5)水库蓄水引起的其他影响区还包括库周邻谷可溶岩洼地出现库水倒灌、滞洪内涝而造成的影响范围;水库蓄水后,失去生产、生活条件的库边地段;引水式电站水库坝址下游河道脱水影响地段。

(二)水库淹没范围的界定

1. 水库淹没设计洪水标准

水库淹没回水计算所采用的设计洪水标准,应根据淹没对象的重要性、水库调节性能及运用方式等进行分析论证。在安全、经济和考虑原有防洪标准的原则下,因地制宜地在

表8-1所列设计洪水标准范围内选择。如果所选标准需要高于表8-1所列范围，应作专门论证，以阐明其经济合理性。

表8-1　不同淹没对象设计洪水标准

淹没对象	洪水标准(%)	重现期(年)
耕地、园地	50～20	2～5
林地、草地	正常蓄水位	—
农村居民点、集镇、一般城镇和一般工矿区	10～5	10～20
中等城市、中等工矿区	5～2	20～50
重要城市、重要工矿区	2～1	50～100

注：表中未列的铁路、公路、输变电、电信、文物古迹及水利设施等，其设计洪水标准按照相关专业规范的规定确定。

2. 水库淹没区

水库淹没区按照水库正常蓄水位以下的区域，水库正常蓄水位以上受水库洪水回水、风浪和船行波、冰塞壅水，坝前回水不显著地段安全超高区域等淹没区域的外包线确定。

水库设计洪水回水临时淹没范围的确定，以坝址以上天然洪水与建库后设计的汛期和非汛期同一频率洪水回水位组成外包线的沿程回水高程为依据。若汛期降低水库水位运行，坝前段回水位低于正常蓄水位，应采用正常蓄水位高程。

水库回水尖灭点，以回水水面线不高于同频率天然洪水水面线0.3 m范围内的断面确定；水库淹没处理终点位置，一般可采取尖灭点水位水平延伸至天然河道多年平均流量的相应水面线相交处确定。

水库设计洪水回水位的确定，还应根据河流输沙量的大小、水库运行方式、上游有无调节水库以及受淹对象的重要程度，考虑10～30年的泥沙淤积影响。

3. 风浪影响区

风浪影响区包括库岸受风浪和船行波爬高影响的地区。对库面开阔、吹程较长的水库，视库岸地质地形、居民点和农田分布等情况，在正常蓄水位的基础上，考虑风浪爬高的影响。其影响范围按正常蓄水位滞留时段出现的5～10年一遇风速计算的浪高值确定。

船行波爬高影响按有关专业规范计算确定。

冰塞壅水区按冰花大量出现时的水库平均水位、平均入库流量及通过的冰花量，结合河段封河期、开河期计算的壅水曲线确定。

4. 浸没影响范围

浸没影响范围应根据水文地质勘测成果和不同经济对象允许的地下水埋藏深度，会同有关部门综合调查研究合理确定。

5. 滑坡、塌岸影响

滑坡、塌岸影响应根据地质勘察和地面附着物受影响程度合理确定。对可能发生塌岸、滑坡的地段，应查明其工程地质及水文地质条件，在考虑库水位涨落规律的基础上，预测初期(5～10年)和最终可能达到的坍滑范围，研究是否采取处理措施。

6. 孤岛范围

孤岛范围需根据孤岛面积大小、使用情况、生产生活条件和对外交通、电力等连接的难易程度加以综合分析确定。

7. 其他

水库蓄水引起的其他影响区应根据影响原因和地面附着物受影响程度合理确定。

三、建设征地移民界线

居民迁移和土地征收界线，应综合上述水库经常淹没、临时淹没以及浸没、塌岸、滑坡等影响范围的具体情况，遵循安全、经济，便于生产、生活的原则，全面分析论证确定。在回水影响不显著的坝前段，应计算风浪爬高、船行波浪高，取两者中的大值作为居民迁移和耕(园)地征收界线；不计算风浪爬高和船行波浪高时，居民迁移和耕(园)地征收界线可分别按高于正常蓄水位1.0 m和0.5m确定。

第四节　实物调查

一、有关专业术语

(1)实物，也称实物指标，是指建设征地处理范围内的人口、土地、建筑物、构筑物、其他附着物、矿产资源、文物古迹、具有社会人文性和民族习俗性的建筑、景区、场所等的数量、质量、权属和其他属性等。

(2)实物调查，也称实物指标调查，是指应用特定的方式和方法，对实物或实物指标的类别、数量、质量、权属和其他有关属性进行测量和考察，包括全面调查、抽样调查、典型调查和个案调查等形式。实物调查主要包括以下要素：明确的调查目的、具体的调查对象、科学的调查方法、满足规定要求的调查成果。

(3)全面调查，是指对调查对象(总体)的全部单位和对象所进行的逐一的、无遗漏的专门调查。这种调查方式从理论上讲，可以取得调查总体全面的、原始和可靠的数据，能够全面地反映客观事物。

在实物调查时，要求调查人员在现场对人口逐户造册登记、房屋逐幢丈量、土地按地类地形图实地核实，企业和专业项目逐一调查其实物数量、质量指标和其主要技术经济指标、等级和规模等。

(4)抽样调查，是指在总体调查中按随机原则抽取一定数目的单位(样本)进行调查，用所得的样本数据推断总体的专门调查。抽样调查是按照科学的原理和计算，从若干单位组成的事物总体中，抽取部分样本单位来进行调查、观察，用所得到的调查标志的数据以代表总体，推算总体。在水利工程项目建议书和水电工程预可行性研究报告阶段，对房屋的调查就是采用抽样调查方法的。抽样调查的主要特点：一是它以数目有限、能够代表总体的调查单位组成的“样本”来代表和说明总体；二是按照随机原则即同等可能性原则抽取调查单位。总体中每个单位都有同等被抽取的机会，以保证被抽取的单位在总体中均匀分布，具有充分代表性，排除了人为因素；三是抽取的样本单位组成一个样本总体，用这个代表团来代表总体。因此，可以用样本的指标数值去推断总体的指标数值；四是抽样调查产生抽样误差

（即代表型误差），抽样平均误差可以计算出来，并且可以在调查前将它控制在一定范围之内。

抽样调查中的总体是指由调查对象的全部单位所构成的集合体，而从总体中随机选取出部分单位作为一个抽样总体进行调查，这个抽样总体通常称为样本。

在水利水电工程征地实物调查和社会经济调查中，广泛运用了抽样调查方法。抽样的样本数量应满足实物调查技术标准的要求。

（5）典型调查，是指在被调查对象中有意识地选取少数具有代表性的典型单位进行周密系统的调查，以认识调查对象的总体情况。典型调查的主要特点：①典型调查法是一种定性调查，通过对个别事物的性质、状态的调查和分析，来认识它所代表的同类事物和现象的方法，典型调查的结果，可以大体上估计总体，但不能严格推断总体。②典型调查是根据调查者的主观判断，选择少数具有代表性的单位进行调查，调查单位的代表性如何，取决于调查者的业务水平、判断能力，特别是在选择调查单位之前对总体情况的理解程度。对总体情况熟悉，则典型的代表性就高；反之，代表性就低。③典型调查是一种面对面的直接调查，比普查和抽样调查更深入、更细致。④典型调查方便、灵活，节省人力、物力。

典型调查的单位是根据所要调查的问题、目的和任务有意识地选择出来的少数具有代表性的单位，所调查的资料应能满足研究问题的需要。利用典型调查可以收集全面调查和其他非全面调查无法取得的资料，可以验证全面调查数字的真实性。

（6）个案调查，是指对某个特定的社会单位作深入细致的调查研究的一种调查方法。个案调查的主要特点：①对特点对象的调查研究比典型调查更具体、深入、细致。这一特点主要表现在纵向上，即对调查对象要作历史的研究，进行较详细的过程分析，具体而深入地解剖个案的全貌，并作追踪调查，以掌握其发展变化的情况和规律。②个案调查的目的主要不是用来说明它所能代表的同类事物，而是为了了解、认识个案本身，因此个案调查研究不需要考虑代表性。③个案调查研究的时间安排、活动安排均有弹性。

单一的个案调查研究，反映的是个案自身的特征值。但如果总体中各类型都有个案覆盖，那么，这种个案调查就变成了典型调查或者抽样调查，如果对总体的所有个体作个案调查研究，这时就是全面调查了。

（7）调查细则（大纲），是指由设计单位依据有关征地移民技术标准和征地移民区实际情况，编制完成的用以规范实物调查工作的技术文件。调查细则的内容应包含工程项目概况、建设征地范围的确定、调查依据、调查内容和项目、调查方法、计量标准、调查精度、组织形式、进度计划、成果汇总、成果公示和确认要求等内容。

（8）地类地形图，是指为了实物调查的需要，专门施测的以反映工程征地范围内土地利用现状为主、地形为辅的地图。该地图除满足地形测量的技术要求外，还应准确表示各种地类的图斑、行政界线、主要建（构）筑物、线性地物，其比例尺一般为1∶2 000或1∶5 000。

二、社会经济调查

（一）社会经济调查的内容

社会经济调查包括对移民区和移民安置区的资源、社会、经济和发展等进行的调查，主要有国土、水、气候和生物资源，人口、民族、文化、教育、卫生、宗教等，地方财政收入、国民收入与人民生活收入水平，农副产品和地方建材价格，产业结构、资源利用，地方经济和社会发

展计划、规划,政策、法规等。主要内容包括:

(1)国民经济和社会发展统计资料。包括县(区、旗)的统计年鉴、农村抽样调查资料,乡(镇)、村民委员会、农村集体经济组织农业生产统计年报和农村经济统计年报以及其他有关的国民经济统计资料。

(2)资源性资料。包括县(区、旗)、乡(镇)、村民委员会、农村集体经济组织的人口、土地、林业、牧业、渔业、矿业、水利电力等现状资料和人口普查、土地详查、林业资源调查、农业普查、后备资源调查等方面的资料。

(3)发展规划、计划资料。包括五年计划、十年规划和远景目标规划资料,农业、林业、牧业、水利、电力、交通、邮电、通信、文教、卫生等发展计划、区划、规划等方面的资料。

(4)政策性资料。包括有关土地征收征用及移民搬迁安置补偿标准的政策法规、规定等方面的资料。

(5)物价资料。包括农副产品、林产品、建筑材料价格、运输价格、燃料价格和人工工资等方面的资料。

(6)基础设施状况资料。包括供电、给排水、交通、文化、教育、卫生等方面的资料。

(7)民族风情与生产生活习惯等资料。

(8)村民委员会或农村集体经济组织抽样调查资料。包括人口及构成、民族构成、风俗习惯、就业情况、主要生产资料情况、农业生产情况、收入及构成、基础设施情况等方面的资料。

(9)农户抽样调查资料。包括家庭户的家庭成员(性别、民族、出生年月、职业、受教育程度),承包土地面积、播种情况、产量、成本,劳务输出和收入,家畜、家禽的拥有量、出栏、收入、成本等情况,农副产品加工、建筑、运输、服务等行业的经营情况,家庭收入、支出,社会关系,家庭财产、物资等方面的资料。

(10)其他相关资料。

(二)在不同设计阶段相应社会经济调查的方法

对于上述社会经济调查内容,在不同设计阶段应分别开展工作。

水利工程项目建议书阶段和水电工程预可行性研究报告阶段,社会经济调查以收集现有资料为主,移民区以县(市、区)、乡(镇)、村为单位调查,移民安置区以县(市、区)、乡(镇)为单位调查。一般不开展村民委员会或农村集体经济组织抽样调查、农户抽样调查。

可行性研究报告阶段,移民区应以村、组为单位,收集资料并进行村民委员会或农村集体经济组织抽样调查、农户抽样调查;移民安置区以乡(镇)、村为单位,收集资料并进行村民委员会或农村集体经济组织抽样调查。

农户抽样调查的样本数,移民区可取移民总户数的5% ~8%,移民安置区可取所在行政村原有居民总户数的2% ~3%。

三、实物调查内容及范围界定

(一)实物调查内容

实物调查主要是查明征地范围内各种涉及对象的种类和数量,为计算工程建设用地造成的损失、论证工程规模、进行工程方案比选、研究工程建设对地区经济影响、编制移民安置规划设计、计算征地移民补偿投资(费用)及为移民实施提供详实可靠的基础资料。实物指标调查内容包括征地范围内的农村、城镇、集镇、企业和专业项目等各类实物指标。

(二)农村、城镇、集镇和专业项目范围界定

根据征地移民技术标准的有关要求,农村、城镇、集镇、专业项目(含企业)范围的界定原则如下。

1. 农村部分

农村部分包括以从事大农业(农业、林业、牧业、渔业)为主的村民委员会、农村集体经济组织、农户和个体经营的农、林、牧、渔场,城镇、集镇驻地所辖的郊区农村,以及分散在农村的个体工商户和行政事业单位。

2. 城镇、集镇部分

城镇、集镇是指县级以上(含县级)政府驻地,其范围以建成区范围为界。

集镇是指县城以外的建制镇,乡级人民政府驻地、经县级以上人民政府确认由集市发展而成的作为农村一定区域经济、文化和生活服务中心的非建制镇,其范围以建成区范围为界。

城镇的建成区范围为该城市集镇行政区内实际已成片开发建设且水、电、路三项主要基础设施所覆盖的区域。

3. 专业项目(含企业)部分

专业项目是指独立于城市集镇外的大中型企业、乡级以上的事业单位(含国有农、林、牧、渔场)、交通(铁路、公路、航运)、水利水电、电力、通信、广播电视、水文(气象)站、文物古迹、矿产资源、军事设施、测量标志、标识性构筑设施、宗教设施、风景名胜设施等。

四、农村部分调查内容

农村部分调查包括人口、房屋及附属建筑物、土地、零星树木、农村小型专项设施、农副业设施与文化宗教设施及其他。

(一)人口调查

人口调查主要是指搬迁安置人口的调查,包括居民迁移线内纳入调查范围的人口、迁移线外受水利水电工程建设影响丧失基本生产生活条件必须搬迁的人口等,人口按户别划分为农业户人口和非农业户人口两类。

对居民迁移线内人口调查要求为:

(1)居住在调查范围内,有住房和户籍的人口计为调查人口。

(2)长期居住在调查范围内,有户籍和生产资料的无住房人口。

(3)上述家庭中超计划出生人口和已婚的无户籍人口计为调查人口。

(4)暂时不在调查范围内居住,但有户籍、住房在调查范围内的人口,如升学后户口留在原籍的学生、外出打工人员等。

(5)在调查范围内有住房和生产资料,户口临时转出的义务兵、学生、劳改劳教人员。

(6)户籍在调查搬迁范围内,但无产权房屋和生产资料,且居住在搬迁范围外的人口,不作为调查人口。

(7)户籍在调查范围内,未注销户籍的死亡人口,不作为调查人口。

(二)房屋及附属建筑物调查

1. 房屋分类

房屋可以按产权、用途、结构进行分类。

(1)按产权分为公房和私房。

(2)按用途分为正房、杂房、烤烟房、蚕房及田房等。

田房是指农民建筑在田边,在农忙季节临时居住的房屋。

(3)结构分类。各类房屋按承重结构和建筑用材分为土木结构房屋、框架结构房屋、砖混结构房屋、砖木结构房屋、木结构房屋、窑洞和其他结构房屋。当房屋结构难以分辨时,应视其使用的主要建材(特别是承重构筑物)而确定。

2. 房屋建筑面积计算标准

房屋建筑面积是指房屋外墙(柱)勒脚以上各层的外围水平投影面积,包括阳台、挑廊、地下室、室外楼梯等,且具有上盖,结构牢固,层高 2.0 m 以上(含 2.0 m)的永久性建筑物。除参照《房产测量规范》(GB/T 17986.1—2000)中的规定外,考虑农村房屋的实际情况,房屋建筑面积计算按如下标准计算:

(1)房屋建筑面积按房屋勒脚以上外墙的边缘所围的建筑水平投影面积(不以屋檐或滴水线为界)计算,以 m^2 为单位,取至 0.01 m^2。

(2)楼层面积计算。楼层层高(房屋正面楼板至屋面与墙体的接触点的距离)$H \geqslant 2.0$ m,楼板、四壁、门窗完整者,按该层的整层面积计算。对于不规则的楼层,分不同情况计入楼层面积。

(3)屋内的天井,无柱的屋檐、雨篷、遮盖体以及室外简易无基础的楼梯均不计入房屋面积。有基础的楼梯计算其一半面积。

(4)没有柱子的室外走廊不计算面积;有柱子的,以外柱所围面积的一半计算,并计入该幢房屋面积。

(5)封闭的室外阳台计算其全部面积,不封闭的计算其一半面积。

(6)在建房屋面积,按房产部门批准的计划建筑面积统计。

3. 房屋室内装修调查

在房屋调查的同时,应该对房屋内的装修,分客厅、卧室、厨房、卫生间分别进行调查,调查的项目应根据建设征地地区的实际,可包括天花板、地面、厨卫、门窗、灯饰、墙面等。具体调查标准应根据移民区省级有关规定执行。

4. 附属建筑物调查

对附属建筑及设施,包括炉灶、晒场(地坪)、厕(粪)池、晒台、围墙、门楼、水池、水井、水柜、地窖、天井(包括水泥、鹅卵石和土质天井)、沼气池、有线电视、卫星天线、电话、坟墓等,在房屋调查的同时按结构、材料和规格逐项进行登记。

(三)土地调查

土地调查按《土地利用现状分类标准》(GB/T 21010—2007)分类执行,土地利用现状分类采用一级、二级两个层次的分类体系。

土地利用现状分类和编码如表 8-2 所示。

表 8-2　土地利用现状分类和编码

类别编码	类别名称
01	耕地　指种植农作物的土地，包括熟地、新开发、复垦、整理地、休闲地(含轮歇地、轮作地)；以种植农作物(含蔬菜)为主，间有零星果树、桑树或其他树木的土地；平均每年能保证收获一季的已垦滩地和海涂。耕地中包括南方宽度 <1.0 m，北方宽度 <2.0 m 固定的沟、渠、路和地坎(埂)；临时种植药材、草皮、花卉、苗木等的耕地，以及其他临时改变用途的耕地
011	水田　指用于种植水稻、莲藕等水生农作物的耕地，包括实行水生、旱生农作物轮种的耕地
012	水浇地　指有水源保证和灌溉设施，在一般年景能正常灌溉，种植旱生农作物的耕地，包括种植蔬菜等的非工厂化的大棚用地
013	旱地　指无灌溉设施，主要靠天然降水种植旱生农作物的耕地，包括没有灌溉设施，仅靠引洪淤灌的耕地
02	园地　指种植以采集果、叶、根、茎、汁等为主的集约经营的多年生木本和草本作物，覆盖度大于 50% 或每亩株数大于合理株数 70% 的土地。包括用于育苗的土地
021	果园　指种植果树的园地
022	茶园　指种植茶树的园地
023	其他园地　指种植桑树、橡胶、可可、咖啡、油棕、胡椒、药材等其他多年生作物的园地
03	林地　指生长乔木、竹类、灌木的土地，及沿海生长红树林的土地。包括迹地，不包括居民点内部的绿化林木用地、铁路、公路征地范围内的林木，以及河流、沟渠的护堤林
031	有林地　指树木郁闭度≥20% 的乔木林地，包括红树林地和竹林地
032	灌木林地　指灌木覆盖度≥40% 的林地
033	其他林地　包括疏林地(指树木郁闭度 10% ~19% 的疏林地)、未成林地、迹地、苗圃等林地
04	草地　指以生长草本植物为主的土地
041	天然牧草地　指以天然草本植物为主，用于放牧或割草的草地
042	人工牧草地　指人工种植牧草的草地
043	其他草地　指树木郁闭度小于 10%，表层为土质，以生长草本植物为主，不用于畜牧业的草地
05	商服用地　指主要用于商业、服务业的土地
051	批发零售用地　指主要用于商品批发、零售的用地。包括商场、商店、超市、各类批发(零售)市场、加油站等及其附属的小型仓库、车间、工厂等的用地
052	住宿餐饮用地　指主要用于提供住宿、餐饮服务的用地。包括宾馆、酒店、饭店、旅馆、招待所、度假村、餐厅、酒吧等
053	商务金融用地　指企业、服务业等办公用地，以及经营性的办公场所用地。包括写字楼、商业性办公场所、金融活动场所和企业厂区外独立的办公场所等用地
054	其他商服用地　指上述用地以外的其他商业、服务业用地。包括洗车场、洗染店、废旧物资回收站、维修网点、照相馆、理发美容店、洗浴场所等用地

续表 8-2

类别编码	类别名称
06	工矿仓储用地　指主要用于工业生产、采矿、物资存放场所的土地
061	工业用地　指工业生产及直接为工业生产服务的附属设施用地
062	采矿用地　指采矿、采石、采砂(沙)场、盐田、砖瓦窑等地面生产用地及尾矿堆放地
063	仓储用地　指用于物资储备、中转的场所用地
07	住宅用地　指主要用于人们生活居住的房基地及其附属设施的土地
071	城镇住宅用地　指城镇用于生活居住的各类房屋用地及其附属设施用地。包括普通住宅、公寓、别墅等用地
072	农村宅基地　指农村用于生活居住的宅基地
08	公共管理与公共服务用地　指用于机关团体、新闻出版、科教文卫、风景名胜、公共设施等的土地
081	机关团体用地　指用于党政机关、社会团体、群众自治组织等的用地
082	新闻出版用地　指用于广播电台、电视台、电影厂、报社、杂志社、通信社、出版社等的用地
083	科教用地　指用于各类教育,独立的科研、勘测、设计、技术推广、科普等的用地
084	医卫慈善用地　指用于医疗保健、卫生防疫、急救康复、医检药检、福利救助等的用地
085	文体娱乐用地　指用于各类文化、体育、娱乐及公共广场等的用地
086	公共设施用地　指用于城乡基础设施的用地。包括给排水、供电、供热、供气、邮政、电信、消防、环卫、公用设施维修等用地
087	公园与绿地　指城镇、村庄内部的公园、动物园、植物园、街心花园和用于休憩及美化环境的绿化用地
088	风景名胜设施用地　指风景名胜(包括名胜古迹、旅游景点、革命遗址等)景点及管理机构的建筑用地。景区内的其他用地按现状归入相应地类
09	特殊用地　指用于军事设施、涉外、宗教、监教、殡葬等的土地
091	军事设施用地　指直接用于军事目的的设施用地
092	使领馆用地　指用于外国政府及国际组织驻华使领馆、办事处等的用地
093	监教场所用地　指用于监狱、看守所、劳改场、劳教所、戒毒所等的建筑用地
094	宗教用地　指专门用于宗教活动的庙宇、寺院、道观、教堂等宗教自用地
095	殡葬用地　指陵园、墓地、殡葬场所用地

续表 8-2

类别编码	类别名称
10	交通运输用地　指用于运输通行的地面线路、场站等的土地。包括民用机场、港口、码头、地面运输管道和各种道路用地
101	铁路用地　指用于铁道线路、轻轨、场站的用地。包括设计内的路堤、路堑、道沟、桥梁、林木等用地
102	公路用地　指用于国道、省道、县道和乡道的用地。包括设计内的路堤、路堑、道沟、桥梁、汽车停靠站、林木及直接为其服务的附属用地
103	街巷用地　指用于城镇、村庄内部公用道路(含立交桥)及行道树的用地。包括公共停车场、汽车客货运输站点及停车场等用地
104	农村道路　指公路用地以外的南方宽度≥1.0 m、北方宽度≥2.0 m 的村间、田间道路(含机耕道)
105	机场用地　指用于民用机场的用地
106	港口码头用地　指用于人工修建的客运、货运、捕捞及工作船舶停靠的场所及其附属建筑物的用地,不包括常水位以下部分
107	管道运输用地　指用于运输煤炭、石油、天然气等管道及其相应附属设施的地上部分用地
11	水域及水利设施用地　指陆地水域、海涂、沟渠、水工建筑物等用地。不包括滞洪区和已垦滩涂中的耕地、园地、林地、居民点、道路等用地
111	河流水面　指天然形成或人工开挖河流常水位岸线之间的水面,不包括被堤坝拦截后形成的水库水面
112	湖泊水面　指天然形成的积水区常水位岸线所围成的水面
113	水库水面　指人工拦截汇集而成的总库容≥10 万 m^3 的水库正常蓄水位岸线所围成的水面
114	坑塘水面　指人工开挖或天然形成的蓄水量＜10 万 m^3 的坑塘常水位岸线所围成的水面
115	沿海滩涂　指沿海大潮高潮位与低潮位之间的潮浸地带。包括海岛的沿海滩涂,不包括已利用的滩涂
116	内陆滩涂　指河流、湖泊常水位至洪水位间的滩地;时令湖、河洪水位以下的滩地;水库、坑塘的正常蓄水位与洪水位间的滩地。包括海岛的内陆滩地,不包括已利用的滩地
117	沟渠　指人工修建,南方宽度≥1.0 m、北方宽度≥2.0 m 用于引、排、灌的渠道,包括渠槽、渠堤、取土坑、护堤林
118	水工建筑物用地　指人工修建的闸、坝、堤路林、水电厂房、扬水站等常水位岸线以上的建筑物用地
119	冰川及永久积雪　指表层被冰雪常年覆盖的土地
12	其他土地　指上述地类以外的其他类型的土地
121	空闲地　指城镇、村庄、工矿内部尚未利用的土地

续表 8-2

类别编码	类别名称
122	设施农用地　指直接用于经营性养殖的畜禽舍、工厂化作物栽培或水产养殖的生产设施用地及其相应附属用地,农村宅基地以外的晾晒场等农业设施用地
123	田坎　主要指耕地中南方宽度≥1.0 m、北方宽度≥2.0 m 的地坎
124	盐碱地　指表层盐碱聚集,生长天然耐盐植物的土地
125	沼泽地　指经常积水或渍水,一般生长沼生、湿生植物的土地
126	沙地　指表层为沙覆盖、基本无植被的土地。不包括滩涂中的沙地
127	裸地　指表层为土质,基本无植被覆盖的土地,或表层为岩石、石砾,其覆盖面积≥70% 的土地

土地利用现状分类与《中华人民共和国土地管理法》三大类土地对照见表 8-3。

表 8-3　三大类土地对照

三大类	土地利用现状分类			
	一级类		二级类	
	类别编码	类别名称	类别编码	类别名称
农用地	01	耕地	011	水田
			012	水浇地
			013	旱地
	02	园地	021	果园
			022	茶园
			023	其他园地
	03	林地	031	有林地
			032	灌木林地
			033	其他林地
	04	草地	041	天然牧草地
			042	人工牧草地
	10	交通运输用地	104	农村道路
	11	水域及水利设施用地	114	坑塘水面
			117	沟渠
	12	其他土地	122	设施农用地
			123	田坎

续表 8-3

三大类	土地利用现状分类			
	一级类		二级类	
	类别编码	类别名称	类别编码	类别名称
建设用地	05	商服用地	051	批发零售用地
			052	住宿餐饮用地
			053	商务金融用地
			054	其他商服用地
	06	工矿仓储用地	061	工业用地
			062	采矿用地
			063	仓储用地
	07	住宅用地	071	城镇住宅用地
			072	农村宅用地
	08	公共管理与公共服务用地	081	机关团体用地
			082	新闻出版用地
			083	科教用地
			084	医卫慈善用地
			085	文体娱乐用地
			086	公共设施用地
			087	公园与绿地
			088	风景名胜设施用地
	09	特殊用地	091	军事设施用地
			092	使领馆用地
			093	监教场所用地
			094	宗教用地
			095	殡葬用地
	10	交通运输用地	101	铁路用地
			102	公路用地
			103	街巷用地
			105	机场用地
			106	港口码头用地
			107	管道运输用地
	11	水域及水利设施用地	113	水库水面
			118	水工建筑物用地
	12	其他土地	121	空闲地

续表 8-3

三大类	土地利用现状分类			
	一级类		二级类	
	类别编码	类别名称	类别编码	类别名称
未利用地	04	草地	043	其他草地
	11	水域及水利设施用地	111	河流水面
			112	湖泊水面
			115	沿海滩涂
			116	内陆滩涂
			119	冰川及永久积雪
	12	其他土地	124	盐碱地
			125	沼泽地
			126	沙地
			127	裸地

实际工作中,应结合工程建设征(占)区的具体情况和各省对土地补偿政策要求,在此基础上适当增减分类。

(四)零星树木调查

零星树木是指调查范围内单幅土地植株面积小于规定的面积且零星分布的树木,按用途分为果树、经济树、用材树、景观树四大类,必要时对各类树木按品种进行细分,还可进一步分为成树和幼树。

(五)农村小型专项设施调查

农村小型专项设施包括乡级以下农村集体(或单位)、个人投资或管护的小型农田水利设施、供水设施、小型水电站、10 kV 等级以下的输配电设施、交通设施、广播电视设施、电信设施等。调查内容包括工程名称、权属、建成年月、规模、效益(收益)、结构类型、所在高程、固定资产投资等。

(六)农副业设施和文化宗教设施调查

农副业设施调查内容包括水车、水磨、水碓、水碾、石灰窑、砖瓦窑等,应调查其规模、结构、产值、利润、从业人员等。文化宗教设施调查内容包括祠堂、经堂、神堂等。

(七)文化、教育、卫生、服务设施调查

文化、教育、卫生、服务设施调查内容应包括文化活动站点、小学校、幼儿园、卫生所、兽医站、商业网点等。

(八)其他调查

其他调查应包括坟墓调查、居民点基础设施调查、个体工商户调查等,根据征地移民区的实际情况确定。

五、城镇、集镇部分调查内容

城镇、集镇的调查内容包括基本情况调查和工程建设征(占)地实物调查。实物调查内容包括用地、人口、房屋及附属设施、零星林(果)木、机关事业单位、工商企业、基础设施、镇外单位等调查。

(一)基本情况调查

(1)性质及功能:城镇、集镇的分类(城镇、建制镇、非建制镇),在区域中的地位和作用,同时收集城镇、集镇的发展规划资料。

(2)高程范围:街道的最低、最高高程及主要街道的高程范围、红线宽度、车行道宽度、路面材料等。

(3)规模:行政范围、占地面积(建成区面积)、总人口及其分类(常住人口、通勤人口和流动人口)、近年人口变化情况、房屋总面积及分类面积等。

(4)文化教育卫生设施:学校、医院、图书馆、影剧院、文化站等的座数及规模。

(5)基础设施:包括道路、供水、排水、供电、邮电通信、广播电视、广场、公园等。

(6)对外交通:对外交通的方式、等级等。

(7)防洪:防洪工程及其防洪标准、历史洪水位及相应频率、淹没范围、历时等。

(8)其他:包括区域自然条件、地质灾害影响、防震、防空、社会经济现状和发展情况等。

(二)用地调查

根据《土地利用现状分类》(GB/T 21010—2007),城镇、集镇建设用地可分为商服用地、工业仓储用地、住宅用地、公共管理与公共服务用地、特殊用地、交通运输用地、水域和其他用地等。建成区内若有耕(园)地,按农村土地的调查方法进行调查。

(三)人口调查

人口包括居民、机关单位集体户、工商企业集体户人口和寄住人口。按户口性质分为农业人口和非农业人口。人口的调查对象为:

(1)应以长期居住的房屋为基础,以户口簿、房产证为依据进行调查登记。无户籍的超计划出生人口,户口临时转出需回原籍的义务兵、学生、劳改劳教人员,在提交乡级以上人民政府相关证明材料后,可纳入人口调查登记。

(2)有户籍、无房产的租房常住户,可纳入人口调查登记。

(3)无户籍但与上述家庭户主常住的配偶、子女及父母,在查明原户口所在地情况,提交乡级以上人民政府相关证明材料后,可按寄住人口登记。

(4)具有住房产权的常住无户籍人口在查明原户口所在地情况,提交乡级以上人民政府相关证明材料后,可纳入人口调查登记。

(5)无户籍但居住在调查范围内的机关、企事业单位正式职工、合同工,在查明原户口所在地情况,提交乡级以上人民政府相关证明材料后,可纳入人口调查登记。

(6)无户籍、无房产的流动人口和有户籍、无房产且无租住地的空挂户不应列入人口调查。

(7)寄宿学生登记为寄住人口。

(四)房屋和附属设施调查

房屋调查应区分权属、用途、结构。按权属可分为居民私房、机关及企事业单位公房等。

居民房屋包括独户居民房屋和单元楼居民房屋,按用途可分为主房、杂房。居民临街商业门面房应区分有无营业执照单独调查登记。机关、企事业单位房屋按用途可分为住宅、工商业用房、办公用房、文化体育场馆、仓库和其他用房等。

房屋结构可分为框架结构房屋、砖混结构房屋、砖木结构房屋、木结构房屋、土木结构房屋、其他结构房屋等,与农村调查相关内容相同。

房屋建筑面积测量应按国家标准《房产测量规范》(GB/T 17986.1—2000)的有关规定执行。

在房屋调查时,应对不同结构房屋的内外装饰作调查。

附属设施及其他包括围墙、门楼、地坪、水井、水池、水塔、独立的烟囱、绿化地及花坛、零星果(树)木、电话、空调等,并分别调查其结构、规格、数量。有中央空调、电梯等特殊设施设备的参照工商企业的方法单独调查。

(五)机关事业单位调查

机关调查包括名称、所在地、隶属关系、人数、房屋面积等。

对于具备法人资格、属营利性经营组织、实行独立核算的事业单位,调查内容与企业相同。

非营利性事业单位调查包括单位名称、所在地点、主管部门、隶属关系、占地面积、职工户口在单位的人数、设施设备、各类房屋及附属建筑物、零星树木等情况。

文化、卫生、教育单位应单列。学校还应调查在校生人数。

(六)企业调查

企业调查内容包括名称、所在地、隶属关系、经济成分、业务范围、经营方式、从业人数、集体户口人数、房屋面积,注册资金,近年年税金、年利润、年工资总额,固定资产原值,设备和设施名称、规模或型号、数量等,并调查设备和设施是否可搬迁。

(七)基础设施调查

基础设施调查包括道路、广场调查,供电工程调查,给水工程调查,排水工程调查,电信、广播电视工程调查,燃气及供热工程调查,其他工程调查等。

(八)其他调查

其他调查根据征地移民区情况确定。

六、专业项目(含企业)调查内容

(一)企业调查

企业调查包括基本情况调查和实物调查。

基本情况调查包括企业名称、所在地点、行业分类、隶属关系、经济成分、建设日期、设计规模、高程范围、占地面积;全厂员工人数及户口在厂人数,各类房屋结构与面积,主要设施设备名称、结构、数量;固定资产、近年年产值,年利税、年工资总额;主要产品种类及产量,原材料、原材料来源地,并收集厂区平面布置图(标有高程)、设计文件等,实物应包括人口、房屋、设施、设备等。

对主要生产车间在征(占)地范围内的企业,其征(占)地范围外的实物也应调查并予以注明;对主要生产车间在征(占)地范围外的企业,只登记征(占)地范围内的实物。

分散在厂区范围外但在征(占)地范围内的住宅、办公用房等按城镇、集镇房屋调查方法进行调查。

调查员工人数时，应根据劳动合同、工资报表等资料调查统计正式工、合同工、临时工人数。户口在居委会的人口应纳入户籍所在地统一调查。

房屋按用途可分为生产用房和生活办公用房。生产用房按结构可分为排架、刚架、框架、砖混、砖木、土木等，生活办公用房可按城镇、集镇房屋调查内容进行调查。房屋调查的内容还包括房屋名称、层数、用途、结构、建筑面积等。房屋建筑面积技术标准执行城镇、集镇房屋调查要求。

附属设施按城镇、集镇房屋调查内容进行调查。

工业企业设施包括基础设施和专用设施。其中，基础设施包括供水、排水、供电、电信、广播电视、各种道路、场地以及绿化设施等，专用设施包括各种管线、井巷工程及池、窖、炉座、机座、窑、烟囱等。企业设施应调查其结构、规格尺寸、数量，并根据账本填写固定资产原值。在调查厂区内基础设施的同时，应调查其厂区对外连接的专用（拥有所有权）道路、电力、电信、供水工程等。工业企业设备应按车间分类逐台调查其名称、购置年月、规格、型号、数量，并根据固定资产明细账统计其固定资产原值。

工业企业其他项目调查，主要包括实物形态的流动资产调查和厂区面积调查。实物形态的流动资产包括原材料、低值易耗品、半成品、在制品、辅助材料等，应分类调查其规格、数量。

（二）交通运输设施调查

1.铁路设施

铁路调查包括路段名称、长度、起止地点、等级、标准、设计运输能力、竣工及投入使用年月、主管部门、营运状况（国家营运线或厂矿、地方专用线）、使用现状，路轨类型（标准轨、宽轨、窄轨）、占地面积、每千米造价，车站和机务段名称、等级、房屋（包括仓库）、设备，其他建筑物、构筑物名称、规模、结构、数量等。

2.公路设施

(1)分类及划分标准。公路分为高速公路、一级公路、二级公路、三级公路和四级公路，等级外的公路分为汽车便道、机耕道和人行道。桥涵分为特大桥、大桥、中桥、小桥、涵洞等。

(2)调查内容。包括路段名称、长度、起止地点、线路等级、占地面积、每千米原造价、隶属关系（国道、省道、县、乡，或单位专用道）、建设时间、路基和路面最低最高高程、路（桥）面宽度、路面材料、交通流量，涉及桥涵座数、宽度、长度、结构、荷载标准，公路和桥梁防洪标准。公路道班的占地面积、人数、房屋、附属建筑物、零星树木和其他建（构）筑物类别、结构、数量等。

3.航运设施

航运设施包括港口、码头、航道、集材场、中转站等。航道、港口按等级和规模分类。

(1)航道：调查内容主要有名称、等级，导航设施的名称、规格及数量等。

(2)港口：调查内容主要有名称、等级、规模、年吞吐量、码头货场、生产用装卸机械、固定资产等，连接公路、用途（客运、货运、汽渡）、水位运行范围、型式（直立、斜坡）、结构材料（浆砌石、混凝土）、靠泊能力、引道长度和宽度等。

（三）水利水电设施调查

水利水电设施包括水电站、水库、坝塘、提水站、闸坝、渠道、防洪堤等及其配套设施。按规模水利水电设施分为大、中、小型三类。调查内容主要包括名称、地点及位置、主管部门、建成年月,工程特性、工程规模、效益,主要建筑物名称、数量、布置、型式、结构、规格、占地面积,防洪标准,受益区情况,主要建筑物所在地高程,管理人员数量等;主要设备及配套设施情况,固定资产投资等。

(四)电力设施调查

电力设施包括10 kV以上输电线路和变电设施(变电站、供电所等)。线路按电压等级进行划分,变电站按规模分为大、中、小型,同时按电压等级进行划分。调查内容主要包括输电线路、变(供)电设施的名称、地点、线路起止地点及长度、高程分布情况、电压等级、导线型号和截面积、主管部门、建成年月,供电范围,建筑物结构和建筑面积,构筑物名称、结构及数量、占地面积,主要设备及配套的输电线路,运行管理职工及家属人数,固定资产投资等。

(五)电信设施调查

电信设施包括线路和设施、设备等,按通信方式分为有线通信和无线通信两类。

线路调查内容主要包括线路名称、权属关系、等级、起止地点、建成年月、每杆对数、杆质、线质及线径、架空(埋设)电缆、光缆长度与容量、占地面积等。

设施包括无线通信基站、信号塔等,调查内容包括名称、权属关系、等级、规模、地点、建成年月、结构类型、数量(工程量)、占地面积等。

设备调查的项目主要有名称、型号、容量、数量等。

(六)广播电视设施调查

广播电视设施包括线路、接收站、转播站等,按传送方式分为有线和无线两类。调查内容主要包括名称、权属关系,线路名称、长度、起止地点、杆质、线材及线径、架空(埋设)电缆长度与容量、占地面积,主要设备名称、结构及数量、固定资产投资等。

(七)水文(气象)站调查

水文(气象)站调查内容主要包括名称、权属关系、主管部门、所在河流、等级、地点、高程、测设项目、建成年月、房屋面积及其他建筑物名称、数量,通信线路、给排水、供电、自建道路和各种管线工程设施、占地面积,职工及家属人数,主要设备,以及不可搬迁的物资等。

(八)文物古迹调查

地上文物主要包括文物古迹名称、所在位置、地名、文物年代、建筑型式、结构、规模、数量、价值、占地面积、地面高程、保护级别等。

地下文物主要包括名称、所在位置、地名、文物年代、埋藏深度、面积、规模、保护级别等。

(九)矿产资源调查

调查内容主要包括名称、所在地理位置、矿藏种类、品位、储量、厂址及作业点地面高程、矿藏埋藏深度及矿层分布高程、开采计划和开采程度、开采设施和相应投资,以及建设征地对矿藏开采的影响等。

(十)其他调查

其他项目是指军事设施、监狱和劳改(教)农场、测量标志、标识性构筑设施、公共宗教设施、风景名胜设施、管道、管线等。

调查内容有项目名称(编号)、权属关系、类别、等级、规模、规格、数量、地点、分布高程、占地面积、建成年月、投资等。

七、实物调查方法

(一)农村实物调查方法

1.人口调查方法

项目建议书阶段和预可行性研究报告阶段,以村民小组为单位,以统计年报、户籍登记资料为基础进行登记,调查人员现场核对。

可行性研究报告阶段以户为单位进行全面调查。调查人员会同项目业主、地方政府及村、组负责人,现场以户为单位逐人调查登记造册。调查人员应查验被调查户的房屋产权证、户口簿、土地承包册等。户籍不在调查范围内的已婚人人口,应查验结婚证、身份证后予以登记;对超计划出生的无户籍人口,应在出具出生证明或乡级人民政府证明后予以登记。调查结果经调查人和被调查人签字认可,并经公示复核后逐级签署意见。

2.房屋及附属建筑物调查方法

项目建议书阶段和预可行性研究报告阶段,选取典型村(组)、典型农户调查其不同结构房屋面积,以不同结构的人均房屋面积推算调查范围内的各种结构房屋面积。房屋面积调查典型村(组)、典型农户样本,应不低于总数的25%。

可行性研究报告阶段,应现场逐户(栋)进行房屋面积及附属设施测量登记造册,逐级汇总。调查结果经调查人和被调查人签字认可,并经公示复核后逐级签署意见。

3.土地调查方法

项目建议书阶段和预可行性研究报告阶段,对于工程建设征地范围内的耕地、园地和林地等各类土地面积,应用不小于1:10 000比例尺地形图、林相图或遥感成果,按地类界和乡村行政区划进行量算,并以统计年报、土地详查资料和实地典型调查进行校核,落实土地权属。对正常蓄水位选择有控制作用的土地调查,宜采用不小于1:5 000比例尺的地类地形图或遥感成果进行量算。

可行性研究报告阶段,应用不小于1:5 000比例尺地类地形图,实地测量土地征收和居民迁移界线,设置标志,现场逐地块查清各类土地权属,以村民小组为单位,量算各类土地面积。调查结果经调查人和被调查人签字认可,并经公示复核后逐级签署意见。

4.零星树木调查方法

项目建议书和预可行性研究报告阶段,采用典型调查推算,也可用类比分析推算,或者不计列零星树木数量,而在补偿投资(费用)中估列费用。

可行性研究报告阶段,应逐户逐棵登记。调查结果经调查人和被调查人签字认可,并经公示复核后逐级签署意见。

5.农村小型专项设施调查方法

项目建议书和预可行性研究报告阶段,一般可通过当地县(区、旗)、乡(镇)及其有关部门收集现有资料,必要时,对主要项目进行实地调查核实。

可行性研究报告阶段,在县(区、旗)、乡(镇)及其有关部门提供的现有各工程设计、竣工验收、统计等资料的基础上,实地逐项核实,调查结果经调查人和被调查人签字认可,并经公示复核后逐级签署意见。

6.农副业设施和文化宗教设施调查方法

项目建议书和预可行性研究报告阶段,一般可通过当地县(区、旗)、乡(镇)村民委员会和有关部门调查了解并收集资料。

可行性研究报告阶段，实地逐项调查，调查结果经调查人和被调查人签字认可，并经公示复核后逐级签署意见。

7. 文化、教育、卫生、服务设施调查方法

项目建议书和预可行性研究报告阶段，一般可通过当地县(区、旗)、乡(镇)和有关部门调查了解并收集资料。

可行性研究报告阶段，实地逐项调查，调查结果经调查人和被调查人签字认可，并逐级签署意见。

8. 其他调查方法

项目建议书和预可行性研究报告阶段，根据征地移民区实际情况收集相关资料。

可行性研究报告阶段，实地逐项调查，调查结果经调查人和被调查人签字认可，逐级签署意见。

(二)城镇、集镇实物调查方法

1. 基本情况调查方法

项目建议书和预可行性研究报告阶段，主要通过收集资料和向有关部门了解情况、收集资料，并进行必要的核实。

可行性研究报告阶段，需对收集的资料和了解的情况进行全面核实。

2. 用地调查方法

项目建议书和预可行性研究报告阶段，在收集规划及建成区建设用地等基本资料的基础上，持不小于1∶10 000比例尺地形图调查核实，量算征(占)用的建成区面积。

可行性研究报告阶段，在规划及建成区建设用地等基本资料的基础上，持不小于1∶5 000比例尺的地类地形图现场查勘调绘，分类量算征(占)用的建成区面积。

3. 人口调查方法

项目建议书和预可行性研究报告阶段，人口调查应以常住的房屋为基础，根据公安派出所提供的户口情况，以居委会或村为单元调查统计。

可行性研究报告阶段，现场以户、单位为基本单位逐人全面调查登记有关情况。调查结果经调查人和被调查人签字认可，并经公示复核后逐级签署意见。

4. 房屋和附属设施调查方法

项目建议书和预可行性研究报告阶段，房屋调查可直接采用房产证登记其建筑面积；附属构筑物由户主或单位申报，调查人员可现场重点抽样复核；对房产证未覆盖的房屋可采用遥感成果、地图量算或进行现场调查。

可行性研究报告阶段，房屋调查应逐户(单位)现场测量建筑面积，也可采用经过验证符合国家建筑面积测量规定和本规范规定的无争议的房产证登记，杂房、附属构筑物调查应现场逐处丈量或清点。调查结果经调查人和被调查人签字认可，并经公示复核后逐级签署意见。

5. 机关事业单位调查方法

项目建议书和预可行性研究报告阶段，主要通过收集资料和向有关部门了解情况、收集资料，并进行必要的核实。

可行性研究报告阶段，向机关事业单位和有关部门收集平面布置图、有关工程的设计、

竣工资料，统计报表、固定资产账簿等相关资料，会同相关部门现场全面逐项调查、核实，法人（单位）和调查者签字（盖章）认可。

6. 企业调查方法

项目建议书和预可行性研究报告阶段，主要通过收集资料和向有关部门了解情况、收集资料，并进行必要的核实。

可行性研究报告阶段，向企业收集平面布置图、有关工程的设计、竣工资料，统计报表、固定资产账簿、统计报表、完税等相关资料，会同相关部门现场全面逐项调查、核实，企业法人（单位）和调查者签字（盖章）认可。

7. 基础设施调查方法

项目建议书和预可行性研究报告阶段，基础设施调查以收集资料为主，辅以现场复核主要项目和指标。

可行性研究报告阶段，应在收集资料的基础上现场逐项核实，调查结果需经调查组、被调查者以及城镇、集镇当地政府签字认可。

8. 其他调查方法

项目建议书和预可行性研究报告阶段，以收集资料为主，辅以现场复核主要项目和指标。

可行性研究报告阶段，逐项调查并经调查组和被调查者签字认可。

（三）专业项目调查方法

项目建议书和预可行性研究报告阶段，向相关部门收集项目资料，分析确定，必要时现场复核。

可行性研究报告阶段，逐项调查，调查结果需经调查组、产权人签字认可。

八、调查精度要求

不同设计阶段主要实物指标调查的精度是指在实物调查成果反映实物实际情况的程度，即实物调查结果与实物实际情况的符合程度。一定范围的实物调查结束后，需要对该范围的调查精度进行检查。一般选取该范围的15%～25%进行第二次调查，将第二次调查的结果和第一次调查的结果进行对比，计算误差或精度，误差必须在允许误差范围内，否则应扩大第二次调查的范围，直至返工调查。

各设计阶段的主要实物调查精度应满足表8-4的要求。

表8-4 征地移民主要实物指标调查允许误差

项目	项目建议书和预可行性研究报告阶段	可行性研究报告阶段
人口	±10	±3
房屋	±10	±3
耕地、园地	±10	±3
林地、牧草地、未利用地	±15	±5

第五节　农村移民安置规划

农村移民安置规划是征地移民规划设计的重要组成部分，是移民安置规划的重点和难点。农村移民安置除需房屋重建和基础配套建设外，由于其赖以生存的生产资料——土地被淹没或占用，还需要为移民提供可替代的土地资源或提供其他新的就业机会。妥善解决农村移民安置问题，保障农村移民安居乐业，不仅能保护地区经济的发展和生态环境的改善，同时也是工程建设顺利进行和提高工程整体效益的关键因素之一。

一、有关专业术语

（一）规划设计基准年

规划设计基准年是指实物调查的当年。

（二）规划设计水平年

规划设计水平年是指征地移民搬迁结束年份，对于水库是指水库下闸蓄水的年份。分期蓄水的水库应以分期蓄水的年份，分别作为规划设计水平年。

（三）移民安置规划目标

移民安置规划目标是指规划设计水平年农村移民应达到的主要预期目标，一般根据农村移民原有生活水平及收入构成，结合安置区的资源情况及其开发条件和社会经济发展计划，具体分析拟定。对于分期移民的工程，要制定分期目标值，一般由农村移民人均资源（主要为耕（园）地）占有量、人均年纯收入、人均粮食拥有量、居民点基础和公用设施应达到的基本指标（用地标准、供水、供电、内部道路和对外交通）及其他定量指标反映。

（四）人口自然增长率

人口自然增长率是指一定时期内人口自然增长数（出生人数减死亡人数）与该时期内平均人口数之比，通常以年为单位计算，用千分比来表示，计算公式为

$$\text{人口自然增长率} = \frac{\text{年内出生人数} - \text{年内死亡人数}}{\text{年平均人口数}} \times 1\,000‰$$
$$= \text{人口出生率} - \text{人口死亡率} \tag{8-1}$$

增长率是指某年内由人口的自然增长和净迁移导致的人口增长（或减少）占人口总数的百分比。增长率考虑到了影响人口变动的所有因素（出生、死亡和迁移）。增长率容易与出生率混淆。增长率包括自然增长率和净迁移率，用于计算城镇、集镇的人口规模。

$$\text{增长率} = \text{自然增长率} + \text{净迁移率} \tag{8-2}$$

净迁移率（即通常所指的机械增长率）是指一个地区人口的迁入与迁出对该地区人口的净影响，用该地区某一年每 1 000 人对应的增加人数和减少人数来表示。

$$\text{净迁移率} = \frac{\text{迁入人数} - \text{迁出人数}}{\text{该区域总人口}} \times 1\,000‰ \tag{8-3}$$

（五）生产安置人口

生产安置人口是指其土地被列入水利水电工程建设征收范围而失去主要生产资料和收入来源后，需要重新开辟生产门路的农业人口。

（六）搬迁安置人口

搬迁安置人口是指由于征地而必须拆迁的房屋内所居住的人口，也称生活安置人口，具

体包括：

（1）征地范围区内房屋居住的人口。

（2）失去生产生活条件、占地不占房影响人口。失去生产生活条件是指由于各种因素，如生产用地距离较远、交通条件明显恶化或必须随周边搬迁等造成生产生活极不方便而必须改变居住地的农村人口；本处所指的占地不占房影响人口是指工程征占地后，附近（生产半径范围内）不具备恢复生产条件而不得不搬迁他地进行生产安置的人口。

（3）城镇搬迁新址占地范围内居住的必须搬迁人口。

（4）照顾少数民族风俗习惯而必须搬迁的人口。

（七）环境容量

环境容量是指一个地区在一定生产力、经济条件、生活水平和环境质量条件下所能承受的人口数量。

（八）移民安置环境容量

移民安置环境容量是指为保证移民安置区的自然环境、社会和经济的可持续发展，在一定的生产力、一定的生活水平、环境质量和社会条件下，所能安置的移民数量。

二、移民安置的指导思想和原则

（1）农村移民安置的指导思想是贯彻开发性移民方针，采用前期补偿、补助与后期生产扶持的办法，因地制宜，合理开发当地资源，通过多渠道、多产业、多形式、多方法妥善安置移民，逐步形成移民安置区多元化的合理产业结构，使移民生产有出路、生活有保障、劳力有安排，使移民的生活达到或者超过原有水平。

（2）水利水电工程建设征地补偿和移民安置应遵循的基本原则如下：

①以人为本，保障移民的合法权益，满足移民生存与发展的需求。

②顾全大局，服从国家整体安排，兼顾国家、集体、个人利益。

③节约利用土地，合理规划工程占地，控制移民规模。

④可持续发展与资源综合开发利用、生态环境保护相协调。

⑤因地制宜，统筹规划。

三、农村移民安置规划设计

农村移民安置规划设计的主要任务是在调查、分析和落实移民安置区环境容量的基础上，确定移民安置方式和安置地点；进行生产安置、居民点建设及基础设施规划设计；提出农村移民安置实施与管理意见。

农村移民安置规划设计应包括确定移民安置人口规模、进行移民安置区环境容量调查分析、编制移民安置规划、提出移民生产安置、居民点及基础设施工程设计等内容。

（一）移民安置人口的确定

移民安置人口是移民安置规划设计最重要的依据，包括生产安置人口和搬迁安置人口。

1. 生产安置人口

生产安置人口应以其主要收入来源受征地影响程度为基础计算确定。对以耕（园）地为主要生活来源者，按涉及村、组被征用的耕（园）地数量，除以该村、组征地前平均每人占有的耕（园）地计算，其计算公式为

$$K = \frac{S}{S'/K'} \tag{8-4}$$

式中 K——涉及村、组规划设计基准年的生产安置人口,人;

S——涉及村、组规划设计基准年被征收的耕(园)地面积,亩;

K'——涉及村、组规划设计基准年农业人口的数量,人;

S'——涉及村、组规划设计基准年实有耕(园)地的数量,亩;

S'/K'——村、组规划设计基准年农业人均耕(园)地,亩/人。

对于以草地为主要生活来源的牧民、以养殖水面为主要生活来源的渔民或以经济林地为主要生活来源者,可参照上述方法计算。

生产安置人口的计算,应考虑土地质量因素、统计年鉴土地面积与标准亩面积差别。土地质量因素是同类型耕地地力不同的差异和不同类型耕地的差异,通过抽样调查,分析拟定修正系数,对涉及村、组被征地面积进行修正,计算生产安置人口。统计年鉴土地面积与标准亩面积差异(即统计上报土地面积与实际面积的差异)的处理,可取若干个村或整组的耕地被征用的调查面积与统计年鉴面积对比,分析确定其修正系数,对涉及村、组的被征地面积进行修正,计算生产安置人口。

规划设计水平年的生产安置人口,应根据国家和省、自治区、直辖市人民政府控制人口增长的人口自然增长率和工程项目的规划设计水平年进行推算。

2. 搬迁安置人口

搬迁安置人口根据其人口构成、实物调查成果和移民安置规划方案分析确定。规划设计水平年的搬迁安置人口,应根据国家和省(自治区、直辖市)人民政府控制人口增长的人口自然增长率(城镇、集镇人口计算中还应考虑人口机械增长率)和工程项目的规划设计水平年进行推算。

(二)环境容量分析

移民安置环境容量的分析是农村移民安置规划的主要工作之一。移民安置环境容量分析应根据地方政府初步提出的移民安置方案和移民人均占有基本生产资料或人均资源占有量为基础进行分析。在基本生产资料中应以土地为依托,水资源和其他资源作为辅助指标进行分析,如移民人均占有耕地、林地、草地、养殖水面等,确保每个从事农业生产安置的移民有一定数量和质量的可开发利用的土地,满足移民安置规划目标的实现。必要时可分析水资源容量,第二、第三产业安置容量等。

移民安置环境容量分析基本方法:收集和调查初拟移民安置区土地利用现状,查清可用于安置移民的耕(园)地和宜农荒地的数量;根据地区经济发展有关指标如人均耕地、耕地亩产量、人均拥有粮食、人均经济收入等,分析当地可安置移民的数量;如初拟移民安置区环境容量不能满足安置移民的要求,扩大移民安置区进行分析;在进行移民安置环境容量分析时,应考虑宜农荒地的开发成本、建设征地区与安置区的生产方式和生活习惯差异、民族文化以及移民的意愿等诸多因素;对于有第二、第三产业移民安置意向的项目,应调查分析第二、第三产业的现状,从业人员及其构成,发展方向等,分析可安置的移民数量。

(三)生产安置规划

为贯彻开发性移民方针,妥善安置移民的生产、生活,使移民的生活水平达到或者超过原有水平,并为其搬迁后的发展创造条件,必须编制农村移民生产安置规划。移民生产安置规划应根据移民安置区环境容量、生产开发条件、经济效益、移民拟开发生产项目、生产技能和移民意愿、安置区现有基础设施和生产安置投资等因素综合分析、论证，合理确定移民安置方式，拟定移民生产开发项目，进行生产安置规划。

1.农村移民生产安置一般采用的方式

（1）以土地安置的方式。必须分配一份可利用土地给移民经营，应保证在正常年景移民经营的土地收入不低于搬迁前的收入水平。

（2）非土地安置的方式。安排移民从事非农业的生产，移民以非农生产经营收入为主要经济来源，应保证其收入不低于搬迁前的水平。具有一定非农生产技能或有经商、办企业能力的移民宜选择这种安置方式。

（3）以土地与非土地相结合的安置方式。分配一定面积的土地给移民经营，同时安排部分移民劳动力从事非农业的生产，即以亦农、亦工或从事第三产业的办法安置移民。在人多地少、市场经济比较发育的地区宜选择这种安置方式。

（4）一次性补偿安置。将征地补偿补助费直接兑付给被征收土地的村民小组，由其自行安置本单位移民。适用于征收的耕（园）地数量较少（不超过该村民小组现有耕（园）地数量的10%）并且征收后的人均耕（园）地数量仍大于1.0亩的村民小组。

（5）自谋职业或投亲靠友。移民根据自身的特长或社会关系，自愿选择放弃政府提供的安置地，自己寻找安置出路的方式。

2.移民生产安置规划的主要内容与方法

根据确定的移民安置方案，分析移民安置可利用和开发的各种资源，拟定移民生产开发项目，确定各个安置项目的开发布局、生产规模、开发利用的方式及其安置的移民数量。

（1）现有耕（园）地的所有权调整和使用权流转。调查移民安置区可以进行土地所有权的调整和使用权的流转的耕（园）地数量、质量、开发利用方式及其分布，按相应的移民生产安置标准，分析计算可安置的移民数量。

（2）开垦可耕地。调查落实移民安置区宜农荒地的土质、分布、数量和开发利用条件及方式，按照国家有关林业和水土保持的规定，提出可开垦荒地的数量、发展耕（园）地的技术要求和数量，分析计算可安置的移民数量。

（3）改造中、低产田。调查移民安置区中、低产田的面积、质量、分布，提出改造中、低产田的技术标准，分析计算可安置的移民数量。

（4）开发和改造经济林。调查移民安置区适宜开发和改造经济林土地的面积、分布和开发利用条件，按照国家有关林业和水土保持的规定，提出开发和改造经济林的技术标准、规模和数量，分析计算可安置的移民数量。

（5）开发和改造用材林。调查移民安置区适宜开发林种、林地的土质、分布、数量和开发利用条件，按照国家有关林业和水土保持的各项政策、规定，提出开发和改造用材林的技术标准、规模和数量，按相应的移民生产安置标准分析计算可安置的移民数量。

（6）第二、第三产业安置。应对项目的资源、交通、市场情况、技术要求以及移民的素质等进行可行性论证，拟定生产项目、经营规模和效益，分析可安置移民数量。

为保证移民上述规划生产开发项目效益的正常发挥，需要规划相应的配套设施，如农田水利、交通工程等。拟定配套政策和措施，如土地的调整与流转、移民优惠政策等。对确定的移民生产安置规划进行经济分析，预测规划设计水平年移民的生产生活水平，对农村移民安置规划进行评价。分析移民对安置区原居民的影响，提出消除这种影响的措施及方案。

（四）农村移民居民点规划

农村移民居民点规划的主要内容有居民点选址、新址工程和水文地质勘察；拟定居民点人口和用地规模、建设用地标准、面积及其类型；对居民点内部道路、给排水、电力、电信等公用设施进行规划；进行住宅和公共建筑平面布置规划和竖向规划；对居民住房进行典型设计；计算工程量，计算居民点建设投资。

（1）按居民点迁移距离远近和行政隶属关系可分为：①后靠：利用本村、组库边剩余土地进行安置的方式；②近迁：出村组在本乡内调拨土地进行安置的方式；③远迁：本村、本乡移民环境容量不能满足安置移民要求，必须迁到资源相对丰富、开发潜力大的外乡、外县或外省安置的方式。

（2）农村移民居民点选址，应结合生产安置规划和安置区村镇总体规划，本着方便生产、有利生活、安全、经济、合理的原则，在合适的耕作半径范围内和充分听取移民意愿的基础上确定。农村居民点新址选择应满足以下条件：①尽可能位于生产安置项目区内，耕作半径适宜；②对外交通方便，通风日照条件较好的区域；③人畜饮水条件较好，水质和水量满足要求；④地质稳定，避开浸没、塌岸、滑坡、泥石流、山洪、发震断裂带等自然灾害影响的地段和地下采空区，尽量避免选择在基本农田保护区、自然保护区、有开采价值的地下资源区域；⑤水库后靠移民居民点新址必须设置在居民迁移线以上或设计防洪水位以上安全的地点；⑥节约用地，尽可能不占或少占耕地；⑦尊重少数民族风俗习惯。

（3）居民点建设的人口规模为到该居民点的规划搬迁安置人口。

（4）农村移民居民点规划设计。农村移民居民点的各项规划标准，在规划设计基准年人均水平的基础上，参照《镇规划标准》（GB 50188—2007）分析确定。居民点平面布局合理，避免大挖大填和出现高边坡，协调新址与原有居民点的布局，尽量避免新址拆迁移民。按照确定的居民点规划标准，进行相应的规划设计。对较大的移民安置点，应进行必要的新址工程和水文地质勘察。

第六节　城镇、集镇迁建规划和工业企业及专业项目处理

一、城镇、集镇迁建规划

城镇、集镇迁建规划主要内容包括集镇和城镇迁建方案的确定、人口规模、用地规模及分类、新址选择、集镇公共建筑和公用工程设施规模、城镇新址公共设施和市政公用设施的规模、功能分区、道路、对外交通和竖向规划等。

（一）有关专业术语

（1）常住人口：包括户籍人口和寄住人口。户籍人口是指户籍在镇区规划用地范围内的人口。寄住人口是指居住半年以上的外来人口，寄宿在规划用地范围内的学生。

（2）通勤人口：劳动、学习在镇区内，住在规划范围外的职工、学生等。

（3）流动人口：出差、探亲、旅游、赶集等临时参与镇区活动的人员。

（二）城镇、集镇选址

（1）受影响集镇和城镇的迁建方案，应根据其征地影响程度、征地后其区域经济中心的变化、交通网络、行政区划的调整以及地方政府的意见，综合分析确定。

（2）城镇、集镇新址，应选择在地理位置适宜、能发挥其原有功能、地形相对平坦、地质稳定、防洪安全、交通方便、水源可靠、便于排水的地点，并为远期发展留有余地。城镇、集镇新址的选择应进行必要的水文地质和工程地质勘察，并按规定履行报批手续。

（3）城镇、集镇迁建新址应根据用地范围，调查用地范围内的各项实物指标。对新址征地影响人口，应纳入新址规划，并提出其生产安置规划。

（三）人口规模

（1）人口规模是确定城镇、集镇新址用地规模和基础设施规模的依据。根据《镇规划标准》（GB 50188—2007）规定，城镇、集镇人口包括常住人口、通勤人口和流动人口。

（2）迁建城镇、集镇的人口构成，包括随城镇、集镇迁移的原建成区征地影响常住人口、新址征地范围内规划留居的常住人口和规划进城镇、集镇安置的农村移民。征地影响常住人口包括移民迁移线下常住人口和移民迁移线上需随迁的常住人口。

（3）城镇、集镇迁建的人口规模，以规划设计基准年相应的人口（包括原址征地影响的人口、新址征占留居人口、随迁人口等）基数和确定的增长率计算确定。集镇新址公共建筑和公用工程设施规模、城镇新址公共设施和市政公用设施的规模，应考虑通勤人口和流动人口。远期人口规模，应按城镇、集镇的地位、性质和可能的经济发展目标合理预测，另行计列，供拟定远期用地规模参考。

（四）建设用地规模

（1）城镇、集镇迁建应贯彻节约用地，少占耕地，多利用劣地、荒地的原则。人均建设用地指标应根据原址的用地情况和人口规模，新址的地形、地质条件，参照国家和省（自治区、直辖市）的有关规定合理确定。

（2）城镇、集镇新址建设用地规模依据确定的人口规模和新址人均建设用地标准计算。

（五）基础设施

（1）城镇、集镇迁建新址的道路、对外交通，集镇的公共建筑与公用工程设施，以及城镇的公共设施与市政公用设施的规划设计，所采用的各项技术标准和指标，应结合原址的状况，参照相关专业的技术标准确定。

道路标准：根据《镇规划标准》（GB 50188—2007），镇区道路分为主干路、干路、支路、巷路四级，道路路面一般分为沥青混凝土、水泥混凝土、沥青表处、泥结石等四种。城镇、集镇新址路面原则上按照原址路面标准恢复，当原址道路路面不符合现行行业规范要求，或者新址不适合按原路面标准恢复的，新址道路路面依据相关规范选定。

（2）给排水标准。城镇、集镇新址供水标准分别按《城市给水工程规划规范》（GB 50282—98）、《村镇供水设计规范》（SL 310—2004）规定确定；饮用水水质应符合《生活饮用水卫生标准》（GB 5749—2006）。

城镇、集镇新址排水应符合《城市排水工程规划规范》（GB 50318—2000）的要求。

（3）电力标准。根据《城市电力规划规范》（GB 50293—1999）和城镇、集镇原址的用电水平，预测城镇、集镇新址居民生活用电的标准。工业用电负荷应以迁入城镇、集镇新址的工业用电水平进行预测。

变配电设施的设置、架空电力线路的设计标准、地埋电缆的敷设方式,应符合国家电力行业有关设计规范。

(4)电信、广播电视标准。城镇、集镇迁建新址电话业务需求按原址电话普及率和新址规划水平年人口规模进行计算。

电信、广播电视线路设计标准应符合国家电信、广播电视行业有关设计规范。

(5)公共设施配置标准。

根据城镇、集镇原址水平和国家有关规定,确定新址文化、教育、卫生、商贸金融等服务设施和其他公共设施的配置标准。

二、工业企业处理规划

(1)工业企业的处理,应根据征地影响程度,结合地区经济产业结构、产品结构调整、职工安置、技术改造及环境保护要求,按技术可行、经济合理的原则,统筹规划,提出防护、改建、迁建或其他处理方案。

(2)对于工程建设全部征(占)用、需要搬迁的工业企业,优先考虑就近搬迁;部分征(占)用、需要搬迁的工业企业,应根据其影响程度、周围环境条件,确定局部后靠或易地搬迁的处理方式。

(3)企业迁建新址,应根据其淹没影响程度和企业生产的特征、地质、地形、交通、水源等条件以及环境保护的要求合理选定。企业迁建用地,原则上按其原有占地面积控制,在规划中应注意节约用地、尽量少占耕地、多利用荒地或劣地。

(4)企业迁建应按“原规模、原标准、恢复原有生产能力”的原则进行规划设计,其主要内容包括选址论证、生产规模、厂(矿)区布置、土建工程和工艺流程设计、实施进度、投资概(估)算、分年投资计划及经济分析等,并提出规划设计书及图纸。

(5)企业迁建补偿投资,应以资产评估成果为基础,结合迁建规划设计,分企业用地、房屋、设施、设备、实物形态流动资产搬迁、停产损失等逐项计算核定。因提高标准、扩大规模、进行技术改造以及转产所需增加的投资,不列入水利水电工程补偿投资。对确定关、停、并、转等其他处理方案的企业,应结合固定资产和实物形态的流动资产的资产评估成果,合理计算补偿投资。

(6)受影响的企业资产评估参照国家有关规定进行。国有资产重估价值,根据资产原值、净值、新旧程度、重置成本、获利能力等因素和《国有资产评估管理办法》规定的资产评估方法评定。国有资产评估范围包括固定资产、流动资产、无形资产和其他资产,征地移民涉及的资产评估主要是企业的固定资产和实物形态的流动资产。国有资产评估方法包括:①收益现值法;②重置成本法;③现行市价法;④清算价格法;⑤国务院国有资产管理行政主管部门规定的其他评估方法。征地拆迁影响的企业资产评估,采用重置成本法。

(7)重置成本法是现时条件下被评估资产全新状态的重置成本减去该项资产的实体性贬值、功能性贬值和经济性贬值,估算资产价值的方法。实体性贬值是使用磨损和自然损耗造成的贬值,功能性贬值是技术相对落后造成的贬值,经济性贬值是外部经济环境变化引起的贬值。

三、专业项目处理规划

（1）专业项目处理包括受影响的铁路、公路、航运、电力、电信、广播电视、军事、水利水电设施（包括取水工程、水文站），测量永久标志，农、林、牧、渔场，文物古迹，风景名胜区，自然保护区等。所有专业项目的恢复改建，均应按“原规模，原标准（等级），恢复原功能”的原则进行规划设计，所需投资列入水利水电工程补偿投资。因扩大规模，提高标准（等级）或改变功能需要增加的投资，由有关单位自行解决，不列入水利水电工程补偿投资。

（2）铁路、公路、航运、电力、电信、广播电视等设施，需要恢复的，应根据受影响程度，按“原规模、原标准（等级）、恢复原功能”的原则，选定经济合理的复建方案。属于地方性的基础设施，可结合库区农村移民安置、城镇及集镇迁建，统筹规划，提出经济合理的复建方案。不需要或难以恢复的，应根据其影响的情况，给予合理补偿。

（3）国营或具有企业法人资格的农、林、牧、渔场，应根据其受影响程度，按原规模、原标准选定迁建方案。无条件迁建恢复的，给予合理补偿，对其原有职工提出就业安置方案。

（4）县级以上单位管理的水电站、抽水站、水库、闸坝、渠道、取水工程、水文站、测量永久标志等设施，应根据其受影响的程度和具体情况，提出经济合理的复建方案。不需要或难以恢复的，给予合理补偿。

（5）文物古迹应根据其保护级别、影响程度，经省、自治区、直辖市人民政府及其以上文物行政部门鉴定后，实行重点保护、重点发掘，由工程设计单位和文物管理单位共同提出保护、发掘、迁移、防护等处理措施，并按有关程序审查后，其处理投资列入建设工程概算中。

（6）风景名胜区、自然保护区等，应根据其受影响程度、保护级别，提出保护或其他处理措施。

（7）具有开采价值的重要矿藏，应查明影响程度，提出处理措施。

（8）水库的库周交通恢复，应根据淹没影响程度和库周居民点分布的具体情况，按照有利生产、方便生活、经济合理的原则，提出库周交通恢复方案。

第七节　水库库底清理与防护工程

一、水库库底清理范围和对象

为保证水库运行安全，保护库周及下游人群健康，并为水库水域开发利用创造条件，在水库蓄水前必须进行库底清理。

（一）清理范围和对象

水库库底清理应分为一般清理和特殊清理两部分。清理的范围与对象，应根据水库运行方式和水库综合利用的要求，按表8-5的规定确定。

（二）清理调查

库底清理调查应根据拟定的清理范围，调查各类清理对象的分布情况及其工作量。调查内容包括：

（1）需拆除的建筑物与构筑物的类型与数量。

（2）库区及库周疫情调查。

表 8-5　水库库底清理范围与对象

清理类别	清理范围	清理对象
一般清理	居民迁移线以下库区	各类建筑物清理包括各类房屋、附属建筑物清理； 卫生清理包括污染源与污染物，如油库、有毒固体废弃物、医院、卫生所、屠宰场、兽医站、厕所、粪坑(池)、畜厩、污水池、坟墓、有毒物质、垃圾等，以及地面上各种易漂浮的物质的清理
	居民迁移线至死水位(含极限死水位)以下 3 m 库区	各种构筑物清理包括大中型桥梁、各种线杆、砖(石、混凝土)墙体、坝(闸)、水井、烟囱、高碑坊以及地下建筑物(地窖、隧道、井巷、人防工程)等清理
	正常蓄水位以下库区	林地清理包括各种林地、迹地、零星树木的清理
特殊清理	选定的水产养殖场、捕捞场、游泳场、水上运动场、航道、港口、码头、泊位、供水工程取水口、疗养区等所在区域	根据开发利用的不同要求，确定清理对象

(3)传染源、污染源的类型和数量。

(4)需清理的各种林地、迹地面积、蓄积量和零星树木数量。

(5)浅水区、消落区洼地、沼泽化浸没区的分布及面积，各种易漂浮物质的分布及清理量。

(6)泥炭层的分布面积、厚度、储量及清理工作量。

(7)特殊清理对象的各种工作量。

二、水库库底清理

(一)建筑物拆除与清理

建筑物拆除与清理应符合如下要求：

(1)清理范围内的各种建筑物、构筑物应拆除，并推倒推平，对易漂浮的废旧材料应就地烧毁。

(2)清理范围内的各种基础设施和古建筑及残垣等地面建筑物，凡妨碍水库运行安全和开发利用的必须拆除，设备和旧料应运出库外。残留较大的障碍物要炸除，其残留高度一般不得超过地面 0.5 m。对确难清除的较大障碍物，应设置蓄水后可见的明显标志，并在水库区地形图上注明其位置与标高。

(3)水库消落区的各种地下建筑物，应结合水库区地质情况和水库水域利用要求，采取填塞、封堵、覆盖或其他措施进行处理。

(二)卫生清理

卫生清理应符合如下要求：

(1)卫生清理应在地方卫生防疫部门的指导下进行。

(2)库区内的污染源及污染物应进行卫生清除、消毒。

(3)库区内的企业积存的废水,应按规定方式排放。有毒废渣运至库外填埋或掩埋。

(4)库区内具有严重生物性或传染性的污染源,应提出清理、消毒的方案。

(5)库区内经营、储存农药、化肥的仓库、油库等具有严重化学性的污染源,应进行去毒、中和处理,必须达到土壤卫生标准。对埋葬15年以上的坟墓,是否迁移,视当地习俗处理。

(6)凡埋葬结核、麻风、破伤风等传染病死亡者的坟墓和炭疽病、布鲁氏菌病等病死牲畜掩埋场地,应按卫生防疫部门的要求特殊处理。

(7)有钉螺存在的库区周边,其水深不到1.5 m的范围内,应在当地血防部门指导下,提出专门处理方案。

(三)林木清理

林木清理应符合下列要求:

(1)森林及零星树木,应砍伐并清理外运,残留树桩不得高出地面0.3 m。

(2)迹地及林木(含竹木)砍伐残余的枝丫、枯木、灌木林(丛)等易漂浮的物质,在水库蓄水前应就地烧毁或采取防漂措施。

(3)农作物秸秆等易漂浮物在水库蓄水前应就地烧毁或采取防漂措施。

(四)特殊清理

需特殊清理的项目应符合有关行业的技术要求,其中具有供水(饮用水)任务的水库,其清理范围除水库区外,还应考虑水质保护的要求。其清理应根据清理范围内的污染源分布、污染物性质、污染程度及传染病源等环境状况,提出特定的清理措施和防止污染方案。

对抽水蓄能电站上下水库(池)清理,应研究影响水质的库盘土壤、地质及覆盖物的理化、生物特征及气温条件,提出特定的库底清理措施。

一般清理,根据清库工作量和清理措施计算所需投资,列入水利水电工程补偿投资。特殊清理所需投资由有关部门自行承担。

三、防护工程设计

在水库临时淹没、浅水淹没或水库影响区,如有大片农田、人口密集的村庄、城镇、集镇、企业、铁路、公路、文物等重要淹没对象,具备防护条件、技术经济合理的,应采取防护措施。

防护工程按如下标准进行设计:

(1)防护工程等级标准应根据《水利水电工程等级划分及洪水标准》(SL 252—2000)的规定选定,需要提高或降低标准的,均应加以论证。

(2)洪水标准应按表8-1的要求合理选用。

(3)排涝标准应按防护对象的性质和重要性进行选择。集镇、农田和农村居民点可采用5~10年一遇暴雨;城镇及大中型企业等重要防护对象,应适当提高标准。暴雨历时和排涝时间应根据防护对象可能承受淹没的状况分析确定。

(4)防浸(没)标准应根据水文地质条件、水库运用方式和防护对象的耐浸能力,综合分析,确定不同防护对象所允许地下水位的临界深度值。

(5)其他设计标准,包括安全超高及安全系数等,应根据相应专业技术标准(规范)选定。

根据水库淹没影响程度、防护对象,合理选择防护工程的布置方式和结构型式,做好工程设计。

第八节 征地移民补偿投资(费用)概(估)算

一、有关专业术语

(1)建设征地移民安置补偿投资(费用)概算,是根据国家现行建设征地移民安置政策、技术经济政策、实物指标调查成果、移民安置规划设计文件,以及建设征地和移民安置所在地区建设条件编制的以货币表现的建设征地移民安置费用额度的技术经济文件,是建设征地移民规划设计的重要内容,是水利水电工程设计概算的重要组成部分。经批准的建设征地移民安置补偿费用概算是签订移民安置协议、编制移民安置实施规划或计划、组织实施移民安置工作、进行移民安置验收的基础依据。

(2)基础单价,是编制工程概预算的基本依据。基础单价包括人工预算单价,材料预算价格,施工用电、用风、用水的价格,施工机械台班(时)费,自行采备的砂石料价格等。建设征地移民安置补偿费用概算,除要编制公路、桥梁、居民点或城市集镇场地平整、基础设施等工程概算外,还需要编制土地征收、房屋拆迁、居民迁移等补偿补助概算。编制公路、桥梁、居民点或城市集镇场地平整、基础设施等移民工程概算时,应按照有关行业概算编制规定,编制人工预算单价,材料预算价格,施工用电、用风、用水的价格,施工机械台班(时)费,自行采备的砂石料价格等基础价格。编制土地征收、房屋拆迁、居民迁移等补偿补助概算时,需要编制耕地的设计亩产值、林地的设计蓄积量、主要建材预算价格、人工预算单价、安置地普工的日工资、安置地建筑技术工的日工资、搬迁设计中涉及的主要运输工具的运输价格等基础价格。

(3)单价,是指以价格形式表示的完成单位工程量所耗用的全部费用,单价由“量、价、费”三要素组成。

(4)基本预备费,主要是指在建设征地移民安置设计及补偿费用概(估)算内难以预料的项目费用。费用内容包括经批准的设计变更增加的费用、一般自然灾害造成的损失、预防自然灾害所采取的措施费用和其他难以预料的项目费用等。

(5)价差预备费,是指建设项目在建设期间由于材料、设备价格和人工费、其他各种费用标准等变化引起工程造价显著变化的预测预留费用。

二、概(估)算编制原则和依据

(一)概(估)算编制原则

(1)以建设征地实物指标为基础,结合移民安置迁建规划设计进行编制。

(2)征地移民补偿、补助标准必须执行国家及省(自治区、直辖市)的有关法规。法规未作规定的项目,可按征地移民技术标准规定并结合建设项目所在地的具体情况分析确定。

(3)安置农村移民的居民点,迁建的城镇、集镇新址,复建或改建的专业项目(含企业和防护工程),以规划设计成果为基础,按“原规模、原标准(等级)、恢复原功能”列入补偿投资(费用)概(估)算。结合迁建、复建、改建、防护以及企业技术改造、转产等原因提高标准或扩大规模所增加的投资，不列入补偿投资（费用）概（估）算。

（4）不需要或难以恢复、改建的淹没对象，可给予拆卸、运输费和合理补偿。

（5）利用水库水域发展养殖、航运、旅游、疗养、水上运动以及库周绿化等兴利事业，按照“谁经营、谁出钱”的原则，所需投资由兴办这些产业的部门自己承担。

（6）补偿投资（费用）概（估）算应按枢纽工程概（估）算编制相同的价格水平编制。

（7）分年投资应根据分期分年移民工程的进度计划确定。

（二）概（估）算编制依据

概（估）算编制主要依据包括：

（1）《大中型水利水电工程建设征地补偿和移民安置条例》、《水利水电工程建设征地移民安置规划设计规范》（SL 290—2009）、《水电工程建设征地移民安置规划设计规范》（DL/T 5064—2007）、《水电工程建设征地移民安置补偿费用概（估）算编制规范》（DL/T 5382—2007）等，以及国家有关部门和有关省（自治区、直辖市）颁发的法律、法规、法令、制度、技术标准等。

（2）建设征地移民项目划分及费用构成。

（3）同阶段的主体工程项目设计文件。

（4）同阶段实物调查和移民安置规划工作成果。

（5）相关工程量计算、定额等计价依据及规定。

（6）有关合同、协议、承诺或确认文件、资金筹措方案。

（7）其他。

三、补偿投资（费用）概（估）算项目划分及费用构成

水利工程征地移民补偿投资概算项目包括农村部分，城镇、集镇部分，工业企业，专业项目，防护工程，库底清理，环境保护和水土保持，其他费用，预备费和有关税费等；水电工程移民补偿费用概（估）算项目划分为农村部分、城镇及集镇部分、专业项目、库底清理、环境保护和水土保持、独立费用和预备费等。

（一）项目划分

1. 农村部分

农村部分包括征地补偿补助、房屋及附属建筑物、居民点基础设施建设、农副业设施、小型水利水电设施、工商企业、文化教育和医疗卫生等单位、搬迁补助、其他补偿、过渡期补助。

2. 城镇、集镇部分

城镇、集镇部分包括房屋及附属建筑物、新址征地、基础设施建设、搬迁补助、工商企业、行政事业单位、其他补偿。

3. 工业企业

工业企业包括用地补偿、房屋及附属建筑物、基础设施和生产设施设备、搬迁补助、停产损失、其他补偿等。

4. 专业项目

专业项目包括铁路工程、公路工程、库周交通工程、电信工程、输变电工程、广播电视工程、航运工程、水利水电工程、国有农（林、牧、渔）场、文物古迹、风景名胜区和自然保护

区等。

5. 防护工程

防护工程包括建筑工程、机电设备及安装工程、金属结构设备及安装工程、施工临时工程、独立费用和基本预备费。

6. 库底清理

库底清理包括建筑物清理、卫生清理、林地与迹地清理及其他清理等。

7. 环境保护和水土保持

环境保护和水土保持是指移民安置区的环境保护和水土保持措施,包括水土保持、水环境保护、陆生动植物保护、生活垃圾处理、人群健康保护、环境监测、水土保持监测以及其他项目等。在水利行业的概(估)算编制标准中,环境保护和水土保持项目与征地移民项目是分别独立的项目,因此水利行业的征地移民补偿投资概(估)算中不包括环境保护和水土保持项目。

8. 其他(独立)费用、预备费和有关税费

详细内容见后文。

(二)费用构成

征地移民补偿投资(费用)由补偿补助费用、工程建设费用、水利行业其他费用、预备费、有关税费等五部分构成。

(1)补偿补助费用是指对建设征地及其影响范围内土地、房屋及附属建筑物、青苗和林木、设施和设备、搬迁、迁建过程的停产以及其他方面的补偿、补助,包括土地补偿费和安置补助费、划拨用地补偿费、征用土地补偿费、房屋及附属建筑物补偿费、青苗补偿费、林木补偿费、农副业及个人所有文化设施补偿费、搬迁补偿费、停产损失费、其他补偿补助费等。

(2)工程建设费用包括基础设施工程、专业项目和库底清理等项目的建筑工程费、设备及安装费和工程建设其他费,按项目类型和规模,根据相应行业和地区的有关规定按照不重不漏的原则计列费用。

(3)水利行业其他费用包括前期工作费、勘测设计科研费、实施管理费、实施机构开办费、技术培训费、监督评估费和咨询服务费等;水电行业的独立费用包括项目建设管理费、移民安置实施阶段科研和综合设计(综合设代)费以及其他税费等。项目建设管理费包括工程前期费、建设单位管理费、移民安置规划配合工作费、建设征地移民安置管理费、移民安置监督评估费、咨询服务费、项目技术经济评审费等;移民安置实施阶段科研和综合设计(综合设代)费,是指移民安置实施阶段为解决项目建设征地移民安置的技术问题而进行必要的科学研究、试验以及统筹协调移民安置规划的后续设计,把关农村居民点、迁建集镇、迁建城市、专业项目等移民安置项目的技术接口,设计文件汇总和派驻综合设代、进行综合设计交底所发生的费用;其他税费是指根据国家和项目所在省(自治区、直辖市)的政策法规的规定需要缴纳的费用,包括耕地占用税、耕地开垦费、森林植被恢复费、工程建设质量监督费和其他税费等。

(4)预备费应包括基本预备费和价差预备费两项。

(5)水利行业有关税费包括耕地占用税、耕地开垦费、森林植被恢复费等。

四、投资概(估)算编制基本方法

(一)农村部分补偿费

1. 征收土地补偿费和安置补助费

1)耕地土地补偿费和安置补助费

耕地土地补偿费和安置补助费之和按下式计算:

$$耕地土地补偿费和安置补助费之和=耕地设计亩产值\times补偿标准倍数 \tag{8-5}$$

耕地设计亩产值一般用编制概算时可收集到的最近的国民经济统计资料中前三年平均年亩产量计及一定的产量增长和概算编制确定的价格水平期的物价计算。

补偿标准倍数按照《大中型水利水电工程建设征地补偿和移民安置条例》规定取值。

2)除耕地外的其他土地补偿费和安置补助费

除耕地外的其他土地补偿费和安置补助费,按照《大中型水利水电工程建设征地补偿和移民安置条例》和有关省(自治区、直辖市)颁布的有关规定计算。

征收土地的土地补偿费和安置补助费应确保使需要安置的移民保持原有生活水平。

2. 房屋及附属建筑物补偿费

按照不同结构类型、质量标准的重置价格编制房屋及附属建筑物补偿单价。可选择征地区域几种主要类型的房屋进行建筑设计,按当地建筑定额及工料价格计算其造价,并以此作为按重置全价计算补偿费的依据。原住窑洞在安置区不能复建的,可按当地居民基本的住房标准计列补偿费。房屋及附属建筑物补偿费,按照补偿概算实物指标中各类房屋结构的面积、附属建筑物数量和相应的补偿单价计算。

3. 农副业设施补偿费

农副业设施补偿费按原有设施状况、规模和标准计算。

4. 农村小型水利电力设施补偿费

对农村的小型水电站、抽水泵站、排涝泵站、灌溉渠道、输变电工程、水库、水塘等设施,按原有规模和标准,结合移民安置规划,扣除可利用的设备材料后计算。

5. 农村居民点建设投资

农村居民点建设投资包括移民新居民点的新址建设用地费和基础设施投资。基础设施投资包括场地平整及挡墙护坡、供水、供电、村庄道路、排水等设施,采用规划设计成果。

6. 移民搬迁费

移民搬迁费包括移民个人或集体在搬迁时的车船运输、食宿、医药、误工、物资损失和临时住房补贴,一般按迁移距离、物资数量、运输方式和时间等情况分项计算。

7. 其他补偿费

其他补偿费包括零星果木、树木补偿及坟墓迁移补偿费和其他必要的补助。

(二)城镇、集镇部分补偿费

1. 新址征地和场地平整费

新址征地和场地平整费包括新址征地及地面附着物补偿、新址移民拆迁、场地平整、挡护工程及临建工程等项目,按规划设计工程量进行计算。

2. 道路、对外交通复建费

道路、对外交通复建费包括镇外连接道路、码头（渡口）工程，镇内主支街（巷）道等项目，按规划设计进行计算。

3. 集镇公共建筑和公用工程设施复建费、城镇公共设施和市政公用设施复建费

集镇公共建筑和公用工程设施复建费、城镇公共设施和市政公用设施复建费包括新址供水、排水、防洪、供电、电信、广播电视、环卫、农贸市场、消防等项目，本着"原规模、原标准"的原则，按照迁建规划设计成果分项计算。

4. 居民迁移补偿费

居民迁移补偿费包括居民个人所有的各类房屋及附属建筑物补偿费、搬迁运输费和其他费用。

5. 工商企业补偿费

工商企业补偿费包括房屋及附属设施、搬迁补助、设施、设备、停产损失、其他补偿等。

6. 行政事业单位迁建补偿费

行政事业单位迁建补偿费包括房屋及附属建筑物补偿费、设施设备处理补偿费、物资处理补偿费等。房屋及附属建筑物补偿费按照补偿概算实物指标中分类数量和相应的补偿单价计算；设施设备处理补偿费、物资处理补偿费按照企业补偿费的计算方法计算。

（三）工业企业补偿费

工业企业补偿费根据处理方式不同，可选择按搬迁安置补偿费计算或货币补偿处理费计算。

需择址恢复的企业，可选择按搬迁安置补偿费计算。搬迁安置补偿费包括设施设备处理补偿费、物资处理补偿费、停产损失补助费和其他费用等，根据规划设计成果计列。①设施设备处理补偿费包括设施处理补偿费和设备处理补偿费。设施处理补偿费分为设施建设费和设施补偿费。设施建设费根据迁建规划设计成果的工程量和相应单价计算；设施补偿费为搬迁前仍使用但无法或难以迁建的设施的补偿费，按照搬迁地的重置价格计算。设备处理补偿费包括可搬迁利用设备补偿费和不可搬迁利用设备补偿费。可搬迁利用设备补偿费根据设备的拆卸、运输、安装、调试等费用计算；不可搬迁利用设备补偿费按照重置价格计算。②物资处理补偿费，分为物资运输费和物资损失费。物资运输费包括物资的装卸、运杂等费用，根据纳入运输物资的数量和相应单价计算。物资损失费，根据运输物资的特点测算物资损失数量，分析相应单价计算。③停产损失补助费，根据规划的停产期和分析的工资、利润损失计算。④其他费用，按照企业所属行业规定计算。有企业处理规划设计的，按照企业处理规划设计成果计列。需要将企业房屋及附属建筑物的补偿费计列到企业的处理费的，应在计算农村移民房屋及附属建筑物补偿费时扣除企业的房屋及附属建筑物实物指标，企业的房屋及附属建筑物补偿费的计算方法同房屋及附属建筑物补偿费。

不需恢复的企业，可选择货币补偿。货币补偿处理费根据补偿评估的结果计列。

（四）专业项目补偿费和防护工程费用

铁路、公路、电信、广播电视线路、航运设施、水利水电设施、库周交通恢复复建投资及文物古迹处理费，本着"原规模、原标准"的原则，按照迁建规划设计成果分项计算。

国营农、林、牧、渔场补偿，军事设施、风景名胜区、自然保护区、水文站、测量永久标志等

项目处理，根据其受影响实物指标和规划设计成果计列。

防护工程按照选定的防护工程方案设计所需的费用计列。

（五）库底清理费用

库底清理费用包括建筑物清理费、卫生清理费、林木清理费、坟墓清理费、其他清理费、其他费用等。建筑物清理费、卫生清理费、林木清理费、坟墓清理费、其他清理费等按照同阶段库底清理设计的设计工程量与相应单价计算，其他费用按有关规定计算。

（六）环境保护和水土保持费用

环境保护和水土保持费用属于水电工程建设征地移民安置补偿费用概（估）算中的项目。

环境保护费用包括环境保护措施费、环境监测费、仪器及安装费、临时措施费、独立费用等，按同阶段环境保护设计的成果计列。

水土保持费用包括工程措施费、植物措施费、施工临时工程费、独立费用、基本预备费等，按照同阶段水土保持设计的成果计列。

（七）其他（独立）费用

1. 水利行业其他费用

水利行业其他费用包括前期工作费、勘测设计科研费、实施管理费、实施机构开办费、技术培训费、监督评估费、咨询服务费等。

前期工作费指在项目建议书和可行性研究报告阶段开展建设征地移民安置前期工作所发生的各种费用，主要包括前期勘测设计费、移民安置规划大纲编制费、移民安置规划配合工作费等；勘测设计科研费为初步设计阶段和技施设计阶段征地移民设计工作所需要的勘测设计科研费用；实施管理费指移民实施机构和项目建设单位的经常性管理费用；实施机构开办费指移民实施机械启动和运作所必须配置的办公用房、车辆和设备购置及其他用于开办工作所需要的费用；技术培训费是指为提高农村移民生产技能、文化素质和移民干部管理水平所需要的费用；监督评估费中，监督费主要是指对移民搬迁，生产开发，城镇、集镇迁建，工业企业和专业项目处理等活动进行监督所发生的费用，评估费主要是指对移民搬迁过程中生产生活水平的恢复进行跟踪监测、评估所发生的费用。

2. 水电行业独立费用计算

水电行业独立费用包括项目建设管理费、移民安置实施阶段科研和综合设计费、其他税费等。项目建设管理费包括建设单位管理费、移民安置规划配合工作费、实施管理费、移民技术培训费、移民安置监督评估费、咨询服务费、项目技术经济评估审查费等；移民安置实施阶段科研和综合设计费包括科研试验费、综合设计（综合设代）费。

其他税费包括耕地占用税、耕地开垦费、森林植被恢复费、新菜地开发建设基金等。

（八）预备费

1. 基本预备费

水利行业基本预备费按农村部分、城镇和集镇部分、工业企业、专业项目、防护工程、库底清理、其他费用等七部分费用之和乘以费率计列。项目建议书阶段基本预备费费率取15%，可行性研究报告阶段基本预备费费率取12%，初步设计阶段基本预备费费率取8%，技施设计阶段基本预备费费率取5%。

水电行业基本预备费为按照农村部分补偿费用、城镇和集镇部分补偿费用、专业项目处理补偿费用、库底清理费用、环境保护和水土保持费用、独立费用分别乘以相应费率计算。预可行性研究报告阶段，基本预备费费率统一采用20%；可行性研究报告阶段，按照各项目费用分别取值计算后，统一合计基本预备费，各项目不单独计列基本预备费。其中，农村部分补偿费用、城镇和集镇部分补偿费用、库底清理费用、独立费用等部分的基本预备费按5%的费率取值计算，专业项目处理补偿费用、环境保护和水土保持费用等部分的基本预备费，执行相应行业的规定取值计算。

2. 价差预备费

价差预备费以分年度的静态投资（包括分年度支付的有关税费）为计算基数，按照枢纽工程概算编制所采用的价差预备费率计算。

（九）有关税费

水利工程有关税费包括耕地占用税、森林植被恢复费、耕地开垦费。水电工程其他税费包含在独立费用中。

第九章　水土保持

第一节　水土流失及其防治

一、基本概念

(一)水土流失与土壤侵蚀

水土流失是指在自然营力和人类活动作用下水土资源和土地生产力的破坏与损失,包括土地表层侵蚀和水的损失。

土壤侵蚀是指土壤及其母质在外营力的作用下被破坏、剥蚀、搬运和沉积的全过程。

(二)土壤保持与水土保持

土壤保持是指土壤或土地资源的保护、改良与合理利用。

水土保持是指防治水土流失,保护、改良与合理利用水土资源。

(三)土壤侵蚀模数、输沙模数和输移比

土壤侵蚀模数是指单位时段内单位水平面积地表土壤及其母质被侵蚀的总量,其单位采用 $t/(km^2 \cdot a)$。

输沙模数是指单位时段内通过流域出口断面的泥沙总量和相应集水面积的比值,其单位采用 $t/(km^2 \cdot a)$。

输移比是指同一时段内,通过沟道或河流某一断面的输沙总量和该断面以上流域的土壤侵蚀量的比值。

(四)土壤流失量与容许流失量

土壤流失量是指单位面积、单位时间段内土壤及其母质被侵蚀产生位移并通过某一观察断面的泥沙数量(指水蚀),不包括沉积量,一般采用小区观测法获取,单位为 $t/(km^2 \cdot a)$。

容许流失量是指在长时期内能保持土壤肥力和维持生产力基本稳定的最大流失量。实际上就是成土速率与侵蚀速率相等时的土壤流失量。

(五)土壤侵蚀程度与土壤侵蚀强度

土壤侵蚀程度是指土壤受侵蚀后所达到的不同阶段或所处的状态,通常用侵蚀土壤剖面加以判断。

土壤侵蚀强度是指土壤在外营力作用下,单位面积、单位时间段内被剥蚀并发生位移的侵蚀量,通常用侵蚀模数表达。实际是反映了土壤可能的侵蚀量。

侵蚀强度大并不意味着侵蚀程度严重,侵蚀强度小也不意味着侵蚀程度小。如黄土高原侵蚀强度大但侵蚀程度并不严重,而云贵高原侵蚀强度小但侵蚀程度相当严重。

(六)水力侵蚀与风力侵蚀

水力侵蚀简称水蚀,是指土壤、土体或其他地面组成物质在降水、地表径流、地下径流作用下，被破坏、剥蚀、搬运和沉积的过程，包括面蚀和沟蚀等。

风力侵蚀简称风蚀，是指在气流的冲击下，土粒、沙粒或岩石碎屑脱离地表，被搬运和沉积的过程。

（七）重力侵蚀和混合侵蚀

重力侵蚀是指土壤及其母质在重力作用下失去平衡，发生位移和堆积的过程。

混合侵蚀是指在两种或两种以上侵蚀营力共同作用下发生的侵蚀现象，如泥石流、崩岗等。

（八）冻融侵蚀和其他侵蚀

冻融侵蚀是指在高寒地区土体和岩石由于寒冻和热融交替而发生破碎、位移的过程。

其他侵蚀包括在冰川作用下形成的侵蚀（称为冰川侵蚀），河流、海潮冲刷形成的侵蚀（称为河岸侵蚀和海岸侵蚀）等。

（九）正常侵蚀与加速侵蚀

正常侵蚀是指在自然环境中无人类干扰的情况下，由自然因素包括雨、雪、冰、风、重力等外营力作用下引起的地表侵蚀。

加速侵蚀是由于人为活动或突发性自然灾害破坏而产生的侵蚀现象，可分为人为加速侵蚀和自然加速侵蚀。

（十）古代侵蚀和现代侵蚀

古代侵蚀是指人类尚未出现的史前，由于地质运动和海陆变迁引起地表物质的搬运和移动，其实质是一种地质侵蚀。

现代侵蚀是指人类出现后，受人类活动影响而产生的土壤侵蚀现象。

无论是古代还是现代，只要没有人类直接或间接的影响，而出现侵蚀速率大于成土速率的侵蚀，如地震、火山等，都称为地质侵蚀。

人类大规模的生产建设活动造成的加速侵蚀，称为现代加速侵蚀。

（十一）地面径流与水损失

地面径流是指当降水强度大于入渗强度，或亚表层有隔水层时，地表形成积水并汇集，以坡面水流形式向低处移动，称为地面径流。地面径流是造成水力侵蚀，特别是沟蚀的主要营力。

水损失是指正常的水分局部循环被破坏情况下的地面径流损失，主要是指大于土壤入渗强度的雨水或融雪水因重力作用，或土壤不能正常贮蓄水分情况下产生的流失现象，如植被与土壤破坏后产生的水流失、地面硬化产生的水流失等。

（十二）水土流失防治责任范围、项目建设区和直接影响区

水土流失防治责任范围是项目建设单位依法应承担水土流失防治义务的区域，由项目建设区和直接影响区组成。

项目建设区是指开发建设项目建设征地、占地、使用及管辖的地域。

直接影响区是指在项目建设过程中可能对项目建设区以外造成水土流失危害的地域。

（十三）水土流失治理度和植被覆盖率

水土流失治理度是指某一区域或流域内水土流失治理面积占水土流失总面积的百分比。

植被覆盖率是指某一区域或流域内林草面积（林分郁闭度 >20% 的面积、灌草覆盖度

>40%的面积)占区域或流域总面积的百分比。

二、我国土壤侵蚀类型及分区

开展土壤侵蚀分类是为了查明土壤侵蚀现状,分析其产生的原因,掌握其今后发生发展的潜在危险性,以便因害设防进行综合防治。根据土壤侵蚀发生的条件、形式及其发生的地形地貌,在采取综合措施防治土壤侵蚀的同时,因地制宜地合理利用土地,使其发挥最大的社会、经济、生态等方面的效益。

(一)土壤侵蚀类型和形式

1. 土壤侵蚀类型

土壤侵蚀类型是指不同的侵蚀外营力(具体表现为降水、风、重力、冻融、冰川等)作用于不同类型地表所形成的侵蚀类别和形态。按外营力性质可将土壤侵蚀类型划分为水力侵蚀、风力侵蚀、重力侵蚀、冻融侵蚀、混合侵蚀等。

2. 土壤侵蚀形式

土壤侵蚀类型又可根据侵蚀发生的外部形态,分为不同的形式,如水力侵蚀可分为溅蚀、面蚀、沟蚀等。实际上不同的土壤侵蚀形式之间往往互为因果,它们相互作用、相互制约、相互影响,有着极为密切的关系。

1)水力侵蚀形式

(1)溅蚀(Splash Erosion)。当裸露坡面受到雨滴打击时,土壤颗粒被溅起,溅起的土粒落回坡面时,下坡方向比上坡方向落得多,因而土粒呈向下坡方向移动的趋势,加之分散地面薄层漫流的形成和影响,土粒随之流失,这种现象称为溅蚀。

(2)面蚀(Surface Erosion)。是指由于分散的地表径流冲刷坡面表层土粒的侵蚀形式。坡耕地上呈薄层状剥蚀的称为层状面蚀,也叫片蚀;荒草地上呈鳞片状剥蚀的称为鳞片状面蚀;石多土薄的土地因面蚀而使土越来越少、砂砾越来越多的称为砂砾化面蚀;分散的细小股流冲刷形成的面蚀称为细沟状面蚀(细沟深小于20 cm)。

(3)沟蚀(Gully Erosion)。是指由小股流汇集成的地表径流(股流或沟槽流)冲刷破坏土壤及其母质,切割地表形成沟壑的土壤侵蚀形式。或者说细沟状面蚀进一步加深、加宽、加长,当沟深超过20 cm时,即变成沟蚀。沟蚀形成的沟壑称为侵蚀沟。根据沟蚀程度及表现形态,沟蚀可以分为浅沟侵蚀和切沟侵蚀等不同类型。沟蚀虽不如面蚀涉及面广,但其侵蚀量大,速度快,且把完整的坡面切割成沟壑密布、面积零散的小块坡地,使耕地面积减小,对农业生产的危害十分严重。

2)风力侵蚀形式

由于地表组成物质的大小及质量不同,风力对土、沙、石粒的吹移搬运有吹扬、跃移和滚动三种形式。

(1)吹扬。是指粒径小于0.1 mm的沙粒和黏粒被风卷扬至高空,随风运行的风蚀形式。

(2)跃移。是指粒径为0.25~0.5 mm的中细沙粒,在风力冲击下脱离地表,升到离地面10 cm高度后,受到比在地表处较大的水平风力及本身的重力影响时,而使沙粒沿着两者的合力方向急速下降,返回地表,并以较大的能量撞击地表,使一些较大的沙粒向前移动,如此反复的风蚀形式。

(3)滚动。是指粒径为0.5～2 mm的较大颗粒,不易被风吹离地表,沿沙面滚动或滑动的风蚀形式。

在上述三种移动方式中,以跃移为主要方式。从重黏土到细沙的各类土壤,一般跃移占55%～72%,滚动占7%～25%,吹扬占3%～28%。

3)重力侵蚀形式

重力侵蚀是在地球引力作用下产生的一种块体移动。根据土石物质破坏的特征和移动方式,可分为泻溜、崩塌、滑坡等形式。

(1)泻溜。是指崖壁、陡坡上的岩体因干湿、冷热、冻融交替而破碎产生的岩屑,在重力作用下,沿坡面向下滚落或滑落的现象。

(2)崩塌。是指斜坡岩土的剪应力大于抗剪强度,岩土的剪切破裂面上发生明显位移,即向临空方向突然倾倒,岩土破裂,顺坡翻滚而下的现象。

(3)滑坡。是指斜坡岩体或土体在重力的作用下,沿某一特定的组合面而产生的整体滑动现象。

4)冻融侵蚀形式

冻融侵蚀在我国主要发生在青藏高原等高寒地区,其侵蚀形式主要表现为地表土体和松散物质的蠕动、滑塌和泥流等。

事实上,侵蚀营力是相互作用的,只是在特定的条件下某一侵蚀营力起了主导作用。如滑坡往往是由于地震或降雨诱发产生的,而滑动力是重力。由于侵蚀营力复杂多样,以及地质、土壤、地形、植物覆盖和土地利用等因素的影响,使不同类型的土壤侵蚀表现出不同的外部形式、发展程度和潜在危险性。

(二)土壤侵蚀影响因素

影响土壤侵蚀的因素十分复杂,归纳起来分为自然因素和人为因素两类。

自然因素包括地质、地貌(地形)、气候、土壤和植被,是土壤侵蚀发生、发展的潜在条件,各种因素交互作用、相互影响、相互制约。地质因素对土壤侵蚀起着支配性和控制性作用;地貌因素是地质运动的结果,特别是第四纪地貌对土壤侵蚀起着决定性作用。地质、地貌(地形)、气候、植被因子共同作用于土壤,形成了现代土壤侵蚀的基本类型与形式。自从地球出现生物,特别是植物参与了成土过程,植被一直作为土壤形成的决定性因子,没有植被就没有土壤,土壤侵蚀也就不存在,存在的仅是岩壳风化与运动。

人为因素主要是指人类生产活动对自然因素的再塑,并通过自然因素影响土壤侵蚀。自从人类在地球上出现以来,就不断以自己的各种活动对自然界施加影响,正常侵蚀的自然过程受到人为活动的干扰和越来越剧烈的影响,使土壤侵蚀现象由自然侵蚀状态转化为加速侵蚀状态。当今世界,土壤侵蚀问题越来越突出,并不是由于自然因素的突变,而主要是人类不合理的生产活动所导致的。人为因素对土壤侵蚀影响的根源是比较复杂的,既有社会历史发展原因,又有现代不合理的生产经营活动等方面的影响。

对于现代土壤侵蚀过程而言,气候、地形、土壤、地质和植被等自然因素是产生侵蚀的基础和潜在因素,而人为不合理活动是造成加速侵蚀的主导因素。

(三)我国土壤侵蚀类型分区

按照我国地形特点和自然界某一外营力在较大区域里起主导作用的原则(发生学原

则),把全国划分为3个一级土壤侵蚀类型区,即水力侵蚀类型区、风力侵蚀类型区、冻融侵蚀类型区。一级类型区下又以地质、地貌、土壤为依据(形态学原则)划分9个二级类型区。

1. 水力侵蚀类型区

水力侵蚀类型区包括西北黄土高原、东北黑土区(低山丘陵区和漫岗丘陵区)、北方土石山区、南方红壤丘陵区、西南土石山区5个二级类型区。这个区域也是我国人口相对密集、生产建设活动频繁、对国家经济社会影响较大的区域。认识并掌握其自然环境及土壤侵蚀特征,因地制宜地防治土壤侵蚀是极为重要的。

2. 风力侵蚀类型区

风力侵蚀类型区包括"三北"戈壁沙漠及沙地风沙区、沿河环湖滨海平原风沙区2个二级类型区。

"三北"戈壁沙漠及沙地风沙区主要分布在我国西北、华北、东北西部,包括新疆、青海、甘肃、宁夏、内蒙古、陕西、黑龙江等省(自治区)的沙漠戈壁及沙地。

沿河环湖滨海平原风沙区主要分布在山东黄泛平原、鄱阳湖滨湖沙山以及福建、海南的滨海风沙区。

此外,年降水量为300~400 mm的地区,为风力侵蚀与水力侵蚀交错地带,水蚀与风蚀并存,农业与牧业交错,是生态环境极为脆弱的地区。做好这一地区的土壤侵蚀防治,对控制沙漠南移具有重要意义。

3. 冻融侵蚀类型区

冻融侵蚀类型区包括北方冻融土侵蚀区和青藏高原冰川冻土侵蚀区2个二级类型区。北方冻融土侵蚀区主要分布在东北大兴安岭、新疆天山山地,青藏高原冰川冻土侵蚀区主要分布在藏北高原和青藏高原的东部、南部等区域。

三、我国土壤侵蚀强度分级

土壤侵蚀强度分级标准主要针对水力侵蚀、重力侵蚀和风力侵蚀。

我国土壤侵蚀强度分级,是以年平均侵蚀模数为判别指标的。根据土壤平均侵蚀模数或平均流失厚度将土壤侵蚀强度分成微度、轻度、中度、强烈、极强烈和剧烈六级。

(一)水力侵蚀强度分级

水力侵蚀强度主要是以平均侵蚀模数或平均流失厚度作为分级标准,土壤水力侵蚀强度分级标准见表9-1。

表9-1　土壤水力侵蚀强度分级标准

级　别	平均侵蚀模数($t/(km^2 \cdot a)$)	平均流失厚度(mm/a)
微　度	<200,500,1 000	<0.15,0.37,0.74
轻　度	200,500,1 000~2 500	0.15,0.37,0.74~1.9
中　度	2 500~5 000	1.9~3.7
强　烈	5 000~8 000	3.7~5.9
极强烈	8 000~15 000	5.9~11.1
剧　烈	>15 000	>11.1

注:本表中流失厚度是按土壤干密度1.35 g/cm^3 折算的,各地可按当地土壤干密度计算。

为了明确土壤侵蚀治理的目标，根据水蚀地区侵蚀速率与成土速率相差较大的情况，确定5个二级类型区的土壤容许流失量，如表9-2所示。

表9-2 各侵蚀类型区土壤容许流失量

类　型　区	土壤容许流失量(t/(km²·a))
西北黄土高原区	1 000
东北黑土区	200
北方土石山区	200
南方红壤丘陵区	500
西南土石山区	500

当缺少实测及调查侵蚀模数资料时，在经过分析后，可以运用有关侵蚀方式（面蚀、沟蚀）的指标进行分级，各分级的侵蚀模数与土壤水力侵蚀强度分级相同。土壤侵蚀强度面蚀（片蚀）分级指标见表9-3，土壤侵蚀强度沟蚀分级指标见表9-4。

表9-3 面蚀（片蚀）分级指标

地类		地面坡度				
		5°~8°	8°~15°	15°~25°	25°~35°	>35°
非耕地林草盖度(%)	60~75	轻度	轻度	轻度	中度	中度
	45~60	轻度	轻度	中度	中度	强烈
	30~45	轻度	中度	中度	强烈	极强烈
	<30	中度	中度	强烈	极强烈	剧烈
坡耕地		轻度	中度	强烈	极强烈	剧烈

表9-4 沟蚀分级指标

沟谷占坡面面积比(%)	<10	10~25	25~35	35~50	>50
沟壑密度(km/km²)	1~2	2~3	3~5	5~7	>7
强度分级	轻度	中度	强烈	极强烈	剧烈

（二）重力侵蚀强度分级

重力侵蚀强度分级是根据崩塌面积占坡面面积比(%)确定的，具体指标见表9-5。

表9-5 重力侵蚀强度分级指标

崩塌面积占坡面面积比(%)	<10	10~15	15~20	20~30	>30
强度分级	轻度	中度	强烈	极强烈	剧烈

（三）风蚀强度分级标准

日平均风速大于或等于 5 m/s，全年累计 30 d 以上，且多年平均降水量小于 300 mm 的沙质土壤地区，应定为风蚀区。但南方及沿海风蚀区，如江西鄱阳湖滨湖地区、滨海地区、福建东山等，则不在此限值之内。风蚀强度分级标准详见表 9-6。

表 9-6　风蚀强度分级标准

级别	床面形态（地形形态）	植被覆盖度（%）（非流沙面积）	风蚀厚度（mm/a）	侵蚀模数（t/(km^2·a)）
微度	固定沙丘、沙地和滩地	>70	<2	<200
轻度	固定沙丘、半固定沙丘、沙地	70~50	2~10	200~2 500
中度	半固定沙丘、沙地	50~30	10~25	2 500~5 000
强烈	半固定沙丘、流动沙丘、沙地	30~10	25~50	5 000~8 000
极强烈	流动沙丘、沙地	<10	50~100	8 000~1 5000
剧烈	大片流动沙丘	<10	>100	>15 000

第二节　法律法规技术标准及前期工作

一、法律法规技术标准

（一）法律法规体系

水土保持法律法规体系分为五个层次。第一层次是法律，即由全国人民代表大会及其常委会通过的法律，如《中华人民共和国水土保持法》；第二层次是行政法规，即由国务院制定或者批准颁布的法规，如《中华人民共和国水土保持法实施条例》（1993 年 8 月 1 日，国务院令第 120 号）；第三层次是地方性法规，即由省级人民代表大会及其常委会制定颁布的，或者是由省、自治区的人民政府所在地的市和经国务院批准的较大市的人民代表大会及其常委会制定，并报省、自治区、直辖市人大常委会批准后施行的规范性文件，如各省、自治区、直辖市颁布的《实施〈中华人民共和国水土保持法〉办法》；第四层次是规章，即由国务院各部委，省级人民政府及省、自治区、直辖市人民政府所在地的市和经国务院批准的较大城市的人民政府制定颁布的水土保持相关规章；第五层次是规范性文件，即由各级水行政主管部门及有关部门颁发的水土保持相关文件。

2010 年 12 月 25 日，第十一届全国人大常委会第十八次会议审议通过修订后的《中华人民共和国水土保持法》，以中华人民共和国主席令第 39 号公布，自 2011 年 3 月 1 日起施行。

修订后的《中华人民共和国水土保持法》总体上可用“五个强化”来概括：

第一，强化了政府和部门责任。一是要求将水土保持工作纳入本级国民经济和社会发展规划，并安排专项资金开展水土流失防治；二是在水土流失重点预防区和重点治理区实行地方政府水土保持目标责任制和考核评价制度；三是进一步明确了水行政主管部门和其他相关部门的职责。

第二,强化了规划的法律地位。一是增设了“规划”一章,就规划的编制主体、批准程序、种类、内容、编制、实施等做出了具体规定;二是将水土保持规划作为水土流失预防和治理、水土保持方案编制、水土保持补偿费征收的依据;三是要求基础设施建设、矿产资源开发等规划中要提出水土流失预防和治理的对策、措施。

第三,强化了预防保护制度。一是将预防为主、保护优先作为水土保持工作的指导方针;二是增加了对一些容易导致水土流失、破坏生态环境的行为予以禁止或者限制的规定;三是完善了水土保持方案制度、监测制度和验收制度,强化了人为水土流失的预防和管控。

第四,强化了综合治理措施。一是明确在水土流失重点治理区实施国家水土保持重点工程建设;二是明确水土保持投入保障机制;三是明确了在不同水土流失类型区的技术路线;四是引导和鼓励国内外单位和个人投资、捐资或者以其他方式参与水土流失治理;五是鼓励和支持保护性耕作、能源替代以及生态移民等有利于水土保持的行为。

第五,强化了法律责任。针对原法有关法律责任的规定过于原则、不全面、处罚力度不够的问题,加大了对各种水土保持违法行为的处罚力度,增加了法律责任的种类,增强了法律执行的可操作性。

(二)水土保持技术标准

水土保持作为生态建设的主体,是一项融社会、经济、环境为一体的系统工程,其技术标准体系建设十分重要。由于水土保持是一门新兴学科,学科体系尚须进一步完善,技术标准体系建设也在不断推进。随着我国生态建设进程的加快,国家对生态建设项目规划设计、施工、监测、监督、单项工程验收及项目竣工验收等要求越来越严格,水土保持技术标准和规范还需要不断完善和制定。

1.《水土保持综合治理 规划通则》(GB/T 15772—2008)

本标准规定了编制水土保持综合治理规划的任务、内容、程序、方法、成果整理等的基本要求。本标准规定规划的任务以治理为主:一是在综合调查的基础上,根据当地农村经济发展方向,合理调整土地利用结构和农村产业结构,因地制宜地提出水土保持治理措施配置及技术要求;二是分析各项措施所需的劳工、物资和经费,在规划期内(小面积 3 ~ 5 年,大面积 5 ~ 10 年)安排好治理进度,预测规划实施后的效益,提出规范实施的保障措施。土地利用评价和调整是水土保持各项措施规划的基础。

本标准主要适用于全国、流域或行政区等不同面积区域的水土保持综合治理规划。

2.《水土保持综合治理 验收规范》(GB/T 15773—2008)

本标准规定了水土保持工程验收的分类、各类验收的条件、组织、内容、程序、成果要求、成果评价和建立技术档案的要求。适用于由中央投资、地方投资和利用外资的以小流域为单元的水土保持综合治理以及专项工程验收。群众和社会出资的水土保持治理的验收,大中流域或县以上大面积重点治理区的验收也可参照使用。该标准规定:水土保持林、防风固沙林、农田防护林网当年造林成活率应达到 80% 以上。

3.《水土保持综合治理效益计算方法》(GB/T 15774—2008)

本标准规定了水土保持综合治理效益计算的原则、内容和方法,确定了水土保持治理效益分类和计算内容。适用于水蚀地区和水蚀与风蚀交错地区小流域水土保持综合治理的效益计算,同时在大中流域和不同范围行政单元(如省、地区、县、乡、村)的水土保持综合治理效益计算中也可采用。本标准将水土保持效益分为调水保土效益、经济效益、社会效益和生态效益四类,分别提出了相应的计算方法。

4.《水土保持综合治理技术规范》(GB/T 16453.1~16453.6—2008)

本标准包括坡耕地治理技术、荒地治理技术、沟壑治理技术、风沙治理技术、崩岗治理技术和小型蓄排引水工程六个部分,规定了各项水土保持综合治理措施的分类、适用条件以及有关设计、施工、管理的技术要求。

5.《开发建设项目水土保持技术规范》(GB 50433—2008)和《开发建设项目水土流失防治标准》(GB 50434—2008)

《开发建设项目水土保持技术规范》(GB 50433—2008)适用于建设或生产过程中可能引起水土流失的开发建设项目的水土流失防治,其中开发建设项目是指公路、铁路、机场、港口、码头、水利工程、电力工程、通信工程、管道工程、国防工程、矿产和石油天然气开采及冶炼、工厂建设、建材、城镇新区建设、地质勘探、考古、滩涂开发、生态移民、荒地开发、林木采伐等项目。本规范规定了开发建设项目水土流失防治及其措施总体布局的基本要求,明确了水土保持各设计阶段的任务,规定了水土保持方案和初步设计专章主要内容和要求,以及拦渣工程、斜坡防护工程、土地整治工程、防洪排导工程、降水蓄渗工程、临时防治工程、植被建设工程、防风固沙工程等的技术要求。

《开发建设项目水土流失防治标准》(GB 50434—2008)与前者适用范围一致,其主要内容是将开发建设项目分为建设类和建设生产类两种类型,根据项目所处水土流失防治区和区域水土保持生态功能重要性,分别规定了开发建设项目水土流失防治的标准等级和相应指标值。

6.《水土保持监测技术规程》(SL 277—2002)

本规程为水利行业标准,规定了水土保持监测网络的职责和任务,监测站网布设原则和选址要求;宏观区域、中小流域和开发建设项目的监测项目和监测方法;遥感监测、地面观测和调查等不同监测方法的使用范围、内容、技术要求,以及监测数据处理、资料整编和质量保证的方法;不同开发建设项目水土流失监测的项目、时段和方法。

7.《水土保持治沟骨干工程技术规范》(SL 289—2003)和《水坠坝设计规范》(SL 302—2004)

《水土保持治沟骨干工程技术规范》(SL 289—2003)为水利行业标准,适用于黄河流域水土流失严重地区的水土保持治沟骨干工程的建设及管理运用,其他流域可参照使用。本规范主要包括总则、规划设计、施工管理三部分,明确骨干工程定义及作用、建设规模、建设要求、等级划分及设计标准、建设程序,规定了骨干工程规划、水文计算、各设计阶段的要求,以及施工和管理方面的技术要求。

《水坠坝设计规范》(SL 302—2004)为水利行业标准,适用于地震烈度为7度以下地区砂土、砂壤土、壤土及花岗岩和砂岩风化残积土修建的水坠坝(包括大型淤地坝工程、四等和五等水利水电工程)的设计与施工,中小型淤地坝工程及五等以下水利水电工程的设计与施工可参照执行。所谓水坠坝,是利用水力和重力将高位土场土料冲拌成一定浓度的泥浆,引流到坝面,经脱水固结形成的土坝,又称水力冲填坝。

8.《水利水电工程水土保持技术规范》(SL 575—2012)

本规范为水利行业标准,适用于大中型水利水电工程的规划、项目建议书、可行性研究、初步设计等阶段的水土保持设计，以及水土保持方案编制、施工图设计，水土保持工程建设管理、施工、验收等，小型水利水电工程可参照执行。为了预防、控制和治理水利水电工程建设活动导致的水土流失，防治水土流失危害，控制或减轻对群众生产生活可能造成的不利影响，恢复和改善工程项目区生态环境，本规范遵循《开发建设项目水土保持技术规范》（GB 50433—2008）的基本原则和要求，结合水利水电工程特点，对水利水电工程水土保持设计的任务、内容和技术要求进行了规定和进一步细化。

相比 GB 50433—2008，本标准针对水利水电工程增加如下内容：

（1）提出了水土保持工程级别划分及设计标准，包括弃渣场及拦渣工程、斜坡防护工程、防风固沙工程、植被与恢复建设工程等。

（2）提出了水土保持施工图设计说明书、水土保持设计变更报告等编制内容和要求。

（3）针对水土保持设计常用的小面积汇流条件，提出了水文调查、分析和计算的要求。

（4）提出了弃渣场分类、选址、堆置、安全防护距离、防护措施布置的规定，明确弃渣场稳定分析和计算的要求。

（5）根据 GB 50433—2008，本标准细化了水利水电工程水土保持的一般规定，并按水库枢纽、水闸及泵站、河道工程、输水及灌溉工程、移民安置及专项设施复（改）建等对水土流失防治进行了规定；规范了前期设计、施工、工程管理、竣工验收等阶段和移民水土保持有关技术要求。

二、水土保持生态建设前期工作

（一）前期工作程序

2000 年 5 月水利部印发了《水土保持前期工作暂行规定》（水保［2000］187 号），2006 年水利部颁发了《水土保持规划编制规程》（SL 335—2006）。2009 年，水利部批准发布了《水土保持工程项目建议书编制规程》（SL 447—2009）、《水土保持工程可行性研究报告编制规程》（SL 448—2009）、《水土保持工程初步设计报告编制规程》（SL 447—2009）。水土保持生态建设前期工作得以进一步标准化、规范化。

水土保持前期工作划分为规划、项目建议书、可行性研究、初步设计四个阶段。第一步是编制水土保持规划，按《中华人民共和国水土保持法》的规定，该规划须经县级以上人民政府批准，用于指导今后一定时期内的水土保持生态建设工作，规划中确定的重点地区和重点建设项目应成为下阶段工程立项的依据；第二步是在规划指导下，根据项目的轻重缓急，提出建议立项的工程项目，编制项目建议书；第三步是开展项目的可行性研究工作，编制可行性研究报告，该报告一经批准，则工程项目正式立项；第四步是完成水土保持工程初步设计，经有关部门审批后，列入年度投资计划拨款建设实施。

（二）各阶段的内容与深度要求

1.规划阶段

生态建设规划的重点是拟定水土流失防治方向，提出各类型区防治措施的总体布局方案和主要防治措施，对近远期防治进度提出指导性意见。规划一般以省、地（市）、县为单位编制，也有以江河流域或特定区域为单位编制的水土保持规划。《水土保持规划编制规程》（SL 335—2006）对各级规划的规划期做了明确规定，即省级以上规划为 10～20 年，地、县级规划为 5～10 年。规划编制应研究近期和远期两个水平年，近期水平年为5～10 年，远期水平年为10~20年,并以近期为重点。水平年宜与国民经济计划及长远规划的时段相一致。

规划阶段应对规划区域的基本情况做宏观说明,重点研究和论证治理开发方向、任务和目标。因地制宜地提出防治措施,按照水土流失类型分区分类指导,拟定防治进度,明确近期安排,估算工程量和投资,预测规划实施后的综合效益并进行经济评价,提出优先实施的项目、排序、规划实施的组织管理措施。

2.项目建议书阶段

项目建议书应根据国民经济和社会发展规划与地区经济发展规划的总要求,在经批准的区域综合规划、江河流域(河段)规划、水土保持规划等相关规划的基础上,明确现状水平年和设计水平年,对项目所在行政区域的自然条件、社会经济条件、水土保持基本情况进行必要的调查,充分论证项目建设的必要性;提出建设任务、目标和规模,基本选定项目区,并对项目区的工程建设条件进行必要的调查,在可靠的资料基础上,提出项目建设的总体方案,进行典型设计,估算工程投资;评价项目建设的可行性和合理性。

3.可行性研究阶段

可行性研究阶段重点是论述项目建设的必要性,确定项目建设任务和主次顺序;确定建设目标和规模,选定项目区,明确重点建设小流域(或片区),对水土保持单项工程应明确建设规模;明确现状水平年和设计水平年,查明并分析项目区自然条件、社会经济技术条件、水土流失及其防治状况等基本建设条件;水土保持单项工程涉及工程地质问题的,应查明主要工程地质条件;提出水土流失防治分区,确定工程总体布局。根据建设规模和分区,选择一定数量的典型小流域进行措施设计,并推算措施数量;对单项工程应确定位置,并初步明确工程型式及主要技术指标;估算工程量,基本确定施工组织形式、施工方法和要求、总工期及进度安排;初步确定水土保持监测方案;基本确定技术支持方案;明确管理机构,提出项目建设管理模式和运行管护方式;估算工程投资,提出资金筹措方案;分析主要经济评价指标,评价项目的国民经济合理性和可行性。对利用外资项目,还应提出融资方案并评价项目的财务可行性。可行性研究的工作范围应与项目建议书基本保持一致。

4.初步设计阶段

初步设计是针对综合治理的各条小流域或片区、单项工程做具体设计,指导施工,其工作范围也由可行性研究的区域范围细化到具体的小流域。

初步设计阶段重点是复核项目建设任务和规模;查明小流域(或片区)自然、社会经济、水土流失的基本情况;水土保持工程措施应确定工程的等级、设计标准及工程布置,做出相应设计;水土保持林草措施应按立地条件类型选定树种、草种,并做出相应典型设计;封禁治理等措施应根据立地条件类型和植被类型分别做出典型设计;确定施工布置方案、条件、组织形式和方法,做出进度安排;提出工程的组织管理方式和监督管理办法;编制初步设计概算,明确资金筹措方案;明确工程的经济效益、生态效益和社会效益。

三、建设项目水土保持前期工作

(一)前期工作程序

1.建设项目水土保持方案报告制度

《中华人民共和国水土保持法》第二十五条规定"在山区、丘陵区、风沙区以及水土保持规划确定的容易发生水土流失的其他区域开办可能造成水土流失的生产建设项目,生产建设单位应当编制水土保持方案报县级以上人民政府水行政主管部门审批”。

1994年，原国家发展计划委员会、环保局、水利部根据法律法规的规定，制定了《开发建设项目水土保持方案审批管理办法》，调整了建设项目立项审批的程序，首先由水行政主管部门审批水土保持方案，其次由环境保护主管部门审批环境影响报告，最后由计划主管部门审批项目的立项。管理办法中明确在开发建设项目的可行性研究阶段报批水土保持方案。2003年9月施行的《中华人民共和国环境影响评价法》第十七条又进一步明确规定：“涉及水土保持的建设项目，还必须有经水行政主管部门审查同意的水土保持方案。”

2. 水土保持方案编制资质规定

为保证水土保持方案编制的质量，根据水土保持法等法律法规的规定和水利部《关于将水土保持方案编制资质移交中国水土保持学会管理的通知》（水保[2008]329号），中国水土保持学会以[2013]中水会字第008号印发了《生产建设项目水土保持方案编制资质管理办法》，中国水土保持学会预防监督专业委员会具体承担水土保持方案资格证书的申请、延续、变更等管理工作。该资格证书分为甲、乙、丙三级。省级水土保持学会受中国水土保持学会委托，承担甲级资格证书申请、延续、变更的初审和乙、丙级资格证书的申请、延续及变更的审查等管理工作。没有省级水土保持学会的省（自治区、直辖市），其资格证书的具体管理工作由中国水土保持学会预防监督专业委员会承担。

持甲级资格证书的单位，可承担各级立项的生产建设项目水土保持方案的编制工作；持乙级资格证书的单位，可承担所在省级行政区省级及以下立项的生产建设项目水土保持方案的编制工作；持丙级资格证书的单位，可承担所在省级行政区市级及以下立项的生产建设项目水土保持方案的编制工作。

3. 水利工程水土保持技术文件编制

根据《水利工程各阶段水土保持技术文件编制指导意见》（水总局科[2005]3号）的规定，水利工程项目前期工作应根据工程性质、任务、规模、水土流失的影响程度等编制相应的水土保持技术文件（见表9-7）。

表9-7　水利工程项目前期工作水土保持技术文件编制要求

设计阶段	项目建议书		可行性研究		初步设计	
	主体工程	移民安置	主体工程	移民安置	主体工程	移民安置
一般	水土保持章节		水土保持方案报告书	水土保持章节	水土保持专章	水土保持篇章
规模较大	水土保持专项报告		水土保持方案报告书	水土保持章节	水土保持专章	水土保持方案报告书

（二）各阶段主要内容和设计深度

根据《水利水电工程水土保持技术规范》（SL 575—2012），各阶段水土保持设计深度与主要内容要求如下。

1. 项目建议书阶段

简要说明项目区水土流失现状及治理状况，明确水土流失重点防治区划分；明确水土流失防治责任范围界定原则,初估防治责任范围;初步分析项目建设过程中可能产生的水土流失影响并进行估测,从水土保持角度对工程总体方案进行评价并提出相关建议;基本明确水土流失防治标准,初拟水土保持布局与措施体系以及初步防治方案;提出水土保持监测初步方案;确定水土保持投资估算原则和依据,初步估算水土保持投资;提出水土保持初步结论以及可行性研究阶段需要解决的问题及处理建议。

调查勘测要求:结合主体工程设计有关资料,进行水土保持初步调查。

2. 可行性研究阶段

简述项目区水土流失及其防治状况;进行主体工程水土保持评价;确定水土流失防治责任范围,并进行水土流失防治分区;进行水土流失预测,明确水土流失防治和监测的重点区域;确定水土流失防治标准等级及目标,确定水土保持措施体系与总体布局,分区进行水土流失防治措施布设,明确水土保持工程的级别、设计标准、结构型式,基本确定水土保持措施量和工程量;进行水土保持施工组织设计,确定水土保持工程施工进度安排;确定水土保持监测方案;提出水土保持工程实施管理意见;估算水土保持投资,并进行效益分析;提出水土保持结论与建议。

调查勘测要求:开展相应深度的勘测与调查以及必要的试验研究,详见 SL 575 中 4.4 节有关要求。

3. 初步设计阶段

简述水土保持方案报告书主要内容、结论及批复情况,根据主体工程初步设计情况复核水土流失防治责任范围、损坏水土保持设施面积、弃渣量、防治目标、防治分区和水土保持总体布局,对其中调整内容说明原因。确定水土保持工程设计标准,按防治分区,逐项进行水土保持工程措施设计和植物措施设计;计算水土保持工程量,细化水土保持施工组织设计;开展水土保持监测设计,提出水土保持工程管理内容;编制水土保持投资概算。

4. 施工图阶段

进行水土流失防治单项工程的施工图设计,编制“水土保持施工图设计说明书”,计算工程量,编制工程预算。

第三节　水土保持规划

根据规划目的和对象的不同,水土保持规划可分为水土保持综合规划和水土保持专项规划两大类。水土保持综合规划是指以县级以上行政区或流域为单位,根据区域自然与社会经济情况、水土流失现状及水土保持需求,对防治水土流失,保护和利用水土资源作出的总体部署,规划内容主要包括预防、治理、监测、监督、管理等。水土保持专项规划是指根据水土保持综合规划,对水土保持专项工作或特定区域预防和治理水土流失而作出的规划,可分为专项工作规划和专项工程规划。专项工作规划如水土保持监测规划、科技发展规划、信息化规划,专项工程规划又可分为专项综合防治规划和单项工程规划,如饮用水水源地水土保持规划、东北黑土区水土流失综合防治规划、坡耕地综合治理规划、淤地坝规划等。

水土保持规划应当在水土流失调查结果及水土流失重点预防区和重点治理区划定的基础上,遵循统筹协调、分类指导的原则编制。

一、水土保持综合调查

(一)综合调查

1. 调查目的

水土保持综合调查的目的是通过综合调查,了解规划与设计范围内的自然条件、自然资源、社会经济情况、水土流失特点、水土保持现状(成就、经验和问题),作为进行水土保持规划与设计的依据,使水土保持规划与设计能符合客观实际,更好地按照自然规律和社会经济规律办事,有利于实施,达到预期目标和效益。

大面积水土保持规划应通过综合调查进行分区;根据各区的不同特点,分别采取不同的生产发展方向和防治措施布局。

2. 调查前的准备

调查前应制定统一的调查提纲和相应的调查表格,围绕水土保持规划与设计的需要,安排综合调查的项目和内容。调查时间较长、参加单位人员较多的,根据需要应在调查前组织培训,使全体调查人员明确调查的目的、要求、内容和方法。

3. 调查的主要内容

(1)自然条件。包括影响水土流失的主要自然因素,如地质、地貌、降雨、土壤、植被等,以及影响农业生产的其他气象因素,如温度、日照、风、霜、雹等。

(2)自然资源。包括土地资源、水资源、生物资源、光热资源、矿藏资源等。水土资源评价包括各类土地的面积,土壤的质地、结构、肥力等情况;土地适宜性评价;水资源的分布和数量,地下水开发利用的经验和问题以及进一步开发利用的潜力与途径。

(3)社会经济。包括人口密度与土地利用现状,农村劳力及其使用情况,农、林、牧、副、渔等各业生产的历史、现状、前景以及经验和问题;规划区群众经济收入、文化水平和生活条件等情况。

(4)水土流失及其防治现状。包括水土流失的类型、强度、程度、分布和潜在危险;水土流失对当地及其下游国民经济建设、群众生产生活等各方面的影响和危害;水土流失的发展过程,引起和加剧水土流失的主要自然因素和人为因素;在人为因素中要区分历史上遗留下来的问题和新出现的问题;各项治理措施的数量、质量、效益;开展水土保持的主要过程和经验教训。

4. 调查要求

大中流域(或省、地、县)的水土保持综合调查,应根据有关资料,将调查范围划分为若干不同的类型区,在每一类型区内各选一条有代表性的小流域调查,结合各类型区的普查,得出大面积的综合调查成果。

在大面积水土保持规划的综合调查中,要充分运用有关科研和业务部门的专业调查成果或区划成果。对有关部门所做的大范围的地貌、土壤(地面组成物质)、植物、气象、农业、林业、畜牧业等已有的专业调查或专业区划成果,应经过分析,吸取其与水土保持规划有关的内容。在综合调查初期,就应索取上述有关成果,或邀请地理、地质、土壤、植物、气象、农业、林业、畜牧业各有关部门人员参加,在调查过程中对其已有成果进行验证和补充。

小流域的水土保持综合调查,应对流域内的主要分水岭、干沟和主要支沟逐坡、逐沟以及逐乡、逐村地进行现场调查。

5. 综合调查成果

综合调查成果包括综合调查总报告和各专项调查报告、附表、附图以及照片、录像和录音。

（二）土地利用调查

1. 调查目的

调查的目的是通过了解土地利用情况，弄清规划设计范围内土地利用结构状况以及与农业生产结构的关系，查清与水土流失有关的不合理的土地利用问题，研究解决问题的途径和方法，使水土保持规划与设计符合客观实际，更好地按照自然规律和社会经济规律办事，有利于实施，达到预期的目标和效益。

土地利用调查成果，是水土保持规划与设计的重要组成部分，土地利用调查可与水土保持综合调查一并进行，小流域水土保持设计中土地利用调查要求详尽。

2. 调查前的准备

调查前应根据规划与设计要求，制定统一的调查提纲和相应的调查表格，围绕编制水土保持规划与设计的需要，安排综合调查的项目和内容。调查时间较长、参加单位人员较多的，根据需要，在调查前应组织培训，使全体调查人员明确调查的目的、要求、内容和方法。

3. 调查的主要内容

（1）土地利用现状。包括各类土地的数量和位置，耕地（含粮食用地与经济作物用地）；林地（含有林地，即林分郁闭度 >20%；疏林地、灌木林地、未成林造林地、苗圃、非耕地上的经济林地）、园地（果园、茶园等）；牧草地（含天然草地、改良草地和人工草地）；水域（含天然水面与人工水面）；未利用地（荒坡、荒沟、荒滩、荒沙以及难利用地，如石沟床、沙漠等）；交通用地（公路、铁路、农村道路等）、居民点及工矿用地（村庄、道路、矿区、城镇等）。

（2）土地生产力。包括农地粮食单位面积产量，经济林与果园的果品单位面积产量，天然草地的单位面积产草量和载畜量。

（3）土地利用现状评价。评价现有各类土地利用情况是否合理，指出不合理的具体情况（数量、范围与位置）和问题的关键、根源所在。

（4）土地资源评价。小面积规划与大面积规划各有不同要求。在小面积规划中通过土地详查，了解不同地块的完整程度、地面坡度、土层厚度、土壤侵蚀强度、有机质含量、砾石（砂砾）含量、pH 值、有无灌溉条件等因素，将土地分为六级。等级高的作为农、林、果、牧用地都适宜，等级低的一般不宜作农地，可依次作为经济林或人工草地和人工林地；等级最低的一般是难利用土地。根据上述原则将土地资源不同的适宜性列表，供规划与设计选用。

（三）土壤侵蚀遥感普查

遥感（Remote Sensing）是一门通过传感器“遥远”地采集目标对象的数据，并通过对数据的分析来获取有关地物目标信息的科学与技术。遥感以飞机、卫星或其他飞行器作为运载工具，以电磁能检测和度量目标性质。

遥感技术是进行流域调查的有效手段，借助卫星遥感影像，可以通过目视分析和人机交互等方法准确勾画流域界线，分析水系组成、流域地形地貌特征等情况；还可以进行流域面积、河流长度、河网密度等的分析量算。在流域调查的基础上制作各种专题地图，如坡度图、切割度图等，作为分析流域水土流失的重要资料。借助水文资料，可以模拟流域水文动态，进行水土流失冲刷试验，为工程设计提供参考。

借助微波辐射仪可以监测土壤含水量；利用高分辨率遥感影像可很快地分析出河流泥沙来源、河流冲刷、冲淤情况，为河道整治、水土保持提供第一手资料。

对于土壤侵蚀造成的水土流失，可以通过建立遥感信息模型的方法进行分析。土壤侵蚀量模型就是一种综合数学、物理学、地学等学科知识，利用遥感、地理信息系统（GIS）技术对土壤侵蚀的物理过程进行研究与分析而建立起来的成因与统计相结合的模型。该类模型通过从遥感影像上提取坡度、沟谷密度、植被覆盖度、水文因子、土质因子等信息来估算侵蚀量。

《水土保持监测技术规程》（SL 277—2002）规定了遥感监测内容：一是土壤侵蚀因子，包括植被、地形和地面组成物质等影响土壤侵蚀的自然因子，以及开矿、修路、陡坡开荒、过度放牧和滥伐等人为活动；二是土壤侵蚀状况，包括类型、强度、分布及其危害等；三是水土流失防治现状，包括水土保持措施的数量和质量。

利用遥感技术、全球定位系统（GPS）技术和地理信息系统（GIS）技术可以进行水土流失动态监测。借助这些技术，可以估算水土资源流失量，分析水土流失的空间分布、严重程度、流失范围，进而分析造成水土流失的原因，推断在不同区域应采取的相应防治措施。集遥感技术现势性强和多时相的特点、GPS 技术实时定位功能及 GIS 的快速数据处理和分析能力于一体，对重点水土流失地区进行全天候动态监测。

随着全球对地观测系统（EOS）的建立和高分辨率卫星遥感数据日益广泛的应用，遥感必将在国民经济建设、社会发展、资源环境管理等方面发挥越来越重要的作用。

二、水土流失重点防治区划分

划分水土流失重点防治区是开展水土保持工作的重要基础。我国水土流失分布面广、类型多，土壤侵蚀强度及危害程度差异极大，对国家生态安全、经济发展和群众生活的影响也不同，需要有针对性地采取不同的水土流失防治措施。划分重点防治区，其目的就是实行分区防治，分类指导，有效开展水土流失预防和治理。

《中华人民共和国水土保持法》第十二条规定“县级以上人民政府应当依据水土流失调查结果划定并公告水土流失重点预防区和重点治理区。对水土流失潜在危险较大的区域，应当划定为水土流失重点预防区；对水土流失严重的区域，应当划定为水土流失重点治理区”。

此条规定包括两层含义：

（1）划定并公告水土流失重点防治区是县级以上人民政府的一项职责。重点防治区的划分涉及多个部门和多方的利益，需要政府组织、协调才能完成。经政府划定并公告的水土流失重点防治区，既具有法律保障效力，又是科学开展防治工作的重要依据。

（2）划定水土流失重点预防区和重点治理区的依据。本条第二款明确规定了水土流失潜在危险较大的区域，应当划定为水土流失重点预防区；水土流失严重的区域，应当划定为水土流失重点治理区。水土流失潜在危险较大的区域是指目前水土流失较轻，但潜在水土流失危险程度较高，对国家或区域防洪安全、水资源安全以及生态安全有重大影响的生态脆弱区或敏感地区。这些地区一般人为活动较少，大多处在森林区、草原区、重要水源区、萎缩的自然绿洲区，主要包括江河源头区、水源涵养区、饮用水水源区等重要的水土保持功能区域。水土流失严重地区主要是指人口密度较大、人为活动较为频繁、自然条件恶劣、生态环境恶化、水旱风沙灾害严重，水土流失是当地和下游国民经济和社会发展主要制约因素的区域。

水土流失重点防治区分为四级，即国家级、省级、市级和县级。具体划定时，需要审慎对待、科学论证。

三、水土保持规划

（一）水土流失防治及其工作内容

水土流失防治即水土保持，是指对自然因素和人为活动造成水土流失所采取的预防和治理措施。通过水土保持，保护、改良和合理利用水土资源，减少水土流失，减轻水、旱、风沙灾害，改善生态环境，促进社会经济可持续发展。水土保持是山区发展的生命线，是国民经济和社会发展的基础，是国土整治、江河治理的根本，是我们必须长期坚持的一项基本国策。国家对水土保持实行预防为主、保护优先、全面规划、综合治理、因地制宜、突出重点、科学管理、注重效益的方针。

现阶段我国水土保持的主要工作内容：一是预防监督，坚持“预防为主，保护优先”的方针，通过强化执法，有效控制人为造成的新的水土流失，通过全国性、多层次的水土流失监测网络，监测、预报全国及重点地区的水土流失状况，并予以公告，为国家制定水土流失治理方略和规划提供科学依据；二是综合治理，在经济比重大、人口密集、水土流失治理任务紧迫的区域，按以小流域为单元综合治理的技术路线，加强以小型水利水土保持工程为重点的综合治理；三是生态修复，在地广人稀、降雨条件适宜、水土流失相对较轻的地区，实施水土保持生态修复工程，通过封育保护、转变农牧业生产方式，减少人类活动对生态环境的破坏，实现生态系统的自我修复。

1. 水土保持预防监督

预防监督是对现有的水土流失与水土保持进行调查、监测与管理，其目的是预防人为造成的新的水土流失的产生和扩大，巩固治理成果，保护和合理利用水土资源。预防监督工作应坚持“预防为主，保护优先”的方针，通过强化执法，有效控制人为造成的新的水土流失。水土保持预防监督开展的工作重点：一是法规体系建设，二是监督执法体系建设，三是水土保持技术标准体系建设。

2. 水土保持综合治理（流域综合治理）

水土保持综合治理是以大中流域（或区域）为框架，以小流域（或小片区）为单元，采取农业（农艺）、林牧（林草）、工程等综合措施，对水土流失地区实施治理。我国水土保持综合治理的主要工作内容：一是国家和各级地方人民政府组织编制水土保持规划，有计划地对水力侵蚀地区和风力侵蚀地区实施治理，制定政策积极鼓励水土流失地区的农业集体经济组织和农民对水土流失进行治理；二是县级以上人民政府对水土流失地区建设的水土保持设施和种植的林草组织进行检查验收，对水土保持设施、试验场地、种植的林草和其他治理成果实施管护；三是组织开展水土保持试验研究。

3. 水土保持生态修复

水土保持生态修复是在水土流失地区，充分利用大自然的生态自我修复功能以防治水土流失的重要措施。主要是在地广人稀、降雨条件适宜的地区，通过封禁、封育、转变农牧业生产方式，控制人们对大自然的过度干扰、索取和破坏，依靠生态系统的自我修复能力，提高植被覆盖率，减轻水土流失。

（二）水土保持规划任务和内容

1. 水土保持综合规划

水土保持综合规划应体现方向性、全局性、战略性、政策性和指导性，突出其对水土资源的保护和合理利用，以及对水土资源开发利用活动的约束性和控制性。

水土保持综合规划编制内容包括：开展相应深度的现状调查及必要的专题研究；分析评价水土流失的强度、类型、分布、原因、危害及发展趋势；根据规划区社会经济发展要求，进行水土保持需求分析，确定水土流失防治任务和目标；开展水土保持区划，根据区划提出规划区域布局；在水土流失重点预防区和重点治理区划分的基础上提出重点布局；提出预防、治理、监测、监督、综合管理等规划方案；提出实施进度及重点项目安排，匡算工程投资，进行实施效果分析，拟定实施保障措施。

2. 水土保持专项规划

水土保持专项规划应以水土保持综合规划为依据，确定规划任务和目标，提出规划方案和实施建议。

水土保持专项规划的规划范围应根据编制的任务、水土流失情况、水土保持工作基础、工程建设条件等方面分析确定。

水土保持专项规划编制内容包括：开展相应深度的现状调查，并进行必要的勘察；分析并阐明开展专项规划的必要性；在现状评价和需求分析的基础上，确定规划任务、目标和规模；开展必要的水土保持分区，并提出措施总体布局及规划方案；提出规划实施意见和进度安排，估算工程投资，进行效益分析或经济评价，拟定实施保障措施。

（三）水土保持规划要则

1. 基本原则

（1）预防为主、综合治理原则。坚持预防为主，强化预防监督，按划分的重点预防区、重点治理区，实施分区防治；对于水土流失地区，应以小流域为单元，因地制宜，因害设防，山水田林路综合治理，科学配置各项水土保持措施。

（2）适度前瞻、统筹协调原则。水土保持是一项复杂的、综合性很强的系统工程，编制水土保持规划必须充分考虑自然、经济和社会等多方面的影响因素，协调好与其他行业的关系，分析经济社会发展趋势，合理拟定水土保持目标、任务和重点。

（3）分类指导、突出重点原则。我国幅员辽阔，自然、经济、社会条件差异大，水土流失范围广、面积大，形式多样、类型复杂，水力、风力、重力、冻融及混合侵蚀特点各异，防治对策和治理模式各不相同。因此，必须从实际出发，对不同区域水土流失的预防和治理区别对待，因地制宜、分区施策，突出重点。

（4）生态经济效益兼顾原则。坚持经济效益、生态效益和社会效益相结合，治理保护与开发利用相结合，近期利益与长远利益相结合。

(5)可持续发展原则。根据区域的社会经济条件和发展方向,因地制宜地调整土地利用结构和农村产业结构,合理安排各项水土保持措施,实现可持续发展。

(6)广泛参与原则。水土保持规划编制要充分征求专家和公众的意见。征求有关专家意见,目的是提高规划的前瞻性、综合性和科学性;征求公众意见,目的是听取群众的意愿,维护群众的利益,提高规划的针对性、可操作性和广泛性。

2. 防治目标

综合规划的目标应分不同规划水平年确定,应从防治水土流失、促进区域经济发展、减轻山地灾害、减轻风沙灾害、改善农村生产条件和生活环境、维护水土保持功能等方面,结合区域特点分析确定定性、定量目标。近期以定量为主,远期以定性为主。

综合规划的任务应从防治水土流失和改善生态环境,促进农业产业结构调整和农村经济发展,维护水土资源可持续利用等方面,结合区域特点分析确定。

专项工程规划主要任务可结合工程建设需要,从以下方面选择并确定主次顺序:①治理水土流失,改善生态环境,减少入河入库(湖)泥沙;②蓄水保土,保护耕地资源,促进粮食增产;③涵养水源,控制面源污染,维护饮水安全;④防治滑坡、崩塌、泥石流,减轻山地灾害;⑤防治风蚀,减轻风沙灾害;⑥改善农村生产条件和生活环境,促进农村经济社会发展。

专项规划目标应分不同规划水平年确定。主要包括与任务相适应的定性、定量目标。近期以定量为主,远期以定性为主。

3. 水土保持区划或分区

1)水土保持区划

全国水土保持区划是落实水土保持工作方针的重要举措,是指导我国水土保持工作的技术支撑,是全国水土保持规划的基础和组成部分。2012 年 11 月,水利部以办水保[2012]512 号文印发《全国水土保持区划(试行)》。本次区划采用三级分区体系,一级区为总体格局区,主要用于确定全国水土保持工作战略部署与水土流失防治方略,反映水土资源保护、开发和合理利用的总体格局,体现水土流失的自然条件(地势—构造和水热条件)及水土流失成因的区内相对一致性和区间最大差异性。二级区为区域协调区,主要用于确定区域水土保持总体布局和防治途径,主要反映区域特定优势地貌特征、水土流失特点、植被区带分布特征等的区内相对一致性和区间最大差异性。三级区为基本功能区,主要用于确定水土流失防治途径及技术体系,作为重点项目布局与规划的基础。反映区域水土流失及其防治需求的区内相对一致性和区间最大差异性。

试行方案中,全国水土保持区划共划分为 8 个一级区、41 个二级区、117 个三级区。

2)水土保持分区

水土保持专项规划应根据规划范围所涉及水土保持区划情况,结合规划区自然条件、自然资源、社会经济和水土流失特点,进行水土流失类型区的划分,将水土流失类型、强度相同或相近的划分为同一水土流失类型区。以此构建水土保持措施体系,并分区选择典型小流域,确定治理模式、进行典型设计,以便推算工程量和相应水土保持投资。

大面积规划应按水土保持区划与水土流失类型分区相结合的原则进行。小流域规划设计可根据水土流失类型与强度进行分区,同时考虑小地貌形态变化与土地利用结构。

4. 总体布局与配置

水土保持规划应根据国民经济和社会发展规划，在充分协调主体功能区规划、土地利用规划、生态建设与保护规划、水资源规划、城乡规划、环境保护规划等相关规划，对规划区域内预防和治理水土流失、保护和合理利用水土资源作出总体布局。

综合规划中的总体布局应在水土保持区划、水土流失重点防治区划定的基础上，根据现状评价和需求分析，围绕水土流失防治任务、目标和规模进行，包括区域布局和重点布局两部分内容。

专项规划中的总体布局应根据规划的任务、目标和规模，结合水土流失重点防治区，按水土保持分区进行。

水土保持生态建设规划的基础是土地利用结构调整，大部分措施是以地块(小班)为单位进行布局和配置的。

(1)土地利用结构调整。应根据当地农业生产结构及产业结构调整、生态建设的要求等，对规划设计区内土地资源进行评价，充分结合当地已有的土地利用规划对土地利用机构进行调整，确定农村各业用地，并配置相应的水土保持措施；小流域初步设计还应把农村各业用地落实到地块(小班)上，配置相应的措施。

(2)治理措施体系。根据防治目标、工程规模、水土流失防治分区、土地利用结构调整确定的农村各业用地比例，确定不同土地利用类型的水土保持措施，构建防治措施体系。

(3)治理措施配置。基本原则是在不同的土地类型上分别配置相应的治理措施，根据需要在上述治理措施中配置小型水利水保工程，以利于最大限度地控制水土流失与主体措施的稳固；在各类沟道配置沟道治理措施，做到治坡与治沟、工程与林草紧密结合，综合治理。

5. 预防规划

根据预防保护的对象、重要性及潜在水土流失的强度确定预防规划原则，划定预防规划的范围。通过调查、规划与设计确定预防区的位置、范围、数量，预防区人口、植被组成、森林覆盖率、林草覆盖率、水土保持现状，以及规划水平年所需达到的目标。拟定技术性与政策性措施，包括制定相关的规章制度、明确管理机构、划定水土流失重点防治区以及采取的封禁管护、抚育更新、监督、监测等具体措施。

6. 监督管理规划

监督管理规划包括生产建设活动和生产建设项目的监督、水土保持综合治理工程建设的监督管理、水土保持监测工作的管理，违法查处和纠纷调处以及行政许可和水土保持补偿费征收监督管理等内容。拟定技术性与政策性措施，包括制定相关规章制度、明确管理机构，明确水土保持公告以及水土保持方案编报制度与“三同时”制度，以及监督管理等能力建设内容。

7. 重点项目规划

重点项目规划应结合各级水土流失重点防治区的划分情况，统筹考虑经济社会发展的需求和投资方向，按照有利于维护国家获取生态安全、粮食安全、引水安全、防洪安全的原则，根据轻重缓急合理确定，并充分考虑老少边穷地区。

8. 水土保持监测规划

水土保持监测是水土流失预防、监督和治理工作的基础。水土保持监测规划应在监测现状评价和需求分析的基础上，围绕监测任务和目标，提出监测站网布局和监测项目安排，主要内容包括：监测站网总体布局、监测站点的监测内容及设施设备配置原则；监测站点的运行、维护与管理机制与责任者；提出监测项目，主要包括水土流失定期调查，水土流失重点防治区、特定区域、重点工程区和生产建设活动集中区域等动态监测等。

9. 科技示范推广

阐述该规划区内开展科技示范推广的意义、作用等，充分说明开展科技示范推广的必要性。确定开发建设区示范工程和综合治理开发示范工程的名称、位置、数量、示范内容及分期实施进度。在规划示范区内，说明拟重点推广项目在该规划区以前的推广应用情况，提出需要进行的重点推广项目及内容。

对示范区及示范区内的示范推广项目进行规划，主要包括技术依托单位、科技人员、教育培训、推广应用机制等。

第四节　水土保持生态建设工程设计

水土保持生态建设技术措施可分为以下四类措施：工程措施、林草措施、耕作措施和风沙治理措施。《水土保持综合治理技术规范》(GB/T 16453.1 ~ 16453.6—2008)从治理角度分为六大类措施，即坡耕地治理技术、荒地治理技术、沟壑治理技术、小型蓄排引水工程技术、风沙治理技术、崩岗治理技术。

一、工程措施

水土保持生态建设工程措施一般可分为坡面治理工程、沟道治理工程、山洪和泥石流排导工程和小型蓄排引水工程。

(一)坡面治理工程

坡面治理工程主要包括梯田、拦水沟埂、水平沟、水平阶、鱼鳞坑、水窖(旱井)、蓄水池、沉沙凼、山坡截水沟、坡面排水沟或渠系、稳定山坡的挡土墙及其他斜坡防护工程。《水土保持综合治理技术规范》(GB/T 16453—2008)将山坡截水沟、水窖、蓄水池等归入小型蓄排引水工程。

梯田、拦水沟埂、水平沟、水平阶、鱼鳞坑等工程的作用就是通过改变小地形的方法，防止坡面水土流失，将雨水及融雪水就地拦蓄、就地入渗，减少或防止形成坡面径流，使之渗入土壤，以增加林、草、农作物可利用的土壤水。

水窖(旱井)、蓄水池等工程是将拦截的地面径流汇入贮水建筑物，供生产生活使用，作为灌溉水源及人畜用水。

山坡截水沟、坡面排水沟或渠系工程的作用主要是将地面径流排导进入沟渠、河流或引入贮水建筑物，其有助于控制侵蚀、防涝(南方)，也有助于控制滑坡等重力侵蚀。

稳定山坡的挡土墙及其他斜坡防护工程主要布设在滑坡、崩塌等地区。

（二）沟道治理工程

沟道治理工程主要包括沟头防护工程、谷坊工程、拦沙坝、淤地坝、沟道护岸工程等。

沟头防护工程的作用在于抬高侵蚀基准，减缓沟床纵坡，防止沟头前进，控制沟底下切和沟岸扩张，同时具有调节洪峰流量，减少山洪、泥石流危害的作用。谷坊工程还可为林草措施创造条件。淤地坝则可变荒沟为良田，也是基本农田建设的重要组成部分。

一个流域内由治沟骨干工程（大型缓洪淤地坝）、淤地坝、格子坝、护岸护滩、引洪漫地组成的完整坝系工程，是我国黄土高原地区探索、总结出来的最为有效的水土保持措施，也是改变黄土高原农业生产条件和提高土地利用率与生产力的一项重要措施。

淤地坝工程实际上类似于小（2）型水库。所不同的是，淤地坝的库容由拦泥库容、滞洪库容和安全超高库容组成。淤地坝由坝体、溢洪道和放水建筑物组成，通过蓄引结合、蓄洪排清、轮蓄轮种、生产坝和蓄水坝结合等多种方法，使泥沙淤积成良田，并有效利用地表水资源。

（三）山洪和泥石流排导工程

山洪和泥石流排导工程的作用是防止山洪或泥石流危害沟口冲积扇上的房屋、工矿企业、道路及农田等防护对象。主要包括导流堤、急流槽和束流堤三个部分。导流堤的主要作用是改善泥石流流向；急流槽的主要作用是改善流速；束流堤的主要作用是控制流向，防止漫流。一般将导流堤与急流槽组成排导槽，以改善泥石流在冲积扇上的流势和流向。导流堤与束流堤组成束导堤，以防止泥石流漫流改道危害。

（四）小型蓄排引水工程

小型蓄排引水工程主要包括小水库、塘坝、引洪漫地、引水工程、人字闸等。小型蓄排引水工程的主要作用在于将坡地径流及地下潜流拦蓄起来，一方面减少水土流失危害，另一方面可解决农村人畜用水问题，灌溉农田，提高作物产量。

二、林草措施

根据《水土保持综合治理技术规范 荒地治理技术》（GB/T 16453.2—2008）和《水土保持综合治理技术规范 风沙治理技术》（GB/T 16453.5—2008），水土保持林草措施包括水土保持造林、水土保持种草、封育治理、固沙造林、固沙种草。从水土保持林种划分可分为水源涵养林、水土保持林、农田防护林、防风固沙林。从生态工程角度可分为林业生态工程、林草复合生态工程、农林复合生态工程等。

（一）水土保持造林

水土保持造林包括坡面防蚀林、护坡薪炭林、护坡用材林、护坡放牧林、护坡经济林、梯田地坎造林、水流调节林、护岸护滩林等。

水土保持林是以调节地表径流，控制水土流失，保障山区、丘陵区农、林、牧、副、渔等生产用地，水利设施，以及沟壑、河川的水土条件为经营目的森林。

（二）水源涵养林

水源涵养林是以涵养水源、调节河川径流、削减洪峰、改善水质为目的而经营和营造的森林，包括天然林经营、次生林改造、疏林地改造、人工林营造等。

(三) 水土保持种草

水土保持种草是以控制水土流失为主要目的,兼顾畜牧业发展的人工种草措施,包括人工刈割草地、护坡种草、天然草地人工改良等。

(四) 封育治理

封育治理是在有水土流失的荒坡、疏林地、天然草地上采取的封禁、抚育与治理相结合的措施,实现林草植被的恢复,防治水土流失,可分为封山育林和封坡(场)育草。

(五) 防风固沙造林

防风固沙造林是在风蚀和风沙地区,通过各种措施改良土地后,进行人工造林,目的是控制风蚀和风沙危害,主要包括防风固沙基干林带、农田防护林网、沿海岸线防风林带、风口造林、片状固沙造林。

(六) 固沙种草

固沙种草是在林带已基本控制风蚀和流沙移动的沙地上进行大面积人工种草。目的是进一步控制风蚀与风沙的危害。

(七) 农林复合生态工程

农林复合生态工程是指在同一土地管理单元上,人为地将多年生木本植物(乔木、灌木和竹类)与其他栽培植物(农作物、药用植物、经济植物、真菌等)或动物,在空间上按一定的结构和时序结合起来的一种复合生态工程。在水土流失地区采取此类水土保持措施,不仅能够控制水土流失、改善生态环境,而且能够建立长期稳定、高效的生态系统。在水土流失地区,此类措施可称为水土保持复合生态工程。

(八) 生态修复

生态修复在学术界包括生态恢复、重建和改建,其内涵可理解为通过外界力量使受损(开挖、占压、污染、全球气候变化、自然灾害等)的生态系统得到恢复、重建或改建。其外延可理解为环境生态修复工程、生态重建、生态工程建设和生态自我修复。

水土保持生态修复主要措施有:封山禁牧、轮牧、休牧,改放牧为舍饲养畜,保障生态用水,促进植被恢复。同时,加快这些地区的基本农田、水利基础设施建设,改善农村生产生活条件,发展集约高效农牧业,增加农民的经济收入,实现“小开发,大保护”;发展沼气和以电代柴,实施生态移民,确保农牧民安居乐业和社会稳定,为生态修复创造条件,促进大面积生态修复。

三、耕作措施

耕作措施即保水保土耕作法,也称水土保持农艺措施,是在坡耕地或风蚀地区耕地,通过农田耕作技术保持水土资源的措施,目的是保水保土,减轻土壤侵蚀,提高作物产量。耕作措施广泛应用于我国水蚀地区和水蚀风蚀交错区,主要包括改变微地形、增加地面覆盖、增加土壤入渗和提高土壤抗蚀力等类型。

(1)第一类耕作法是通过耕作改变坡耕地的微地形,使之能容蓄雨水,既便于耕作,又减轻水土流失,提高作物产量。主要措施有等高耕作、沟垄耕作、掏钵种植、休闲地水平犁沟、抗旱丰产沟等。

(2)第二类耕作法是通过增加地面植被覆盖(包括活地被,如牧草;死地被,如秸秆、残茬等)，控制水蚀风蚀的一种水土保持措施。主要措施有草田轮作、间作、套种带状种植、合理密植、休闲地种绿肥、残茬覆盖、秸秆覆盖、覆膜种植、沙田、少耕免耕等。国外称为覆盖耕作技术。

(3)第三类耕作法是增加土壤入渗和提高土壤抗蚀力，通过增施有机肥、深耕改土、培肥地力等改变土壤物理化学性质的措施，以减轻土壤冲刷的水土保持措施，主要包括深耕、松土、增施有机肥、留茬播种等。

以上每一种水土保持耕作措施可能同时具有几种功能，分类时是根据其主要功能进行的，如少耕免耕既有增加地面覆盖的作用，同时也有改变土壤物理化学性质的作用。

四、风沙治理措施

风沙治理措施主要包括固沙沙障和引水拉沙造地。

固沙沙障主要用于风沙地区开发建设项目水土保持，以及为保护该地区重要工程、建筑设施、绿洲等而对流动沙丘和半流动沙丘采取的固沙措施。主要有铺草沙障、秸秆沙障、卵石沙障、黏土沙障等。固沙沙障也是为植被建设创造条件的重要措施。我国宁夏中卫地区的包兰铁路沙坡头段防护采取固沙沙障措施，是我国最早也是最成功的固沙典范。

引水拉沙造地是在有水源条件的风沙地区，应用引水(抽水)拉沙造地的工程措施，该工程源于陕西省榆林地区。配套的工程有引水渠、蓄水池、围埂、冲沙壕、排水口。

第五节　建设项目水土保持设计

一、建设项目水土保持措施类型和作用

建设项目水土保持措施大类上可分为预防管理措施与治理措施两类。

(一)预防管理措施

针对生产建设项目，预防管理措施主要包括：

(1)通过对主体工程水土保持评价，包括对主体工程方案比选的评价、施工组织设计的评价、主体工程中具有水土保持功能的项目评价等，提出水土保持优化设计建议，在各设计阶段对主体工程设计提出水土保持约束性要求，优化主体工程设计。

(2)将水土保持内容纳入工程招标投标中，在工程施工中实施水土保持工程监理，做好水土保持监测。

(3)水行政主管部门严格按照水土保持法律法规的要求，加强执法监督，控制施工过程中的水土流失。

(4)在主体工程竣工验收之前，首先对水土保持设施进行专项验收。

(二)治理措施

根据《开发建设项目水土保持技术规范》(GB 50433—2008)，开发建设项目水土保持措施包括拦渣工程、斜坡防护工程、土地整治工程、防洪排导工程、降水蓄渗工程、临时防护工程、植被建设工程、防风固沙工程等 8 类。

(1)拦渣工程是指对开发建设活动产生的弃土、弃渣所采取的拦挡保护措施，目的是控

制由于弃渣造成的水土流失。

(2)斜坡防护工程是指对开发建设项目建设生产活动过程中形成的各边坡采取的防护措施,目的是防止坡面水流冲刷和重力侵蚀。

(3)土地整治工程是指对开发建设项目扰动和损坏的土地恢复到可利用状态而采取的工程措施。

(4)防洪排导工程是指开发建设项目在建设和生产活动过程中为了防治水土流失所采取的各种防洪与排导工程。

(5)降水蓄渗工程主要是指项目在建设和生产过程中对地面径流进行蓄排引用所采取的措施。这对北方干旱半干旱地区尤为重要。

(6)临时防护工程是指对开发建设项目的开挖面、人工堆垫边坡、土石渣临时堆放地等进行临时防护的工程,目的是控制施工过程中的水土流失。

(7)植被建设工程是指在防治责任范围内对各类可绿化的面积采取的植物防护或恢复措施,包括各类扰动面、挖损面、堆垫面及边坡的人工植被建设或封育恢复措施。

(8)防风固沙工程是指在风沙区实施的防风固沙措施。

二、建设项目水土保持设计要求和内容

本书以开发建设项目水土保持方案编制的技术要则为主,其余阶段设计可参见《开发建设项目水土保持技术规范》(GB 50433—2008)、《水利水电工程水土保持技术规范》(SL 575—2012)。

(一)编制原则

1.落实责任,明确目标

根据水土保持法律法规有关“谁开发,谁保护”“谁造成水土流失,谁负责治理”的要求,通过分析项目建设和运行期间扰动地表面积、损坏水土保持设施数量、新增水土流失量及产生的水土流失危害等,水土保持设计应确定项目的水土流失防治责任范围、明确其水土流失防治目标与要求,特别是应根据项目所处水土流失重点预防区与重点治理区及所属区域水土保持生态功能重要性等确定其水土流失防治标准执行的等级,并按防治目标、标准与要求落实各项水土流失防治措施。

2.预防为主,保护优先

“预防为主,保护优先”是水土保持的工作方针之一,也是生产建设项目水土保持设计基本原则之一。据此,针对项目建设和新增水土流失的特点,水土保持设计首先是对主体工程进行评价,即提出约束和优化建设项目的选址(线)、规划布局、总体设计,施工组织设计等方面的意见与要求,并通过工程设计的不断修正和优化减少可能产生的水土流失。水土保持设计思路应由被动治理向主动事前控制转变,特别注重与施工组织设计紧密结合,完善施工期临时防护措施,防患于未然。

3.综合治理,因地制宜

所谓综合防治,是指生产建设项目布设的各种水土保持措施要紧密结合,并与主体设计中已有措施相互衔接,形成有效的水土流失综合防治体系,确保水土保持工程发挥作用。所谓因地制宜,就是根据建设项目自然条件与预测可能产生的水土流失及其危害,合理布设工

程、植物和临时防护措施。由于我国幅员辽阔、气候类型多样,地域自然条件差异显著,景观生态系统呈现明显的地带性分布特点,植物种选择与配置设计是能否做到因地制宜的关键,必须引起高度重视。

4. 综合利用,经济合理

任何生产建设项目都是要进行经济评价的,其产出和投入首先必须符合国家有关技术经济政策的要求。技术经济合理性是生产建设项目立项乃至开工建设的先决条件。生产建设项目水土流失防治所需费用是计列在基本建设投资或生产费用之中的,因此加强综合利用,建立经济合理的水土流失防治措施体系同样是生产建设项目水土保持设计所必须遵循的原则之一。如选择取料方便、易于实施的水土保持工程建(构)筑物;选择当地适生的植物品种,降低营造与养护成本;选择合适区段保护剥离表层土,留待后期植被恢复时使用;提高主体工程开挖土石方的回填利用率,以减少工程弃渣;临时措施与永久防护措施相结合等,均是这一原则的具体体现。

5. 生态优先,景观协调

随着我国经济社会的发展,广大人民群众物质、精神和文化需求日益提高,生产建设项目的工程设计、建设在满足预期功能或效益要求的同时,也逐步向"工程与人和谐相处"方向发展。由于植物是具有自我繁育和更新能力的,植物措施实际也就成为水土流失防治的根本措施,同时也具有长久稳定的生态与景观效果,是其他措施不可替代的。因此,在治理生产建设项目水土保持设计必须坚持"生态优先、景观协调"原则,措施配置应与周边的景观相协调,在不影响主体工程安全和运行管理要求的前提下,尽可能采取植物措施。

(二)防治目标

防治目标是项目区原有水土流失和新增水土流失得到有效控制和基本治理,生态得到最大限度保护,环境得到明显改善,水土保持设施安全有效,6 项防治指标达到《开发建设项目水土流失防治标准》(GB 50434—2008)的要求。

(1)扰动土地整治率。是指在项目建设区内,扰动土地整治面积占扰动土地总面积的百分比。

(2)水土流失总治理度。是指在项目建设区内,水土流失治理达标面积占水土流失总面积的百分比。

(3)土壤流失控制比。是指在项目建设区内,容许土壤流失量与治理后的平均土壤流失强度之比。

(4)拦渣率。是指在项目建设区内,采取措施实际拦挡的弃土(石、渣)量与工程弃土(石、渣)总量的百分比。

(5)林草植被恢复率。是指在项目建设区内,林草类植被面积占可恢复林草植被(在目前经济、技术条件下适宜于恢复林草植被)面积的百分比。

(6)林草覆盖率。是指在项目建设区内,林草类植被面积占项目建设区面积的百分比。

(三)主体工程水土保持分析与评价

分析主体工程是否满足《开发建设项目水土保持技术规范》(GB 50433—2008)中第三章基本规定的要求;明确主体工程建设是否存在水土保持制约因素;通过分析评价主体工程的选线、选址、总体布置、施工方法与工艺、土石料场选址、弃土(石、渣)场选址、占地类型及面积等，从水土保持角度提出或认定推荐方案，并提出土石方调配的合理化建议；弃土（石、渣）场不符合水土保持要求的，提出新的场址；对主体工程中具有水土保持功能的项目进行分析评价，不满足水土保持要求的，应提出要求或在方案中进行补充设计。

（四）水土流失调查与预测

分析建设项目施工工艺、采挖及弃土弃渣的特点，调查项目区自然环境和土地利用、经济发展方向和水平等社会经济状况，了解项目区发展规划，重点对土壤侵蚀类型、侵蚀强度和水土流失现状及防治情况进行调查。在主体工程设计的基础上，进行水土流失预测，为确定重点防治区域、重点防治时段和监测地段提供依据。

（五）防治责任范围及分区

通过现场查勘和调查，根据主体工程设计，经分析预测后确定水土流失防治责任范围，包括项目建设区和直接影响区。在确定的防治责任范围内，依据主体工程布局、施工扰动特点、建设时序、地貌特征、自然属性、水土流失影响等进行水土流失防治分区，以便于进行分区分类设计。

（六）防治措施布局

在划分水土流失防治分区的基础上，根据确定的水土流失防治目标，并据此确定防治重点，提出水土保持措施的总体布局。

根据编制原则、水土流失防治目标及分区，制定分区防治措施体系。措施体系可分为水力侵蚀、风力侵蚀、重力侵蚀、泥石流等四大防治体系，此外，还有水蚀风蚀交错区的防治体系以及其他防治体系。

在同一个开发建设项目中，各类防治措施体系可能交叉存在，应按照水土流失类型分区确定相应的措施体系。

三、建设项目水土保持分区防治措施设计

根据确定的水土保持措施体系，落实各水土流失防治分区的水土保持措施，做出典型设计。

（1）拦渣工程。生产建设项目在施工期和生产运行期造成大量弃土弃渣（毛石、矸石、尾矿、尾沙和其他废弃固体物质等），必须布置专门的堆放场地，采取必要的分类处理，并修建拦渣工程。拦渣工程要根据弃土、弃石、弃渣等堆放的位置和堆放方式，结合地形、地质、水文条件等进行布设。拦渣工程根据弃土、弃渣堆放的位置，分为拦渣坝、挡渣墙、拦渣堤、围渣堰四种形式。拦渣坝（尾矿库坝、贮灰坝、拦矸坝等）是横拦在沟道中，拦挡堆放在沟道的弃土弃渣的建筑物；挡渣墙是弃土弃渣堆置在坡顶及斜坡面，布设弃土弃渣坡脚部位的拦挡建筑物；拦渣堤是当弃土弃渣堆置于河（沟）滩岸时，按防洪治导线规划布置的拦渣建筑物。围渣堰是在平地堆渣场周边布设的拦挡弃土弃渣的建筑物。因此，拦渣工程应根据弃土、弃渣所处位置及其岩性、数量、堆高，以及场地及其周边的地形、地质、水文、施工条件、建筑材料等选择相应拦渣工程类型和设计断面。对于有排水和防洪要求的，应符合国家有关标准规范的规定。

（2）斜坡防护工程。对生产建设项目因开挖、回填、弃土（石、渣）形成的坡面，应根据地形、地质、水文条件等因素，采取边坡防护措施。对于开挖、削坡、取土（石）形成的土（沙）质

坡面或风化严重的岩石坡面坡脚以上一定部位采取挡墙防护措施，目的是防止因降水渗流的渗透、地表径流及沟道洪水冲刷或其他原因导致荷载失衡，而产生边坡湿陷、坍塌、滑坡、岩石风化等；对易风化岩石或泥质岩层坡面、土质坡面等采取锚喷工程支护、砌石护坡等工程护坡措施；对超过一定高度的不稳定边坡也可采取削坡开级形式进行防护；对于稳定的土质或强风化岩质边坡采取种植林草的植物护坡措施；对于易发生滑坡的坡面，应根据滑坡体的岩层构造、地层岩性、塑性滑动层、地表地下水分布状况，以及人为开挖情况等造成滑坡的主导因素，采取削坡反压、拦排地表水、排除地下水、滑坡体上造林、抗滑桩、抗滑墙等滑坡整治措施。

（3）土地整治工程。土地整治工程是将扰动和损坏的土地恢复到可利用状态所采取的措施，即对由于采、挖、排、弃等作业形成的扰动土地、弃土弃渣场（排土场、堆渣场、尾矿库等）、取料场、采矿沉陷区等，应根据立地条件采取相应的措施，将其改造成为可用于耕种、造林种草（包括园林种植）、水面养殖或商服用地和住宅用地等的状态。土地整治包括在建设施工之前对必要的表土进行剥离，待施工结束后，对需恢复为农业用地的扰动和损坏土地进行整理（包括土地粗平整和细平整）、覆土、深耕深松、增施有机肥等土壤改良措施，并配套必要的灌溉设施。

（4）防洪排导工程。防洪排导工程是指生产建设项目在基建施工和生产运行中，当损坏地面、取料场、弃土弃渣场等易遭受洪水和泥石流危害时，布置的排水、排洪和排导泥石流的工程措施。根据建设项目实际情况，可采取拦洪坝、排洪渠、涵洞、防洪堤、护岸护滩、泥石流治理等防洪排导工程。当防护区域的上游有小流域沟道洪水集中危害时，布设拦洪坝；一侧或周边有坡面洪水危害时，在坡面及坡脚布设排洪渠，并与各类场地道路以及其他地面排水衔接；当坡面或沟道洪水与防护区域发生交叉时，布设涵洞或暗管，进行地下排洪；防护区域紧靠沟岸、河岸，易受洪水影响时，布设防洪堤和护岸护滩工程；对泥石流沟道需实施专项治理工程，布设泥石流排导工程及停淤工程。

（5）降水蓄渗工程。降水蓄渗措施是指北方干旱半干旱地区、西南缺水区、海岛区，为利用项目区或周边的降水资源而采取的一种措施，不仅解决了植被用水，也改善了局地水循环。GB 50433—2008 中规定项目区硬化面积宜限制在项目区空闲地总面积的 1/3 以下；恢复并增加项目区内林草植被覆盖率，植被恢复面积达到项目区空闲地总面积的 2/3 以上。因此，对于上述地区应根据地形条件，采取措施拦蓄地表径流，主要措施包括坡面径流拦蓄措施，如水平阶，对地面、人行道路面硬化结构宜采用透水形式，也可将一定区域内的径流通过渗透措施渗入地下，改善局地地下水循环。

（6）临时防护工程。临时防护工程是项目施工准备期和基建施工期，对施工场地及其周边、弃土弃渣场和临时堆料（渣、土）场等采取非永久性防护措施，主要包括临时拦挡、覆盖、排水、沉沙、临时种草等措施。

（7）植被建设工程。植被建设工程主要是针对主体工程开挖回填区、施工营地、辅属企业、临时道路、设备及材料堆放场、土（块石、砂砾）料场区、弃土（石、渣）场区在施工结束后所采取的造林种草或景观绿化等措施，包括植物防护、封育管护、恢复自然植被，以及高陡裸露岩石边坡绿化。对于立地条件较好的坡面和平地，采用常规造林种草；坡度较缓且需达到防冲要求的，采取草皮护坡或格状框条护坡植草。工程管理区、厂区、居住区、办公区一般进行园林式绿化，在降水量少且难以采取有效措施绿化的，则可以采取自然恢复，或配置相应灌溉设施恢复植被。

(8)防风固沙工程。防风固沙工程是对生产建设项目在基建施工和生产运行中开挖扰动地面、损坏植被，引发土地沙化，或生产建设项目可能遭受风沙危害时采取的措施。北方沙化地区一般采取沙障固沙、营造防风固沙林带、固沙草带措施；黄泛区古河道沙地、东南沿海岸线沙带一般采取造林固沙等措施。

四、水土保持监测

水土保持监测应确定监测的内容、项目、方法、时段、频次，初步确定定点监测点位，估算所需的人工和物耗。监测成果应能全面反映开发建设项目水土流失及其防治情况。

水土保持重点监测应包括下列内容：

(1)项目区水土保持生态环境变化监测。应包括地形、地貌和水系的变化情况，建设项目占地和扰动地表面积，挖填方数量及面积，弃土、弃石、弃渣量及堆放面积，项目区林草覆盖率等。

(2)项目区水土流失动态监测。应包括水土流失面积、强度和总量的变化及其对下游及周边地区造成的危害与趋势。

(3)水土保持措施防治效果监测。应包括各类防治措施的数量和质量，林草措施的成活率、保存率、生长情况及覆盖率，工程措施的稳定性、完好程度和运行情况，以及各类防治措施的拦渣保土效果。

水土保持监测项目包括影响水土流失的主要因子、水土流失量及其危害变化以及方案实施后效益等。

第六节　水土保持投资概(估)算及效益

一、水土保持工程概(估)算编制

(一)编制依据

(1)《水土保持工程概(估)算编制规定》(水利部水总[2003]67 号)：包括水土保持生态建设工程概(估)算编制规定和开发建设项目水土保持工程概(估)算编制规定，分别适用于水土保持生态建设工程和开发建设项目。

(2)《水土保持工程概算定额》(水利部水总[2003]67 号)。

(3)《水土保持工程施工机械台时费定额》(水利部水总[2003]67 号)。

(4)《工程勘察设计收费标准》(国家发展和计划委员会、建设部计价格[2002]10 号)。

(5)《关于开发建设项目水土保持咨询服务费用计列的指导意见》(水利部司局函，保监[2005]22 号)。

(6)《关于公布取消和停止征收 100 项行政事业性收费项目的通知》(财综[2008]78 号)。

(二)水土保持生态建设工程概(估)算编制规定

(1)项目划分：第一部分工程措施，第二部分林草措施，第三部分封育治理措施，第四部分独立费用。

(2)费用构成:工程措施、林草措施和封育治理措施费由直接费、间接费、企业利润和税金组成。

(3)独立费用:由建设管理费、工程建设监理费、科研勘测设计费、征地及淹没补偿费、水土流失监测费组成。根据财综[2008]78 号文,取消工程质量监督费。

(4)预备费:由基本预备费和价差预备费组成。

(5)工程总投资:为工程措施投资、林草措施投资、封育治理措施投资、独立费用、预备费之和。

(三)开发建设项目水土保持工程概(估)算编制规定

(1)项目划分:第一部分工程措施,第二部分植物措施,第三部分施工临时工程,第四部分独立费用。

(2)费用构成:工程措施及植物措施费由直接工程费、间接费、企业利润和税金组成。

(3)独立费用:由建设管理费、工程建设监理费、科研勘测设计费、水土流失监测费组成。根据财综[2008]78 号文,取消工程质量监督费。

(4)预备费:由基本预备费和价差预备费组成。

(5)工程概(估)算总投资:为工程措施投资、植物措施投资、施工临时工程投资、独立费用、预备费、水土保持设施补偿费之和。

(四)开发建设项目水土保持工程概(估)算与水土保持生态建设概(估)算的区别

(1)项目划分:两编制规定项目划分都为四部分,但因工程特点不同,项目划分有所不同。

(2)费用构成:两编制规定工程单价费用构成不同。

(3)独立费用中的建设管理费、水土流失监测费的内容及标准不同。

(4)人工工资及基础单价编制方法和计算标准:①人工工资计算方法及标准不同;②材料预算价格编制方法基本相同,但采购及保管费率不同;③电、水、风单价计算方法不同。

(5)水土保持生态建设工程独立费用中增加了征地及淹没补偿费。

二、水土保持工程效益分析

(一)水土保持生态治理工程效益分析

对于水土保持综合治理工程,其效益计算方法,2008 年,国家批准发布了修订后的《水土保持综合治理效益计算方法》(GB/T 15774—2008)。

1.效益分类

该标准将水土保持效益分为调水保土效益、经济效益、社会效益和生态效益四类。

(1)调水保土效益。主要包括增加土壤入渗、拦蓄地表径流、改善坡面排水、调节小流域径流、减轻土壤侵蚀、拦蓄坡沟泥沙等效益。

(2)经济效益。经济效益分为直接经济效益和间接经济效益。直接经济效益具体项目是:增加粮食、果品、饲草、枝条、木材,相应增加的各项收入,增加的收入超过投入的资金,投入的资金可以定期收回;间接经济效益是在直接经济效益的基础上,经过加工转化,进一步产生的经济效益。如基本农田增产后,促进陡坡地退耕,改广种薄收为少种高产多收,节约出的土地和劳工,直接经济效益的产品经过就地一次性加工转化后提高的产值,计算其间接经济效益。

(3)社会效益。以生态效益和经济效益为基础,通过治理活动使农民的物质生活和文化生活水平都得到提高,从而在一定程度上提高人口素质或人口生活质量,达到小流域治理的最根本目的。社会效益由于对农民的物质生活的改善和科技文化水平的提高,促进了保护和改善生态环境意识的增强。

(4)生态效益。包括减少洪水流量,增加常水流量,改善土壤物理化学性质,提高土壤肥力,改善贴地层的温度、湿度、风力,提高地面林草被覆程度,促进生物多样性等。

2. 指标体系

《水土保持综合治理效益计算方法》(GB/T 15774—2008)中规定的指标体系如表9-8所示。

(二)建设项目效益分析

根据水土流失防治目标和措施布设,列表给出各防治区工程措施占地、植物措施、永久建筑物占地(含建筑物占地、场地及道路硬化)面积,统计整治扰动土地面积、治理水土流失面积、林草植被恢复面积,分析计算六项防治指标达到情况,并与目标值进行对比分析。分析说明项目建设前后项目区水土保持功能的总体变化情况(即下降、恢复、增强)。

表9-8　水土保持综合治理效益分类与计算内容

效益分类	计算内容	计算具体项目
调水保土效益	调水(一) 增加土壤入渗	1. 改变微地形,增加土壤入渗 2. 增加地面植被,增加土壤入渗 3. 改良土壤性质,增加土壤入渗
	调水(二) 拦蓄地表径流	1. 坡面小型蓄水工程拦蓄地表径流 2. “四旁”小型蓄水工程拦蓄地表径流 3. 沟底谷坊坝库工程拦蓄地表径流
	调水(三)坡面排水	1. 改善坡面排水的能力
	调水(四) 调节小流域径流	1. 调节年际径流 2. 调节旱季径流 3. 调节雨季径流
	保土(一) 减轻土壤侵蚀(面蚀)	1. 改变微地形,减轻面蚀 2. 增加地面植被,减轻面蚀 3. 改良土壤性质,减轻面蚀
	保土(二) 减轻土壤侵蚀(沟蚀)	1. 制止沟头前进,减轻沟蚀 2. 制止沟底下切,减轻沟蚀 3. 制止沟岸扩张,减轻沟蚀
	保土(三) 拦蓄坡沟泥沙	1. 坡面小型蓄水工程拦蓄泥沙 2. “四旁”小型蓄水工程拦蓄泥沙 3. 沟底谷坊坝库工程拦蓄泥沙

续表 9-8

效益分类	计算内容	计算具体项目
经济效益	直接经济效益	1. 增产粮食、果品、饲草、枝条、木材 2. 上述增产各类产品相应增加经济收入 3. 增加的收入超过投入的资金(产投比) 4. 投入的资金可以定期收回(回收年限)
	间接经济效益	1. 各类产品就地加工转化增值 2. 基本农田比坡耕地节约土地和劳工 3. 人工种草养畜比天然牧场节约土地
社会效益	减轻自然灾害	1. 保护土地不遭沟蚀破坏与石化、沙化 2. 减轻下游洪涝灾害 3. 减轻下游泥沙危害 4. 减轻风蚀与风沙危害 5. 减轻干旱对农业生产的威胁 6. 减轻滑坡、泥石流的危害 7. 减轻面源污染
	促进社会进步	1. 改善农业基础设施,提高土地生产率 2. 剩余劳力有用武之地,提高劳动生产率 3. 调整土地利用结构,合理利用土地 4. 调整农村生产结构,适应市场经济 5. 提高环境容量,缓解人地矛盾 6. 促进良性循环,制止恶性循环 7. 促进脱贫致富奔小康
生态效益	水圈生态效益	1. 减少洪水流量 2. 增加常水流量
	土圈生态效益	1. 改善土壤物理化学性质 2. 提高土壤肥力
	气圈生态效益	1. 改善贴地层的温度、湿度 2. 改善贴地层的风力
	生物圈生态效益	1. 提高地面林草被覆程度 2. 促进生物多样性 3. 增加植物固碳量

第七节 水土保持管理

一、水土保持监督检查

水土保持法第四十三条规定:“县级以上人民政府水行政主管部门负责对水土保持情

况进行监督检查。流域管理机构在其管辖范围内可以行使国务院水行政主管部门的监督检查职权。”水土保持监督检查属行政管理范畴，是指县级以上人民政府水行政主管部门，依据法律、法规、规章及规范性文件或政府授权，对所辖区域内公民、法人和其他组织与水土保持有关的行为活动的合法性、有效性等的监察、督导、检查及处理的各项活动的总称，如实施水土保持行政许可、行政检查、行政处理等。

（一）水土保持监督检查的主体和内容

水土保持监督检查的主体是县级以上人民政府水行政主管部门，即县级以上人民政府水行政主管部门可以自己的名义，在其管辖范围内独立行使水土保持监督检查职权。监督检查的内容主要包括三个方面：一是水土保持监督管理贯彻落实水土保持法律法规的情况，主要包括水土保持法律法规的宣传普及、配套法规政策体系的建设、监督执法队伍的建设以及生产建设单位落实水土保持“三同时”制度情况等；二是水土流失预防和治理开展情况，主要包括水土流失重点预防区和重点治理区的划定、水土保持规划的编制、重点治理项目的安排和实施、经费保障等；三是水土保持科技支撑服务开展情况，主要包括水土保持监测网络建设与监测预报、技术标准制定、科学研究与技术创新，以及水土保持方案编制、验收评估和监理监测的技术服务等。重点包括以下内容：

（1）对水土流失预防和治理情况的监督检查。水土保持法规定，县级以上人民政府应当依据水土流失调查结果划定并公告水土流失重点预防区和重点治理区；县级以上人民政府水行政主管部门会同同级人民政府有关部门编制水土保持规划，报本级人民政府或者其授权的部门批准后，由水行政主管部门组织实施。根据第四条规定，县级以上人民政府应当加强对水土保持工作的统一领导，将水土保持工作纳入本级国民经济和社会发展规划，对水土保持规划确定的任务，安排专项资金，并组织实施。国家在水土流失重点预防区和重点治理区，实行地方各级人民政府水土保持目标责任制和考核奖惩制度。

（2）对建设项目的监督。水土保持法规定：生产建设项目选址、选线应当避让水土流失重点预防区和重点治理区；无法避让的，应当提高防治标准，优化施工工艺，减少地表扰动和植被损坏范围，有效控制可能造成的水土流失。在山区、丘陵区、风沙区以及水土保持规划确定的容易发生水土流失的其他区域开办可能造成水土流失的生产建设项目，生产建设单位应当编制水土保持方案，报县级以上人民政府水行政主管部门审批，并按照经批准的水土保持方案，采取水土流失预防和治理措施。没有能力编制水土保持方案的，应当委托具备相应技术条件的机构编制。水土保持方案经批准后，生产建设项目的地点、规模发生重大变化的，应当补充或者修改水土保持方案并报原审批机关批准。水土保持方案实施过程中，水土保持措施需要作出重大变更的，应当经原审批机关批准。依法应当编制水土保持方案的生产建设项目，生产建设单位未编制水土保持方案或者水土保持方案未经水行政主管部门批准的，生产建设项目不得开工建设。

依法应当编制水土保持方案的生产建设项目中的水土保持设施，应当与主体工程同时设计、同时施工、同时投产使用；生产建设项目竣工验收，应当验收水土保持设施；水土保持设施未经验收或者验收不合格的，生产建设项目不得投产使用。

（3）对农业生产的监督。水土保持法规定，禁止在25°以上陡坡地开垦种植农作物。禁止毁林、毁草开垦和采集发菜。在禁止开垦坡度以下、5°以上的荒坡地开垦种植农作物，应当采取水土保持措施。

(4)对采伐林木和造林的监督。水土保持法规定:在25°以上陡坡地种植经济林的,应当科学选择树种,合理确定规模,采取水土保持措施,防止造成水土流失。在5°以上坡地植树造林、抚育幼林、种植中药材等,应当采取水土保持措施。林木采伐应当采用合理方式,严格控制皆伐;对水源涵养林、水土保持林、防风固沙林等防护林只能进行抚育和更新性质的采伐;对采伐区和集材道应当采取防止水土流失的措施,并在采伐后及时更新造林。在林区采伐林木的,采伐方案中应当有水土保持措施。采伐方案经林业主管部门批准后,由林业主管部门和水行政主管部门监督实施。

(5)对从事挖药材、经济林种植等副业生产的活动在多方面可能诱导或直接产生水土流失,因此必须加强监督检查。

(6)对水土保持设施的监督管护,是防止水土保持设施遭受破坏,巩固治理成果的重要保证。

(7)对崩塌滑坡危险区和泥石流易发区的监督。在崩塌滑坡危险区和泥石流易发区禁止取土、挖砂、采石。崩塌滑坡危险区和泥石流易发区的范围,由县级以上地方人民政府划定并公告。

(二)水土保持监督管理体系

全国水土保持监督管理体系包括水土保持法律法规体系、水土保持监督执法体系、预防监督技术支持体系和水土保持监测网络信息系统。

二、水土保持监测

为了进一步贯彻水土保持法有关水土保持监测的规定,2000年1月31日水利部公布了《水土保持生态环境监测网络管理办法》(水利部令第12号),对水土保持监测工作做出了规定。主要内容如下:

(1)水利部统一管理全国的水土保持生态环境监测工作,负责制定有关规章、规程和技术标准,组织全国水土保持生态环境监测、国内外技术与交流,发布全国水土保持公告。

(2)全国水土保持生态环境监测站网由水利部水土保持生态环境监测中心、大江大河(长江、黄河、海河、淮河、珠江、松花江及辽河、太湖等)流域水土保持生态环境监测中心站、省级水土保持生态环境监测总站、省级重点防治区监测分站四级组成。省级重点防护区监测分站,根据全国及省级水土保持生态环境监测规划,设立相应监测点。国家负责一、二级监测机构的建设和管理,省(自治区、直辖市)负责三、四级及监测点的建设和管理。

(3)水土保持生态环境监测工作,应由具有水土保持生态环境监测资格证书的单位承担,从事水土保持生态环境监测的专业技术人员须经专门技术培训,具体管理办法由水利部制定。

(4)省级以上水土保持生态环境监测机构的主要职责是:编制水土保持生态环境监测规划和实施计划;建立水土保持生态环境监测信息网,承担并完成水土保持生态环境监测任务,负责对监测工作的技术指导、技术培训和质量保证;开展监测技术、监测方法的研究及国内外科技合作和交流;负责汇总和管理监测数据,对下级监测成果进行鉴定和质量认证,及时掌握和预报水土流失动态;编制水土保持生态环境监测报告。

水利部水土保持生态环境监测中心对全国水土保持生态环境监测工作实施具体管理。负责拟定水土保持生态环境监测技术规范、标准，组织对全国性、重点区域、重大开发建设项目的水土保持监测，负责对监测仪器、设备的质量和技术认证，承担对申报水土保持生态环境监测资质单位的考核、验证工作。

大江大河流域水土保持生态环境监测中心站参与国家水土保持生态环境监测、管理和协调工作，负责组织和开展跨省际区域、对生态环境有较大影响的开发建设项目的监测工作。

(5)省级水土保持生态环境监测总站负责对重点防治区监测分站的管理，承担国家及省级开发建设项目水土保持设施的验收监测工作。

省级重点防治区监测分站的主要职责：按国家、流域及省级水土保持生态环境监测规划和计划，对列入国家省级水土流失重点预防保护区、重点治理区、重点监督区的水土保持动态变化进行监测、汇总和管理监测数据，编制监测报告。

监测点的主要职责：按有关技术规程对监测区域进行长期定位观测，整编监测数据，编报监测报告。

(6)开发建设项目的专项监测点，依据批准的水土保持方案，对建设和生产过程中的水土流失进行监测。

三、水土保持验收

(一)水土保持治理工程验收

根据《水土保持综合治理验收规范》(GB/T 15773—2008)的规定，水土保持治理工程验收一般可分为单项措施验收、阶段验收和竣工验收三类。

各类水土保持措施的检查多采用抽样验收的方法。表9-9为国家规定的水土保持小流域综合治理阶段和竣工验收抽样数量要求。

(二)开发建设项目水土保持工程设施验收

根据《中华人民共和国水土保持法》和《建设项目环境保护管理条例》的有关规定，开发建设项目的水土保持设施必须与主体工程同时设计、同时施工、同时投产使用。因此，开发建设项目水土保持设施的竣工验收属建设项目竣工验收的重要组成部分，水土保持设施验收不合格，环境保护验收将不能通过，主体工程则无法验收和投入使用。为规范验收工作，水利部组织制定了《开发建设项目水土保持设施验收技术规程》(GB/T 22490—2008)。

根据本规程规定，水土保持设施符合下列条件的，方可通过行政验收：

(1)建设项目水土保持方案的审批手续完备，水土保持工程管理、设计、施工、监理、监测、专项财务等建档资料齐全。

(2)水土保持设施按批准的水土保持方案及其设计文件的要求建成，符合水土保持的要求。

(3)扰动土地整治率、水土流失总治理度、水土流失控制比、拦渣率、林草植被恢复率、林草覆盖率等指标达到了批准的水土保持方案的要求及国家和地方有关技术标准。

(4)水土保持设施具备正常运行条件，且能持续、安全、有效运转，符合交付使用要求，水土保持设施的管理、维护措施已得到落实。

表 9-9　水土保持治理措施验收抽样比例规定

治理措施	验收面积或座数	抽样比例(%)	
		阶段验收	竣工验收
梯田、梯地	$<10\ \text{hm}^2$	7	5
	$10 \sim 40\ \text{hm}^2$	5	3
	$>40\ \text{hm}^2$	3	2
造林、种草	$<10\ \text{hm}^2$	7	5
	$10 \sim 40\ \text{hm}^2$	5	3
	$>40\ \text{hm}^2$	3	2
封禁治理	$40 \sim 150\ \text{hm}^2$	7	5
	$>150\ \text{hm}^2$	5	3
保土耕作		7	5
截水沟		20	10
水　窖		10	5
蓄水池		100	50
塘　坝		100	100
引洪漫地		100	50
沟头防护		30	20
谷　坊	≤100 座	12	10
	>100 座	10	7
淤地坝		100	100
拦沙坝		100	100

在开发建设项目土建工程完成后,应当及时开展水土保持设施的验收工作。建设单位应当依据批复的水土保持方案报告书、设计文件的内容和工程量,对水土保持设施完成情况进行检查,提交水土保持方案实施工作总结报告和水土保持设施竣工验收技术报告。

国务院水行政主管部门负责验收的开发建设项目应当先进行技术评估。技术评估由具有水土保持生态建设咨询评估资质的机构承担。承担技术评估的机构应当组织水土保持、水工、植物、财务经济等方面的专家,依据批准的水土保持方案、批复文件和水土保持验收规程规范,对水土保持设施进行评估,并提交评估报告。

第十章　水资源保护

水资源保护是指为维护江河湖库水体的水质、水量、水生态的功能与资源属性，防止水源枯竭、水污染和水生态系统恶化所采取的技术、经济、法律、行政等措施的总和。

第一节　水功能区划分

一、目的和意义

根据《中华人民共和国水法》，国务院水行政主管部门负责拟定国家重要江河、湖泊的水功能区划，核定水域的纳污能力，提出水域的限制排污总量意见，对水功能区的水质状况进行监测。

水功能区是为满足水资源合理开发、利用、节约和保护的需求，根据水资源的自然条件和开发利用现状，按照流域综合规划、水资源和水生态系统保护和经济社会发展要求，依其主导功能划定范围并执行相应水环境质量标准的水域。

水功能区划是水资源保护的重要基础和依据，根据不同区域对水资源开发利用和保护的要求，对不同水体进行功能认定，将规划水域按照不同功能要求划分为不同类型的水功能区，依据水功能区划确定的水质目标和水量要求，从分析水体纳污能力入手，拟订水域污染物入河量控制方案，并针对控制方案提出相应的对策措施，指导和规范水资源的开发、利用活动，为水行政主管部门进行水资源管理提供依据。

水是生命之源、生产之要、生态之基，是基础性自然资源和战略性经济资源，水功能是水资源对人类生存和经济社会发展所具有的不同属性的价值和作用。随着我国经济社会的迅速发展、人民生活水平和城镇化率的提高，对水资源的需求愈来愈多，同时水资源短缺和水污染严重已成为经济社会可持续发展的制约因素，必须在水资源开发利用的同时，更加重视水资源的节约和保护。水资源保护必须从以往孤立的、被动的防治转变为综合的、主动的控制，在水功能区划的基础上，坚持水质保护、生态水量保障、水生态系统保护与修复并重，建立水资源保护与河湖健康保障体系，加强水资源保护与管理，实现水资源可持续利用与水生态系统良性循环，支撑经济社会的可持续发展。

水功能区划分的目的是科学合理地在相应水域划定具有特定功能、满足水资源合理开发利用和保护要求并能够发挥最佳效益的区域，确定各水域的主导功能及功能顺序，确定水域功能不遭破坏的水资源保护目标，为水资源保护提供措施安排和监督管理的依据，保障各水功能区水资源保护目标的实现，实现水资源的可持续利用。因此，水功能区划是全面贯彻《中华人民共和国水法》、加强水资源保护、履行水利部“三定”方案的职责的重要举措，对实现以水资源的可持续利用保障经济社会可持续发展战略目标具有重要意义。

二、水功能区划分体系

我国水功能区划分采用两级体系(见图10-1),即一级水功能区和二级水功能区。一级水功能区分四类,即保护区、保留区、开发利用区、缓冲区;二级水功能区将一级水功能区中的开发利用区具体划分七类,即饮用水源区、工业用水区、农业用水区、渔业用水区、景观娱乐用水区、过渡区、排污控制区。

水功能一级区划是在宏观上调整水资源开发利用与保护的关系,协调地区间关系,同时考虑可持续发展的需求;水功能二级区划主要确定开发利用水域的功能类型及功能排序,协调不同用水行业间的关系。一级功能区划分对二级功能区划分具有宏观指导作用。

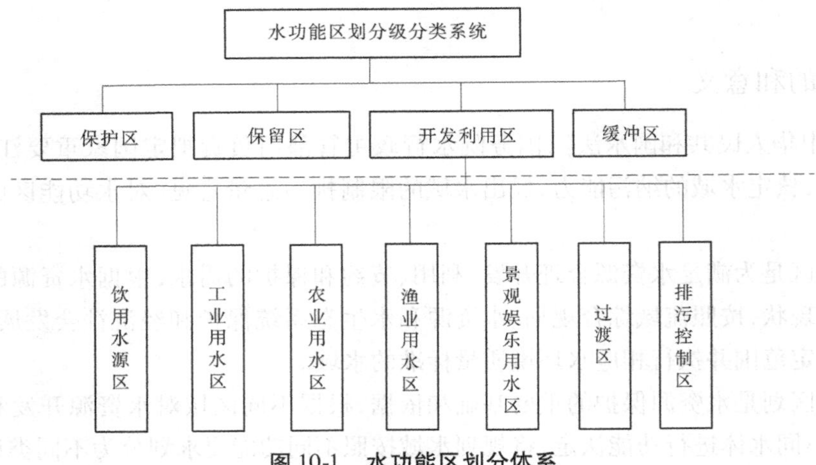

图10-1 水功能区划分体系

三、一级区划的条件和指标

(一)保护区

保护区是指对水资源保护、自然生态系统及珍稀濒危物种的保护具有重要意义,需划定范围进行保护的水域。

保护区应具备以下条件之一:

——重要的涉水国家级和省级自然保护区、国际重要湿地及重要国家级水产种质资源保护区范围内的水域或具有典型生态保护意义的自然生境内的水域。

——已建和拟建(规划水平年内建设)跨流域、跨区域的调水工程水源(包括线路)和国家重要水源地水域。

——重要河流源头河段一定范围内的水域。

划区指标:集水面积、水量、调水量、保护级别等。

水质标准:原则上应符合《地表水环境质量标准》(GB 3838—2002)中的Ⅰ类或Ⅱ类水质标准;当由于自然、地质因素不满足Ⅰ类或Ⅱ类水质标准时,应维持现状水质。

(二)保留区

保留区是指目前水资源开发利用程度不高,为今后水资源可持续利用而保留的水域。

保留区应具备以下条件:

——受人类活动影响较少,水资源开发利用程度较低的水域。

——目前不具备开发条件的水域。

——考虑可持续发展需要,为今后的发展保留的水域。

划区指标:产值、人口、用水量、水域水质等。

水质标准:应不低于《地表水环境质量标准》(GB 3838—2002)规定的Ⅲ类水质标准或按现状水质类别控制。

(三)开发利用区

开发利用区是指为满足工农业生产、城镇生活、渔业、游乐等功能需求而划定的水域。

划区条件:取水口集中,有关指标达到一定规模和要求的水域。

划区指标:包括相应的产值、人口、用水量、排污量、水域水质等。

水质标准:按二级水功能区划类别执行相应的水质标准。

(四)缓冲区

缓冲区是指为协调省际间、用水矛盾突出的地区间用水关系划定的水域。

缓冲区应具备以下划区条件:

——跨省、自治区、直辖市行政区域边界的水域。

——用水矛盾突出的地区之间的水域。

划区指标:省界断面水域,用水矛盾突出的水域范围、水质、水量状况等。

水质标准:根据实际需要执行相关水质标准或按现状水质控制。

四、二级区划的条件和指标

(一)饮用水源区

饮用水源区是指为城镇提供综合生活用水的水域。

饮用水源区划区条件:

——现有城镇综合生活用水取水口分布较集中的水域,或在规划水平年内为城镇发展设置的综合生活供水水域。

——用水户取水量符合取水许可管理的有关规定。

划区指标:相应的人口、取水总量、取水口分布等。

水质标准:根据水质现状执行《地表水环境质量标准》(GB 3838—2002)Ⅱ ~ Ⅲ类水质标准,经省级人民政府批准的饮用水源一级保护区执行Ⅱ类标准。

(二)工业用水区

工业用水区是指为满足工业用水需求划定的水域。

工业用水区应具备以下划区条件:

——现有的工业用水取水口分布较集中的水域,或在规划水平年内需设置的工业用水供水水域。

——供水水量满足取水许可管理的有关规定。

划区指标:工业产值、取水总量、取水口分布等。

水质标准:执行《地表水环境质量标准》(GB 3838—2002)Ⅳ类标准。

(三)农业用水区

农业用水区是指为满足农业灌溉用水划定的水域。

农业用水区应具备以下划区条件：

——现有的农业灌溉用水取水口分布较集中的水域，或在规划水平年内需设置的农业灌溉用水供水水域。

——供水量满足取水许可管理的有关规定。

划区指标：包括灌区面积、取水总量、取水口分布等。

水质标准：符合《地表水环境质量标准》（GB 3838—2002）中V类水质标准，或按《农田灌溉水质标准》（GB 5084—2005）的规定确定。

（四）渔业用水区

渔业用水区是指为水生生物自然繁育以及水产养殖而划定的水域。

渔业用水区应具备以下划区条件：

——天然的或天然水域中人工营造的水生生物养殖用水的水域。

——天然的水生生物的重要产卵场、索饵场、越冬场及主要洄游通道涉及的水域或为水生生物养护、生态修复所开展的增殖水域。

划区指标：水生生物物种、资源量以及水产养殖产量、产值等。

水质标准：符合《渔业水质标准》（GB 11607—89）的规定，也可按《地表水环境质量标准》（GB 3838—2002）中Ⅱ类或Ⅲ类水质标准确定。

（五）景观娱乐用水区

景观娱乐用水区是指以满足景观、疗养、度假和娱乐需要为目的的江河湖库等水域。

景观娱乐用水区应具备以下划区条件：

——休闲、娱乐、度假所涉及的水域和水上运动场需要的水域。

——风景名胜区所涉及的水域。

划区指标：包括景观娱乐功能需求、水域规模等。

水质标准：根据具体使用功能符合《地表水环境质量标准》（GB 3838—2002）中相应水质标准。

（六）过渡区

过渡区是指为满足水质目标有较大差异的相邻水功能区间水质状况过渡衔接而划定的水域。

过渡区应具备以下划区条件：

——下游水质要求高于上游水质要求的相邻功能区之间的水域。

——有双向水流，且水质要求不同的相邻功能区之间。

划区指标：包括水质与水量。

水质标准：按出流断面水质达到相邻功能区的水质目标要求选择相应的控制标准。

（七）排污控制区

排污控制区是指生活、生产废污水排污口比较集中的水域，且所接纳的废污水不对下游水环境保护目标产生重大不利影响。

排污控制区应具备以下划区条件：

——接纳废污水中污染物为可稀释降解的。

——水域的稀释自净能力较强，其水文、生态特性适宜于作为排污区。

划区指标：包括污染物类型、排污量、排污口分布等。

水质标准：按排污控制区出流断面的水质状况达到相邻水功能区的水质控制标准的确定。

第二节　水功能区纳污能力及污染物入河量控制

一、基本概念

（一）水环境容量

水环境容量是在水体功能不受破坏条件下，水体受纳污染物的最大数量。

水环境容量由稀释容量和自净容量两部分组成。"稀释"主要反映水体降低污染物浓度的物理作用，"自净"主要反映水体降解污染物浓度的生物化学作用。

（二）水功能区纳污能力

水功能区纳污能力是指在满足水域功能要求的前提下，在给定的水功能区水质目标值、设计水量、排污口位置及排污方式情况下，水功能区水体所能容纳的最大污染物量。

保护区、保留区、缓冲区在现状水质优于水质目标值情况下，目标原则上是维持现状水质不变，即此时保护区、保留区及缓冲区的纳污能力可直接采用现状污染物入河量；需要改善水质的保护区和保留区、水质较差或存在用水水质矛盾的缓冲区及开发利用区应根据各水功能区的水质目标和水量条件，按照《水域纳污能力计算规程》（GB/T 25173—2010）确定纳污能力。

（三）污染物入河控制量

污染物入河控制量是指根据水功能区水质管理目标和纳污能力，结合现状污染物入河量及其治理需求，拟定的规划水平年的水功能区允许排入的某种污染物的总量。污染物入河控制量是分阶段实施水功能区水质管理的依据。

（四）排污削减量

根据污染物入河控制量，在模型计算基础上制定陆域各相关污染源的污染物允许排放量。现状排污量与允许排放量之差即为排污削减量，排污削减量可分年度、分期完成。

二、水功能区污染物入河量控制方案与排污削减量

（1）污染物入河量控制方案应依据水域纳污能力和规划目标，结合规划水域现状水平年污染物入河量制订。

①对于现状水质达到管理目标的水功能区，应根据水域纳污能力，结合现状污染物入河量和经济社会发展需求合理确定规划水平年污染物入河控制量，确定的污染物入河控制量不应大于水域纳污能力。

②对于现状污染物入河量超过水域纳污能力的水功能区，应根据水域纳污能力，结合区域水污染治理技术水平和条件，以小于现状污染物入河量的某一控制量或水域纳污能力作为污染物入河控制量，并分析其合理性。

③规划应根据水功能区污染物入河控制量拟订各规划水平年污染物入河量的空间分解控制方案。

（2）污染物入河控制量应按水功能区和行政区分别进行统计。对于跨行政区的水功能

区,其污染物入河控制量应根据污染分布及排放状况,视实际情况合理分配。

(3)根据污染物入河量控制方案,提出污染源治理和控制、区域产业结构调整、城镇发展优化等方面的意见、要求和建议。对排污量超出水功能区污染物入河控制量的地区,还可提出限制审批新增取水和入河排污口的意见。

三、入河排污口整治

(一)基本要求

入河排污口的布局与整治方案应符合水功能区划及其管理规定和污染物入河控制要求。入河排污口的布局与整治方案应与防洪规划、饮用水水源地安全保障规划、水污染防治规划、产业布局规划及城市发展总体规划等相关规划相衔接。

(二)入河排污口布局

入河排污口布局应根据规划水域水功能区功能要求和水生态保护要求,按行政区域或水资源分区提出入河排污口布局的总体要求和新建、扩建入河排污口的限制条件等。

入河排污口布局应以水功能区为单元,结合相关规划,分析评价排污对水环境、水生态等敏感目标的影响,提出禁止设置入河排污口的水域和设置入河排污口的水域的限制要求。

(三)入河排污口整治方案

应根据入河排污口布局方案,结合水功能区水质达标状况、现状入河排污口设置及入河排污量状况等,提出需进行入河排污口整治的水域,并明确需整治的入河排污口。整治应以下列入河排污口为重点:

(1)对水质不达标的水功能区和污染物入河量超过控制总量的功能区,应根据各排污口排污情况,判断明确对水功能区水质和污染物入河量有重大影响和较高贡献率的排污口。

(2)对饮用水水源构成直接或潜在威胁的排污口。

对需进行整治的入河排污口应提出搬迁、归并、入管网集中处理、调整入河方式,以及入河排污口生态治理与管理等措施方案。不同水域的整治方案应符合下列要求:

(1)对于禁止设置入河排污口的水域,应结合水污染防治规划提出包括截污改排、关闭或搬迁污染源、污水收集回用等措施的整治方案和要求。

(2)对于限制设置入河排污口的水域,应提出包括企业废水深度处理、入城镇污水管网集中处理、改道排放、截污导流、污水处理后回用、搬迁排污企业等措施的整治方案和要求。

四、面源控制

(一)面源污染调查与估算

面源污染包括农村生活污水与固体废弃物、化肥农药使用、畜禽养殖和城镇地表径流四项。以现状年各地区统计年鉴为基础,结合补充调研,估算各地区面源污染负荷量,确定面源污染重点区及代表因子,并据此提出污染控制的对策和措施。

对于农村生活污水和固体废弃物,采用当量模式计算其污染负荷。

对于农药、化肥污染,主要调查统计化肥和农药施用量。采用化肥、农药流失参数估算当地的化肥、农药流失量。

对于禽畜养殖污染,调查畜禽养殖种类和数量,根据典型调查资料或经验系数估算畜禽养殖污染物排泄量。对于规模化、集约化畜禽养殖企业,可按点源进行处理。

对于城镇地表径流负荷，根据城镇地表不透水面积和年降雨量，结合典型调查，采用产污系数法进行污染负荷估算。

（二）面源控制措施

根据面源调查分析成果，针对不同典型区域，有针对性地制定面源污染控制措施。

面源控制应根据流域或区域农业和农村面源污染状况，提出农村河道综合治理、农业生产中控制化肥、农药施用及流失的要求；从资源化利用的角度，提出灌溉退水、农村生活污水控制及回用、垃圾及畜禽粪便治理措施和要求。

小流域面源控制应按照清洁小流域建设有关技术要求，提出小流域治理及控制面源污染的方案和措施。

农村河道综合治理：主要治理措施包括河道清淤、河道生态净化、生活污水厌氧净化池、生活垃圾发酵池、田间垃圾收集池和乡村物业服务站等。

农田氮磷流失生态拦截：主要通过实行灌排分离，将排水渠改造为生态沟渠，针对不同灌区的排水特点，合理设计生态沟渠的规模与形式，根据沟渠中设置的不同植物和水生生物的特性，充分利用其能够吸收径流中养分的特点，对农田损失的氮磷养分进行有效拦截，以控制入河污染物的排放总量。

提出农村生活垃圾资源化利用、畜禽养殖场废弃物处理利用、污水和人畜粪便等污染物减少排放等措施。

五、内源治理

（一）内源污染调查与估算

内源污染包括底泥污染、水产养殖污染、航运污染三项，根据相关规划成果或补充调查的情况，估算内源污染排放量。

对于底泥污染，根据各地区底泥治理相关规划研究成果或通过底泥调查，分析评价污染底泥性质、空间分布状况、物理化学特征，以及营养盐释放情况、对湖泊水质影响等。

对于水产养殖污染，调查典型湖泊养殖现状，估算残饵、代谢物、药物产生的污染负荷量，分析评估水产养殖带入水体的污染物量。

对于航运污染，通过调研水域现状航运量，分析船舶污水量和港口污水量，估算污染物排放量。

（二）内源治理措施

内源治理应针对河流和湖库底泥污染、水体富营养化、水产不合理养殖、流动污染源等提出治理措施和管理要求。

根据内源调查分析成果，对于流域重要河段进行综合整治，实施河道、湖泊生态清淤工程，促进区域水系畅通，减轻内源污染，同时开展污泥处理利用研究，防止二次污染。

对于围网养殖污染严重的水域，实施围网养殖清理工程，逐步拆除围网养殖；实施池塘循环水养殖技术示范工程，对现有养殖池塘进行合理布局，构建养殖池塘—湿地系统，实现养殖小区内水的循环利用。

对于航运污染严重水域，实施船舶防污、建设和完善船舶污染物岸上接收设施、建立和完善船舶污染应急基地、码头应急配备。

第三节　水生态系统保护与修复

一、水生态状况评价指标

水生态状况评价应根据水生态类型、功能、保护对象，对河湖生态需水满足状况、水环境状况、河湖生境及水生生物状况、水域景观维护状况等进行评价，主要评价指标包括生态基流、敏感生态需水、控制断面水质目标、水功能区水质达标率、纵向连通性、地下水开采率等。

（一）生态基流

生态基流是指为维持河流基本形态和基本生态功能，即防止河道断流、避免河流水生生物群落遭受到不可逆破坏的河道内最小流量。

生态基流与河流生态系统的演进过程和水生生物的生活史阶段有关。河流水生生物的生长与水、热同期，在汛期及非汛期对水量的要求不同，因此生态基流有汛期和非汛期之分。由于汛期生态基流多能得到满足，通常生态基流指非汛期生态基流。

常用的生态基流计算方法如表 10-1 所示。我国各流域水资源状况差别较大，在基础数据满足的情况下，应采用多种方法计算生态基流，进行对比分析，选择符合流域实际的方法和计算结果。

表 10-1　生态基流计算方法

序号	方法	方法类别	生态基流	适用条件及特点
1	Tennant 法	水文学法	将多年平均流量的 10% ~30% 作为生态基流	适用于流量较大的河流，拥有长序列水文资料（宜30年以上）。方法简单快速
2	90%保证率法	水文学法	90%保证率最枯月平均流量	适合水资源量小，且开发利用程度已经较高的河流；应拥有长序列水文资料
3	近十年最枯月流量法	水文学法	近十年最枯月平均流量	与 90%保证率法相同
4	流量历时曲线法	水文学法	利用历史流量资料构建各月流量历时曲线，以 90%保证率对应流量作为生态基流	简单快速，同时考虑了各个月份流量的差异。应分析至少 20 年的日均流量资料
5	湿周法	水力学法	湿周流量关系图中的拐点确定生态流量；当拐点不明显时，以某个湿周率相应的流量，作为生态流量。湿周率为 50%时对应的流量可作为生态基流	适合于宽浅矩形渠道和抛物线形断面，且河床形状稳定的河道，直接体现河流湿地及河谷林草需水
6	7Q10 法	水文学法	90%保证率最枯连续 7 d 的平均流量	水资源量小，且开发利用程度已经较高的河流；应拥有长序列水文资料

我国南方河流，生态基流应不小于90%保证率最枯月平均流量和多年平均天然径流量的10%两者之间的大值，也可采用Tennant法取多年平均天然径流量的20%～30%或以上。对北方地区，生态基流应分非汛期和汛期两个水期分别确定，一般情况下，非汛期生态基流应不低于多年平均天然径流量的10%，且非汛期生态基流必须能够满足水质达标对流量的要求；汛期生态基流可按多年平均天然径流量的20%～30%确定。北方严重缺水地区的断流河段（如内陆河、海河、辽河等）生态基流可根据各流域综合规划的结果确定。

（二）敏感生态需水

敏感生态需水是指维持河湖生态敏感区正常生态功能的需水量及过程，主要包括河流湿地及河谷林草生态需水、湖泊生态需水、河口生态需水、重要水生生物生态需水等；在多沙河流，要同时考虑输沙水量。敏感生态需水应分析生态敏感期，非敏感期主要考虑生态基流。敏感生态需水主要针对生态敏感区及其敏感期提出，当涉及两种以上生态需水敏感区时，应分别计算敏感生态需水量及过程，取各生态需水过程线的外包线确定总的生态需水量及过程。

1. 生态敏感区

生态敏感区特指以下四类：Ⅰ——具有重要保护意义的河流湿地（如公布的各级河流湿地保护区）及以河水为主要补给源的河谷林；Ⅱ——河流直接连通的湖泊；Ⅲ——河口；Ⅳ——土著、特有、珍稀濒危等重要水生生物或者重要经济鱼类栖息地、“三场”分布区。

2. 生态敏感期

生态敏感期是指维持生态系统结构和功能的水量敏感期，如果在该时期内，生态系统不能得到足够的水量，将严重影响生态系统的结构和功能。敏感期包括植物的水分临界期，水生动物繁殖、索饵、越冬期，水－盐平衡、水－沙平衡控制期等。

一般来说，Ⅰ类生态系统敏感生态需水为丰水期的洪水过程；Ⅱ类生态系统敏感生态需水以月均生态水量的形式给出；Ⅲ类生态系统敏感生态需水以年生态需水总量的形式给出；Ⅳ类生态系统敏感生态需水为重要水生生物繁殖、索饵、越冬期所需的流量过程。

3. 敏感生态需水计算方法

1）河流湿地及河谷林草生态需水

河流湿地及河谷林草生态需水可用最小洪峰流量、丰水期天数、必需的总洪水历时表征。最小洪峰流量采用湿周率为100%时的流量，敏感时段的总天数为该流域的丰水期天数。

2）湖泊生态需水

湖泊生态需水指入湖生态需水量及过程，一般需要逐月计算。对吞吐型湖泊，湖泊生态需水量＝湖区生态需水量＋出湖生态需水量；对闭口型湖泊，湖泊生态需水量＝湖区生态需水量。其中，出湖生态需水量是指用来满足湖口下游的敏感生态需水的湖泊下泄水量。

湖区生态需水量包含湖区生态蓄水变化量和湖区生态耗水量两个部分。前者采用最小生态水位法计算，后者采用水量平衡法计算，其中最小生态水位是湖泊能够维持基本生态功能的最低水位。

3）河口生态需水

现有的计算河口生态需水量的方法不统一，且比较复杂。推荐采用历史流量法，以干流50%保证率水文条件下的年入海水量的60%～80%作为河口生态需水量。北方缺水地区的河流入海口，特别是已经建闸的河口，可以适当减小比例。

4）重要水生生物生态需水

对于重要水生生物生态需水，推荐采用生境模拟法对重要水生生物的生态需水进行计算。

5）输沙需水量

输沙需水量指河道内处于冲淤平衡时的临界水量，对于多沙河流，需根据规划不同水平年来水来沙状况和水工程运用不同阶段，确定可接受的冲淤比。

（三）控制断面水质目标

全国及流域控制断面应主要选取省界缓冲区控制断面，各省（自治区、直辖市）可根据需求拟定重要水功能区控制断面。控制断面水质目标应根据断面所在水功能区的水质管理目标确定，选择高锰酸盐指数和氨氮作为水质指标，对于重要湖泊及水库断面，应增加总磷、总氮指标。

（四）水功能区水质达标率

水功能区水质达标率指在某水系（河流、湖泊），水功能区水质达到其水质目标的个数（河长、面积）占水功能区总数（总河长、总面积）的比例。水功能区水质达标率反映河流水质满足水资源开发利用和生态与环境保护需要的状况。

（五）纵向连通性

纵向连通性是指在河流系统内生态元素在空间结构上的纵向联系，可从水坝等障碍物的数量及类型、鱼类等生物物种迁徙顺利程度、能量及营养物质的传递几个方面得以反映。其数学表达式为

$$W = N/L$$

式中 W——河流纵向连通性指数；

N——河流的断点或节点等障碍物数量（如闸、坝等），已有过鱼设施的闸坝不在统计范围之列；

L——河流的长度。

（六）地下水开采率

地下水开采率可采用区域地下水的实际开采量与地下水可开采量（允许开采量）的比值表示。地下水开采率可按下式计算：

$$C = Q_{实} / Q_{w}$$

式中 C——年均地下水开采率；

$Q_{实}$——地下水开发利用时期内年均地下水实际开采量，万 m^3；

Q_{w}——年均地下水可开采量或允许开采量，万 m^3。

二、水生态系统保护与修复措施

水生态系统保护与修复措施主要包括生态需水保障、水源涵养、重要生境保护与修复以及监督管理等措施。

（一）生态需水保障措施

生态基流和敏感生态需水保障措施包括限制取水措施、闸坝调度方案、河湖水系连通及生态补水方案、设置生态泄流和流量监控设施等。

1. 闸坝生态调度

闸坝生态调度主要特指考虑河段上下游生态保护目标和水环境保护要求的闸坝调度运用,应根据规划河段可调控供水节点(水库、闸、坝)的运行方式,以及各类生态敏感区域在敏感期对水量、流速、水位等的要求,提出水库(群)、闸、坝多目标联合优化调度的原则和方式。

2. 生态补水

在严重缺水地区或严重缺水时期,通过生态补水可在一定程度上遏制生态系统的结构破坏和功能丧失,逐渐恢复生态系统原有的自我调节功能。

对于需要进行生态补水的重要河段、湖泊、湿地及生态敏感区等,应在生态用水配置的基础上,明确补水水源、补水时机及补水水量,提出生态补水工程建设内容。

对水资源开发利用程度较高的地区,应根据水资源开发利用率评价结果,通过严格控制区域取用水总量、水资源统一调度等措施,保障并恢复区域水生态安全。

(二)水源涵养区保护措施

由于我国的许多重要江河源头,大部分位于西部及青藏高原等生态系统较脆弱地区,其自身调节能力弱,一旦地表植物被破坏,自然恢复周期较长,且人工恢复需付出更大的代价,存在很大的实施难度。针对水源涵养区,应结合区域自然条件,提出以封育自然修复和人工林、草建设相结合的保护措施方案,并针对不同地区条件采用不同的林、草配置方法。

此外,在水土流失严重的大型湖库饮用水水源地源头区,可根据当地水土保持生态治理规划的有关要求,提出水土流失综合治理和自然修复措施。

(三)重要生境保护与修复

坚持以“保护天然生境、维持自然生态过程为主,近自然恢复等人工生态控制为辅”为原则,以保护水生生物多样性和水域生态的完整性为目标,对水生生物资源和水域生境进行整体性保护。应根据不同区域水生态系统特点和生态保护目标,提出重要生境修复对策与措施,包括水生生物生境维护、河湖湿地保护与修复等。

1. 水生生物生境维护

(1)洄游通道保护:主要指对具有溯河或降河洄游性鱼类等水生生物的主要洄游通道实施的生态学保护措施。

(2)鱼类天然生境保留:指为保护特有、濒危、土著及重要渔业资源,需特殊保护和保留未开发河段的情况。对鱼类天然生境的保留或保护直接关系着区域鱼类物种的数量与质量。

(3)“三场”保护与修复:主要指对鱼类集中产卵场、越冬场和索饵场的保护,特殊河段还需要提出鱼类资源避险场的保护要求。鱼类“三场”保护具体要求,通过优化配置水资源和采取必要的工程措施,对因水利水电工程建设、河道(航道)整治、采砂以及污染排放等人为活动而遭到破坏或退化的鱼类“三场”进行保护和修复。

(4)增殖放流:主要指通过水生生物人工增殖放流的抚育行为,对水生生物保护物种和渔业资源的保护措施,包括珍稀鱼类物种保护型增殖放流和经济鱼类资源增殖型增殖放流。各流域应根据流域生态特点,从流域总体角度,合理规划布局流域濒危水生生物驯养繁殖基地,制定水生生物人工放流制度。

(5)过鱼设施:指不同类型的鱼道、集鱼船、升鱼机等保证水工程阻隔河段鱼类洄游、通过的工程设施。

(6)分层取水:主要指为减少水库建设低温水下泄及过饱和气体水流对下游河段敏感保护性水生生物的影响而采取的工程措施,主要包括水库分层取水和泄放水等。根据水库水温垂向分层结构,结合下游河段水生生物的生物学特性,调整利用大坝不同高程泄水孔口的运行规则。针对冷水下泄影响鱼类产卵、繁殖的问题,可采取增加表孔泄水的机会,以满足水库下游的生态需水。

针对水库低温水下泄和气体过饱和,还可提出工程的优化调度及相应的工程措施。

上述增殖放流、过鱼设施及分层取水等措施对已建水利枢纽工程若确有必要时采用。

2.河湖湿地保护与修复

河湖湿地保护与修复主要包括隔离保护与自然修复、河湖连通性恢复、河流湿地保护与修复、河湖岸边带保护与修复等。

(1)隔离保护与自然修复:指为减少湿地尤其是湿地自然保护区人为干扰而采取的人工隔离或封闭措施。生态系统的自我修复功能是指在相对短的时间内,靠生态系统自身功能,使得生物群落多样性增加,物种均匀性增加,改善后的结构对于外界的干扰具有较强的恢复力,生态系统可逐步恢复。

(2)河湖连通性恢复:指对产生生态阻隔的河湖生态系统或单元实施的生物学连通措施。根据“洪水脉冲理论”,利用水库蓄水制造人工洪峰,逐步通过人工调控水库制造洪水下泄实现漫滩,并配合植被带建设以达到修复河岸带的目的;结合防洪工程展宽河流两岸堤防间距,不但实现“给洪水以空间”的目的,同时为在汛期恢复河流与滩地、水塘、死水区和两岸湿地的连通性创造条件;通过合理调度闸坝、恢复通江湖泊的水力联系、拆除作用不大且阻碍水系连通的闸门,对阻碍水系连通的河段进行生态疏浚,改善水系的连通性。

(3)河流湿地保护与修复:指湿地生态用水配置保障、湿地土地利用、生物多样性保护等措施。湿地是鱼类、鸟类及多种珍稀、濒危水禽生存繁衍、栖息的场所和迁徙通道,并具有调蓄洪水、截留阻滞富集污染物的作用。湿地面积的大小可用于反映河流生态环境状态的优劣程度,适宜的生态用水是保证河流(湿地)生态系统稳定的主要因素。

对于重要湿地,应合理规划水利工程及水资源开发项目,严格限制围湖、围海造地和占填河道等改变湿地生态功能的开发建设活动;协调灌区开发与湿地保护的关系,禁止占压和开垦天然湿地;对受损的重要湿地应采取生态补水、水环境保护、生物多样性修复工程措施。

(4)河湖岸边带保护与修复:河湖岸边带主要由堤岸和河湖漫滩组成,是河流生物的主要栖息地,且作为拦截陆域污染的屏障具有保护河流水质的作用。对遭破坏的重要河湖滨带、河流廊道,有针对性的提出生态修复试点方案,拟定相应措施,改善提高河流景观的空间异质性和生物多样性。

在平面形态方面,尽可能恢复河流近自然的蜿蜒性特征,恢复河流原有的宽度,给行洪留有一定的空间,在汛期保持主流与河汊、池塘和湿地的连接。恢复河床的垂向渗透性,保持地表水与地下水的连通。通过合理闸坝调度,在一定条件下形成人造洪峰,改善下游河段生态状况。通过这些景观要素的合理配置,使河流在纵、横、深三维方向都具有丰富的景观异质性,形成浅滩与深潭交错、急流与缓流相间、植被错落有致、水流消长自如的景观空间格局。

主要措施包括河湖滨带生态保护与修复工程、岸坡防护生态工程、滚水堰工程、前置库工程、湖库内生态修复工程、生态疏浚等。此类区域若涉及城市河段(湖泊),措施规划要兼顾城市河流(湖泊)生态景观要求。

第四节 饮用水源地保护和地下水保护

一、饮用水源地保护

(一)基本要求

(1)饮用水水源地保护对象应包括地表水水源地和地下水水源地。保护范围包括水源地各级保护区和调水、输水线路。水源地保护措施应包括隔离防护、污染源综合整治、生态修复等工程措施以及水源地监测、综合管理措施。

(2)划分水源保护区:为满足水源地保护需要在水源周边划定一定的水域和陆域实施保护的区域,保护区一般分不同级别。

(3)根据水源保护区的防护要求和污染物总量控制的要求,限期治理工业污染源,重视治理生活污染源;饮用水水源保护区的设置和污染防治应纳入当地的社会经济发展规划和水污染防治规划。跨地区的饮用水水源保护区的设置和污染防治应纳入有关流域、区域、城市的社会经济发展规划和水污染防治规划。

(二)水源地保护对策措施

1. 隔离防护

为防止人类活动对水源保护区水量、水质造成影响,主要饮用水水源保护区应设置隔离防护设施,包括物理隔离工程(护栏、围网等)和生物隔离工程(如防护林)。其中,水源地一级保护区内有条件的应实行封闭管理,保护区边界设立明确的地理界标和明显的警示标志;取水口和取水设施周边设有明显的具有保护性功能的隔离防护设施。

2. 污染源综合整治

对保护区内现有点源、面源、内源、线源等各类污染源采取综合治理措施,包括对直接进入保护区的污染源采取分流、截污等工程措施,防止污染物直接进入水源地水体。

点源污染综合整治包括保护区内工业和生活污染点源治理、人口搬迁、集中式禽畜养殖控制等治理工程。

内源治理与面源污染控制:对直接影响水源水质的农村及农业面源污染、城镇地表径流污染等面源污染和污染底泥、水产养殖、流动污染源等采取治理措施。

3. 水源地生态修复

采取生物和生态工程技术,对湖库型饮用水水源的湖库周边湿地、主要入湖库支流及湖库内建设生态保护与修复工程,通过生物净化作用改善入湖库支流水质和湖库水质。

二、地下水资源保护

地下水资源保护包括浅层地下水和深层承压水保护。不合理的地下水资源开发利用可能引发海水入侵、咸水入侵、土地沙化、地面塌陷、地裂缝、湿地萎缩等相关的生态与环境问题。

(一)地下水功能区划

地下水功能区划应在调查分析区域水文地质条件、地下水水质状况、地下水补给和开采条件、地下水开发利用状况等基础上,根据生态与环境保护目标、未来对地下水开发利用和保护需求划定。地下水功能区按二级划分,一级功能区划分为开发区、保护区、保留区。在一级功能区内,划分地下水二级功能区,开发区内划分集中式供水水源区和分散式开发利用区,保护区内划分生态脆弱区、地质环境问题易发区和地下水水源涵养区,保留区内划分不宜开采区、储备区和应急水源区。

(二)地下水资源保护措施

地下水资源保护应以地下水功能区为单元,根据其功能要求,提出分区分类保护与修复对策措施,包括地下水资源的开采总量控制、超采治理与修复等。

对地下水超采的区域,通过节约用水、水资源合理配置和联合调度等措施,逐步压缩地下水开采量,或根据实际情况采取人工回灌等地下水补源措施,实现地下水的补排平衡,并提出地下水埋深控制方案、超采区治理方案及相关生态保护方案。对有一定开采潜力和开发利用需求的区域,合理开采地下水,科学确定地下水开发利用规模;深层承压水主要作为战略储备水源和部分分散的生活用水水源,规划期内不能新增开采量,已开采且造成环境地质问题或导致地下水状况发生恶化的区域,提出压缩开采量或停止开采等相应措施。

1.地下水开采总量控制

针对我国不同类型地区地下水的特点和存在问题,按照地下水保护与可持续利用的要求,统筹考虑、综合平衡各分区地下水可开采量和天然水质状况、区域经济社会发展对地下水开发与保护的需求、生态环境保护的要求等,以实现分区地下水采补平衡和可持续利用为目标,合理确定地下水开采总量控制方案。

2.地下水位控制

根据地下水的环境地质功能保护、地表生态保护和开发利用对地下水位控制的要求,制订地下水位控制总体方案。

(三)地下水超采治理与修复工程措施

在强化节水的条件下,利用可能取得的外调水、当地地表水、再生水、微咸水等各种水源来替代超采区地下水开采,逐步实现地下水的采补平衡,实现地下水超采治理目标。

(1)替代水源工程。主要包括治理地下水超采的替代水源工程(外流域调水、当地地表水、再生水、微咸水等水源利用工程)、封填井工程和人工回灌工程等。

(2)开采井封填工程。在替代水源工程建成通水的前提下,对纳入压采范围的地下水开采井实施科学的封填工作。对成井条件差的井永久封填;对成井条件好的井进行封存备用,以发挥应急供水的作用。

(3)人工回灌工程。建设地下水人工回灌工程,如地下水回渗场、拦蓄坝、引水渠、回灌井等,将地表余水、集蓄的雨水、拦截的当地洪水等回灌补给地下含水层。

第十一章　环境影响评价

第一节　环境现状调查及评价

一、评价工作等级划分

对于建设项目各环境要素专项评价，原则上应划分工作等级。评价工作等级一般可划分为三级，一级评价要求对环境影响进行全面、详细、深入评价，二级评价要求对环境影响进行较为详细、深入评价，三级评价可只进行环境影响分析。各环境要素的评价工作等级执行《环境影响评价技术导则　总纲》的有关规定。

二、基本要求

明确调查范围、调查方法、调查内容。应根据工程特点和工程所在地区的环境特征，结合各单项环境要素评价的工作等级，确定调查工作的范围和内容；应收集现有资料，进行必要的现场调查和测试；对重点环境要素应进行全面、详细的调查；对水环境、环境空气、声环境质量现状应有定量的数据并进行分析和评价；生态影响应根据评价工作等级要求进行定量或定性的分析和评价。

三、调查范围

环境现状调查范围应为工程所在地及受影响区域，即工程影响区域，包括施工区、淹没区、移民安置区、水源区、输水沿线区、受水区、工程上下游河段、湖泊、湿地、河口区等。

环境现状调查范围应与评价范围相匹配，各环境要素及因子的调查和评价范围应根据工程影响区域的环境特征，结合评价工作等级要求加以确定。

四、调查方法

环境现状调查的方法主要有收集资料法、现场调查法和遥感遥测法。

(1)收集资料法：收集项目区现有的和工程设计其他相关专业调查的有关资料、监测数据、分析报告及图件。水利水电工程影响涉及范围广，收集资料法可节省时间、人力，能充分利用当地已有环境调查、研究、监测的成果，应首先采用此方法。

(2)现场调查法：在现有资料不能满足要求时，到实地对各环境要素和单项评价对象进行调查及测试的方法。该方法可获得第一手数据和资料，以弥补收集资料法的不足，但工作量大，需占用较多的人力、物力和时间，有时还可能受季节、仪器设备条件的限制。

(3)遥感遥测法：是目前较先进和发展中的环境调查方法，适用于大尺度的区域生态、地形地貌、植被及土地利用等方面的环境现状调查，可从整体上掌握或了解评价区域的环境特征。

各单项环境要素调查的具体方法，应按相应的单项环境影响评价技术导则规定执行。

五、调查内容

(1)地形地貌与地质调查：包括工程影响区的地形特征、地貌类型；水文地质、工程地质条件，地层、岩性、地质构造、地震烈度、岩体稳定、渗漏情况、矿产资源等。重点收集和调查与岩体稳定、渗漏、浸没、诱发地震等有关的地质资料。

(2)气候与气象的调查：包括工程影响区的气温、降水量、蒸发量、湿度、日照、风速、风向、雾日、无霜期和主要灾害性天气等。

(3)水文、泥沙调查：包括工程影响区的水资源分布、利用和保护状况，工程所在河段集水面积、水位、流量、含沙量、输沙量等。

(4)水环境调查：包括工程所在河段的水功能区划，水质、水温，主要供水水源地、取水口，主要污染源，废水排放量及污染物类别，施用农药、化肥的种类及数量，地下水水质状况及污染源。

(5)大气环境调查：包括危害环境空气质量的主要污染物及其来源、环境空气质量现状。

(6)声环境调查：包括工程影响区噪声源种类、噪声级水平和声环境敏感目标。声环境敏感目标的调查应确定敏感目标位置与噪声源的距离。

(7)土壤调查：包括土壤类型、理化性质与结构、分布及环境质量现状，土壤潜育化、沼泽化、盐碱化及地下水位变化状况。

(8)水土流失调查：包括水土流失现状、成因及类型，水土保持分区等。

(9)陆生生物及其生态状况调查：包括工程影响区植物区系、植被类型及分布；野生动物区系、种类及分布；珍稀动植物类型、种群规模、生活习性、种群结构、生境条件及分布、保护级别及保护状况等；受工程影响的自然保护区的类型、级别、范围与功能分区及主要保护对象状况。进行生态完整性评价时，应调查自然系统生产能力和稳定状况。

(10)水生生物及其生态状况调查：包括工程影响水域的浮游动植物、底栖生物、水生高等植物的种类、数量、分布；鱼类区系组成、种类、产卵场；珍稀水生生物种类、种群规模、生态习性、种群结构、生境条件与分布、保护级别及保护状况等；受工程影响的自然保护区的类型、级别、范围与功能分区及主要保护对象状况。

(11)社会经济调查：包括人口、民族、宗教，国内生产总值，工、农、林、牧、副、渔业情况，人均收入，土地利用现状及生态保护用地情况等。

(12)人群健康调查：包括医疗卫生条件，自然疫源性疾病、虫媒传染病、介水传染病、地方病等。

(13)景观与文物调查：包括风景名胜区、自然保护区、疗养区、温泉；具有纪念意义和历史价值的建筑物、遗址、古墓葬、古建筑、石窟、石刻等文物的保护级别、位置及保护现状。

六、环境现状评价

环境现状评价与环境影响预测和评价密切相关，是分析和确定环境影响性质、程度的重要依据。

应在环境现状调查基础上，根据有关标准分析和评价工程影响区的环境特征、质量状况和主要环境问题。环境现状评价包括根据工程影响区的环境功能和相应环境质量标准进行的水环境、环境空气质量、声环境等各环境要素的质量评价。生态状况评价包括区域生态完整性评价、自然资源状况评价、敏感生态问题评价等。

应在环境现状评价的基础上，分析工程所在流域或工程涉及区域的主要环境问题，包括洪涝灾害、生态恶化、水土流失、地质灾害、水污染、环境空气污染、噪声污染及其对社会经济发展的制约，对人民生命财产安全及人群健康的危害等。

七、环境质量标准

环境质量标准是为了保障人群健康和社会物质财富、维护生态平衡而对环境中有害物质和因素所做的限制性规定，是一定时期内衡量环境状况优劣的尺度和进行环境规划、评价及管理的依据。常用的环境质量评价标准主要有：

(1)水环境质量标准:《地表水环境质量标准》(GB 3838—2002)、《农业灌溉水质标准》(GB 5084—2005)、《生活饮用水卫生标准》(GB 5749—2006)、《渔业水质标准》(GB 11607—89)、《地下水质量标准》(GB/T 14848—93)等。

(2)大气环境质量标准:《环境空气质量标准》(GB 3095—2012)。该标准将环境空气质量分为三级。

(3)声环境质量标准:《城市区域环境噪声标准》(GB 3096—2008)、《建筑施工场界环境噪声排放标准》(GB 12523—2011)。

(4)土壤环境质量标准:《土壤环境质量标准》(GB 15618—2008)、《农用污泥中污染物控制标准》(GB 4284—84)。

工程环境影响评价采用的环境标准应根据评价区水、气、声、土等的使用目的、功能要求和保护目标确定。

第二节　环境影响识别和预测评价

一、环境影响识别

(一)工程分析

水利水电工程对环境产生影响的作用因素很多，可能受水利水电工程影响的环境要素也很多。为减少预测评价的盲目性，提高评价的可靠性和针对性，工程分析是对项目的建设活动与环境的关系进行初步分析，确定工程对环境的作用因素或影响源，分析工程作用因素与受影响的环境要素之间的关系，为环境影响识别奠定基础。工程分析不同于环境影响预测评价，工程分析总体上属于宏观的定性分析。

工程分析需建立工程建设活动与环境要素之间的联系，如根据施工组织设计中有关施工场地布置、导流和截流方式、施工交通、施工进度安排等情况，分析并确定施工活动可能产生的影响源及其与环境的关系，分析施工废水排放与环境的关系，确定施工废水来源、排放量、排放位置、排放去向，分析废水中污染物质类别和浓度，对受纳水体的环境功能的影响等。工程分析属于问题层面分析，只有找到问题之所在，才能有针对性地开展评价工作。

水利水电工程对环境的作用因素或影响源一般具有类型多、分布广的特点，工程分析的重点是对环境影响强度大、范围广、历时长或涉及敏感区的作用因素和影响源。工程分析的对象主要有施工、淹没占地、移民安置、工程运行等。施工方面主要分析各类施工活动与环境的关系。水库淹没和工程占地直接造成生态破坏和损失,属长期的不可逆影响,应根据淹没、占地的范围和对象分析其与环境的关系。移民安置方面应分析集镇迁建、安置点建设、道路建设、专项复建、土地开发、工矿企业复建等与土地利用、植被、动物栖息地及社会经济的关系。工程运行方面应分析工程调度运行和建筑物阻隔与水文、泥沙情势及水生生物等的关系。

(二)环境影响识别与筛选

环境影响识别不同于环境影响预测评价,它主要是判断工程对环境的作用因素是否可能对环境要素产生影响。环境影响识别是环境影响评价工作中十分重要的环节,在识别过程中应全面列出可能受工程影响的环境要素及环境因子,识别工程对环境要素及环境因子的影响性质和程度。影响识别是在工程分析和环境现状调查的基础上,定性地说明环境影响性质(有利与不利、直接影响与间接影响、暂时影响与累积影响、局部影响与区域影响、可逆与不可逆影响等)、影响程度(影响大、影响中等、影响小、无影响等)和可能的影响范围。

评价因子筛选是在环境影响识别基础上,通过比较分析确定受工程影响的环境要素及相关因子,并进一步确定重点环境要素及相关因子的过程。评价因子筛选的目的是突出评价工作的重点,使工程环境影响预测和评价及环境保护措施更具针对性。

应根据环境要素受影响的性质和程度,筛选出重点评价环境要素和一般评价环境要素。对重点评价环境要素应做全面、详细、深入的评价,对一般评价环境要素可进行局部、较简单的评价。在编制环境影响报告书时,常对重点评价环境要素及相关因子列专题进行评价。

环境影响识别与筛选可选用专家判断法、矩阵法和其他定性分析方法。专家判断法主要由专业技术经验丰富的专家采用评判、记分等方法识别评价因子和评价重点。矩阵法按行、列排出需进行识别与筛选的环境要素及因子,工程对环境的作用因素、影响源,识别影响性质和程度。横轴表示水文、气候、水质、生物、土壤、社会经济等要素;纵轴表示作用因素、影响区域、影响时段等。采用矩阵法可直观地判别工程作用因素对环境要素及因子的影响性质和程度(见表11-1)。

二、环境影响预测评价

(一)预测评价的原则

(1)客观性原则。工程对环境的影响应客观、公正、科学的预测和评价。

(2)系统性原则。将工程涉及的流域(区域)作为一个系统进行预测。

(3)重点性原则。对重点环境要素及因子应进行详细、全面的预测和评价。

(4)实用性原则。预测方法应有针对性、实用性、可操作性。

(二)预测评价内容和要求

1. 水文、泥沙

水利水电工程因拦蓄、引水、调水等改变了河流、湖泊水体天然性状,因而对河道乃至流域内的水文、泥沙情势造成影响。水文、泥沙情势与水利水电工程调度有很大关系,水利水电工程调度是运用水利水电工程的蓄、泄和挡水等功能,对江河水流在时间、空间上按需要进行重新分配或调节江河湖泊水位。

表 11-1　××工程环境影响识别矩阵

作用因素与影响区域		环境要素																												
		局地气候			水文			水质			环境地质			土壤环境			水生生物			陆生生物			景观	文物	声环境	环境空气	弃渣	人群健康		
		温度	湿度		水位	流量		有机质	有害物质		诱发地震	库岸稳定		盐碱化	土壤侵蚀		鱼类	珍稀生物		森林	珍稀生物							自然疫源病	介水传染病	
施工期	对外交通																													
施工期	占地																													
施工期	主体建筑物施工																													
施工期	机械施工																													
施工期	开挖																													
施工期	弃渣																													
施工期	淹没占地																													
施工期	移民安置																													
运行期	大坝阻隔																													
运行期	水文情势																													
影响区域	工程上游区																													
影响区域	淹没区																													
影响区域	移民安置区																													
影响区域	施工区																													
影响区域	工程下游区																													

注:影响性质或程度可用＋＋＋、＋＋、＋、－－－、－－、－表示。

水文、泥沙情势的变化是导致工程运行期间生态与环境影响的原动力。水文情势的变化将会对航运、环境地质、水温、水质、流速、流态、局地气候、土地资源、水生生物、陆生生物、河道冲淤、供水、灌溉、移民等造成一系列影响,工程建设应预测水文、泥沙情势变化,评价这些变化对环境的影响。水库工程应预测评价库区、坝下游及河口的水位、流量、流速和泥沙冲淤变化及对环境的影响。灌溉、供水工程应预测评价水源区、输水沿线区、调蓄水域和受水区水文、泥沙情势变化及对环境的影响。多沙河流供水工程应预测评价泥沙淤积的环境影响。河道整治工程应预测评价工程兴建后河道流速、流向和泥沙冲淤变化对环境的影响。

预测水文情势变化范围、主要特征和参数时应全面考虑工程环境影响涉及的环境因子。对丰水期主要预测不同频率洪水流量及过程的变化,对枯水期主要预测特枯流量、枯水期平均流量变化。对于泥沙主要分析输沙率、含沙量和库区、河道冲淤变化等。

2. 局地气候

大型水库工程建设改变了水体面积、体积、形状等,导致水陆之间水热条件、空气动力特征发生变化。应预测工程对水体上空及周边陆地气温、湿度、风、降水、雾等的影响。评价局地气候改变对农业生态、交通航运和生活环境的影响。

对气温的影响，主要预测年平均气温、最低月平均气温、最高月平均气温、年极端最高气温、年极端最低气温的变化。对降水的影响，主要预测年降水量和各季（月）降水量的变化。对风速的影响，主要预测水体上风岸与下风岸年、月平均风速和瞬时最大风速的变化。对湿度的影响主要预测年、月湿度的变化。对雾的影响，主要预测雾的类型及雾日变化。

3. 水环境

水环境预测评价是在现状评价的基础上，通过适当的模式进行预测计算，分析工程施工和生产运行对水环境可能造成的影响，为制定水资源保护和水污染防治措施提供科学依据。

对水库工程应预测对库区及坝下游水体稀释扩散能力、水质、水体富营养化和河口咸水入侵的影响，库岸有重大污染源或城镇分布时应对岸边污染带宽度、长度等进行预测。对梯级水库工程应预测对下一级水库水质的影响。对供水工程应预测对引水口、输水沿线、调蓄水体水质的影响，对河渠平交的供水工程应预测河流污染物对输水水质的影响。对灌溉工程应预测灌区回归水对受纳水体水质的影响及对灌区地下水水质的影响。对移民安置应预测第二、第三产业发展和城镇迁建居民生产和生活废污水量、主要污染物及其对水质的影响。对工程施工应预测生产和生活废污水量、主要污染物及其对水质的影响，主要是预测基础开挖、砂石骨料冲洗、混凝土养护等对悬浮物、pH 值的影响，施工人员生活污水、粪便排放对水质的影响。对河湖整治、清淤工程应预测底泥清运、处置对水质的影响。对于底泥对水质的影响，可从泥沙粒径、沉积物中污染物、水体 pH 值、氧化还原条件变化等方面进行分析。对于水温影响，应预测水库水温结构、水温垂向分布、下泄水温及其对农作物、鱼类等的影响。对于工程对河口地区水质影响，可分析工程建设后入海径流量变化，预测对盐度和营养物质、泥沙等环境因子的影响。

4. 环境地质

水利水电工程的建设，改变了自然界原有的岩土力学平衡，在这些潜伏着地质灾害隐患的区域就会加剧或引发地质灾害的发生。由水利水电工程所引发的环境地质问题几乎包括了自然界中存在的所有灾害地质的类型，比较常见或影响较大的有水库诱发地震、浸没、淤积与冲刷、坍塌与滑坡、渗漏、水质污染、土壤盐渍化等。

对于大型水库应分析诱发地震的可能性、地震类型、发震地点、发震强度、地震烈度等。库岸和边坡稳定影响方面应预测水库蓄水后地下水动力学特征改变、岩体稳定性变差，可能发生滑坡、崩塌的类型、分布及其对环境的影响。水库渗漏、浸没影响方面应分析周围地质构造、地貌、地下水位、渗漏通道、预测渗漏、浸没程度及对环境的影响。对于抽取地下水的灌溉、供水工程，应分析对地下水位、地面沉降的影响。

5. 土壤环境、土地资源

对于土壤环境，主要预测工程对土壤环境的改变及其对农业、社会、经济带来的有利与不利影响，主要有工程对土壤改良、土壤潜育化、沼泽化、次生盐碱化、土地沙化等的影响。

土地资源是指人类可以利用的土地，是人类的重要生产资料，它包括质量和数量两个方面，质量即土地的生产能力。对于土地资源，应预测工程对土地资源数量和质量、土地利用方式、人均占有耕地的影响。工程淹没、占地、移民安置方面应预测对土地资源及其利用的影响。

对于河道整治、清淤工程，应预测底泥疏浚量、堆积量以及利用量及其对农田的影响，底泥中污染物成分按《农用污泥中污染物控制标准》（GB 4284—84）规定进行评价。

6. 生态

生态系统的核心是生物，生物有生产的能力，可以修复受到干扰的区域自然系统，以维持系统的平衡。从评价角度划分，生态系统可分为陆生生态系统和水生生态系统。

陆生生态影响评价的主要内容包括生态系统完整性、运行特点和生态功能评价，工程影响区野生动物区系、种类、数量及分布影响评价，珍稀濒危动植物种群规模、种群结构、生境条件影响评价，自然保护区的影响评价及水土流失的影响评价。

生态完整性评价应判定工程区现状与受影响后生态质量的优劣，主要以工程影响区生物生产力、区域自然系统的稳定状况判定。生物生产力可用绿色植物生长量或生物现存量（生物量）度量。植被是陆生生态系统中最重要、最敏感的自然要素，对生态系统变化及稳定起决定性作用，植被净生产力是指绿色植物在单位面积、单位时间内所累积的有机物数量，它直接反映植物群落在自然环境条件下的生产能力，也是生态环境现状质量评价的重要参数。自然系统稳定性可用恢复稳定性和阻抗稳定性度量，也可用景观系统内各种拼块优势度值进行综合分析。

对于陆生植物，应预测对珍稀、濒危和特有植物、古树名木种类、数量、分布范围的影响，珍稀、濒危植物应根据国家和地方重点保护野生植物名录确定。对于陆生动物，应预测陆生动物淹没死亡或迁徙，栖息地丧失、缩小或扩大，种群结构或区系组成发生变化，觅食地或迁移路线发生变化。珍稀濒危动物应根据国家、地方颁布的重点保护野生动物名录确定。对于自然保护区，应说明工程位置与自然保护区的距离，工程影响范围与核心区、缓冲区、试验区的关系，受影响的动植物种类等。对于水土流失，应预测工程开挖、土石料开采等施工活动扰动地貌、损坏土地和植被的面积，工程弃渣数量及分布，对原有水土保持植物和工程设施的损坏造成水土流失的面积、流失总量。

水利水电工程对水生生态的影响主要是工程引起水文情势变化、河流纵向连续性和横向连通性降低、水流及水温条件变化等引起的，这些变化造成水生生物阻隔、迫迁、增殖、伤害、分布变化和病源生物扩散等，进而对水生生物种群、结构产生影响。

对于水生生物，应预测对浮游植物、浮游动物、底栖生物、高等水生植物、重要经济鱼类及其他水生动物，珍稀、濒危、特有水生生物种类及分布的影响。对于湿地应预测对河滩、湖滨、沼泽、海涂等生态环境以及物种多样性的影响。对于自然保护区应预测对保护对象、保护范围等的影响。

7. 大气环境、声环境、固体废物

大气环境影响方面应预测施工产生的粉尘、扬尘和机械与车辆燃油、生活燃煤产生的污染物对环境空气质量的影响。工程施工对环境空气质量的影响主要是由于机械燃油、施工土石方开挖、爆破、混凝土拌和、砂石料粉碎、筛分、施工生活区燃煤以及车辆运输等施工活动产生，污染源主要有粉尘和扬尘，尾气污染物主要有二氧化硫（SO_2）、一氧化碳（CO）、二氧化氮（NO_2）和烃类等。环境空气质量应按《环境空气质量标准》（GB 3095—2012）规定评价。

施工活动产生的噪声包括以下类型：固定、连续式的钻孔和施工机械设备的噪声，短时、定时的爆破的噪声，流动噪声。声环境影响方面应预测施工机械运行、砂石料加工、爆破、机动车辆等产生的噪声强度、时间及对环境的影响。根据施工设备选型情况，采用类比工程实测数据或查阅相关手册，确定主要施工机械设备、车辆的噪声源强。施工场界的噪声应按《建筑施工场界环境噪声排放标准》(GB 12523—2011)规定控制。工程施工位于城市区域时，环境噪声应按《城市区域环境噪声标准》(GB 3096—2008)规定执行。

固体废物影响方面应预测施工产生的弃渣、生活垃圾对环境的影响。工程固体废物主要有施工场地清理、开挖、土石料开采的弃渣和施工区生活垃圾。固体废物应根据施工方式、工程量、施工人数，预测评价处理、处置方式对环境的影响。

8. 人群健康

人群健康影响方面应预测工程建设对自然疫源性疾病、介水传染病、虫媒传染病、地方病等疾病流行的影响。对移民安置区应预测流行病和地方病对移民和当地居民健康的影响。对工程施工区应预测流行病、地方病对施工人员健康的影响。

工程建设使水环境、局地气候、某些传媒生物、地球化学特征等环境卫生条件发生变化，可能导致流行病、地方病，影响人群健康。常见自然疫源性疾病有血吸虫病、钩端螺旋体病、流行性出血热、肺吸虫病、斑疹伤寒，预测内容应包括生物群落变化、病原体宿主和媒介的改变、疾病传播方式与感染方式及流行的特征。常见的介水传染病有传染性肝炎、痢疾、伤寒和副伤寒、霍乱和副霍乱等，与水源和水环境关系密切。常见的虫媒传染病有疟疾、丝虫病、流行性乙型脑炎等，预测内容应包括水环境变化、疾病流行的因素、传染源、传播途径及流行特征。地方病主要有地方性甲状腺肿、地方性克汀病、地方性氟中毒、克山病、大骨节病等，应根据居民生活环境和当地地球环境化学元素分布状况，预测地方病的发生和流行特征。

移民迁建和施工人员流动，可能使疾病传染源迁移、交叉感染，并造成疾病流行，应根据移民安置和施工人员情况、工程所在地环境状况，针对有关疾病流行进行预测评价。

9. 景观与文物

景观包括自然景观和人文景观。景观影响方面应预测工程对风景名胜区、自然保护区、疗养区、温泉等的影响。文物影响方面应预测工程对遗存在社会上或埋藏在地下的历史文化遗物，包括具有纪念意义和历史价值的建筑物、遗址、纪念物或具有历史、艺术、科学价值的古文化遗址、古墓葬、古建筑、石窟寺、石刻等的影响。

工程施工、水库淹没都会影响景观。工程建设后水面扩大和水工建筑物又会形成新景观。应对工程建设涉及的国家级或地方级的风景名胜进行重点预测评价。关于文物影响，应根据文物保护的级别、位置、范围，预测影响的性质和程度。

10. 移民影响

移民影响方面应预测移民环境容量和移民生产条件、生活质量及环境状况。对于移民安置对土地资源、陆生生物、水土流失、人群健康等方面的影响预测，应符合前述规定。对于水库淹没涉及城镇、集镇、工矿企业和基础设施的情况，应预测迁建对环境的影响。对于水库淹没涉及交通道路、通信线路等的情况，应预测复建、改建对环境的影响。

移民环境容量分析方面，主要根据移民安置规划，分析区域资源蕴藏量及开发利用状况、生产技术水平与经济状况、环境质量现状、移民安置数量是否超过环境承载能力等。对于城镇、集镇迁建，应对迁建后环境质量改变和可能出现的新的环境问题进行预测。对于专业项目设施复建、改建，应预测复建、改建中造成的植被破坏、水土流失及对居民生产和生活的影响。

11. 社会、经济

应综合分析工程对流域、区域社会、经济可持续发展的作用和影响。对防洪工程应分析其保障社会、经济发展和人民生命财产安全的重要作用，以及降低洪灾风险所产生的正面生态环境效益。对水电工程应分析其提供清洁能源，促进社会、经济发展的作用。对灌溉工程应分析其对改善农业生产条件、提高农业生产力的作用。对供水工程应分析其增加城市工业、生活用水，对提高工业生产水平、改善居民生活质量的作用。

第三节 环境保护对策措施

一、基本要求

环境保护对策措施是指根据环境影响报告书(表)预测评价结论，针对工程造成不利影响的对象、范围、时段、程度，根据环境保护目标要求，提出的预防、减免、恢复、补偿、管理、科研、监测等对策措施。应符合以下要求：

(1)制定的对策措施应有针对性和可操作性，并为下阶段环境保护设计和环境管理提供依据。根据《建设项目环境保护管理条例》规定，建设项目环境影响报告书应提出“环境保护措施及其经济、技术论证”。对采取的环境保护措施，应进行经济合理性、技术可行性的分析论证。

(2)应在经济技术论证的基础上，选择技术先进、经济合理、便于实施、保护和改善环境效果好的措施。制定的环境保护对策措施内容应包括：保护的对象、目标，措施的内容，设施的规模及工艺、实施部位和时间、实施的保证措施、预期效果的分析等。

(3)各项环境保护对策措施应有相应的环境保护投资，包括为减免工程环境不利影响和满足工程功能要求采取的环境保护措施、环境监测措施所需的投资，以及对难以恢复、保护的环境影响对象采取的替代措施或给予合理补偿的投资。环境保护投资应作为工程估算总投资的组成部分。

(4)环境保护投资估算的项目分为环境保护措施投资、环境监测措施投资、仪器设备及安装投资、环境保护临时措施投资和独立费用等。独立费用包括建设管理费、环境监理费、科研勘测设计咨询费、工程质量监督费等。

二、环境保护措施

(一)水环境保护

应根据水功能区划提出区域水污染防治和施工期污染控制的措施。工程造成水域纳污能力减小，并对社会经济造成不利影响时，应提出减免和补偿措施。如果下泄水温影响下游农业生产和鱼类繁殖、生长，应提出水库分层取水及水温恢复措施。

水质保护措施主要有污染防治措施和水质管理措施。污染防治措施主要是针对施工期混凝土搅拌站、混凝土养护、车辆机械冲洗等排放的生产废水和施工、运行期产生的生活污水所采取的处理措施。应根据规定的污水排放标准，对生产废水和生活污水采用适当的处理设施进行处理。需建污水处理工程时，应确定其位置、规模及工艺流程。对于水质管理，应提出水质保护的管理机构、人员、职责等要求，并对水源地水质管理和工程所在流域水质管理提出建议。

供水工程应参照有关水源地安全保障技术要求划分水源保护区并提出水源地保护措施。

（二）大气污染防治

应对生产、生活设施和运输车辆等排放的废气、粉尘、扬尘提出控制和净化措施，制订环境空气监测管理计划。

对施工区生活锅炉应采用除尘净化装置，对施工区及交通道路应结合景观要求进行绿化，并对路面进行适时洒水，水泥等粉状建筑材料的运输和堆放应有遮盖，防止泄漏。

（三）环境噪声控制

应对施工建筑材料的开采、土石方开挖、施工附属工厂、机械、交通运输车辆等释放的噪声提出控制噪声要求；对敏感点采取设立声屏障、隔音减噪等措施；制订噪声监控计划。

施工噪声的控制可选用隔声、消声设施，设置声屏障和栽种绿化带。对于砂石料加工系统的噪声控制，必要时可选用隔声材料修建生产车间，墙内装多孔吸声材料。当敏感点与噪声源较近时，可采用声屏障，并提出声屏障规格、材料及噪声衰减量的要求。绿化林带应具有防噪、防尘、水土保持、改善生态环境等功能。对产生强噪声的施工机械作业时间及场地布置应做出规定。

（四）施工固体废物处理

施工固体废物处理包括弃渣处置和施工人员生活垃圾、粪便处置等。施工中弃渣可用于坑洼回填、修筑道路或造田，土地平整后可植树造林。弃渣堆放场所应尽可能选择荒山、荒地处，并减少对植被的破坏，弃渣场应设置排水沟、挡渣墙，以防治水土流失。

对施工区的生活垃圾应及时清理。在城镇施工的生活垃圾可送入垃圾场集中处理。施工区应修建公厕和化粪池，对粪便进行分散或集中处理。

（五）生态保护

珍稀、濒危植物或其他有保护价值的植物受到不利影响时，应提出工程防护、移栽、引种繁殖栽培、种质库保存和管理等措施。对工程施工损坏植被情况，应提出植被恢复与绿化措施。

珍稀、濒危陆生动物和有保护价值的陆生动物的栖息地受到破坏时，应提出预留迁徙通道或建立新栖息地等保护及管理措施。工程影响野生脊椎动物的栖息地时，应提出设置迁徙通道，建立栅拦、宣传牌等保护措施，以及禁止猎捕等管理措施。

对于受工程影响的地带性天然植被、区域特有种、国家重点保护的珍稀、濒危植物和古树名木等，应采取就地保护、移栽引种繁殖、种质库保存等措施。必要时可根据自然生态条件及当地行政主管部门规定和公众要求，经科学论证提出建立自然保护区、珍稀植物保护区和古树名木单株保护等对策措施。

当珍稀、濒危水生生物和有保护价值的水生生物的种群、数量、栖息地、洄游通道受到不利影响时，应提出栖息地保护、设立保护区等保护与管理措施。对工程影响鱼类产卵繁殖、洄游的情况，应提出优化水库调度方案、设置过鱼设施、建立人工繁殖放流站等措施，并明确各项措施的具体技术要求。

（六）土壤环境保护

对于工程引起土壤潜育化、沼泽化、盐碱化和土地沙化的情况，应提出相应的工程措施、生物措施和管理措施。土壤潜育化、沼泽化、盐碱化可采取工程措施和生物措施进行治理。工程措施主要是完善灌排渠系，生物措施主要是水旱轮作、调整作物品种等。

对于可能造成土壤污染的底泥清淤，应采取必要的工程、生物、监测与管理措施。清淤底泥农用时，底泥中污染物含量应符合《农用污泥中污染物控制标准》（GB 4284—84）规定。

（七）人群健康保护

人群健康保护措施包括卫生清理，疾病预防与治疗，检疫、疫情控制与管理，病媒体的灭杀及其滋生地的改造，饮用水源地的防护与监测，生活垃圾及粪便的处置，医疗保健、卫生防疫机构的健全与完善等。

卫生清理包括库底和施工场地卫生清理，主要对象为一般污染源、传染性污染源等。病媒体的灭杀及其滋生地的改造措施主要有消灭血吸虫中间宿主——钉螺、防蚊灭蚊、灭鼠等。施工区医疗卫生措施主要有设置卫生防疫机构，建立施工人员防疫检疫制度，健全工区医疗急救设施，加强施工区环境卫生管理等。

（八）文物保护

水利水电工程对重要文物古迹、文化遗产造成影响时，应根据影响对象和影响程度提出防护、加固、避让、迁移、复制、录相保存、发掘等措施。

（九）景观保护

工程对景观产生影响时，应提出相应的补偿、防护和减免措施。工程建筑物应与周围景观相协调，符合环境美学观点。工程涉及风景名胜区时，应制定保护措施并符合《风景名胜区管理暂行条例》规定。

（十）取水设施保护

工程对取水设施等造成不利影响时，应提出补偿、防护措施。

（十一）水土保持

工程建设造成水土流失时，应因地制宜地采取拦渣工程、斜坡防护工程、土地整治工程、防洪排导工程、降水渗蓄工程、临时防护工程、植被建设工程、防风固沙工程等措施。

工程水土保持方案的编制及防治措施技术的确定，应按《开发建设项目水土保持技术规范》（GB 50433—2008）的规定执行。

第四节　环境监测和管理

一、环境监测

（一）环境监测任务

应根据环境影响评价和环境管理要求，制订施工期和运行期环境监测计划，对有关环境要素及因子进行动态监测。

对突发性环境事件，如洪水、污染事故、滑坡、诱发地震、疾病暴发流行等，应进行跟踪调查。在重要区域还可建立自动监测站、预警预报及跟踪监测系统。

（二）监测站及监测点布设

（1）环境监测站、监测点布设应针对施工期和运行期受影响的主要环境要素及因子设置。监测站、点应具有代表性，并尽可能利用已有监测站、点。监测站建设规模和仪器设备应根据所承担的监测和管理任务确定。各级监测站人员配置应以专业技术人员为主,由化学、物理、生态、卫生等专业人员组成。建站规模及仪器设备应按《全国环境监测仪器设备管理规定》配置。

(2)监测范围应与工程影响区域相匹配。监测调查位置与频次应根据监测调查数据的代表性、生态环境质量的变化和环境影响评价要求确定。监测方法与技术要求应符合国家现行的有关环境监测技术规范和环境监测标准分析方法。对监测成果应在原始监测数据基础上进行审查、校核、综合分析后整理编印,并提交管理部门。

(3)环境监测的项目、点位和频次应根据受影响的主要环境要素及因子确定。按影响范围、程度、性质确定重点监测调查项目。重点监测调查项目应增加监测点(断面)、监测频次。监测调查数据应合理、可靠,有可比性。对监测数据中的异常值要进行分析处理。

二、环境管理

环境管理应列为工程管理的组成部分,并贯穿工程施工期与运行期。环境管理的任务应包括:环境保护政策、法规的执行,环境管理计划的编制,环境保护措施的实施管理,环境监理内容及要求的制定,环境质量分析与评价以及环境保护科研和技术管理等。环境管理体制及管理机构和人员设置应根据工程管理体制与环境管理任务确定。大型工程宜建立环境管理信息系统。

环境管理系统的运行程序可采用环境管理工作流程图来表示,环境管理工作流程图可反映环境管理系统的层次结构、各层次的管理职责和管理任务,使环境管理工作有计划地进行。环境管理信息系统由输入/输出系统、数据库系统、查询检索系统、维护系统、评价和决策系统等组成。数据存储内容应包括自然环境监测调查信息、社会环境调查信息、生态环境调查信息、环境管理信息和环境法规标准等。

三、环境监理

为进一步落实建设项目监理制,保证建设项目环境保护“三同时”,国家实施建设项目环境监理制度。环境监理不仅是建设项目环境保护的一项重要内容,也是工程监理的重要组成部分。目前,大中型水利水电工程都要求开展环境监理工作,并按有关规定设置人员,保证监理经费。

环境监理的依据主要有国家环保政策、法规及合同标书,环境影响报告书中的相关内容,环境保护设计,有关环境保护的条款以及环境保护管理办法,环境保护工作实施细则等。

环境监理的主要任务是:

(1)对工程实施过程中可能出现的环境问题,事先采取措施进行防范,以达到减少环境污染、保护生态环境的目的。

(2)对涉及环境保护工作的各部门、各环节的工作进行及时的监督、检查和协调。

(3)作为独立、公正的第三方,参与工程建设环保工作的全过程;参与工程中重大环境问题的决策,参加工程的环境验收,为有关部门改进工作提供科学依据。

(4)促进环保工作向更规范化方向发展,促使更好地完成防治环境污染和生态破坏的任务。

四、环境敏感区保护及管理

环境敏感区是指依法设立的各级各类自然、文化保护地,以及对建设项目的某类污染因子或者生态影响因子特别敏感的区域,主要包括自然遗产、重点保护文物、自然保护区、风景名胜区、水源保护区以及其他重要设施所在区域,以下重点介绍自然保护区及风景名胜区的保护与管理。

(一)自然保护区

自然保护区是指对有代表性的自然生态系统、珍稀濒危野生动植物物种的天然集中分布区、有特殊意义的自然遗迹等保护对象所在的陆地、陆地水体或者海域,依法划出一定面积予以特殊保护和管理的区域。为了加强自然保护区的建设和管理,国务院以 167 号令颁布了《中华人民共和国自然保护区条例》,自 1994 年 12 月 1 日起施行。

国家对自然保护区实行综合管理与分部门管理相结合的管理体制。国务院环境保护行政主管部门负责全国自然保护区的综合管理。国务院林业、农业、地质矿产、水利、海洋等有关行政主管部门在各自的职责范围内,主管有关的自然保护区。县级以上地方人民政府负责自然保护区管理部门的设置和职责,由省(自治区、直辖市)人民政府根据当地具体情况确定。

自然保护区分为国家级自然保护区和地方级自然保护区。在国内外有典型意义、在科学上有重大国际影响或者有特殊科学研究价值的自然保护区,列为国家级自然保护区。除列为国家级自然保护区以外,其他具有典型意义或者有重要科学研究价值的自然保护区列为地方级自然保护区。地方级自然保护区可以分级管理,具体办法由国务院有关自然保护区行政主管部门或者省(自治区、直辖市)人民政府根据实际情况规定,报国务院环境保护行政主管部门备案。

自然保护区的范围和界线由批准建立自然保护区的人民政府确定,并标明区界,予以公告。确定自然保护区的范围和界线,应当兼顾保护对象的完整性和适度性,以及当地经济建设和居民生产、生活的需要。

自然保护区的撤销及其性质、范围、界线的调整或者改变,应当经原批准建立自然保护区的人民政府批准。任何单位和个人,不得擅自移动自然保护区的界标。

自然保护区可以分为核心区、缓冲区和实验区。自然保护区内保存完好的天然状态的生态系统以及珍稀、濒危动植物的集中分布地,应当划为核心区,禁止任何单位和个人进入;除依照规定经批准外,也不允许进入从事科学研究活动。核心区外围可以划定一定面积的缓冲区,只准进入从事科学研究观测活动。缓冲区外围划为实验区,可以进入从事科学试验、教学实习、参观考察、旅游,以及驯化和繁殖珍稀、濒危野生动植物等活动。

原批准建立自然保护区的人民政府认为必要时,可以在自然保护区的外围划定一定面积的外围保护地带。

国家级自然保护区,由其所在地的省(自治区、直辖市)人民政府有关自然保护区行政主管部门或者国务院有关自然保护区行政主管部门管理。地方级自然保护区,由其所在地的县级以上地方人民政府有关自然保护区行政主管部门管理。

禁止在自然保护区内进行砍伐、放牧、狩猎、捕捞、采药、开垦、烧荒、开矿、采石、捞沙等活动,但是法律、行政法规另有规定的除外。

禁止任何人进入自然保护区的核心区。因科学研究的需要,必须进入核心区从事科学研究观测、调查活动的,应当事先向自然保护区管理机构提交申请和活动计划,并经省级以上人民政府有关自然保护区行政主管部门批准。其中,进入国家级自然保护区核心区的,必须经国务院有关自然保护区行政主管部门批准。

禁止在自然保护区的缓冲区开展旅游和生产经营活动。在自然保护区的核心区和缓冲区内,不得建设任何生产设施。在自然保护区的实验区内,不得建设污染环境、破坏资源或者景观的生产设施;建设其他项目,其污染物排放不得超过国家和地方规定的污染物排放标准。在自然保护区的实验区内已经建成的设施,其污染物排放超过国家和地方规定的排放标准的,应当限期治理;造成损害的,必须采取补救措施。在自然保护区的外围保护地带建设的项目,不得损害自然保护区内的环境质量;已造成损害的,应当限期治理。限期治理决定由法律、法规规定的机关作出,被限期治理的企业事业单位必须按期完成治理任务。

(二)风景名胜区

凡具有观赏价值、文化价值或科学价值,自然景物、人文景物比较集中,环境优美,具有一定规模和范围,可供人们游览、休息或进行科学、文化活动的地区为风景名胜区。为了加强对风景名胜区的管理,更好地保护、利用和开发风景名胜资源,国务院于1985年6月7日颁布了《中华人民共和国风景名胜区管理暂行条例》。

风景名胜区按其景物的观赏、文化、科学价值和环境质量、规模大小、游览条件等,划分为三级:市、县级风景名胜区,由市、县主管部门组织有关部门提出风景名胜资源调查评价报告,报市、县人民政府审定公布;省级风景名胜区,由市、县人民政府提出风景名胜资源调查评价报告,报省(自治区、直辖市)人民政府审定公布;国家重点风景名胜区,由省(自治区、直辖市)人民政府提出风景名胜资源调查评价报告,报国务院审定公布。

风景名胜区依法设立人民政府,全面负责风景名胜区的保护、利用、规划和建设。风景名胜区没有设立人民政府的,应当设立管理机构,在所属人民政府领导下,主持风景名胜区的管理工作。

风景名胜区的土地任何单位和个人都不得侵占。风景名胜区内的一切景物和自然环境,必须严格保护,不得破坏或随意改变。在风景名胜区及其外围保护地带内的各项建设,都应当与景观相协调,不得建设破坏景观、污染环境、妨碍游览的设施。在游人集中的游览区内,不得建设宾馆、招待所以及休养、疗养机构。在珍贵景物周围和重要景点上,除必须的保护和附属设施外,不得增建其他工程设施。

对风景名胜区内的重要景物、文物古迹、古树名木,都应当进行调查、鉴定,并制定保护措施,组织实施。

第十二章　经济评价

建设项目经济评价主要是指在项目决策前的可行性研究和评估中，采用经济分析方法，对拟建项目计算期（包括建设期和运行期）内投入产出诸多经济因素进行调查、预测、研究、计算和论证，以对项目选定方案的经济合理性做出全面的分析和评价。其评价的结论是项目决策的重要依据。

项目经济评价一般包括国民经济评价和财务评价等基本内容。国民经济评价是从国家整体角度分析、计算项目对国民经济的净贡献，据此判别项目的经济合理性。财务评价是在国家现行财税制度和价格体系的条件下，从项目财务核算单位的角度分析计算项目的财务盈利能力、清偿能力和生存能力，据以判别项目的财务可行性。对于水利水电建设项目，以国民经济评价为主，但必须重视财务评价。对于社会经济效益很大，而财务收入很少甚至无财务收入的项目（如防洪），也应进行财务分析计算，以提出维持项目正常运行需由国家补贴的资金数额及需采取的优惠措施和有关政策。

第一节　概　述

国民经济评价是采用费用和效益分析的方法，运用影子价格、影子汇率、影子工资和社会折现率等国民经济评价参数，从国民经济角度考察投资项目所耗费的社会资源和对社会的贡献，以评价投资项目的经济合理性。在项目的经济评价中，一般说来，那些对国民经济有较大影响的项目或者投入、产出财务价格明显不合理的项目就必须进行国民经济评价。特别是对能源、交通基础设施，农、林、水利等非工业项目更要强调国民经济评价，因为这类项目往往是国民经济的基础，不完全以盈利为目标，但对国民经济其他部门影响较大，有明显的外部效果，有时有些产出物的财务价格又不能反映对社会的真实贡献。另外，对于某些国际金融组织如世界银行、亚洲开发银行的贷款项目和某些政府贷款项目（如日元政府贷款项目）均需按要求进行国民经济评价。因此，对于水利水电建设项目来说一般都应进行国民经济评价。

一、国民经济评价与财务评价的区别与联系

国民经济评价与财务评价是项目经济评价的两个层次，它们之间既有区别又有联系。国民经济评价与财务评价的共同之处在于：首先，它们都是经济评价，都是要寻求以最小的投入获得最大的产出，都采用现金流量分析的方法，通过编制基本报表计算净现值、内部收益率等指标；其次，评价的基础相同，两者都是在完成产出物需求预测、工程地址及型式选择、技术路线和技术方案论证、投资估算和资金筹措等基础上进行的。国民经济评价与财务评价的区别主要有：

（1）评价角度不同。国民经济评价是从国家整体的角度考察项目需要国家付出的代价和对国家的贡献，评价投资项目的经济合理性；财务评价是从财务角度考察项目货币收支、

盈利状况和借款清偿能力，并从项目的经营者、投资者和债权人角度进行分析评价。

(2)项目费用、效益的含义和范围划分不同。国民经济评价根据项目给国家带来的效益和项目消耗国家资源的多少，来考察项目的效益和费用。国家给项目的补贴、项目向国家上交的税金及国内借款的利息，均视为资金的转移支付，不作为项目的效益和费用。另外，国民经济评价不仅要计算项目的直接效益和直接费用，而且要计算项目的间接效益和间接费用，即外部效果。财务评价则是根据项目的实际收支情况，确定项目的效益和直接费用。

(3)评价采用的价格不同。国民经济评价中对投入物和产出物采用影子价格，财务评价采用财务价格。

(4)主要参数不同。国民经济评价采用国家统一测定的影子汇率和社会折现率等，财务评价采用国家公布的汇率和行业基准收益率或银行贷款利率。

(5)主要评价指标不同。国民经济评价和财务评价在主要评价指标、主要评价报表上也有不同，其比较情况可见表12-1。

表12-1　国民经济评价与财务评价对比

项目	国民经济评价	财务评价
评价角度	全社会或整个国民经济	项目核算单位
计算范围	直接效益和直接费用及比较明显的间接效益和间接费用。属于国民经济内部转移支付的利润、税金、贷款利息等不计入项目的费用和效益	直接效益和直接费用。利润、税金、贷款利息等计入项目的费用效益
价格	影子价格	财务价格
评价标准	社会折现率	部门或行业的基准收益率
主要评价指标	经济内部收益率 经济净现值 经济效益费用比	盈利项目{单价(上网电价，源水水价)；投资回收期；贷款偿还期} 公益项目{产品成本，价格；补贴办法，优惠措施}
主要报表	国民经济效益费用流量表	总成本费用表 损益表(利润与利润分配表) 财务现金流量表 资产负债表 资金来源与运用表 借款还本付息计算表

二、经济评价的方法

在进行项目的经济评价，分析计算项目在经济寿命期(或计算期)内各年发生的费用和效益时，按是否考虑资金的时间价值可以分为静态经济分析法和动态经济分析法两类，即把不考虑资金时间价值的方法称为静态经济分析法，把考虑资金时间价值的方法称为动态经济分析法。目前，项目的经济评价采用动态经济分析与静态经济分析相结合的方法，以动态经济分析法为主，同时也不排除采用静态经济分析法，计算静态指标。

动态经济分析法中常用的名词如下：

(1)资金的时间价值。货币如果作为储藏手段保存起来，不论经过多长时间，仍为同名量货币，金额不变。但货币如果作为社会生产资金参与再生产过程，就会带来利润，即得到增值。货币的这种增值现象一般称为货币的时间价值，或称为资金的时间价值。所以，资金具有时间价值并不意味着资金本身能够增值，而是因为资金代表着一定量的物化劳动，并在生产和流通中与劳动力相结合，才产生增值。

资金时间价值的理论具有广泛的实用性。在项目经济评价中，根据这一原理，可以将不同时间的费用或效益折算为同一时间点的等值费用或效益并进行方案优选，有利于有效地利用资金，发挥投资的经济效益。

(2)资金流量。由于资金具有时间价值，一定量的资金必须赋予相应的时间，才能表达其确切的量的概念。在建设项目的经济评价中，要求将其计算期内所发生的费用和效益，按各自发生的时间顺序排列，即表达为具有明确时间概念的资金过程就称为资金流量。流出项目以货币表示的价值量称为资金流出量，记为负值；流入项目以货币表示的价值量称为资金流入量，记为正值；同一时间上的资金流入量与流出量的代数和称为净资金流量。资金流出量、资金流入量及净资金流量统称为资金流量。

水利水电建设项目的资金流入量包括销售收入(国民经济评价则为工程效益，还包括间接效益)、回收固定资产余值和回收流动资金等；资金流出量包括固定资产投资、流动资金、年运行费(经营成本)和销售税金(国民经济评价中还包括间接费用，但不包括税金)等。

(3)计算期。项目计算期是可行性研究阶段为进行动态经济分析所设定的期限，包括建设期和运行期(或称生产经营期)，一般以年为单位。建设期是指项目资金正式投入工程开始，至按设计工期项目建成所需的时间，一些建设工期较长的项目，在建设期内有部分先建成的工程可先期发挥效益，但仍可归于建设期，设计工期应根据项目施工方案予以确定。运行期(生产经营期)根据项目投产情况可分为运行初期和正常运行期两个阶段：运行初期是指项目虽然已投入生产但生产能力尚未达到设计能力(设计规模)的过渡阶段，正常运行期是指生产经营达到设计预期水平后的时期。水利水电建设项目的运行期可根据项目的经济寿命和具体情况，按以下规定研究确定：

防洪、治涝、灌溉、城镇供水等工程	30～50年
大中型水电站	30～50年
机电排灌站、小型水电站	15～25年

项目计算期不宜定得太长，特别是新财务制度规定折旧年限缩短后，一般以不影响经济评价结论为原则。通常对于建设工期长、发挥效益持久或在正常运行期内效益不断增长的水利水电建设项目，以采用较长的生产期较为合理；如果以替代方案费用作为评价水利水电建设项目的效益，可以采用较短的计算期。

(4)基准年与基准点。基准年是资金流量过程中，不计资金的时间价值的基本年度。一般可选计算期内的任何一年作为基准年，均不影响评价结论，通常以建设开始的第一年作为基准年。水利建设项目经济评价规范中还规定资金时间价值计算的基准点应定在建设期的第一年年初，投入物和产出物的资金流量除当年借款利息外，均按年末结算。

(5)折算率与折算值。折算率是指项目计算期内预期的资金增值与原有资金之比，是对资金时间价值的估量。建设项目经济评价中采用的折算率有社会折现率和财务基准收益率。社会折现率代表社会资金被占用应获得的最低收益率,它在国民经济评价中被用作不同年份资金价值换算的折算率。社会折现率要根据国民经济发展多种因素综合测定,根据我国国民经济运行实际情况、投资收益水平、资金供求状况、资金机会成本以及国家宏观调控等因素综合分析确定。社会折现率在国民经济评价中作为计算经济净现值的折现率,并作为经济内部收益率的判别标准。财务基准收益率是项目财务内部收益率指标的基准和判据,也是财务上是否可行的最低要求,也用作计算财务净现值的折算率。在项目的财务评价中,如果有行业发布的本行业基准收益率,即应以其作为项目的基准收益率;如果没有行业规定,则由项目评价人员设定。设定时可参考本行业一定时期的平均收益水平并考虑项目的风险因素确定,也可按项目占用的资金成本加一定风险系数确定。资本金收益率可采用投资者最低的期望收益率。

折算值是指把资金流量按一定折算率折算到某一时间点上的数值,按时间点不同可分为现值、终值和等额年值三种。现值是指发生或折算为某一特定时间序列起点的效益或费用的价值量,在项目经济评价中指折算到基准年初(即基准点)的货币价值量,通常用 P 表示现值。终值是指发生或折算到某一特定时间序列终点的效益或费用的价值量,也可称为未来值或将来值,在项目经济评价中指折算到计算期终的货币价值量,通常用 F 表示终值。等额年值是指发生或折算至某一特定时间序列各年年末的等额序列,在项目经济评价中,有时把现值或终值折算为计算期内各年年末的等额年值,以便于说明项目多年年均情况,等额年值常用 A 表示。

(6)资金的时间价值。利息是占用资金所付出的代价或放弃使用资金所获得的报酬。所以,银行的付息反映了资金的时间价值的增值情况。银行计息有单利法和复利法两种形式,单利法只对本金计息,而复利法是把前期所得本利和作为本金,再全部投入流通过程继续增值,它表达了资金运动的客观规律,可以完全体现资金的时间价值。所以,在项目经济评价中不采用单利法而采用复利法进行计算。

第二节 国民经济评价

一、国民经济评价中费用和效益

国民经济评价中费用和效益识别的基本原则是:凡项目对国民经济所做的贡献,均计为项目的效益;凡国民经济为项目付出的代价,均计为费用。在考察项目的效益与费用时,应按“有、无分析法”,即有项目和无项目两种情况的费用和效益,再计算其增量,并遵循效益和费用计算范围对应的原则进行操作。

国民经济的费用和效益可分为直接费用和直接效益、间接费用和间接效益。

(一)直接费用

项目的直接费用主要指国家为满足项目投入(包括固定资产投资、年运行费及流动资金)的需要而付出的代价。这些投入物用影子价格计算的经济价值即为项目的直接费用。水利水电建设项目中的枢纽工程或河道整治、灌溉引水系统工程的投资、配套工程投资、淹没处理和占地补偿投资、年运行费、流动资金等均为项目的直接费用。对于国民经济内部各部门之间的转移支付，如项目财务评价中的税金、国内贷款利息和补贴等均不能计为国民经济评价中的费用或效益，因为它们并不造成资源的实际消耗或增加，但国外借款利息的支付产生了国内资源向国外的转移，则必须计为项目的费用。

1. 工程静态投资

1）水电工程静态投资的构成

枢纽建筑物建设费、建设征地费和移民安置费、独立费用和基本预备费之和构成工程静态投资。

2）水利工程静态总投资的构成

工程部分静态总投资和移民环境静态总投资二者之和构成工程静态总投资。

工程部分静态总投资由建筑工程、机电设备及安装工程、金属结构设备及安装工程、施工临时工程、独立费用和基本预备费构成。

移民环境静态总投资由工程措施费、林草措施费、封育治理措施费、独立费用和基本预备费构成。

2. 工程总投资

工程静态投资、价差预备费、建设期贷款利息之和构成工程总投资。

（二）直接效益

项目的直接效益主要指项目的产出物，包括物质产品或服务的经济价值。不增加产出的项目，其效益表现为投入的节约，即释放到社会上的资源的经济价值。水利水电建设项目各功能的直接效益，可根据各功能特点和掌握资料的差异，选择相应的计算方法。

1. 水利水电项目主要功能直接效益的计算方法

（1）防洪效益。应按有、无项目进行对比，以该项目可减免的洪灾损失和可增加的土地开发利用价值计算。其中，可减免的洪灾损失，可采用实际年系列法、频率曲线法等方法计算。

（2）治涝效益。应按该项目可减免的涝灾损失计算，具体可根据涝区特点和资料情况，选用涝灾频率法或内涝积水量法或雨量涝灾相关法等方法计算。

（3）灌溉效益。应按该项目向农、林、牧等提供灌溉用水可获得的效益计算，具体可采用分摊系数法、影子水价法和缺水损失法等计算。

（4）城镇供水效益。应按该项目向城镇工矿企业和居民提供生产、生活用水可获得的效益计算，具体可采用最优等效替代法、缺水损失法、影子水价法、分摊系数法等计算。

（5）水力发电效益。应按该项目向电网或用户提供的容量和电量所获得的效益计算，可采用最优等效替代法和影子电价法等方法计算。

（6）抽水蓄能电站效益。指该项目在电力系统中的调峰填谷及运行灵活所产生的效益，主要包括提供可靠的峰荷容量、电量转换、调频、旋转备用、调相、快速跟踪负荷及提高系统可靠性等效益，可概括为容量、电量和动态效益。其计算方法应以替代方案法为主，有条件时也可采用投入产出法计算。

（7）航运效益。应按该项目提供或改善通航条件所获得的效益计算，具体可采用对比法或最优等效替代法计算。

2. 水利水电建设项目各功能效益计算途径

水利水电建设项目各功能效益，按资料和特点不同，通常可以用下述三种途径进行计算：

(1)增加收益法。分析计算水利水电工程兴建后可增加的实物产品产量或经济效益，作为该工程或功能的效益。如灌溉、城镇供水、水力发电和航运等一般采用这种途径来估算效益。

(2)减免损失法。以水利水电工程兴建后可以减免的国民经济损失作为该工程或功能的效益，它虽然不是工程本身的收益，但对国家或社会来讲，减免损失同样是一种收益。目前，防洪、治涝工程一般用这种途径来估算效益。

(3)替代工程费用法。以最优等效替代措施的费用(包括投资和运行费)作为拟建工程的效益，当国民经济发展目标已定时，均可用这种途径来估算效益。

水利水电工程效益计算，除采用货币进行定量计算外，对一些难以用货币表示的效益应当用实物指标表示，不能用实物指标表示的效益也可用文字加以定性叙述。

3. 水利水电建设项目效益计算应遵循的原则

水利水电建设项目的效益比较复杂，为使计算的效益值能满足项目经济评价的要求，效益计算时应遵循以下原则：

(1)按有、无项目对比可获得的直接效益和间接效益计算。“有项目”是指拟建的水利水电工程实施后，在该项目影响范围内将要发生的变化；“无项目”是指不建设该水利水电工程时，在项目影响范围内可能发生的情况。有、无项目对比中，要注意分析、预测“无项目”时，该拟建项目影响范围内的社会、经济等发展变化趋势，使计算出的拟建项目效益能真正体现该项目对国民经济所做的贡献。

(2)为反映水文现象的随机性，应采用系列法或频率法计算各功能的多年平均效益作为项目经济评价指标计算的基础。由于水利水电工程效益受水文现象随机性的影响很大，如防洪工程在遇到大洪水年份时效益很大，干旱年份就无防洪效益；发电工程遇丰水年则发电量多、效益大，遇枯水年就发电量少、效益小；灌溉工程遇干旱年份效益就大，风调雨顺年份的灌溉效益就小。因此，水利水电建设项目的效益除采用多年平均效益这个指标来表示外，为了弥补多年平均的概念有时不能全面反映水利水电项目的作用，还要计算设计年及特大洪(涝)年或特大干旱年的效益，作为综合经济分析的依据，供项目决策参考。

(3)要考虑水利水电工程效益随时间发生变化的特点。一般要求预测一个平均的经济增长率，据以估算项目在计算期的效益，如防洪保护区内工农业生产随国民经济发展而增长，在遭遇同一频率洪水条件下，将来的洪水损失和防洪效益远比现在为大等。对项目计算期内可能减少的效益，经分析确定后，要从计算期效益中予以扣除(要注意这部分效益发生变化的时间，在相应的时间段扣除)。

(4)要分析计算项目的负效益。水利水电建设项目有时会对社会、经济、环境造成不利影响，首先应采取补救措施，将其补救费用计入项目投资；难以采取措施补救或采取措施后仍不能消除全部不利影响时，应计算其全部或部分负效益。

(5)效益计算的范围要与费用计算的范围相同，即应遵循费用与效益计算口径对应一致的原则。

(6)对运行初期和正常运行期各年的效益，要根据项目建设进度、投产计划和配套程度合理计算。

(7)对综合利用水利水电建设项目，除分别计算各功能的效益外，还要计算项目的整体效益。

（三）间接费用

间接费用又称外部费用，是指国民经济为项目付出了代价，而项目本身并不实际支付的费用。例如，项目建设造成的环境污染和生态的破坏。

（四）间接效益

间接效益又称外部效益，是指项目对国民经济作了贡献，而项目本身并未得到的那部分效益。例如，在河流上游建设水利水电工程后，河流下游水电站增加的出力和电量。

在项目评价中，只有同时符合以下两个条件的费用或效益才能称作外部费用或外部效益：

（1）项目将对与其并无直接关联的其他项目或消耗者产生影响（产生费用或效益）。

（2）这种费用或效益在财务报表（如财务现金流量表）中并没有得到反映，或者没有将其价值量化。

外部费用和外部效益通常只计算一次相关效果，不应连续计算。为了减少计量上的困难，首先应力求明确项目的"边界"。一般情况下可扩大项目的范围，特别是一些相互关联的项目可以合在一起视为同一项目（联合体）捆起来进行评价，这样可使外部费用和效益转化为直接费用和效益。

二、评价指标及评价准则

国民经济盈利能力分析以经济内部收益率为主要评价指标。根据项目特点和实际需要，也可计算经济净现值和经济效益费用比等指标。产品出口创汇及替代进口节汇的项目，要计算经济外汇净现值、经济换汇成本和经济节汇成本等指标。此外，还要对难以量化的外部效果进行定性分析。

（一）经济内部效益率（*EIRR*）

在项目经济评价中，能使某方案的经济净现值等于零时的折现率。它是项目内在取得报酬的能力，是国民经济评价的主要指标。其计算式为

$$\sum_{t=1}^{n}\left[(B-C)_t(1+EIRR)^{-t}\right]=0 \qquad (12\text{-}1)$$

式中 B——项目效益；

C——项目费用；

$(B-C)_t$——第 t 年项目获得的净效益；

n——计算期，以年计；

t——年份序号；

$EIRR$——经济内部收益率。

当经济内部收益率等于或大于社会折现率时，说明项目占用的费用对国民经济的净贡献能力达到了或超过了国家要求的水平，项目是经济合理和可以接受的。对于经济内部收益率小于社会折现率的项目，一般来说，应当予以放弃。采用经济内部收益率指标便于与其他建设项目的盈利能力进行比较。在建设资金没有限定的情况下优选项目规模，还应分析差额投资经济内部收益率。

（二）经济净现值（*ENPV*）

用社会折现率将项目计算期内各年效益与费用的差值（即各年的净效益值）折算到基

准年初的现值和。它反映了项目的投资对国民经济的净贡献。其计算式为

$$ENPV = \sum_{t=1}^{n} [(B-C)_t(1+i_s)^{-t}] \tag{12-2}$$

式中 $ENPV$——经济净现值；

i_s——社会折现率；

其他符号含义同前。

当经济净现值 $ENPV=0$ 时，说明项目占用投资对国民经济所做的净贡献，正好达到社会折现率的要求；当经济净现值 $ENPV>0$ 时，说明国家为项目付出代价后，既得到满足社会折现率要求的净贡献，同时还得到了超额的社会效益；当经济净现值 $ENPV<0$ 时，说明国家为项目付出的代价对国民经济的净贡献达不到社会折现率的要求。所以，经济净现值是反映建设项目对国民经济净贡献的绝对指标，通常经济净现值大于或等于零的项目是经济合理的，也是可以接受的。在进行方案比较时，一般选择经济净现值大于零且最大者为最佳方案。经济净现值也是国民经济盈利能力分析的主要指标，它和财务盈利能力分析中的财务净现值不同，经济净现值应以影子价格、影子工资、影子汇率和社会折现率为参数进行计算，并在效益和费用中计入较明显的间接效益和间接费用。

（三）经济效益费用比（$EBCR$ 或 R_{BC}）

建设项目以社会折现率计算的、在计算期内的全部效益现值与全部费用现值的比值称为经济效益费用比。其计算式为

$$EBCR = \frac{\sum_{t=1}^{n} B_t(1+i_s)^{-t}}{\sum_{t=1}^{n} C_t(1+i_s)^{-t}} \tag{12-3}$$

式中 $EBCR$——经济效益费用比（或用 R_{BC} 及 B/C 表示）；

B_t——第 t 年的效益；

C_t——第 t 年的费用；

其他符号含义同前。

经济效益费用比也是水利建设项目国民经济盈利能力分析中的一个主要评价指标，应用十分普遍。如果经济效益费用比等于或大于1.0，即 $EBCR \geq 1.0$，则表示该建设项目的产出等于或大于投入，说明项目付出的代价可以得到符合社会折现率的社会盈余或超额的社会盈余，在经济上是合理的，是可以接受的；如果经济效益费用比小于1.0，即 $EBCR<1.0$，则表示该项目的产出小于其投入，该项目对国民经济的净贡献不能满足社会折现率的要求，在经济上是不合理的，应该放弃该项目。如果该项目属于或兼有社会公益性质，对国家或地区发展具有特别重要的意义，考虑到政治效益、社会效益、环境效益和地区经济发展的效益等很难用货币表示，使得这些项目中用货币表示的效益比它实际发挥的效益要小，故除按社会折现率计算经济效益费用比外，可再采用一个较低的折现率进行计算，同时得出两个经济效益费用比值，供项目决策参考。

由于经济效益费用比是一个相对指标，所以在项目不同建设规模的方案比较中，如果无资金限制，还要计算扩大规模的增量经济效益费用比值。其计算公式为

$$\Delta EBCR=\frac{\sum_{t=1}^{n}\Delta B_t(1+i_s)^{-t}}{\sum_{t=1}^{n}\Delta C_t(1+i_s)^{-t}} \tag{12-4}$$

式中 $\Delta EBCR$——增量经济效益费用比(或以 $\Delta B/\Delta C$ 表示);

ΔB_t——第 t 年的增量效益;

ΔC_t——第 t 年的增量费用;

其他符号含义同前。

选择方案时,可按费用值由小到大依次排列,选择经济效益费用比大于或等于1.0,增量经济效益费用比也大于和等于1.0,且投资最大者为最佳方案。如果该项目同时采用经济净现值作为方案比选的指标,则其所选最佳方案与采用经济效益费用比和增量经济效益费用比指标比选结果是一致的。

第三节　财务评价

一、财务评价的概念及水利水电项目财务评价的特点

(一)财务评价的一般概念

财务评价是在国家现行财税制度和市场价格体系下,分析预测项目的财务效益与费用,计算财务评价指标,考察拟建项目的盈利能力、偿债能力,据以判断项目的财务可行性,是项目决策的重要依据。

1. 盈利性项目财务评价

财务评价是在确定的项目建设方案、投资估价和融资方案的基础上进行财务可行性研究。盈利性项目财务评价的主要内容与步骤如下:

(1)选取财务评价基础数据与参数,包括主要投入品和产出品财务价格、税率、利率、汇率、计算期、固定资产折旧率、无形资产和递延资产摊销年限、生产负荷及基准收益率等基础数据和参数。

(2)计算销售(营业)收入,估算成本费用。

(3)编制财务评价报表,主要有财务现金流量表、损益表(或称利润与利润分配表)、资金来源与运用表、借款偿还计划表。

(4)计算财务评价指标,根据市场预测进行盈利能力分析和偿债能力分析。

(5)进行不确定性分析,包括敏感性分析和盈亏平衡分析。

(6)编写财务评价报告。

2. 非盈利性项目财务评价

非盈利性项目的财务评价方法与盈利性项目有所不同,一般不计算项目的产出物单价、财务内部收益率、财务净现值、投资回收期等指标,对使用贷款又有收入的项目,可计算借款偿还期指标;主要是研究提出维持项目正常运行需由财政补贴的资金数额和需要采取的经济优惠措施及有关政策。主要评价内容与指标如下:

(1)单位功能(或者单位使用效益)投资。该项指标是指建设每单位使用功能所需的投

资,如防洪每 1 亿 m^3 防洪库容(或分蓄洪库容)的投资,灌溉每 1 亩灌溉面积的投资,水土保持单位面积治理投资,治污工程每 1 t 污水处理投资。

单位功能(或单位使用效益)投资 = 建设投资/设计服务能力或设施规模 (12-5)

进行方案比较时,在功能和效益相同的情况下,一般以单位投资较小的方案为优。

(2)单位功能运营成本。该项指标是指项目的年运营费用与年服务总量之比,如治污工程项目处理 1 t 污水的运营费用,以此考察项目运营期间的财务状况。

单位运营成本 = 年运营费用/年服务总量 (12-6)

其中,年运营费用 = 运营直接费用 + 管理费用 + 财务费用 + 折旧费用;年服务总量指拟建项目建设规模中设定的年服务量。

(3)运营和服务收费价格。该项指标是指向服务对象提供每单位服务收取的服务费用,以此评价收费的合理性。评价方法一般是将预测的服务价格与消费者承受能力和支付意愿,以及政府发布的指导价格进行对比。

(4)借款偿还期。一些负债建设且有经营收入的非盈利性项目,应计算借款偿还期,考核项目的偿债能力。

(二)水利项目财务评价的特点

(1)水利工程具有防洪、治涝、水力发电、航运、城乡供水、灌溉、水库养殖、水利旅游等多种功能,各功能的作用和财务收入不同,国家采取的投资政策也不同。《水利产业政策》根据水利工程的功能和作用将其划分为两类:甲类为防洪除涝、农田灌排骨干工程、城市防洪、水土保持、水资源保护等以社会效益为主,公益性较强的项目,其建设资金主要从中央和地方预算内资金、水利建设资金及其他可用于水利建设的财政性资金中安排,维护运行管理费由各级财政预算支付;乙类为供水、水力发电、水库养殖、水上旅游及水利综合经营等以经济效益为主,兼有一定社会效益的项目,其建设资金主要通过非财政性的资金渠道筹集,运行维护管理费由企业经营收入支付。

《水利建设项目贷款能力测算暂行规定》按水利建设项目承担的任务划分为公益性、准公益性和经营性三种类别。承担防洪、除涝等任务的为纯公益性项目;城市供水、水力发电等为经营性项目;既有防洪、除涝等公益性任务,又有供水、发电等经营性功能的项目为准公益性水利项目。

(2)进行水利水电建设项目的财务评价时,首先要分析确定项目的功能和作用,采取不同的财务评价内容和指标,主要有以下四种情况:①对水力发电、工业及城市供水等经营性项目,按盈利性项目财务评价的内容和指标进行财务评价;②对防洪、治涝等公益性项目,按非盈利性项目财务评价的要求进行财务分析与评价,主要是提出维持项目正常运行需要由国家补贴的资金数额和需要采取的优惠政策;③对具有多种功能的综合利用水利工程应以项目整体财务评价为主,同时对其中水力发电、供水等具有财务收益的部分,按费用分摊的情况进行财务计算,作为评价的辅助指标;④对跨流域、跨地区调水工程应以项目整体财务评价为主,同时分地区进行供水成本、水价等指标计算。

二、财务评价中的费用构成和综合利用工程费用分摊

(一)费用构成及其估算方法

由于财务评价是从项目核算单位角度,以项目的实际财务支出和收益来判别项目的财

务可行性，因此对财务效果的衡量只限于项目的直接费用与直接效益，不计算间接费用与间接效益。

水利水电建设项目的直接费用包括固定资产投资、流动资金、建设期利息、年运行费和各项应纳的税金。

(1)固定资产投资。水利水电建设项目财务评价的固定资产投资可直接采用投资概(估)算表中的静态投资与价差预备费之和。

根据资本保全原则，当项目建成投入运行时，固定资产投资和建设期利息形成固定资产、无形资产和递延资产三部分，即

$$\text{固定资产投资} + \text{建设期利息} = \text{固定资产价值} + \text{无形资产价值} + \text{递延资产价值} \tag{12-7}$$

当难以计算无形资产和递延资产时，则

$$\text{固定资产价值} = \text{固定资产投资} + \text{建设期利息} \tag{12-8}$$

水利建设项目的产品以水、电为主，运营期所需的流动资金较少，《水利建设项目经济评价规范》规定水利建设项目的总投资按下列公式计算：

$$\text{固定资产投资} + \text{建设期利息} = \text{总投资} \tag{12-9}$$

(2)流动资金。水利水电工程流动资金包括维持项目正常运行所需购置燃料、材料、备品、备件和支付职工工资等的周转资金。水利水电工程规划设计中一般采用扩大指标估算法，水电项目按每1 kW装机容量10～15元估算。

(3)建设期利息。水利水电建设项目的建设期利息按确定的贷款利率计算到建设期末。建设期较长且在建设期有部分工程和设备陆续发挥效益的大型和特大型项目，其建设期利息可根据各项水工建筑物和各类设备的投产时间分别计算。

利率可根据不同资金来源加权平均计算，按年计息，计复利。国外贷款按协议规定计算，引用外资的汇率按国家规定执行。

当建设期发生其他财务费用(如承诺费等)时，也应计入建设期利息。

(4)年运行费。水利水电建设项目的年运行费(又称经营成本)是指项目总成本费用扣除固定资产投资折旧费、无形资产及递延资产摊销费和利息支出以后的全部费用。简化计算时可按固定资产价值的一定比率计算。

(5)税金。水利水电建设项目的税金包括增值税(或营业税)、销售税金及附加和所得税。增值税(或营业税)为价外税；销售税金及附加，包括城市维护建设税和教育费附加，以增值税(或营业税)税额为计算基数，城市维护建设税根据纳税人所在地区计算，市区为7%；县城和镇为5%；农村为1%；教育费附加为3%；所得税=应纳税所得额×所得税率(现行税率为25%)，应纳税所得额=发电销售收入－总成本费用－销售税金附加。

(二)综合利用水利建设项目费用分摊

许多水利工程，特别是大中型水利工程，一般都是多目标、多用途的综合利用工程，兼有两项及两项以上的任务和多方面的效益；有些水利工程(如跨流域调水工程)不仅有几个受益部门(如灌溉、工业供水、城镇生活供水等)，还涉及多个受益地区。因此，对综合利用水利工程的投资和年运行费，通常都要按照合理的原则，采用适当的方法，在各受益部门或地区间进行分摊。

1. 费用分摊的目的

(1)为计算各部门的经济评价指标,确定工程合理开发目标和方案提供费用依据。

(2)协调各受益部门或地区的要求,选择确定合理的工程规模、技术参数和运用方式。

(3)为编制国家建设规划,安排投资计划,筹措建设资金和年运行费提供参考依据。

(4)为核算和合理确定供水、供电等水利产品的成本和价格提供费用依据。

2. 费用分摊的原则

费用分摊总原则是谁受益,谁承担。一般做法是由主要受益部门或地区分摊水利工程费用;受益小和效益不易定量计算的部门一般可不参加分摊。对于综合利用的大中型水利工程,将其组成部分根据性质分为4类,按类采用不同原则,分析计算各受益部门或地区应承担的份额。

(1)专用工程设施。指某受益部门或地区专用的工程和设施。如农田灌溉专用的引水渠首和各级灌排渠系;城镇供水专用的取水建筑物、输配水系统和净水设施;坝后式水电站的厂房和机电设备;航运专用的船闸和停靠船只装卸货物的码头以及专供某一地区的输水渠道等。为一个部门或地区服务的专用工程设施,其费用应由该受益部门或地区承担。

(2)兼用工程设施。指虽然只为某受益部门或地区服务,但兼有各受益部门或地区共用效能的工程和设施。例如,河床式水电站厂房,从作用上看,它是水力发电部门专用的建筑物,但由于它具有挡水的效能,还可节省该段挡水建筑物的费用。对这类工程设施,一般情况下可将费用分为两部分:一部分是代替共用工程的费用,按共用工程对待,由各受益部门共同分担;另一部分是为专用部门服务而增加的补充费用,按专用工程设施对待,由专用受益部门承担。

(3)共用工程设施。指为两个或两个以上受益部门或地区共同使用的工程和设施。如综合利用水利枢纽的拦河闸坝、溢洪道和水库,以及跨流域调水工程中为两个及两个以上受水区输水的渠道等。这类工程设施的费用相应地由各受益部门或地区共同承摊。通常所说的费用分摊,主要是指这类工程设施的费用分摊。

(4)补偿工程设施。指由于兴建水利工程,某些部门或地区原有资产或效能受到影响和损失,为维护或补偿这些部门和地区的利益而修建的某些工程设施。例如,拦河修建闸坝,为维持江河原有通航、竹木流放、鱼类洄游等效能以及补偿航运、林业和水产等部门受到的损失而修建的通航建筑物(如船闸)、筏道、鱼道等工程设施。就其用途来说,是为某部门或地区专用的,但属补偿性质,其费用不应由该专用部门或地区承担,而应由其他受益部门或地区共同分担。但是,有时受补偿的部门或地区,为了扩大原有资产或提高标准,要求增大补偿工程的规模,由此增加的费用,原则上应按专用工程的费用对待,由受补偿的部门或地区自行承担。

3. 费用分摊的方法

目前,国内外使用和学者们研究过的费用分摊方法有30多种,我国水利水电工程规划设计和管理中常用的方法主要有以下几种:

(1)按各功能利用建设项目的某些指标,如水量、库容等比例分摊。

(2)按各功能最优等效替代方案费用现值的比例分摊。

(3)按各功能可获得效益现值的比例分摊。

(4)按“可分离费用-剩余效益法”分摊。

(5)当项目各功能的主次关系明显,其主要功能可获得的效益占项目总效益的比例很大时,可由项目主要功能承担大部分费用,次要功能只承担其可分离费用或其专用工程费用。

对特别重要的综合利用水利建设项目,可同时选用2~3种费用分摊方法进行计算,选取较合理的分摊成果。

4.费用分摊成果的合理性检查

对综合利用水利建设项目费用分摊的成果,应从以下几方面进行合理性检查:

(1)各功能分摊的费用应小于该功能可获得的效益。

(2)各功能分摊的费用应小于专为该功能服务而兴建的工程设施的费用或小于其最优等效替代方案的费用。

(3)各功能分摊的费用应公平合理。

三、财务评价中成本费用估算

成本费用是指项目生产经营支出的各种费用。按成本计算范围,分为单位产品成本和总成本费用;按成本与产量的关系,分为固定成本和可变成本;按财务评价的特定要求,分为总成本费用和年运行费(或称经营成本)。

(一)总成本费用的构成

水利水电建设项目总成本费用的构成及估算方法,通常采用产品制造成本加企业期间费用估算法(按经济用途分类)和生产要素估算法(按经济性质分类)两种方法。水利水电工程规划中一般采用生产要素估算法估算总成本费用,其构成如图12-1所示。

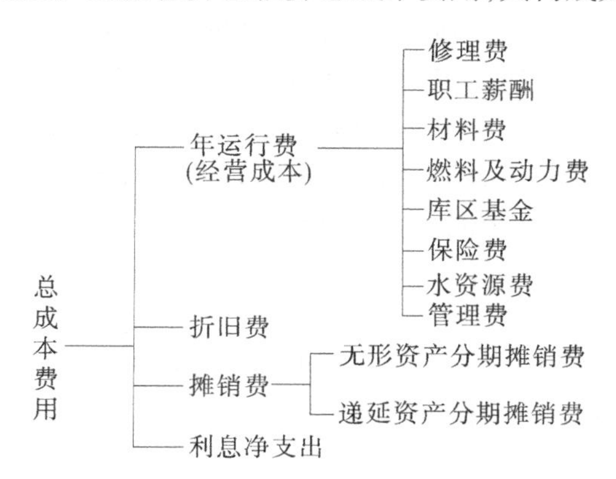

图12-1　水利水电建设项目总成本费用构成

(二)年运行费估算

年运行费又称经营成本,是项目评价特有的概念,用于项目财务评价的现金流量分析。年运行费(经营成本)是指总成本费用扣除固定资产折旧费、无形资产及递延资产摊销费和财务费用后的成本费用。计算公式为

$$年运行费 = 总成本费用 - 折旧费 - 无形资产及递延资产摊销费 - 借款利息 \quad (12\text{-}10)$$

(三)固定成本与可变成本估算

财务评价进行盈亏平衡分析时,需要将总成本费用分解为固定成本和可变成本。固定

成本是指不随产品产量及销售量的增减发生变化的各项成本费用,主要包括非生产人员工资、折旧费、无形资产及递延资产摊销费、修理费、办公费、管理费等。可变成本是指随产品产量及销售量增减而成正比例变化的各项费用,主要包括原材料费、燃料费、动力消耗费、水资源费、包装费和生产人员工资等。

长期借款利息应视为固定成本,短期借款如果用于购置流动资产,可能有一部分与产品产量、销售量相关,其利息可视为半可变半固定成本,为简化计算,也可视为固定成本。

四、销售收入估算

销售(营业)收入是指销售产品或者提供服务取得的收入。生产多种产品和提供多种服务的,应分别估算各种产品和服务的销售收入。水利水电工程的销售收入主要有电费收入、水费收入和其他收入。

电费收入包括销售电量收入和销售容量收入,目前主要计算销售电量收入,有条件时还应计算销售容量收入。

$$销售电量收入 = 上网电量 \times 上网电价(不含增值税) \tag{12-11}$$

$$上网电量 = 有效电量 \times (1 - 厂用电率) \times (1 - 专用配套输变线损率) \tag{12-12}$$

$$销售容量收入 = 必需容量 \times 容量价格 \tag{12-13}$$

$$水费收入 = 供水口净供水量 \times 该供水口水价 \tag{12-14}$$

为合理计算水利水电工程的销售收入,首先必须合理计算和确定水利水电产品的有效供给量(如上网电量、分水口净供水量等)和与此相对应的电价、水价,即计算采用的有效电量是上网电量,所采用的计算电价应是与之相对应的上网电价,而不是电网的平均电价或到用户的电价;计算采用的有效供水量为到某分水口的净供水量,所采用的计算水价应是与之相对应的同一分水口的水价,而不能采用到用户的水价。

合理确定水利水电项目的水价、电价是合理计算销售收入和进行财务评价的关键。计算销售收入时所采用的水价、电价应满足两个条件:可以获得合理利润(农业灌溉水价应满足补偿成本、费用的要求)和具有竞争能力,用户可以承受。

五、财务评价指标及评价准则

水利水电建设项目财务评价的主要内容是在编制财务报表的基础上进行财务生存能力分析、偿债能力分析、盈利能力分析和抗风险能力分析。

(一)财务生存能力分析

在财务分析辅助表和损益表(利润与利润分配表)的基础上编制财务计划现金流量表,通过考察项目计算期内的投资、融资和经营活动所产生的各项现金流入和流出,计算净现金流量和累计盈余资金,分析项目是否有足够的净现金流量维持正常运营,以实现财务可持续性。

财务可持续性首先体现在有足够大的经营活动净现金流量,其次各年累计盈余资金不应出现负值。若出现负值,应进行短期借款,同时分析该短期借款的年份长短和数额大小,进一步判断项目的财务生存能力。短期借款应体现在财务计划现金流量表中,其利息计入财务费用。为维持项目正常运营,还应分析短期借款的可靠性。

对于非经营性项目,需进行财务分析,主要分析项目的财务生存能力。

(二)偿债能力分析

水利水电建设项目的偿债能力分析主要计算借款偿还期和资产负债率。

1. 借款偿还期

借款偿还期是指以项目投产后获得的可用于还本付息的资金,还清借款本息所需的时间,一般以年为单位表示。这项指标可由借款偿还计划表推算。不足整年的部分可用内插法计算。指标值应能满足贷款机构的期限要求。

借款偿还期的表达式为

$$I_d = \sum_{t=1}^{P_d} R_t \tag{12-15}$$

式中 I_d——固定资产投资国内借款本金和建设期利息之和;

P_d——固定资产投资国内借款偿还期(从借款开始年计算,当从投产年算起时,应予以注明);

R_t——第 t 年可用于还款的资金,包括利润、折旧、摊销及其他还款资金。

借款偿还期可由资金来源与运用表及国内借款还本付息计算表直接推算,以年表示。计算公式为

$$借款偿还期 = 借款偿还后开始出现盈余年份数 - 开始借款年份 + \frac{当年偿还借款额}{当年可用于还款的资金额} \tag{12-16}$$

2. 资产负债率

资产负债率是反映项目各年所面临的财务风险程度及偿债能力的指标。其表达式为

$$资产负债率 = \frac{负债合计}{资产合计} \times 100\% \tag{12-17}$$

$$资产合计 = 负债合计 + 权益合计 \tag{12-18}$$

式中,权益合计为业主对项目投入的资金以及形成的资本公积金、盈余公积金、未分配的利润。

资产负债率越小,则项目的偿债能力越强。一般要求债务占资产的比例不超过60% ~ 70%。

(三)盈利能力分析

盈利能力分析是项目财务评价的主要内容之一,主要是考察投资的盈利水平,主要计算指标为财务内部收益率、投资回收期,根据项目的实际需要,也可计算财务净现值、投资利润率、投资利税率、资本金利润率等指标。

1. 财务内部收益率(*FIRR*)

财务内部收益率是指项目在整个计算期内各年净现金流量现值累计等于零时的折现率,它是评价项目盈利能力的动态指标。其表达式为

$$\sum_{t=1}^{n} (CI - CO)_t (1 + FIRR)^{-t} = 0 \tag{12-19}$$

式中 CI——现金流入量;

CO——现金流出量;

$(CI - CO)_t$——第 t 年的净现金流量;

n——计算期年数；

$FIRR$——财务内部收益率。

财务内部收益率可根据财务现金流量表中净现金流量，用试差法计算，也可采用专用软件的财务函数计算。

按分析范围和对象不同，财务内部收益率分为项目全部投资财务内部收益率、资本金收益率（即资本金财务内部收益率）和投资各方收益率（即投资各方财务内部收益率）。

（1）项目全部投资财务内部收益率，是考察确定项目融资方案前（未计算借款利息）且在所得税前整个项目的盈利能力，供决策者进行项目方案比选和银行金融机构进行信贷决策时参考。由于项目各融资方案的利息不尽相同，所得税税率与享受的优惠政策也可能不同，在计算项目财务内部收益率时，不考虑利息支出和所得税，是为了保持项目方案的可比性。

（2）资本金财务内部收益率，是以项目资本金为计算基础，考察所得税税后资本金可能获得的收益水平。

（3）投资各方财务内部收益率，是以投资各方出资额为计算基础，考察投资各方可能获得的收益水平。

项目财务内部收益率（$FIRR$）的判别依据，应采用行业发布或者评价人员设定的财务基准收益率（i_c），当 $FIRR \geqslant i_c$ 时，即认为项目的盈利能力能够满足要求。资本金和投资各方收益率应与出资方最低期望收益率对比，判断投资方收益水平。

2. 财务净现值（$FNPV$）

财务净现值是指按设定的折现率 i_c 计算的项目计算期内各年净现金流量的现值之和。计算公式为

$$FNPV = \sum_{t=1}^{n} (CI - CO)_t (1 + i_c)^{-t} \tag{12-20}$$

式中 CI——现金流入量；

CO——现金流出量；

$(CI - CO)_t$——第 t 年的净现金流量；

n——计算期年数；

i_c——设定的折现率。

财务净现值是评价项目盈利能力的绝对指标，它反映项目在满足按设定折现率要求的盈利之外，获得的超额盈利的现值。财务净现值等于或者大于零，表明项目的盈利能力达到或者超过按设定的折现率计算的盈利水平。一般只计算所得税税前财务净现值。

3. 投资回收期（P_t）

投资回收期是指以项目的净收益偿还项目全部投资所需要的时间，一般以年为单位，并从项目建设起始年算起。若从项目投产年算起，应予以特别注明。其表达式为

$$\sum_{t=1}^{P_t} (CI - CO)_t = 0 \tag{12-21}$$

式中 $(CI - CO)_t$——第 t 年后净现金流量。

投资回收期可根据现金流量表计算，现金流量表中累计现金流量（所得税税前）由负值变为零时的时点，即为项目的投资回收期。计算公式为

$$P_t = \text{累计净现金流量开始出现正值的年份数} - 1 + \frac{\text{上年累计净现金流量的绝对值}}{\text{当年净现金流量值}} \quad (12\text{-}22)$$

投资回收期越短,表明项目的盈利能力和抗风险能力越好。投资回收期的判别标准是基准投资回收期,其取值可根据行业水平或者投资者的要求设定。

4. 投资利润率

投资利润率是指项目在计算期内正常生产年份的年利润总额(或年平均利润总额)与项目投入总资金的比例,它是考察单位投资盈利能力的静态指标。将项目投资利润率与同行业平均投资利润率对比,判断项目的获利能力和水平。其计算公式为

$$\text{投资利润率} = \frac{\text{年利润总额或年平均利润总额}}{\text{项目总投资}} \times 100\% \quad (12\text{-}23)$$

式中,年利润总额 = 年产品销售收入 − 年产品销售税金及附加 − 年总成本费用。

5. 投资利税率

投资利税率是指项目达到设计生产能力后的一个正常生产年份的年利税总额与项目总投资的比率。其计算公式为

$$\text{投资利税率} = \frac{\text{年利税总额(或年平均利税总额)}}{\text{项目总投资}} \times 100\% \quad (12\text{-}24)$$

式中,年利税总额 = 年收入 − 年总成本费用 + 增值税。

6. 资本金利润率

资本金利润率是指项目达到设计生产能力后的一个正常生产年份的年利润总额与资本金的比率,它是反映投入项目的资本金的盈利能力。其计算公式为

$$\text{资本金利润率} = \frac{\text{年利润总额(或年平均利润总额)}}{\text{资本金}} \times 100\% \quad (12\text{-}25)$$

式中,资本金为国家、企业、个人或外商对该项目实际投入的资本,包括现金、实物、无形资产等,属权益的一部分。

(四)不确定性分析

项目评价所采用的数据大部分来自估算和预测,有一定程度的不确定性。为了分析不确定性因素对经济评价指标的影响,需要进行不确定性分析,估计项目可能存在的风险,考察项目的财务可靠性。根据拟建项目的具体情况,有选择地进行敏感性分析、盈亏平衡分析。

1. 敏感性分析

敏感性分析是通过分析、预测项目主要不确定因素的变化对项目评价指标的影响,找出敏感因素,分析评价指标对该因素的敏感程度,并分析该因素达到临界值时项目的承受能力。一般将产品价格、产品产量(生产负荷)、主要原材料价格、建设投资、建设工期、汇率等作为考察的不确定因素。

2. 盈亏平衡分析

盈亏平衡分析又称平衡点分析,是将成本划分为固定成本和变动成本,假定产销量一致,根据产量、成本、售价和利润四者之间的函数关系,进行预测分析的技术方法。在进行建设项目盈亏平衡分析时,是将产量或者销售量作为不确定因素,求取盈亏平衡时临界点所对应的产量或者销售量。盈亏平衡点越低,表示项目适应市场变化的能力越强,抗风险能力也

越强。盈亏平衡点常用生产能力利用率或者产量表示。

六、财务评价是否可行的准则

(一)水力发电、城市供水等经营性项目

水力发电、城市供水等经营性项目财务评价可行需同时满足以下三个条件:

(1)应具有偿债能力。即在经营期内一定可以还清包括内资和外资(如所利用外资还贷年限大于经营期,外资部分可不在此列)在内的所有借款。根据现行银行贷款规定,水利水电工程的还本付息年限对于大中型水利水电工程一般不超过25年,对于特大型水利水电工程一般不超过30年。

(2)应具有盈利能力。即全部投资的财务内部收益率大于或等于本行业的财务基准收益率,资本金财务内部收益率一般应高于全部资金的财务内部收益率。

(3)水价、电价应具有竞争力。即上网电价等于或低于同一供电区同期投产的其他电站,水利工程供水价格等于或低于同期同一供水地区的其他水源工程(或节水措施)的供水价格。这样该水利水电工程的水价、电价才是用户或电网、受水区可以接受的。

(二)防洪、治涝等公益性水利项目

水利部1991年4月水计字第13号文《关于新建水利工程有关编制经费、用房等问题的通知》规定:"新建水利工程申请立项时,必须明确管理体制,管理机构的性质,按国家审定的编制定员标准确定管理人员编制及运行管理费、大修理费、折旧费的经费来源。""必须按国家政策事先明确工程发挥效益后各项收益的标准,并经主管部门认可,以确保工程投产后能维持正常运转。""工程管理单位凡明确为事业单位性质的,应按国家规定上报各级编委和财政部门核定人员编制和事业经费,列入本级政府财政预算,确保管理人员的经费来源。"否则,计划部门不予立项目。因此,防洪、治涝等公益性水利项目财务评价可行的标准之一是工程建成后维持工程正常运行的经费有合理、可靠的来源,同时单位功能(或单位使用效益)投资、单位功能运营成本相对较低。

第四节 资金筹措

一、水利建设项目分类和资金筹集来源

我国《水利产业政策》(国务院1997年10月28日批准颁布实施)对水利建设项目根据其功能和作用划分为两类:甲类为防洪除涝、农田排灌骨干工程、城市防洪、水土保持、水资源保护等以社会效益为主、公益性较强的项目;乙类为供水、水力发电、水库养殖、水上旅游及水利综合经营等以经济效益为主,兼有一定社会效益的项目。

《水利产业政策》规定:甲类项目的建设资金主要从中央和地方预算内资金、水利建设基金及其他可用于水利建设的财政性资金中安排,乙类项目的建设资金主要通过非财政性的资金渠道筹集。

《水利产业政策》还根据作用和范围,将水利建设项目划为中央项目和地方项目两类。中央项目是指跨省(自治区、直辖市)、跨流域的引水及水资源综合利用等对国民经济全局有重大影响的项目;地方项目是指局部受益的防洪除涝、城市防洪、灌溉排水、河道整治、供

水、水土保持、水资源保护、中小型水电建设等项目。中央项目由中央和受益者(自治区、直辖市)按受益程度、受益范围、经济实力共同分担;重点水土流失区的治理主要由地方负责,中央适当给予补助;地方和部门受益的其他各类水利工程,按照"谁受益、谁负担"的原则,由受益的地方和部门按受益程度共同投资建设;中央通过多种渠道对少数民族地区和贫困地区的重要水利建设项目给予适当补助。地方项目中的防洪除涝、城市防洪等甲类项目所需资金,由所在地人民政府从地方预算内资金、农业综合开发资金、以工补农资金、水利专项资金等地方资金和贴息贷款中安排,同时要重视利用农业生产经营组织和农业劳动者的资金和劳务投入。

二、水利水电建设项目贷款能力测算

(一)贷款能力测算目的与适用范围

水利水电建设项目贷款能力测算的目的,是根据市场需求合理预测项目的财务收益,测算项目所能承担的贷款额度和所需要的资本金,拟订项目建设资金筹措方案,对项目进行科学合理的财务可行性评价,为国家、地方政府和有关投资者决策提供依据。

贷款能力测算主要适用于发电、供水(调水)等具有财务收益的大中型水利建设项目。

(二)贷款能力测算原则

(1)贷款能力测算是水利建设项目财务评价的组成部分,其计算方法和主要参数均按现行规范中财务评价的有关规定和国家现行的财税、价格政策执行。

(2)根据项目财务状况分析确定是否进行贷款能力测算:①年销售收入大于年总成本费用的水利建设项目必须进行贷款能力测算;②年销售收入小于年运行费的项目可不测算贷款能力;③年销售收入大于年运行费但小于总成本费用的项目,应在考虑更新改造费用和还贷财务状况等因素的基础上,根据实际情况分析测算项目贷款能力。

(三)贷款能力测算主要内容

(1)估算项目总成本费用和年运行费(经营成本)。

(2)进行综合利用水利工程费用分摊。

(3)估算单位产品成本,分析用户承受能力和支付意愿,拟订水价、电价方案。

(4)分析银行贷款规定,拟订包括不同贷款年限、还款方式的贷款方案。

根据(1)~(4)的工作成果,拟订数个贷款能力测算方案进行贷款能力测算,提出不同方案的贷款能力测算成果。

贷款能力测算成果包括可承担的贷款本金和建设期利息、所需的资本金和其他财务指标。

对于具有供水、发电等财务收益的综合利用水利枢纽工程,应按项目整体进行贷款能力测算和财务评价。

三、水利水电建设项目资本金及其筹措

(一)投资项目资本金的概念

投资项目资本金,是指在投资项目总投资中,由投资者认缴的出资额。对投资项目来说是非债务性资金,项目法人不承担这部分资金的任何利息和债务;投资者可按其出资的比例依法享有所有者权益,也可转让其出资,但不得以任何方式抽回。在投资项目的总投资中,

除项目法人(依托现有企业的扩建及技术改造项目,现有企业法人即为项目法人)从银行或资金市场筹措的债务性资金外,还必须拥有一定比例的资本金。

(二)水利水电建设项目的资本金比例及利率

水利水电建设项目的资本金比例,参照有关行业规定的原则掌握:以水力发电为主的项目,资本金比例不低于20%;城市供水(调水)项目,资本金比例不低于35%;综合利用水利工程项目,资本金比例最少不得低于20%。水利水电建设项目的资本金利润率以不高于中国人民银行近期公布的同期贷款率1~2个百分点为宜。

(三)投资项目资本金的出资方式及相关规定

1. 出资方式及相关规定

投资项目资本金可以用货币出资,也可以用实物、工业产权、非专利技术、土地使用权作价出资。

对作为资本金的实物、工业产权、非专利技术、土地使用权,必须经过有资格的资产评估机构依照法律、法规评估作价。

以工业产权、非专利技术作价出资的比例不得超过投资项目资本金总额的20%,国家对采用高新技术成果有特别规定的除外。

2. 以货币出资的资本金来源

投资以货币方式认缴的资本金,其资金来源有:

(1)各级人民政府的财政预算内资金、国家批准的各种专项基金、“拨改贷”和经营性基本建设基金回收的本息、土地出租收入、国有企业产权转让收入、地方人民政府按国家有关规定收取的各项费用及其他预算外资金。

(2)国家授权的投资机构及企业法人的所有者权益(包括资本金、资本公积金、盈余公积金和未分配利润、股票上市收益资金等)、企业折旧资金以及投资者按照国家规定从资金市场上筹措的资金。

(3)社会个人合法所有的资金。

(4)国家规定的其他可以用作投资项目资本金的资金。

附录　法规及管理条例

中华人民共和国水法

（2002年8月29日第九届全国人民代表大会
常务委员会第二十九次会议通过）

第一章　总　则

第一条　为了合理开发、利用、节约和保护水资源，防治水害，实现水资源的可持续利用，适应国民经济和社会发展的需要，制定本法。

第二条　在中华人民共和国领域内开发、利用、节约、保护、管理水资源，防治水害，适用本法。

本法所称水资源，包括地表水和地下水。

第三条　水资源属于国家所有。水资源的所有权由国务院代表国家行使。农村集体经济组织的水塘和由农村集体经济组织修建管理的水库中的水，归各该农村集体经济组织使用。

第四条　开发、利用、节约、保护水资源和防治水害，应当全面规划、统筹兼顾、标本兼治、综合利用、讲求效益，发挥水资源的多种功能，协调好生活、生产经营和生态环境用水。

第五条　县级以上人民政府应当加强水利基础设施建设，并将其纳入本级国民经济和社会发展计划。

第六条　国家鼓励单位和个人依法开发、利用水资源，并保护其合法权益。开发、利用水资源的单位和个人有依法保护水资源的义务。

第七条　国家对水资源依法实行取水许可制度和有偿使用制度。但是，农村集体经济组织及其成员使用本集体经济组织的水塘、水库中的水除外。国务院水行政主管部门负责全国取水许可制度和水资源有偿使用制度的组织实施。

第八条　国家厉行节约用水，大力推行节约用水措施，推广节约用水新技术、新工艺，发展节水型工业、农业和服务业，建立节水型社会。

各级人民政府应当采取措施，加强对节约用水的管理，建立节约用水技术开发推广体系，培育和发展节约用水产业。

单位和个人有节约用水的义务。

第九条　国家保护水资源，采取有效措施，保护植被，植树种草，涵养水源，防治水土流失和水体污染，改善生态环境。

第十条　国家鼓励和支持开发、利用、节约、保护、管理水资源和防治水害的先进科学技术的研究、推广和应用。

第十一条 在开发、利用、节约、保护、管理水资源和防治水害等方面成绩显著的单位和个人，由人民政府给予奖励。

第十二条 国家对水资源实行流域管理与行政区域管理相结合的管理体制。

国务院水行政主管部门负责全国水资源的统一管理和监督工作。

国务院水行政主管部门在国家确定的重要江河、湖泊设立的流域管理机构(以下简称流域管理机构)，在所管辖的范围内行使法律、行政法规规定的和国务院水行政主管部门授予的水资源管理和监督职责。

县级以上地方人民政府水行政主管部门按照规定的权限，负责本行政区域内水资源的统一管理和监督工作。

第十三条 国务院有关部门按照职责分工，负责水资源开发、利用、节约和保护的有关工作。

县级以上地方人民政府有关部门按照职责分工，负责本行政区域内水资源开发、利用、节约和保护的有关工作。

第二章 水资源规划

第十四条 国家制定全国水资源战略规划。

开发、利用、节约、保护水资源和防治水害，应当按照流域、区域统一制定规划。规划分为流域规划和区域规划。流域规划包括流域综合规划和流域专业规划；区域规划包括区域综合规划和区域专业规划。

前款所称综合规划，是指根据经济社会发展需要和水资源开发利用现状编制的开发、利用、节约、保护水资源和防治水害的总体部署。前款所称专业规划，是指防洪、治涝、灌溉、航运、供水、水力发电、竹木流放、渔业、水资源保护、水土保持、防沙治沙、节约用水等规划。

第十五条 流域范围内的区域规划应当服从流域规划，专业规划应当服从综合规划。

流域综合规划和区域综合规划以及与土地利用关系密切的专业规划，应当与国民经济和社会发展规划以及土地利用总体规划、城市总体规划和环境保护规划相协调，兼顾各地区、各行业的需要。

第十六条 制定规划，必须进行水资源综合科学考察和调查评价。水资源综合科学考察和调查评价，由县级以上人民政府水行政主管部门会同同级有关部门组织进行。

县级以上人民政府应当加强水文、水资源信息系统建设。县级以上人民政府水行政主管部门和流域管理机构应当加强对水资源的动态监测。

基本水文资料应当按照国家有关规定予以公开。

第十七条 国家确定的重要江河、湖泊的流域综合规划，由国务院水行政主管部门会同国务院有关部门和有关省、自治区、直辖市人民政府编制，报国务院批准。跨省、自治区、直辖市的其他江河、湖泊的流域综合规划和区域综合规划，由有关流域管理机构会同江河、湖泊所在地的省、自治区、直辖市人民政府水行政主管部门和有关部门编制，分别经有关省、自治区、直辖市人民政府审查提出意见后，报国务院水行政主管部门审核；国务院水行政主管部门征求国务院有关部门意见后，报国务院或者其授权的部门批准。

前款规定以外的其他江河、湖泊的流域综合规划和区域综合规划，由县级以上地方人民政府水行政主管部门会同同级有关部门和有关地方人民政府编制，报本级人民政府或者其授权的部门批准，并报上一级水行政主管部门备案。

专业规划由县级以上人民政府有关部门编制，征求同级其他有关部门意见后，报本级人民政府批准。其中，防洪规划、水土保持规划的编制、批准，依照防洪法、水土保持法的有关规定执行。

第十八条 规划一经批准，必须严格执行。

经批准的规划需要修改时，必须按照规划编制程序经原批准机关批准。

第十九条 建设水工程，必须符合流域综合规划。在国家确定的重要江河、湖泊和跨省、自治区、直辖市的江河、湖泊上建设水工程，其工程可行性研究报告报请批准前，有关流域管理机构应当对水工程的建设是否符合流域综合规划进行审查并签署意见；在其他江河、湖泊上建设水工程，其工程可行性研究报告报请批准前，县级以上地方人民政府水行政主管部门应当按照管理权限对水工程的建设是否符合流域综合规划进行审查并签署意见。水工程建设涉及防洪的，依照防洪法的有关规定执行；涉及其他地区和行业的，建设单位应当事先征求有关地区和部门的意见。

第三章 水资源开发利用

第二十条 开发、利用水资源，应当坚持兴利与除害相结合，兼顾上下游、左右岸和有关地区之间的利益，充分发挥水资源的综合效益，并服从防洪的总体安排。

第二十一条 开发、利用水资源，应当首先满足城乡居民生活用水，并兼顾农业、工业、生态环境用水以及航运等需要。

在干旱和半干旱地区开发、利用水资源，应当充分考虑生态环境用水需要。

第二十二条 跨流域调水，应当进行全面规划和科学论证，统筹兼顾调出和调入流域的用水需要，防止对生态环境造成破坏。

第二十三条 地方各级人民政府应当结合本地区水资源的实际情况，按照地表水与地下水统一调度开发、开源与节流相结合、节流优先和污水处理再利用的原则，合理组织开发、综合利用水资源。

国民经济和社会发展规划以及城市总体规划的编制、重大建设项目的布局，应当与当地水资源条件和防洪要求相适应，并进行科学论证；在水资源不足的地区，应当对城市规模和建设耗水量大的工业、农业和服务业项目加以限制。

第二十四条 在水资源短缺的地区，国家鼓励对雨水和微咸水的收集、开发、利用和对海水的利用、淡化。

第二十五条 地方各级人民政府应当加强对灌溉、排涝、水土保持工作的领导，促进农业生产发展；在容易发生盐碱化和渍害的地区，应当采取措施，控制和降低地下水的水位。

农村集体经济组织或者其成员依法在本集体经济组织所有的集体土地或者承包土地上投资兴建水工程设施的，按照谁投资建设谁管理和谁受益的原则，对水工程设施及其蓄水进行管理和合理使用。

农村集体经济组织修建水库应当经县级以上地方人民政府水行政主管部门批准。

第二十六条 国家鼓励开发、利用水能资源。在水能丰富的河流,应当有计划地进行多目标梯级开发。

建设水力发电站,应当保护生态环境,兼顾防洪、供水、灌溉、航运、竹木流放和渔业等方面的需要。

第二十七条 国家鼓励开发、利用水运资源。在水生生物洄游通道、通航或者竹木流放的河流上修建永久性拦河闸坝,建设单位应当同时修建过鱼、过船、过木设施,或者经国务院授权的部门批准采取其他补救措施,并妥善安排施工和蓄水期间的水生生物保护、航运和竹木流放,所需费用由建设单位承担。

在不通航的河流或者人工水道上修建闸坝后可以通航的,闸坝建设单位应当同时修建过船设施或者预留过船设施位置。

第二十八条 任何单位和个人引水、截(蓄)水、排水,不得损害公共利益和他人的合法权益。

第二十九条 国家对水工程建设移民实行开发性移民的方针,按照前期补偿、补助与后期扶持相结合的原则,妥善安排移民的生产和生活,保护移民的合法权益。

移民安置应当与工程建设同步进行。建设单位应当根据安置地区的环境容量和可持续发展的原则,因地制宜,编制移民安置规划,经依法批准后,由有关地方人民政府组织实施。所需移民经费列入工程建设投资计划。

第四章 水资源、水域和水工程的保护

第三十条 县级以上人民政府水行政主管部门、流域管理机构以及其他有关部门在制定水资源开发、利用规划和调度水资源时,应当注意维持江河的合理流量和湖泊、水库以及地下水的合理水位,维护水体的自然净化能力。

第三十一条 从事水资源开发、利用、节约、保护和防治水害等水事活动,应当遵守经批准的规划;因违反规划造成江河和湖泊水域使用功能降低、地下水超采、地面沉降、水体污染的,应当承担治理责任。

开采矿藏或者建设地下工程,因疏干排水导致地下水水位下降、水源枯竭或者地面塌陷,采矿单位或者建设单位应当采取补救措施;对他人生活和生产造成损失的,依法给予补偿。

第三十二条 国务院水行政主管部门会同国务院环境保护行政主管部门、有关部门和有关省、自治区、直辖市人民政府,按照流域综合规划、水资源保护规划和经济社会发展要求,拟定国家确定的重要江河、湖泊的水功能区划,报国务院批准。跨省、自治区、直辖市的其他江河、湖泊的水功能区划,由有关流域管理机构会同江河、湖泊所在地的省、自治区、直辖市人民政府水行政主管部门、环境保护行政主管部门和其他有关部门拟定,分别经有关省、自治区、直辖市人民政府审查提出意见后,由国务院水行政主管部门会同国务院环境保护行政主管部门审核,报国务院或者其授权的部门批准。

前款规定以外的其他江河、湖泊的水功能区划,由县级以上地方人民政府水行政主管部门会同同级人民政府环境保护行政主管部门和有关部门拟定,报同级人民政府或者其授权的部门批准,并报上一级水行政主管部门和环境保护行政主管部门备案。

县级以上人民政府水行政主管部门或者流域管理机构应当按照水功能区对水质的要求和水体的自然净化能力，核定该水域的纳污能力，向环境保护行政主管部门提出该水域的限制排污总量意见。

县级以上地方人民政府水行政主管部门和流域管理机构应当对水功能区的水质状况进行监测，发现重点污染物排放总量超过控制指标的，或者水功能区的水质未达到水域使用功能对水质的要求的，应当及时报告有关人民政府采取治理措施，并向环境保护行政主管部门通报。

第三十三条 国家建立饮用水水源保护区制度。省、自治区、直辖市人民政府应当划定饮用水水源保护区，并采取措施，防止水源枯竭和水体污染，保证城乡居民饮用水安全。

第三十四条 禁止在饮用水水源保护区内设置排污口。

在江河、湖泊新建、改建或者扩大排污口，应当经过有管辖权的水行政主管部门或者流域管理机构同意，由环境保护行政主管部门负责对该建设项目的环境影响报告书进行审批。

第三十五条 从事工程建设，占用农业灌溉水源、灌排工程设施，或者对原有灌溉用水、供水水源有不利影响的，建设单位应当采取相应的补救措施；造成损失的，依法给予补偿。

第三十六条 在地下水超采地区，县级以上地方人民政府应当采取措施，严格控制开采地下水。在地下水严重超采地区，经省、自治区、直辖市人民政府批准，可以划定地下水禁止开采或者限制开采区。在沿海地区开采地下水，应当经过科学论证，并采取措施，防止地面沉降和海水入侵。

第三十七条 禁止在江河、湖泊、水库、运河、渠道内弃置、堆放阻碍行洪的物体和种植阻碍行洪的林木及高秆作物。

禁止在河道管理范围内建设妨碍行洪的建筑物、构筑物以及从事影响河势稳定、危害河岸堤防安全和其他妨碍河道行洪的活动。

第三十八条 在河道管理范围内建设桥梁、码头和其他拦河、跨河、临河建筑物、构筑物，铺设跨河管道、电缆，应当符合国家规定的防洪标准和其他有关的技术要求，工程建设方案应当依照防洪法的有关规定报经有关水行政主管部门审查同意。

因建设前款工程设施，需要扩建、改建、拆除或者损坏原有水工程设施的，建设单位应当负担扩建、改建的费用和损失补偿。但是，原有工程设施属于违法工程的除外。

第三十九条 国家实行河道采砂许可制度。河道采砂许可制度实施办法，由国务院规定。

在河道管理范围内采砂，影响河势稳定或者危及堤防安全的，有关县级以上人民政府水行政主管部门应当划定禁采区和规定禁采期，并予以公告。

第四十条 禁止围湖造地。已经围垦的，应当按照国家规定的防洪标准有计划地退地还湖。

禁止围垦河道。确需围垦的，应当经过科学论证，经省、自治区、直辖市人民政府水行政主管部门或者国务院水行政主管部门同意后，报本级人民政府批准。

第四十一条 单位和个人有保护水工程的义务，不得侵占、毁坏堤防、护岸、防汛、水文监测、水文地质监测等工程设施。

第四十二条 县级以上地方人民政府应当采取措施，保障本行政区域内水工程，特别是水坝和堤防的安全，限期消除险情。水行政主管部门应当加强对水工程安全的监督管理。

第四十三条 国家对水工程实施保护。国家所有的水工程应当按照国务院的规定划定工程管理和保护范围。

国务院水行政主管部门或者流域管理机构管理的水工程，由主管部门或者流域管理机构商有关省、自治区、直辖市人民政府划定工程管理和保护范围。

前款规定以外的其他水工程，应当按照省、自治区、直辖市人民政府的规定，划定工程保护范围和保护职责。

在水工程保护范围内，禁止从事影响水工程运行和危害水工程安全的爆破、打井、采石、取土等活动。

第五章 水资源配置和节约使用

第四十四条 国务院发展计划主管部门和国务院水行政主管部门负责全国水资源的宏观调配。全国的和跨省、自治区、直辖市的水中长期供求规划，由国务院水行政主管部门会同有关部门制订，经国务院发展计划主管部门审查批准后执行。地方的水中长期供求规划，由县级以上地方人民政府水行政主管部门会同同级有关部门依据上一级水中长期供求规划和本地区的实际情况制定，经本级人民政府发展计划主管部门审查批准后执行。

水中长期供求规划应当依据水的供求现状、国民经济和社会发展规划、流域规划、区域规划，按照水资源供需协调、综合平衡、保护生态、厉行节约、合理开源的原则制定。

第四十五条 调蓄径流和分配水量，应当依据流域规划和水中长期供求规划，以流域为单元制定水量分配方案。

跨省、自治区、直辖市的水量分配方案和旱情紧急情况下的水量调度预案，由流域管理机构商有关省、自治区、直辖市人民政府制订，报国务院或者其授权的部门批准后执行。其他跨行政区域的水量分配方案和旱情紧急情况下的水量调度预案，由共同的上一级人民政府水行政主管部门商有关地方人民政府制订，报本级人民政府批准后执行。

水量分配方案和旱情紧急情况下的水量调度预案经批准后，有关地方人民政府必须执行。

在不同行政区域之间的边界河流上建设水资源开发、利用项目，应当符合该流域经批准的水量分配方案，由有关县级以上地方人民政府报共同的上一级人民政府水行政主管部门或者有关流域管理机构批准。

第四十六条 县级以上地方人民政府水行政主管部门或者流域管理机构应当根据批准的水量分配方案和年度预测来水量，制定年度水量分配方案和调度计划，实施水量统一调度；有关地方人民政府必须服从。

国家确定的重要江河、湖泊的年度水量分配方案，应当纳入国家的国民经济和社会发展年度计划。

第四十七条 国家对用水实行总量控制和定额管理相结合的制度。

省、自治区、直辖市人民政府有关行业主管部门应当制定本行政区域内行业用水定额，报同级水行政主管部门和质量监督检验行政主管部门审核同意后，由省、自治区、直辖市人民政府公布，并报国务院水行政主管部门和国务院质量监督检验行政主管部门备案。

县级以上地方人民政府发展计划主管部门会同同级水行政主管部门，根据用水定额、经济技术条件以及水量分配方案确定的可供本行政区域使用的水量，制定年度用水计划，对本行政区域内的年度用水实行总量控制。

第四十八条 直接从江河、湖泊或者地下取用水资源的单位和个人，应当按照国家取水许可制度和水资源有偿使用制度的规定，向水行政主管部门或者流域管理机构申请领取取水许可证，并缴纳水资源费，取得取水权。但是，家庭生活和零星散养、圈养畜禽饮用等少量取水的除外。

实施取水许可制度和征收管理水资源费的具体办法，由国务院规定。

第四十九条 用水应当计量，并按照批准的用水计划用水。

用水实行计量收费和超定额累进加价制度。

第五十条 各级人民政府应当推行节水灌溉方式和节水技术，对农业蓄水、输水工程采取必要的防渗漏措施，提高农业用水效率。

第五十一条 工业用水应当采用先进技术、工艺和设备，增加循环用水次数，提高水的重复利用率。

国家逐步淘汰落后的、耗水量高的工艺、设备和产品，具体名录由国务院经济综合主管部门会同国务院水行政主管部门和有关部门制定并公布。生产者、销售者或者生产经营中的使用者应当在规定的时间内停止生产、销售或者使用列入名录的工艺、设备和产品。

第五十二条 城市人民政府应当因地制宜采取有效措施，推广节水型生活用水器具，降低城市供水管网漏失率，提高生活用水效率；加强城市污水集中处理，鼓励使用再生水，提高污水再生利用率。

第五十三条 新建、扩建、改建建设项目，应当制订节水措施方案，配套建设节水设施。节水设施应当与主体工程同时设计、同时施工、同时投产。

供水企业和自建供水设施的单位应当加强供水设施的维护管理，减少水的漏失。

第五十四条 各级人民政府应当积极采取措施，改善城乡居民的饮用水条件。

第五十五条 使用水工程供应的水，应当按照国家规定向供水单位缴纳水费。供水价格应当按照补偿成本、合理收益、优质优价、公平负担的原则确定。具体办法由省级以上人民政府价格主管部门会同同级水行政主管部门或者其他供水行政主管部门依据职权制定。

第六章 水事纠纷处理与执法监督检查

第五十六条 不同行政区域之间发生水事纠纷的，应当协商处理；协商不成的，由上一级人民政府裁决，有关各方必须遵照执行。在水事纠纷解决前，未经各方达成协议或者共同的上一级人民政府批准，在行政区域交界线两侧一定范围内，任何一方不得修建排水、阻水、取水和截（蓄）水工程，不得单方面改变水的现状。

第五十七条 单位之间、个人之间、单位与个人之间发生的水事纠纷，应当协商解决；当事人不愿协商或者协商不成的，可以申请县级以上地方人民政府或者其授权的部门调解，也可以直接向人民法院提起民事诉讼。县级以上地方人民政府或者其授权的部门调解不成的，当事人可以向人民法院提起民事诉讼。

在水事纠纷解决前，当事人不得单方面改变现状。

第五十八条 县级以上人民政府或者其授权的部门在处理水事纠纷时，有权采取临时处置措施，有关各方或者当事人必须服从。

第五十九条 县级以上人民政府水行政主管部门和流域管理机构应当对违反本法的行为加强监督检查并依法进行查处。

水政监督检查人员应当忠于职守，秉公执法。

第六十条 县级以上人民政府水行政主管部门、流域管理机构及其水政监督检查人员履行本法规定的监督检查职责时，有权采取下列措施：

（一）要求被检查单位提供有关文件、证照、资料；

（二）要求被检查单位就执行本法的有关问题作出说明；

（三）进入被检查单位的生产场所进行调查；

（四）责令被检查单位停止违反本法的行为，履行法定义务。

第六十一条 有关单位或者个人对水政监督检查人员的监督检查工作应当给予配合，不得拒绝或者阻碍水政监督检查人员依法执行职务。

第六十二条 水政监督检查人员在履行监督检查职责时，应当向被检查单位或者个人出示执法证件。

第六十三条 县级以上人民政府或者上级水行政主管部门发现本级或者下级水行政主管部门在监督检查工作中有违法或者失职行为的，应当责令其限期改正。

第七章 法律责任

第六十四条 水行政主管部门或者其他有关部门以及水工程管理单位及其工作人员，利用职务上的便利收取他人财物、其他好处或者玩忽职守，对不符合法定条件的单位或者个人核发许可证、签署审查同意意见，不按照水量分配方案分配水量，不按照国家有关规定收取水资源费，不履行监督职责，或者发现违法行为不予查处，造成严重后果，构成犯罪的，对负有责任的主管人员和其他直接责任人员依照刑法的有关规定追究刑事责任；尚不够刑事处罚的，依法给予行政处分。

第六十五条 在河道管理范围内建设妨碍行洪的建筑物、构筑物，或者从事影响河势稳定、危害河岸堤防安全和其他妨碍河道行洪的活动的，由县级以上人民政府水行政主管部门或者流域管理机构依据职权，责令停止违法行为，限期拆除违法建筑物、构筑物，恢复原状；逾期不拆除、不恢复原状的，强行拆除，所需费用由违法单位或者个人负担，并处一万元以上十万元以下的罚款。

未经水行政主管部门或者流域管理机构同意，擅自修建水工程，或者建设桥梁、码头和其他拦河、跨河、临河建筑物、构筑物，铺设跨河管道、电缆，且防洪法未作规定的，由县级以上人民政府水行政主管部门或者流域管理机构依据职权，责令停止违法行为，限期补办有关手续；逾期不补办或者补办未被批准的，责令限期拆除违法建筑物、构筑物；逾期不拆除的，强行拆除，所需费用由违法单位或者个人负担，并处一万元以上十万元以下的罚款。

虽经水行政主管部门或者流域管理机构同意，但未按照要求修建前款所列工程设施的，由县级以上人民政府水行政主管部门或者流域管理机构依据职权，责令限期改正，按照情节轻重，处一万元以上十万元以下的罚款。

第六十六条 有下列行为之一，且防洪法未作规定的，由县级以上人民政府水行政主管部门或者流域管理机构依据职权，责令停止违法行为，限期清除障碍或者采取其他补救措施，处一万元以上五万元以下的罚款：

（一）在江河、湖泊、水库、运河、渠道内弃置、堆放阻碍行洪的物体和种植阻碍行洪的林木及高秆作物的；

（二）围湖造地或者未经批准围垦河道的。

第六十七条 在饮用水水源保护区内设置排污口的，由县级以上地方人民政府责令限期拆除、恢复原状；逾期不拆除、不恢复原状的，强行拆除、恢复原状，并处五万元以上十万元以下的罚款。

未经水行政主管部门或者流域管理机构审查同意，擅自在江河、湖泊新建、改建或者扩大排污口的，由县级以上人民政府水行政主管部门或者流域管理机构依据职权，责令停止违法行为，限期恢复原状，处五万元以上十万元以下的罚款。

第六十八条 生产、销售或者在生产经营中使用国家明令淘汰的落后的、耗水量高的工艺、设备和产品的，由县级以上地方人民政府经济综合主管部门责令停止生产、销售或者使用，处二万元以上十万元以下的罚款。

第六十九条 有下列行为之一的，由县级以上人民政府水行政主管部门或者流域管理机构依据职权，责令停止违法行为，限期采取补救措施，处二万元以上十万元以下的罚款；情节严重的，吊销其取水许可证：

（一）未经批准擅自取水的；

（二）未依照批准的取水许可规定条件取水的。

第七十条 拒不缴纳、拖延缴纳或者拖欠水资源费的，由县级以上人民政府水行政主管部门或者流域管理机构依据职权，责令限期缴纳；逾期不缴纳的，从滞纳之日起按日加收滞纳部分千分之二的滞纳金，并处应缴或者补缴水资源费一倍以上五倍以下的罚款。

第七十一条 建设项目的节水设施没有建成或者没有达到国家规定的要求，擅自投入使用的，由县级以上人民政府有关部门或者流域管理机构依据职权，责令停止使用，限期改正，处五万元以上十万元以下的罚款。

第七十二条 有下列行为之一，构成犯罪的，依照刑法的有关规定追究刑事责任；尚不够刑事处罚，且防洪法未作规定的，由县级以上地方人民政府水行政主管部门或者流域管理机构依据职权，责令停止违法行为，采取补救措施，处一万元以上五万元以下的罚款；违反治安管理处罚条例的，由公安机关依法给予治安管理处罚；给他人造成损失的，依法承担赔偿责任：

（一）侵占、毁坏水工程及堤防、护岸等有关设施，毁坏防汛、水文监测、水文地质监测设施的；

（二）在水工程保护范围内，从事影响水工程运行和危害水工程安全的爆破、打井、采石、取土等活动的。

第七十三条 侵占、盗窃或者抢夺防汛物资，防洪排涝、农田水利、水文监测和测量以及其他水工程设备和器材，贪污或者挪用国家救灾、抢险、防汛、移民安置和补偿及其他水利建设款物，构成犯罪的，依照刑法的有关规定追究刑事责任。

第七十四条 在水事纠纷发生及其处理过程中煽动闹事、结伙斗殴、抢夺或者损坏公私财物、非法限制他人人身自由，构成犯罪的，依照刑法的有关规定追究刑事责任；尚不够刑事处罚的，由公安机关依法给予治安管理处罚。

第七十五条　不同行政区域之间发生水事纠纷，有下列行为之一的，对负有责任的主管人员和其他直接责任人员依法给予行政处分：

（一）拒不执行水量分配方案和水量调度预案的；

（二）拒不服从水量统一调度的；

（三）拒不执行上一级人民政府的裁决的；

（四）在水事纠纷解决前，未经各方达成协议或者上一级人民政府批准，单方面违反本法规定改变水的现状的。

第七十六条　引水、截（蓄）水、排水，损害公共利益或者他人合法权益的，依法承担民事责任。

第七十七条　对违反本法第三十九条有关河道采砂许可制度规定的行政处罚，由国务院规定。

第八章　附　则

第七十八条　中华人民共和国缔结或者参加的与国际或者国境边界河流、湖泊有关的国际条约、协定与中华人民共和国法律有不同规定的，适用国际条约、协定的规定。但是，中华人民共和国声明保留的条款除外。

第七十九条　本法所称水工程，是指在江河、湖泊和地下水源上开发、利用、控制、调配和保护水资源的各类工程。

第八十条　海水的开发、利用、保护和管理，依照有关法律的规定执行。

第八十一条　从事防洪活动，依照防洪法的规定执行。

水污染防治，依照水污染防治法的规定执行。

第八十二条　本法自2002年10月1日起施行。

中华人民共和国防洪法

（中华人民共和国主席令第八十八号，1998年1月1日起施行）

第一章　总　则

第一条　为了防治洪水，防御、减轻洪涝灾害，维护人民的生命和财产安全，保障社会主义现代化建设顺利进行，制定本法。

第二条　防洪工作实行全面规划、统筹兼顾、预防为主、综合治理、局部利益服从全局利益的原则。

第三条　防洪工程设施建设，应当纳入国民经济和社会发展计划。

防洪费用按照政府投入同受益者合理承担相结合的原则筹集。

第四条　开发利用和保护水资源，应当服从防洪总体安排，实行兴利与除害相结合的原则。

江河、湖泊治理以及防洪工程设施建设，应当符合流域综合规划，与流域水资源的综合开发相结合。

本法所称综合规划是指开发利用水资源和防治水害的综合规划。

第五条　防洪工作按照流域或者区域实行统一规划、分级实施和流域管理与行政区域管理相结合的制度。

第六条　任何单位和个人都有保护防洪工程设施和依法参加防汛抗洪的义务。

第七条　各级人民政府应当加强对防洪工作的统一领导，组织有关部门、单位，动员社会力量，依靠科技进步，有计划地进行江河、湖泊治理，采取措施加强防洪工程设施建设，巩固、提高防洪能力。

各级人民政府应当组织有关部门、单位，动员社会力量，做好防汛抗洪和洪涝灾害后的恢复与救济工作。

各级人民政府应当对蓄滞洪区予以扶持；蓄滞洪后，应当依照国家规定予以补偿或者救助。

第八条　国务院水行政主管部门在国务院的领导下，负责全国防洪的组织、协调、监督、指导等日常工作。国务院水行政主管部门在国家确定的重要江河、湖泊设立的流域管理机构，在所管辖的范围内行使法律、行政法规规定和国务院水行政主管部门授权的防洪协调和监督管理职责。

国务院建设行政主管部门和其他有关部门在国务院的领导下，按照各自的职责，负责有关的防洪工作。

县级以上地方人民政府水行政主管部门在本级人民政府的领导下，负责本行政区域内防洪的组织、协调、监督、指导等日常工作。县级以上地方人民政府建设行政主管部门和其他有关部门在本级人民政府的领导下，按照各自的职责，负责有关的防洪工作。

第二章　防洪规划

第九条　防洪规划是指为防治某一流域、河段或者区域的洪涝灾害而制定的总体部署，包括国家确定的重要江河、湖泊的流域防洪规划，其他江河、河段、湖泊的防洪规划以及区域防洪规划。

防洪规划应当服从所在流域、区域的综合规划；区域防洪规划应当服从所在流域的流域防洪规划。

防洪规划是江河、湖泊治理和防洪工程设施建设的基本依据。

第十条　国家确定的重要江河、湖泊的防洪规划，由国务院水行政主管部门依据该江河、湖泊的流域综合规划，会同有关部门和有关省、自治区、直辖市人民政府编制，报国务院批准。

其他江河、河段、湖泊的防洪规划或者区域防洪规划，由县级以上地方人民政府水行政主管部门分别依据流域综合规划、区域综合规划，会同有关部门和有关地区编制，报本级人民政府批准，并报上一级人民政府水行政主管部门备案；跨省、自治区、直辖市的江河、河段、湖泊的防洪规划由有关流域管理机构会同江河、河段、湖泊所在地的省、自治区、直辖市人民政府水行政主管部门、有关主管部门拟定，分别经有关省、自治区、直辖市人民政府审查提出意见后，报国务院水行政主管部门批准。

城市防洪规划，由城市人民政府组织水行政主管部门、建设行政主管部门和其他有关部门依据流域防洪规划、上一级人民政府区域防洪规划编制，按照国务院规定的审批程序批准后纳入城市总体规划。

修改防洪规划，应当报经原批准机关批准。

第十一条　编制防洪规划，应当遵循确保重点、兼顾一般，以及防汛和抗旱相结合、工程措施和非工程措施相结合的原则，充分考虑洪涝规律和上下游、左右岸的关系以及国民经济对防洪的要求，并与国土规划和土地利用总体规划相协调。

防洪规划应当确定防护对象、治理目标和任务、防洪措施和实施方案，划定洪泛区、蓄滞洪区和防洪保护区的范围，规定蓄滞洪区的使用原则。

第十二条　受风暴潮威胁的沿海地区的县级以上地方人民政府，应当把防御风暴潮纳入本地区的防洪规划，加强海堤（海塘）、挡潮闸和沿海防护林等防御风暴潮工程体系建设，监督建筑物、构筑物的设计和施工符合防御风暴潮的需要。

第十三条　山洪可能诱发山体滑坡、崩塌和泥石流的地区以及其他山洪多发地区的县级以上地方人民政府，应当组织负责地质矿产管理工作的部门、水行政主管部门和其他有关部门对山体滑坡、崩塌和泥石流隐患进行全面调查，划定重点防治区，采取防治措施。

城市、村镇和其他居民点以及工厂、矿山、铁路和公路干线的布局，应当避开山洪威胁；已经建在受山洪威胁的地方的，应当采取防御措施。

第十四条　平原、洼地、水网圩区、山谷、盆地等易涝地区的有关地方人民政府，应当制定除涝治涝规划，组织有关部门、单位采取相应的治理措施，完善排水系统，发展耐涝农作物种类和品种，开展洪涝、干旱、盐碱综合治理。

城市人民政府应当加强对城区排涝管网、泵站的建设和管理。

第十五条　国务院水行政主管部门应当会同有关部门和省、自治区、直辖市人民政府制定长江、黄河、珠江、辽河、淮河、海河入海河口的整治规划。

在前款入海河口围海造地,应当符合河口整治规划。

第十六条　防洪规划确定的河道整治计划用地和规划建设的堤防用地范围内的土地,经土地管理部门和水行政主管部门会同有关地区核定,报经县级以上人民政府按照国务院规定的权限批准后,可以划定为规划保留区;该规划保留区范围内的土地涉及其他项目用地的,有关土地管理部门和水行政主管部门核定时,应当征求有关部门的意见。

规划保留区依照前款规定划定后,应当公告。

前款规划保留区内不得建设与防洪无关的工矿工程设施;在特殊情况下,国家工矿建设项目确需占用前款规划保留区内的土地的,应当按照国家规定的基本建设程序报请批准,并征求有关水行政主管部门的意见。

防洪规划确定的扩大或者开辟的人工排洪道用地范围内的土地,经省级以上人民政府土地管理部门和水行政主管部门会同有关部门、有关地区核定,报省级以上人民政府按照国务院规定的权限批准后,可以划定为规划保留区,适用前款规定。

第十七条　在江河、湖泊上建设防洪工程和其他水工程、水电站等,应当符合防洪规划的要求;水库应当按照防洪规划的要求留足防洪库容。

前款规定的防洪工程和其他水工程、水电站的可行性研究报告按照国家规定的基本建设程序报请批准时,应当附具有关水行政主管部门签署的符合防洪规划要求的规划同意书。

第三章　治理与防护

第十八条　防治江河洪水,应当蓄泄兼施,充分发挥河道行洪能力和水库、洼淀、湖泊调蓄洪水的功能,加强河道防护,因地制宜地采取定期清淤疏浚等措施,保持行洪畅通。

防治江河洪水,应当保护、扩大流域林草植被,涵养水源,加强流域水土保持综合治理。

第十九条　整治河道和修建控制引导河水流向、保护堤岸等工程,应当兼顾上下游、左右岸的关系,按照规划治导线实施,不得任意改变河水流向。

国家确定的重要江河的规划治导线由流域管理机构拟定,报国务院水行政主管部门批准。

其他江河、河段的规划治导线由县级以上地方人民政府水行政主管部门拟定,报本级人民政府批准;跨省、自治区、直辖市的江河、河段和省、自治区、直辖市之间的省界河道的规划治导线由有关流域管理机构组织江河、河段所在地的省、自治区、直辖市人民政府水行政主管部门拟定,经有关省、自治区、直辖市人民政府审查提出意见后,报国务院水行政主管部门批准。

第二十条　整治河道、湖泊,涉及航道的,应当兼顾航运需要,并事先征求交通主管部门的意见。整治航道,应当符合江河、湖泊防洪安全要求,并事先征求水行政主管部门的意见。

在竹木流放的河流和渔业水域整治河道的,应当兼顾竹木水运和渔业发展的需要,并事先征求林业、渔业行政主管部门的意见。在河道中流放竹木,不得影响行洪和防洪工程设施的安全。

第二十一条 河道、湖泊管理实行按水系统一管理和分级管理相结合的原则,加强防护,确保畅通。

国家确定的重要江河、湖泊的主要河段,跨省、自治区、直辖市的重要河段、湖泊,省、自治区、直辖市之间的省界河道、湖泊以及国(边)界河道、湖泊,由流域管理机构和江河、湖泊所在地的省、自治区、直辖市人民政府水行政主管部门按照国务院水行政主管部门的划定依法实施管理。其他河道、湖泊,由县级以上地方人民政府水行政主管部门按照国务院水行政主管部门或者国务院水行政主管部门授权的机构的划定依法实施管理。

有堤防的河道、湖泊,其管理范围为两岸堤防之间的水域、沙洲、滩地、行洪区和堤防及护堤地;无堤防的河道、湖泊,其管理范围为历史最高洪水位或者设计洪水位之间的水域、沙洲、滩地和行洪区。

流域管理机构直接管理的河道、湖泊管理范围,由流域管理机构会同有关县级以上地方人民政府依照前款规定界定;其他河道、湖泊管理范围,由有关县级以上地方人民政府依照前款规定界定。

第二十二条 河道、湖泊管理范围内的土地和岸线的利用,应当符合行洪、输水的要求。

禁止在河道、湖泊管理范围内建设妨碍行洪的建筑物、构筑物,倾倒垃圾、渣土,从事影响河势稳定、危害河岸堤防安全和其他妨碍河道行洪的活动。

禁止在行洪河道内种植阻碍行洪的林木和高秆作物。

在船舶航行可能危及堤岸安全的河段,应当限定航速。限定航速的标志,由交通主管部门与水行政主管部门商定后设置。

第二十三条 禁止围湖造地。已经围垦的,应当按照国家规定的防洪标准进行治理,有计划地退地还湖。

禁止围垦河道。确需围垦的,应当进行科学论证,经水行政主管部门确认不妨碍行洪、输水后,报省级以上人民政府批准。

第二十四条 对居住在行洪河道内的居民,当地人民政府应当有计划地组织外迁。

第二十五条 护堤护岸的林木,由河道、湖泊管理机构组织营造和管理。护堤护岸林木,不得任意砍伐。采伐护堤护岸林木的,须经河道、湖泊管理机构同意后,依法办理采伐许可手续,并完成规定的更新补种任务。

第二十六条 对壅水、阻水严重的桥梁、引道、码头和其他跨河工程设施,根据防洪标准,有关水行政主管部门可以报请县级以上人民政府按照国务院规定的权限责令建设单位限期改建或者拆除。

第二十七条 建设跨河、穿河、穿堤、临河的桥梁、码头、道路、渡口、管道、缆线、取水、排水等工程设施,应当符合防洪标准、岸线规划、航运要求和其他技术要求,不得危害堤防安全、影响河势稳定、妨碍行洪畅通;其可行性研究报告按照国家规定的基本建设程序报请批准前,其中的工程建设方案应当经有关水行政主管部门根据前述防洪要求审查同意。

前款工程设施需要占用河道、湖泊管理范围内土地,跨越河道、湖泊空间或者穿越河床的,建设单位应当经有关水行政主管部门对该工程设施建设的位置和界限审查批准后,方可依法办理开工手续;安排施工时,应当按照水行政主管部门审查批准的位置和界限进行。

第二十八条 对于河道、湖泊管理范围内依照本法规定建设的工程设施,水行政主管部门有权依法检查；水行政主管部门检查时，被检查者应当如实提供有关的情况和资料。

前款规定的工程设施竣工验收时，应当有水行政主管部门参加。

第四章　防洪区和防洪工程设施的管理

第二十九条　防洪区是指洪水泛滥可能淹及的地区，分为洪泛区、蓄滞洪区和防洪保护区。

洪泛区是指尚无工程设施保护的洪水泛滥所及的地区。

蓄滞洪区是指包括分洪口在内的河堤背水面以外临时贮存洪水的低洼地区及湖泊等。

防洪保护区是指在防洪标准内受防洪工程设施保护的地区。

洪泛区、蓄滞洪区和防洪保护区的范围，在防洪规划或者防御洪水方案中划定，并报请省级以上人民政府按照国务院规定的权限批准后予以公告。

第三十条　各级人民政府应当按照防洪规划对防洪区内的土地利用实行分区管理。

第三十一条　地方各级人民政府应当加强对防洪区安全建设工作的领导，组织有关部门、单位对防洪区内的单位和居民进行防洪教育，普及防洪知识，提高水患意识；按照防洪规划和防御洪水方案建立并完善防洪体系和水文、气象、通信、预警以及洪涝灾害监测系统，提高防御洪水能力；组织防洪区内的单位和居民积极参加防洪工作，因地制宜地采取防洪避洪措施。

第三十二条　洪泛区、蓄滞洪区所在地的省、自治区、直辖市人民政府应当组织有关地区和部门，按照防洪规划的要求，制定洪泛区、蓄滞洪区安全建设计划，控制蓄滞洪区人口增长，对居住在经常使用的蓄滞洪区的居民，有计划地组织外迁，并采取其他必要的安全保护措施。

因蓄滞洪区而直接受益的地区和单位，应当对蓄滞洪区承担国家规定的补偿、救助义务。国务院和有关的省、自治区、直辖市人民政府应当建立对蓄滞洪区的扶持和补偿、救助制度。

国务院和有关的省、自治区、直辖市人民政府可以制定洪泛区、蓄滞洪区安全建设管理办法以及对蓄滞洪区的扶持和补偿、救助办法。

第三十三条　在洪泛区、蓄滞洪区内建设非防洪建设项目，应当就洪水对建设项目可能产生的影响和建设项目对防洪可能产生的影响作出评价，编制洪水影响评价报告，提出防御措施。建设项目可行性研究报告按照国家规定的基本建设程序报请批准时，应当附具有关水行政主管部门审查批准的洪水影响评价报告。

在蓄滞洪区内建设的油田、铁路、公路、矿山、电厂、电信设施和管道，其洪水影响评价报告应当包括建设单位自行安排的防洪避洪方案。建设项目投入生产或者使用时，其防洪工程设施应当经水行政主管部门验收。

在蓄滞洪区内建造房屋应当采用平顶式结构。

第三十四条　大中城市，重要的铁路、公路干线，大型骨干企业，应当列为防洪重点，确保安全。

受洪水威胁的城市、经济开发区、工矿区和国家重要的农业生产基地等，应当重点保护，建设必要的防洪工程设施。

城市建设不得擅自填堵原有河道沟汊、贮水湖塘洼淀和废除原有防洪围堤；确需填堵或者废除的，应当经水行政主管部门审查同意，并报城市人民政府批准。

第三十五条 属于国家所有的防洪工程设施，应当按照经批准的设计，在竣工验收前由县级以上人民政府按照国家规定，划定管理和保护范围。

属于集体所有的防洪工程设施，应当按照省、自治区、直辖市人民政府的规定，划定保护范围。

在防洪工程设施保护范围内，禁止进行爆破、打井、采石、取土等危害防洪工程设施安全的活动。

第三十六条 各级人民政府应当组织有关部门加强对水库大坝的定期检查和监督管理。对未达到设计洪水标准、抗震设防要求或者有严重质量缺陷的险坝，大坝主管部门应当组织有关单位采取除险加固措施，限期消除危险或者重建，有关人民政府应当优先安排所需资金。对可能出现垮坝的水库，应当事先制订应急抢险和居民临时撤离方案。

各级人民政府和有关主管部门应当加强对尾矿坝的监督管理，采取措施，避免因洪水导致垮坝。

第三十七条 任何单位和个人不得破坏、侵占、毁损水库大坝、堤防、水闸、护岸、抽水站、排水渠系等防洪工程和水文、通信设施以及防汛备用的器材、物料等。

第五章 防汛抗洪

第三十八条 防汛抗洪工作实行各级人民政府行政首长负责制，统一指挥、分级分部门负责。

第三十九条 国务院设立国家防汛指挥机构，负责领导、组织全国的防汛抗洪工作，其办事机构设在国务院水行政主管部门。

在国家确定的重要江河、湖泊可以设立由有关省、自治区、直辖市人民政府和该江河、湖泊的流域管理机构负责人等组成的防汛指挥机构，指挥所管辖范围内的防汛抗洪工作，其办事机构设在流域管理机构。

有防汛抗洪任务的县级以上地方人民政府设立由有关部门、当地驻军、人民武装部负责人等组成的防汛指挥机构，在上级防汛指挥机构和本级人民政府的领导下，指挥本地区的防汛抗洪工作，其办事机构设在同级水行政主管部门；必要时，经城市人民政府决定，防汛指挥机构也可以在建设行政主管部门设城市市区办事机构，在防汛指挥机构的统一领导下，负责城市市区的防汛抗洪日常工作。

第四十条 有防汛抗洪任务的县级以上地方人民政府根据流域综合规划、防洪工程实际状况和国家规定的防洪标准，制订防御洪水方案（包括对特大洪水的处置措施）。

长江、黄河、淮河、海河的防御洪水方案，由国家防汛指挥机构制订，报国务院批准；跨省、自治区、直辖市的其他江河的防御洪水方案，由有关流域管理机构会同有关省、自治区、直辖市人民政府制订，报国务院或者国务院授权的有关部门批准。防御洪水方案经批准后，有关地方人民政府必须执行。

各级防汛指挥机构和承担防汛抗洪任务的部门和单位，必须根据防御洪水方案做好防汛抗洪准备工作。

第四十一条 省、自治区、直辖市人民政府防汛指挥机构根据当地的洪水规律，规定汛期起止日期。

当江河、湖泊的水情接近保证水位或者安全流量，水库水位接近设计洪水位，或者防洪工程设施发生重大险情时，有关县级以上人民政府防汛指挥机构可以宣布进入紧急防汛期。

第四十二条 对河道、湖泊范围内阻碍行洪的障碍物，按照谁设障谁清除的原则，由防汛指挥机构责令限期清除；逾期不清除的，由防汛指挥机构组织强行清除，所需费用由设障者承担。

在紧急防汛期，国家防汛指挥机构或者其授权的流域、省、自治区、直辖市防汛指挥机构有权对壅水、阻水严重的桥梁、引道、码头和其他跨河工程设施作出紧急处置。

第四十三条 在汛期，气象、水文、海洋等有关部门应当按照各自的职责，及时向有关防汛指挥机构提供天气、水文等实时信息和风暴潮预报；电信部门应当优先提供防汛抗洪通信的服务；运输、电力、物资材料供应等有关部门应当优先为防汛抗洪服务。

中国人民解放军、中国人民武装警察部队和民兵应当执行国家赋予的抗洪抢险任务。

第四十四条 在汛期，水库、闸坝和其他水工程设施的运用，必须服从有关的防汛指挥机构的调度指挥和监督。

在汛期，水库不得擅自在汛期限制水位以上蓄水，其汛期限制水位以上的防洪库容的运用，必须服从防汛指挥机构的调度指挥和监督。

在凌汛期，有防凌汛任务的江河的上游水库的下泄水量必须征得有关的防汛指挥机构的同意，并接受其监督。

第四十五条 在紧急防汛期，防汛指挥机构根据防汛抗洪的需要，有权在其管辖范围内调用物资、设备、交通运输工具和人力，决定采取取土占地、砍伐林木、清除阻水障碍物和其他必要的紧急措施；必要时，公安、交通等有关部门按照防汛指挥机构的决定，依法实施陆地和水面交通管制。

依照前款规定调用的物资、设备、交通运输工具等，在汛期结束后应当及时归还；造成损坏或者无法归还的，按照国务院有关规定给予适当补偿或者作其他处理。取土占地、砍伐林木的，在汛期结束后依法向有关部门补办手续；有关地方人民政府对取土后的土地组织复垦，对砍伐的林木组织补种。

第四十六条 江河、湖泊水位或者流量达到国家规定的分洪标准，需要启用蓄滞洪区时，国务院，国家防汛指挥机构，流域防汛指挥机构，省、自治区、直辖市人民政府，省、自治区、直辖市防汛指挥机构，按照依法经批准的防御洪水方案中规定的启用条件和批准程序，决定启用蓄滞洪区。依法启用蓄滞洪区，任何单位和个人不得阻拦、拖延；遇到阻拦、拖延时，由有关县级以上地方人民政府强制实施。

第四十七条 发生洪涝灾害后，有关人民政府应当组织有关部门、单位做好灾区的生活供给、卫生防疫、救灾物资供应、治安管理、学校复课、恢复生产和重建家园等救灾工作以及所管辖地区的各项水毁工程设施修复工作。水毁防洪工程设施的修复，应当优先列入有关部门的年度建设计划。

国家鼓励、扶持开展洪水保险。

第六章　保障措施

第四十八条　各级人民政府应当采取措施，提高防洪投入的总体水平。

第四十九条　江河、湖泊的治理和防洪工程设施的建设和维护所需投资，按照事权和财权相统一的原则，分级负责，由中央和地方财政承担。城市防洪工程设施的建设和维护所需投资，由城市人民政府承担。

受洪水威胁地区的油田、管道、铁路、公路、矿山、电力、电信等企业、事业单位应当自筹资金，兴建必要的防洪自保工程。

第五十条　中央财政应当安排资金，用于国家确定的重要江河、湖泊的堤坝遭受特大洪涝灾害时的抗洪抢险和水毁防洪工程修复。省、自治区、直辖市人民政府应当在本级财政预算中安排资金，用于本行政区域内遭受特大洪涝灾害地区的抗洪抢险和水毁防洪工程修复。

第五十一条　国家设立水利建设基金，用于防洪工程和水利工程的维护和建设。具体办法由国务院规定。

受洪水威胁的省、自治区、直辖市为加强本行政区域内防洪工程设施建设，提高防御洪水能力，按照国务院的有关规定，可以规定在防洪保护区范围内征收河道工程修建维护管理费。

第五十二条　有防洪任务的地方各级人民政府应当根据国务院的有关规定，安排一定比例的农村义务工和劳动积累工，用于防洪工程设施的建设、维护。

第五十三条　任何单位和个人不得截留、挪用防洪、救灾资金和物资。

各级人民政府审计机关应当加强对防洪、救灾资金使用情况的审计监督。

第七章　法律责任

第五十四条　违反本法第十七条规定，未经水行政主管部门签署规划同意书，擅自在江河、湖泊上建设防洪工程和其他水工程、水电站的，责令停止违法行为，补办规划同意书手续；违反规划同意书的要求，严重影响防洪的，责令限期拆除；违反规划同意书的要求，影响防洪但尚可采取补救措施的，责令限期采取补救措施，可以处一万元以上十万元以下的罚款。

第五十五条　违反本法第十九条规定，未按照规划治导线整治河道和修建控制引导河水流向、保护堤岸等工程，影响防洪的，责令停止违法行为，恢复原状或者采取其他补救措施，可以处一万元以上十万元以下的罚款。

第五十六条　违反本法第二十二条第二款、第三款规定，有下列行为之一的，责令停止违法行为，排除阻碍或者采取其他补救措施，可以处五万元以下的罚款：

（一）在河道、湖泊管理范围内建设妨碍行洪的建筑物、构筑物的；

（二）在河道、湖泊管理范围内倾倒垃圾、渣土，从事影响河势稳定、危害河岸堤防安全和其他妨碍河道行洪的活动的；

（三）在行洪河道内种植阻碍行洪的林木和高秆作物的。

第五十七条　违反本法第十五条第二款、第二十三条规定，围海造地、围湖造地、围垦河道的，责令停止违法行为，恢复原状或者采取其他补救措施，可以处五万元以下的罚款；既不恢复原状也不采取其他补救措施的，代为恢复原状或者采取其他补救措施，所需费用由违法者承担。

第五十八条　违反本法第二十七条规定，未经水行政主管部门对其工程建设方案审查同意或者未按照有关水行政主管部门审查批准的位置、界限，在河道、湖泊管理范围内从事工程设施建设活动的，责令停止违法行为，补办审查同意或者审查批准手续；工程设施建设严重影响防洪的，责令限期拆除，逾期不拆除的，强行拆除，所需费用由建设单位承担；影响行洪但尚可采取补救措施的，责令限期采取补救措施，可以处一万元以上十万元以下的罚款。

第五十九条　违反本法第三十三条第一款规定，在洪泛区、蓄滞洪区内建设非防洪建设项目，未编制洪水影响评价报告的，责令限期改正；逾期不改正的，处五万元以下的罚款。

违反本法第三十三条第二款规定，防洪工程设施未经验收，即将建设项目投入生产或者使用的，责令停止生产或者使用，限期验收防洪工程设施，可以处五万元以下的罚款。

第六十条　违反本法第三十四条规定，因城市建设擅自填堵原有河道沟叉、贮水湖塘洼淀和废除原有防洪围堤的，城市人民政府应当责令停止违法行为，限期恢复原状或者采取其他补救措施。

第六十一条　违反本法规定，破坏、侵占、毁损堤防、水闸、护岸、抽水站、排水渠系等防洪工程和水文、通信设施以及防汛备用的器材、物料的，责令停止违法行为，采取补救措施，可以处五万元以下的罚款；造成损坏的，依法承担民事责任；应当给予治安管理处罚的，依照治安管理处罚条例的规定处罚；构成犯罪的，依法追究刑事责任。

第六十二条　阻碍、威胁防汛指挥机构、水行政主管部门或者流域管理机构的工作人员依法执行职务，构成犯罪的，依法追究刑事责任；尚不构成犯罪的，应当给予治安管理处罚的，依照治安管理处罚条例的规定处罚。

第六十三条　截留、挪用防洪、救灾资金和物资，构成犯罪的，依法追究刑事责任；尚不构成犯罪的，给予行政处分。

第六十四条　除本法第六十条的规定外，本章规定的行政处罚和行政措施，由县级以上人民政府水行政主管部门决定，或者由流域管理机构按照国务院水行政主管部门规定的权限决定。但是，本法第六十一条、第六十二条规定的治安管理处罚的决定机关，按照治安管理处罚条例的规定执行。

第六十五条　国家工作人员，有下列行为之一，构成犯罪的，依法追究刑事责任；尚不构成犯罪的，给予行政处分：

（一）违反本法第十七条、第十九条、第二十二条第二款、第二十二条第三款、第二十七条或者第三十四条规定，严重影响防洪的；

（二）滥用职权，玩忽职守，徇私舞弊，致使防汛抗洪工作遭受重大损失的；

（三）拒不执行防御洪水方案、防汛抢险指令或者蓄滞洪方案、措施、汛期调度运用计划等防汛调度方案的；

（四）违反本法规定，导致或者加重毗邻地区或者其他单位洪灾损失的。

第八章　附　则

第六十六条　本法自1998年1月1日起施行。

注：*《全国人民代表大会常务委员会关于修改部分法律的决定》已由中华人民共和国第十一届全国人民代表大会常务委员会第十次会议于2009年8月27日通过，现予公布，自公布之日起施行。（主席令第十八号）

5. 删去《中华人民共和国防洪法》第五十二条。

四、对下列法律和有关法律问题的决定中关于治安管理处罚的规定作出修改

（一）将下列法律和有关法律问题的决定中引用的“治安管理处罚条例”修改为“治安管理处罚法”。

76.《中华人民共和国防洪法》第六十一条、第六十二条、第六十四条。

中华人民共和国电力法

（1995年12月28日第八届全国人民代表大会常务
委员会第十七次会议通过）

第一章　总　则

第一条　为了保障和促进电力事业的发展，维护电力投资者、经营者和使用者的合法权益；保障电力安全运行，制定本法。

第二条　本法适用于中华人民共和国境内的电力建设、生产、供应和使用活动。

第三条　电力事业应当适应国民经济和社会发展的需要，适当超前发展。国家鼓励、引导国内外的经济组织和个人依法投资开发电源，兴办电力生产企业。电力事业投资，实行谁投资、谁收益的原则。

第四条　电力设施受国家保护。禁止任何单位和个人危害电力设施安全或者非法侵占、使用电能。

第五条　电力建设、生产、供应和使用应当依法保护环境，采用新技术，减少有害物质排放，防治污染和其他公害。国家鼓励和支持利用可再生能源和清洁能源发电。

第六条　国务院电力管理部门负责全国电力事业的监督管理。国务院有关部门在各自的职责范围内负责电力事业的监督管理。县级以上地方人民政府经济综合主管部门是本行政区域内的电力管理部门，负责电力事业的监督管理。县级以上地方人民政府有关部门在各自的职责范围内负责电力事业的监督管理。

第七条　电力建设企业、电力生产企业、电网经营企业依法实行自主经营、自负盈亏，并接受电力管理部门的监督。

第八条　国家帮助和扶持少数民族地区、边远地区和贫困地区发展电力事业。

第九条　国家鼓励在电力建设、生产、供应和使用过程中，采用先进的科学技术和管理方法，对在研究、开发、采用先进的科学技术和管理方法等方面作出显著成绩的单位和个人给予奖励。

第二章　电力建设

第十条　电力发展规划应当根据国民经济和社会发展的需要制定，并纳入国民经济和社会发展计划。电力发展规划，应当体现合理利用能源、电源与电网配套发展、提高经济效益和有利于环境保护的原则。

第十一条　城市电网的建设与改造规划，应当纳入城市总体规划。城市人民政府应当按照规划，安排变电设施用地、输电线路走廊和电缆通道。

任何单位和个人不得非法占用变电设施用地、输电线路走廊和电缆通道。

第十二条　国家通过制定有关政策，支持、促进电力建设。地方人民政府应当根据电力发展规划，因地制宜，采取多种措施开发电源，发展电力建设。

第十三条 电力投资者对其投资形成的电力，享有法定权益。并网运行的，电力投资者有优先使用权；未并网的自备电厂，电力投资者自行支配使用。

第十四条 电力建设项目应当符合电力发展规划，符合国家电力产业政策。电力建设项目不得使用国家明令淘汰的电力设备和技术。

第十五条 输变电工程、调度通信自动化工程等电网配套工程和环境保护工程，应当与发电工程项目同时设计、同时建设、同时验收、同时投入使用。

第十六条 电力建设项目使用土地，应当依照有关法律、行政法规的规定办理；依法征用土地的，应当依法支付土地补偿费和安置补偿费，做好迁移居民的安置工作。电力建设应当贯彻切实保护耕地、节约利用土地的原则。地方人民政府对电力事业依法使用土地和迁移居民，应当予以支持和协助。

第十七条 地方人民政府应当支持电力企业为发电工程建设勘探水源和依法取水、用水。电力企业应当节约用水。

第三章　电力生产与电网管理

第十八条 电力生产与电网运行应当遵循安全、优质、经济的原则。电网运行应当连续、稳定，保证供电可靠性。

第十九条 电力企业应当加强安全生产管理，坚持安全第一、预防为主的方针，建立、健全安全生产责任制度。电力企业应当对电力设施定期进行检修和维护，保证其正常运行。

第二十条 发电燃料供应企业、运输企业和电力生产企业应当依照国务院有关规定或者合同约定供应、运输和接卸燃料。

第二十一条 电网运行实行统一调度、分级管理。任何单位和个人不得非法干预电网调度。

第二十二条 国家提倡电力生产企业与电网、电网与电网并网运行。具有独立法人资格的电力生产企业要求将生产的电力并网运行的，电网经营企业应当接受。并网运行必须符合国家标准或者电力行业标准。并网双方应当按照统一调度、分级管理和平等互利、协商一致的原则，签订并网协议，确定双方的权利和义务；并网双方达不成协议的，由省级以上电力管理部门协调决定。

第二十三条 电网调度管理办法，由国务院依照本法的规定制定。

第四章　电力供应与使用

第二十四条 国家对电力供应和使用，实行安全用电、节约用电、计划用电的管理原则。电力供应与使用办法由国务院依照本法的规定制定。

第二十五条 供电企业在批准的供电营业区内向用户供电。供电营业区的划分，应当考虑电网的结构和供电合理性等因素。一个供电营业区内只设立一个供电营业机构。省、自治区、直辖市范围内的供电营业区的设立、变更，由供电企业提出申请，经省、自治区、直辖市人民政府电力管理部门会同同级有关部门审查批准后，由省、自治区、直辖市人民政府电力管理部门发给《供电营业许可证》。跨省、自治区、直辖市的供电营业区的设立、变更，由国务院电力管理部门审查批准并发给《供电营业许可证》。供电营业机构持《供电营业许可证》向工商行政管理部门申请领取营业执照，方可营业。

第二十六条 供电营业区内的供电营业机构，对本营业区内的用户有按照国家规定供电的义务；不得违反国家规定对其营业区内申请用电的单位和个人拒绝供电。申请新装用电、临时用电、增加用电容量、变更用电和终止用电，应当依照规定的程序办理手续。供电企业应当在其营业场所公告用电的程序、制度和收费标准，并提供用户须知资料。

第二十七条 电力供应与使用双方应当根据平等自愿、协商一致的原则，按照国务院制定的电力供应与使用办法签订供用电合同，确定双方的权利和义务。

第二十八条 供电企业应当保证供给用户的供电质量符合国家标准。对公用供电设施引起的供电质量问题，应当及时处理。用户对供电质量有特殊要求的，供电企业应当根据其必要性和电网的可能，提供相应的电力。

第二十九条 供电企业在发电、供电系统正常的情况下，应当连续向用户供电，不得中断。因供电设施检修、依法限电或者用户违法用电等原因，需要中断供电时，供电企业应当按照国家有关规定事先通知用户。用户对供电企业中断供电有异议的，可以向电力管理部门投诉；受理投诉的电力管理部门应当依法处理。

第三十条 因抢险救灾需要紧急供电时，供电企业必须尽速安排供电，所需供电工程费用和应付电费依照国家有关规定执行。

第三十一条 用户应当安装用电计量装置。用户使用的电力电量，以计量检定机构依法认可的用电计量装置的记录为准。用户受电装置的设计、施工安装和运行管理，应当符合国家标准或者电力行业标准。

第三十二条 用户用电不得危害供电、用电安全和扰乱供电、用电秩序。对危害供电、用电安全和扰乱供电、用电秩序的，供电企业有权制止。

第三十三条 供电企业应当按照国家核准的电价和用电计量装置的记录，向用户计收电费。供电企业查电人员和抄表收费人员进入用户，进行用电安全检查或者抄表收费时，应当出示有关证件。用户应当按照国家核准的电价和用电计量装置的记录，按时缴纳电费；对供电企业查电人员和抄表收费人员依法履行职责，应当提供方便。

第三十四条 供电企业和用户应当遵守国家有关规定，采取有效措施，做好安全用电、节约用电和计划用电工作。

第五章　电价与电费

第三十五条 本法所称电价，是指电力生产企业的上网电价、电网间的互供电价、电网销售电价。电价实行统一政策、统一定价原则，分级管理。

第三十六条 制定电价，应当合理补偿成本，合理确定收益，依法计入税金，坚持公平负担，促进电力建设。

第三十七条 上网电价实行同网同质同价。具体办法和实施步骤由国务院规定。电力生产企业有特殊情况需另行制定上网电价的，具体办法由国务院规定。

第三十八条 跨省、自治区、直辖市电网和省级电网内的上网电价，由电力生产企业和电网经营企业协商提出方案，报国务院物价行政主管部门核准。独立电网内的上网电价，由电力生产企业和电网经营企业协商提出方案，报有管理权的物价行政主管部门核准。地方投资的电力生产企业所生产的电力，属于在省内各地区形成独立电网的或者自发自用的，其电价可以由省、自治区、直辖市人民政府管理。

第三十九条 跨省、自治区、直辖市电网和独立电网之间、省级电网和独立电网之间的互供电价，由双方协商提出方案，报国务院物价行政主管部门或者其授权的部门核准。独立电网与独立电网之间的互供电价，由双方协商提出方案，报有管理权的物价行政主管部门核准。

第四十条 跨省、自治区、直辖市电网和省级电网的销售电价，由电网经营企业提出方案，报国务院物价行政主管部门或者其授权的部门核准。独立电网的销售电价，由电网经营企业提出方案，报有管理权的物价行政主管部门核准。

第四十一条 国家实行分类电价和分时电价。分类标准和分时办法由国务院确定。对同一电网内的同一电压等级、同一用电类别的用户，执行相同的电价标准。

第四十二条 用户用电增容收费标准，由国务院物价行政主管部门会同国务院电力管理部门制定。

第四十三条 任何单位不得超越电价管理权限制定电价。供电企业不得擅自变更电价。

第四十四条 禁止任何单位和个人在电费中加收其他费用；但是，法律、行政法规另有规定的，按照规定执行。地方集资办电在电费中加收费用的，由省、自治区、直辖市人民政府依照国务院有关规定制定办法。禁止供电企业在收取电费时，代收其他费用。

第四十五条 电价的管理办法，由国务院依照本法的规定制定。

第六章 农村电力建设和农业用电

第四十六条 省、自治区、直辖市人民政府应当制定农村电气化发展规划，并将其纳入当地电力发展规划及国民经济和社会发展计划。

第四十七条 国家对农村电气化实行优惠政策，对少数民族地区、边远地区和贫困地区的农村电力建设给予重点扶持。

第四十八条 国家提倡农村开发水能资源，建设中、小型水电站，促进农村电气化。国家鼓励和支持农村利用太阳能、风能、地热能、生物质能和其他能源进行农村电源建设，增加农村电力供应。

第四十九条 县级以上地方人民政府及其经济综合主管部门在安排用电指标时，应当保证农业和农村用电的适当比例，优先保证农村排涝、抗旱和农业季节性生产用电。电力企业应当执行前款的用电安排，不得减少农业和农村用电指标。

第五十条 农业用电价格按照保本、微利的原则确定。农民生活用电与当地城镇居民生活用电应当逐步实行相同的电价。

第五十一条 农业和农村用电管理办法，由国务院依照本法的规定制定。

第七章　电力设施保护

第五十二条　任何单位和个人不得危害发电设施、变电设施和电力线路设施及其有关辅助设施。在电力设施周围进行爆破及其他可能危及电力设施安全的作业的,应当按照国务院有关电力设施保护的规定,经批准并采取确保电力设施安全的措施后,方可进行作业。

第五十三条　电力管理部门应当按照国务院有关电力设施保护的规定,对电力设施保护区设立标志。任何单位和个人不得在依法划定的电力设施保护区内修建可能危及电力设施安全的建筑物、构筑物,不得种植可能危及电力设施安全的植物,不得堆放可能危及电力设施安全的物品。在依法划定电力设施保护区前已经种植的植物妨碍电力设施安全的,应当修剪或者砍伐。

第五十四条　任何单位和个人需要在依法划定的电力设施保护区内进行可能危及电力设施安全的作业时,应当经电力管理部门批准并采取安全措施后,方可进行作业。

第五十五条　电力设施与公用工程、绿化工程和其他工程在新建、改建或者扩建中相互妨碍时,有关单位应当按照国家有关规定协商,达成协议后方可施工。

第八章　监督检查

第五十六条　电力管理部门依法对电力企业和用户执行电力法律、行政法规的情况进行监督检查。

第五十七条　电力管理部门根据工作需要,可以配备电力监督检查人员。电力监督检查人员应当公正廉洁,秉公执法,熟悉电力法律、法规,掌握有关电力专业技术。

第五十八条　电力监督检查人员进行监督检查时,有权向电力企业或者用户了解有关执行电力法律、行政法规的情况,查阅有关资料,并有权进入现场进行检查。电力企业和用户对执行监督检查任务的电力监督检查人员应当提供方便。电力监督检查人员进行监督检查时,应当出示证件。

第九章　法律责任

第五十九条　电力企业或者用户违反供用电合同,给对方造成损失的,应当依法承担赔偿责任。电力企业违反本法第二十八条、第二十九条第一款的规定,未保证供电质量或者未事先通知用户中断供电,给用户造成损失的,应当依法承担赔偿责任。

第六十条　因电力运行事故给用户或者第三人造成损害的,电力企业应当依法承担赔偿责任。电力运行事故由下列原因之一造成的,电力企业不承担赔偿责任:

(一)不可抗力;

(二)用户自身的过错。

因用户或者第三人的过错给电力企业或者其他用户造成损害的,该用户或者第三人应当依法承担赔偿责任。

第六十一条　违反本法第十一条第二款的规定,非法占用变电设施用地、输电线路走廊或者电缆通道的，由县级以上地方人民政府责令限期改正；逾期不改正的，强制清除障碍。

第六十二条 违反本法第十四条规定，电力建设项目不符合电力发展规划、产业政策的，由电力管理部门责令停止建设。违反本法第十四条规定，电力建设项目使用国家明令淘汰的电力设备和技术的，由电力管理部门责令停止使用，没收国家明令淘汰的电力设备，并处五万元以下的罚款。

第六十三条 违反本法第二十五条规定，未经许可，从事供电或者变更供电营业区的，由电力管理部门责令改正，没收违法所得，可以并处违法所得五倍以下的罚款。

第六十四条 违反本法第二十六条、第二十九条规定，拒绝供电或者中断供电的，由电力管理部门责令改正，给予警告；情节严重的，对有关主管人员和直接责任人员给予行政处分。

第六十五条 违反本法第三十二条规定，危害供电、用电安全或者扰乱供电、用电秩序的，由电力管理部门责令改正，给予警告；情节严重或者拒绝改正的，可以中止供电，可以并处五万元以下的罚款。

第六十六条 违反本法第三十三条、第四十三条、第四十四条规定，未按照国家核准的电价和用电计量装置的记录向用户计收电费、超越权限制定电价或者在电费中加收其他费用的，由物价行政主管部门给予警告，责令返还违法收取的费用，可以并处违法收取费用五倍以下的罚款；情节严重的，对有关主管人员和直接责任人员给予行政处分。

第六十七条 违反本法第四十九条第二款规定，减少农业和农村用电指标的，由电力管理部门责令改正；情节严重的，对有关主管人员和直接责任人员给予行政处分；造成损失的，责令赔偿损失。

第六十八条 违反本法第五十二条第二款和第五十四条规定，未经批准或者未采取安全措施在电力设施周围或者在依法划定的电力设施保护区内进行作业，危及电力设施安全的，由电力管理部门责令停止作业、恢复原状并赔偿损失。

第六十九条 违反本法第五十三条规定，在依法划定的电力设施保护区内修建建筑物、构筑物或者种植植物、堆放物品，危及电力设施安全的，由当地人民政府责令强制拆除、砍伐或者清除。

第七十条 有下列行为之一，应当给予治安管理处罚的，由公安机关依照治安管理处罚条例的有关规定予以处罚；构成犯罪的，依法追究刑事责任：

（一）阻碍电力建设或者电力设施抢修，致使电力建设或者电力设施抢修不能正常进行的；

（二）扰乱电力生产企业、变电所、电力调度机构和供电企业的秩序，致使生产、工作和营业不能正常进行的；

（三）殴打、公然侮辱履行职务的查电人员或者抄表收费人员的；

（四）拒绝、阻碍电力监督检查人员依法执行职务的。

第七十一条 盗窃电能的，由电力管理部门责令停止违法行为，追缴电费并处应缴电费五倍以下的罚款；构成犯罪的，依照刑法有关规定追究刑事责任。

第七十二条 盗窃电力设施或者以其他方法破坏电力设施，危害公共安全的，依照刑法有关规定追究刑事责任。

第七十三条 电力管理部门的工作人员滥用职权、玩忽职守、徇私舞弊，构成犯罪的，依法追究刑事责任;尚不构成犯罪的,依法给予行政处分。

第七十四条 电力企业职工违反规章制度、违章调度或者不服从调度指令,造成重大事故的,比照刑法有关规定追究刑事责任。电力企业职工故意延误电力设施抢修或者抢险救灾供电,造成严重后果的,比照刑法有关规定追究刑事责任。电力企业的管理人员和查电人员、抄表收费人员勒索用户、以电谋私,构成犯罪的,依法追究刑事责任;尚不构成犯罪的,依法给予行政处分。

第十章 附 则

第七十五条 本法自 1996 年 4 月 1 日起施行。

中华人民共和国招标投标法

（1999年8月30日第九届全国人民代表大会
常务委员会第十一次会议通过）

第一章　总　则

第一条　为了规范招标投标活动，保护国家利益、社会公共利益和招标投标活动当事人的合法权益，提高经济效益，保证项目质量，制定本法。

第二条　在中华人民共和国境内进行招标投标活动，适用本法。

第三条　在中华人民共和国境内进行下列工程建设项目包括项目的勘察、设计、施工、监理以及与工程建设有关的重要设备、材料等的采购，必须进行招标：

（一）大型基础设施、公用事业等关系社会公共利益、公众安全的项目；

（二）全部或者部分使用国有资金投资或者国家融资的项目；

（三）使用国际组织或者外国政府贷款、援助资金的项目。

前款所列项目的具体范围和规模标准，由国务院发展计划部门会同国务院有关部门制订，报国务院批准。

法律或者国务院对必须进行招标的其他项目的范围有规定的，依照其规定。

第四条　任何单位和个人不得将依法必须进行招标的项目化整为零或者以其他任何方式规避招标。

第五条　招标投标活动应当遵循公开、公平、公正和诚实信用的原则。

第六条　依法必须进行招标的项目，其招标投标活动不受地区或者部门的限制。任何单位和个人不得违法限制或者排斥本地区、本系统以外的法人或者其他组织参加投标，不得以任何方式非法干涉招标投标活动。

第七条　招标投标活动及其当事人应当接受依法实施的监督。

有关行政监督部门依法对招标投标活动实施监督，依法查处招标投标活动中的违法行为。

对招标投标活动的行政监督及有关部门的具体职权划分，由国务院规定。

第二章　招　标

第八条　招标人是依照本法规定提出招标项目、进行招标的法人或者其他组织。

第九条　招标项目按照国家有关规定需要履行项目审批手续的，应当先履行审批手续，取得批准。

招标人应当有进行招标项目的相应资金或者资金来源已经落实，并应当在招标文件中如实载明。

第十条　招标分为公开招标和邀请招标。

公开招标，是指招标人以招标公告的方式邀请不特定的法人或者其他组织投标。

邀请招标，是指招标人以投标邀请书的方式邀请特定的法人或者其他组织投标。

第十一条　国务院发展计划部门确定的国家重点项目和省、自治区、直辖市人民政府确定的地方重点项目不适宜公开招标的，经国务院发展计划部门或者省、自治区、直辖市人民政府批准，可以进行邀请招标。

第十二条　招标人有权自行选择招标代理机构，委托其办理招标事宜。任何单位和个人不得以任何方式为招标人指定招标代理机构。

招标人具有编制招标文件和组织评标能力的，可以自行办理招标事宜。任何单位和个人不得强制其委托招标代理机构办理招标事宜。

依法必须进行招标的项目，招标人自行办理招标事宜的，应当向有关行政监督部门备案。

第十三条　招标代理机构是依法设立、从事招标代理业务并提供相关服务的社会中介组织。

招标代理机构应当具备下列条件：

（一）有从事招标代理业务的营业场所和相应资金；

（二）有能够编制招标文件和组织评标的相应专业力量；

（三）有符合本法第三十七条第三款规定条件、可以作为评标委员会成员人选的技术、经济等方面的专家库。

第十四条　从事工程建设项目招标代理业务的招标代理机构，其资格由国务院或者省、自治区、直辖市人民政府的建设行政主管部门认定。具体办法由国务院建设行政主管部门会同国务院有关部门制定。从事其他招标代理业务的招标代理机构，其资格认定的主管部门由国务院规定。

招标代理机构与行政机关和其他国家机关不得存在隶属关系或者其他利益关系。

第十五条　招标代理机构应当在招标人委托的范围内办理招标事宜，并遵守本法关于招标人的规定。

第十六条　招标人采用公开招标方式的，应当发布招标公告。依法必须进行招标的项目的招标公告，应当通过国家指定的报刊、信息网络或者其他媒介发布。

招标公告应当载明招标人的名称和地址、招标项目的性质、数量、实施地点和时间以及获取招标文件的办法等事项。

第十七条　招标人采用邀请招标方式的，应当向三个以上具备承担招标项目的能力、资信良好的特定的法人或者其他组织发出投标邀请书。

投标邀请书应当载明本法第十六条第二款规定的事项。

第十八条　招标人可以根据招标项目本身的要求，在招标公告或者投标邀请书中，要求潜在投标人提供有关资质证明文件和业绩情况，并对潜在投标人进行资格审查；国家对投标人的资格条件有规定的，依照其规定。

招标人不得以不合理的条件限制或者排斥潜在投标人，不得对潜在投标人实行歧视待遇。

第十九条　招标人应当根据招标项目的特点和需要编制招标文件。招标文件应当包括招标项目的技术要求、对投标人资格审查的标准、投标报价要求和评标标准等所有实质性要求和条件以及拟签订合同的主要条款。

国家对招标项目的技术、标准有规定的，招标人应当按照其规定在招标文件中提出相应要求。

招标项目需要划分标段、确定工期的，招标人应当合理划分标段、确定工期，并在招标文件中载明。

第二十条 招标文件不得要求或者标明特定的生产供应者以及含有倾向或者排斥潜在投标人的其他内容。

第二十一条 招标人根据招标项目的具体情况，可以组织潜在投标人踏勘项目现场。

第二十二条 招标人不得向他人透露已获取招标文件的潜在投标人的名称、数量以及可能影响公平竞争的有关招标投标的其他情况。

招标人设有标底的，标底必须保密。

第二十三条 招标人对已发出的招标文件进行必要的澄清或者修改的，应当在招标文件要求提交投标文件截止时间至少十五日前，以书面形式通知所有招标文件收受人。该澄清或者修改的内容为招标文件的组成部分。

第二十四条 招标人应当确定投标人编制投标文件所需要的合理时间；但是，依法必须进行招标的项目，自招标文件开始发出之日起至投标人提交投标文件截止之日止，最短不得少于二十日。

第三章 投 标

第二十五条 投标人是响应招标、参加投标竞争的法人或者其他组织。

依法招标的科研项目允许个人参加投标的，投标的个人适用本法有关投标人的规定。

第二十六条 投标人应当具备承担招标项目的能力；国家有关规定对投标人资格条件或者招标文件对投标人资格条件有规定的，投标人应当具备规定的资格条件。

第二十七条 投标人应当按照招标文件的要求编制投标文件。投标文件应当对招标文件提出的实质性要求和条件作出响应。

招标项目属于建设施工的，投标文件的内容应当包括拟派出的项目负责人与主要技术人员的简历、业绩和拟用于完成招标项目的机械设备等。

第二十八条 投标人应当在招标文件要求提交投标文件的截止时间前，将投标文件送达投标地点。招标人收到投标文件后，应当签收保存，不得开启。投标人少于三个的，招标人应当依照本法重新招标。

在招标文件要求提交投标文件的截止时间后送达的投标文件，招标人应当拒收。

第二十九条 投标人在招标文件要求提交投标文件的截止时间前，可以补充、修改或者撤回已提交的投标文件，并书面通知招标人。补充、修改的内容为投标文件的组成部分。

第三十条 投标人根据招标文件载明的项目实际情况，拟在中标后将中标项目的部分非主体、非关键性工作进行分包的，应当在投标文件中载明。

第三十一条 两个以上法人或者其他组织可以组成一个联合体，以一个投标人的身份共同投标。

联合体各方均应当具备承担招标项目的相应能力；国家有关规定或者招标文件对投标

人资格条件有规定的，联合体各方均应当具备规定的相应资格条件。由同一专业的单位组成的联合体，按照资质等级较低的单位确定资质等级。

联合体各方应当签订共同投标协议，明确约定各方拟承担的工作和责任，并将共同投标协议连同投标文件一并提交招标人。联合体中标的，联合体各方应当共同与招标人签订合同，就中标项目向招标人承担连带责任。

招标人不得强制投标人组成联合体共同投标，不得限制投标人之间的竞争。

第三十二条 投标人不得相互串通投标报价，不得排挤其他投标人的公平竞争，损害招标人或者其他投标人的合法权益。

投标人不得与招标人串通投标，损害国家利益、社会公共利益或者他人的合法权益。

禁止投标人以向招标人或者评标委员会成员行贿的手段谋取中标。

第三十三条 投标人不得以低于成本的报价竞标，也不得以他人名义投标或者以其他方式弄虚作假，骗取中标。

第四章　开标、评标和中标

第三十四条 开标应当在招标文件确定的提交投标文件截止时间的同一时间公开进行；开标地点应当为招标文件中预先确定的地点。

第三十五条 开标由招标人主持，邀请所有投标人参加。

第三十六条 开标时，由投标人或者其推选的代表检查投标文件的密封情况，也可以由招标人委托的公证机构检查并公证；经确认无误后，由工作人员当众拆封，宣读投标人名称、投标价格和投标文件的其他主要内容。

招标人在招标文件要求提交投标文件的截止时间前收到的所有投标文件，开标时都应当当众予以拆封、宣读。

开标过程应当记录，并存档备查。

第三十七条 评标由招标人依法组建的评标委员会负责。

依法必须进行招标的项目，其评标委员会由招标人的代表和有关技术、经济等方面的专家组成，成员人数为五人以上单数，其中技术、经济等方面的专家不得少于成员总数的三分之二。

前款专家应当从事相关领域工作满八年并具有高级职称或者具有同等专业水平，由招标人从国务院有关部门或者省、自治区、直辖市人民政府有关部门提供的专家名册或者招标代理机构的专家库内的相关专业的专家名单中确定；一般招标项目可以采取随机抽取方式，特殊招标项目可以由招标人直接确定。

与投标人有利害关系的人不得进入相关项目的评标委员会；已经进入的应当更换。

评标委员会成员的名单在中标结果确定前应当保密。

第三十八条 招标人应当采取必要的措施，保证评标在严格保密的情况下进行。任何单位和个人不得非法干预、影响评标的过程和结果。

第三十九条 评标委员会可以要求投标人对投标文件中含义不明确的内容作必要的澄清或者说明，但是澄清或者说明不得超出投标文件的范围或者改变投标文件的实质性内容。

第四十条 评标委员会应当按照招标文件确定的评标标准和方法，对投标文件进行评审和比较；设有标底的，应当参考标底。评标委员会完成评标后，应当向招标人提出书面评标报告，并推荐合格的中标候选人。

招标人根据评标委员会提出的书面评标报告和推荐的中标候选人确定中标人。招标人也可以授权评标委员会直接确定中标人。

国务院对特定招标项目的评标有特别规定的，从其规定。

第四十一条 中标人的投标应当符合下列条件之一：

（一）能够最大限度地满足招标文件中规定的各项综合评价标准；

（二）能够满足招标文件的实质性要求，并且经评审的投标价格最低；但是投标价格低于成本的除外。

第四十二条 评标委员会经评审，认为所有投标都不符合招标文件要求的，可以否决所有投标。

依法必须进行招标的项目的所有投标被否决的，招标人应当依照本法重新招标。

第四十三条 在确定中标人前，招标人不得与投标人就投标价格、投标方案等实质性内容进行谈判。

第四十四条 评标委员会成员应当客观、公正地履行职务，遵守职业道德，对所提出的评审意见承担个人责任。

评标委员会成员不得私下接触投标人，不得收受投标人的财物或者其他好处。

评标委员会成员和参与评标的有关工作人员不得透露对投标文件的评审和比较、中标候选人的推荐情况以及与评标有关的其他情况。

第四十五条 中标人确定后，招标人应当向中标人发出中标通知书，并同时将中标结果通知所有未中标的投标人。

中标通知书对招标人和中标人具有法律效力。中标通知书发出后，招标人改变中标结果的，或者中标人放弃中标项目的，应当依法承担法律责任。

第四十六条 招标人和中标人应当自中标通知书发出之日起三十日内，按照招标文件和中标人的投标文件订立书面合同。招标人和中标人不得再行订立背离合同实质性内容的其他协议。

招标文件要求中标人提交履约保证金的，中标人应当提交。

第四十七条 依法必须进行招标的项目，招标人应当自确定中标人之日起十五日内，向有关行政监督部门提交招标投标情况的书面报告。

第四十八条 中标人应当按照合同约定履行义务，完成中标项目。中标人不得向他人转让中标项目，也不得将中标项目肢解后分别向他人转让。

中标人按照合同约定或者经招标人同意，可以将中标项目的部分非主体、非关键性工作分包给他人完成。接受分包的人应当具备相应的资格条件，并不得再次分包。

中标人应当就分包项目向招标人负责，接受分包的人就分包项目承担连带责任。

第五章 法律责任

第四十九条 违反本法规定，必须进行招标的项目而不招标的，将必须进行招标的项目化整为零或者以其他任何方式规避招标的，责令限期改正，可以处项目合同金额千分之五以上千分之十以下的罚款；对全部或者部分使用国有资金的项目，可以暂停项目执行或者暂停资金拨付；对单位直接负责的主管人员和其他直接责任人员依法给予处分。

第五十条 招标代理机构违反本法规定，泄露应当保密的与招标投标活动有关的情况和资料的，或者与招标人、投标人串通损害国家利益、社会公共利益或者他人合法权益的，处五万元以上二十五万元以下的罚款，对单位直接负责的主管人员和其他直接责任人员处单位罚款数额百分之五以上百分之十以下的罚款；有违法所得的，并处没收违法所得；情节严重的，暂停直至取消招标代理资格；构成犯罪的，依法追究刑事责任。给他人造成损失的，依法承担赔偿责任。

前款所列行为影响中标结果的，中标无效。

第五十一条 招标人以不合理的条件限制或者排斥潜在投标人的，对潜在投标人实行歧视待遇的，强制要求投标人组成联合体共同投标的，或者限制投标人之间竞争的，责令改正，可以处一万元以上五万元以下的罚款。

第五十二条 依法必须进行招标的项目的招标人向他人透露已获取招标文件的潜在投标人的名称、数量或者可能影响公平竞争的有关招标投标的其他情况的，或者泄露标底的，给予警告，可以并处一万元以上十万元以下的罚款；对单位直接负责的主管人员和其他直接责任人员依法给予处分；构成犯罪的，依法追究刑事责任。

前款所列行为影响中标结果的，中标无效。

第五十三条 投标人相互串通投标或者与招标人串通投标的，投标人以向招标人或者评标委员会成员行贿的手段谋取中标的，中标无效，处中标项目金额千分之五以上千分之十以下的罚款，对单位直接负责的主管人员和其他直接责任人员处单位罚款数额百分之五以上百分之十以下的罚款；有违法所得的，并处没收违法所得；情节严重的，取消其一年至二年内参加依法必须进行招标的项目的投标资格并予以公告，直至由工商行政管理机关吊销营业执照；构成犯罪的，依法追究刑事责任。给他人造成损失的，依法承担赔偿责任。

第五十四条 投标人以他人名义投标或者以其他方式弄虚作假，骗取中标的，中标无效，给招标人造成损失的，依法承担赔偿责任；构成犯罪的，依法追究刑事责任。

依法必须进行招标的项目的投标人有前款所列行为尚未构成犯罪的，处中标项目金额千分之五以上千分之十以下的罚款，对单位直接负责的主管人员和其他直接责任人员处单位罚款数额百分之五以上百分之十以下的罚款；有违法所得的，并处没收违法所得；情节严重的，取消其一年至三年内参加依法必须进行招标的项目的投标资格并予以公告，直至由工商行政管理机关吊销营业执照。

第五十五条 依法必须进行招标的项目，招标人违反本法规定，与投标人就投标价格、投标方案等实质性内容进行谈判的，给予警告，对单位直接负责的主管人员和其他直接责任人员依法给予处分。

前款所列行为影响中标结果的，中标无效。

第五十六条 评标委员会成员收受投标人的财物或者其他好处的，评标委员会成员或者参加评标的有关工作人员向他人透露对投标文件的评审和比较、中标候选人的推荐以及与评标有关的其他情况的，给予警告，没收收受的财物，可以并处三千元以上五万元以下的罚款，对有所列违法行为的评标委员会成员取消担任评标委员会成员的资格，不得再参加任何依法必须进行招标的项目的评标；构成犯罪的，依法追究刑事责任。

第五十七条 招标人在评标委员会依法推荐的中标候选人以外确定中标人的，依法必须进行招标的项目在所有投标被评标委员会否决后自行确定中标人的，中标无效。责令改正，可以处中标项目金额千分之五以上千分之十以下的罚款；对单位直接负责的主管人员和其他直接责任人员依法给予处分。

第五十八条 中标人将中标项目转让给他人的，将中标项目肢解后分别转让给他人的，违反本法规定将中标项目的部分主体、关键性工作分包给他人的，或者分包人再次分包的，转让、分包无效，处转让、分包项目金额千分之五以上千分之十以下的罚款；有违法所得的，并处没收违法所得；可以责令停业整顿；情节严重的，由工商行政管理机关吊销营业执照。

第五十九条 招标人与中标人不按照招标文件和中标人的投标文件订立合同的，或者招标人、中标人订立背离合同实质性内容的协议的，责令改正；可以处中标项目金额千分之五以上千分之十以下的罚款。

第六十条 中标人不履行与招标人订立的合同的，履约保证金不予退还，给招标人造成的损失超过履约保证金数额的，还应当对超过部分予以赔偿；没有提交履约保证金的，应当对招标人的损失承担赔偿责任。

中标人不按照与招标人订立的合同履行义务，情节严重的，取消其二年至五年内参加依法必须进行招标的项目的投标资格并予以公告，直至由工商行政管理机关吊销营业执照。

因不可抗力不能履行合同的，不适用前两款规定。

第六十一条 本章规定的行政处罚，由国务院规定的有关行政监督部门决定。本法已对实施行政处罚的机关作出规定的除外。

第六十二条 任何单位违反本法规定，限制或者排斥本地区、本系统以外的法人或者其他组织参加投标的，为招标人指定招标代理机构的，强制招标人委托招标代理机构办理招标事宜的，或者以其他方式干涉招标投标活动的，责令改正；对单位直接负责的主管人员和其他直接责任人员依法给予警告、记过、记大过的处分，情节较重的，依法给予降级、撤职、开除的处分。

个人利用职权进行前款违法行为的，依照前款规定追究责任。

第六十三条 对招标投标活动依法负有行政监督职责的国家机关工作人员徇私舞弊、滥用职权或者玩忽职守，构成犯罪的，依法追究刑事责任；不构成犯罪的，依法给予行政处分。

第六十四条 依法必须进行招标的项目违反本法规定，中标无效的，应当依照本法规定的中标条件从其余投标人中重新确定中标人或者依照本法重新进行招标。

第六章　附　则

第六十五条 投标人和其他利害关系人认为招标投标活动不符合本法有关规定的，有权向招标人提出异议或者依法向有关行政监督部门投诉。

第六十六条 涉及国家安全、国家秘密、抢险救灾或者属于利用扶贫资金实行以工代赈、需要使用农民工等特殊情况，不适宜进行招标的项目，按照国家有关规定可以不进行招标。

第六十七条 使用国际组织或者外国政府贷款、援助资金的项目进行招标，贷款方、资金提供方对招标投标的具体条件和程序有不同规定的,可以适用其规定,但违背中华人民共和国的社会公共利益的除外。

第六十八条　本法自 2000 年 1 月 1 日起施行。

建设工程勘察设计管理条例

(2000 年 9 月 20 日国务院第 31 次常务会议通过,2000 年 9 月 25 日
国务院令[2000]第 293 号)

第一章　总　则

第一条　为了加强对建设工程勘察、设计活动的管理,保证建设工程勘察、设计质量,保护人民生命和财产安全,制定本条例。

第二条　从事建设工程勘察、设计活动,必须遵守本条例。本条例所称建设工程勘察,是指根据建设工程的要求,查明、分析、评价建设场地的地质地理环境特征和岩土工程条件,编制建设工程勘察文件的活动。本条例所称建设工程设计,是指根据建设工程的要求,对建设工程所需的技术、经济、资源、环境等条件进行综合分析、论证,编制建设工程设计文件的活动。

第三条　建设工程勘察、设计应当与社会、经济发展水平相适应,做到经济效益、社会效益和环境效益相统一。

第四条　从事建设工程勘察、设计活动,应当坚持先勘察、后设计、再施工的原则。

第五条　县级以上人民政府建设行政主管部门和交通、水利等有关部门应当依照本条例的规定,加强对建设工程勘察、设计活动的监督管理。建设工程勘察、设计单位必须依法进行建设工程勘察、设计,严格执行工程建设强制性标准,并对建设工程勘察、设计的质量负责。

第六条　国家鼓励在建设工程勘察、设计活动中采用先进技术、先进工艺、先进设备、新型材料和现代管理方法。

第二章　资质资格管理

第七条　国家对从事建设工程勘察、设计活动的单位,实行资质管理制度。具体办法由国务院建设行政主管部门商国务院有关部门制定。

第八条　建设工程勘察、设计单位应当在其资质等级许可的范围内承揽建设工程勘察、设计业务。禁止建设工程勘察、设计单位超越其资质等级许可的范围或者以其他建设工程勘察、设计单位的名义承揽建设工程勘察、设计业务。禁止建设工程勘察、设计单位允许其他单位或者个人以本单位的名义承揽建设工程勘察、设计业务。

第九条　国家对从事建设工程勘察、设计活动的专业技术人员,实行执业资格注册管理制度。未经注册的建设工程勘察、设计人员,不得以注册执业人员的名义从事建设工程勘察、设计活动。

第十条　建设工程勘察、设计注册执业人员和其他专业技术人员只能受聘于一个建设工程勘察、设计单位;未受聘于建设工程勘察、设计单位的,不得从事建设工程的勘察、设计

活动。

第十一条 建设工程勘察、设计单位资质证书和执业人员注册证书，由国务院建设行政主管部门统一制作。

第三章 建设工程勘察设计发包与承包

第十二条 建设工程勘察、设计发包依法实行招标发包或者直接发包。

第十三条 建设工程勘察、设计应当依照《中华人民共和国招标投标法》的规定，实行招标发包。

第十四条 建设工程勘察、设计方案评标，应当以投标人的业绩、信誉和勘察、设计人员的能力以及勘察、设计方案的优劣为依据，进行综合评定。

第十五条 建设工程勘察、设计的招标人应当在评标委员会推荐的候选方案中确定中标方案。但是，建设工程勘察、设计的招标人认为评标委员会推荐的候选方案不能最大限度地满足招标文件规定的要求的，应当依法重新招标。

第十六条 下列建设工程的勘察、设计，经有关主管部门批准，可以直接发包：

（一）采用特定的专利或者专有技术的；

（二）建筑艺术造型有特殊要求的；

（三）国务院规定的其他建设工程的勘察、设计。

第十七条 发包方不得将建设工程勘察、设计业务发包给不具有相应勘察、设计资质等级的建设工程勘察、设计单位。

第十八条 发包方可以将整个建设工程的勘察、设计发包给一个勘察、设计单位；也可以将建设工程的勘察、设计分别发包给几个勘察、设计单位。

第十九条 除建设工程主体部分的勘察、设计外，经发包方书面同意，承包方可以将建设工程其他部分的勘察、设计再分包给其他具有相应资质等级的建设工程勘察、设计单位。

第二十条 建设工程勘察、设计单位不得将所承揽的建设工程勘察、设计转包。

第二十一条 承包方必须在建设工程勘察、设计资质证书规定的资质等级和业务范围内承揽建设工程的勘察、设计业务。

第二十二条 建设工程勘察、设计的发包方与承包方，应当执行国家规定的建设工程勘察、设计程序。

第二十三条 建设工程勘察、设计的发包方与承包方应当签订建设工程勘察、设计合同。

第二十四条 建设工程勘察、设计发包方与承包方应当执行国家有关建设工程勘察费、设计费的管理规定。

第四章 建设工程勘察设计文件的编制与实施

第二十五条 编制建设工程勘察、设计文件，应当以下列规定为依据：

（一）项目批准文件；

（二）城市规划；

（三）工程建设强制性标准；

（四）国家规定的建设工程勘察、设计深度要求。

铁路、交通、水利等专业建设工程，还应当以专业规划的要求为依据。

第二十六条 编制建设工程勘察文件，应当真实、准确，满足建设工程规划、选址、设计、岩土治理和施工的需要。编制方案设计文件，应当满足编制初步设计文件和控制概算的需要。编制初步设计文件，应当满足编制施工招标文件、主要设备材料订货和编制施工图设计文件的需要。编制施工图设计文件，应当满足设备材料采购、非标准设备制作和施工的需要，并注明建设工程合理使用年限。

第二十七条 设计文件中选用的材料、构配件、设备，应当注明其规格、型号、性能等技术指标，其质量要求必须符合国家规定的标准。除有特殊要求的建筑材料、专用设备和工艺生产线等外，设计单位不得指定生产厂、供应商。

第二十八条 建设单位、施工单位、监理单位不得修改建设工程勘察、设计文件；确需修改建设工程勘察、设计文件的，应当由原建设工程勘察、设计单位修改。经原建设工程勘察、设计单位书面同意，建设单位也可以委托其他具有相应资质的建设工程勘察、设计单位修改。修改单位对修改的勘察、设计文件承担相应责任。施工单位、监理单位发现建设工程勘察、设计文件不符合工程建设强制性标准、合同约定的质量要求的，应当报告建设单位，建设单位有权要求建设工程勘察、设计单位对建设工程勘察、设计文件进行补充、修改。建设工程勘察、设计文件内容需要作重大修改的，建设单位应当报经原审批机关批准后，方可修改。

第二十九条 建设工程勘察、设计文件中规定采用的新技术、新材料，可能影响建设工程质量和安全，又没有国家技术标准的，应当由国家认可的检测机构进行试验、论证，出具检测报告，并经国务院有关部门或者省、自治区、直辖市人民政府有关部门组织的建设工程技术专家委员会审定后，方可使用。

第三十条 建设工程勘察、设计单位应当在建设工程施工前，向施工单位和监理单位说明建设工程勘察、设计意图，解释建设工程勘察、设计文件。建设工程勘察、设计单位应当及时解决施工中出现的勘察、设计问题。

第五章 监督管理

第三十一条 国务院建设行政主管部门对全国的建设工程勘察、设计活动实施统一监督管理。国务院铁路、交通、水利等有关部门按照国务院规定的职责分工，负责对全国的有关专业建设工程勘察、设计活动的监督管理。县级以上地方人民政府建设行政主管部门对本行政区域内的建设工程勘察、设计活动实施监督管理。县级以上地方人民政府交通、水利等有关部门在各自的职责范围内，负责对本行政区域内的有关专业建设工程勘察、设计活动的监督管理。

第三十二条 建设工程勘察、设计单位在建设工程勘察、设计资质证书规定的业务范围内跨部门、跨地区承揽勘察、设计业务的，有关地方人民政府及其所属部门不得设置障碍，不得违反国家规定收取任何费用。

第三十三条 县级以上人民政府建设行政主管部门或者交通、水利等有关部门应当对施工图设计文件中涉及公共利益、公众安全、工程建设强制性标准的内容进行审查。施工图设计文件未经审查批准的,不得使用。

第三十四条 任何单位和个人对建设工程勘察、设计活动中的违法行为都有权检举、控告、投诉。

第六章 罚 则

第三十五条 违反本条例第八条规定的,责令停止违法行为,处合同约定的勘察费、设计费1倍以上2倍以下的罚款,有违法所得的,予以没收;可以责令停业整顿,降低资质等级;情节严重的,吊销资质证书。未取得资质证书承揽工程的,予以取缔,依照前款规定处以罚款;有违法所得的,予以没收。以欺骗手段取得资质证书承揽工程的,吊销资质证书,依照本条第一款规定处以罚款;有违法所得的,予以没收。

第三十六条 违反本条例规定,未经注册,擅自以注册建设工程勘察、设计人员的名义从事建设工程勘察、设计活动的,责令停止违法行为,没收违法所得,处违法所得2倍以上5倍以下罚款;给他人造成损失的,依法承担赔偿责任。

第三十七条 违反本条例规定,建设工程勘察、设计注册执业人员和其他专业技术人员未受聘于一个建设工程勘察、设计单位或者同时受聘于两个以上建设工程勘察、设计单位,从事建设工程勘察、设计活动的,责令停止违法行为,没收违法所得,处违法所得2倍以上5倍以下的罚款;情节严重的,可以责令停止执行业务或者吊销资格证书;给他人造成损失的,依法承担赔偿责任。

第三十八条 违反本条例规定,发包方将建设工程勘察、设计业务发包给不具有相应资质等级的建设工程勘察、设计单位的,责令改正,处50万元以上100万元以下的罚款。

第三十九条 违反本条例规定,建设工程勘察、设计单位将所承揽的建设工程勘察、设计转包的,责令改正,没收违法所得,处合同约定的勘察费、设计费25%以上50%以下的罚款,可以责令停业整顿,降低资质等级;情节严重的,吊销资质证书。

第四十条 违反本条例规定,有下列行为之一的,依照《建设工程质量管理条例》第六十三条的规定给予处罚:

(一)勘察单位未按照工程建设强制性标准进行勘察的;

(二)设计单位未根据勘察成果文件进行工程设计的;

(三)设计单位指定建筑材料、建筑构配件的生产厂、供应商的;

(四)设计单位未按照工程建设强制性标准进行设计的。

第四十一条 本条例规定的责令停业整顿、降低资质等级和吊销资质证书、资格证书的行政处罚,由颁发资质证书、资格证书的机关决定;其他行政处罚,由建设行政主管部门或者其他有关部门依据法定职权范围决定。依照本条例规定被吊销资质证书的,由工商行政管理部门吊销其营业执照。

第四十二条 国家机关工作人员在建设工程勘察、设计活动的监督管理工作中玩忽职守、滥用职权、徇私舞弊,构成犯罪的,依法追究刑事责任;尚不构成犯罪的,依法给予行政处分。

第七章 附 则

第四十三条 抢险救灾及其他临时性建筑和农民自建两层以下住宅的勘察、设计活动，不适用本条例。

第四十四条 军事建设工程勘察、设计的管理，按照中央军事委员会的有关规定执行。

第四十五条 本条例自公布之日（2000年9月25日）起施行。

中华人民共和国水土保持法

（1991年6月29日第七届全国人民代表大会常务委员会第二十次会议通过，2010年12月25日第十一届全国人民代表大会常务委员会第十八次会议修订，中华人民共和国主席令第三十九号）

第一章　总　则

第一条　为了预防和治理水土流失，保护和合理利用水土资源，减轻水、旱、风沙灾害，改善生态环境，保障经济社会可持续发展，制定本法。

第二条　在中华人民共和国境内从事水土保持活动，应当遵守本法。

本法所称水土保持，是指对自然因素和人为活动造成水土流失所采取的预防和治理措施。

第三条　水土保持工作实行预防为主、保护优先、全面规划、综合治理、因地制宜、突出重点、科学管理、注重效益的方针。

第四条　县级以上人民政府应当加强对水土保持工作的统一领导，将水土保持工作纳入本级国民经济和社会发展规划，对水土保持规划确定的任务，安排专项资金，并组织实施。

国家在水土流失重点预防区和重点治理区，实行地方各级人民政府水土保持目标责任制和考核奖惩制度。

第五条　国务院水行政主管部门主管全国的水土保持工作。

国务院水行政主管部门在国家确定的重要江河、湖泊设立的流域管理机构（以下简称流域管理机构），在所管辖范围内依法承担水土保持监督管理职责。

县级以上地方人民政府水行政主管部门主管本行政区域的水土保持工作。

县级以上人民政府林业、农业、国土资源等有关部门按照各自职责，做好有关的水土流失预防和治理工作。

第六条　各级人民政府及其有关部门应当加强水土保持宣传和教育工作，普及水土保持科学知识，增强公众的水土保持意识。

第七条　国家鼓励和支持水土保持科学技术研究，提高水土保持科学技术水平，推广先进的水土保持技术，培养水土保持科学技术人才。

第八条　任何单位和个人都有保护水土资源、预防和治理水土流失的义务，并有权对破坏水土资源、造成水土流失的行为进行举报。

第九条　国家鼓励和支持社会力量参与水土保持工作。

对水土保持工作中成绩显著的单位和个人，由县级以上人民政府给予表彰和奖励。

第二章 规 划

第十条 水土保持规划应当在水土流失调查结果及水土流失重点预防区和重点治理区划定的基础上，遵循统筹协调、分类指导的原则编制。

第十一条 国务院水行政主管部门应当定期组织全国水土流失调查并公告调查结果。

省、自治区、直辖市人民政府水行政主管部门负责本行政区域的水土流失调查并公告调查结果，公告前应当将调查结果报国务院水行政主管部门备案。

第十二条 县级以上人民政府应当依据水土流失调查结果划定并公告水土流失重点预防区和重点治理区。

对水土流失潜在危险较大的区域，应当划定为水土流失重点预防区；对水土流失严重的区域，应当划定为水土流失重点治理区。

第十三条 水土保持规划的内容应当包括水土流失状况、水土流失类型区划分、水土流失防治目标、任务和措施等。

水土保持规划包括对流域或者区域预防和治理水土流失、保护和合理利用水土资源作出的整体部署，以及根据整体部署对水土保持专项工作或者特定区域预防和治理水土流失作出的专项部署。

水土保持规划应当与土地利用总体规划、水资源规划、城乡规划和环境保护规划等相协调。

编制水土保持规划，应当征求专家和公众的意见。

第十四条 县级以上人民政府水行政主管部门会同同级人民政府有关部门编制水土保持规划，报本级人民政府或者其授权的部门批准后，由水行政主管部门组织实施。

水土保持规划一经批准，应当严格执行；经批准的规划根据实际情况需要修改的，应当按照规划编制程序报原批准机关批准。

第十五条 有关基础设施建设、矿产资源开发、城镇建设、公共服务设施建设等方面的规划，在实施过程中可能造成水土流失的，规划的组织编制机关应当在规划中提出水土流失预防和治理的对策和措施，并在规划报请审批前征求本级人民政府水行政主管部门的意见。

第三章 预 防

第十六条 地方各级人民政府应当按照水土保持规划，采取封育保护、自然修复等措施，组织单位和个人植树种草，扩大林草覆盖面积，涵养水源，预防和减轻水土流失。

第十七条 地方各级人民政府应当加强对取土、挖砂、采石等活动的管理，预防和减轻水土流失。

禁止在崩塌、滑坡危险区和泥石流易发区从事取土、挖砂、采石等可能造成水土流失的活动。崩塌、滑坡危险区和泥石流易发区的范围，由县级以上地方人民政府划定并公告。崩塌、滑坡危险区和泥石流易发区的划定，应当与地质灾害防治规划确定的地质灾害易发区、重点防治区相衔接。

第十八条 水土流失严重、生态脆弱的地区，应当限制或者禁止可能造成水土流失的生产建设活动，严格保护植物、沙壳、结皮、地衣等。

在侵蚀沟的沟坡和沟岸、河流的两岸以及湖泊和水库的周边，土地所有权人、使用权人或者有关管理单位应当营造植物保护带。禁止开垦、开发植物保护带。

第十九条 水土保持设施的所有权人或者使用权人应当加强对水土保持设施的管理与维护，落实管护责任，保障其功能正常发挥。

第二十条 禁止在二十五度以上陡坡地开垦种植农作物。在二十五度以上陡坡地种植经济林的，应当科学选择树种，合理确定规模，采取水土保持措施，防止造成水土流失。

省、自治区、直辖市根据本行政区域的实际情况，可以规定小于二十五度的禁止开垦坡度。禁止开垦的陡坡地的范围由当地县级人民政府划定并公告。

第二十一条 禁止毁林、毁草开垦和采集发菜。禁止在水土流失重点预防区和重点治理区铲草皮、挖树兜或者滥挖虫草、甘草、麻黄等。

第二十二条 林木采伐应当采用合理方式，严格控制皆伐；对水源涵养林、水土保持林、防风固沙林等防护林只能进行抚育和更新性质的采伐；对采伐区和集材道应当采取防止水土流失的措施，并在采伐后及时更新造林。

在林区采伐林木的，采伐方案中应当有水土保持措施。采伐方案经林业主管部门批准后，由林业主管部门和水行政主管部门监督实施。

第二十三条 在五度以上坡地植树造林、抚育幼林、种植中药材等，应当采取水土保持措施。

在禁止开垦坡度以下、五度以上的荒坡地开垦种植农作物，应当采取水土保持措施。具体办法由省、自治区、直辖市根据本行政区域的实际情况规定。

第二十四条 生产建设项目选址、选线应当避让水土流失重点预防区和重点治理区；无法避让的，应当提高防治标准，优化施工工艺，减少地表扰动和植被损坏范围，有效控制可能造成的水土流失。

第二十五条 在山区、丘陵区、风沙区以及水土保持规划确定的容易发生水土流失的其他区域开办可能造成水土流失的生产建设项目，生产建设单位应当编制水土保持方案，报县级以上人民政府水行政主管部门审批，并按照经批准的水土保持方案，采取水土流失预防和治理措施。没有能力编制水土保持方案的，应当委托具备相应技术条件的机构编制。

水土保持方案应当包括水土流失预防和治理的范围、目标、措施和投资等内容。

水土保持方案经批准后，生产建设项目的地点、规模发生重大变化的，应当补充或者修改水土保持方案并报原审批机关批准。水土保持方案实施过程中，水土保持措施需要作出重大变更的，应当经原审批机关批准。

生产建设项目水土保持方案的编制和审批办法，由国务院水行政主管部门制定。

第二十六条 依法应当编制水土保持方案的生产建设项目，生产建设单位未编制水土保持方案或者水土保持方案未经水行政主管部门批准的，生产建设项目不得开工建设。

第二十七条 依法应当编制水土保持方案的生产建设项目中的水土保持设施，应当与主体工程同时设计、同时施工、同时投产使用；生产建设项目竣工验收，应当验收水土保持设施；水土保持设施未经验收或者验收不合格的，生产建设项目不得投产使用。

第二十八条 依法应当编制水土保持方案的生产建设项目，其生产建设活动中排弃的砂、石、土、矸石、尾矿、废渣等应当综合利用；不能综合利用，确需废弃的，应当堆放在水土保持方案确定的专门存放地，并采取措施保证不产生新的危害。

第二十九条 县级以上人民政府水行政主管部门、流域管理机构，应当对生产建设项目水土保持方案的实施情况进行跟踪检查，发现问题及时处理。

第四章 治 理

第三十条 国家加强水土流失重点预防区和重点治理区的坡耕地改梯田、淤地坝等水土保持重点工程建设，加大生态修复力度。

县级以上人民政府水行政主管部门应当加强对水土保持重点工程的建设管理，建立和完善运行管护制度。

第三十一条 国家加强江河源头区、饮用水水源保护区和水源涵养区水土流失的预防和治理工作，多渠道筹集资金，将水土保持生态效益补偿纳入国家建立的生态效益补偿制度。

第三十二条 开办生产建设项目或者从事其他生产建设活动造成水土流失的，应当进行治理。

在山区、丘陵区、风沙区以及水土保持规划确定的容易发生水土流失的其他区域开办生产建设项目或者从事其他生产建设活动，损坏水土保持设施、地貌植被，不能恢复原有水土保持功能的，应当缴纳水土保持补偿费，专项用于水土流失预防和治理。专项水土流失预防和治理由水行政主管部门负责组织实施。水土保持补偿费的收取使用管理办法由国务院财政部门、国务院价格主管部门会同国务院水行政主管部门制定。

生产建设项目在建设过程中和生产过程中发生的水土保持费用，按照国家统一的财务会计制度处理。

第三十三条 国家鼓励单位和个人按照水土保持规划参与水土流失治理，并在资金、技术、税收等方面予以扶持。

第三十四条 国家鼓励和支持承包治理荒山、荒沟、荒丘、荒滩，防治水土流失，保护和改善生态环境，促进土地资源的合理开发和可持续利用，并依法保护土地承包合同当事人的合法权益。

承包治理荒山、荒沟、荒丘、荒滩和承包水土流失严重地区农村土地的，在依法签订的土地承包合同中应当包括预防和治理水土流失责任的内容。

第三十五条 在水力侵蚀地区，地方各级人民政府及其有关部门应当组织单位和个人，以天然沟壑及其两侧山坡地形成的小流域为单元，因地制宜地采取工程措施、植物措施和保护性耕作等措施，进行坡耕地和沟道水土流失综合治理。

在风力侵蚀地区，地方各级人民政府及其有关部门应当组织单位和个人，因地制宜地采取轮封轮牧、植树种草、设置人工沙障和网格林带等措施，建立防风固沙防护体系。

在重力侵蚀地区，地方各级人民政府及其有关部门应当组织单位和个人，采取监测、径流排导、削坡减载、支挡固坡、修建拦挡工程等措施，建立监测、预报、预警体系。

第三十六条 在饮用水水源保护区，地方各级人民政府及其有关部门应当组织单位和个人，采取预防保护、自然修复和综合治理措施，配套建设植物过滤带，积极推广沼气，开展清洁小流域建设，严格控制化肥和农药的使用，减少水土流失引起的面源污染，保护饮用水水源。

第三十七条 已在禁止开垦的陡坡地上开垦种植农作物的,应当按照国家有关规定退耕,植树种草;耕地短缺、退耕确有困难的,应当修建梯田或者采取其他水土保持措施。

在禁止开垦坡度以下的坡耕地上开垦种植农作物的,应当根据不同情况,采取修建梯田、坡面水系整治、蓄水保土耕作或者退耕等措施。

第三十八条 对生产建设活动所占用土地的地表土应当进行分层剥离、保存和利用,做到土石方挖填平衡,减少地表扰动范围;对废弃的砂、石、土、矸石、尾矿、废渣等存放地,应当采取拦挡、坡面防护、防洪排导等措施。生产建设活动结束后,应当及时在取土场、开挖面和存放地的裸露土地上植树种草、恢复植被,对闭库的尾矿库进行复垦。

在干旱缺水地区从事生产建设活动,应当采取防止风力侵蚀措施,设置降水蓄渗设施,充分利用降水资源。

第三十九条 国家鼓励和支持在山区、丘陵区、风沙区以及容易发生水土流失的其他区域,采取下列有利于水土保持的措施:

(一)免耕、等高耕作、轮耕轮作、草田轮作、间作套种等;

(二)封禁抚育、轮封轮牧、舍饲圈养;

(三)发展沼气、节柴灶,利用太阳能、风能和水能,以煤、电、气代替薪柴等;

(四)从生态脆弱地区向外移民;

(五)其他有利于水土保持的措施。

第五章 监测和监督

第四十条 县级以上人民政府水行政主管部门应当加强水土保持监测工作,发挥水土保持监测工作在政府决策、经济社会发展和社会公众服务中的作用。县级以上人民政府应当保障水土保持监测工作经费。

国务院水行政主管部门应当完善全国水土保持监测网络,对全国水土流失进行动态监测。

第四十一条 对可能造成严重水土流失的大中型生产建设项目,生产建设单位应当自行或者委托具备水土保持监测资质的机构,对生产建设活动造成的水土流失进行监测,并将监测情况定期上报当地水行政主管部门。

从事水土保持监测活动应当遵守国家有关技术标准、规范和规程,保证监测质量。

第四十二条 国务院水行政主管部门和省、自治区、直辖市人民政府水行政主管部门应当根据水土保持监测情况,定期对下列事项进行公告:

(一)水土流失类型、面积、强度、分布状况和变化趋势;

(二)水土流失造成的危害;

(三)水土流失预防和治理情况。

第四十三条 县级以上人民政府水行政主管部门负责对水土保持情况进行监督检查。流域管理机构在其管辖范围内可以行使国务院水行政主管部门的监督检查职权。

第四十四条 水政监督检查人员依法履行监督检查职责时,有权采取下列措施:

(一)要求被检查单位或者个人提供有关文件、证照、资料;

（二）要求被检查单位或者个人就预防和治理水土流失的有关情况作出说明；

（三）进入现场进行调查、取证。

被检查单位或者个人拒不停止违法行为，造成严重水土流失的，报经水行政主管部门批准，可以查封、扣押实施违法行为的工具及施工机械、设备等。

第四十五条 水政监督检查人员依法履行监督检查职责时，应当出示执法证件。被检查单位或者个人对水土保持监督检查工作应当给予配合，如实报告情况，提供有关文件、证照、资料；不得拒绝或者阻碍水政监督检查人员依法执行公务。

第四十六条 不同行政区域之间发生水土流失纠纷应当协商解决；协商不成的，由共同的上一级人民政府裁决。

第六章　法律责任

第四十七条 水行政主管部门或者其他依照本法规定行使监督管理权的部门，不依法作出行政许可决定或者办理批准文件的，发现违法行为或者接到对违法行为的举报不予查处的，或者有其他未依照本法规定履行职责的行为的，对直接负责的主管人员和其他直接责任人员依法给予处分。

第四十八条 违反本法规定，在崩塌、滑坡危险区或者泥石流易发区从事取土、挖砂、采石等可能造成水土流失的活动的，由县级以上地方人民政府水行政主管部门责令停止违法行为，没收违法所得，对个人处一千元以上一万元以下的罚款，对单位处二万元以上二十万元以下的罚款。

第四十九条 违反本法规定，在禁止开垦坡度以上陡坡地开垦种植农作物，或者在禁止开垦、开发的植物保护带内开垦、开发的，由县级以上地方人民政府水行政主管部门责令停止违法行为，采取退耕、恢复植被等补救措施；按照开垦或者开发面积，可以对个人处每平方米二元以下的罚款、对单位处每平方米十元以下的罚款。

第五十条 违反本法规定，毁林、毁草开垦的，依照《中华人民共和国森林法》、《中华人民共和国草原法》的有关规定处罚。

第五十一条 违反本法规定，采集发菜，或者在水土流失重点预防区和重点治理区铲草皮、挖树兜、滥挖虫草、甘草、麻黄等的，由县级以上地方人民政府水行政主管部门责令停止违法行为，采取补救措施，没收违法所得，并处违法所得一倍以上五倍以下的罚款；没有违法所得的，可以处五万元以下的罚款。

在草原地区有前款规定违法行为的，依照《中华人民共和国草原法》的有关规定处罚。

第五十二条 在林区采伐林木不依法采取防止水土流失措施的，由县级以上地方人民政府林业主管部门、水行政主管部门责令限期改正，采取补救措施；造成水土流失的，由水行政主管部门按照造成水土流失的面积处每平方米二元以上十元以下的罚款。

第五十三条 违反本法规定，有下列行为之一的，由县级以上人民政府水行政主管部门责令停止违法行为，限期补办手续；逾期不补办手续的，处五万元以上五十万元以下的罚款；对生产建设单位直接负责的主管人员和其他直接责任人员依法给予处分：

（一）依法应当编制水土保持方案的生产建设项目，未编制水土保持方案或者编制的水土保持方案未经批准而开工建设的；

（二）生产建设项目的地点、规模发生重大变化，未补充、修改水土保持方案或者补充、修改的水土保持方案未经原审批机关批准的；

（三）水土保持方案实施过程中，未经原审批机关批准，对水土保持措施作出重大变更的。

第五十四条 违反本法规定，水土保持设施未经验收或者验收不合格将生产建设项目投产使用的，由县级以上人民政府水行政主管部门责令停止生产或者使用，直至验收合格，并处五万元以上五十万元以下的罚款。

第五十五条 违反本法规定，在水土保持方案确定的专门存放地以外的区域倾倒砂、石、土、矸石、尾矿、废渣等的，由县级以上地方人民政府水行政主管部门责令停止违法行为，限期清理，按照倾倒数量处每立方米十元以上二十元以下的罚款；逾期仍不清理的，县级以上地方人民政府水行政主管部门可以指定有清理能力的单位代为清理，所需费用由违法行为人承担。

第五十六条 违反本法规定，开办生产建设项目或者从事其他生产建设活动造成水土流失，不进行治理的，由县级以上人民政府水行政主管部门责令限期治理；逾期仍不治理的，县级以上人民政府水行政主管部门可以指定有治理能力的单位代为治理，所需费用由违法行为人承担。

第五十七条 违反本法规定，拒不缴纳水土保持补偿费的，由县级以上人民政府水行政主管部门责令限期缴纳；逾期不缴纳的，自滞纳之日起按日加收滞纳部分万分之五的滞纳金，可以处应缴水土保持补偿费三倍以下的罚款。

第五十八条 违反本法规定，造成水土流失危害的，依法承担民事责任；构成违反治安管理行为的，由公安机关依法给予治安管理处罚；构成犯罪的，依法追究刑事责任。

第七章　附　则

第五十九条 县级以上地方人民政府根据当地实际情况确定的负责水土保持工作的机构，行使本法规定的水行政主管部门水土保持工作的职责。

第六十条 本法自2011年3月1日起施行。

中华人民共和国环境影响评价法

（2002年10月28日第九届全国人民代表大会常务委员会第三十次会议通过）

第一章 总 则

第一条 为了实施可持续发展战略，预防因规划和建设项目实施后对环境造成不良影响，促进经济、社会和环境的协调发展，制定本法。

第二条 本法所称环境影响评价，是指对规划和建设项目实施后可能造成的环境影响进行分析、预测和评估，提出预防或者减轻不良环境影响的对策和措施，进行跟踪监测的方法与制度。

第三条 编制本法第九条所规定的范围内的规划，在中华人民共和国领域和中华人民共和国管辖的其他海域内建设对环境有影响的项目，应当依照本法进行环境影响评价。

第四条 环境影响评价必须客观、公开、公正，综合考虑规划或者建设项目实施后对各种环境因素及其所构成的生态系统可能造成的影响，为决策提供科学依据。

第五条 国家鼓励有关单位、专家和公众以适当方式参与环境影响评价。

第六条 国家加强环境影响评价的基础数据库和评价指标体系建设，鼓励和支持对环境影响评价的方法、技术规范进行科学研究，建立必要的环境影响评价信息共享制度，提高环境影响评价的科学性。

国务院环境保护行政主管部门应当会同国务院有关部门，组织建立和完善环境影响评价的基础数据库和评价指标体系。

第二章 规划的环境影响评价

第七条 国务院有关部门、设区的市级以上地方人民政府及其有关部门，对其组织编制的土地利用的有关规划，区域、流域、海域的建设、开发利用规划，应当在规划编制过程中组织进行环境影响评价，编写该规划有关环境影响的篇章或者说明。

规划有关环境影响的篇章或者说明，应当对规划实施后可能造成的环境影响作出分析、预测和评估，提出预防或者减轻不良环境影响的对策和措施，作为规划草案的组成部分一并报送规划审批机关。

未编写有关环境影响的篇章或者说明的规划草案，审批机关不予审批。

第八条 国务院有关部门、设区的市级以上地方人民政府及其有关部门，对其组织编制的工业、农业、畜牧业、林业、能源、水利、交通、城市建设、旅游、自然资源开发的有关专项规划（以下简称专项规划），应当在该专项规划草案上报审批前，组织进行环境影响评价，并向审批该专项规划的机关提出环境影响报告书。

前款所列专项规划中的指导性规划，按照本法第七条的规定进行环境影响评价。

第九条 依照本法第七条、第八条的规定进行环境影响评价的规划的具体范围，由国务院环境保护行政主管部门会同国务院有关部门规定，报国务院批准。

第十条 专项规划的环境影响报告书应当包括下列内容：

（一）实施该规划对环境可能造成影响的分析、预测和评估；

（二）预防或者减轻不良环境影响的对策和措施；

（三）环境影响评价的结论。

第十一条 专项规划的编制机关对可能造成不良环境影响并直接涉及公众环境权益的规划，应当在该规划草案报送审批前，举行论证会、听证会，或者采取其他形式，征求有关单位、专家和公众对环境影响报告书草案的意见。但是，国家规定需要保密的情形除外。

编制机关应当认真考虑有关单位、专家和公众对环境影响报告书草案的意见，并应当在报送审查的环境影响报告书中附具对意见采纳或者不采纳的说明。

第十二条 专项规划的编制机关在报批规划草案时，应当将环境影响报告书一并附送审批机关审查；未附送环境影响报告书的，审批机关不予审批。

第十三条 设区的市级以上人民政府在审批专项规划草案，作出决策前，应当先由人民政府指定的环境保护行政主管部门或者其他部门召集有关部门代表和专家组成审查小组，对环境影响报告书进行审查。审查小组应当提出书面审查意见。

参加前款规定的审查小组的专家，应当从按照国务院环境保护行政主管部门的规定设立的专家库内的相关专业的专家名单中，以随机抽取的方式确定。

由省级以上人民政府有关部门负责审批的专项规划，其环境影响报告书的审查办法，由国务院环境保护行政主管部门会同国务院有关部门制定。

第十四条 设区的市级以上人民政府或者省级以上人民政府有关部门在审批专项规划草案时，应当将环境影响报告书结论以及审查意见作为决策的重要依据。

在审批中未采纳环境影响报告书结论以及审查意见的，应当作出说明，并存档备查。

第十五条 对环境有重大影响的规划实施后，编制机关应当及时组织环境影响的跟踪评价，并将评价结果报告审批机关；发现有明显不良环境影响的，应当及时提出改进措施。

第三章　建设项目的环境影响评价

第十六条 国家根据建设项目对环境的影响程度，对建设项目的环境影响评价实行分类管理。

建设单位应当按照下列规定组织编制环境影响报告书、环境影响报告表或者填报环境影响登记表（以下统称环境影响评价文件）：

（一）可能造成重大环境影响的，应当编制环境影响报告书，对产生的环境影响进行全面评价；

（二）可能造成轻度环境影响的，应当编制环境影响报告表，对产生的环境影响进行分析或者专项评价；

（三）对环境影响很小、不需要进行环境影响评价的，应当填报环境影响登记表。

建设项目的环境影响评价分类管理名录，由国务院环境保护行政主管部门制定并公布。

第十七条 建设项目的环境影响报告书应当包括下列内容：

（一）建设项目概况；

（二）建设项目周围环境现状；
（三）建设项目对环境可能造成影响的分析、预测和评估；
（四）建设项目环境保护措施及其技术、经济论证；
（五）建设项目对环境影响的经济损益分析；
（六）对建设项目实施环境监测的建议；
（七）环境影响评价的结论。
涉及水土保持的建设项目，还必须有经水行政主管部门审查同意的水土保持方案。

环境影响报告表和环境影响登记表的内容和格式，由国务院环境保护行政主管部门制定。

第十八条 建设项目的环境影响评价，应当避免与规划的环境影响评价相重复。
作为一项整体建设项目的规划，按照建设项目进行环境影响评价，不进行规划的环境影响评价。
已经进行了环境影响评价的规划所包含的具体建设项目，其环境影响评价内容建设单位可以简化。

第十九条 接受委托为建设项目环境影响评价提供技术服务的机构，应当经国务院环境保护行政主管部门考核审查合格后，颁发资质证书，按照资质证书规定的等级和评价范围，从事环境影响评价服务，并对评价结论负责。为建设项目环境影响评价提供技术服务的机构的资质条件和管理办法，由国务院环境保护行政主管部门制定。

国务院环境保护行政主管部门对已取得资质证书的为建设项目环境影响评价提供技术服务的机构的名单，应当予以公布。

为建设项目环境影响评价提供技术服务的机构，不得与负责审批建设项目环境影响评价文件的环境保护行政主管部门或者其他有关审批部门存在任何利益关系。

第二十条 环境影响评价文件中的环境影响报告书或者环境影响报告表，应当由具有相应环境影响评价资质的机构编制。

任何单位和个人不得为建设单位指定对其建设项目进行环境影响评价的机构。

第二十一条 除国家规定需要保密的情形外，对环境可能造成重大影响、应当编制环境影响报告书的建设项目，建设单位应当在报批建设项目环境影响报告书前，举行论证会、听证会，或者采取其他形式，征求有关单位、专家和公众的意见。

建设单位报批的环境影响报告书应当附具对有关单位、专家和公众的意见采纳或者不采纳的说明。

第二十二条 建设项目的环境影响评价文件，由建设单位按照国务院的规定报有审批权的环境保护行政主管部门审批；建设项目有行业主管部门的，其环境影响报告书或者环境影响报告表应当经行业主管部门预审后，报有审批权的环境保护行政主管部门审批。
海洋工程建设项目的海洋环境影响报告书的审批，依照《中华人民共和国海洋环境保护法》的规定办理。

审批部门应当自收到环境影响报告书之日起六十日内，收到环境影响报告表之日起三十日内，收到环境影响登记表之日起十五日内，分别作出审批决定并书面通知建设单位。

预审、审核、审批建设项目环境影响评价文件，不得收取任何费用。

第二十三条 国务院环境保护行政主管部门负责审批下列建设项目的环境影响评价

文件：

（一）核设施、绝密工程等特殊性质的建设项目；

（二）跨省、自治区、直辖市行政区域的建设项目；

（三）由国务院审批的或者由国务院授权有关部门审批的建设项目。

前款规定以外的建设项目的环境影响评价文件的审批权限，由省、自治区、直辖市人民政府规定。

建设项目可能造成跨行政区域的不良环境影响，有关环境保护行政主管部门对该项目的环境影响评价结论有争议的，其环境影响评价文件由共同的上一级环境保护行政主管部门审批。

第二十四条 建设项目的环境影响评价文件经批准后，建设项目的性质、规模、地点、采用的生产工艺或者防治污染、防止生态破坏的措施发生重大变动的，建设单位应当重新报批建设项目的环境影响评价文件。

建设项目的环境影响评价文件自批准之日起超过五年，方决定该项目开工建设的，其环境影响评价文件应当报原审批部门重新审核；原审批部门应当自收到建设项目环境影响评价文件之日起十日内，将审核意见书面通知建设单位。

第二十五条 建设项目的环境影响评价文件未经法律规定的审批部门审查或者审查后未予批准的，该项目审批部门不得批准其建设，建设单位不得开工建设。

第二十六条 建设项目建设过程中，建设单位应当同时实施环境影响报告书、环境影响报告表以及环境影响评价文件审批部门审批意见中提出的环境保护对策措施。

第二十七条 在项目建设、运行过程中产生不符合经审批的环境影响评价文件的情形的，建设单位应当组织环境影响的后评价，采取改进措施，并报原环境影响评价文件审批部门和建设项目审批部门备案；原环境影响评价文件审批部门也可以责成建设单位进行环境影响的后评价，采取改进措施。

第二十八条 环境保护行政主管部门应当对建设项目投入生产或者使用后所产生的环境影响进行跟踪检查，对造成严重环境污染或者生态破坏的，应当查清原因、查明责任。对属于为建设项目环境影响评价提供技术服务的机构编制不实的环境影响评价文件的，依照本法第三十三条的规定追究其法律责任；属于审批部门工作人员失职、渎职，对依法不应批准的建设项目环境影响评价文件予以批准的，依照本法第三十五条的规定追究其法律责任。

第四章　法律责任

第二十九条 规划编制机关违反本法规定，组织环境影响评价时弄虚作假或者有失职行为，造成环境影响评价严重失实的，对直接负责的主管人员和其他直接责任人员，由上级机关或者监察机关依法给予行政处分。

第三十条 规划审批机关对依法应当编写有关环境影响的篇章或者说明而未编写的规划草案，依法应当附送环境影响报告书而未附送的专项规划草案，违法予以批准的，对直接负责的主管人员和其他直接责任人员，由上级机关或者监察机关依法给予行政处分。

第三十一条 建设单位未依法报批建设项目环境影响评价文件，或者未依照本法第二十四条的规定重新报批或者报请重新审核环境影响评价文件，擅自开工建设的，由有权审批该项目环境影响评价文件的环境保护行政主管部门责令停止建设,限期补办手续;逾期不补办手续的,可以处五万元以上二十万元以下的罚款,对建设单位直接负责的主管人员和其他直接责任人员,依法给予行政处分。

建设项目环境影响评价文件未经批准或者未经原审批部门重新审核同意,建设单位擅自开工建设的,由有权审批该项目环境影响评价文件的环境保护行政主管部门责令停止建设,可以处五万元以上二十万元以下的罚款,对建设单位直接负责的主管人员和其他直接责任人员,依法给予行政处分。

海洋工程建设项目的建设单位有前两款所列违法行为的,依照《中华人民共和国海洋环境保护法》的规定处罚。

第三十二条 建设项目依法应当进行环境影响评价而未评价,或者环境影响评价文件未经依法批准,审批部门擅自批准该项目建设的,对直接负责的主管人员和其他直接责任人员,由上级机关或者监察机关依法给予行政处分;构成犯罪的,依法追究刑事责任。

第三十三条 接受委托为建设项目环境影响评价提供技术服务的机构在环境影响评价工作中不负责任或者弄虚作假,致使环境影响评价文件失实的,由授予环境影响评价资质的环境保护行政主管部门降低其资质等级或者吊销其资质证书,并处所收费用一倍以上三倍以下的罚款;构成犯罪的,依法追究刑事责任。

第三十四条 负责预审、审核、审批建设项目环境影响评价文件的部门在审批中收取费用的,由其上级机关或者监察机关责令退还;情节严重的,对直接负责的主管人员和其他直接责任人员依法给予行政处分。

第三十五条 环境保护行政主管部门或者其他部门的工作人员徇私舞弊,滥用职权,玩忽职守,违法批准建设项目环境影响评价文件的,依法给予行政处分;构成犯罪的,依法追究刑事责任。

第五章 附 则

第三十六条 省、自治区、直辖市人民政府可以根据本地的实际情况,要求对本辖区的县级人民政府编制的规划进行环境影响评价。具体办法由省、自治区、直辖市参照本法第二章的规定制定。

第三十七条 军事设施建设项目的环境影响评价办法,由中央军事委员会依照本法的原则制定。

第三十八条 本法自2003年9月1日起施行。

中华人民共和国土地管理法

（1986年6月25日第六届全国人民代表大会常务委员会第十六次会议通过，根据1988年12月29日第七届全国人民代表大会常务委员会第五次会议《关于修改〈中华人民共和国土地管理法〉的决定》第一次修正，1998年8月29日第九届全国人民代表大会常务委员会第四次会议修订，根据2004年8月28日第十届全国人民代表大会常务委员会第十一次会议《关于修改〈中华人民共和国土地管理法〉的决定》第二次修正）

第一章　总　则

第一条　为了加强土地管理，维护土地的社会主义公有制，保护、开发土地资源，合理利用土地，切实保护耕地，促进社会经济的可持续发展，根据宪法，制定本法。

第二条　中华人民共和国实行土地的社会主义公有制，即全民所有制和劳动群众集体所有制。

全民所有，即国家所有土地的所有权由国务院代表国家行使。

任何单位和个人不得侵占、买卖或者以其他形式非法转让土地。土地使用权可以依法转让。

国家为了公共利益的需要，可以依法对土地实行征收或者征用并给予补偿。

国家依法实行国有土地有偿使用制度。但是，国家在法律规定的范围内划拨国有土地使用权的除外。

第三条　十分珍惜、合理利用土地和切实保护耕地是我国的基本国策。各级人民政府应当采取措施，全面规划，严格管理，保护、开发土地资源，制止非法占用土地的行为。

第四条　国家实行土地用途管制制度。

国家编制土地利用总体规划，规定土地用途，将土地分为农用地、建设用地和未利用地。严格限制农用地转为建设用地，控制建设用地总量，对耕地实行特殊保护。

前款所称农用地是指直接用于农业生产的土地，包括耕地、林地、草地、农田水利用地、养殖水面等；建设用地是指建造建筑物、构筑物的土地，包括城乡住宅和公共设施用地、工矿用地、交通水利设施用地、旅游用地、军事设施用地等；未利用地是指农用地和建设用地以外的土地。

使用土地的单位和个人必须严格按照土地利用总体规划确定的用途使用土地。

第五条　国务院土地行政主管部门统一负责全国土地的管理和监督工作。

县级以上地方人民政府土地行政主管部门的设置及其职责，由省、自治区、直辖市人民政府根据国务院有关规定确定。

第六条　任何单位和个人都有遵守土地管理法律、法规的义务，并有权对违反土地管理法律、法规的行为提出检举和控告。

第七条 在保护和开发土地资源、合理利用土地以及进行有关的科学研究等方面成绩显著的单位和个人,由人民政府给予奖励。

第二章 土地的所有权和使用权

第八条 城市市区的土地属于国家所有。

农村和城市郊区的土地,除由法律规定属于国家所有的以外,属于农民集体所有;宅基地和自留地、自留山,属于农民集体所有。

第九条 国有土地和农民集体所有的土地,可以依法确定给单位或者个人使用。使用土地的单位和个人,有保护、管理和合理利用土地的义务。

第十条 农民集体所有的土地依法属于村农民集体所有的,由村集体经济组织或者村民委员会经营、管理;已经分别属于村内两个以上农村集体经济组织的农民集体所有的,由村内各该农村集体经济组织或者村民小组经营、管理;已经属于乡(镇)农民集体所有的,由乡(镇)农村集体经济组织经营、管理。

第十一条 农民集体所有的土地,由县级人民政府登记造册,核发证书,确认所有权。

农民集体所有的土地依法用于非农业建设的,由县级人民政府登记造册,核发证书,确认建设用地使用权。

单位和个人依法使用的国有土地,由县级以上人民政府登记造册,核发证书,确认使用权;其中,中央国家机关使用的国有土地的具体登记发证机关,由国务院确定。

确认林地、草原的所有权或者使用权,确认水面、滩涂的养殖使用权,分别依照《中华人民共和国森林法》、《中华人民共和国草原法》和《中华人民共和国渔业法》的有关规定办理。

第十二条 依法改变土地权属和用途的,应当办理土地变更登记手续。

第十三条 依法登记的土地的所有权和使用权受法律保护,任何单位和个人不得侵犯。

第十四条 农民集体所有的土地由本集体经济组织的成员承包经营,从事种植业、林业、畜牧业、渔业生产。土地承包经营期限为三十年。发包方和承包方应当订立承包合同,约定双方的权利和义务。承包经营土地的农民有保护和按照承包合同约定的用途合理利用土地的义务。农民的土地承包经营权受法律保护。

在土地承包经营期限内,对个别承包经营者之间承包的土地进行适当调整的,必须经村民会议三分之二以上成员或者三分之二以上村民代表的同意,并报乡(镇)人民政府和县级人民政府农业行政主管部门批准。

第十五条 国有土地可以由单位或者个人承包经营,从事种植业、林业、畜牧业、渔业生产。农民集体所有的土地,可以由本集体经济组织以外的单位或者个人承包经营,从事种植业、林业、畜牧业、渔业生产。发包方和承包方应当订立承包合同,约定双方的权利和义务。土地承包经营的期限由承包合同约定。承包经营土地的单位和个人,有保护和按照承包合同约定的用途合理利用土地的义务。

农民集体所有的土地由本集体经济组织以外的单位或者个人承包经营的,必须经村民会议三分之二以上成员或者三分之二以上村民代表的同意,并报乡(镇)人民政府批准。

第十六条 土地所有权和使用权争议,由当事人协商解决;协商不成的,由人民政府处理。

单位之间的争议,由县级以上人民政府处理;个人之间、个人与单位之间的争议,由乡级人民政府或者县级以上人民政府处理。

当事人对有关人民政府的处理决定不服的,可以自接到处理决定通知之日起三十日内,向人民法院起诉。

在土地所有权和使用权争议解决前,任何一方不得改变土地利用现状。

第三章　土地利用总体规划

第十七条　各级人民政府应当依据国民经济和社会发展规划、国土整治和资源环境保护的要求、土地供给能力以及各项建设对土地的需求,组织编制土地利用总体规划。

土地利用总体规划的规划期限由国务院规定。

第十八条　下级土地利用总体规划应当依据上一级土地利用总体规划编制。

地方各级人民政府编制的土地利用总体规划中的建设用地总量不得超过上一级土地利用总体规划确定的控制指标,耕地保有量不得低于上一级土地利用总体规划确定的控制指标。

省、自治区、直辖市人民政府编制的土地利用总体规划,应当确保本行政区域内耕地总量不减少。

第十九条　土地利用总体规划按照下列原则编制:

(一)严格保护基本农田,控制非农业建设占用农用地;

(二)提高土地利用率;

(三)统筹安排各类、各区域用地;

(四)保护和改善生态环境,保障土地的可持续利用;

(五)占用耕地与开发复垦耕地相平衡。

第二十条　县级土地利用总体规划应当划分土地利用区,明确土地用途。

乡(镇)土地利用总体规划应当划分土地利用区,根据土地使用条件,确定每一块土地的用途,并予以公告。

第二十一条　土地利用总体规划实行分级审批。

省、自治区、直辖市的土地利用总体规划,报国务院批准。

省、自治区人民政府所在地的市、人口在一百万以上的城市以及国务院指定的城市的土地利用总体规划,经省、自治区人民政府审查同意后,报国务院批准。

本条第二款、第三款规定以外的土地利用总体规划,逐级上报省、自治区、直辖市人民政府批准;其中,乡(镇)土地利用总体规划可以由省级人民政府授权的设区的市、自治州人民政府批准。

土地利用总体规划一经批准,必须严格执行。

第二十二条　城市建设用地规模应当符合国家规定的标准,充分利用现有建设用地,不占或者尽量少占农用地。

城市总体规划、村庄和集镇规划,应当与土地利用总体规划相衔接,城市总体规划、村庄和集镇规划中建设用地规模不得超过土地利用总体规划确定的城市和村庄、集镇建设用地规模。

在城市规划区内、村庄和集镇规划区内，城市和村庄、集镇建设用地应当符合城市规划、村庄和集镇规划。

第二十三条 江河、湖泊综合治理和开发利用规划，应当与土地利用总体规划相衔接。在江河、湖泊、水库的管理和保护范围以及蓄洪滞洪区内，土地利用应当符合江河、湖泊综合治理和开发利用规划，符合河道、湖泊行洪、蓄洪和输水的要求。

第二十四条 各级人民政府应当加强土地利用计划管理，实行建设用地总量控制。

土地利用年度计划，根据国民经济和社会发展计划、国家产业政策、土地利用总体规划以及建设用地和土地利用的实际状况编制。土地利用年度计划的编制审批程序与土地利用总体规划的编制审批程序相同，一经审批下达，必须严格执行。

第二十五条 省、自治区、直辖市人民政府应当将土地利用年度计划的执行情况列为国民经济和社会发展计划执行情况的内容，向同级人民代表大会报告。

第二十六条 经批准的土地利用总体规划的修改，须经原批准机关批准；未经批准，不得改变土地利用总体规划确定的土地用途。

经国务院批准的大型能源、交通、水利等基础设施建设用地，需要改变土地利用总体规划的，根据国务院的批准文件修改土地利用总体规划。

经省、自治区、直辖市人民政府批准的能源、交通、水利等基础设施建设用地，需要改变土地利用总体规划的，属于省级人民政府土地利用总体规划批准权限内的，根据省级人民政府的批准文件修改土地利用总体规划。

第二十七条 国家建立土地调查制度。

县级以上人民政府土地行政主管部门会同同级有关部门进行土地调查。土地所有者或者使用者应当配合调查，并提供有关资料。

第二十八条 县级以上人民政府土地行政主管部门会同同级有关部门根据土地调查成果、规划土地用途和国家制定的统一标准，评定土地等级。

第二十九条 国家建立土地统计制度。

县级以上人民政府土地行政主管部门和同级统计部门共同制定统计调查方案，依法进行土地统计，定期发布土地统计资料。土地所有者或者使用者应当提供有关资料，不得虚报、瞒报、拒报、迟报。

土地行政主管部门和统计部门共同发布的土地面积统计资料是各级人民政府编制土地利用总体规划的依据。

第三十条 国家建立全国土地管理信息系统，对土地利用状况进行动态监测。

第四章　耕地保护

第三十一条 国家保护耕地，严格控制耕地转为非耕地。

国家实行占用耕地补偿制度。非农业建设经批准占用耕地的，按照“占多少，垦多少”的原则，由占用耕地的单位负责开垦与所占用耕地的数量和质量相当的耕地；没有条件开垦或者开垦的耕地不符合要求的，应当按照省、自治区、直辖市的规定缴纳耕地开垦费，专款用于开垦新的耕地。

省、自治区、直辖市人民政府应当制定开垦耕地计划，监督占用耕地的单位按照计划开垦耕地或者按照计划组织开垦耕地，并进行验收。

第三十二条 县级以上地方人民政府可以要求占用耕地的单位将所占用耕地耕作层的土壤用于新开垦耕地、劣质地或者其他耕地的土壤改良。

第三十三条 省、自治区、直辖市人民政府应当严格执行土地利用总体规划和土地利用年度计划，采取措施，确保本行政区域内耕地总量不减少；耕地总量减少的，由国务院责令在规定期限内组织开垦与所减少耕地的数量与质量相当的耕地，并由国务院土地行政主管部门会同农业行政主管部门验收。个别省、直辖市确因土地后备资源匮乏，新增建设用地后，新开垦耕地的数量不足以补偿所占用耕地的数量的，必须报经国务院批准减免本行政区域内开垦耕地的数量，进行易地开垦。

第三十四条 国家实行基本农田保护制度。下列耕地应当根据土地利用总体规划划入基本农田保护区，严格管理：

（一）经国务院有关主管部门或者县级以上地方人民政府批准确定的粮、棉、油生产基地内的耕地；

（二）有良好的水利与水土保持设施的耕地，正在实施改造计划以及可以改造的中、低产田；

（三）蔬菜生产基地；

（四）农业科研、教学试验田；

（五）国务院规定应当划入基本农田保护区的其他耕地。

各省、自治区、直辖市划定的基本农田应当占本行政区域内耕地的百分之八十以上。

基本农田保护区以乡（镇）为单位进行划区定界，由县级人民政府土地行政主管部门会同同级农业行政主管部门组织实施。

第三十五条 各级人民政府应当采取措施，维护排灌工程设施，改良土壤，提高地力，防止土地荒漠化、盐渍化、水土流失和污染土地。

第三十六条 非农业建设必须节约使用土地，可以利用荒地的，不得占用耕地；可以利用劣地的，不得占用好地。

禁止占用耕地建窑、建坟或者擅自在耕地上建房、挖砂、采石、采矿、取土等。

禁止占用基本农田发展林果业和挖塘养鱼。

第三十七条 禁止任何单位和个人闲置、荒芜耕地。已经办理审批手续的非农业建设占用耕地，一年内不用而又可以耕种并收获的，应当由原耕种该幅耕地的集体或者个人恢复耕种，也可以由用地单位组织耕种；一年以上未动工建设的，应当按照省、自治区、直辖市的规定缴纳闲置费；连续二年未使用的，经原批准机关批准，由县级以上人民政府无偿收回用地单位的土地使用权；该幅土地原为农民集体所有的，应当交由原农村集体经济组织恢复耕种。

在城市规划区范围内，以出让方式取得土地使用权进行房地产开发的闲置土地，依照《中华人民共和国城市房地产管理法》的有关规定办理。

承包经营耕地的单位或者个人连续二年弃耕抛荒的，原发包单位应当终止承包合同，收回发包的耕地。

第三十八条 国家鼓励单位和个人按照土地利用总体规划，在保护和改善生态环境、防止水土流失和土地荒漠化的前提下,开发未利用的土地;适宜开发为农用地的,应当优先开发成农用地。

国家依法保护开发者的合法权益。

第三十九条 开垦未利用的土地,必须经过科学论证和评估,在土地利用总体规划划定的可开垦的区域内,经依法批准后进行。禁止毁坏森林、草原开垦耕地,禁止围湖造田和侵占江河滩地。

根据土地利用总体规划,对破坏生态环境开垦、围垦的土地,有计划有步骤地退耕还林、还牧、还湖。

第四十条 开发未确定使用权的国有荒山、荒地、荒滩从事种植业、林业、畜牧业、渔业生产的,经县级以上人民政府依法批准,可以确定给开发单位或者个人长期使用。

第四十一条 国家鼓励土地整理。县、乡(镇)人民政府应当组织农村集体经济组织,按照土地利用总体规划,对田、水、路、林、村综合整治,提高耕地质量,增加有效耕地面积,改善农业生产条件和生态环境。

地方各级人民政府应当采取措施,改造中、低产田,整治闲散地和废弃地。

第四十二条 因挖损、塌陷、压占等造成土地破坏,用地单位和个人应当按照国家有关规定负责复垦;没有条件复垦或者复垦不符合要求的,应当缴纳土地复垦费,专项用于土地复垦。复垦的土地应当优先用于农业。

第五章 建设用地

第四十三条 任何单位和个人进行建设,需要使用土地的,必须依法申请使用国有土地;但是,兴办乡镇企业和村民建设住宅经依法批准使用本集体经济组织农民集体所有的土地的,或者乡(镇)村公共设施和公益事业建设经依法批准使用农民集体所有的土地的除外。

前款所称依法申请使用的国有土地包括国家所有的土地和国家征收的原属于农民集体所有的土地。

第四十四条 建设占用土地,涉及农用地转为建设用地的,应当办理农用地转用审批手续。

省、自治区、直辖市人民政府批准的道路、管线工程和大型基础设施建设项目、国务院批准的建设项目占用土地,涉及农用地转为建设用地的,由国务院批准。

在土地利用总体规划确定的城市和村庄、集镇建设用地规模范围内,为实施该规划而将农用地转为建设用地的,按土地利用年度计划分批次由原批准土地利用总体规划的机关批准。在已批准的农用地转用范围内,具体建设项目用地可以由市、县人民政府批准。

本条第二款、第三款规定以外的建设项目占用土地,涉及农用地转为建设用地的,由省、自治区、直辖市人民政府批准。

第四十五条 征收下列土地的,由国务院批准:

(一)基本农田;

(二)基本农田以外的耕地超过三十五公顷的;

(三)其他土地超过七十公顷的。

征收前款规定以外的土地的，由省、自治区、直辖市人民政府批准，并报国务院备案。

征收农用地的，应当依照本法第四十四条的规定先行办理农用地转用审批。其中，经国务院批准农用地转用的，同时办理征地审批手续，不再另行办理征地审批；经省、自治区、直辖市人民政府在征地批准权限内批准农用地转用的，同时办理征地审批手续，不再另行办理征地审批，超过征地批准权限的，应当依照本条第一款的规定另行办理征地审批。

第四十六条 国家征收土地的，依照法定程序批准后，由县级以上地方人民政府予以公告并组织实施。

被征收土地的所有权人、使用权人应当在公告规定期限内，持土地权属证书到当地人民政府土地行政主管部门办理征地补偿登记。

第四十七条 征收土地的，按照被征收土地的原用途给予补偿。

征收耕地的补偿费用包括土地补偿费、安置补助费以及地上附着物和青苗的补偿费。征收耕地的土地补偿费，为该耕地被征收前三年平均年产值的六至十倍。征收耕地的安置补助费，按照需要安置的农业人口数计算。需要安置的农业人口数，按照被征收的耕地数量除以征地前被征收单位平均每人占有耕地的数量计算。每一个需要安置的农业人口的安置补助费标准，为该耕地被征收前三年平均年产值的四至六倍。但是，每公顷被征收耕地的安置补助费，最高不得超过被征收前三年平均年产值的十五倍。

征收其他土地的土地补偿费和安置补助费标准，由省、自治区、直辖市参照征收耕地的土地补偿费和安置补助费的标准规定。

被征收土地上的附着物和青苗的补偿标准，由省、自治区、直辖市规定。

征收城市郊区的菜地，用地单位应当按照国家有关规定缴纳新菜地开发建设基金。

依照本条第二款的规定支付土地补偿费和安置补助费，尚不能使需要安置的农民保持原有生活水平的，经省、自治区、直辖市人民政府批准，可以增加安置补助费。但是，土地补偿费和安置补助费的总和不得超过土地被征收前三年平均年产值的三十倍。

国务院根据社会、经济发展水平，在特殊情况下，可以提高征收耕地的土地补偿费和安置补助费的标准。

第四十八条 征地补偿安置方案确定后，有关地方人民政府应当公告，并听取被征地的农村集体经济组织和农民的意见。

第四十九条 被征地的农村集体经济组织应当将征收土地的补偿费用的收支状况向本集体经济组织的成员公布，接受监督。

禁止侵占、挪用被征收土地单位的征地补偿费用和其他有关费用。

第五十条 地方各级人民政府应当支持被征地的农村集体经济组织和农民从事开发经营，兴办企业。

第五十一条 大中型水利、水电工程建设征收土地的补偿费标准和移民安置办法，由国务院另行规定。

第五十二条 建设项目可行性研究论证时，土地行政主管部门可以根据土地利用总体规划、土地利用年度计划和建设用地标准，对建设用地有关事项进行审查，并提出意见。

第五十三条 经批准的建设项目需要使用国有建设用地的，建设单位应当持法律、行政法规规定的有关文件，向有批准权的县级以上人民政府土地行政主管部门提出建设用地申请，经土地行政主管部门审查，报本级人民政府批准。

第五十四条　建设单位使用国有土地，应当以出让等有偿使用方式取得；但是，下列建设用地，经县级以上人民政府依法批准，可以以划拨方式取得：

（一）国家机关用地和军事用地；

（二）城市基础设施用地和公益事业用地；

（三）国家重点扶持的能源、交通、水利等基础设施用地；

（四）法律、行政法规规定的其他用地。

第五十五条　以出让等有偿使用方式取得国有土地使用权的建设单位，按照国务院规定的标准和办法，缴纳土地使用权出让金等土地有偿使用费和其他费用后，方可使用土地。

自本法施行之日起，新增建设用地的土地有偿使用费，百分之三十上缴中央财政，百分之七十留给有关地方人民政府，都专项用于耕地开发。

第五十六条　建设单位使用国有土地的，应当按照土地使用权出让等有偿使用合同的约定或者土地使用权划拨批准文件的规定使用土地；确需改变该幅土地建设用途的，应当经有关人民政府土地行政主管部门同意，报原批准用地的人民政府批准。其中，在城市规划区内改变土地用途的，在报批前，应当先经有关城市规划行政主管部门同意。

第五十七条　建设项目施工和地质勘查需要临时使用国有土地或者农民集体所有的土地的，由县级以上人民政府土地行政主管部门批准。其中，在城市规划区内的临时用地，在报批前，应当先经有关城市规划行政主管部门同意。土地使用者应当根据土地权属，与有关土地行政主管部门或者农村集体经济组织、村民委员会签订临时使用土地合同，并按照合同的约定支付临时使用土地补偿费。

临时使用土地的使用者应当按照临时使用土地合同约定的用途使用土地，并不得修建永久性建筑物。

临时使用土地期限一般不超过二年。

第五十八条　有下列情形之一的，由有关人民政府土地行政主管部门报经原批准用地的人民政府或者有批准权的人民政府批准，可以收回国有土地使用权：

（一）为公共利益需要使用土地的；

（二）为实施城市规划进行旧城区改建，需要调整使用土地的；

（三）土地出让等有偿使用合同约定的使用期限届满，土地使用者未申请续期或者申请续期未获批准的；

（四）因单位撤销、迁移等原因，停止使用原划拨的国有土地的；

（五）公路、铁路、机场、矿场等经核准报废的。

依照前款第（一）项、第（二）项的规定收回国有土地使用权的，对土地使用权人应当给予适当补偿。

第五十九条　乡镇企业、乡（镇）村公共设施、公益事业、农村村民住宅等乡（镇）村建设，应当按照村庄和集镇规划，合理布局，综合开发，配套建设；建设用地，应当符合乡（镇）土地利用总体规划和土地利用年度计划，并依照本法第四十四条、第六十条、第六十一条、第六十二条的规定办理审批手续。

第六十条　农村集体经济组织使用乡（镇）土地利用总体规划确定的建设用地兴办企业或者与其他单位、个人以土地使用权入股、联营等形式共同举办企业的，应当持有关批准文件，向县级以上地方人民政府土地行政主管部门提出申请，按照省、自治区、直辖市规定的批准权限，由县级以上地方人民政府批准；其中，涉及占用农用地的，依照本法第四十四条的规定办理审批手续。

按照前款规定兴办企业的建设用地，必须严格控制。省、自治区、直辖市可以按照乡镇企业的不同行业和经营规模，分别规定用地标准。

第六十一条 乡（镇）村公共设施、公益事业建设，需要使用土地的，经乡（镇）人民政府审核，向县级以上地方人民政府土地行政主管部门提出申请，按照省、自治区、直辖市规定的批准权限，由县级以上地方人民政府批准；其中，涉及占用农用地的，依照本法第四十四条的规定办理审批手续。

第六十二条 农村村民一户只能拥有一处宅基地，其宅基地的面积不得超过省、自治区、直辖市规定的标准。

农村村民建住宅，应当符合乡（镇）土地利用总体规划，并尽量使用原有的宅基地和村内空闲地。

农村村民住宅用地，经乡（镇）人民政府审核，由县级人民政府批准；其中，涉及占用农用地的，依照本法第四十四条的规定办理审批手续。

农村村民出卖、出租住房后，再申请宅基地的，不予批准。

第六十三条 农民集体所有的土地的使用权不得出让、转让或者出租用于非农业建设；但是，符合土地利用总体规划并依法取得建设用地的企业，因破产、兼并等情形致使土地使用权依法发生转移的除外。

第六十四条 在土地利用总体规划制定前已建的不符合土地利用总体规划确定的用途的建筑物、构筑物，不得重建、扩建。

第六十五条 有下列情形之一的，农村集体经济组织报经原批准用地的人民政府批准，可以收回土地使用权：

（一）为乡（镇）村公共设施和公益事业建设，需要使用土地的；

（二）不按照批准的用途使用土地的；

（三）因撤销、迁移等原因而停止使用土地的。

依照前款第（一）项规定收回农民集体所有的土地的，对土地使用权人应当给予适当补偿。

第六章　监督检查

第六十六条 县级以上人民政府土地行政主管部门对违反土地管理法律、法规的行为进行监督检查。

土地管理监督检查人员应当熟悉土地管理法律、法规，忠于职守、秉公执法。

第六十七条 县级以上人民政府土地行政主管部门履行监督检查职责时，有权采取下列措施：

（一）要求被检查的单位或者个人提供有关土地权利的文件和资料，进行查阅或者予以复制；

（二）要求被检查的单位或者个人就有关土地权利的问题作出说明；

（三）进入被检查单位或者个人非法占用的土地现场进行勘测；

（四）责令非法占用土地的单位或者个人停止违反土地管理法律、法规的行为。

第六十八条 土地管理监督检查人员履行职责，需要进入现场进行勘测、要求有关单位或者个人提供文件、资料和作出说明的，应当出示土地管理监督检查证件。

第六十九条 有关单位和个人对县级以上人民政府土地行政主管部门就土地违法行为进行的监督检查应当支持与配合，并提供工作方便，不得拒绝与阻碍土地管理监督检查人员依法执行职务。

第七十条 县级以上人民政府土地行政主管部门在监督检查工作中发现国家工作人员的违法行为，依法应当给予行政处分的，应当依法予以处理；自己无权处理的，应当向同级或者上级人民政府的行政监察机关提出行政处分建议书，有关行政监察机关应当依法予以处理。

第七十一条 县级以上人民政府土地行政主管部门在监督检查工作中发现土地违法行为构成犯罪的，应当将案件移送有关机关，依法追究刑事责任；尚不构成犯罪的，应当依法给予行政处罚。

第七十二条 依照本法规定应当给予行政处罚，而有关土地行政主管部门不给予行政处罚的，上级人民政府土地行政主管部门有权责令有关土地行政主管部门作出行政处罚决定或者直接给予行政处罚，并给予有关土地行政主管部门的负责人行政处分。

第七章　法律责任

第七十三条 买卖或者以其他形式非法转让土地的，由县级以上人民政府土地行政主管部门没收违法所得；对违反土地利用总体规划擅自将农用地改为建设用地的，限期拆除在非法转让的土地上新建的建筑物和其他设施，恢复土地原状，对符合土地利用总体规划的，没收在非法转让的土地上新建的建筑物和其他设施；可以并处罚款；对直接负责的主管人员和其他直接责任人员，依法给予行政处分；构成犯罪的，依法追究刑事责任。

第七十四条 违反本法规定，占用耕地建窑、建坟或者擅自在耕地上建房、挖砂、采石、采矿、取土等，破坏种植条件的，或者因开发土地造成土地荒漠化、盐渍化的，由县级以上人民政府土地行政主管部门责令限期改正或者治理，可以并处罚款；构成犯罪的，依法追究刑事责任。

第七十五条 违反本法规定，拒不履行土地复垦义务的，由县级以上人民政府土地行政主管部门责令限期改正；逾期不改正的，责令缴纳复垦费，专项用于土地复垦，可以处以罚款。

第七十六条 未经批准或者采取欺骗手段骗取批准，非法占用土地的，由县级以上人民政府土地行政主管部门责令退还非法占用的土地，对违反土地利用总体规划擅自将农用地改为建设用地的，限期拆除在非法占用的土地上新建的建筑物和其他设施，恢复土地原状，对符合土地利用总体规划的，没收在非法占用的土地上新建的建筑物和其他设施，可以并处罚款；对非法占用土地单位的直接负责的主管人员和其他直接责任人员，依法给予行政处分；构成犯罪的，依法追究刑事责任。

超过批准的数量占用土地，多占的土地以非法占用土地论处。

第七十七条 农村村民未经批准或者采取欺骗手段骗取批准，非法占用土地建住宅的，由县级以上人民政府土地行政主管部门责令退还非法占用的土地，限期拆除在非法占用的土地上新建的房屋。

超过省、自治区、直辖市规定的标准，多占的土地以非法占用土地论处。

第七十八条 无权批准征收、使用土地的单位或者个人非法批准占用土地的，超越批准权限非法批准占用土地的，不按照土地利用总体规划确定的用途批准用地的，或者违反法律规定的程序批准占用、征收土地的，其批准文件无效，对非法批准征收、使用土地的直接负责的主管人员和其他直接责任人员，依法给予行政处分；构成犯罪的，依法追究刑事责任。非法批准、使用的土地应当收回，有关当事人拒不归还的，以非法占用土地论处。

非法批准征收、使用土地，对当事人造成损失的，依法应当承担赔偿责任。

第七十九条 侵占、挪用被征收土地单位的征地补偿费用和其他有关费用，构成犯罪的，依法追究刑事责任；尚不构成犯罪的，依法给予行政处分。

第八十条 依法收回国有土地使用权当事人拒不交出土地的，临时使用土地期满拒不归还的，或者不按照批准的用途使用国有土地的，由县级以上人民政府土地行政主管部门责令交还土地，处以罚款。

第八十一条 擅自将农民集体所有的土地的使用权出让、转让或者出租用于非农业建设的，由县级以上人民政府土地行政主管部门责令限期改正，没收违法所得，并处罚款。

第八十二条 不依照本法规定办理土地变更登记的，由县级以上人民政府土地行政主管部门责令其限期办理。

第八十三条 依照本法规定，责令限期拆除在非法占用的土地上新建的建筑物和其他设施的，建设单位或者个人必须立即停止施工，自行拆除；对继续施工的，作出处罚决定的机关有权制止。建设单位或者个人对责令限期拆除的行政处罚决定不服的，可以在接到责令限期拆除决定之日起十五日内，向人民法院起诉；期满不起诉又不自行拆除的，由作出处罚决定的机关依法申请人民法院强制执行，费用由违法者承担。

第八十四条 土地行政主管部门的工作人员玩忽职守、滥用职权、徇私舞弊，构成犯罪的，依法追究刑事责任；尚不构成犯罪的，依法给予行政处分。

第八章　附　　则

第八十五条 中外合资经营企业、中外合作经营企业、外资企业使用土地的，适用本法；法律另有规定的，从其规定。

第八十六条 本法自 1999 年 1 月 1 日起施行。

大中型水利水电工程建设征地补偿和移民安置条例

（2006 年 3 月 29 日国务院第 130 次常务会议通过，
2006 年 7 月 7 日国务院令第 471 号，2006 年 9 月 1 日起施行）

第一章　总　则

第一条　为了做好大中型水利水电工程建设征地补偿和移民安置工作，维护移民合法权益，保障工程建设的顺利进行，根据《中华人民共和国土地管理法》和《中华人民共和国水法》，制定本条例。

第二条　大中型水利水电工程的征地补偿和移民安置，适用本条例。

第三条　国家实行开发性移民方针，采取前期补偿、补助与后期扶持相结合的办法，使移民生活达到或者超过原有水平。

第四条　大中型水利水电工程建设征地补偿和移民安置应当遵循下列原则：

（一）以人为本，保障移民的合法权益，满足移民生存与发展的需求；

（二）顾全大局，服从国家整体安排，兼顾国家、集体、个人利益；

（三）节约利用土地，合理规划工程占地，控制移民规模；

（四）可持续发展，与资源综合开发利用、生态环境保护相协调；

（五）因地制宜，统筹规划。

第五条　移民安置工作实行政府领导、分级负责、县为基础、项目法人参与的管理体制。

国务院水利水电工程移民行政管理机构（以下简称国务院移民管理机构）负责全国大中型水利水电工程移民安置工作的管理和监督。

县级以上地方人民政府负责本行政区域内大中型水利水电工程移民安置工作的组织和领导；省、自治区、直辖市人民政府规定的移民管理机构，负责本行政区域内大中型水利水电工程移民安置工作的管理和监督。

第二章　移民安置规划

第六条　已经成立项目法人的大中型水利水电工程，由项目法人编制移民安置规划大纲，按照审批权限报省、自治区、直辖市人民政府或者国务院移民管理机构审批；省、自治区、直辖市人民政府或者国务院移民管理机构在审批前应当征求移民区和移民安置区县级以上地方人民政府的意见。

没有成立项目法人的大中型水利水电工程，项目主管部门应当会同移民区和移民安置区县级以上地方人民政府编制移民安置规划大纲，按照审批权限报省、自治区、直辖市人民政府或者国务院移民管理机构审批。

第七条　移民安置规划大纲应当根据工程占地和淹没区实物调查结果以及移民区、移民安置区经济社会情况和资源环境承载能力编制。

工程占地和淹没区实物调查，由项目主管部门或者项目法人会同工程占地和淹没区所在地的地方人民政府实施；实物调查应当全面准确，调查结果经调查者和被调查者签字认可并公示后，由有关地方人民政府签署意见。实物调查工作开始前，工程占地和淹没区所在地的省级人民政府应当发布通告，禁止在工程占地和淹没区新增建设项目和迁入人口，并对实物调查工作作出安排。

第八条 移民安置规划大纲应当主要包括移民安置的任务、去向、标准和农村移民生产安置方式以及移民生活水平评价和搬迁后生活水平预测、水库移民后期扶持政策、淹没线以上受影响范围的划定原则、移民安置规划编制原则等内容。

第九条 编制移民安置规划大纲应当广泛听取移民和移民安置区居民的意见；必要时，应当采取听证的方式。

经批准的移民安置规划大纲是编制移民安置规划的基本依据，应当严格执行，不得随意调整或者修改；确需调整或者修改的，应当报原批准机关批准。

第十条 已经成立项目法人的，由项目法人根据经批准的移民安置规划大纲编制移民安置规划；没有成立项目法人的，项目主管部门应当会同移民区和移民安置区县级以上地方人民政府，根据经批准的移民安置规划大纲编制移民安置规划。

大中型水利水电工程的移民安置规划，按照审批权限经省、自治区、直辖市人民政府移民管理机构或者国务院移民管理机构审核后，由项目法人或者项目主管部门报项目审批或者核准部门，与可行性研究报告或者项目申请报告一并审批或者核准。

省、自治区、直辖市人民政府移民管理机构或者国务院移民管理机构审核移民安置规划，应当征求本级人民政府有关部门以及移民区和移民安置区县级以上地方人民政府的意见。

第十一条 编制移民安置规划应当以资源环境承载能力为基础，遵循本地安置与异地安置、集中安置与分散安置、政府安置与移民自找门路安置相结合的原则。

编制移民安置规划应当尊重少数民族的生产、生活方式和风俗习惯。

移民安置规划应当与国民经济和社会发展规划以及土地利用总体规划、城市总体规划、村庄和集镇规划相衔接。

第十二条 移民安置规划应当对农村移民安置、城（集）镇迁建、工矿企业迁建、专项设施迁建或者复建、防护工程建设、水库水域开发利用、水库移民后期扶持措施、征地补偿和移民安置资金概（估）算等作出安排。

对淹没线以上受影响范围内因水库蓄水造成的居民生产、生活困难问题，应当纳入移民安置规划，按照经济合理的原则，妥善处理。

第十三条 对农村移民安置进行规划，应当坚持以农业生产安置为主，遵循因地制宜、有利生产、方便生活、保护生态的原则，合理规划农村移民安置点；有条件的地方，可以结合小城镇建设进行。

农村移民安置后，应当使移民拥有与移民安置区居民基本相当的土地等农业生产资料。

第十四条 对城（集）镇移民安置进行规划，应当以城（集）镇现状为基础，节约用地，合理布局。

工矿企业的迁建，应当符合国家的产业政策，结合技术改造和结构调整进行；对技术落后、浪费资源、产品质量低劣、污染严重、不具备安全生产条件的企业，应当依法关闭。

第十五条 编制移民安置规划应当广泛听取移民和移民安置区居民的意见；必要时，应当采取听证的方式。

经批准的移民安置规划是组织实施移民安置工作的基本依据，应当严格执行，不得随意调整或者修改；确需调整或者修改的，应当依照本条例第十条的规定重新报批。

未编制移民安置规划或者移民安置规划未经审核的大中型水利水电工程建设项目，有关部门不得批准或者核准其建设，不得为其办理用地等有关手续。

第十六条 征地补偿和移民安置资金、依法应当缴纳的耕地占用税和耕地开垦费以及依照国务院有关规定缴纳的森林植被恢复费等应当列入大中型水利水电工程概算。

征地补偿和移民安置资金包括土地补偿费、安置补助费，农村居民点迁建、城（集）镇迁建、工矿企业迁建以及专项设施迁建或者复建补偿费（含有关地上附着物补偿费），移民个人财产补偿费（含地上附着物和青苗补偿费）和搬迁费，库底清理费，淹没区文物保护费和国家规定的其他费用。

第十七条 农村移民集中安置的农村居民点、城（集）镇、工矿企业以及专项设施等基础设施的迁建或者复建选址，应当依法做好环境影响评价、水文地质与工程地质勘察、地质灾害防治和地质灾害危险性评估。

第十八条 对淹没区内的居民点、耕地等，具备防护条件的，应当在经济合理的前提下，采取修建防护工程等防护措施，减少淹没损失。

防护工程的建设费用由项目法人承担，运行管理费用由大中型水利水电工程管理单位负责。

第十九条 对工程占地和淹没区内的文物，应当查清分布，确认保护价值，坚持保护为主、抢救第一的方针，实行重点保护、重点发掘。

第三章 征地补偿

第二十条 依法批准的流域规划中确定的大中型水利水电工程建设项目的用地，应当纳入项目所在地的土地利用总体规划。

大中型水利水电工程建设项目核准或者可行性研究报告批准后，项目用地应当列入土地利用年度计划。

属于国家重点扶持的水利、能源基础设施的大中型水利水电工程建设项目，其用地可以以划拨方式取得。

第二十一条 大中型水利水电工程建设项目用地，应当依法申请并办理审批手续，实行一次报批、分期征收，按期支付征地补偿费。

对于应急的防洪、治涝等工程，经有批准权的人民政府决定，可以先行使用土地，事后补办用地手续。

第二十二条 大中型水利水电工程建设征收耕地的，土地补偿费和安置补助费之和为该耕地被征收前三年平均年产值的16倍。土地补偿费和安置补助费不能使需要安置的移民保持原有生活水平、需要提高标准的，由项目法人或者项目主管部门报项目审批或者核准部门批准。征收其他土地的土地补偿费和安置补助费标准，按照工程所在省、自治区、直辖市规定的标准执行。

被征收土地上的零星树木、青苗等补偿标准，按照工程所在省、自治区、直辖市规定的标准执行。

被征收土地上的附着建筑物按照其原规模、原标准或者恢复原功能的原则补偿；对补偿费用不足以修建基本用房的贫困移民，应当给予适当补助。

使用其他单位或者个人依法使用的国有耕地，参照征收耕地的补偿标准给予补偿；使用未确定给单位或者个人使用的国有未利用地，不予补偿。

移民远迁后，在水库周边淹没线以上属于移民个人所有的零星树木、房屋等应当分别依照本条第三款、第四款规定的标准给予补偿。

第二十三条 大中型水利水电工程建设临时用地，由县级以上人民政府土地主管部门批准。

第二十四条 工矿企业和交通、电力、电信、广播电视等专项设施以及中小学的迁建或者复建，应当按照其原规模、原标准或者恢复原功能的原则补偿。

第二十五条 大中型水利水电工程建设占用耕地的，应当执行占补平衡的规定。为安置移民开垦的耕地、因大中型水利水电工程建设而进行土地整理新增的耕地、工程施工新造的耕地可以抵扣或者折抵建设占用耕地的数量。

大中型水利水电工程建设占用25度以上坡耕地的，不计入需要补充耕地的范围。

第四章　移民安置

第二十六条 移民区和移民安置区县级以上地方人民政府负责移民安置规划的组织实施。

第二十七条 大中型水利水电工程开工前，项目法人应当根据经批准的移民安置规划，与移民区和移民安置区所在的省、自治区、直辖市人民政府或者市、县人民政府签订移民安置协议；签订协议的省、自治区、直辖市人民政府或者市人民政府，可以与下一级有移民或者移民安置任务的人民政府签订移民安置协议。

第二十八条 项目法人应当根据大中型水利水电工程建设的要求和移民安置规划，在每年汛期结束后60日内，向与其签订移民安置协议的地方人民政府提出下年度移民安置计划建议；签订移民安置协议的地方人民政府，应当根据移民安置规划和项目法人的年度移民安置计划建议，在与项目法人充分协商的基础上，组织编制并下达本行政区域的下年度移民安置年度计划。

第二十九条 项目法人应当根据移民安置年度计划，按照移民安置实施进度将征地补偿和移民安置资金支付给与其签订移民安置协议的地方人民政府。

第三十条 农村移民在本县通过新开发土地或者调剂土地集中安置的，县级人民政府应当将土地补偿费、安置补助费和集体财产补偿费直接全额兑付给该村集体经济组织或者村民委员会。

农村移民分散安置到本县内其他村集体经济组织或者村民委员会的，应当由移民安置村集体经济组织或者村民委员会与县级人民政府签订协议，按照协议安排移民的生产和生活。

第三十一条 农村移民在本省行政区域内其他县安置的，与项目法人签订移民安置协议的地方人民政府,应当及时将相应的征地补偿和移民安置资金交给移民安置区县级人民政府,用于安排移民的生产和生活。

农村移民跨省安置的,项目法人应当及时将相应的征地补偿和移民安置资金交给移民安置区省、自治区、直辖市人民政府,用于安排移民的生产和生活。

第三十二条 搬迁费以及移民个人房屋和附属建筑物、个人所有的零星树木、青苗、农副业设施等个人财产补偿费,由移民区县级人民政府直接全额兑付给移民。

第三十三条 移民自愿投亲靠友的,应当由本人向移民区县级人民政府提出申请,并提交接收地县级人民政府出具的接收证明;移民区县级人民政府确认其具有土地等农业生产资料后,应当与接收地县级人民政府和移民共同签订协议,将土地补偿费、安置补助费交给接收地县级人民政府,统筹安排移民的生产和生活,将个人财产补偿费和搬迁费发给移民个人。

第三十四条 城(集)镇迁建、工矿企业迁建、专项设施迁建或者复建补偿费,由移民区县级以上地方人民政府交给当地人民政府或者有关单位。因扩大规模、提高标准增加的费用,由有关地方人民政府或者有关单位自行解决。

第三十五条 农村移民集中安置的农村居民点应当按照经批准的移民安置规划确定的规模和标准迁建。

农村移民集中安置的农村居民点的道路、供水、供电等基础设施,由乡(镇)、村统一组织建设。

农村移民住房,应当由移民自主建造。有关地方人民政府或者村民委员会应当统一规划宅基地,但不得强行规定建房标准。

第三十六条 农村移民安置用地应当依照《中华人民共和国土地管理法》和《中华人民共和国农村土地承包法》办理有关手续。

第三十七条 移民安置达到阶段性目标和移民安置工作完毕后,省、自治区、直辖市人民政府或者国务院移民管理机构应当组织有关单位进行验收;移民安置未经验收或者验收不合格的,不得对大中型水利水电工程进行阶段性验收和竣工验收。

第五章 后期扶持

第三十八条 移民安置区县级以上地方人民政府应当编制水库移民后期扶持规划,报上一级人民政府或者其移民管理机构批准后实施。

编制水库移民后期扶持规划应当广泛听取移民的意见;必要时,应当采取听证的方式。

经批准的水库移民后期扶持规划是水库移民后期扶持工作的基本依据,应当严格执行,不得随意调整或者修改;确需调整或者修改的,应当报原批准机关批准。

未编制水库移民后期扶持规划或者水库移民后期扶持规划未经批准,有关单位不得拨付水库移民后期扶持资金。

第三十九条 水库移民后期扶持规划应当包括后期扶持的范围、期限、具体措施和预期达到的目标等内容。水库移民安置区县级以上地方人民政府应当采取建立责任制等有效措施,做好后期扶持规划的落实工作。

第四十条 水库移民后期扶持资金应当按照水库移民后期扶持规划,主要作为生产生活补助发放给移民个人;必要时可以实行项目扶持,用于解决移民村生产生活中存在的突出问题,或者采取生产生活补助和项目扶持相结合的方式。具体扶持标准、期限和资金的筹集、使用管理依照国务院有关规定执行。

省、自治区、直辖市人民政府根据国家规定的原则,结合本行政区域实际情况,制定水库移民后期扶持具体实施办法,报国务院批准后执行。

第四十一条　各级人民政府应当加强移民安置区的交通、能源、水利、环保、通信、文化、教育、卫生、广播电视等基础设施建设,扶持移民安置区发展。

移民安置区地方人民政府应当将水库移民后期扶持纳入本级人民政府国民经济和社会发展规划。

第四十二条　国家在移民安置区和大中型水利水电工程受益地区兴办的生产建设项目,应当优先吸收符合条件的移民就业。

第四十三条　大中型水利水电工程建成后形成的水面和水库消落区土地属于国家所有,由该工程管理单位负责管理,并可以在服从水库统一调度和保证工程安全、符合水土保持和水质保护要求的前提下,通过当地县级人民政府优先安排给当地农村移民使用。

第四十四条　国家在安排基本农田和水利建设资金时,应当对移民安置区所在县优先予以扶持。

第四十五条　各级人民政府及其有关部门应当加强对移民的科学文化知识和实用技术的培训,加强法制宣传教育,提高移民素质,增强移民就业能力。

第四十六条　大中型水利水电工程受益地区的各级地方人民政府及其有关部门应当按照优势互补、互惠互利、长期合作、共同发展的原则,采取多种形式对移民安置区给予支持。

第六章　监督管理

第四十七条　国家对移民安置和水库移民后期扶持实行全过程监督。省、自治区、直辖市人民政府和国务院移民管理机构应当加强对移民安置和水库移民后期扶持的监督,发现问题应当及时采取措施。

第四十八条　国家对征地补偿和移民安置资金、水库移民后期扶持资金的拨付、使用和管理实行稽察制度,对拨付、使用和管理征地补偿和移民安置资金、水库移民后期扶持资金的有关地方人民政府及其有关部门的负责人依法实行任期经济责任审计。

第四十九条　县级以上人民政府应当加强对下级人民政府及其财政、发展改革、移民等有关部门或者机构拨付、使用和管理征地补偿和移民安置资金、水库移民后期扶持资金的监督。

县级以上地方人民政府或者其移民管理机构应当加强对征地补偿和移民安置资金、水库移民后期扶持资金的管理,定期向上一级人民政府或者其移民管理机构报告并向项目法人通报有关资金拨付、使用和管理情况。

第五十条　各级审计、监察机关应当依法加强对征地补偿和移民安置资金、水库移民后期扶持资金拨付、使用和管理情况的审计和监察。

县级以上人民政府财政部门应当加强对征地补偿和移民安置资金、水库移民后期扶持资金拨付、使用和管理情况的监督。

审计、监察机关和财政部门进行审计、监察和监督时,有关单位和个人应当予以配合,及时提供有关资料。

第五十一条 国家对移民安置实行全过程监督评估。签订移民安置协议的地方人民政府和项目法人应当采取招标的方式,共同委托有移民安置监督评估专业技术能力的单位对移民搬迁进度、移民安置质量、移民资金的拨付和使用情况以及移民生活水平的恢复情况进行监督评估;被委托方应当将监督评估的情况及时向委托方报告。

从事移民安置规划编制和移民安置监督评估的专业技术人员,应当通过国家考试,取得相应的资格。

第五十二条 征地补偿和移民安置资金应当专户存储、专账核算,存储期间的孳息,应当纳入征地补偿和移民安置资金,不得挪作他用。

第五十三条 移民区和移民安置区县级人民政府,应当以村为单位将大中型水利水电工程征收的土地数量、土地种类和实物调查结果、补偿范围、补偿标准和金额以及安置方案等向群众公布。群众提出异议的,县级人民政府应当及时核查,并对统计调查结果不准确的事项进行改正;经核查无误的,应当及时向群众解释。

有移民安置任务的乡(镇)、村应当建立健全征地补偿和移民安置资金的财务管理制度,并将征地补偿和移民安置资金收支情况张榜公布,接受群众监督;土地补偿费和集体财产补偿费的使用方案应当经村民会议或者村民代表会议讨论通过。

移民安置区乡(镇)人民政府、村(居)民委员会应当采取有效措施帮助移民适应当地的生产、生活,及时调处矛盾纠纷。

第五十四条 县级以上地方人民政府或者其移民管理机构以及项目法人应当建立移民工作档案,并按照国家有关规定进行管理。

第五十五条 国家切实维护移民的合法权益。

在征地补偿和移民安置过程中,移民认为其合法权益受到侵害的,可以依法向县级以上人民政府或者其移民管理机构反映,县级以上人民政府或者其移民管理机构应当对移民反映的问题进行核实并妥善解决。移民也可以依法向人民法院提起诉讼。

移民安置后,移民与移民安置区当地居民享有同等的权利,承担同等的义务。

第五十六条 按照移民安置规划必须搬迁的移民,无正当理由不得拖延搬迁或者拒迁。已经安置的移民不得返迁。

第七章 法律责任

第五十七条 违反本条例规定,有关地方人民政府、移民管理机构、项目审批部门及其他有关部门有下列行为之一的,对直接负责的主管人员和其他直接责任人员依法给予行政处分;造成严重后果,有关责任人员构成犯罪的,依法追究刑事责任:

(一)违反规定批准移民安置规划大纲、移民安置规划或者水库移民后期扶持规划的;

(二)违反规定批准或者核准未编制移民安置规划或者移民安置规划未经审核的大中型水利水电工程建设项目的;

(三)移民安置未经验收或者验收不合格而对大中型水利水电工程进行阶段性验收或者竣工验收的;

（四）未编制水库移民后期扶持规划，有关单位拨付水库移民后期扶持资金的；

（五）移民安置管理、监督和组织实施过程中发现违法行为不予查处的；

（六）在移民安置过程中发现问题不及时处理，造成严重后果以及有其他滥用职权、玩忽职守等违法行为的。

第五十八条 违反本条例规定，项目主管部门或者有关地方人民政府及其有关部门调整或者修改移民安置规划大纲、移民安置规划或者水库移民后期扶持规划的，由批准该规划大纲、规划的有关人民政府或者其有关部门、机构责令改正，对直接负责的主管人员和其他直接责任人员依法给予行政处分；造成重大损失，有关责任人员构成犯罪的，依法追究刑事责任。

违反本条例规定，项目法人调整或者修改移民安置规划大纲、移民安置规划的，由批准该规划大纲、规划的有关人民政府或者其有关部门、机构责令改正，处10万元以上50万元以下的罚款；对直接负责的主管人员和其他直接责任人员处1万元以上5万元以下的罚款；造成重大损失，有关责任人员构成犯罪的，依法追究刑事责任。

第五十九条 违反本条例规定，在编制移民安置规划大纲、移民安置规划、水库移民后期扶持规划，或者进行实物调查、移民安置监督评估中弄虚作假的，由批准该规划大纲、规划的有关人民政府或者其有关部门、机构责令改正，对有关单位处10万元以上50万元以下的罚款；对直接负责的主管人员和其他直接责任人员处1万元以上5万元以下的罚款；给他人造成损失的，依法承担赔偿责任。

第六十条 违反本条例规定，侵占、截留、挪用征地补偿和移民安置资金、水库移民后期扶持资金的，责令退赔，并处侵占、截留、挪用资金额3倍以下的罚款，对直接负责的主管人员和其他责任人员依法给予行政处分；构成犯罪的，依法追究有关责任人员的刑事责任。

第六十一条 违反本条例规定，拖延搬迁或者拒迁的，当地人民政府或者其移民管理机构可以申请人民法院强制执行；违反治安管理法律、法规的，依法给予治安管理处罚；构成犯罪的，依法追究有关责任人员的刑事责任。

第八章 附 则

第六十二条 长江三峡工程的移民工作，依照《长江三峡工程建设移民条例》执行。

南水北调工程的征地补偿和移民安置工作，依照本条例执行。但是，南水北调工程中线、东线一期工程的移民安置规划的编制审批，依照国务院的规定执行。

第六十三条 本条例自2006年9月1日起施行。1991年2月15日国务院发布的《大中型水利水电工程建设征地补偿和移民安置条例》同时废止。